编委会

主　编　韩雪涛

副主编　吴　瑛　韩广兴

编　委　张丽梅　张湘萍　吴鹏飞　韩雪冬

　　　　吴　玮　周文静　唐秀鸯

自学宝典系列

扫描书中的"二维码"
开启全新的微视频学习模式

电工技术自学宝典（第2版）

精彩微视频讲解

数码维修工程师鉴定指导中心　组织编写

韩雪涛　主编　吴　瑛　韩广兴　副主编

全彩全图解

電子工業出版社

Publishing House of Electronics Industry

北京·BEIJING

内 容 简 介

本书采用全彩+全图+微视频的全新讲解方式，系统全面地介绍电工实用知识和综合技能。通过本书的学习，读者可以了解并掌握电路基础、电工仪表的使用、线路敷设、PLC及变频技术等专业知识技能。本书开创了全新的微视频互动学习体验，使微视频教学与传统纸质的图文讲解互为补充。在学习过程中，读者通过扫描页面上的二维码，即可打开相应知识技能的微视频，配合图文讲解，轻松完成学习。

本书适合电工相关领域的初学者、专业技术人员、爱好者及相关专业的师生阅读。

使用手机扫描书中的“二维码”，开启全新的微视频学习模式……

图书在版编目（CIP）数据

电工技术自学宝典 / 韩雪涛主编. --2版. -- 北京：电子工业出版社，2021.6
（自学宝典系列）
ISBN 978-7-121-41130-4
Ⅰ. ①电…　Ⅱ. ①韩…　Ⅲ. ①电工技术－基本知识　Ⅳ. ①TM
中国版本图书馆CIP数据核字（2021）第081701号

责任编辑：富　军
印　　刷：中国电影出版社印刷厂
装　　订：中国电影出版社印刷厂
出版发行：电子工业出版社
　　　　　北京市海淀区万寿路173信箱　　邮编 100036
开　　本：787×1 092　1/16　印张：23　字数：588.8千字
版　　次：2020年 5 月第 1 版
　　　　　2021年 6 月第 2 版
印　　次：2021年 6 月第 1 次印刷
定　　价：98.00元

凡所购买电子工业出版社图书有缺损问题，请向购买书店调换。若书店售缺，请与本社发行部联系，联系及邮购电话：（010）88254888，88258888。

质量投诉请发邮件至zlts@phei.com.cn，盗版侵权举报请发邮件至dbqq@phei.com.cn。

本书咨询联系方式：（010）88254456。

这是一本全面介绍电工实用知识和综合技能的自学宝典。

电工涉及的内容广泛，岗位众多。对于电工从业人员来说，不仅需要具备扎实的电工电路知识，还要掌握过硬的电工操作技能。如何能够让读者从零开始，在短时间内快速掌握并精通电工实用知识和综合技能是本书的编写初衷。

本书第1版自2020年出版以来深受读者欢迎，特别适合初学者及相关院校的师生阅读。为了更加贴近实践，方便阅读，我们对书中的内容进行了修订，增加了家庭弱电线路的连接与检测，以及PLC、变频器的调试与维护等内容，力求内容更加准确、实用。

为了能够编写好本书，我们依托数码维修工程师鉴定指导中心进行了大量的市场调研和资料汇总，从电工相关岗位的需求出发，对电工领域所涉及的实用知识和综合技能进行系统的整理，以国家相关职业资格标准为核心，结合岗位的培训特点，重组技能培训架构，制订符合现代行业技能培训特色的学习计划，全面系统地讲解电工实用知识和综合技能。

明确学习目标

本书的目标明确，使读者从零基础起步，以国家职业资格标准为核心，以就业岗位为出发点，以自学为目的，以短时间掌握电工实用知识和综合技能为目标，实现电工领域相关知识的全精通。

创新学习方式

本书以市场导向引领知识架构，按照电工领域的岗位从业特色和技术要点，以全新的培训理念编排内容，摒弃传统图书冗长的文字表述和不适用的理论讲解，以实用、够用为原则，依托实际的检测应用展开讲解，即通过结构图、拆分图、原理图、三维效果图、平面演示图、实操图及大量的资料数据，让读者轻松、直观地学习。

升级配套服务

为了方便读者学习，本书电路图中所用的电路图形符号与厂家实物标注（各厂家的标注不完全一致）一致，不进行统一处理。

本书由数码维修工程师鉴定指导中心组织编写，由全国电子行业资深专家韩广兴教授亲自指导。编写人员有行业资深工程师、高级技师和一线教师。本书无处不渗透着专业团队的经验和智慧，使读者在学习过程中如同有一群专家在身边指导，将学习和实践中需注意的重点、难点一一化解，大大提升学习效果。

值得注意的是，若想将电工领域中的相关知识活学活用、融会贯通，必须结合实际工作岗位进行循序渐进的训练。因此，为读者提供必要的技术咨询和交流是本书的另一大亮点。如果读者在工作学习过程中遇到问题，可以通过以下方式与我们交流。

数码维修工程师鉴定指导中心
联系电话：022-83718162/83715667/13114807267　E-mail:chinadse@163.com
地址：天津市南开区榕苑路4号天发科技园8-1-401　邮编：300384

编　者

目 录

电工基础

1.1 电与磁

1.1.1 电的特性

如图1-1所示，电有同性相斥、异性相吸的特性。

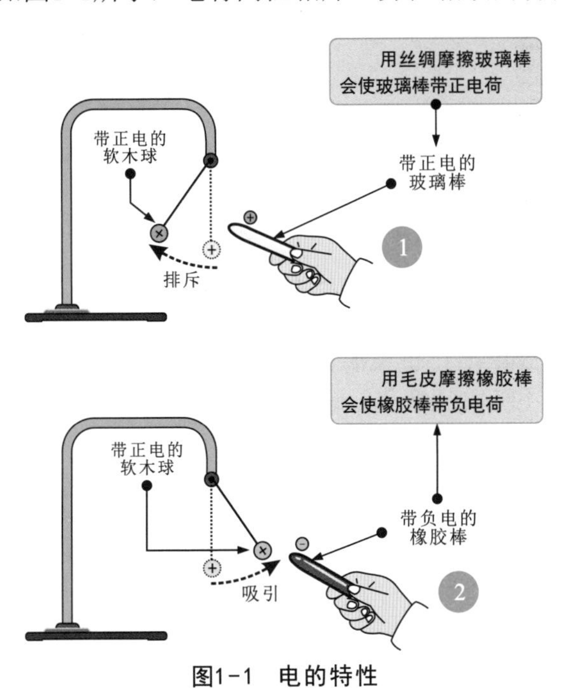

图1-1　电的特性

当一个物体与另一个物体相互摩擦时，其中一个物体会失去电子而带正电荷，另一个物体会得到电子而带负电荷。这里所说的电是静电。带电物体所带电荷的数量被称为电量，用*Q*表示。电量的单位是库仑。1库仑相当于6.24146×10^{18}个电子所带的电量。

电可分为直流电和交流电。

① 当使用带正电的玻璃棒靠近带正电的软木球时会相互排斥。

② 当使用带负电的橡胶棒靠近带正电的软木球时会相互吸引。

电流是单位时间内通过导体横截面的电量，用符号*I*或*i*(*t*)表示。

图1-2为电流的基本概念和相关知识。

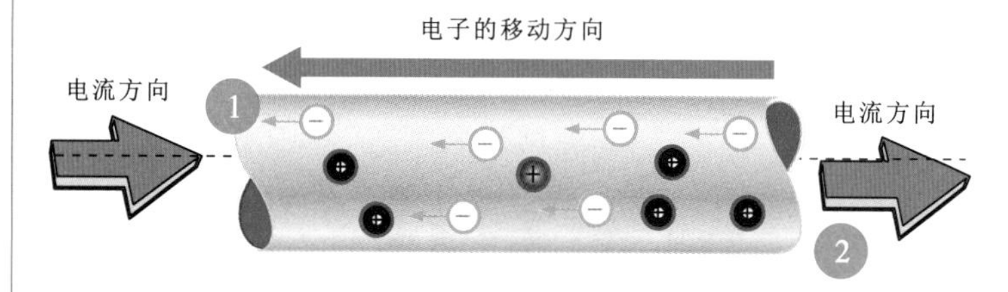

图1-2　电流的基本概念和相关知识

1 电流方向与电子的移动方向相反。

2 电流是由自由电子的定向移动形成的。电流的方向为正电荷的移动方向。

图1-3为电压的基本概念和相关知识。

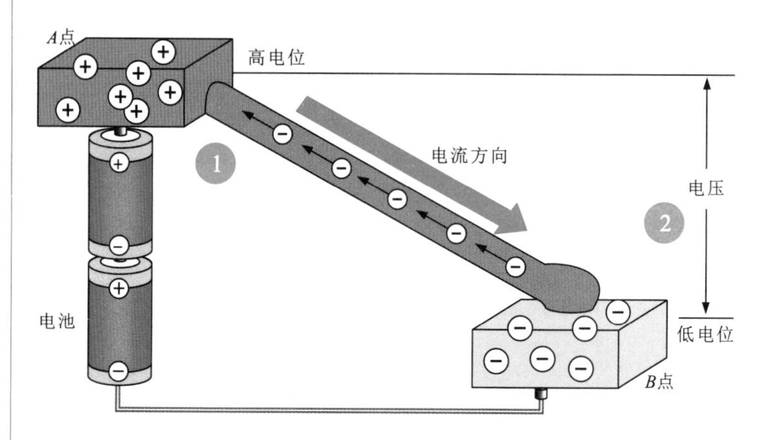

图1-3　电压的基本概念和相关知识

1 电压是单位正电荷受电场力的作用从A点移动到B点所做的功。

2 电压的方向为高电位指向低电位。

一般电池、蓄电池等可产生直流电，即电流的大小和方向不随时间变化，记为DC或dc，如图1-4所示。

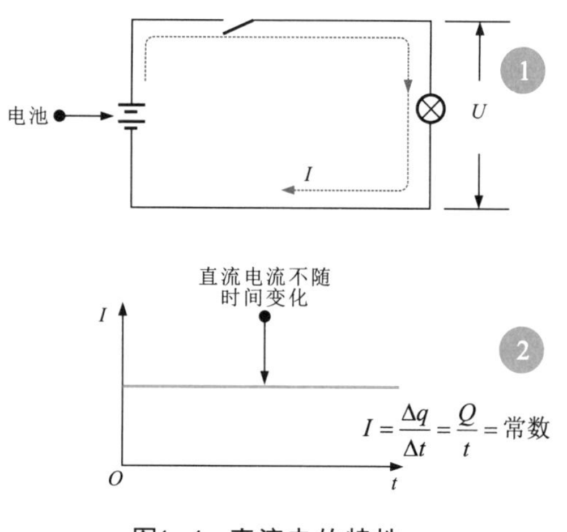

图1-4　直流电的特性

1 在直流电路中，直流电压的大小及方向都不随时间变化，用大写字母U表示。

2 在直流电路中，直流电流I与时间t的关系在$I-t$坐标系中为一条与时间轴平行的直线。

图1-5为交流电的特性。交流电流的大小和方向随时间的变化而变化，用AC或ac表示。

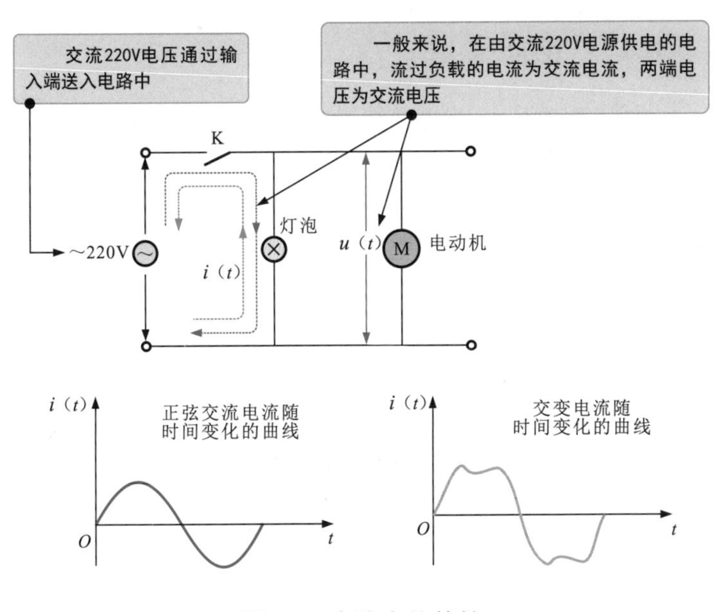

图1-5 交流电的特性

划重点

在交流电路中，交流电流的大小和方向（正、负极性）随时间的变化而变化，用字母i（t）表示。

交流电压的大小和方向随时间的变化而变化，用u（t）表示。

1.1.2 磁的特性

任何物质都具有磁性，只是有的物质磁性强，有的物质磁性弱；任何空间都存在磁场，只是有的空间磁场强度强，有的空间磁场强度弱。

图1-6为磁的特性。

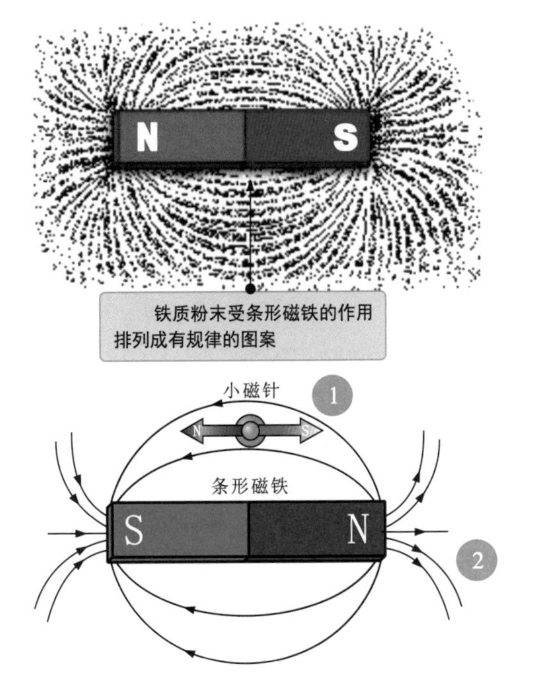

图1-6 磁的特性

1 磁场具有方向性，可将自由转动的小磁针放在磁场中的某一点，小磁针N极所指的方向即为该点的磁场方向，也可使用指南针确定磁场的方向。

2 磁力线是为了理解方便而假想的，即从磁体的N极出发经过空间到磁体的S极，在磁体内部从S极又回到N极，形成一个封闭的环。磁力线的方向就是磁体N极所指的方向。

1.1.3 电磁感应

电流与磁场可以通过某种方式互换，即电流感应出磁场或磁场感应出电流。

1 电流感应出磁场

电流感应出磁场的示意图如图1-7所示。

①如果一条直的金属导线通过电流，那么在导线周围的空间将产生圆形磁场。导线中流过的电流越大，产生的磁场就越强。

②通电的螺线管也会产生出磁场。在螺线管外部的磁场形状和一块条形磁铁产生的磁场形状是相同的，判别磁场的方向也遵循右手定则。

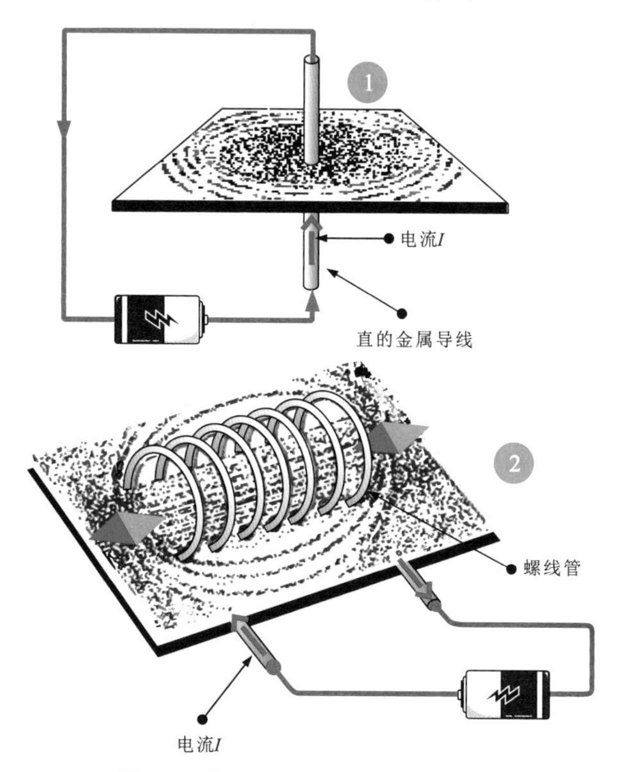

图1-7　电流感应出磁场的示意图

图1-8为右手定则示意图。

①直的金属导线：用右手握住导线，让伸直的大拇指所指的方向跟电流的方向一致，那么弯曲的四指所指的方向就是磁力线的环绕方向。

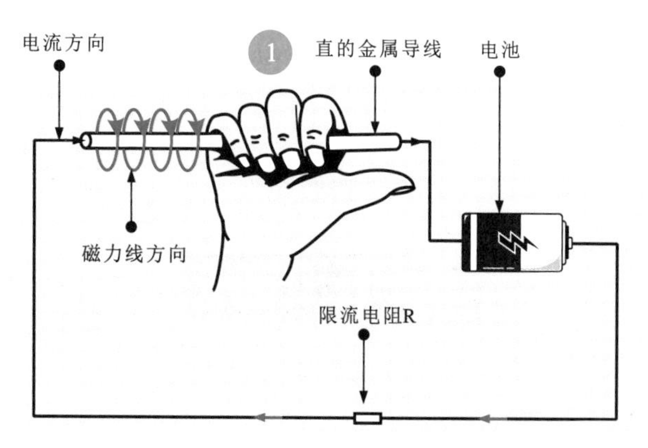

图1-8　右手定则示意图

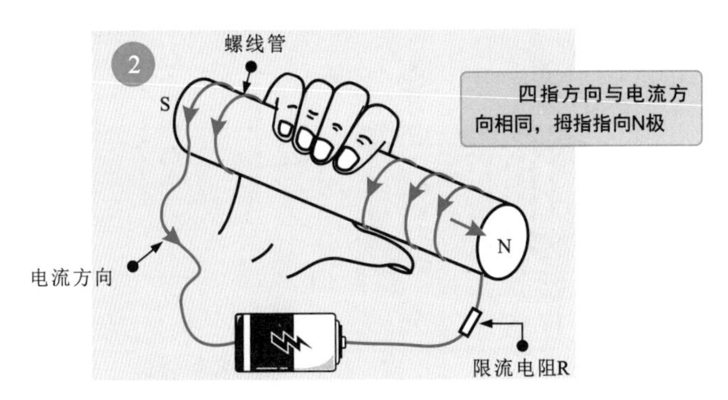

图1-8 右手定则示意图（续）

划重点

2 螺线管：让右手弯曲的四指和环形电流的方向一致，那么伸直的大拇指所指的方向就是环形电流中心轴线上磁力线（磁场）的方向。

2 磁场感应出电流

磁场感应出电流的示意图如图1-9所示。

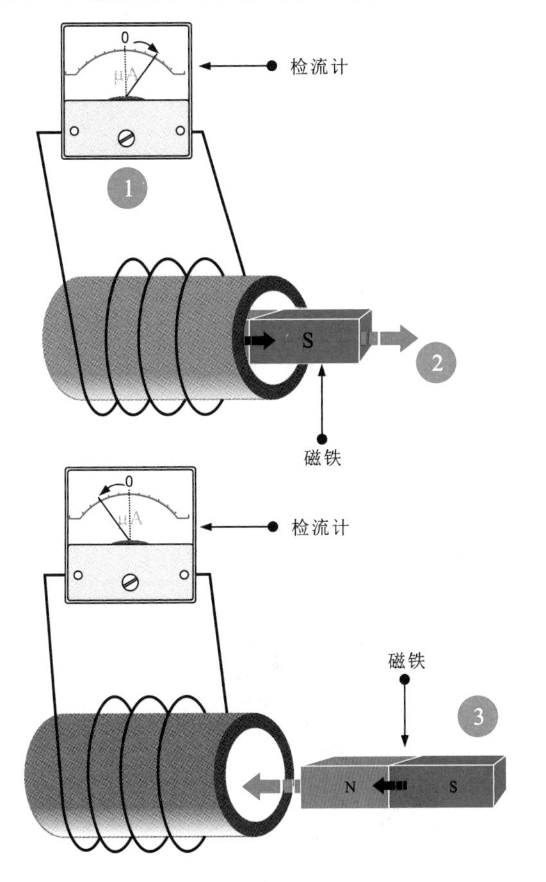

图1-9 磁场感应出电流的示意图

1 把一个螺线管两端接上检测电流的检流计，在螺线管内部放置一根磁铁。

2 当把磁铁很快地抽出螺线管时，可以看到检流计指针发生了偏转，而且磁铁抽出的速度越快，检流计指针的偏转程度越大。

3 同样，如果把磁铁插入螺线管，则检流计也会偏转，但是偏转的方向与抽出时相反，检流计指针偏摆表明线圈内有电流。

图1-10为电磁感应实验。当闭合回路中一部分导体在磁场中做切割磁力线运动时，回路中就有电流产生；当穿过闭合线圈的磁通发生变化时，线圈中有电流产生。这种由磁产生电的现象，称为电磁感应现象。

① 一部分导体在磁场里做切割磁力线的运动，在导体中可产生感应电流。

② 拖动永磁体，或将永磁体插入线圈，或从线圈中拔出，线圈中的电流大小会发生变化。

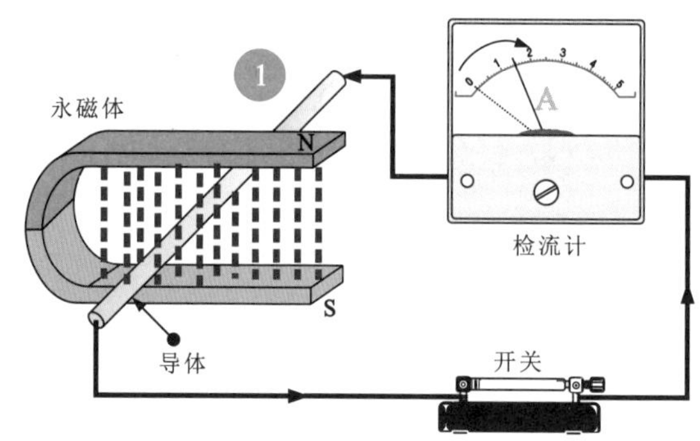

（a）切割磁力线

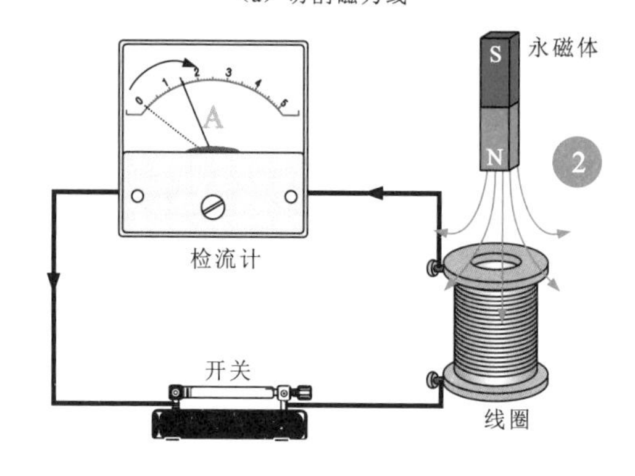

（b）磁通发生变化

图1-10　电磁感应实验

图1-11为感应电流方向的判断方法。

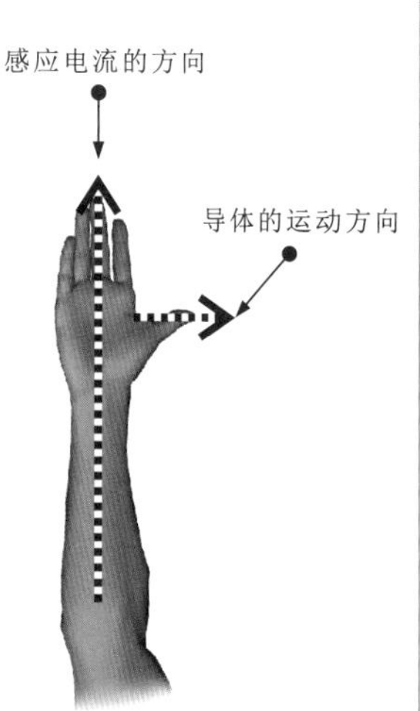

伸开右手，使拇指与四指垂直，并都跟手掌在一个平面内，让磁力线穿入手掌，拇指指向导体运动方向，四指所指的方向即为感应电流的方向。

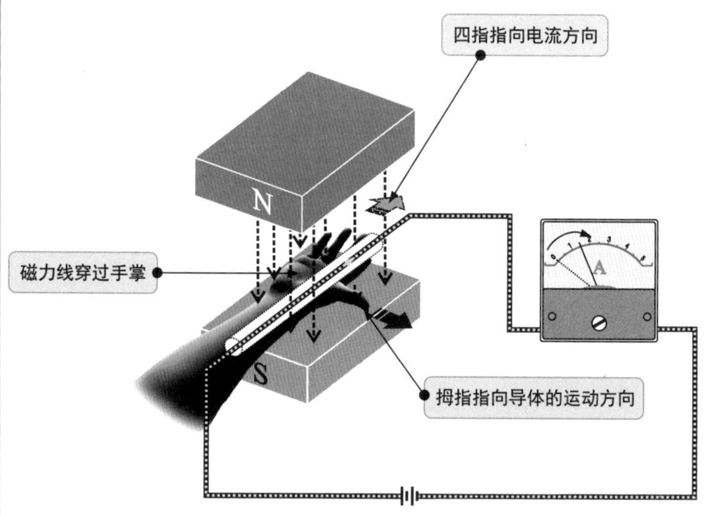

图1-11　感应电流方向的判断方法

感应电流的方向与导体切割磁力线的运动方向和磁场方向有关，即当闭合回路中一部分导体做切割磁力线运动时，所产生的感应电流方向可用右手定则来判断。

1.2 直流电路

1.2.1 直流电路的结构

直流电路是电流流向不变的电路，是由直流电源、控制器件及负载（电阻、照明灯、电动机等）构成的闭合导电回路。

图1-12为简单的直流电路。

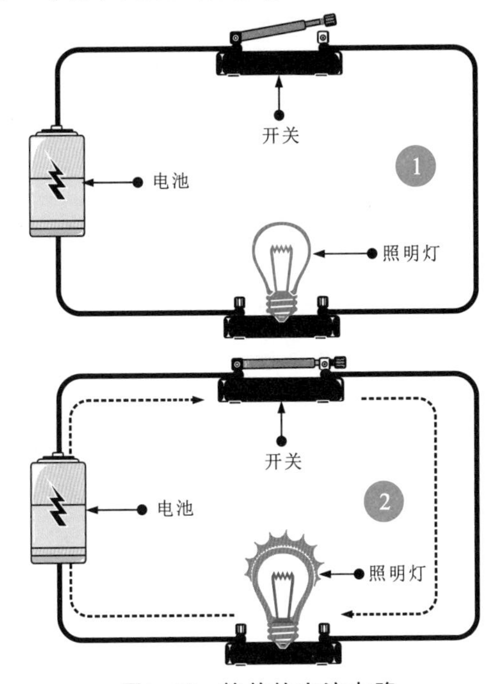

图1-12 简单的直流电路

在直流电路中，电流和电压是两个非常重要的基本参数，如图1-13所示。

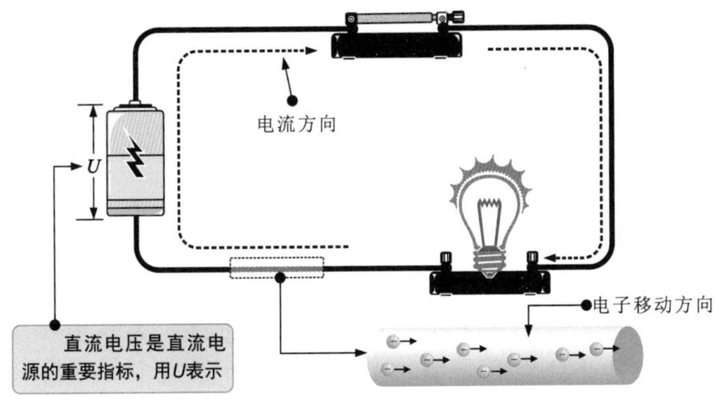

图1-13 直流电路中的电流和电压

划重点

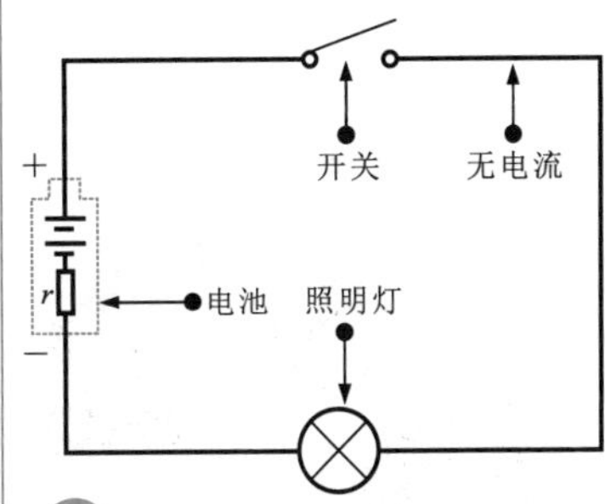

1 开关断开，电路断开，照明灯不亮，导线中无电流。

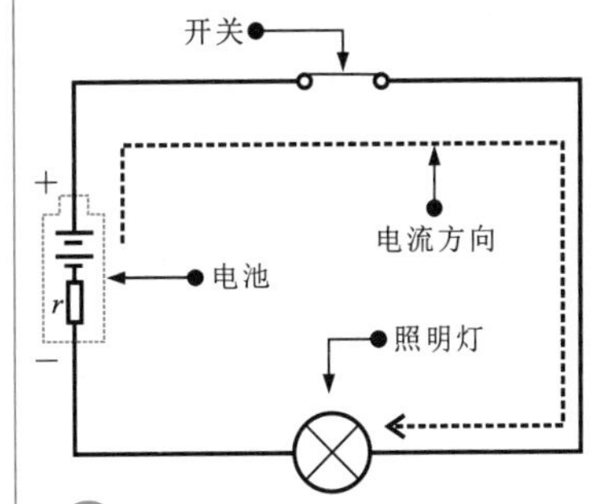

2 开关闭合，电路形成回路，照明灯点亮，导线中有电流。

直流电流的大小用电流强度表示。电流强度的单位为安培，简称安，用大写字母A表示，根据不同的需要，还可以用毫安（mA）和微安（μA）来表示。其换算关系为

$1A=10^3mA$

$1A=10^6\mu A$

1.2.2 直流电路的供电方式

直流电路的供电方式主要可以分为电池直接供电、交流-直流变换电路供电两种方式。

1 电池直接供电电路

图1-14为典型的电池直接供电电路。

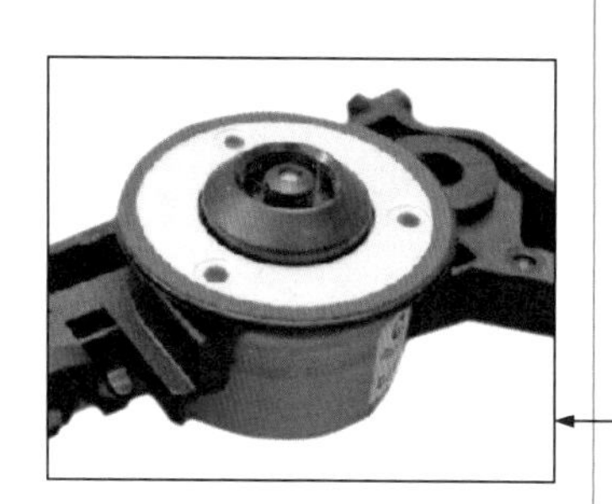

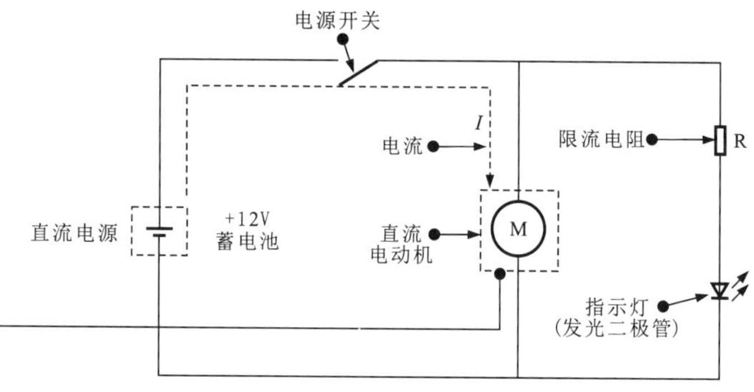

图1-14 典型的电池直接供电电路

+12V蓄电池经电源开关为直流电动机供电，当闭合电源开关时，由蓄电池的正极输出电流，经电源开关、直流电动机到蓄电池的负极构成回路。直流电动机的线圈有电流流过，启动运转。

干电池、蓄电池都是家庭中最常见的直流电源，由这类电池供电是直流电路最直接的供电方式。一般使用直流电动机的小型电器产品、小灯泡、指示灯及大多电工用仪表类设备（万用表、钳形表等）都采用这种供电方式。

2 交流-直流变换电路供电

图1-15为典型的交流-直流变换电路供电。

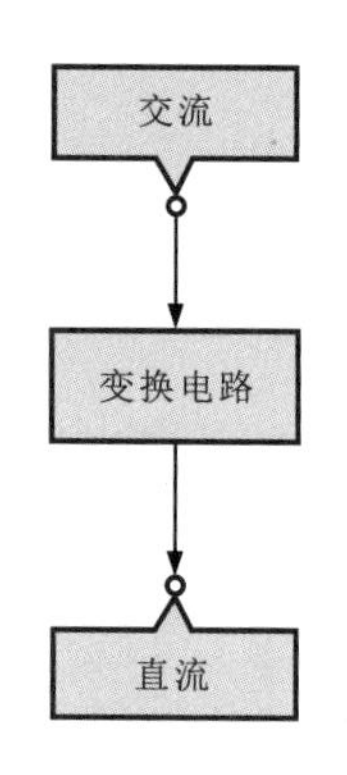

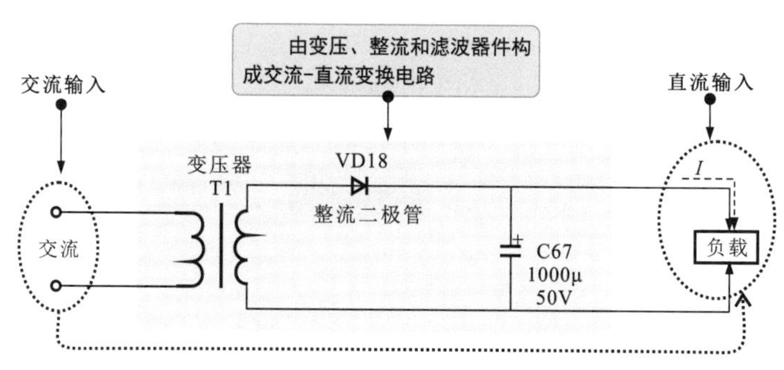

图1-15 典型的交流-直流变换电路供电

家用电器一般都连接220V交流电源，而电路中的单元电路和功能部件多需要直流供电。因此，若想使家用电器正常工作，首先就需要通过交流-直流变换电路将输入的220V交流电压变换成直流电压。

图1-16为交流-直流变换电路的应用。

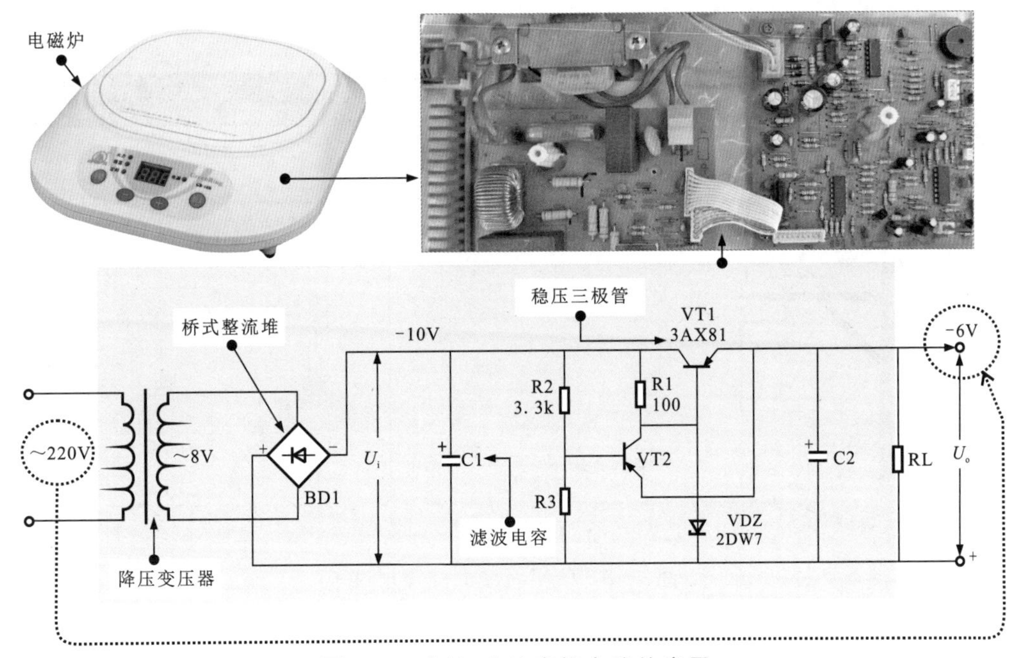

图1-16 交流-直流变换电路的应用

1.3 交流电路

1.3.1 单相交流电路

单相交流电路主要由单相交流供电电源、控制器件和负载构成。图1-17为家庭照明供电电路。该电路属于典型的单相交流电路。

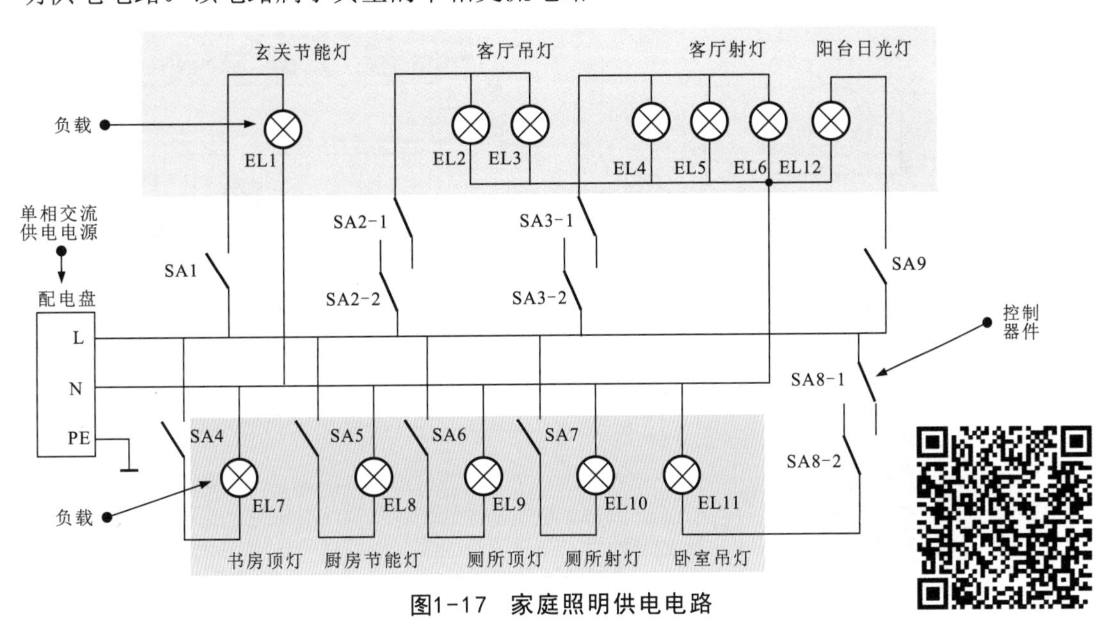

图1-17 家庭照明供电电路

单相交流电路主要有单相两线式、单相三线式两种供电方式。

图1-18为单相两线式交流电路。

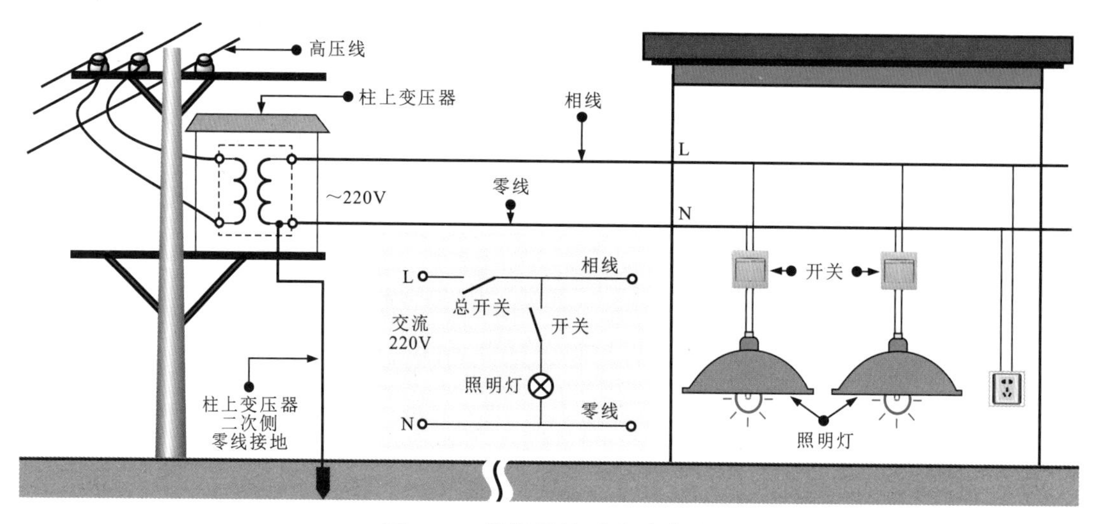

图1-18　单相两线式交流电路

单相两线式交流电路是由一根相线和一根零线组成的。取三相三线式高压线中的两根线作为柱上变压器的输入端，经变压处理后，由二次侧输出220V交流电压。

图1-19为单相三线式交流电路。

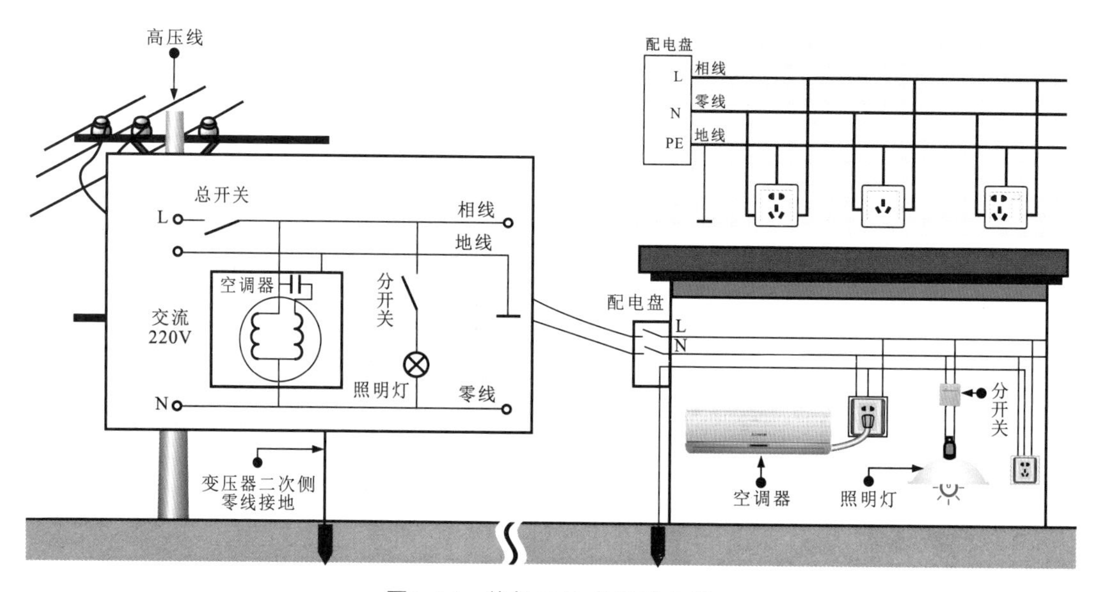

图1-19　单相三线式交流电路

单相三线式交流电路是由一根相线、一根零线和一根地线组成的。家庭供电线路中的相线和零线来自柱上变压器，地线是住宅的接地线。由于不同的接地点存在一定的电位差，因此零线与地线之间可能有一定的电压。

1.3.2 三相交流电路

三相交流电路主要由三相供电电源、控制器件和负载构成。图1-20为一种简单的电力拖动控制电路。该电路属于典型的三相交流电路。

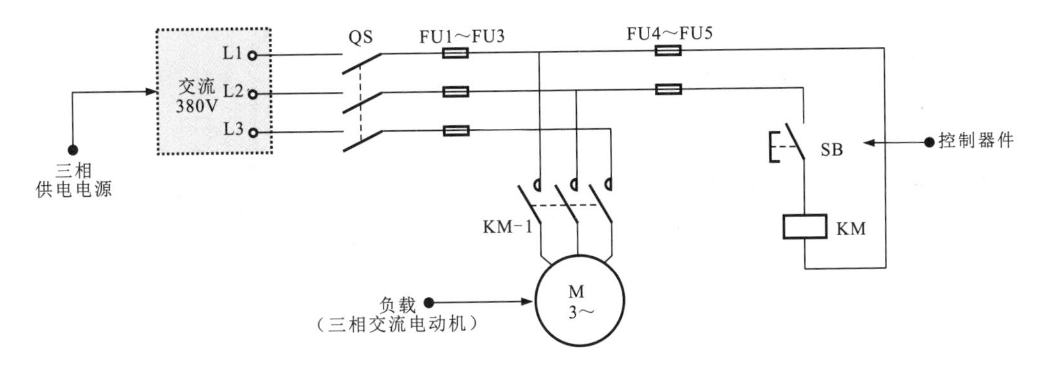

图1-20 一种简单的电力拖动控制电路

在控制器件的作用下，接通三相供电电源，为负载（三相交流电动机）供电后，负载即可进入工作状态，实现电路功能。

三相交流电路供电电源的三根相线之间，电压大小相等，都为380V，频率相同，都为50Hz，每根相线与零线之间的电压均为220V。

三相交流电路主要有三相三线式、三相四线式和三相五线式三种供电方式。

图1-21为三相三线式供电方式。三相三线式供电方式是由柱上变压器引出三根相线为工厂中的电气设备供电，三根相线之间的电压都为380V。

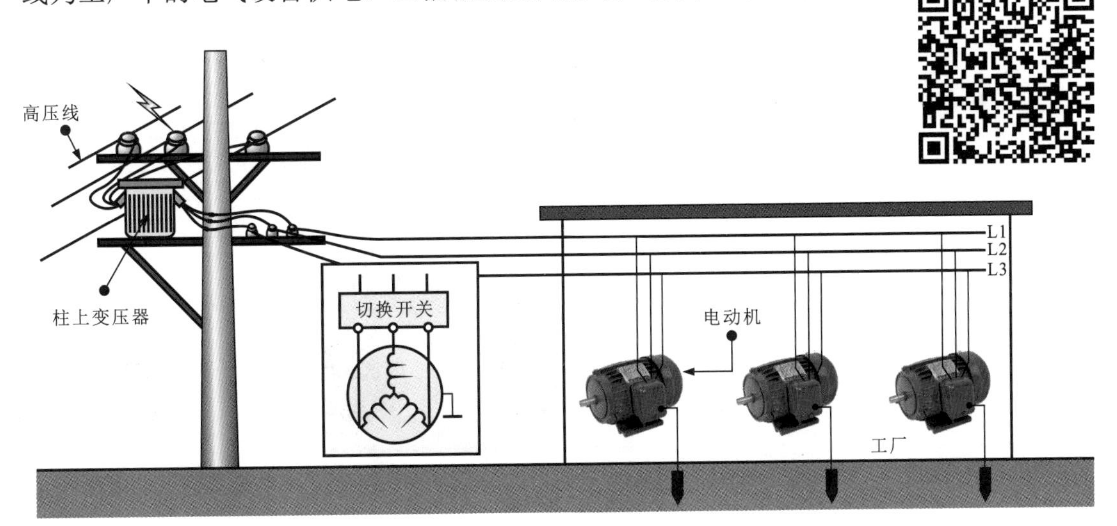

图1-21 三相三线式供电方式

图1-22为三相四线式供电方式。三相四线式供电方式由柱上变压器引出四根线。其中，三根为相线，一根为零线。零线接电动机三相绕组的中点，工作时，电流经过电动机做功，没有做功的电流经零线回到电厂，对电动机起保护作用。

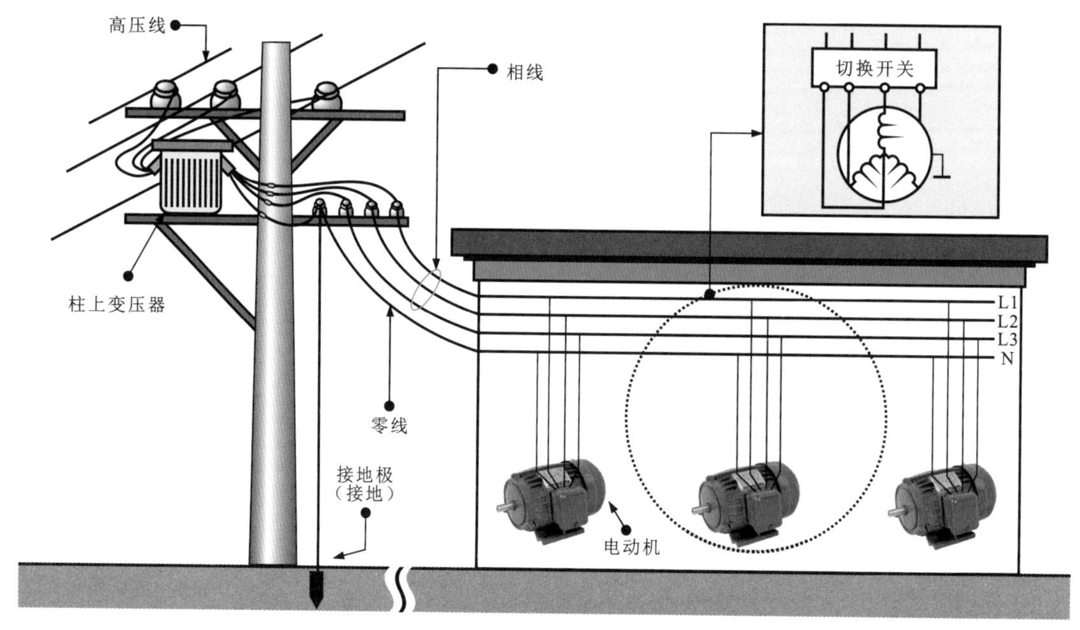

图1-22 三相四线式供电方式

图1-23为三相五线式供电方式。三相五线式供电方式是在三相四线式供电方式的基础上增加一根地线（PE），与大地相连，起保护作用，即为车间内的保护地线。

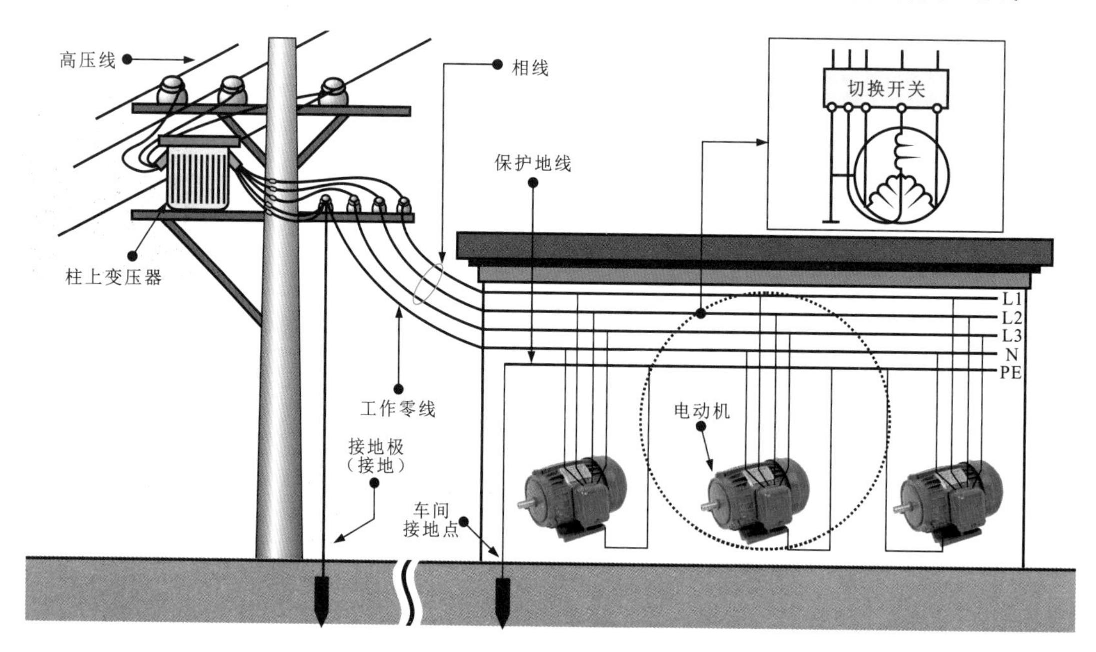

图1-23 三相五线式供电方式

电工安全

触电事故

2.1.1 触电的危害

触电电流是造成人体伤害的主要原因。触电电流的大小不同，引起的伤害也会不同。触电电流按照伤害大小可分为感觉电流、摆脱电流、伤害电流和致死电流，如图2-1所示。

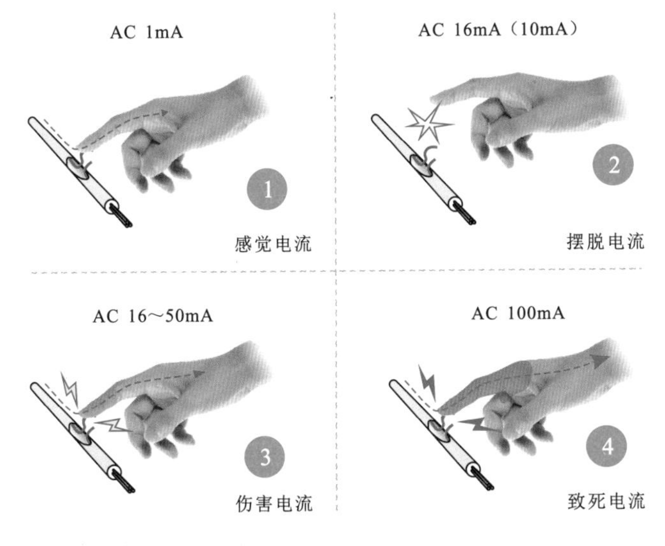

图2-1　触电电流的特点

根据触电电流危害程度的不同，触电的危害主要表现为电伤和电击两大类。

1 电伤

电伤主要是电流通过人体某一部位或电弧效应造成人体表面伤害，主要表现为烧伤或灼伤。

划重点

1 当触电电流达到交流1mA或直流5mA时，人体就可以感觉到电流，接触部位有轻微的麻痹、刺痛感。

2 当触电电流不超过交流16mA（女子为交流10mA左右）、直流50mA时，不会对人体造成伤害，可自行摆脱。

3 当触电电流超过摆脱电流时，就会对人体造成不同程度的伤害，触电时间越长，后果越严重。

4 当触电电流达到交流100mA时，即使时间为1s，也足以致命。

虽然电伤不会直接造成十分严重的伤害，但可能会因电伤导致摔倒、坠落等二次事故，间接造成严重危害。

一般来说，不同触电电流的频率对人体造成的损害会有差异。实验证明，触电电流的频率越低，对人体的伤害越大，频率为40～60Hz的交流电对人体更危险。随着频率的增大，触电的危险程度会下降。

1 电流通过人体会对触电部位造成伤害。

2 人体与两根相线构成回路，电流通过人体造成触电。

2 电击

电击是电流通过人体内部造成内部器官，如心脏、肺部和中枢神经等损伤。电流通过心脏时的危害性最大。相比较来说，电击比电伤造成的危害更大，如图2-2所示。

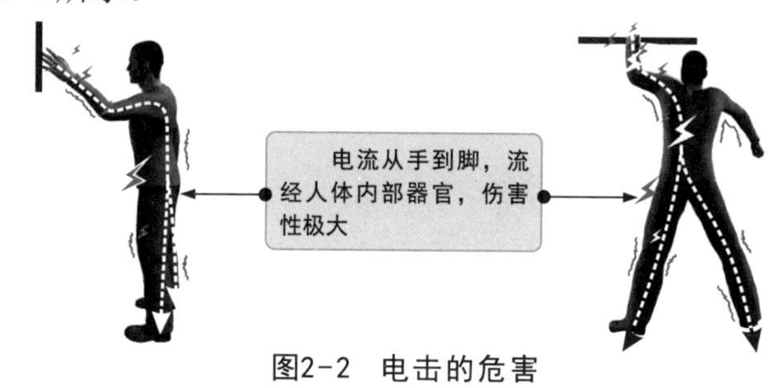

图2-2　电击的危害

2.1.2 触电的原因

人体是导体，人体组织的60%都是由含有水分的导电物质组成的。当人体接触设备的带电部分并形成电流通路时，就会有电流流过人体并造成触电。图2-3为人体触电的原因。

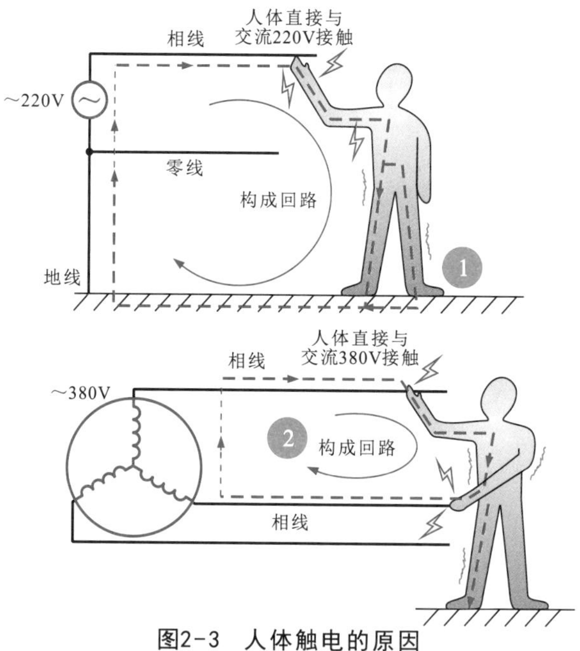

图2-3　人体触电的原因

触电事故产生的原因多种多样，大多是因在电工作业时疏忽或违规操作，使人体直接或间接接触带电部位造成的。除此之外，设备安全措施不完善、安全防护不到位、安全意识薄弱、作业环境条件不良等也是引发触电事故的常见原因。

1 电工作业疏忽或违规操作易引发触电事故

图2-4为电工作业疏忽或违规操作引发的触电事故。

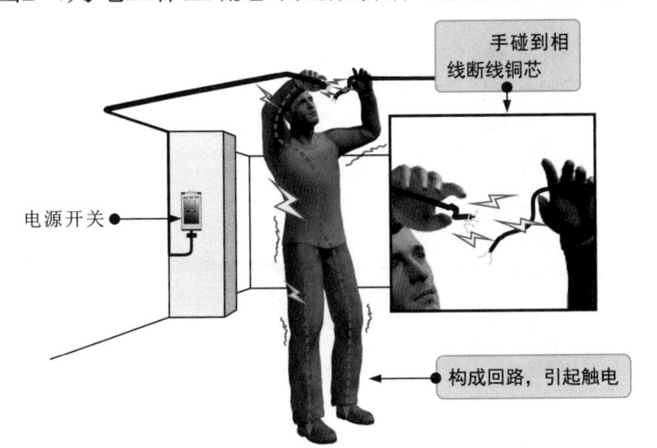

图2-4 电工作业疏忽或违规操作引发的触电事故

划重点

单相触电是在电气安装、调试与维修操作中最常见的一类触电事故。

这种触电是在地面上或在其他接地体上，人体的某一部位触及带电设备或线路中的相线，电流通过人体经大地回到中性点引起触电。

2 设备安全措施不完善易引发触电事故

图2-5为设备安全措施不完善引发的触电事故。

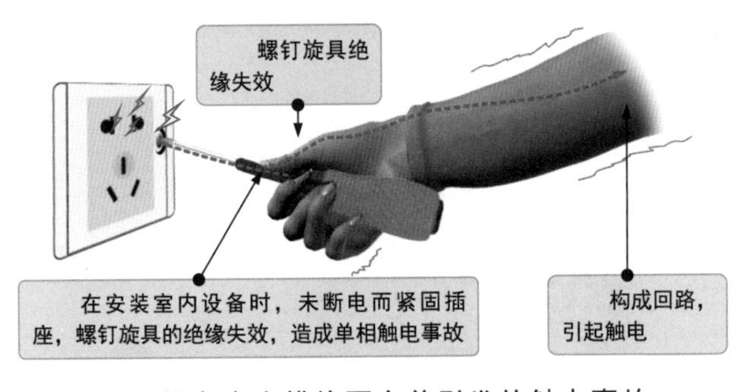

图2-5 设备安全措施不完善引发的触电事故

电工人员在作业时，若工具绝缘失效、绝缘防护措施不到位、未正确佩戴绝缘防护工具等，极易碰到带电设备或线路，进而造成触电事故。

3 安全防护不到位易引发触电事故

图2-6为安全防护不到位引发的触电事故。

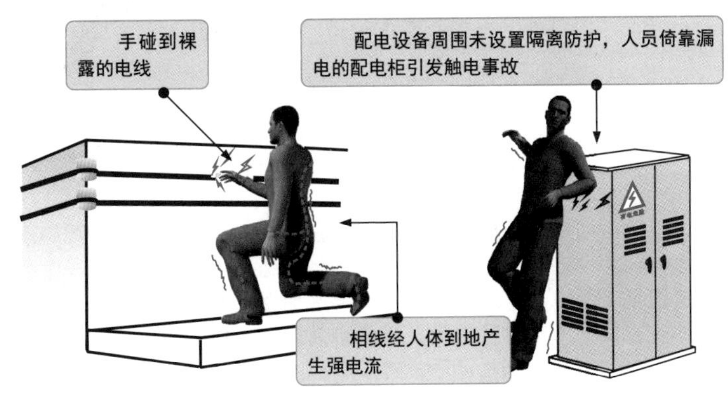

图2-6 安全防护不到位引发的触电事故

电工人员在进行线路调试或维修时，未佩戴绝缘手套、绝缘鞋等防护用品，碰到裸露的电线（正常工作中的配电线路，有电流流过），造成单相触电事故。

4 安全意识薄弱易引发触电事故

图2-7为安全意识薄弱引发的触电事故。

两相触电是人体的两个部位同时触及两相带电体（三根相线中的两根）所引起的触电事故。

由于人体所承受的是交流380V电压，其危险程度远大于单相触电，轻则导致烧伤或致残，重则会引起死亡。

图2-7 安全意识薄弱引发的触电事故

5 缺乏安全常识易引发触电事故

图2-8为缺乏安全常识引发的触电事故。

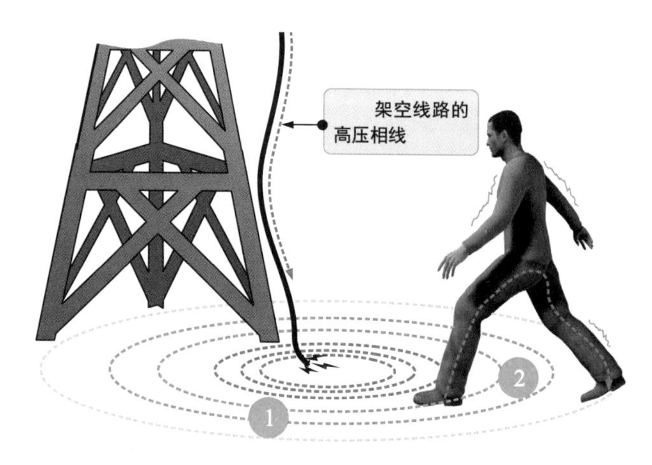

图2-8 缺乏安全常识引发的触电事故

① 架空线路高压相线掉落地面的特定带电区域，中心电位高，外围电位低。

② 进入带电区域的人体，前后两脚有电位差，形成电流通路，造成跨步触电。

架空线路的一根高压相线掉落在地面，电流便会从相线的落地点向大地流散，地面上以高压相线落地点为中心，形成一个特定的带电区域，半径为8～10m，离落地点越远，电位越低。电工作业人员进入带电区域后，当跨步前行时，由于前后两脚所在地点的电位不同，因此可形成跨步电压，在人体中形成电流通路，造成跨步触电。步幅越大，危害越大。

6 环境条件不良易引发触电事故

图2-9为环境条件不良引发的触电事故。

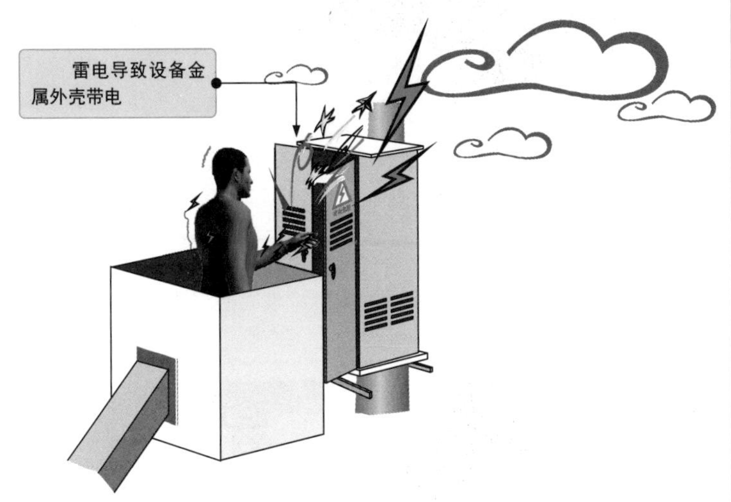

图2-9 环境条件不良引发的触电事故

划重点

在雷雨天气，尽量不要进行户外作业。若必须进行电力抢修作业，则应特别注意做好充足的防雷、防电措施。

2.2 触电防护与应急处理

2.2.1 防止触电

常用防止触电的基本措施主要有绝缘、屏护、间距、安全电压、漏电保护、保护接地与保护接零等。

1 绝缘

良好的绝缘是设备和线路正常运行的必要条件，也是防止直接触电事故的重要措施，如图2-10所示。

图2-10 绝缘

绝缘是通过绝缘材料使带电体与带电体之间、带电体与其他物体之间实现电气隔离，从而确保设备能够长期安全正常的工作，同时防止人体触及带电部分时发生触电事故。

1 电工作业人员在拉合电气设备刀闸时，应佩戴绝缘手套，实现与电气设备操作杆之间的电气隔离。

划重点

2 在电工操作中，大多数工具、设备等的外壳或手柄均采用绝缘材料制成，可实现与内部带电部分的电气隔离。

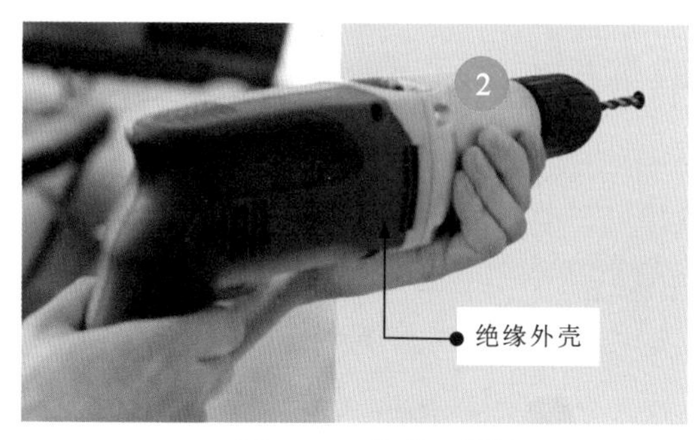

图2-10 绝缘（续）

绝缘手套、绝缘鞋及各种维修工具的绝缘手柄都可以起到绝缘防护的作用，如图2-11所示。其绝缘性能必须满足国家现行的绝缘标准。

目前，常用的绝缘材料有玻璃、云母、木材、塑料、胶木、布、纸、漆等。每种材料的绝缘性能和耐压数值不同，应视情况合理选择。

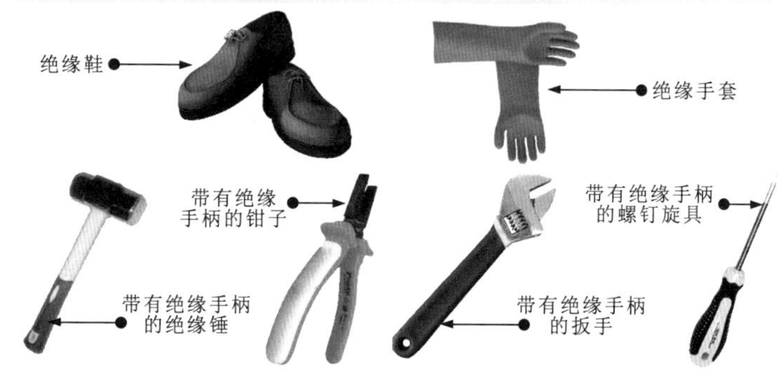

图2-11 绝缘防护设备

图2-12为绝缘手套和绝缘鞋的绝缘测试。

绝缘材料在腐蚀性气体、蒸汽、粉尘、机械损伤的作用下，绝缘性能会下降，应严格按照电工操作规程进行操作，不同的绝缘防护设备均有相应的绝缘测试设备。例如，可使用专业的测试仪对绝缘手套和绝缘鞋进行定期绝缘和耐高压测试。

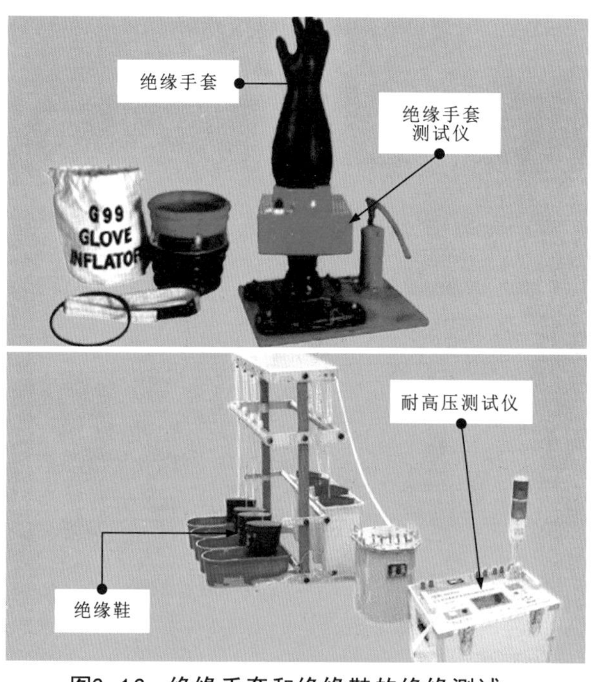

图2-12 绝缘手套和绝缘鞋的绝缘测试

常见绝缘防护设备的定期检测参数见表2-1。

表2-1 常见绝缘防护设备的定期检测参数

定期检测时间	防护设备	额定耐压(kV/min)	耐压时间（min）
半年	低压绝缘手套	8	1
	高压绝缘手套	2.5	1
	绝缘鞋	15	5
一年	高压验电器	105	1
	低压验电器	40	1

2 屏护

屏护是使用防护装置将带电体所涉及的场所或区域隔离，如图2-13所示，防止电工作业人员和非电工作业人员因靠近带电体而引发直接触电事故。

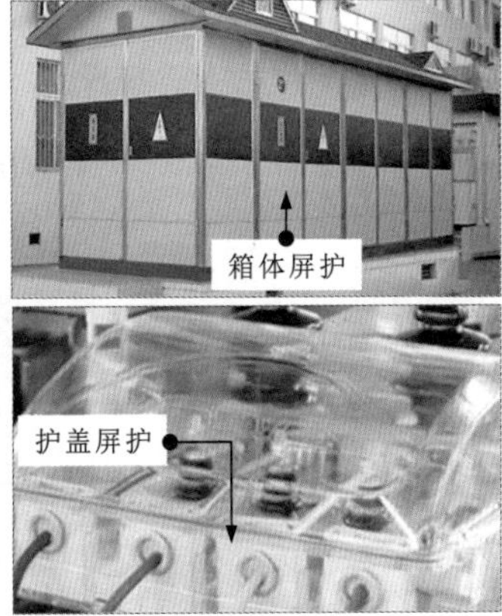

图2-13 屏护

划重点

常见的屏护措施有围栏屏护、护盖屏护、箱体屏护等。屏护装置必须具备足够的机械强度和较好的耐火性能。若材质为金属，则必须采取接地（或接零）处理，防止屏护装置意外带电造成触电事故。

3 间距

间距是在电工作业时，电工作业人员与设备之间、带电体与地面之间、设备与设备之间应保持的安全距离，如图2-14所示。正确的间距可以防止人体触电、电气短路、火灾等事故的发生。

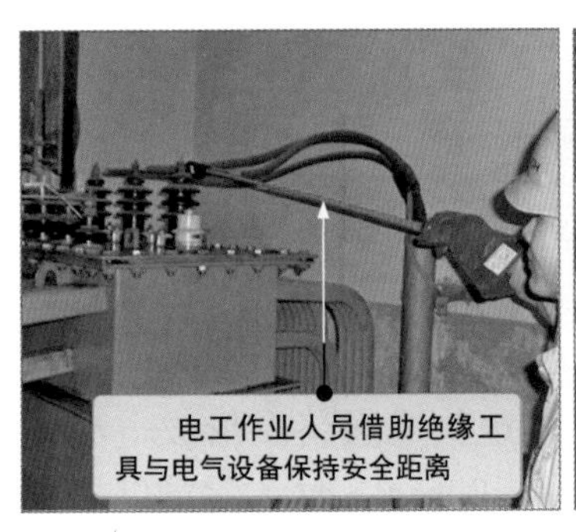

图2-14 间距

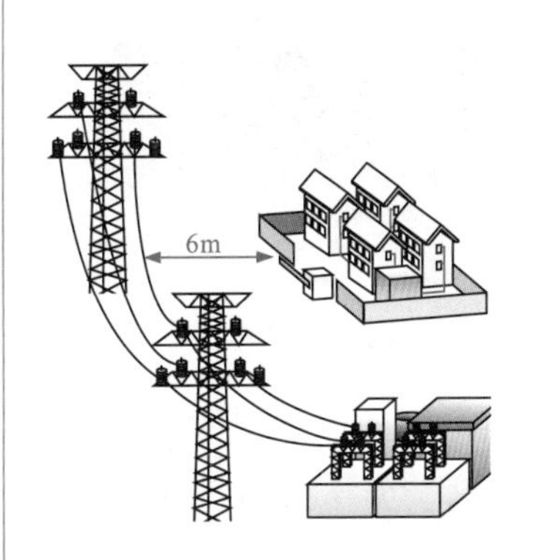

在计算导线最大风偏的情况下，330kV导线距离建筑物的水平安全距离为6m。

带电体的电压不同，类型不同，安装方式不同，电工作业时所需保持的间距也不一样。安全间距一般取决于电压、设备类型、安装方式等相关因素。

表2-2为间距类型及说明。

表2-2　间距类型及说明

间距类型	说　明
线路间距	线路间距是厂区、市区、城镇低压架空线路的安全距离。在一般情况下，低压架空线路的导线与地面或水面的距离不应低于6m；330kV线路与附近建筑物之间的距离不应小于6m
设备间距	电气设备或配电装置应考虑搬运、检修、操作和试验的方便性。为确保安全，电气设备周围需要保持必要的安全通道。例如，在配电室内，低压配电设备正面通道的宽度，在单列布置时应不小于1.5m。另外，带电设备与围栏之间也应满足安全距离要求
检修间距	检修间距是在维护检修过程中，电工作业人员与带电体、停电设备之间必须保持足够的安全距离。起重机械在架空线路附近作业时，要注意与线路导线之间应保持足够的安全距离

4 安全电压

安全电压是为了防止触电事故而规定的一系列不会危及人体的安全电压值，即把可能加在人体上的电压限制在某一范围内，该范围内的电压在人体内产生的电流不会造成伤害，如图2-15所示。

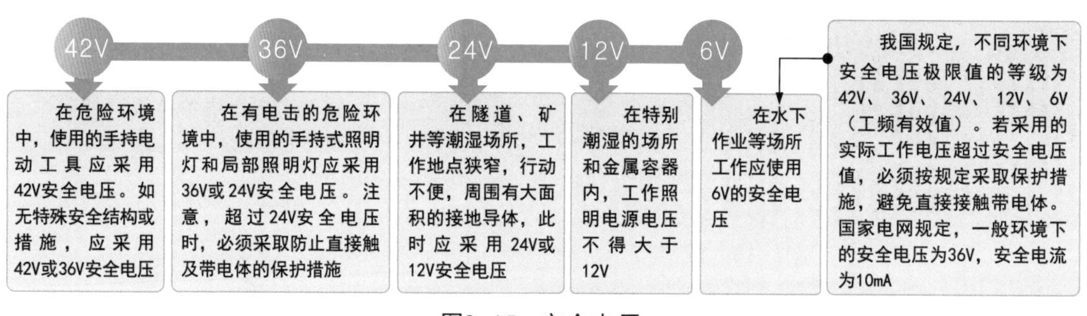

图2-15　安全电压

需要注意，安全电压仅为特低电压的保护形式，不能认为采用了“安全”特低电压就可以绝对防止触电事故。安全特低电压必须由安全电源供电，如安全隔离变压器、蓄电池及独立供电的柴油发电机，即使在故障时，仍能确保输出端子上的电压不超过特低电压值。

5 漏电保护

漏电保护是借助漏电保护器件实现对线路或设备的保护，防止人体触及漏电线路或设备时发生触电事故。

漏电是电气设备或线路绝缘损坏或因其他原因造成导电部分破损时，如果电气设备的金属外壳接地，此时电流就由电气设备的金属外壳经大地构成通路，形成电流，即漏电电流。当漏电电流达到或超过规定允许值（一般不大于30mA）时，漏电保护器件能够自动切断电源或报警，可保证人身安全，如图2-16所示。

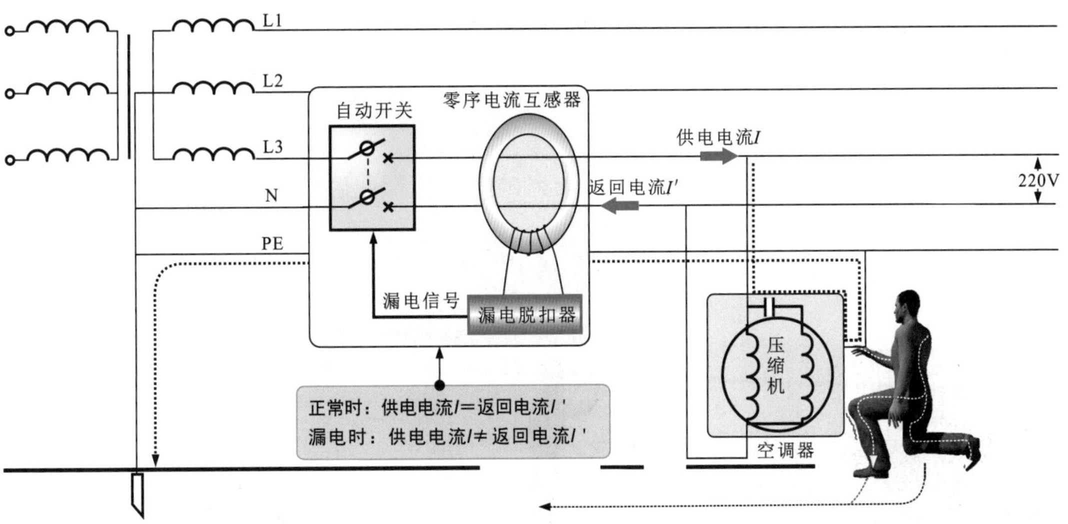

图2-16 漏电保护

6 保护接地和保护接零

保护接地和保护接零是间接触电防护措施中最基本的措施，如图2-17所示。

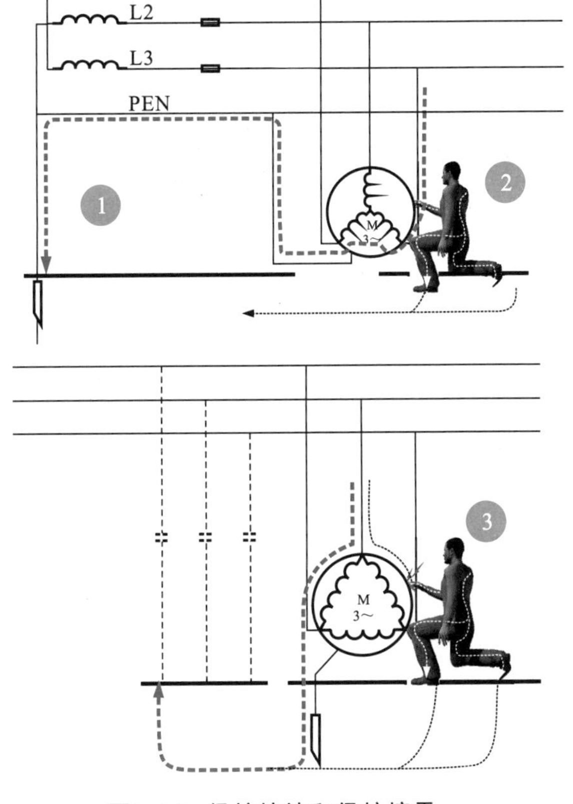

图2-17 保护接地和保护接零

1 保护接零是将电气设备在正常情况下不带电的金属外壳与电源侧变压器中性点引出的工作零线或保护零线相连接。

2 当某相带电部分碰到电气设备的金属外壳时，通过设备外壳形成对零线的单相短路回路，由于短路电流较大，能够在最短的时间内保护装置或自动跳闸，从而切断电流，保障人身安全。

3 保护接地是将电气设备平时不带电的金属外壳用专门设置的接地装置进行良好的金属连接，当设备金属外壳意外带电时，可消除或减小触电的危险。保护接地常用于低压不接地配电网中的电气设备。

2.2.2 摆脱触电

触电事故发生后，救护者要保持冷静，首先观察现场，推断触电原因，然后采取最直接、最有效的方法实施救援，让触电者尽快摆脱触电环境，如图2-18所示。

1 发现触电者触电倒地，且触电情况不明时，应及时切断电源总开关。

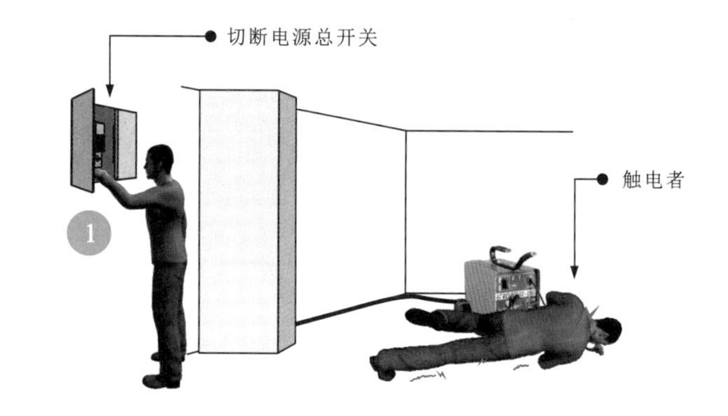

2 若漏电线压在触电者身上，则可以利用干燥绝缘棒、竹竿、塑料制品、橡胶制品等绝缘物挑开触电者身上的漏电线。

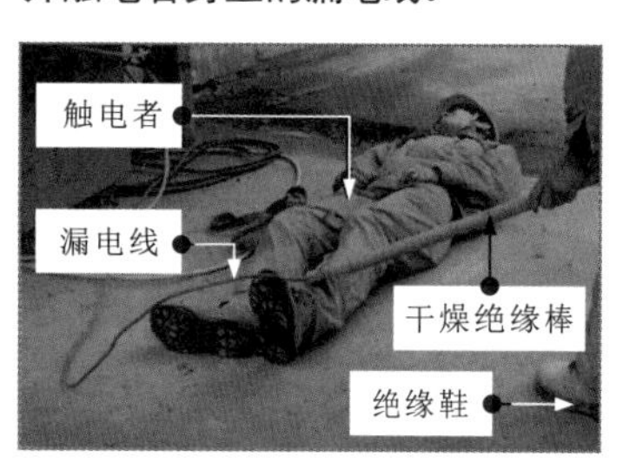

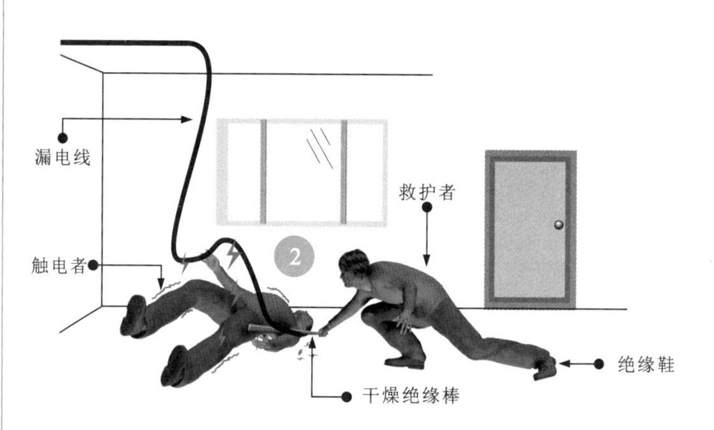

图2-18 摆脱触电环境

特别注意，整个施救过程要迅速、果断，尽可能利用现有资源实施救援，以争取宝贵的救护时间，绝对不可直接拉拽触电者，否则极易造成连带触电。

2.2.3 触电急救

触电者脱离触电环境后，不要随便移动，应将触电者放平，使其仰卧，并迅速解开触电者的衣服、腰带等，保证正常呼吸，疏散围观者，保证周围空气畅通，同时拨打120急救电话，做好以上准备工作后，就可以根据触电者的情况进行相应的救护。

1 触电情况的判断

当发生触电事故时，若触电者意识丧失，应在10s内迅速观察并判断触电者的呼吸和心跳情况。

图2-19为触电后呼吸、心跳情况的判断方法。

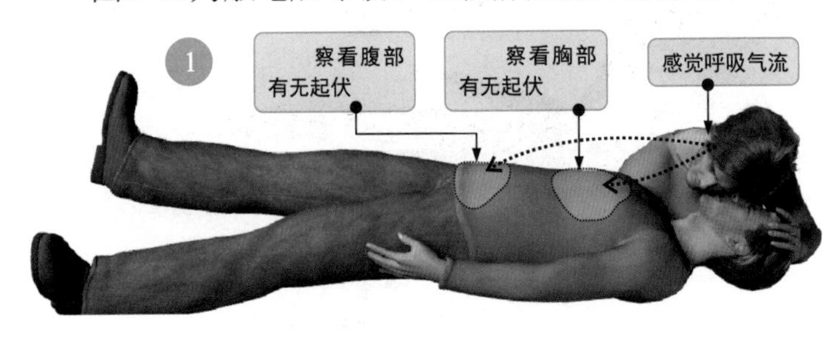

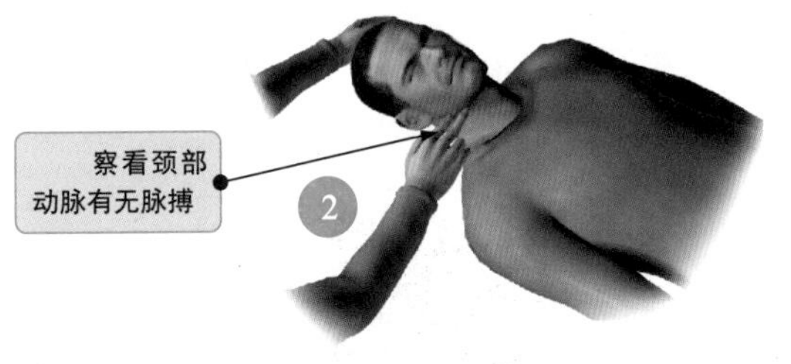

图2-19 触电后呼吸、心跳情况的判断方法

图2-20为触电者的正确仰卧姿势。

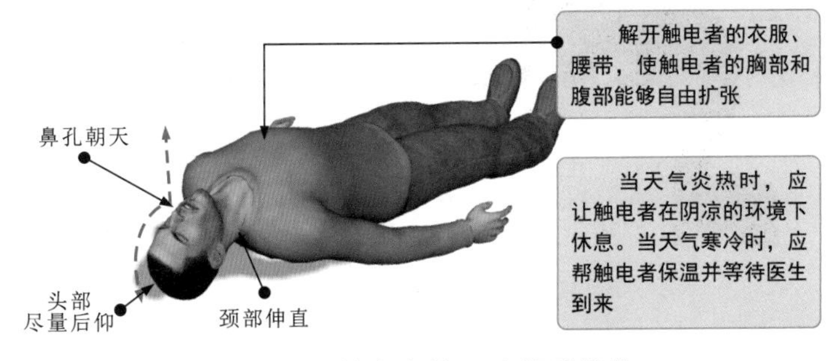

图2-20 触电者的正确仰卧姿势

若触电者已经失去知觉，但仍有轻微的呼吸和心跳，应让触电者就地仰卧平躺，让气道通畅，解开触电者的衣服及有碍于呼吸的腰带等，呼叫触电者或轻拍触电者肩部，判断触电者意识是否丧失。在触电者神志不清时，不要摇动触电者的头部或呼叫触电者。

2 急救处理

在通常的情况下，若正规医疗救援不能及时到位，而触电者已无呼吸，但是仍然有心跳时，应及时采用人工呼吸法救治。

划重点

1 首先察看触电者的腹部、胸部等有无起伏动作；接着用耳朵贴近触电者的口、鼻处，感觉触电者是否有呼吸气流。

2 用一只手扶住触电者的头部，用另一只手摸颈部动脉，感觉是否有脉搏。

当触电者无呼吸也无颈部脉搏时，才可以判定触电者呼吸、心跳停止。

发现口腔内有异物，如食物、呕吐物、血块、脱落的牙齿、泥沙、假牙等，均应尽快清理，否则也可造成气道阻塞。无论选用何种畅通气道（开放气道）的方法，均应使耳垂与下颌角的连线和触电者仰卧的平面垂直，气道方可开放。

在人工呼吸前，首先要确保触电者口、鼻畅通，然后迅速采用正确规范的手法做好人工呼吸前的准备工作。

图2-21为人工呼吸前的准备工作。

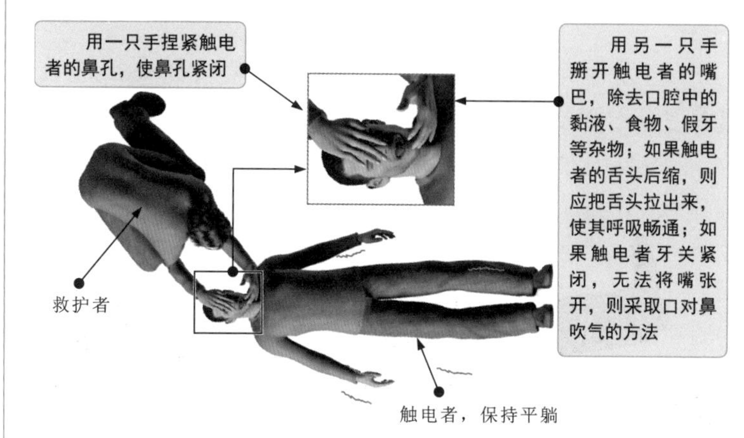

图2-21 人工呼吸前的准备工作

1 救护者首先深吸一口气，紧贴着触电者的嘴巴大口吹气，使其胸部膨胀，然后换气，放开触电者的鼻子，使触电者自动呼气，如此反复，吹气时间为2～3s，放松时间为2～3s，5s左右为一个循环。重复操作，中间不可间断，直到触电者苏醒为止。

2 在人工呼吸时，救护者在吹气时要捏紧鼻子，紧贴嘴巴，不能漏气，放松时，应能使触电者自动呼气，对体弱者和儿童吹气时只可小口吹气，以免肺泡破裂。

做完前期准备后，开始进行人工呼吸。图2-22为人工呼吸的方法。

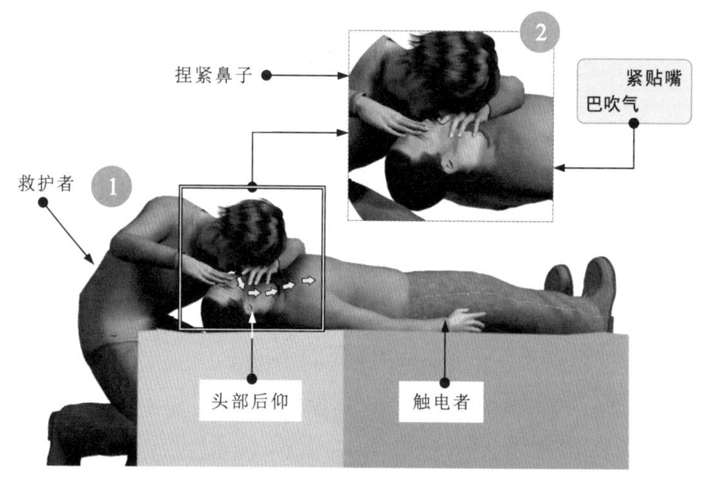

图2-22 人工呼吸的方法

1 垫高肩部。首先使触电者仰卧，最好用柔软的物品（如衣服等）垫高肩部，头部后仰。

若触电者的嘴巴或鼻子被电伤无法进行口对口人工呼吸或口对鼻人工呼吸时，也可以采用牵手呼吸法救治，如图2-23所示。

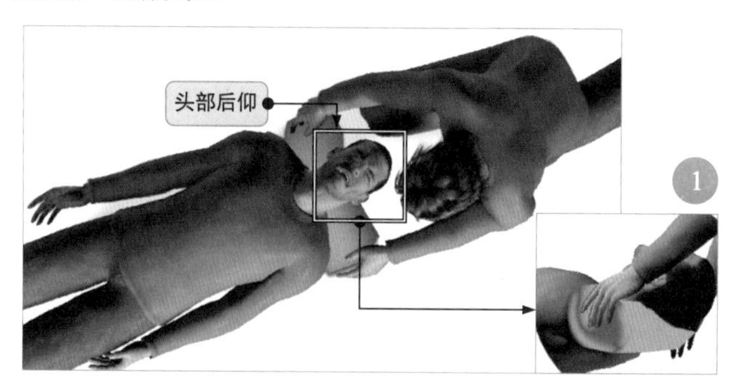

图2-23 牵手呼吸法

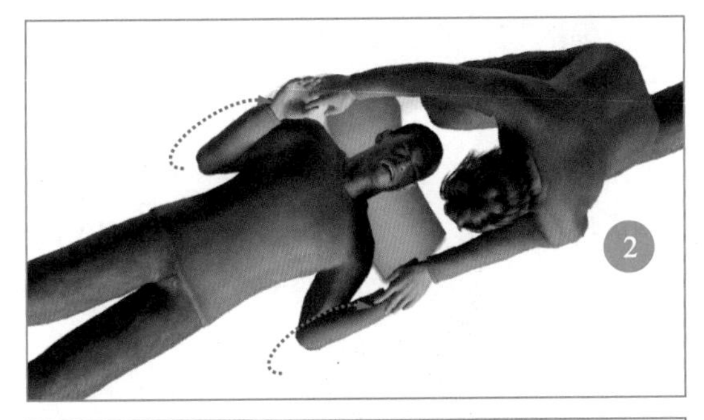

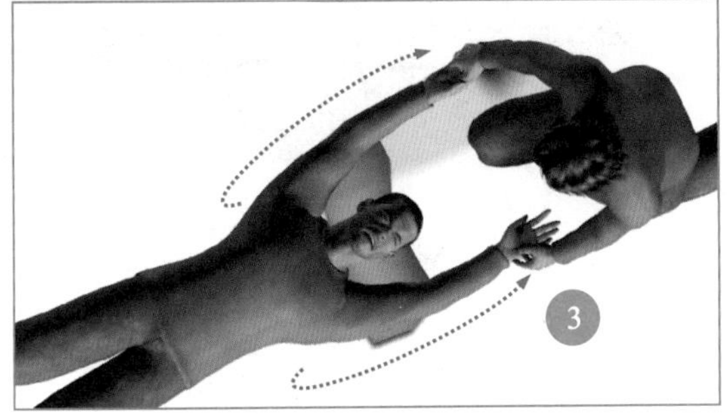

图2-23　牵手呼吸法（续）

划重点

2 救护者蹲跪在触电者头部附近，两只手握住触电者的手腕，让触电者两臂在胸前弯曲，让触电者呼气。注意，在操作过程中用力不要过猛。

3 救护者将触电者两臂从胸前向头顶上方伸直，让触电者吸气。

在触电者心音微弱、心跳停止或脉搏短而不规则的情况下，可采用胸外心脏按压法帮助触电者恢复正常心跳，如图2-24所示。

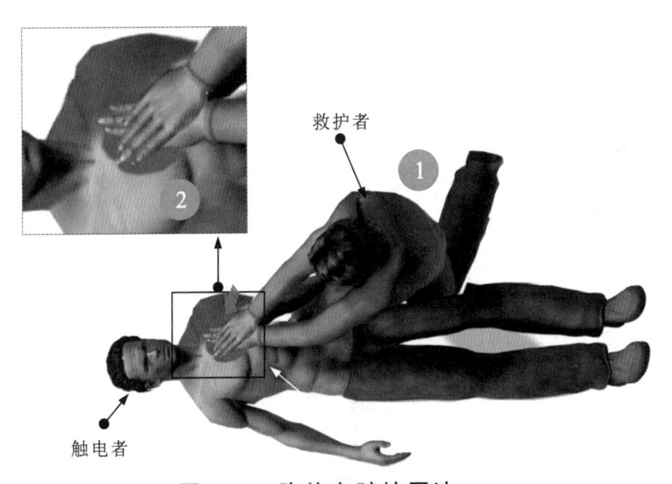

图2-24　胸外心脏按压法

1 让触电者仰卧，解开衣服和腰带，救护者跪在触电者腰部两侧或跪在触电者一侧。

2 救护者将左手掌放在触电者的胸骨按压区，中指对准颈部凹陷的下端，右手掌压在左手掌上，用力垂直向下挤压。成人胸外按压频率为100次/分钟。一般在实际救治时，应每按压30次后，实施两次人工呼吸。

在抢救过程中，要不断观察触电者的面部动作，若嘴唇稍有开合，眼皮微微活动，喉部有吞咽动作，则说明触电者已有呼吸，可停止救助。如果触电者仍没有呼吸，则需要同时利用人工呼吸和胸外心脏按压法。如果触电者身体僵冷，医生也证明无法救治时，才可以放弃治疗。反之，如果触电者瞳孔变小，皮肤变红，则说明抢救收到了效果，应继续救治。

将中指放置在胸骨与肋骨结合处的中点位置，食指平放在胸骨下部（按压区），将左手的手掌根紧挨着食指上缘置于胸骨上，将定位的右手移开，并将掌根重叠放在左手背上，有规律地按压即可。

寻找正确的按压点：可将右手食指和中指沿着触电者的右侧肋骨下缘向上，找到肋骨和胸骨结合处的中点，如图2-25所示。

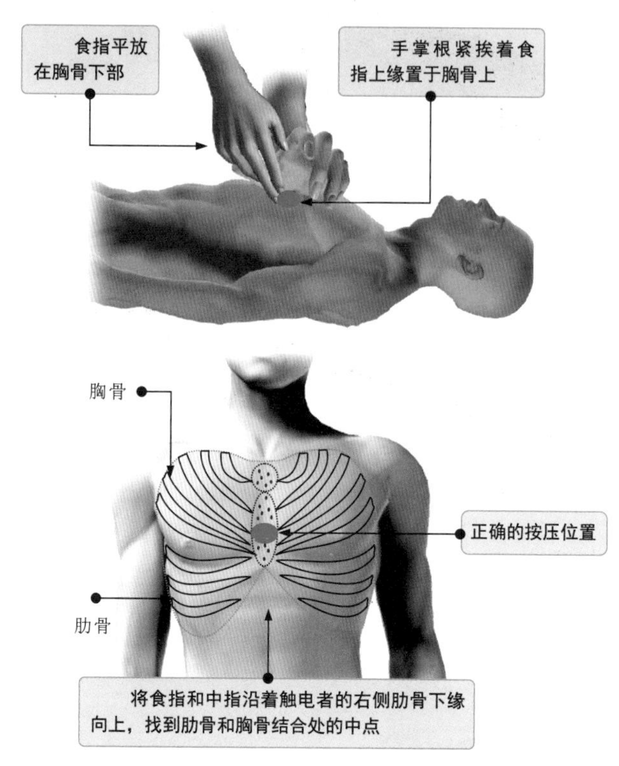

图2-25 胸外心脏按压法的按压点

2.3 外伤急救与电气灭火

2.3.1 外伤急救

在电工作业过程中，碰触尖锐利器、电击、高空作业等可能会造成电工作业人员被割伤、摔伤和烧伤等外伤事故，对不同的外伤要采用不同的急救措施。

1 割伤急救

电工作业人员在被割伤出血时，需要用棉球蘸取少量的酒精或盐水将伤口清洗干净，为了保护伤口，用纱布（或干净的毛巾等）包扎。

图2-26为割伤的处理方法。

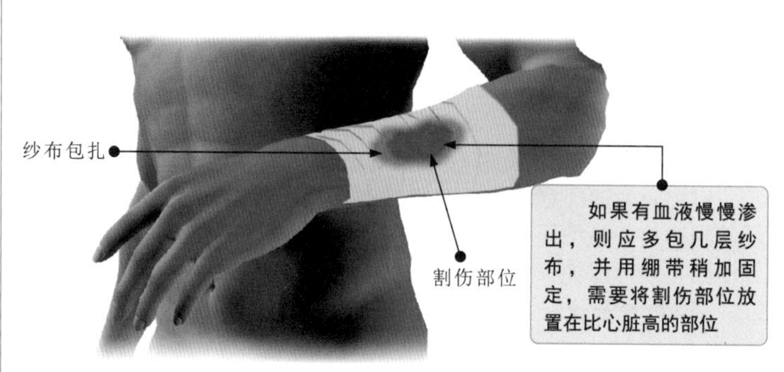

图2-26 割伤的处理方法

若经初步救护还不能止血或血液大量渗出，则要赶快呼叫救护车。在救护车到来以前，可采用指压止血方式，即用手压住割伤部位接近心脏的血管，以此来达到止血的目的。

指压止血方式只是临时应急措施。若将手松开，则血还会继续流出。若有条件，最好使用止血带止血。

图2-27为止血带止血的方法。

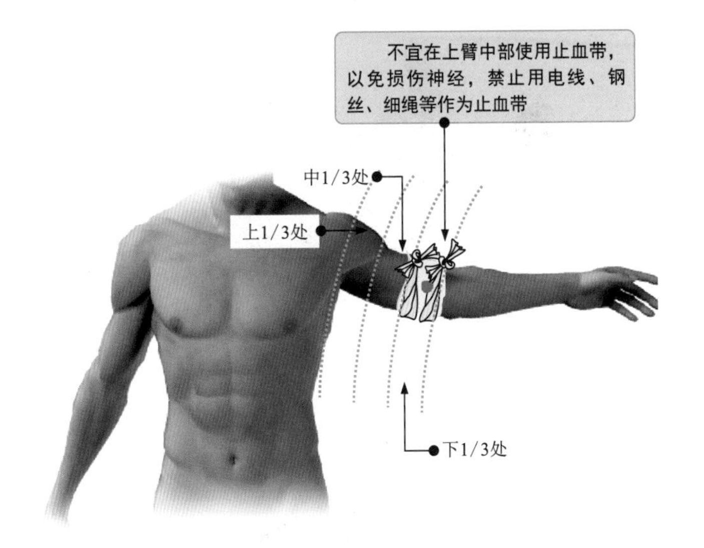

图2-27 止血带止血的方法

使用止血带止血时，先将消毒纱布或割伤者的衣服等叠起放置在止血带的下面，用止血带扎紧肢体端的动脉，以脉搏消失为佳。

若伤口出血呈喷射状或有鲜红的血液涌出，则应立即用清洁的手指压迫出血点的上方（近心端），使血流中断，并将出血的肢体举高或抬高，以减少出血量。

止血带每隔30min左右就要松开一次，以便让血液循环；否则，割伤部位被捆绑的时间过长，会对割伤者造成危害。

2 摔伤急救

在电工作业过程中，摔伤主要发生在一些登高作业中。摔伤急救的原则是先抢救、后固定。图2-28为摔伤的急救措施。

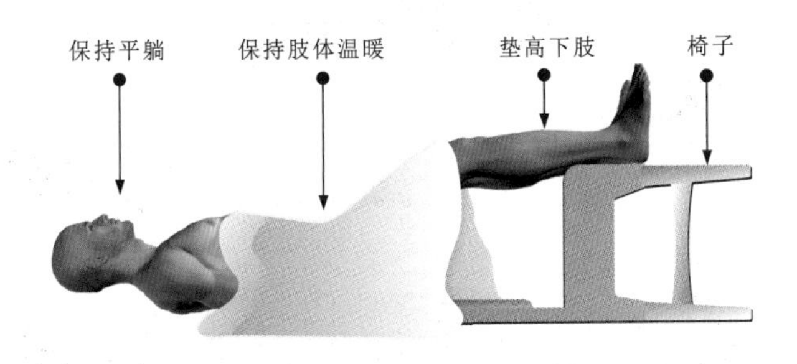

图2-28 摔伤的急救措施

对于摔伤，应在6～8h之内进行处理，并缝合伤口。

从外观看，若摔伤者并无出血，但有脸色苍白、脉搏细弱、全身出冷汗、烦躁不安，甚至神志不清等，则首先让摔伤者迅速躺平，用椅子将下肢垫高，并保持肢体温暖，然后迅速送往医院救治。若送往医院的路途时间较长，则可给摔伤者饮用少量的糖盐水。

如果摔伤的同时有异物刺入体内，则切忌擅自将异物拔出，要保持异物与身体相对固定，并及时送往医院救治。

图2-29为肢体骨折的急救方法。

当肢体骨折时，一般使用夹板、木棍、竹竿等将骨折处的上、下两个关节固定，也可与身体固定，以免骨折部位移动，减少伤者的疼痛，防止伤势恶化。

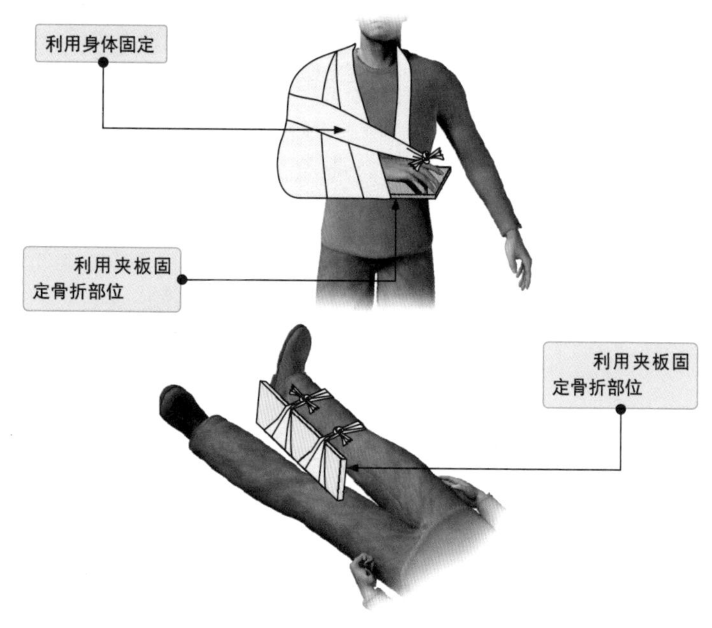

图2-29　肢体骨折的急救方法

图2-30为颈椎和腰椎骨折的急救措施。

1 当颈椎骨折时，一般先让摔伤者平卧，将沙土袋或其他代替物放在头部两侧，使头部固定，头部切忌后仰、移动或转动。

2 当腰椎骨折时，应让摔伤者平卧在木板上，并将腰椎躯干及两侧下肢一起固定在木板上。

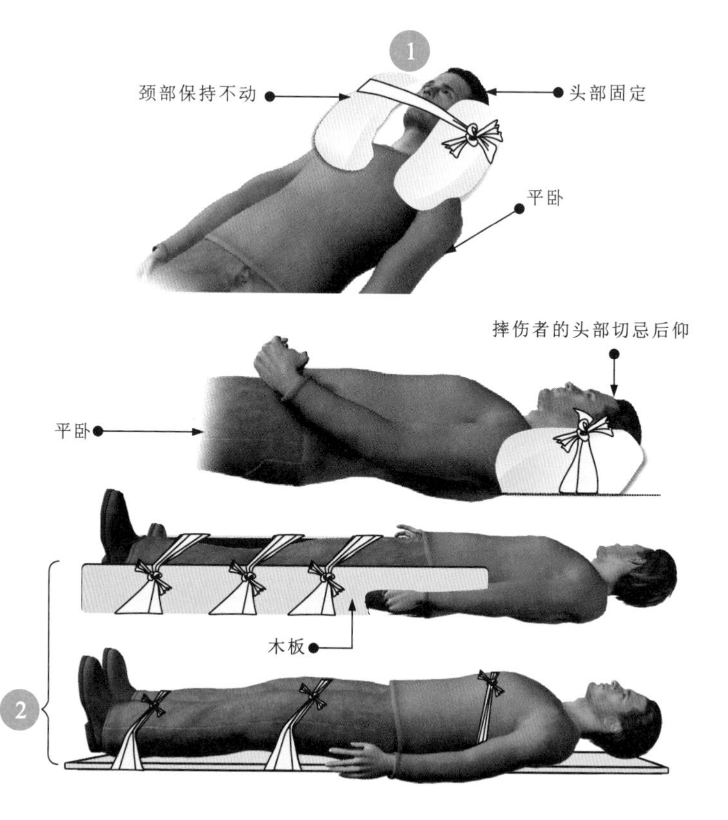

图2-30　颈椎和腰椎骨折的急救措施

值得注意的是，若为开放性骨折或大量出血，则应先止血、后固定，用干净的布片覆盖伤口，并迅速送往医院，切勿将外露的断骨推回伤口内。若没有出现开放性骨折，则最好也不要自行或让非医务人员揉、拉、捏、掰等，应等急救医生或到医院后让医务人员救治。

3 烧伤急救

烧伤多是由触电及火灾事故引起的。一旦出现烧伤，应及时对烧伤部位进行降温处理，并在降温的过程中小心除去衣物，以降低伤害，如图2-31所示。

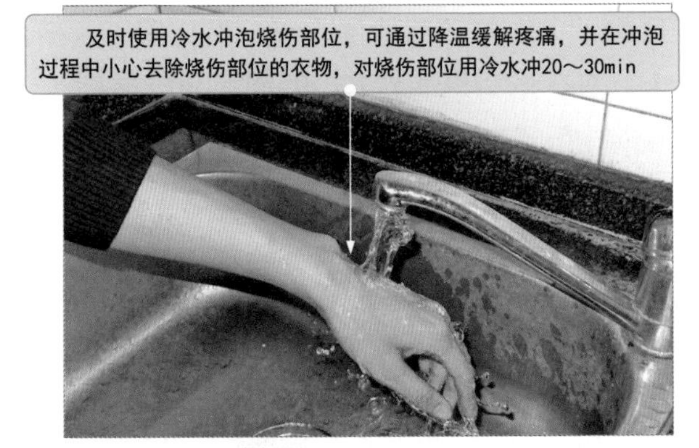

图2-31 烧伤急救

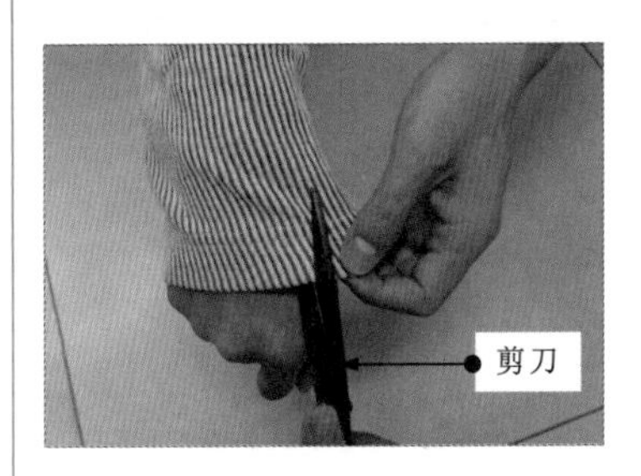

使用剪刀将烧伤部位的衣物剪开，小心与烧伤部位分离。

2.3.2 电气灭火

一旦发生电气火灾事故，应及时切断电源，拨打火警电话119报警，并使用身边的灭火器灭火。图2-32为常用的灭火器。

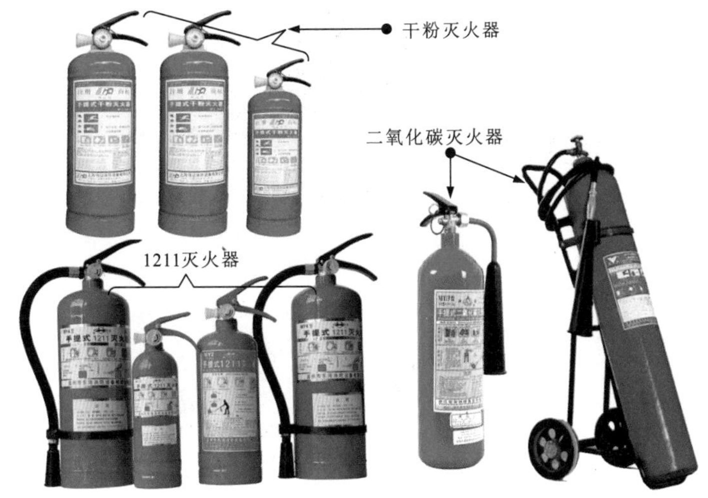

图2-32 常用的灭火器

电气火灾是由电气设备或电气线路操作、使用或维护不当而直接或间接引发的火灾事故。

不同性质的电气火灾应选择相应类型的灭火器。

一般来说，对于电气线路引起的火灾，应选择干粉灭火器、二氧化碳灭火器、二氟-氯-溴甲烷灭火器（1211灭火器）或二氟二溴甲烷灭火器灭火。这些灭火器中的灭火剂不具有导电性。

图2-33为灭火器的基本结构组成。

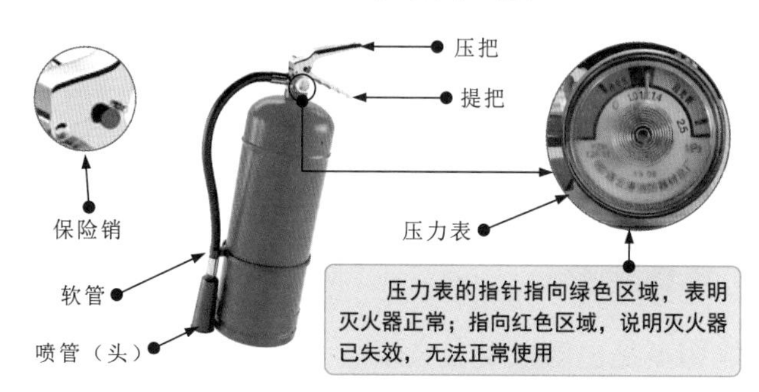

图2-33　灭火器的基本结构组成

在使用灭火器灭火时，要首先除掉灭火器上的铅封，拔出位于灭火器顶部的保险销，然后压下压把，将喷管（头）对准火焰根部灭火，如图2-34所示。

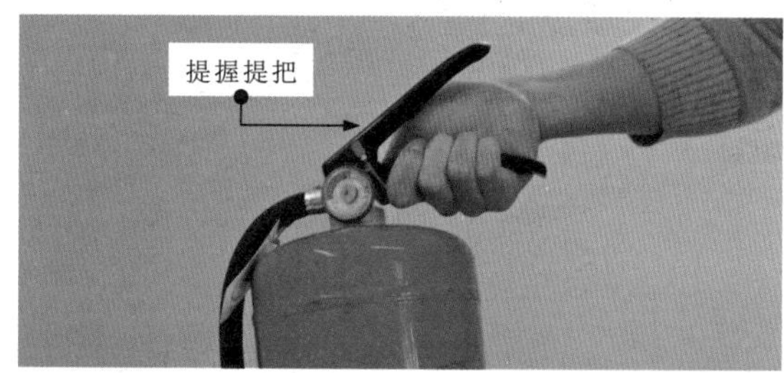

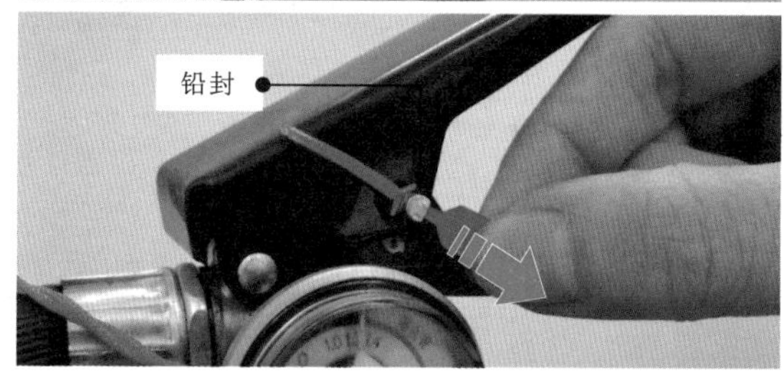

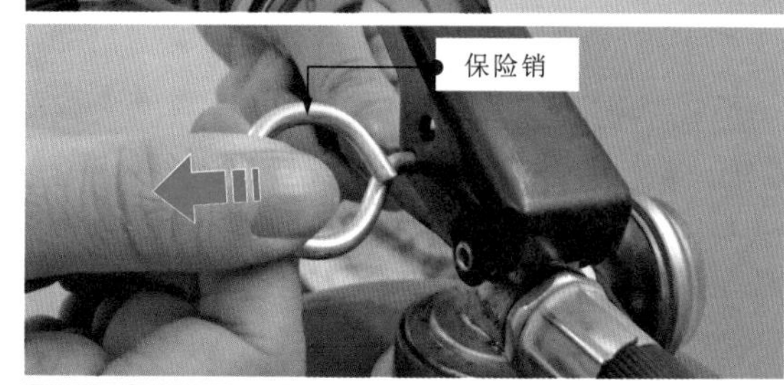

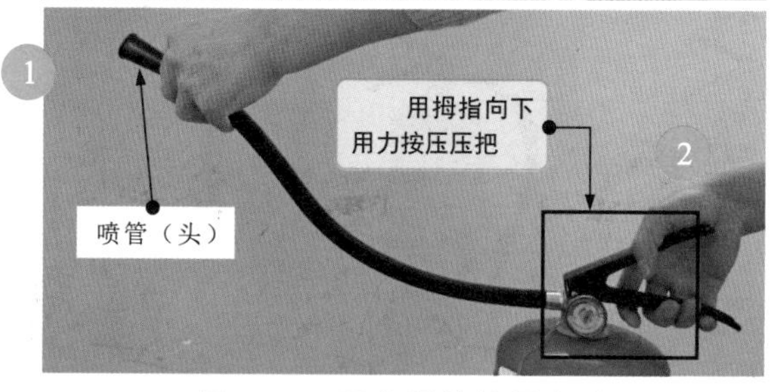

图2-34　灭火器的使用方法

电气火灾不能使用泡沫灭火器、清水灭火器或直接用水灭火，因为泡沫灭火器和清水灭火器都属于水基类灭火器，具有导电性。

1 与火点保持安全距离，用手握住灭火器软管前端的喷管（头），对准火点，调整灭火器喷管（头）的喷射角度。

2 用提握灭火器手的拇指用力按下压把，使提握提把的四指与拇指合拢，灭火剂便会从喷管（头）中喷出。

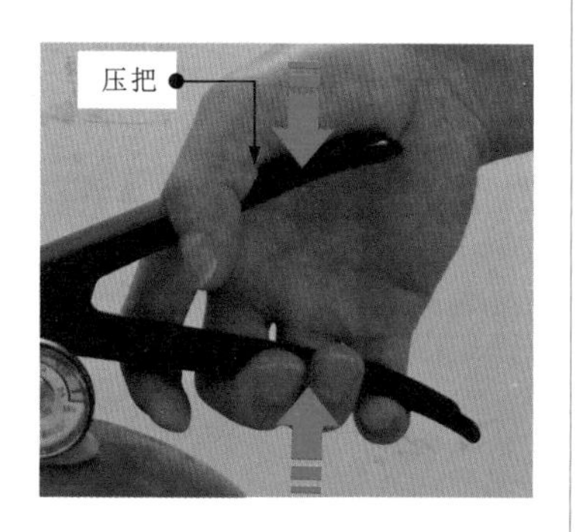

图2-35为使用灭火器灭火的操作要领。

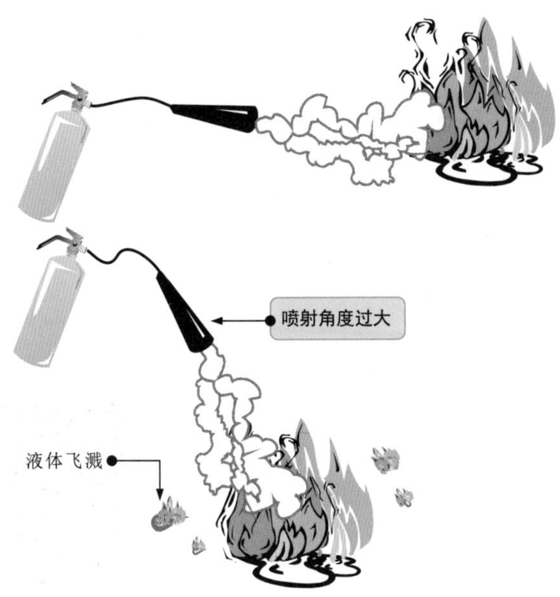

图2-35 使用灭火器灭火的操作要领

图2-36为灭火器灭火的操作规范。

图2-36 灭火器灭火的操作规范

值得注意的是，在扑救易燃液体的火灾时，灭火器的喷管要尽可能压低，对准火焰根部，由远及近，左右扫射，切忌喷射角度过大，以防液体飞溅，扩大火势，增加灭火难度。

对空中线路灭火时，要以安全角度扑救，以防导线或其他设备掉落，危及人身安全。

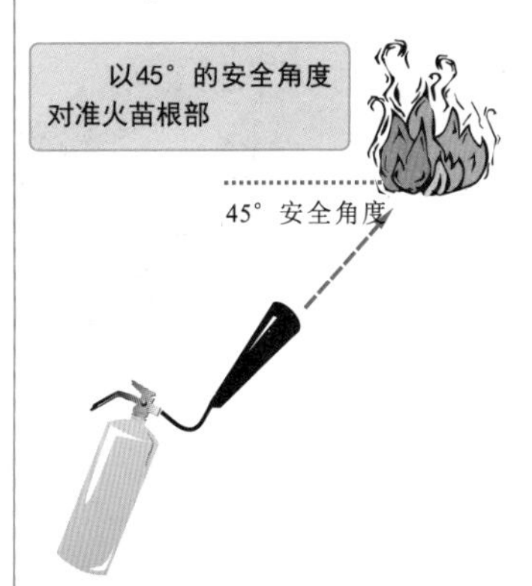

在距离火焰2m左右的地方，用右手用力压下压把，用左手拿着喷管左右摆动，喷射干粉并覆盖整个燃烧区，直至把火全部扑灭。

第3章 电工工具

3.1 钳子

钳子在加工导线、弯制线缆、安装设备等场合都有广泛的应用。根据钳头的设计和功能的区别，钳子可以分为钢丝钳、斜口钳、尖嘴钳、剥线钳、压线钳及网线钳等。

3.1.1 钢丝钳

图3-1为钢丝钳的结构和实物外形。

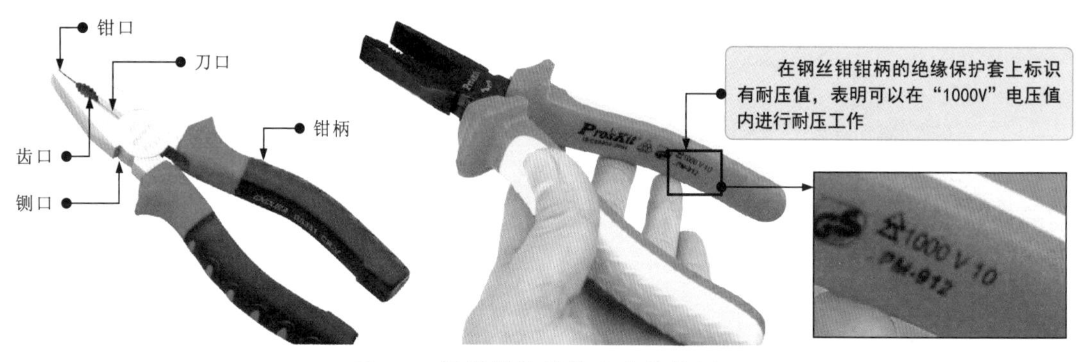

图3-1 钢丝钳的结构和实物外形

钢丝钳的主要功能是剪切线缆、剥削绝缘层、弯折线芯、松动或紧固螺母等。在使用钢丝钳时，一般多采用右手操作，使钢丝钳的钳口朝内，便于控制钳切的部位，可以使用钢丝钳的钳口弯绞导线、使用齿口紧固或拧松螺母、使用刀口修剪导线及拔取铁钉、使用铡口铡切较细的导线或金属丝，如图3-2所示。

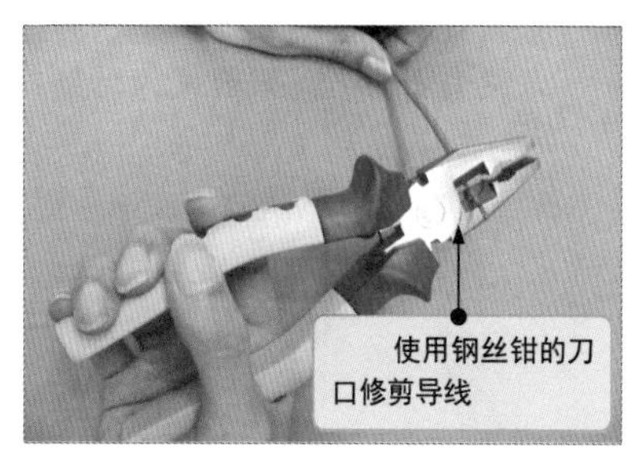

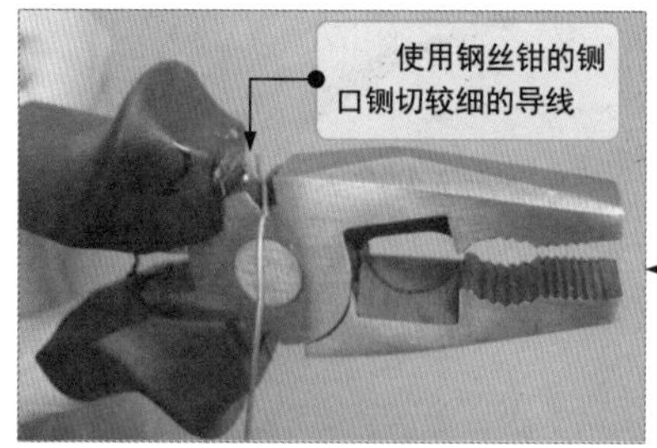

图3-2 钢丝钳的使用方法

3.1.2 斜口钳

斜口钳又叫偏口钳，主要用于线缆绝缘皮的剥削或线缆的剪切等操作。斜口钳的钳头部位为偏斜式的刀口，可以贴近导线或金属的根部切割，如图3-3所示。

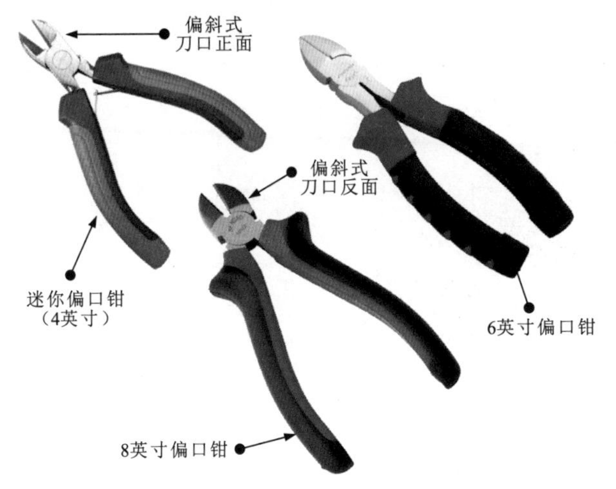

图3-3 斜口钳的实物外形

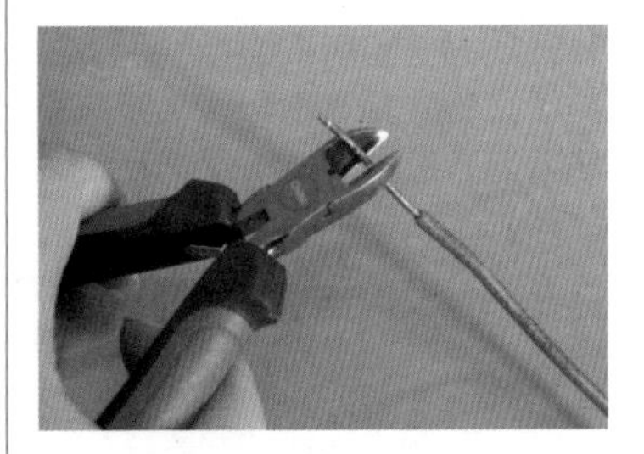

斜口钳可以按照尺寸划分，比较常见的尺寸有4英寸、5英寸、6英寸、7英寸、8英寸。

使用斜口钳时，应当将偏斜式刀口的正面朝上，背面靠近需要剪切导线的位置，可以准确剪切到位，防止剪切位置出现偏差。

3.1.3 尖嘴钳

图3-4为典型尖嘴钳的实物外形。尖嘴钳的钳头部分较细，可以在较小的空间操作，可以分为有刀口尖嘴钳和无刀口尖嘴钳。

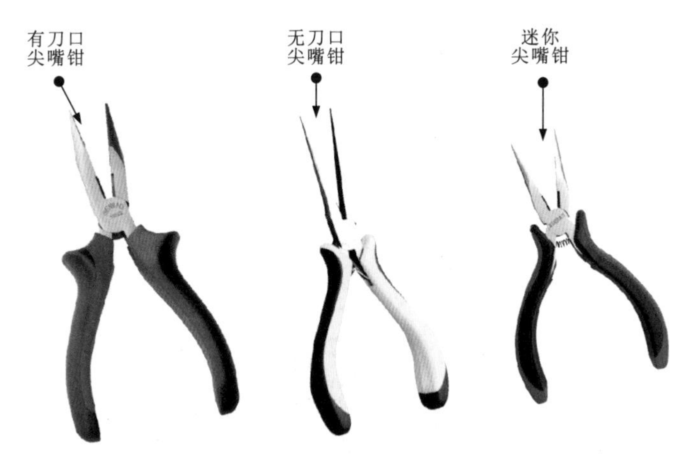

图3-4 典型尖嘴钳的实物外形

有刀口尖嘴钳可以用于剪切较细的导线、剥离导线的塑料绝缘层、将单股导线接头弯环及夹捏较细的物体等。无刀口尖嘴钳只能用于弯折导线的接头及夹捏较细的物体等。

图3-5为典型尖嘴钳的使用方法。在使用尖嘴钳时，一般使用右手握住钳柄，使用钳口夹住导线的接线端子并修整固定。

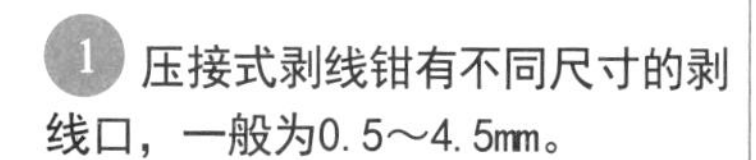

尖嘴钳主要用于剪切或修整线径较细的单股或多股线缆，例如线缆的调整夹取、导线连接头的弯曲（圈）、线缆绝缘层的剥离等。

使用时，一般使用右手拿握尖嘴钳的绝缘钳柄，切忌不可用手触摸尖嘴钳的金属部分。

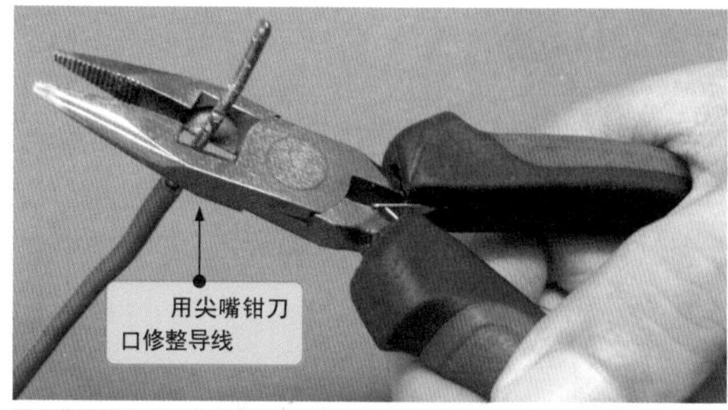

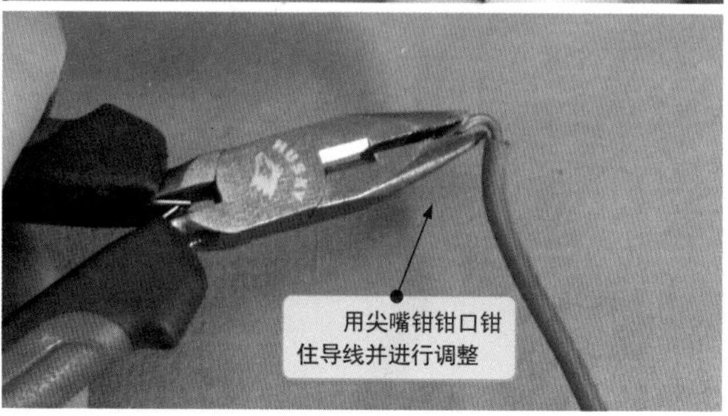

图3-5　典型尖嘴钳的使用方法

3.1.4 剥线钳

剥线钳主要用来剥除线缆的绝缘层。在电工操作中，常使用的剥线钳可以分为压接式剥线钳和自动式剥线钳，如图3-6所示。

① 压接式剥线钳有不同尺寸的剥线口，一般为0.5～4.5mm。

② 自动式剥线钳的钳头部分分为左、右两端：一端的钳口平滑，为压线端；另一端的钳口有多个切口（范围为0.5～3mm）。压线端（平滑钳口）用于卡紧导线，多个切口用于切割和剥落不同线径导线的绝缘层。

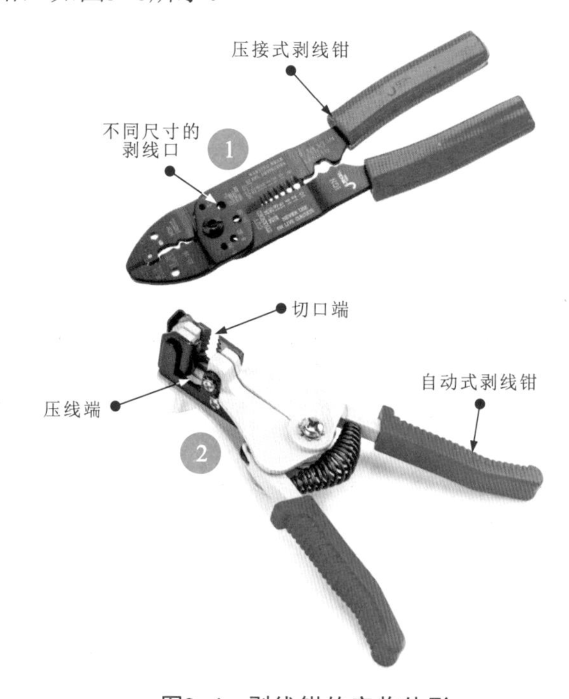

图3-6　剥线钳的实物外形

图3-7为剥线钳的使用方法。

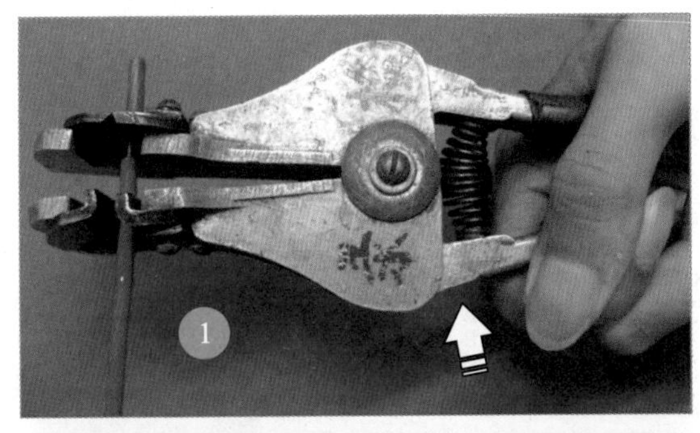

图3-7　剥线钳的使用方法

划重点

① 将导线放置在剥线钳钳口的切口中，从导线顶端到剥线钳切口的距离为导线剥削绝缘层的长度。

② 握紧剥线钳的两个手柄，直至将导线绝缘层剥下。

在使用剥线钳剥线时，一般会根据导线线径选择合适尺寸的切口，将导线放入该切口中，按下剥线钳的钳柄，即可将绝缘层割断，再次紧按手柄时，钳口分开加大，切口端将绝缘层与线芯分离。

3.1.5 压线钳

压线钳主要用于线缆与连接头的加工。图3-8为压线钳的实物外形。

图3-8　压线钳的实物外形

压线钳压接连接件的大小不同，内置的压线孔也不同。

图3-9为压线钳的使用方法。

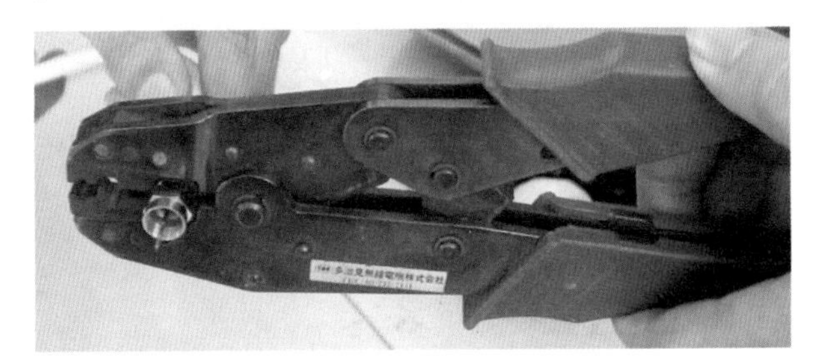

图3-9　压线钳的使用方法

在使用压线钳时，一般使用右手握住压线钳的手柄，将需要连接的线缆插入连接头后，放入压线钳合适的压线孔中，向下按压即可。

网线钳根据水晶头加工口的型号，一般可分为RJ45接口的网线钳和RJ11接口的网线钳，也有一些网线钳包括两种接口。

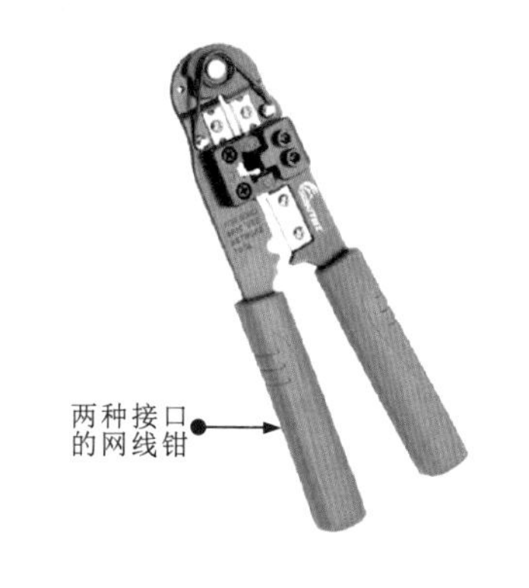

3.1.6 网线钳

图3-10为网线钳的实物外形。网线钳主要用于网线、电话线水晶头的加工。

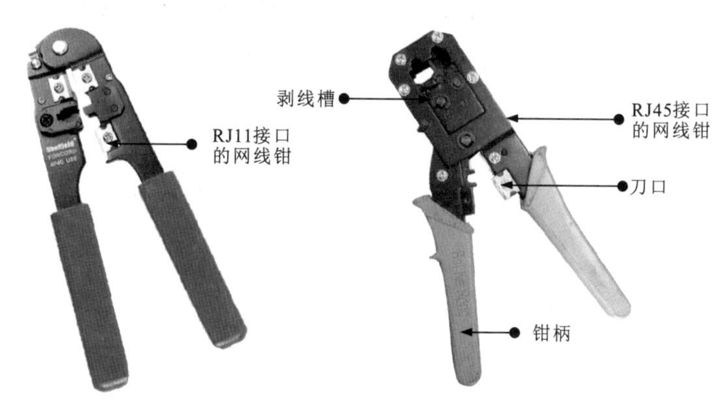

图3-10　网线钳的实物外形

图3-11为网线钳的使用方法。

使用网线钳时，应先使用钳柄处的刀口剥离网线的绝缘层，将网线按顺序插入水晶头中，并放置在网线钳对应的水晶头加工口，用力按压钳柄，钳头上的动片向上推动，即可将水晶头中的金属触点与线芯压制到一起。

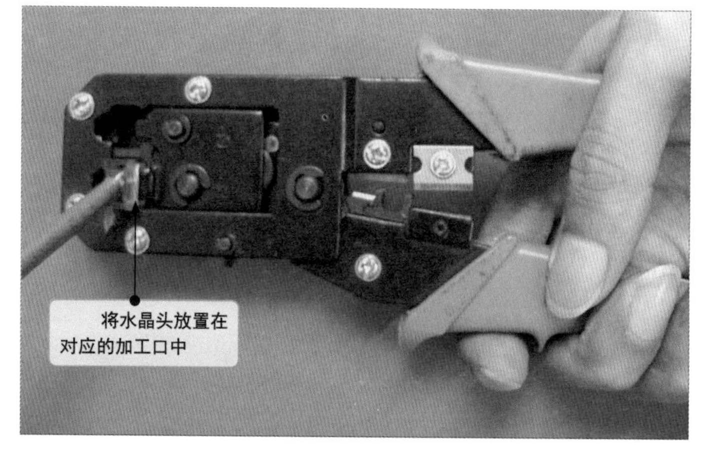

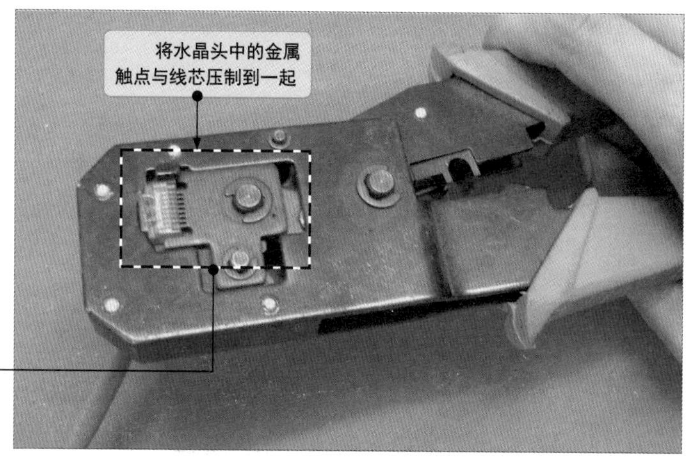

图3-11　网线钳的使用方法

3.2 螺钉旋具

3.2.1 一字槽螺钉旋具

图3-12为一字槽螺钉旋具的实物外形。

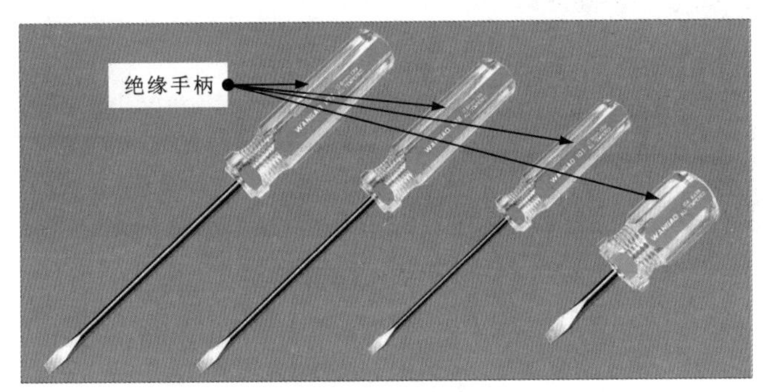

图3-12 一字槽螺钉旋具的实物外形

划重点

一字槽螺钉旋具的头部（薄楔形头）

一字槽螺钉旋具的头部为薄楔形头，主要用于拆卸或紧固一字槽螺钉，使用时要选用与一字槽螺钉规格相对应的一字槽螺钉旋具。

图3-13为一字槽螺钉旋具的使用方法。

图3-13 一字槽螺钉旋具的使用方法

3.2.2 十字槽螺钉旋具

图3-14为十字槽螺钉旋具的实物外形。十字槽螺钉旋具的头部由两个薄楔形片十字交叉构成，主要用于拆卸或紧固十字槽螺钉。

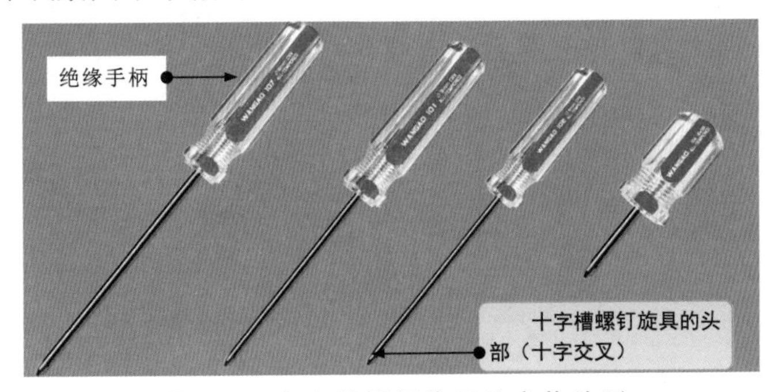

图3-14 十字槽螺钉旋具的实物外形

十字槽螺钉

十字槽螺钉旋具的规格要与十字槽螺钉匹配。

图3-15为十字槽螺钉旋具的使用方法。

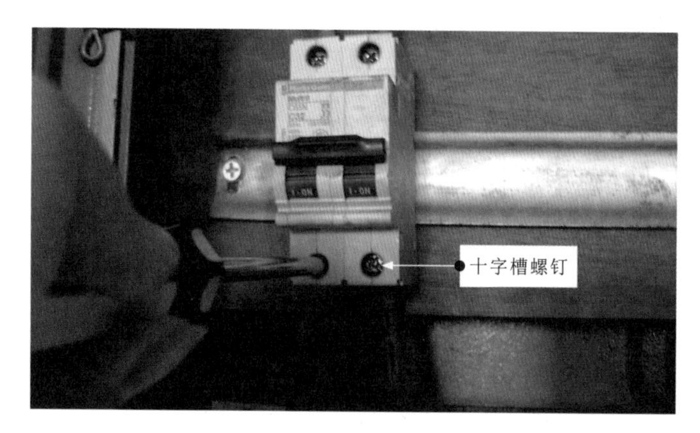

图3-15 十字槽螺钉旋具的使用方法

在使用螺钉旋具时，首先需要看清螺钉的卡槽大小，然后选择与卡槽相匹配的一字槽螺钉旋具或十字槽螺钉旋具，使用右手握住螺钉旋具的刀柄，将头部垂直插入螺钉的卡槽中，旋转螺钉旋具紧固或松动即可。若在操作时所选用的螺钉旋具与螺钉卡槽规格不匹配，则可能导致螺钉卡槽损伤或损坏，影响操作。

3.3 扳手

扳手是用于紧固和拆卸螺栓或螺母的工具。电工常用的扳手主要有活扳手和固定扳手两种。

3.3.1 活扳手

图3-16为活扳手的实物外形。活扳手由扳口、蜗轮和手柄等组成。

推动活扳手上的蜗轮即可使扳口在一定的尺寸范围内随意调节，以适应不同规格螺栓或螺母的紧固和松动。

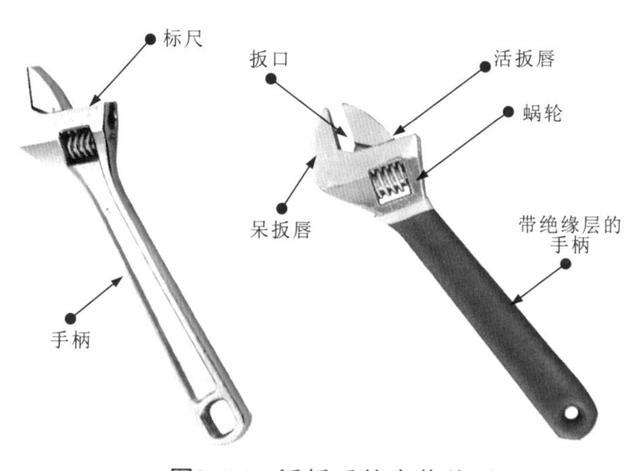

图3-16 活扳手的实物外形

图3-17为活扳手的使用方法。

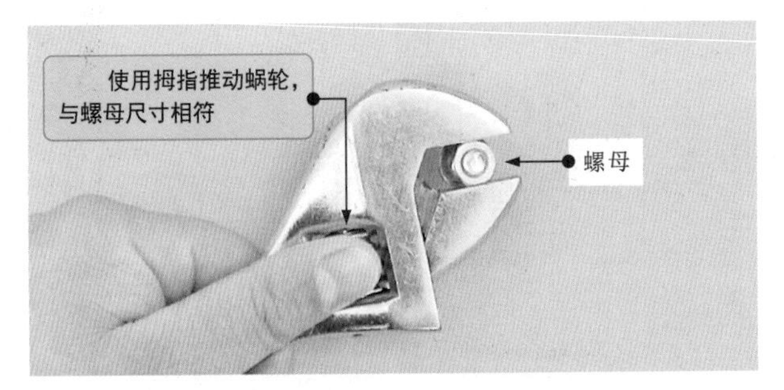

图3-17 活扳手的使用方法

划重点

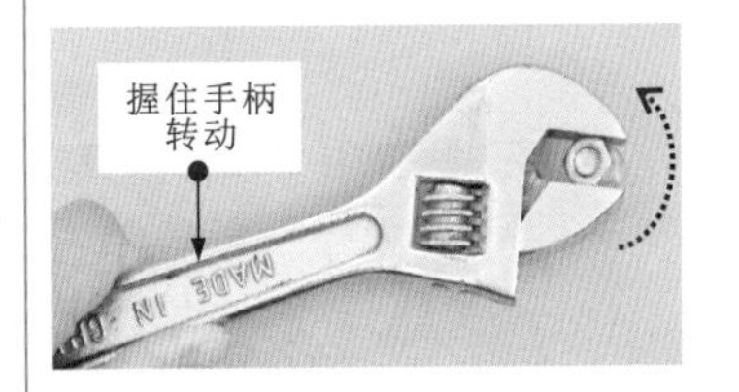

3.3.2 固定扳手

图3-18为固定扳手的实物外形。常见的固定扳手主要有呆扳手和梅花扳手两种。

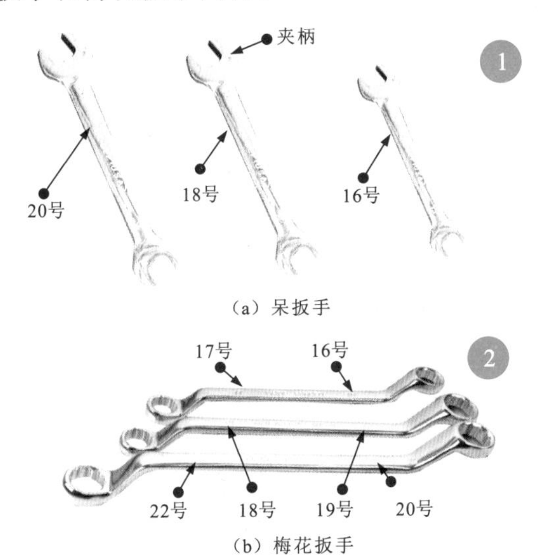

图3-18 固定扳手的实物外形

1 呆扳手的两端通常带有开口的夹柄。在呆扳手上带有尺寸标识。呆扳手的夹柄尺寸应与螺母的尺寸对应。

2 梅花扳手的两端通常带有环形六角孔或十二角孔的工作端，适用在工作空间狭小的环境下，使用较为灵活。

图3-19为固定扳手的使用方法。

图3-19 固定扳手的使用方法

1 使用前需选用与螺母尺寸相符的呆扳手。

2 用呆扳手的开口夹柄卡住螺母后，握住手柄，与螺母成水平状态转动。

③ 梅花扳手的环形工作端应与螺母相符。

④ 用梅花扳手的环形工作端套住螺母，扳动扳手并旋转。

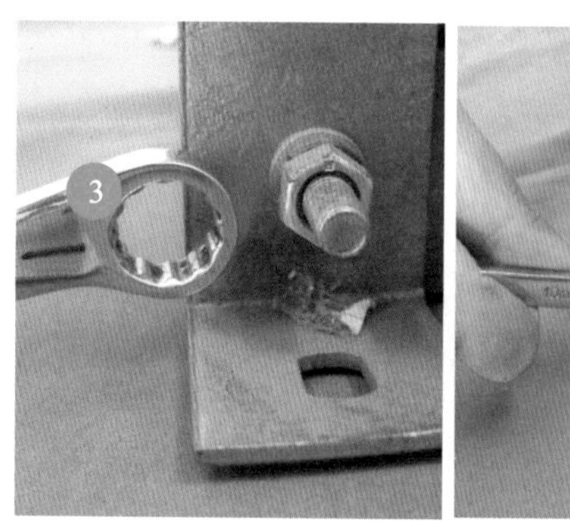

图3-19　固定扳手的使用方法（续）

3.4 电工刀

3.4.1 电工刀的特点

在电工操作中，电工刀是用于剥削导线和切割物体的工具。

电工刀是由刀柄和刀片两部分组成的。常见的电工刀主要有普通电工刀和多功能电工刀。

图3-20为电工刀的实物外形。

① 普通电工刀主要用于剥削电线绝缘层、切割线缆及削制木榫、竹榫等。

② 多功能电工刀除有刀片外，还有锯条、锥子、小型螺钉旋具等，可以完成锯割木条、钻孔、扩孔等多项操作。

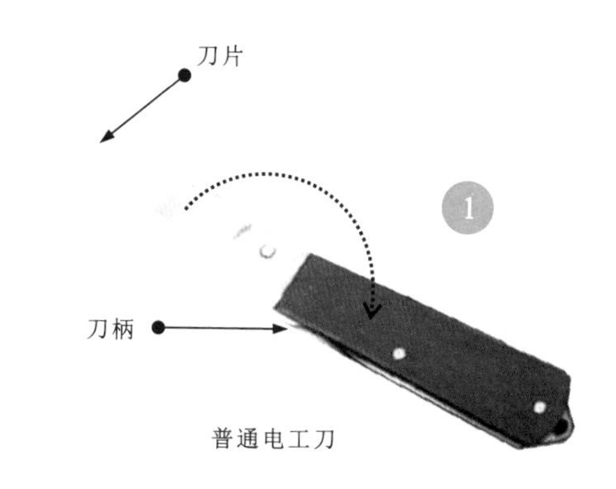

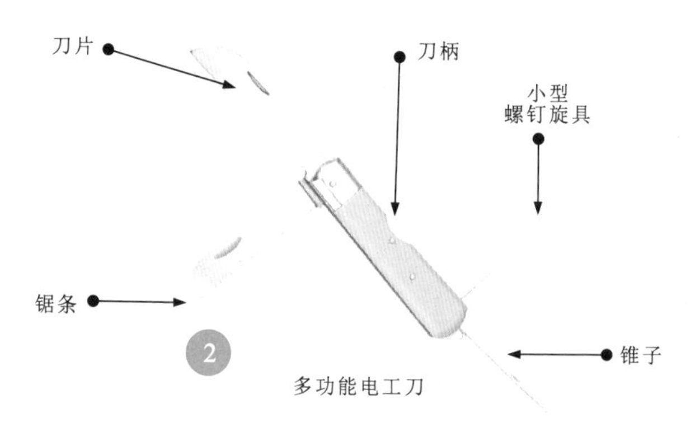

图3-20　电工刀的实物外形

3.4.2 电工刀的使用

图3-21为电工刀的使用方法。

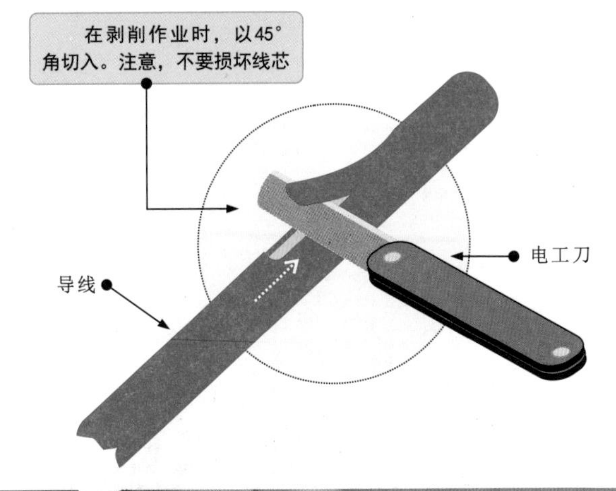

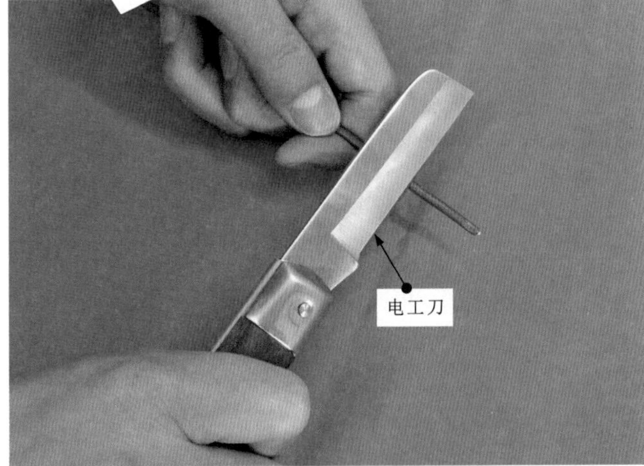

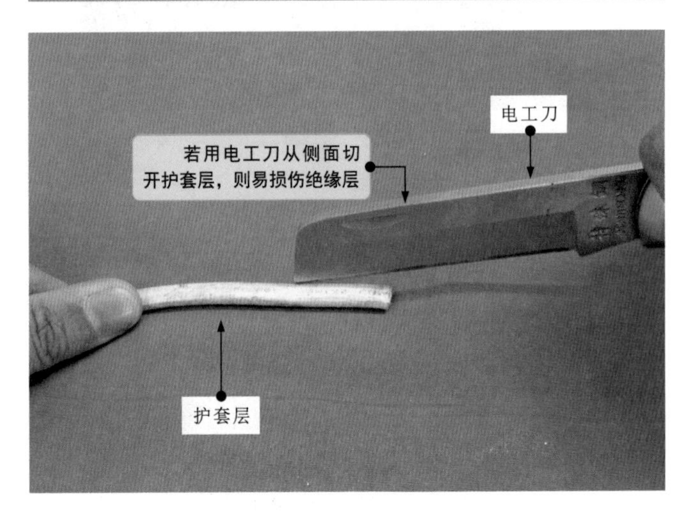

图3-21 电工刀的使用方法

在使用电工刀时要特别注意用电安全，切勿在带电的情况下切割线缆，在剥削线缆绝缘层时一定要按照规范操作。

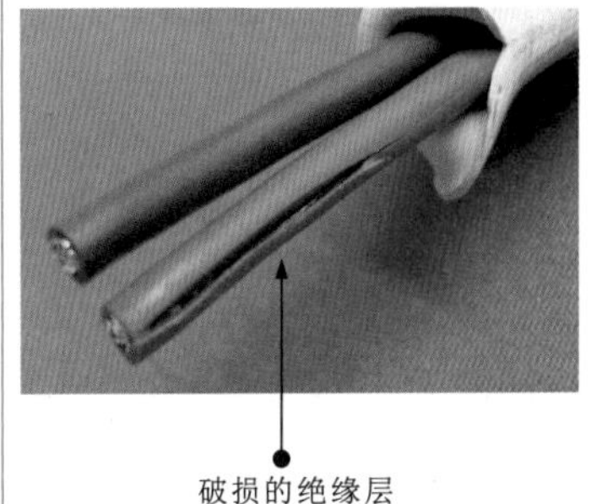

若操作不当，会造成线缆损伤，为后期的使用及用电带来安全隐患。

3.5 开凿工具

3.5.1 开槽机

图3-22为开槽机的实物外形。开槽机是开槽墙壁的专用设备，可以根据施工需求在墙面上开凿出不同角度、不同深度的线槽。

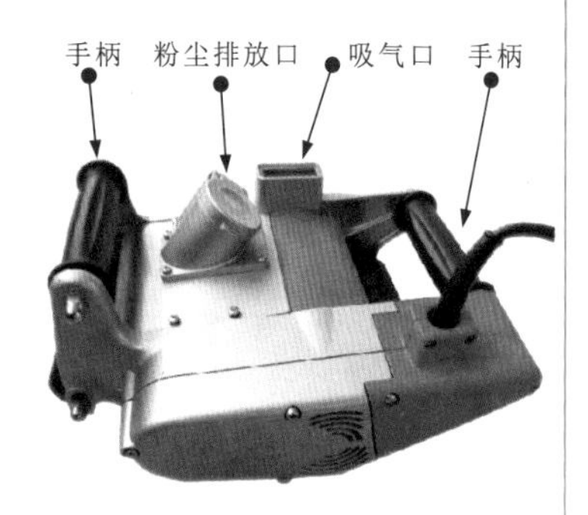

图3-22 开槽机的实物外形

在使用开槽机开凿墙面时，首先应将粉尘排放口与粉尘排放管路连接好，然后用双手握住开槽机两侧的手柄，开机空转运行。

确认运行良好后，调整放置位置，将开槽机按压在墙面上开始开槽，同时依靠开槽机的滚轮平滑移动开槽机。随着开槽机底部开槽轮的高速旋转，即可实现对墙体的切割。

图3-23为开槽机的使用方法。

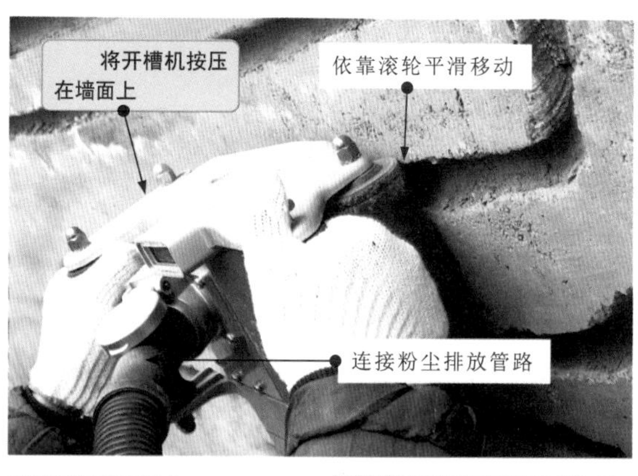

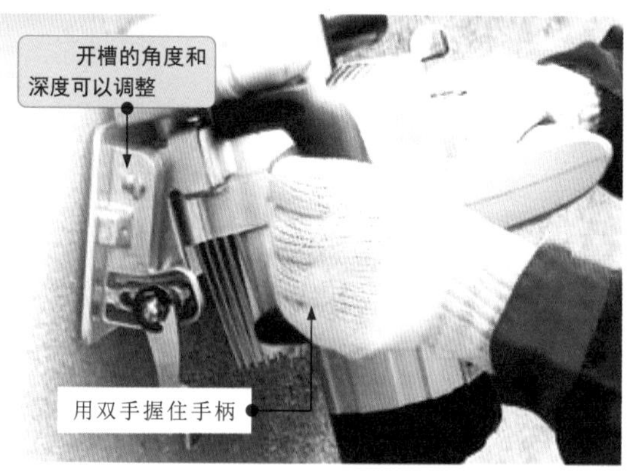

图3-23 开槽机的使用方法

开槽机在通电使用前，应先检查开槽机的电线绝缘层是否破损；在使用过程中，操作人员要佩戴手套和护目镜等防护装备，使用完毕，要及时切断电源，避免发生危险。

3.5.2 电锤

电锤常用于在混凝土板上钻孔。图3-24为电锤的实物外形。

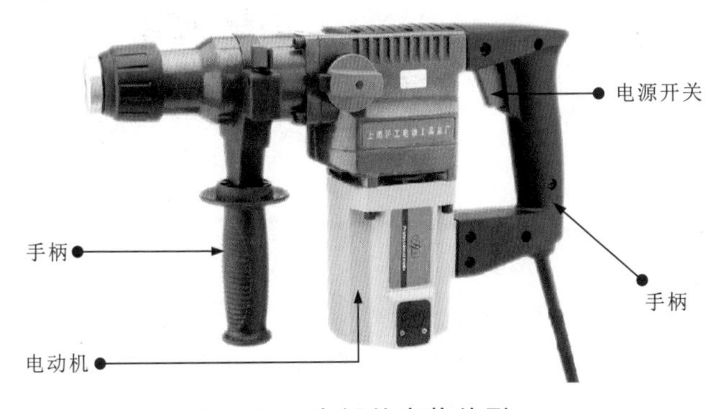

图3-24 电锤的实物外形

图3-25为电锤的使用方法。

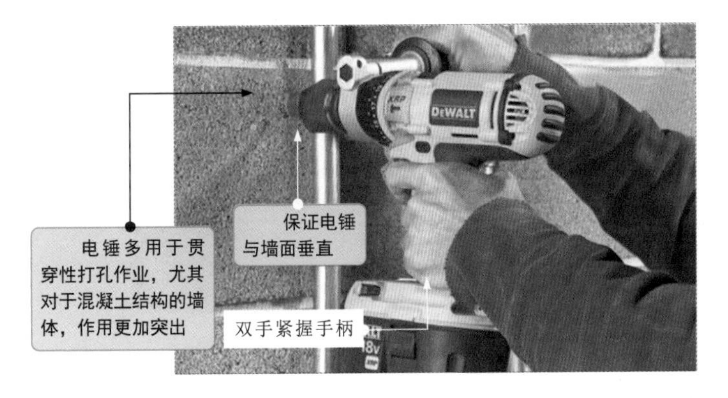

图3-25 电锤的使用方法

3.5.3 冲击钻

图3-26为冲击钻的实物外形。

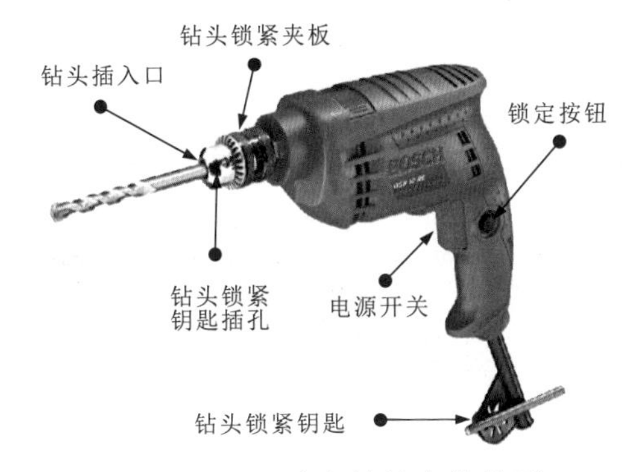

图3-26 冲击钻的实物外形

电锤是一种电动式旋转锤钻，具有良好的减震系统，可精准调速，具有效率高、孔径大、钻孔深等特点。

在使用电锤时，应先将电锤通电，空转一分钟，确定电锤可以正常使用后，再用双手分别握住电锤的两个手柄，将电锤垂直于墙面，按下电源开关，进行开凿工作。开凿工作结束后，应关闭电锤的电源开关。

在使用电锤时，双手不应过于用力，防止电锤工作时的余力伤到手腕；在开凿墙面时也不能过于着急，在确定开凿的深度后，应分次使用电锤开凿，防止一次开凿过深。

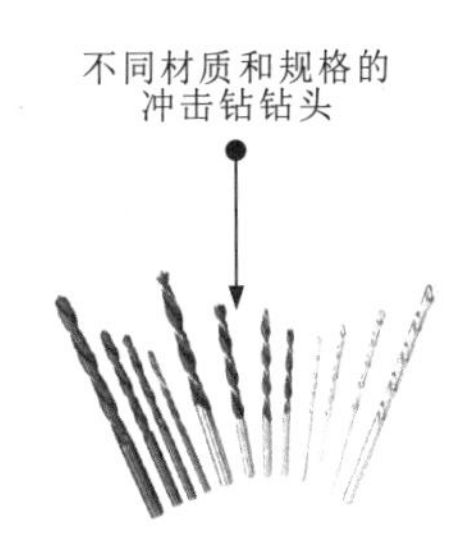

图3-27为冲击钻的使用方法。

划重点

1 在使用冲击钻时，应根据开凿孔的大小选择合适的钻头并装好。

2 冲击钻有两种功能：一种是将开关调至标识为“钻”的位置，可作为普通电钻使用；另一种是将开关调至标识为“锤”的位置，可在砖或混凝土上凿孔。

3 检查冲击钻的绝缘防护，连接电源，开机空载运行，正常后，将冲击钻垂直放置在需要凿孔的物体上，按下电源开关，开始凿孔，按下锁定按钮后可以一直工作，当需要停止时，再次按下电源开关，锁定按钮自动松开，冲击钻停止工作。

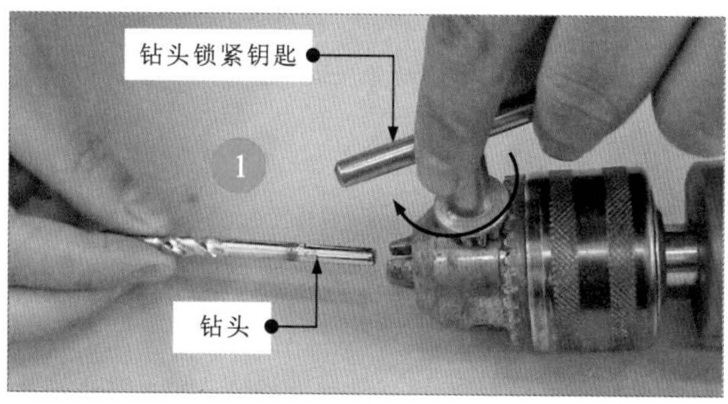

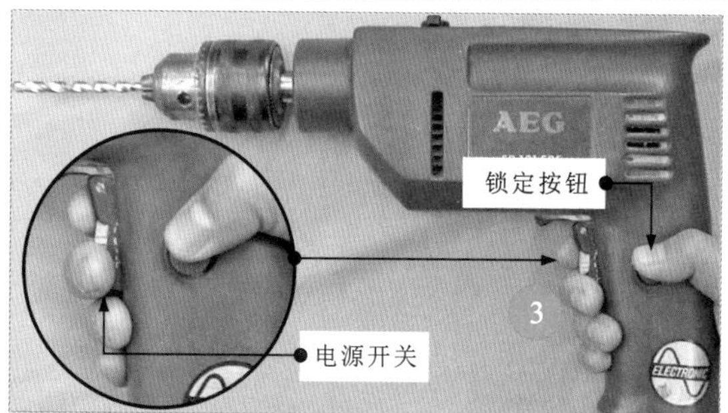

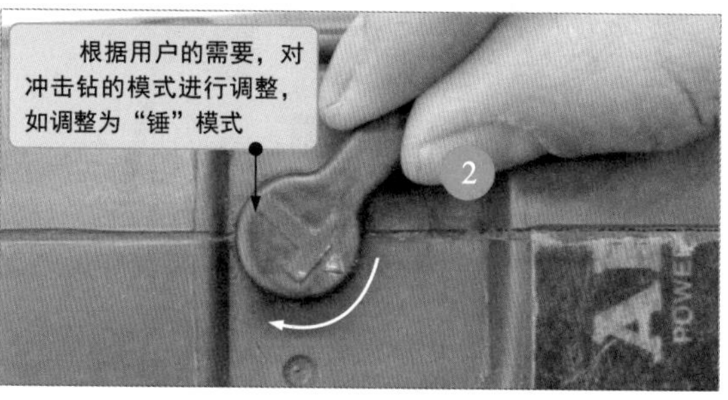

图3-27 冲击钻的使用方法

3.6 管路加工工具

3.6.1 切管器

图3-28为切管器的实物外形。

切管器是管路切割工具，比较常见的有旋转式切管器和手握式切管器，多用于切割敷设导线的PVC管路。

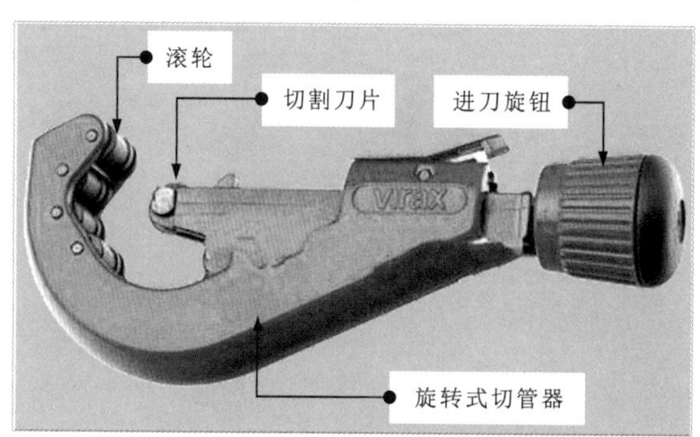

图3-28 切管器的实物外形

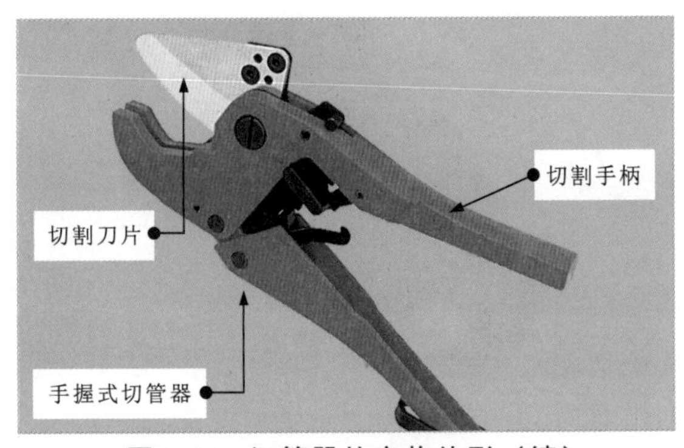

图3-28 切管器的实物外形（续）

划重点

手握式切管器也称切管钳，适合切割较粗的PVC管路。

图3-29为旋转式切管器的使用方法。

旋转式切管器可调节切口的大小，适用于切割较细的管路。

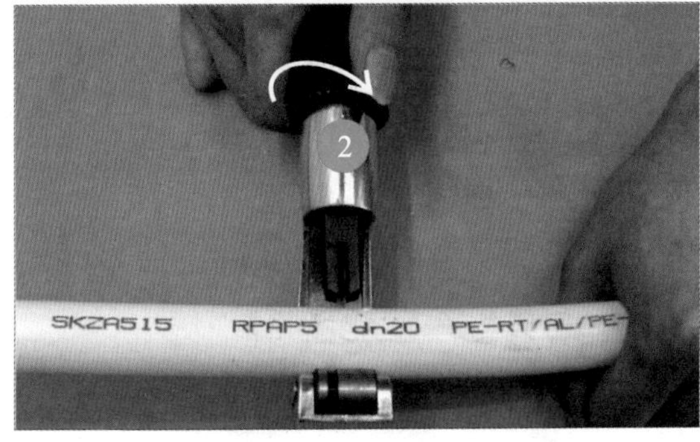

图3-29 旋转式切管器的使用方法

1 使用时，先将管路夹在切割刀片与滚轮之间，旋转进刀旋钮夹紧管路，然后绕管路旋转切管器。

2 边旋转，边垂直顺时针旋转切管器的进刀旋钮，直至管路被切断。

图3-30为手握式切管器的使用方法。

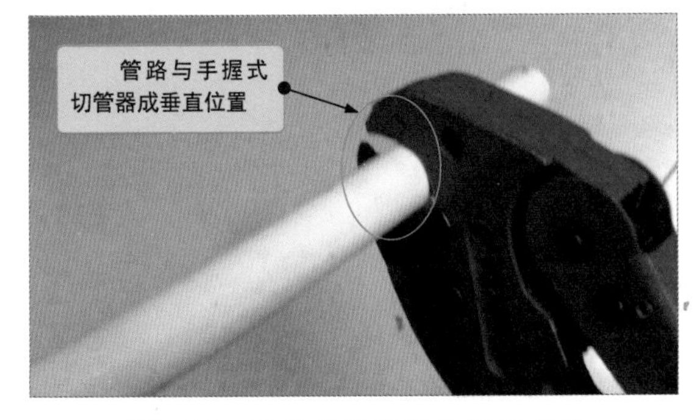

图3-30 手握式切管器的使用方法

使用时，将需要切割的管路放到管口中，调节至管路需要切割的位置，多次按压切割手柄，直至管路被切断。

若一次没有切断，再次切割时，应将手握式切管器放置在原切割位置，不可随意移动位置。

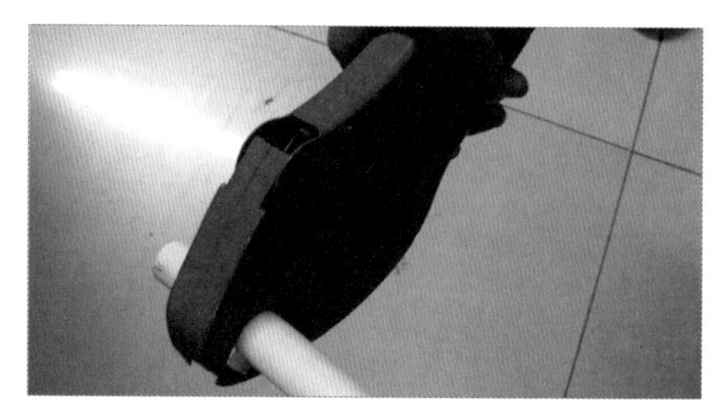

图3-30　手握式切管器的使用方法（续）

3.6.2 弯管器

弯管器主要用来弯曲PVC管、钢管等，通常可以分为普通弯管器、滑轮弯管器和电动弯管器等，应用较多的为普通弯管器。图3-31为弯管器的实物外形。

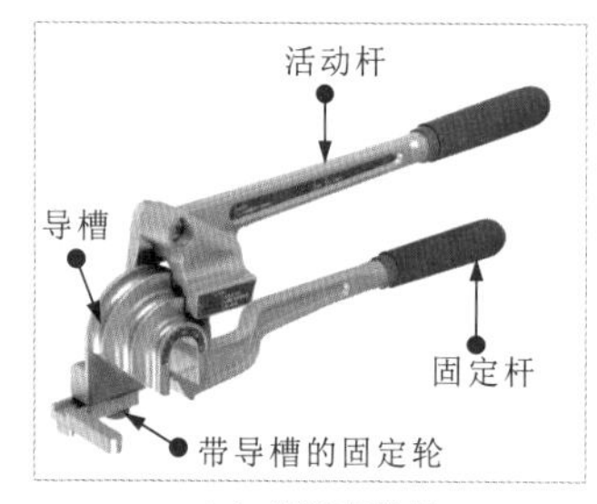

（a）普通弯管器

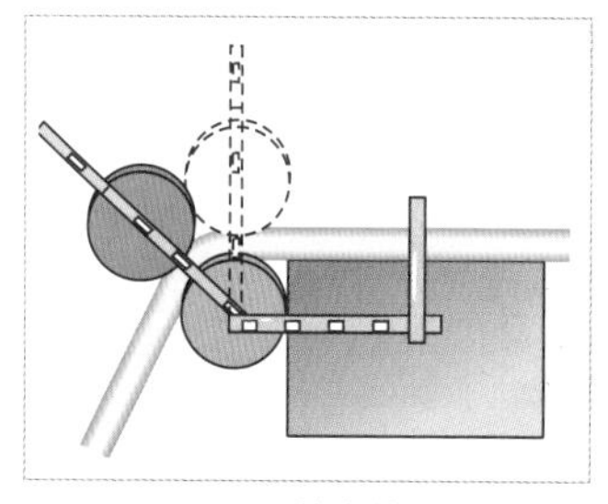

（b）滑轮弯管器

（c）电动弯管器

图3-31　弯管器的实物外形

使用弯管器时，用一只手握住普通弯管器的手柄，用另一只手握住普通弯管器的压柄，向内用力弯压。在普通弯管器上带有角度标识，弯压到需要的角度后，松开压柄，即可将加工后的管路取出。

图3-32为弯管器的使用方法。

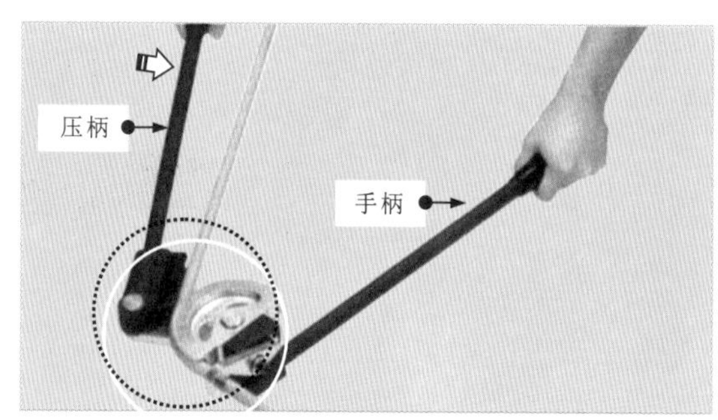

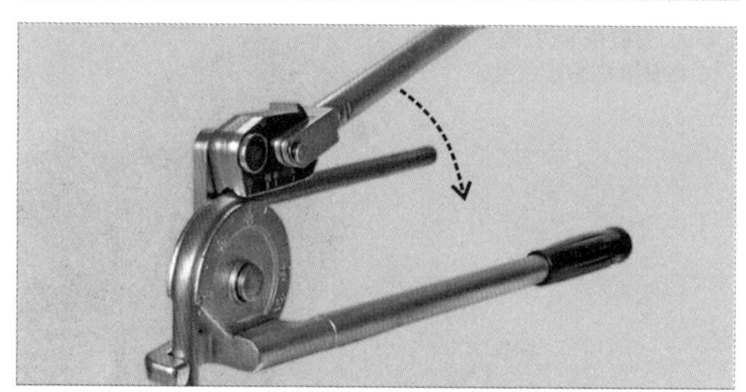

图3-32　弯管器的使用方法

3.6.3 热熔器

在加工管路时，常常会使用热熔器对敷设的管路进行加工或连接。图3-33为热熔器的实物外形。

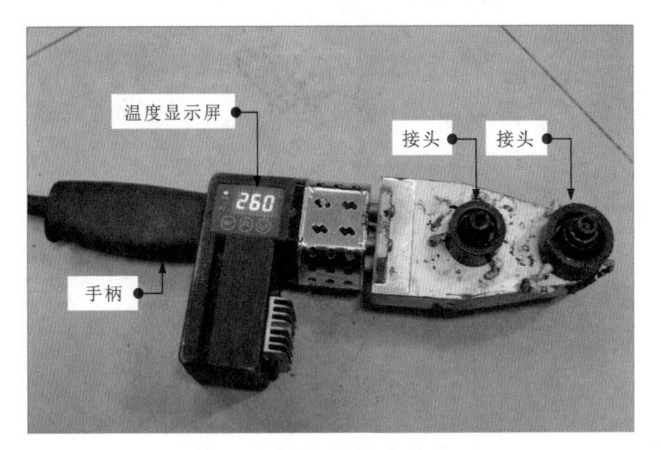

图3-33 热熔器的实物外形

热熔器可通过热熔的方式实现管路的连接。图3-34为热熔器的使用方法。

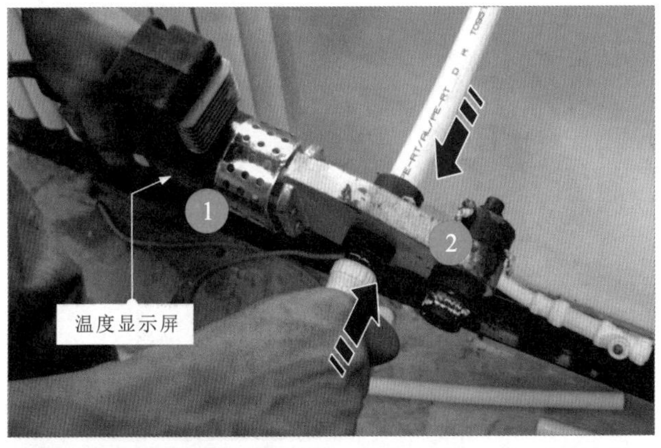

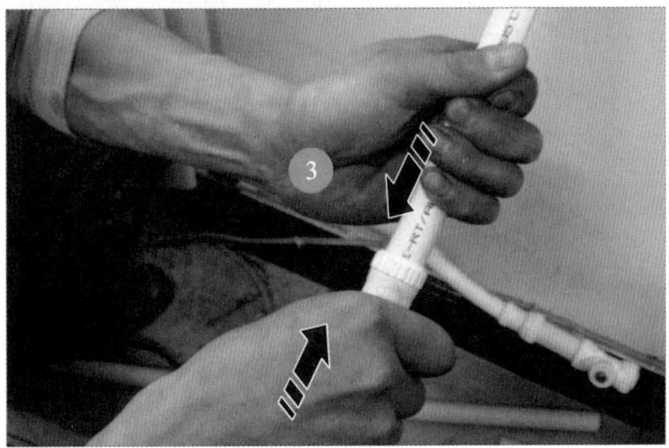

图3-34 热熔器的使用方法

划重点

热熔器可以通过加热使两个管路连接起来。热熔器由主体和各种大小不同的接头组成，可以根据连接管路直径的不同选择合适的接头。

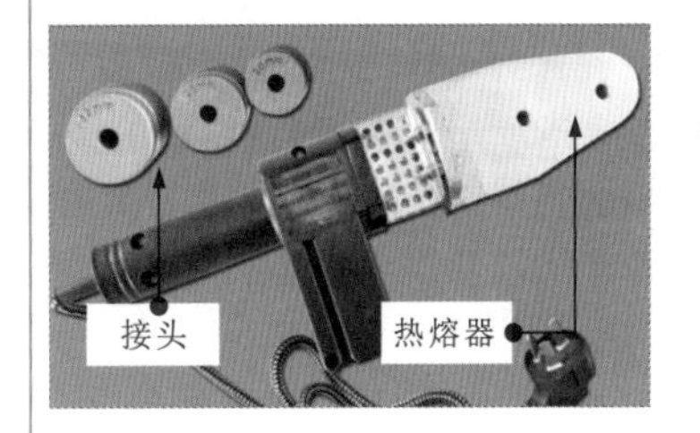

① 加热需要连接的管路时，可以通过温度显示屏观察当前热熔器的加热温度。

② 达到预先设定的温度后，将需要连接的两根管路分别放置在热熔器的两端，当闻到塑胶味时，取下两根管路，切断热熔器的电源。

③ 将两根管路迅速对接在一起，对接时，需要用力插接，并保持一段时间。

3.7 辅助工具

3.7.1 攀爬工具

在电工操作中，常用的攀爬工具有梯子、脚扣、登高踏板组件等。图3-35为攀爬工具的实物外形。

① 电工在安装与维修过程中，常用的梯子有直梯和人字梯。直梯多用于户外攀高作业。人字梯常用于户内作业。

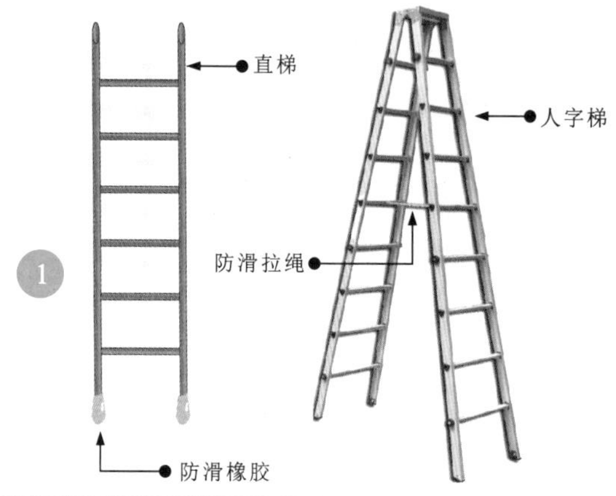

② 脚扣是电工攀爬电杆时所用的专用工具，主要由弧形扣环和脚套组成。常用的脚扣有木杆脚扣和水泥杆脚扣。

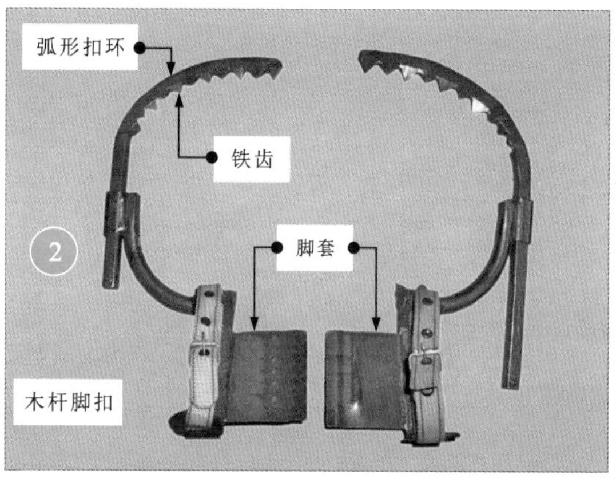

登高踏板组件主要包括踏板、踏板绳和挂钩，主要用于电杆的攀爬作业。

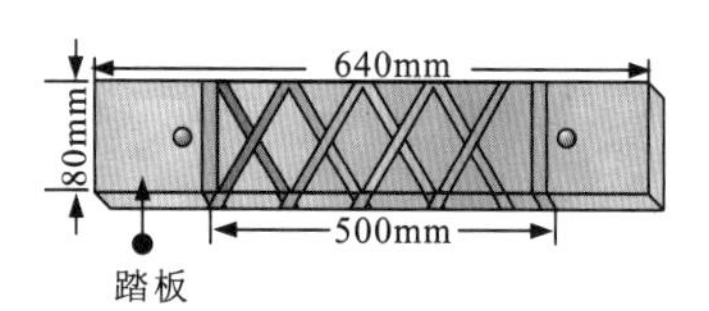

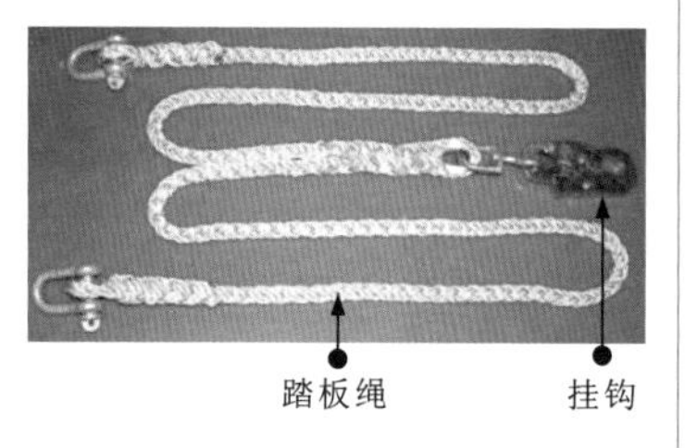

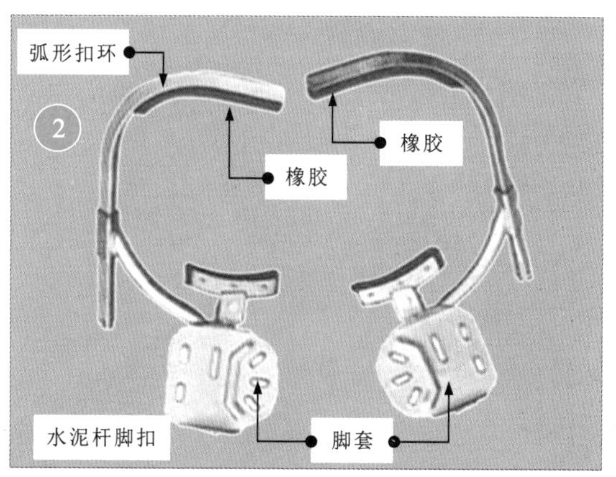

图3-35　攀爬工具的实物外形

图3-36为梯子的使用方法。

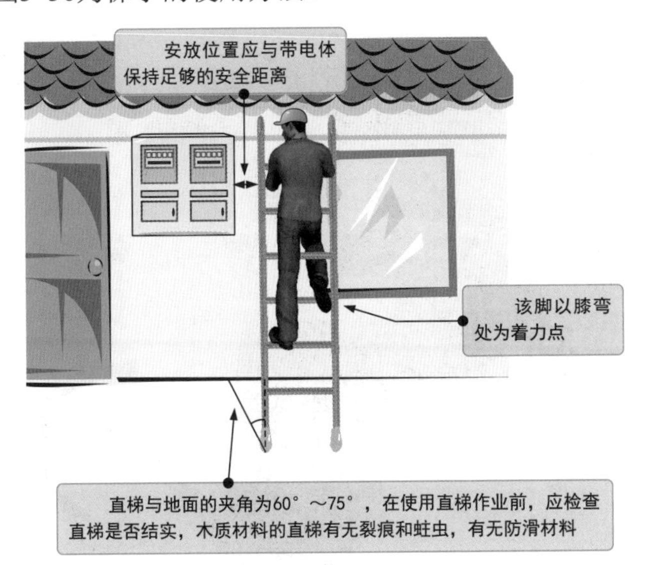

图3-36　梯子的使用方法

划重点

在使用直梯作业时，对站姿是有要求的，即一只脚要从比另一只脚所站梯步高两步的梯空中穿过；使用人字梯作业时，不允许站立在人字梯最上面的两挡，不允许骑马式作业，以防止梯子滑开而造成人员摔伤。

图3-37为登高踏板的使用方法。

图3-37　登高踏板的使用方法

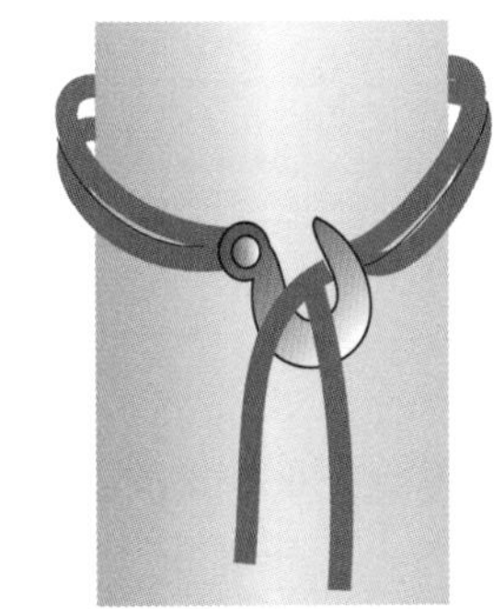

正勾方式

使用登高踏板工作时，需要注意登高踏板绳挂钩要采用正勾方式，并保证踏板牢固。电工在踏板上的姿势要正确，以防意外跌落。踏板绳的高度与电气安装人员的身高相似。

图3-38为脚扣的使用方法。

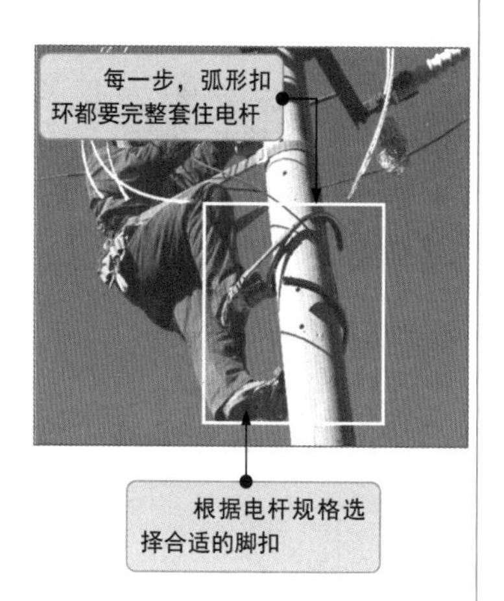

图3-38　脚扣的使用方法

电工人员在使用脚扣攀爬时，应注意使用前的检查工作，即对脚扣也要做人体冲击试验，同时还要检查脚扣是否牢固可靠，是否磨损或被腐蚀等，要根据电杆的规格选择合适的脚扣，攀爬时的每一步都要保证弧形扣环完整套住电杆，之后方能移动身体的着力点。

3.7.2 防护工具

防护工具根据功能和使用特点大致可分为头部防护设备、眼部防护设备、呼吸防护设备、面部防护设备、身体防护设备、手部防护设备、足部防护设备及辅助安全设备等。图3-39为常用防护工具的实物外形。

① 头部防护设备主要是安全帽，在电工作业时可有效防冲击，保护头部的安全。

② 眼部防护设备主要用于保护眼部的安全。护目镜是最典型、最常用的眼部防护设备，作业时，佩戴护目镜可以防止碎屑粉尘飞入眼中，起到防护的作用。

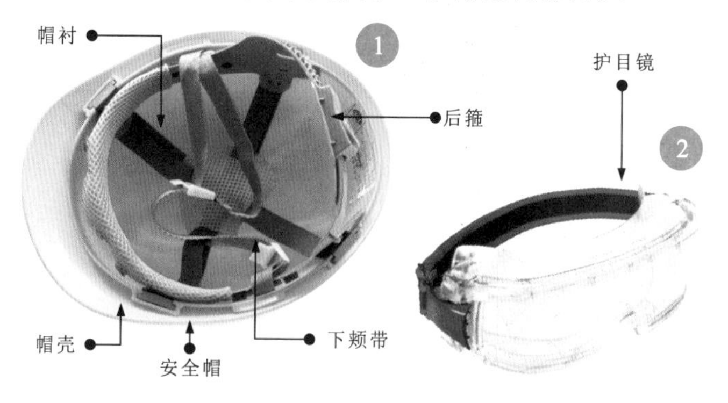

图3-39　常用防护工具的实物外形

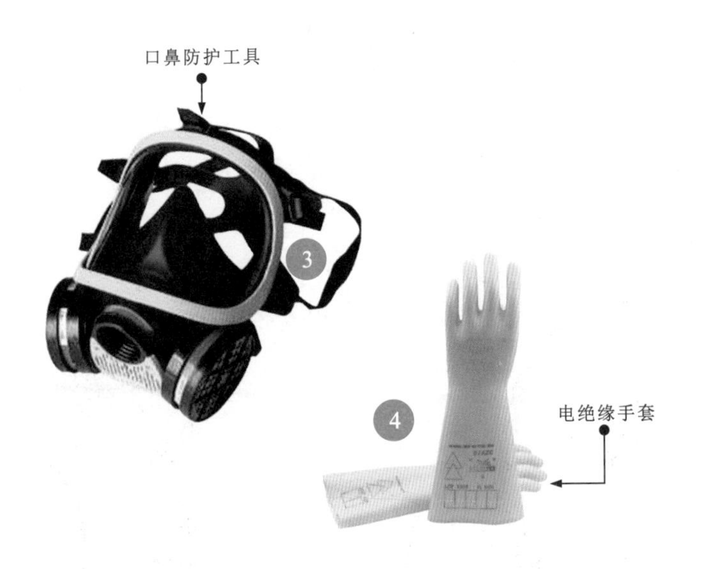

图3-39　常用防护工具的实物外形(续)

防护工具是用来防护人身安全的重要工具，在使用前，应首先对防护工具进行检查，并了解防护工具的安全使用规范。图3-40为防护工具的使用方法。

图3-40　防护工具的使用方法

划重点

3 口鼻防护设备主要用在粉尘污染严重、有化学气体等环境。呼吸防护设备可以有效地对操作人员的口、鼻进行防护，避免气体污染对操作人员造成损伤。

4 电绝缘手套是主要的手部防护设备，可以保护手和手臂。

1 作业时，需佩戴安全帽，保护电工人员的头部安全，如果作业环境存在污染，可佩戴口鼻防护设备。

2 在作业时，佩戴护目镜可防止碎屑粉尘飞入眼中。除此之外，在高空作业时，佩戴护目镜可防止眼睛被眩光灼伤。

3 电绝缘手套可以在电工操作中提供有效的安全作业保护。

4 通常，对于灰尘较大或环境污染严重的检修场所，电工检修人员应穿戴全身防护服，如佩戴具备一定防毒功能的呼吸器。若检修的环境可能会有有害气体泄漏，则最好选择有供氧功能的呼吸器。

3.7.3 其他辅助工具

除了以上常用的攀爬工具和防护工具，常用辅助工具还有电工工具夹、腰带、护带、安全绳、安全带等。图3-41为其他辅助工具的实物外形。

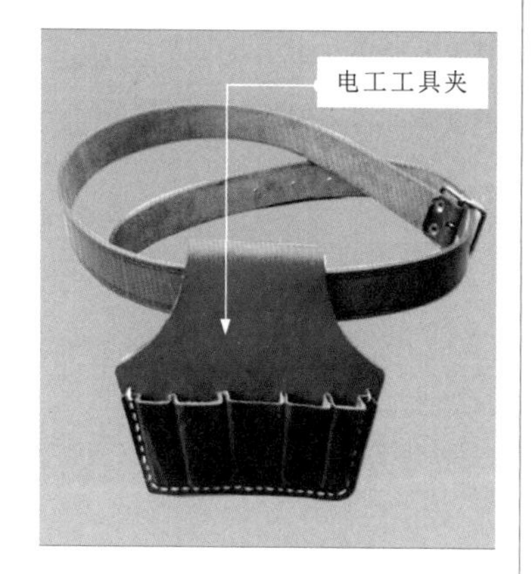

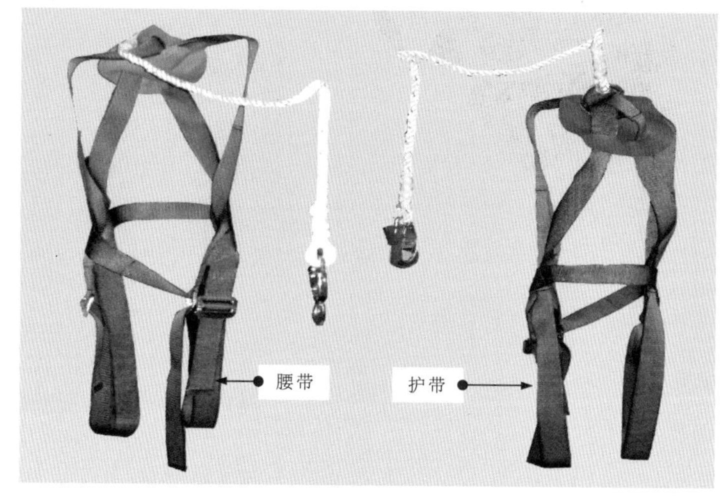

图3-41　其他辅助工具的实物外形

电工工具夹应系在腰间，并根据电工工具夹上不同的钳套放置不同的工具；安全带要系在不低于作业者所处水平位置的可靠处，最好系在胯部，提高支撑力，不能系在作业者的下方位置，以防止坠落时加大冲击力，使作业者受伤。

图3-42为其他辅助工具的使用方法。

为使用方便，电工工具夹通常都会系在电工腰带上。

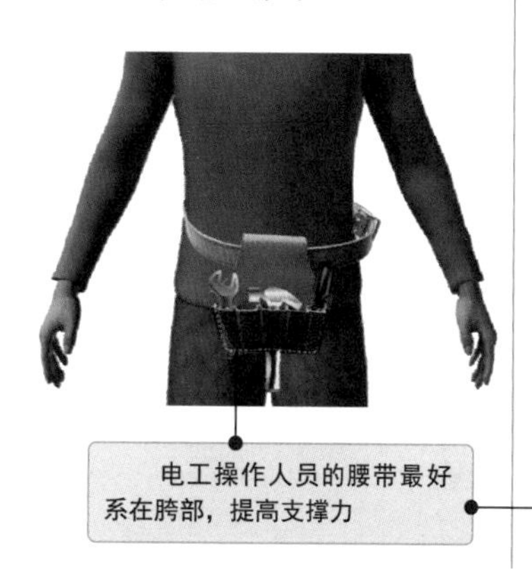

图3-42　其他辅助工具的使用方法

第4章

线缆的加工连接

4.1 电工常用线材

4.1.1 裸导线

裸导线是没有绝缘层的导线，具有良好的导电性能和机械性能。图4-1为裸导线的实物外形。

图4-1 裸导线的实物外形

划重点

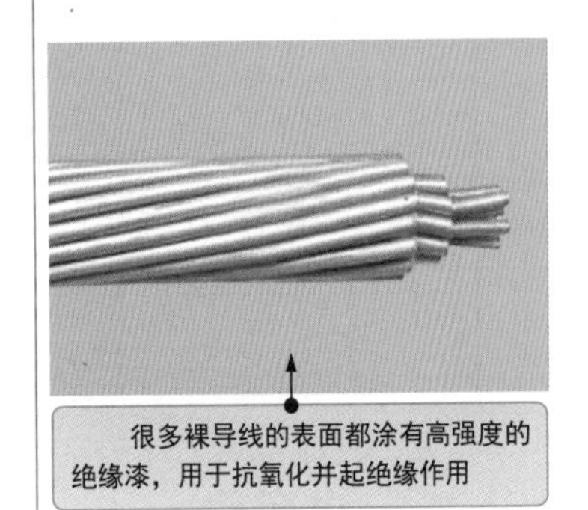

很多裸导线的表面都涂有高强度的绝缘漆，用于抗氧化并起绝缘作用

裸导线可分为圆单线、裸绞线、软接线和型线四种类型。

◆圆单线有硬线、半硬线和软线：硬线抗拉强度较大，比软线大一倍；半硬线有一定的抗拉强度和延展性；软线的延展性最高。

◆裸绞线的导电性能和机械性能良好。其中，钢芯绞线的承受拉力较大。

◆软接线的最大特性为柔软，耐弯曲性强。

◆型线的铜铝扁线和母线的机械性能与圆单线基本相同。扁线和母线的形状均为矩形，仅在规格尺寸和公差上有所差别。

图4-2为裸导线的实际应用。

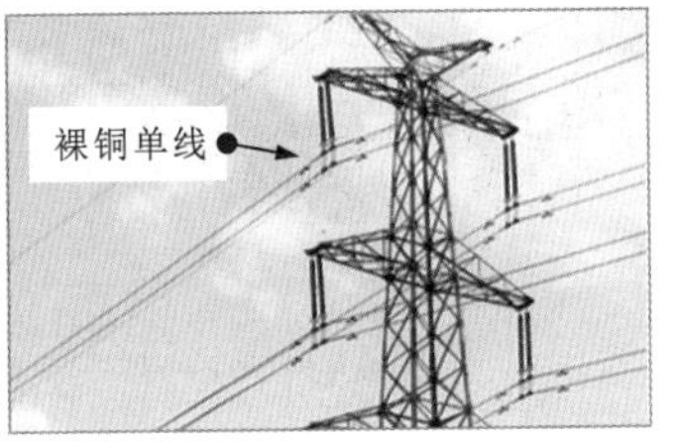

图4-2 裸导线的实际应用

裸导线常在各种电线、电缆中作为导线线芯，在电动机、变压器等电气设备中作为导电部件，在远离人群的高压输电铁塔架空线上输送高压电。

在通常情况下，裸导线的型号是以拼音字母结合数字进行命名的。在型号中，T表示铜（若含有两个T，则第二个T表示特，如TYT的含义为特硬圆铜线），L表示铝，G表示钢，Y表示硬，R表示软，J表示绞线加强型，Q表示轻型。例如，裸导线的型号为LGJQ，表示该裸导线为轻型钢芯铝绞线。表4-1为常见裸导线的型号、名称、横截面积及主要用途。

表4-1　常见裸导线的型号、名称、横截面积及主要用途

型号	名称	横截面积或线径	主要用途
TR	软圆铜线	0.02～14mm	用于架空线
TY	硬圆铜线	0.02～14mm	
TYT	特硬圆铜线	1.5～5mm	
LR	软圆铝线	0.3～10mm	
LY4、LY6	硬圆铝线	0.3～10mm	
LY8、LY9	硬圆铝线	0.3～5mm	
LJ	铝绞线	10～600mm²	用于10kV以下、档距小于100～125m的架空线
LGJ	钢芯铝绞线	10～400mm²	用于35kV以上较高电压或档距较大的线路中
LGJQ	轻型钢芯铝绞线	150～700mm²	
LGJJ	加强型钢芯铝绞线	150～400mm²	
TJ	硬铜绞线	16～400mm²	用于机械强度高、耐腐蚀的高、低压输电线路

4.1.2 电磁线

电磁线是在金属线材上包覆绝缘层的导线，又称绕组线。在通常情况下，其外部的绝缘层为天然丝、玻璃丝、绝缘纸或合成树脂等。

图4-3为电磁线的实物外形。

图4-3　电磁线的实物外形

图4-4为电磁线的实际应用。

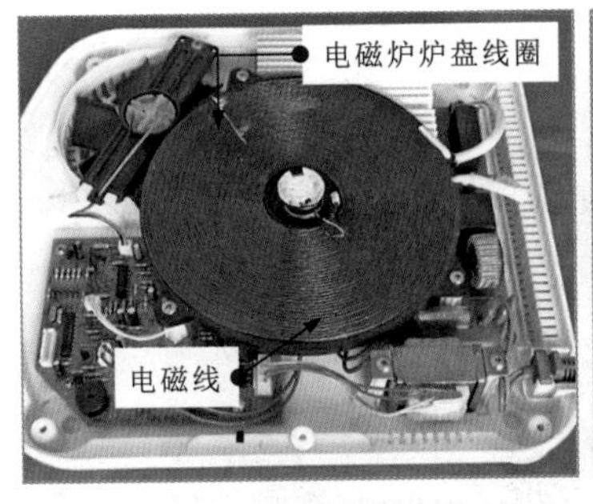

图4-4　电磁线的实际应用

电磁线用于实现电能与磁能相互转换的场合，常用于绕制电动机、变压器的各式线圈。其作用是通过电流产生磁场或切割磁力线产生感应电动势来实现电磁互换。其中，漆包线主要用于绕制中、小型电动机及变压器的线圈；绕包线主要用于绕制油浸式变压器的线圈、大中型电动机的绕组、大型发电机的线圈；无机绝缘线主要用于绕制应用在高温并有辐射场所电气设备的线圈。

使用较多的电磁线为漆包线。漆包线的型号通常用字母表示，不同字母表示的类别不同，见表4-2。

表4-2　漆包线型号字母表示的类别及用途

型号	类别	用途
Q	油性漆包线	中、高频线圈及仪表等的线圈
QQ	缩醛漆包线	普通中、小型电动机、微电动机的绕组，油浸变压器的绕组及仪表等的线圈
QA	聚氨酯漆包线	电视机线圈和仪表用的微细线圈
QH	环氧漆包线	油浸变压器的绕组，耐化学品腐蚀、耐潮湿电动机的绕组
QZ	聚酯漆包线	通用中、小型电动机的绕组，干式变压器的绕组，仪表的线圈
QZY	聚酯亚胺漆包线	高温电动机和制冷装置中电动机的绕组，干式变压器的绕组，仪表的线圈
QXY	聚酰胺酰亚胺漆包线	高温重负荷电动机、牵引电动机、制冷设备电动机的绕组，干式变压器的绕组，仪表的线圈，密封式电动机的绕组
QY	聚酰亚胺漆包线	耐高温电动机、干式变压器的绕组，密封式继电器的线圈

常见的漆包线为圆形线和扁形线。圆形线按线芯直径，有0.15～2.5mm可供选用；扁形线按线芯的厚度和宽度，有厚度（a）为0.8～5.6mm、宽度（b）为2～18mm的产品可供选用。

4.1.3 绝缘导线

绝缘导线是电工线路中应用最多的导线材料之一。几乎所有的动力照明线路都采用绝缘导线。通常，绝缘导线可以分为绝缘硬导线和绝缘软导线。

图4-5为绝缘导线的实物外形。

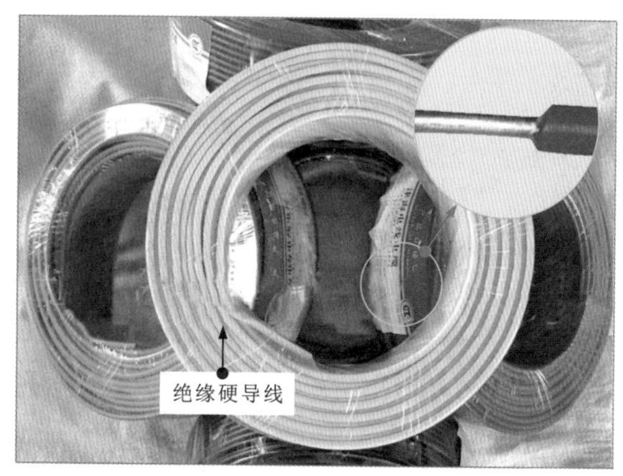

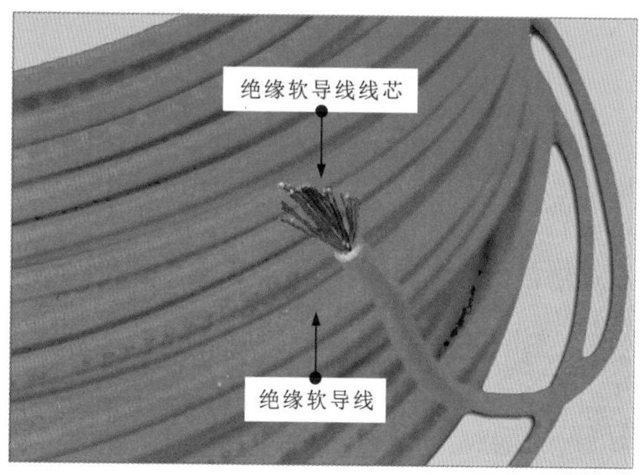

图4-5　绝缘导线的实物外形

绝缘导线的线芯通常可以分为铜芯和铝芯。其外部的绝缘材料有橡皮和聚氯乙烯（塑料）。绝缘导线的型号标识如图4-6所示。

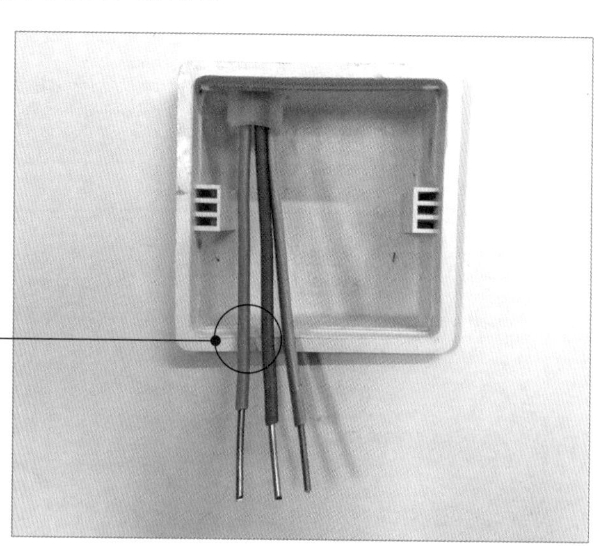

图4-6　绝缘导线的型号标识

划重点

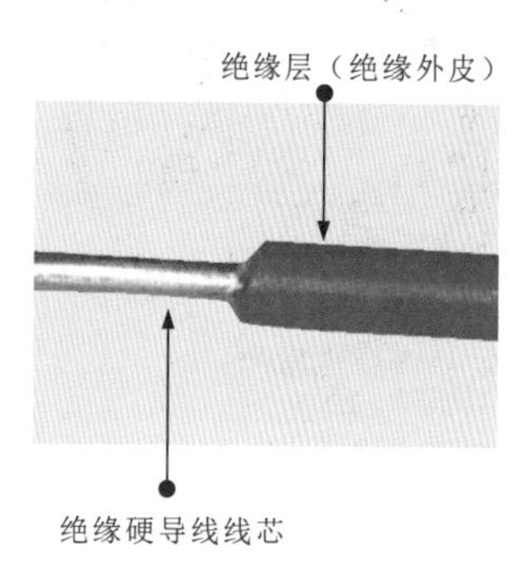

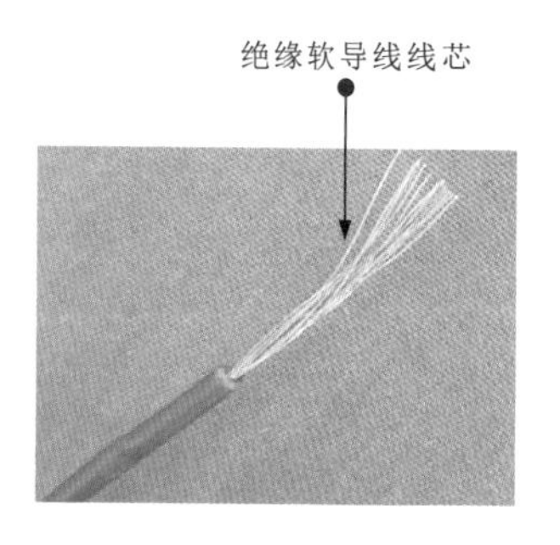

绝缘导线的外围均匀包裹一层不导电的材料，如树脂、塑料、硅橡胶等，可防止漏电、短路、触电等事故的发生。

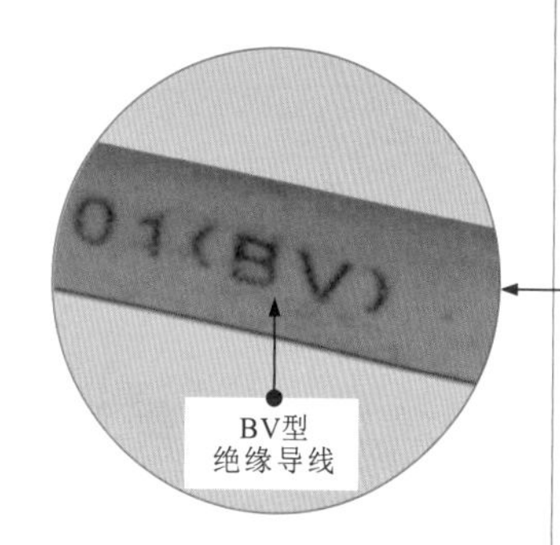

绝缘导线的型号、名称及用途见表4-3。

表4-3 绝缘导线的型号、名称及用途

型号	名称	用途
BV(BLV)	铜芯（铝芯）聚氯乙烯绝缘导线	适用于各种交流、直流电气装置，电工仪器、仪表，电信设备，动力及照明线路的固定敷设
BVR	铜芯聚氯乙烯绝缘软导线	
BVV(BLVV)	铜芯（铝芯）聚氯乙烯绝缘护套圆型导线	
BVVB（BLVVB）	铜芯（铝芯）聚氯乙烯绝缘护套扁型导线	适用于各种交流、直流电气装置，电工仪器、仪表，电信设备，动力及照明线路的固定敷设和连接
RV	铜芯聚氯乙烯绝缘软导线	
RVB	铜芯聚氯乙烯绝缘平型软导线	
RVS	铜芯聚氯乙烯绝缘绞型软导线	
RVV	铜芯聚氯乙烯绝缘护套圆型软导线	
RVVB	铜芯聚氯乙烯绝缘护套平型软导线	
BX（BLX）	铜芯（铝芯）橡皮导线	适用于交流500V及其以下或直流1000V及其以下电气设备和照明装置线路的固定敷设，尤其适用于户外
BXR	铜芯橡皮软导线	
BXF（BLXF）	铜芯（铝芯）氯丁橡皮导线	
AV（AV—105）	铜芯（铜芯耐热温度为105 ℃）聚氯乙烯绝缘安装导线	适用于交流额定电压为300/500V及其以下的电器、仪表和电子设备及自动化装置的线路
AVR（AVR—105）	铜芯（铜芯耐热温度为105 ℃）聚氯乙烯绝缘软导线	
AVRB	铜芯聚氯乙烯安装平型软导线	
AVRS	铜芯聚氯乙烯安装绞型软导线	
AVVR	铜芯聚氯乙烯绝缘聚氯乙烯护套安装软导线	
AVP（AVP—105）	铜芯（铜芯耐热温度为105℃）聚氯乙烯绝缘屏蔽导线	适用于300/500V及其以下的电器、仪表、电子设备及自动化装置的线路
RVP（RVP—105）	铜芯（铜芯耐热温度为105 ℃）聚氯乙烯绝缘屏蔽软导线	
RVVP	铜芯聚氯乙烯绝缘屏蔽聚氯乙烯护套软导线	
RVVP1	铜芯聚氯乙烯绝缘缠绕屏蔽聚氯乙烯护套软导线	

图4-7为绝缘导线的实际应用。

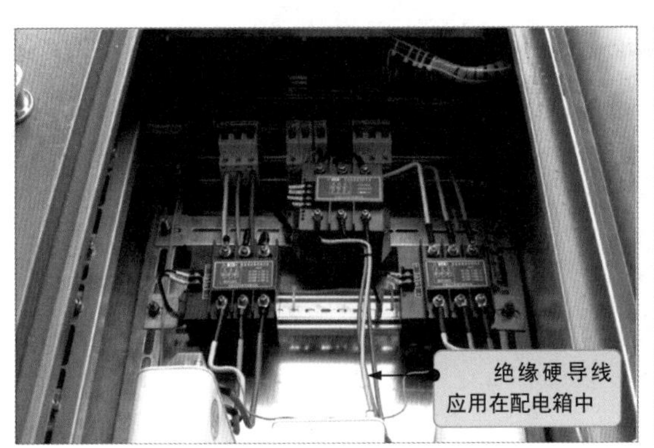

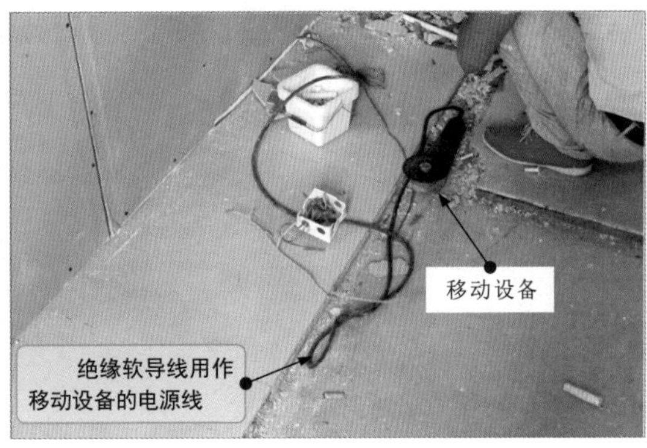

图4-7 绝缘导线的实际应用

4.1.4 通信电缆

通信电缆通常是由一对以上相互绝缘的导线绞合而成的。图4-8为通信电缆的实物外形。

图4-8　通信电缆的实物外形

根据不同环境的需要，通信电缆可以用于视频信号的传输、语音信号的传输等。图4-9为通信电缆的敷设方式和实际应用。

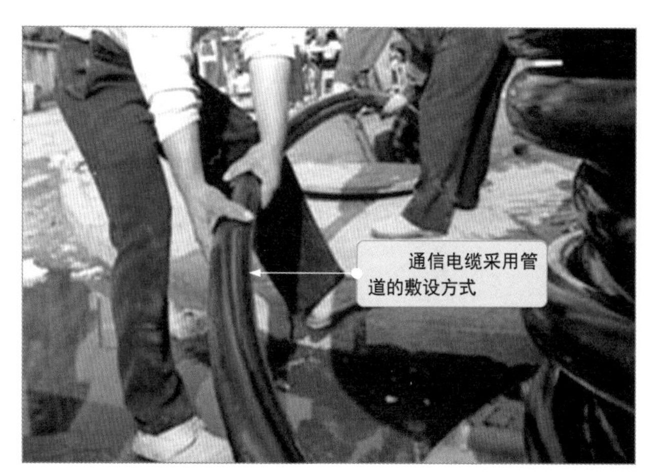

图4-9　通信电缆的敷设方式和实际应用

4.1.5 电力线缆

电力电缆可在电力系统的主要线路中用于传输和分配大功率电能，具有不易受外界风、雨、冰雹影响及供电可靠性高的特点，材料和安装成本较高。

图4-10为电力电缆的实物外形。

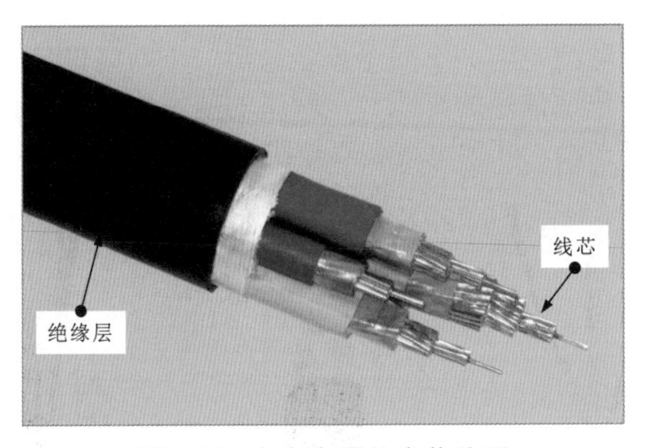

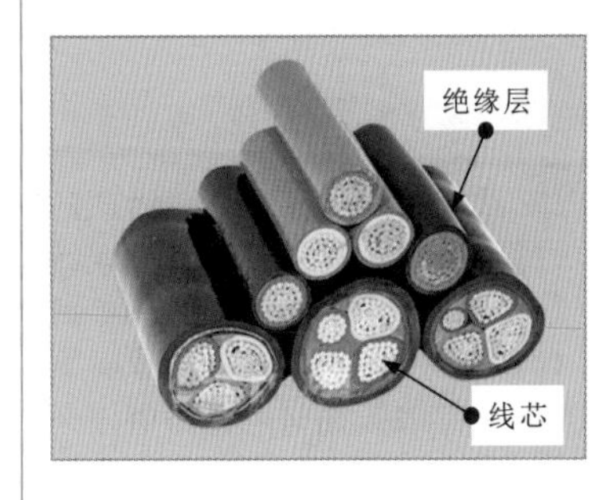

图4-10 电力电缆的实物外形

电力电缆按绝缘层材料的不同，可以分为油浸纸绝缘电力电缆、塑料绝缘电力电缆及橡皮绝缘电力电缆。

1kV电压等级电力电缆的使用最普遍。3～35kV电压等级的电力电缆常用于大、中型建筑的主要供电线路。图4-11为电力电缆的实际应用。

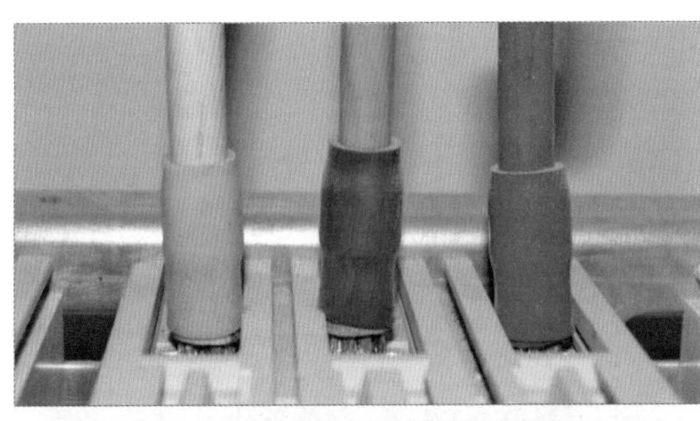

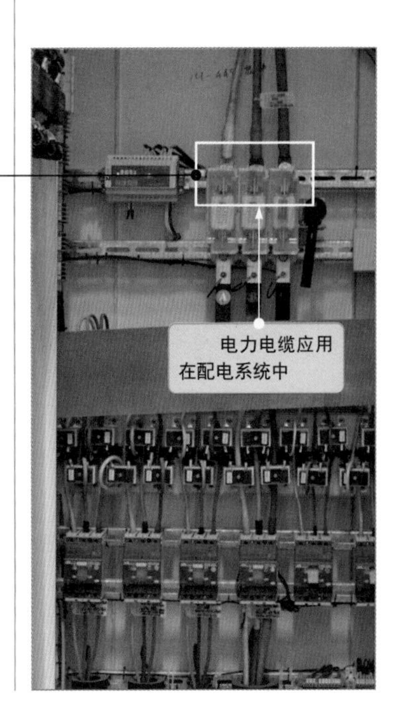

图4-11 电力电缆的实际应用

4.1.6 弱电线缆

弱电线缆主要包括网络线、电视线缆、电话线、影音线等，用于信息的传输和控制。

1 网络线

网络线可将一个网络设备与另一个网络设备连接，是用于传递信息的介质，是网络的基本构件。常见的网络线有光缆、同轴电缆和双绞线，如图4-12所示。

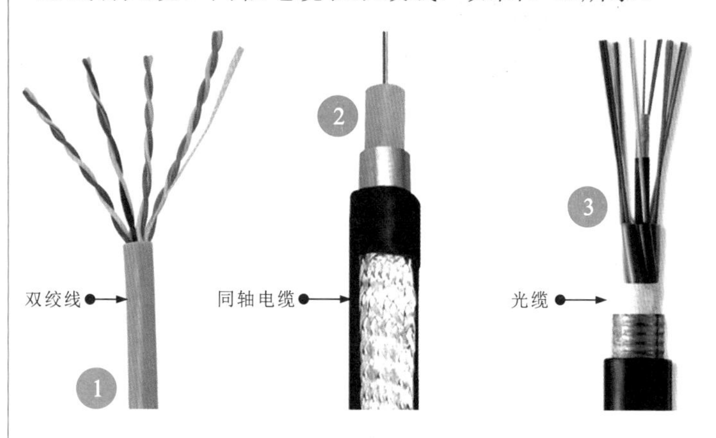

图4-12　常见的网络线

2 电视线缆

电视线缆是专用于传输射频电视信号的高频电缆，又称馈线。图4-13为电视线缆的实物外形。

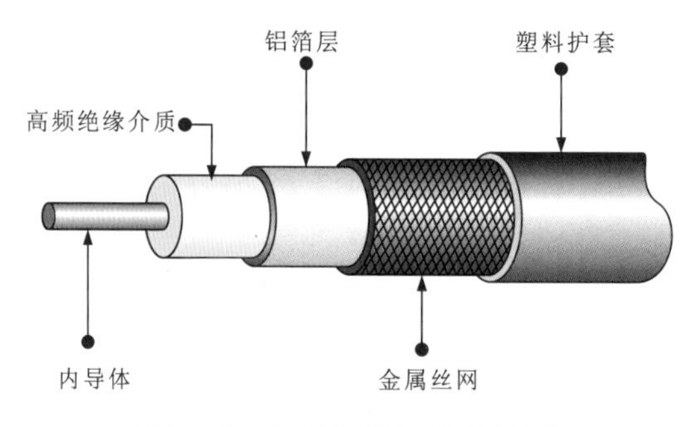

图4-13　电视线缆的实物外形

同轴电缆由同轴结构的内、外导体构成：内导体是单股实心导线；外导体为金属丝网；内、外导体之间填充高频绝缘介质；外面包裹塑料护套。高频绝缘介质可使内、外导体绝缘且保持轴心重合。电视线缆的频率损失、图像失真和图像衰减幅度较小。

① 双绞线是由许多线对组成的数据传输线，可以分为屏蔽双绞线（STP）和非屏蔽双绞线（UTP）。STP内有一层金属隔离膜，在传输数据时可减小电磁干扰，稳定性较高；UTP没有金属膜，稳定性较差，价格便宜。

② 同轴电缆是由绝缘材料包裹铜导体的电缆线，抗干扰能力好，传输数据稳定，价格便宜。

③ 光缆由许多根细如发丝的玻璃纤维外加绝缘套组成，由光波传送信息，抗电磁干扰性极好，保密性强，速度快，传输容量大。

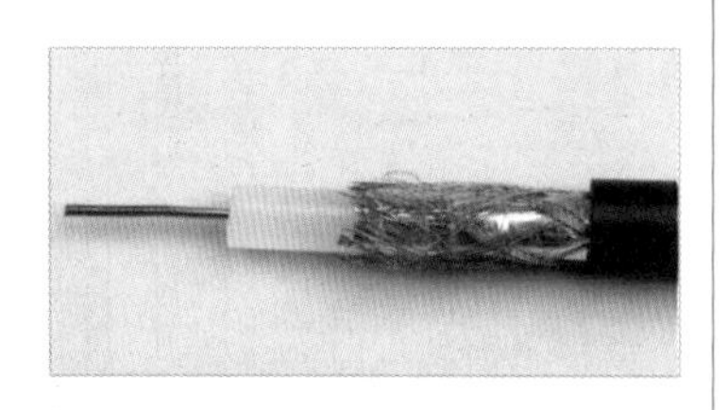

3 电话线

电话线是用来连接电话和传真机的线材，主要由铜芯和绝缘外层构成。铜芯的芯数决定可接电话机的数量。电话线常见的规格有2芯、4芯，如图4-14所示。

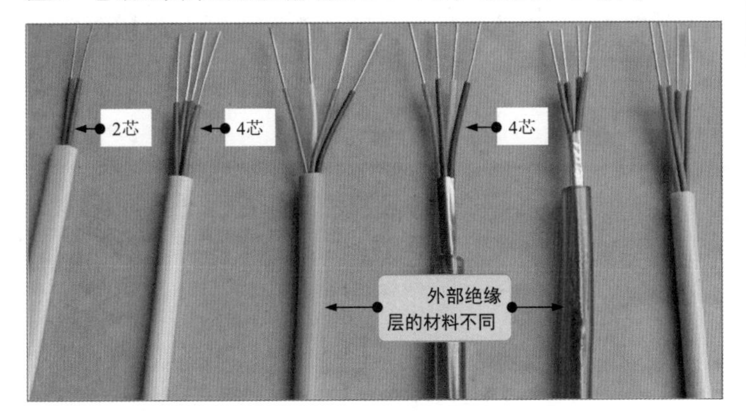

图4-14 常见的电话线

4 影音线

影音线主要包括音频线和视频线。音频线主要用来连接音源设备和功率放大器。视频线主要用来连接媒体播放设备和显示设备。图4-15为影音线的实物外形。

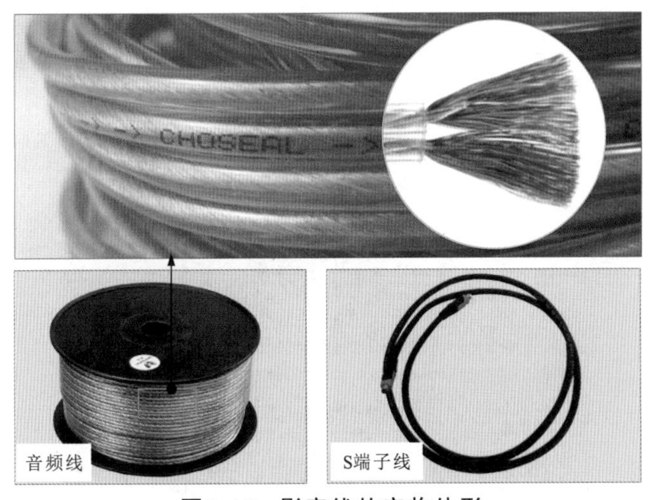

图4-15 影音线的实物外形

根据音源设备功率的不同需要选用线芯数不同的音频线，在一般情况下，微小型音箱（功率为5～10W）选用50芯的音频线；小型多媒体音箱（功率为10～30W）选用100芯的音频线；标准音箱（功率为30～300W）选用200芯的音频线；具有低音功能的高级音箱（功率为100～1000W）选用300芯的音频线；对音箱音质有特殊要求（功率为300～2000W）时选用500芯的音频线。

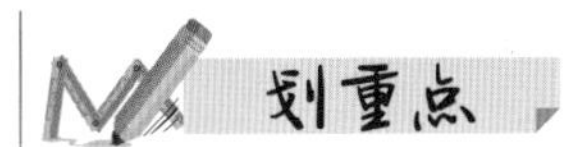

在一般情况下，家装电话线采用2芯电话线即可。若要安装可视电话或智能电话或连接传真机或电脑拨号上网等，则最好选用4芯电话线，以满足正常的工作需要。

视频线根据接口的类型不同，可以分为AV线、S端子线、VGA线、DVI线及HDMI线等。

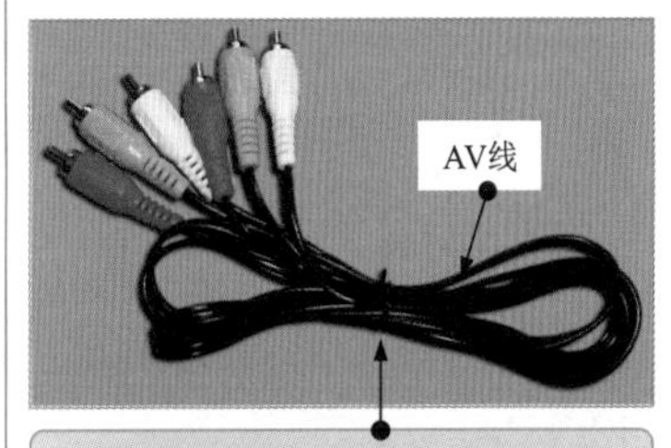

AV线主要用来连接影碟机和电视机，用来传送模拟视频信号

S端子线可将视频信号中的亮度信号和色度信号分开传送，视频质量较AV线好一些

4.2 线缆的剥线加工

4.2.1 塑料硬导线的剥线加工

塑料硬导线通常使用钢丝钳、剥线钳、斜口钳及电工刀等操作工具进行剥线加工。

1 使用钢丝钳剥线加工

使用钢丝钳剥线加工塑料硬导线是在电工操作中常使用的一种简单快捷的操作方法，一般适用于剥线加工横截面积小于4mm²的塑料硬导线，如图4-16所示。

① 用左手握住塑料硬导线，用右手持钢丝钳，并用刀口夹住塑料硬导线旋转一周，切断需剥掉处的绝缘层。

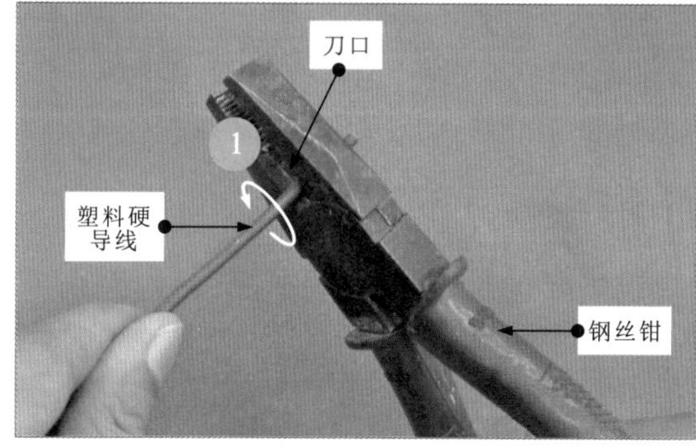

② 用钢丝钳的钳口夹住待剥掉的绝缘层。

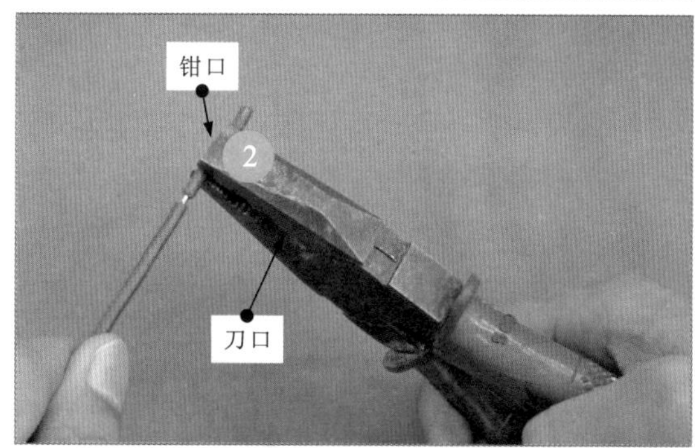

③ 夹住待剥掉的绝缘层后向外侧用力，即可将绝缘层剥离。

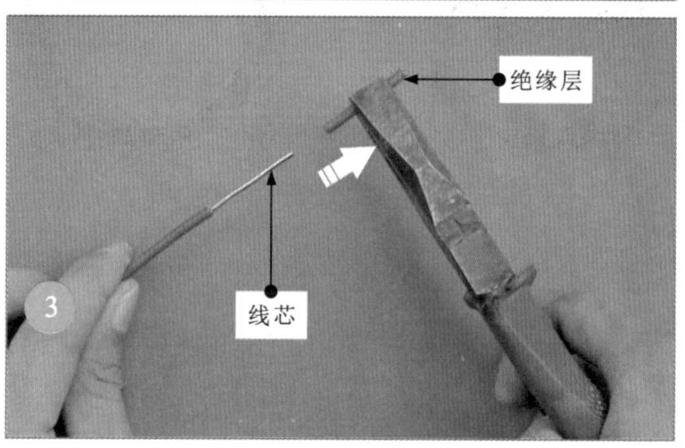

图4-16 使用钢丝钳剥线加工塑料硬导线

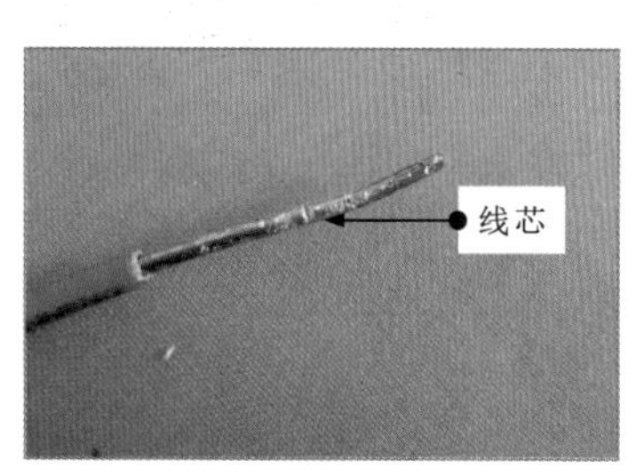

在剥去绝缘层时，不可在钢丝钳刀口处加剪切力，否则会切伤线芯。剥线加工的线芯应保持完整无损，如有损伤，应重新剥线加工。

2 使用剥线钳剥线加工

使用剥线钳剥线加工塑料硬导线也是电工操作中比较规范和简单的方法，一般适用于剥线加工横截面积大于4mm²的塑料硬导线，如图4-17所示。

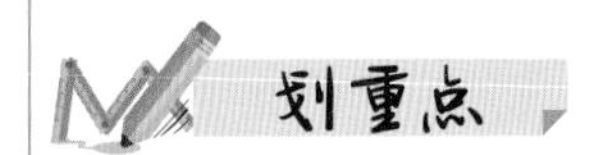

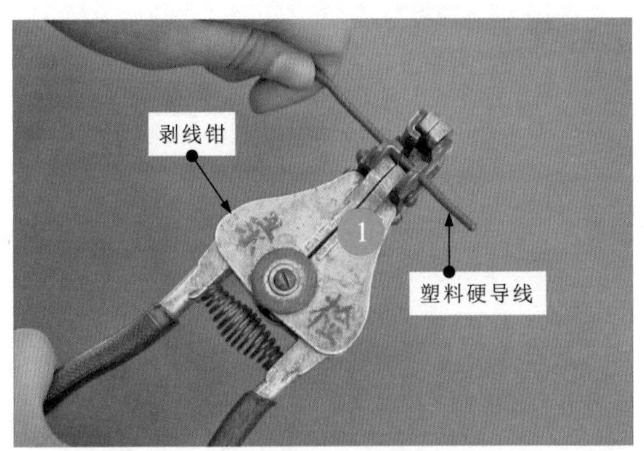

①用左手握住塑料硬导线，用右手持剥线钳，并用合适的刀口夹住塑料硬导线。

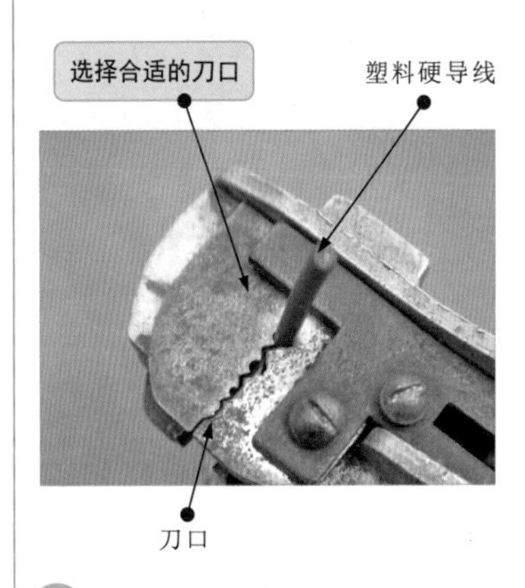

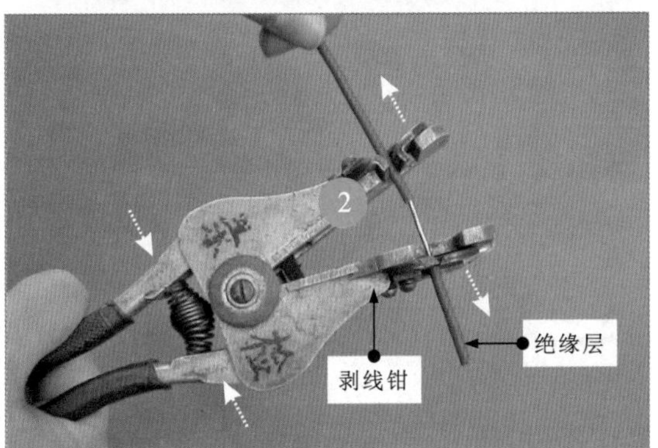

②握住剥线钳手柄，轻轻用力，切断塑料硬导线需剥掉处的绝缘层。

图4-17 使用剥线钳剥线加工塑料硬导线

3 使用电工刀剥线加工

一般横截面积大于4mm²的塑料硬导线可以使用电工刀剥线加工，如图4-18所示。

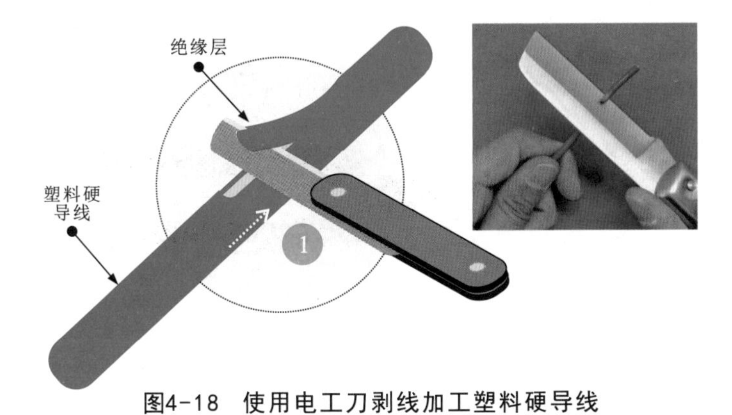

①将电工刀以45°角倾斜切入需剥掉的绝缘层。

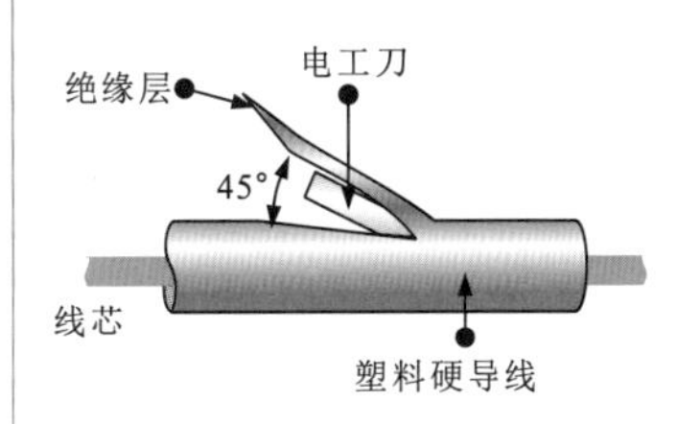

图4-18 使用电工刀剥线加工塑料硬导线

2 电工刀切削后，露出线芯。

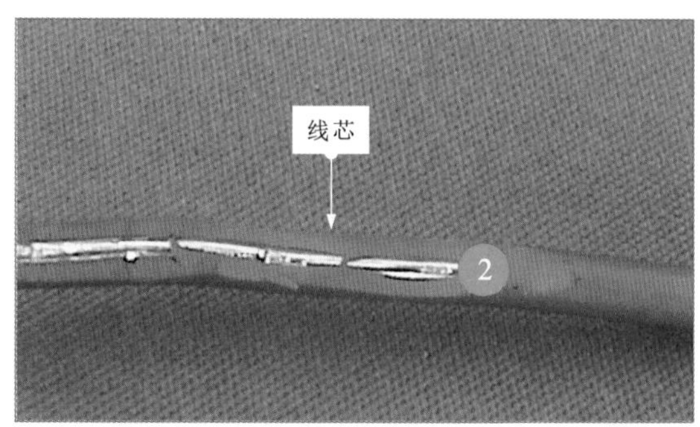

3 将待剥削绝缘层部分向后扳翻，使其与线芯分离。

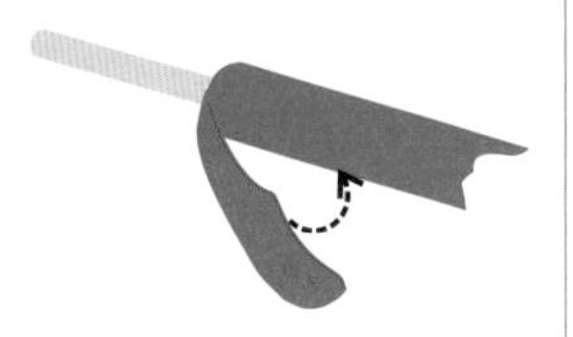

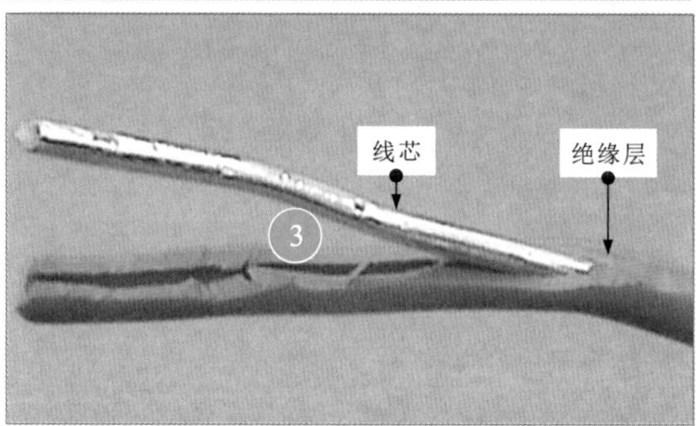

4 用电工刀切下与线芯分离部分的绝缘层。

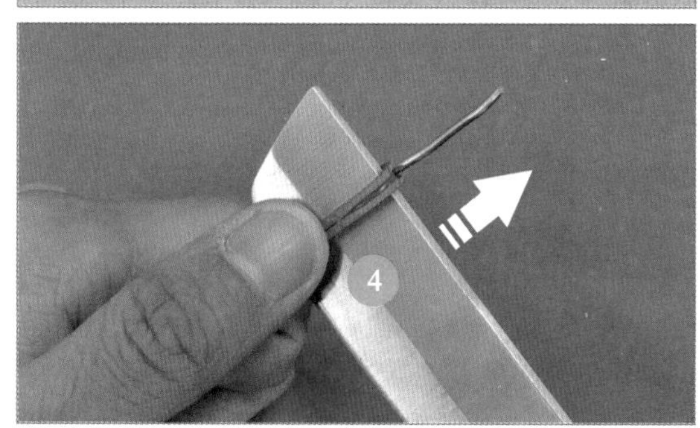

图4-18 使用电工刀剥线加工塑料硬导线（续）

通常，对于横截面积不大于4mm^{2}的塑料硬导线，剥削绝缘侧一般使用钢丝钳或剥线钳。若剥削横截面积大于4mm^{2}的塑料硬导线，一般使用电工刀。

图4-19为多功能钢丝钳的特点与剥线方法。

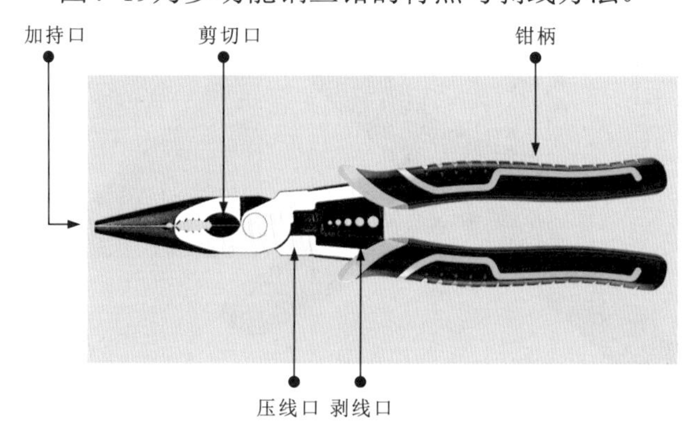

图4-19 多功能钢丝钳的特点与剥线方法

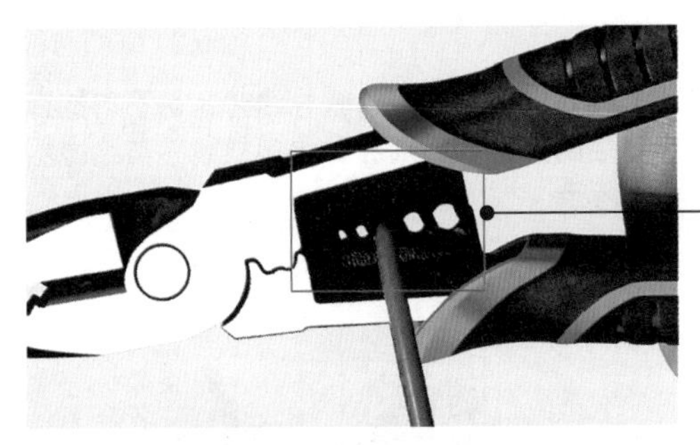

图4-19　多功能钢丝钳的特点与剥线方法(续)

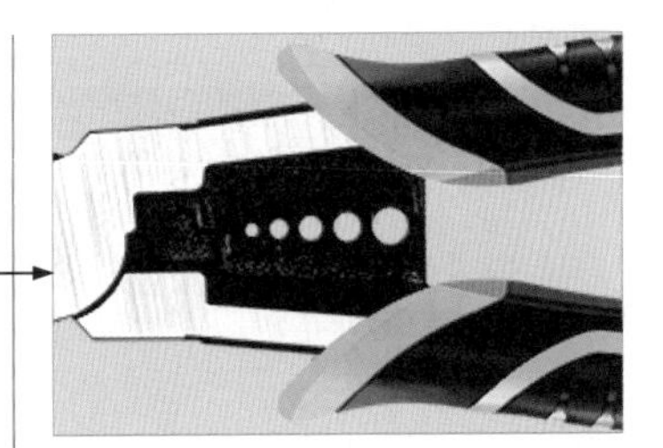

多功能钢丝钳设有多种规格的剥线口，将相应导线置于对应规格的剥线口即可完成剥削。

4.2.2 塑料软导线的剥线加工

塑料软导线的线芯多是由多股铜（铝）丝组成的，不适宜用电工刀剥线加工，在实际操作中，多使用剥线钳和斜口钳剥线加工，具体操作方法如图4-20所示。

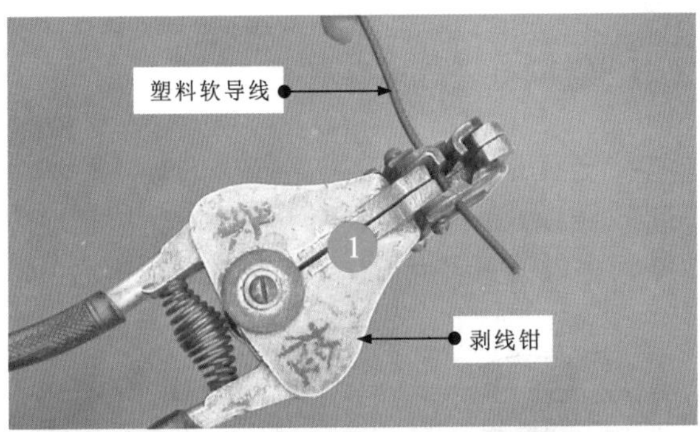

① 用左手握住塑料软导线，并根据塑料软导线的直径将其放置在剥线钳合适的刀口中。

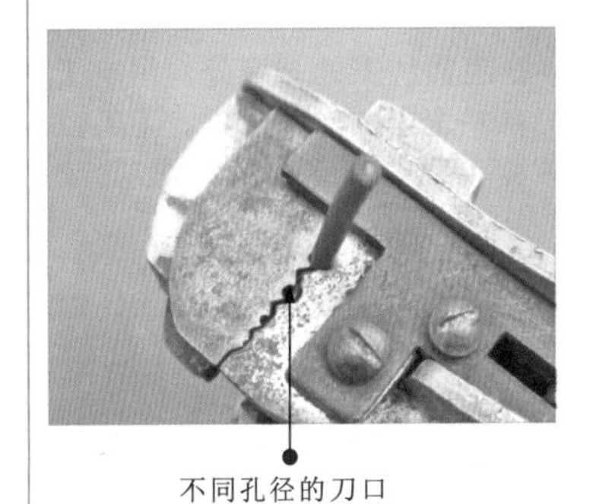

不同孔径的刀口

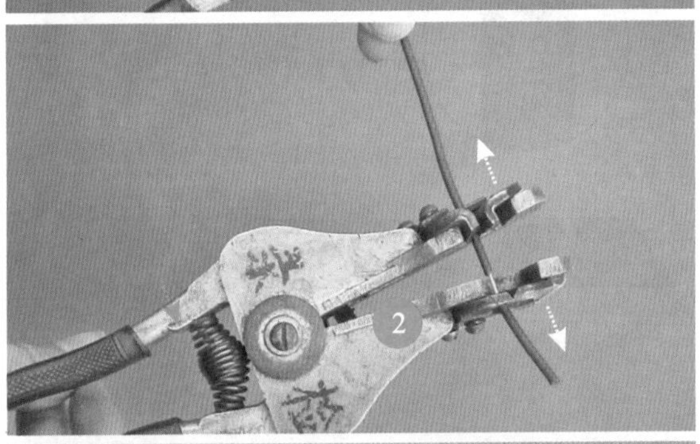

② 握住剥线钳手柄，轻轻用力，切断塑料软导线需剥掉处的绝缘层。

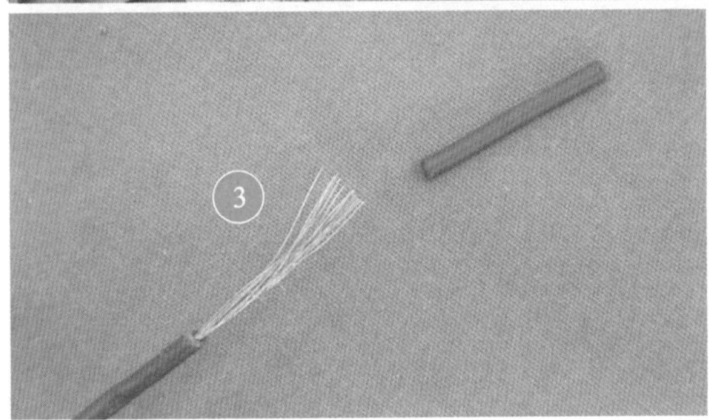

③ 加工后的线芯和绝缘层。

图4-20　使用剥线钳剥削塑料软导线

在使用剥线钳剥线加工塑料软导线时，切不可选择小于塑料软导线线芯直径的刀口，否则会导致多根线芯与绝缘层一同被剥掉，如图4-21所示。

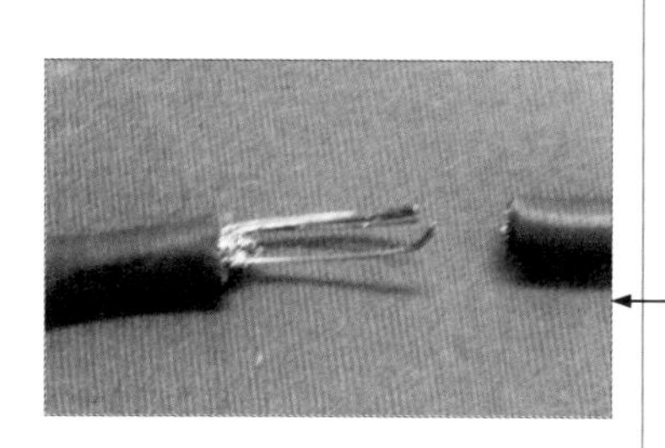

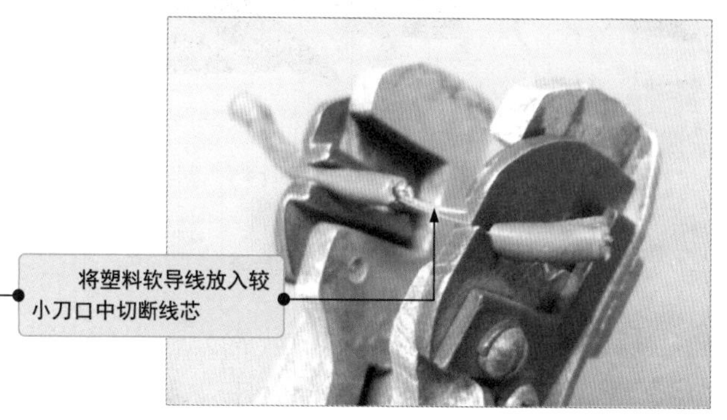

图4-21　损伤的线芯

4.2.3 塑料护套线的剥线加工

塑料护套线是将两根带有绝缘层的导线用护套层包裹在一起的线缆。在剥线加工时，要先剥掉护套层，再分别剥掉两根导线的绝缘层，操作方法如图4-22所示。

划重点

① 在需加工的长度处，用电工刀从护套层的中间下刀。下刀位置要准确，以免损伤内部线芯。

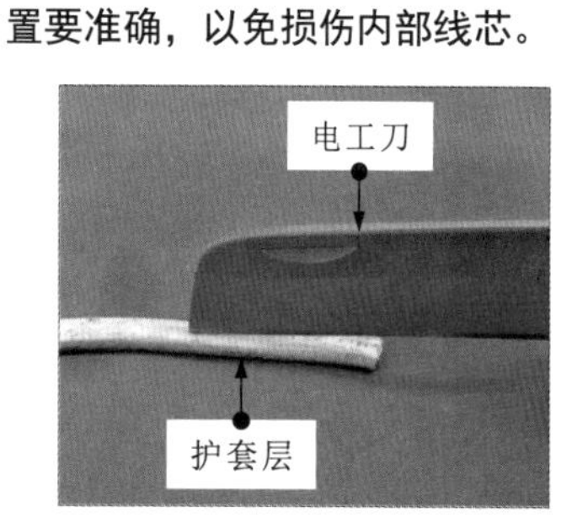

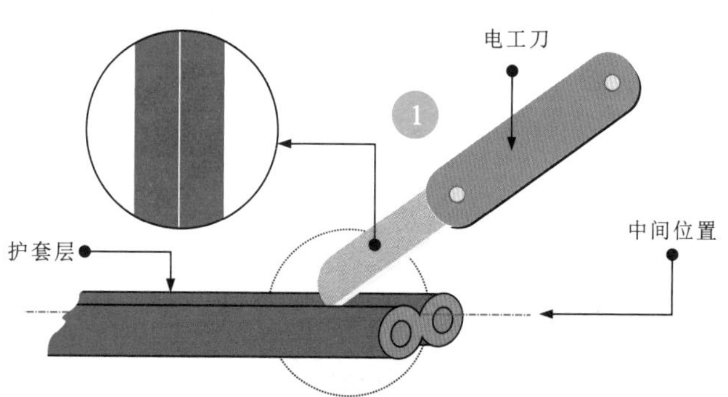

② 划开护套层后，露出内部导线。切忌从一侧切割，否则会损伤线芯。

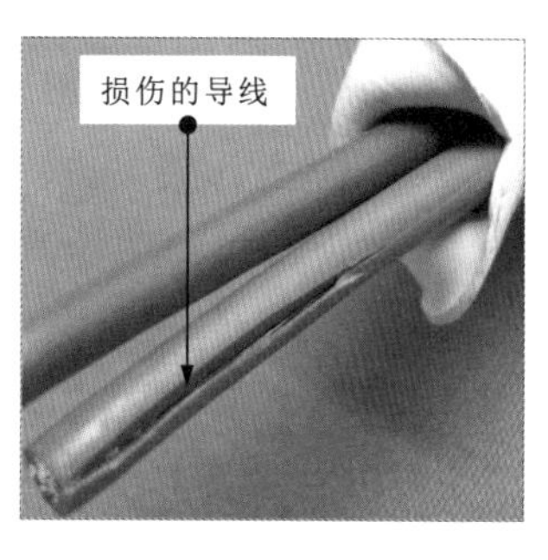

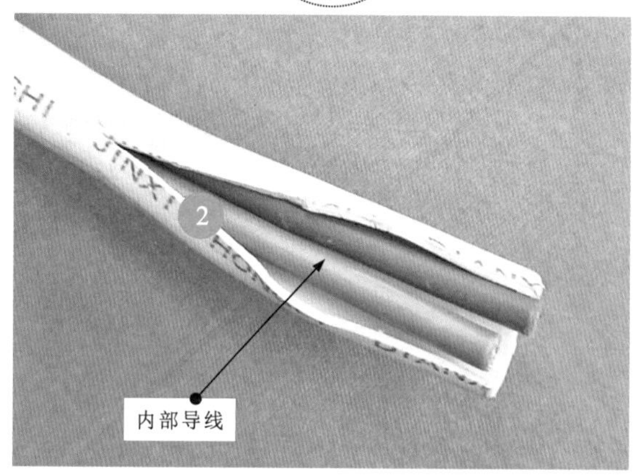

图4-22　塑料护套线的剥线加工

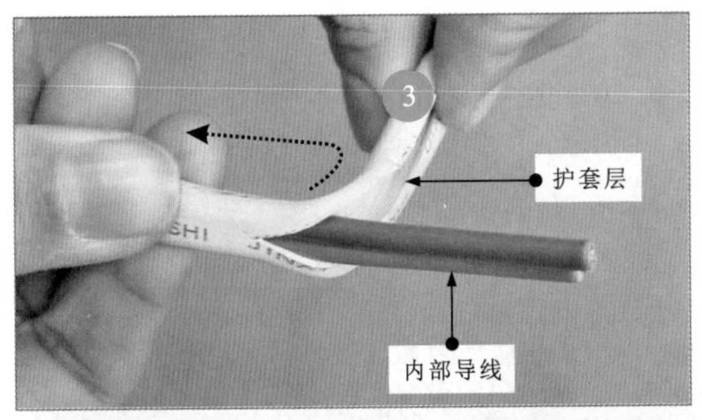

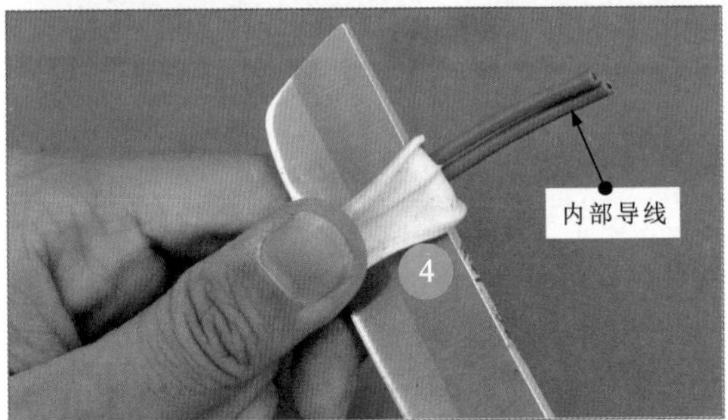

图4-22 塑料护套线的剥线加工（续）

划重点

3 向后扳翻护套层。

4 用电工刀把护套层齐根切掉。

4.2.4 漆包线的剥线加工

漆包线的绝缘层是喷涂在线芯上的绝缘漆。由于漆包线的直径不同，所以在加工漆包线时，应当根据直径选择合适的加工工具，具体操作方法如图4-23所示。

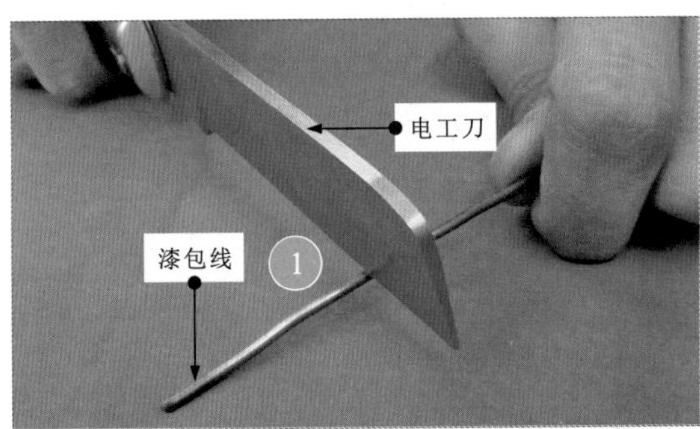

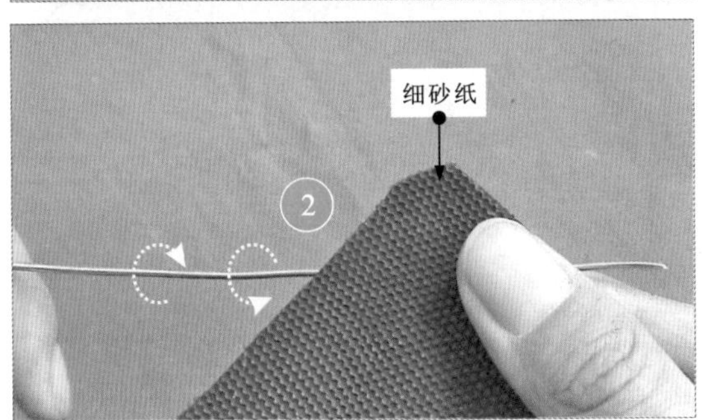

图4-23 漆包线的剥线加工

1 直径为0.6mm以上的漆包线可以使用电工刀去除绝缘漆，用电工刀轻轻刮去漆包线上的绝缘漆，直至漆层被刮干净。

2 直径为0.15～0.6mm的漆包线通常使用细砂纸或布去除绝缘漆，用细砂纸夹住需要去掉绝缘漆的部位，旋转即可。

划重点

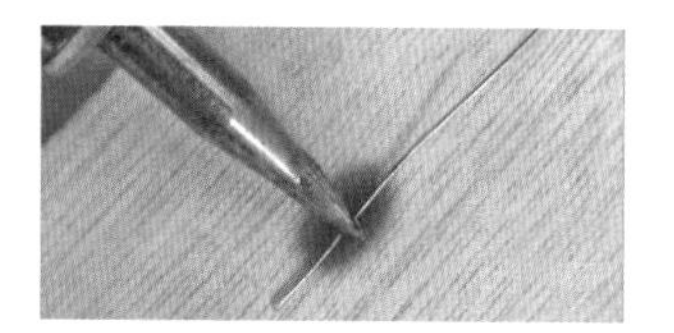

③ 将电烙铁加热并沾上焊锡后，在需要去掉绝缘漆的部位来回摩擦几次即可去除绝缘漆，同时还会在线芯上涂一层焊锡，便于后面的连接操作。

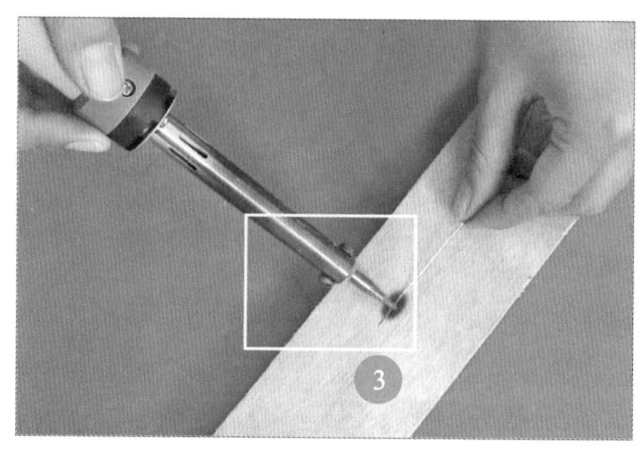

图4-23　漆包线的剥线加工（续）

若没有电烙铁，还可用微火加热去掉绝缘漆。当绝缘漆软化后，用软布擦拭即可，如图4-24所示。

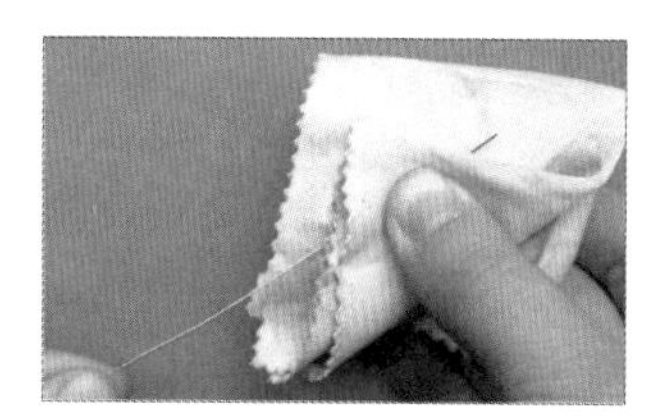

直径在0.15mm以下的漆包线，可以采用微火加热的方法去掉绝缘漆。

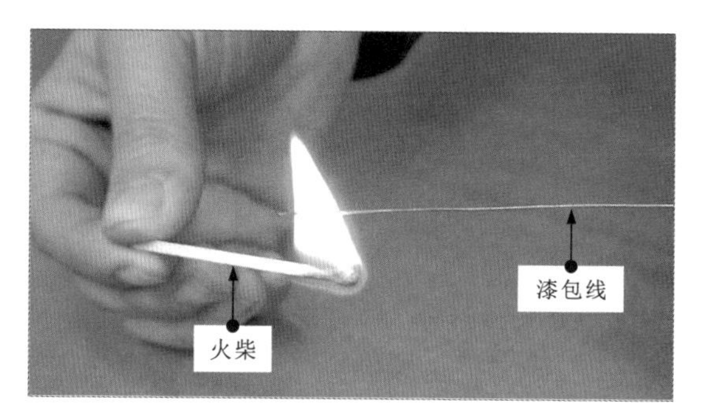

图4-24　微火加热去掉绝缘漆

4.3 线缆的连接

4.3.1 线缆的缠绕连接

1 单股导线缠绕式对接

当连接两根较粗的单股导线时，通常选择缠绕式对接方法，如图4-25所示。

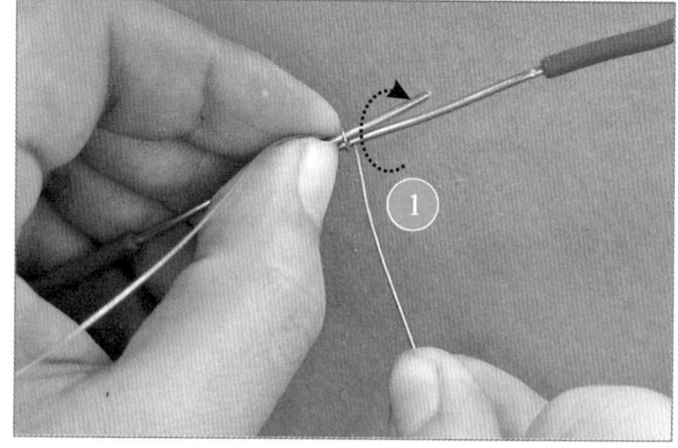

图4-25　单股导线缠绕式对接

① 将去除绝缘层的线芯交叠，用细裸铜丝缠绕交叠的线芯。

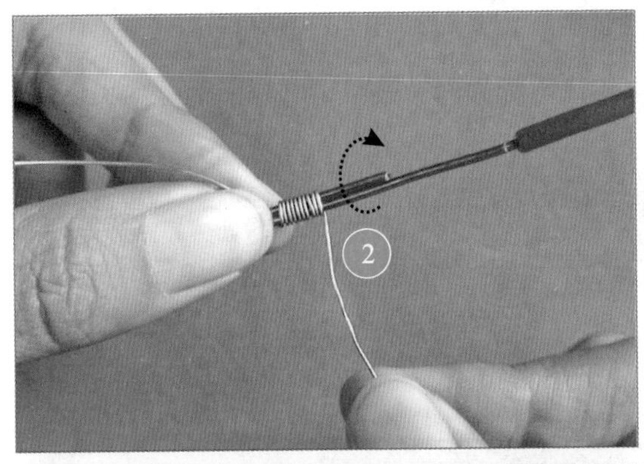

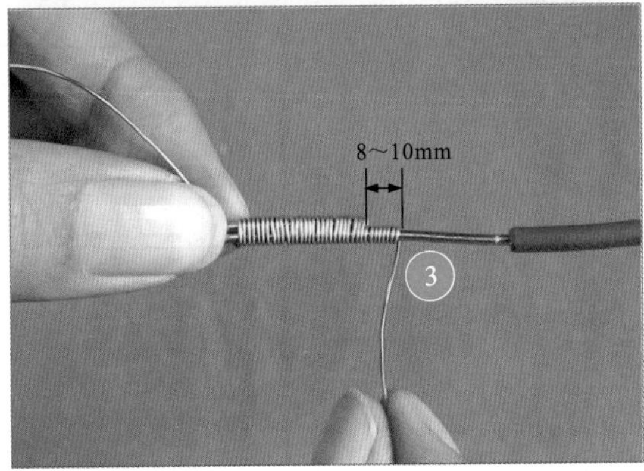

图4-25 单股导线缠绕式对接（续）

划重点

2 使用细裸铜丝从一端开始紧贴缠绕。

3 加长缠绕8～10mm。

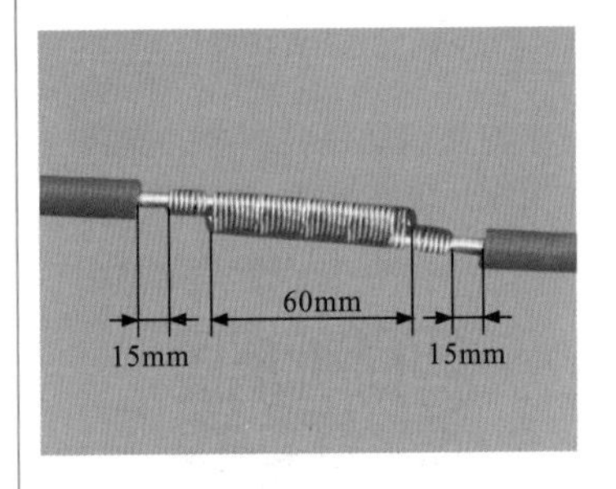

若单股导线的直径为5mm，则缠绕长度应为60mm；若单股导线的直径大于5mm，则缠绕长度应为90mm；缠绕好后，还要在两端的单股导线上各自再缠绕8～10mm。

2 单股导线缠绕式T形连接

当一根支路单股导线和一根主路单股导线连接时，通常采用缠绕式T形连接，如图4-26所示。

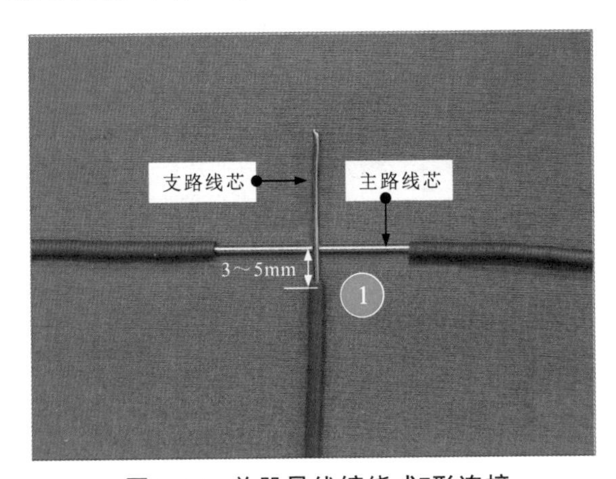

图4-26 单股导线缠绕式T形连接

1 将去除绝缘层的支路线芯与主路线芯的中心十字相交。

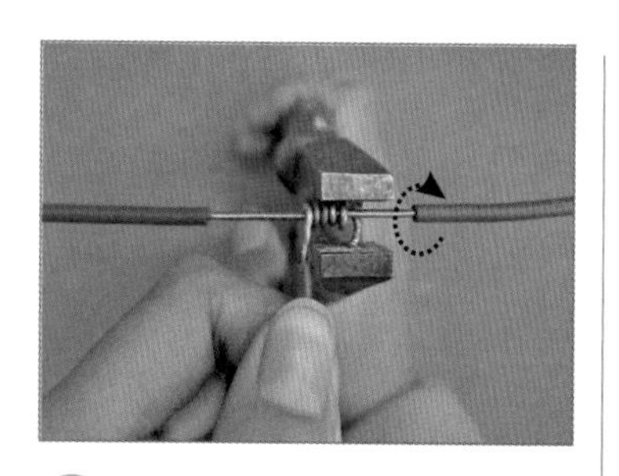

② 将支路线芯按照顺时针方向紧贴主路线芯缠绕，可使用钢丝钳辅助缠绕操作，缠绕6～8圈。

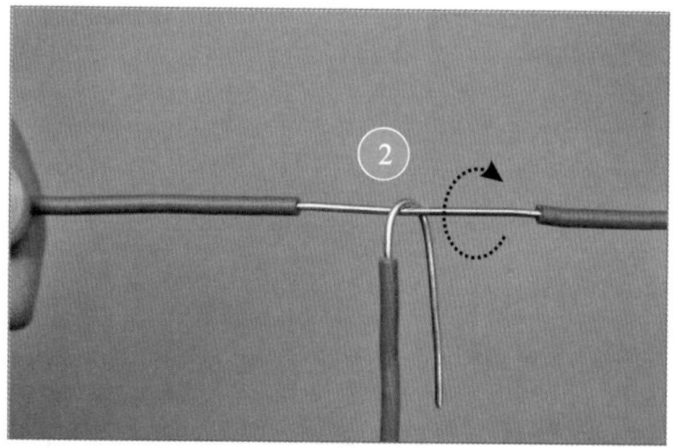

③ 使用钢丝钳将剩余的支路线芯剪断并钳平接口，完成连接。

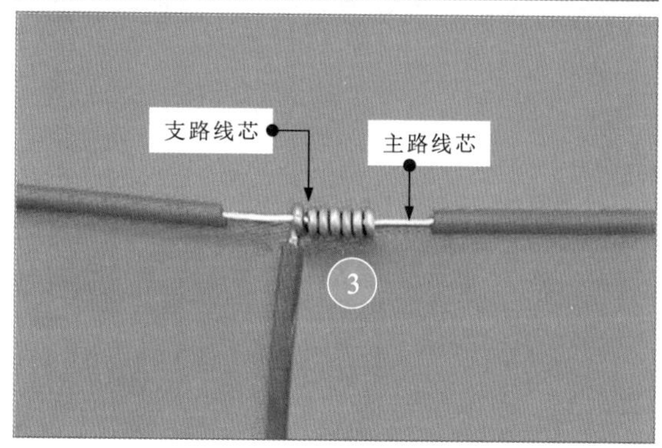

图4-26　单股导线缠绕式T形连接（续）

不同横截面积单股塑料硬导线的连接方法如图4-27所示。

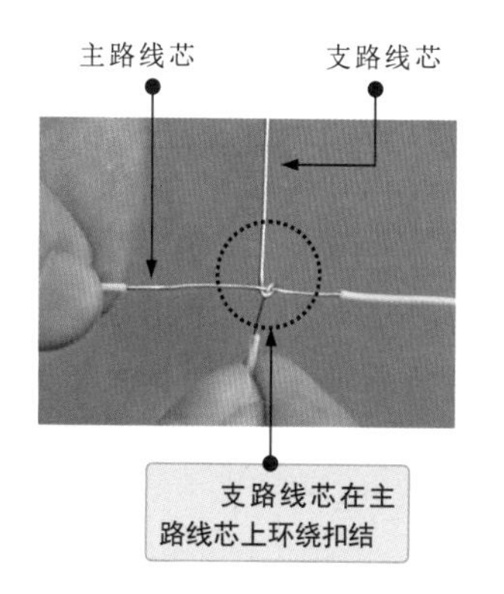

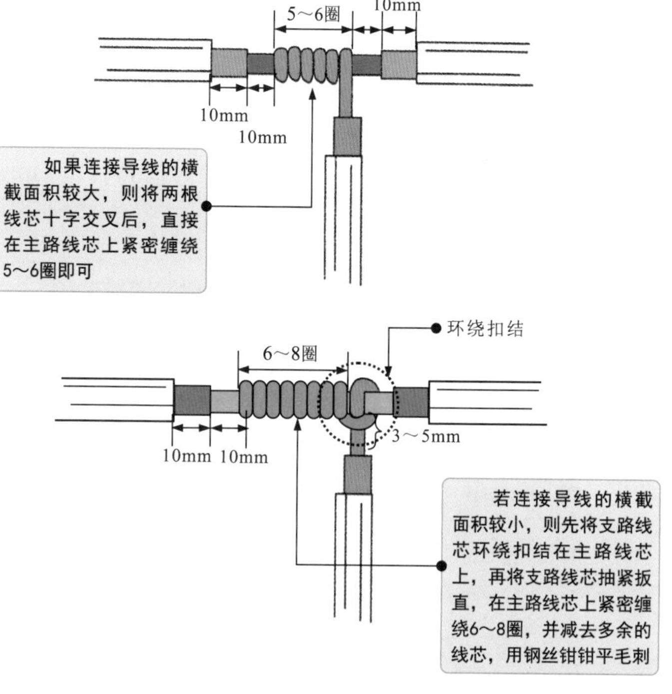

图4-27　不同横截面积单股塑料硬导线的连接方法

3 两根多股导线缠绕式对接

当连接两根多股导线时，可采用缠绕式对接的方法，如图4-28示。

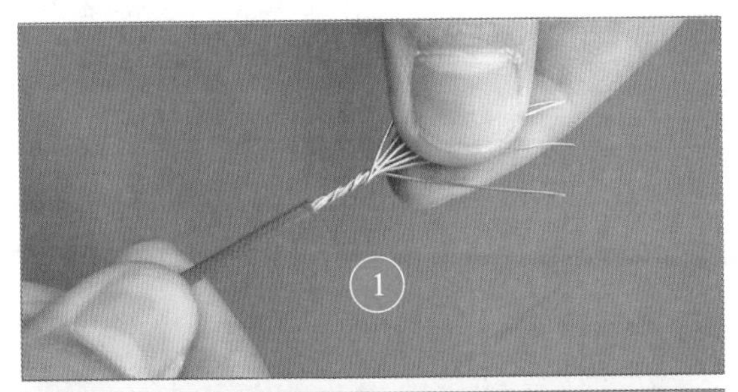

1 将两根多股导线的线芯散开拉直，在靠近绝缘层1/3线芯长度处绞紧线芯。

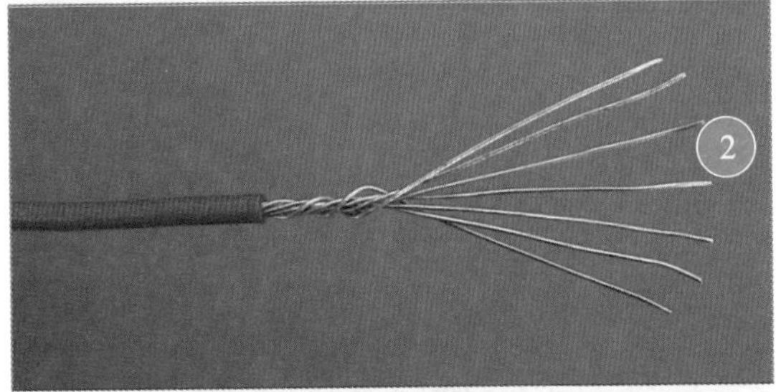

2 将余下的线芯分散成伞状。

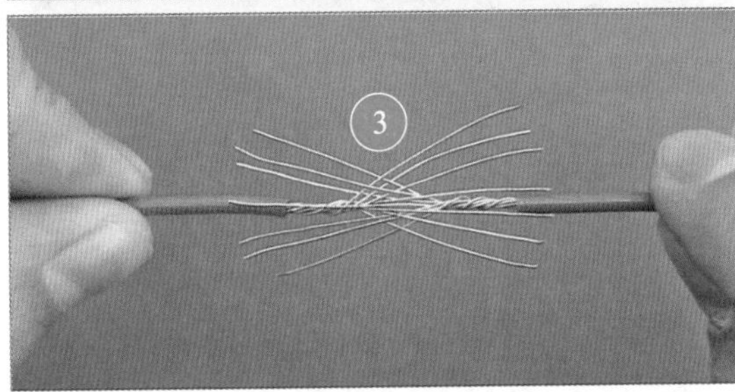

3 将伞状线芯交叉。

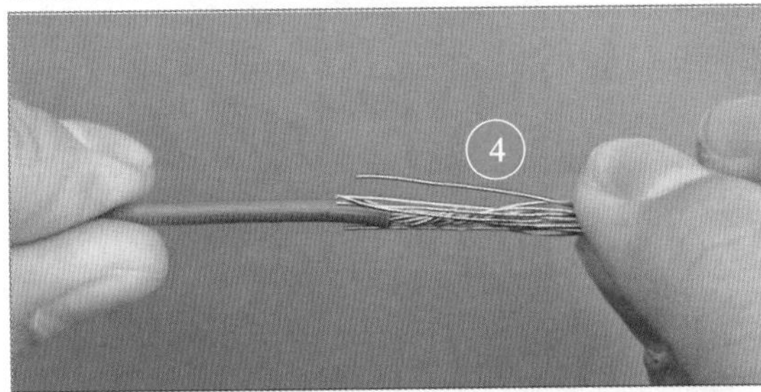

4 捏平线芯。

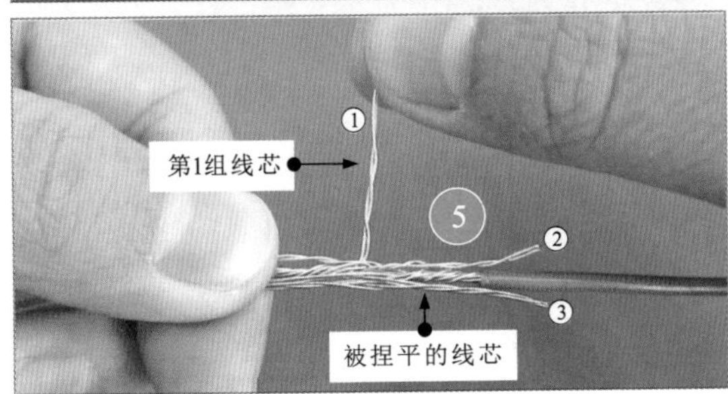

5 将一端交叉捏平的线芯平均分成3组，将第1组线芯扳起，按顺时针方向紧压交叉捏平的线芯缠绕两圈，将余下的线芯与其他线芯捏在一起。

图4-28 两根多股导线缠绕式对接

划重点

6 同样，将第2、3组线芯依次扳起，按顺时针方向紧压交叉捏平的线芯缠绕3圈。

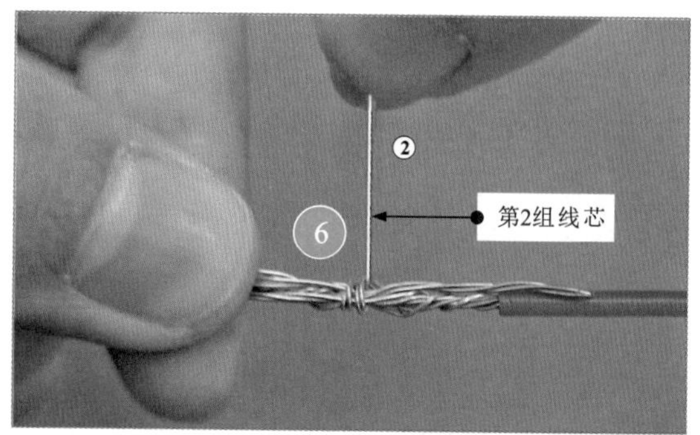

7 将多余的线芯从根部切断，钳平线端。

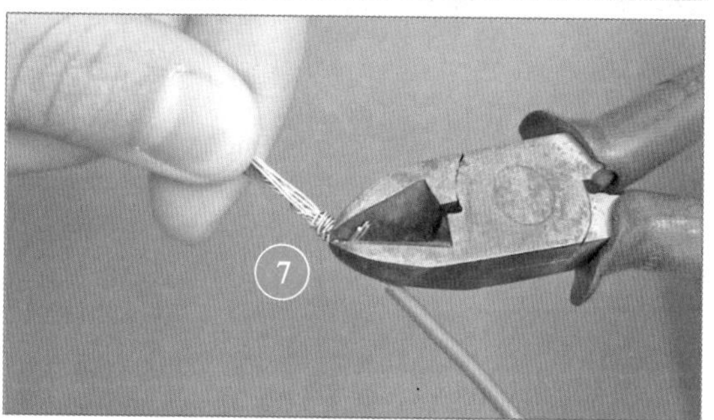

8 使用同样的方法连接另一端线芯，即可完成两根多股导线缠绕式对接。

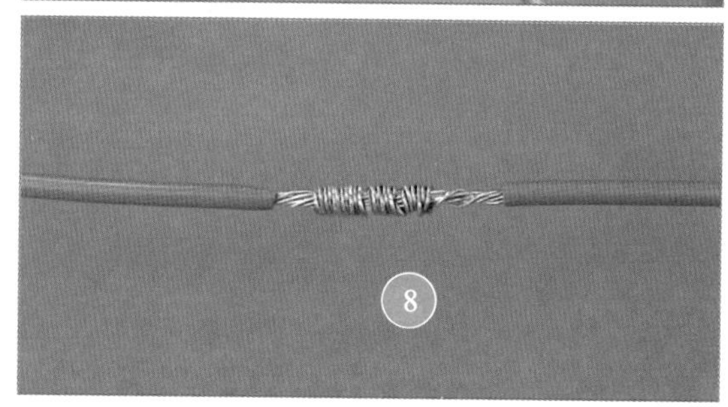

图4-28 两根多股导线缠绕式对接(续)

4 两根多股导线缠绕式T形连接

当一根支路多股导线与一根主路多股导线连接时，通常采用缠绕式T形连接，如图4-29所示。

1 将主路和支路多股导线连接部位的绝缘层去除。

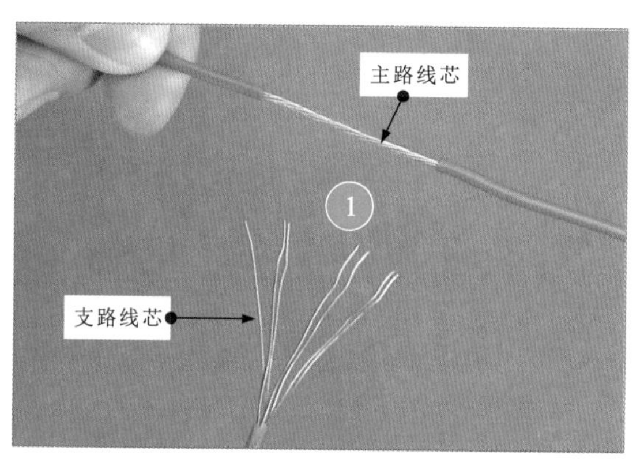

图4-29 两根多股导线缠绕式T形连接

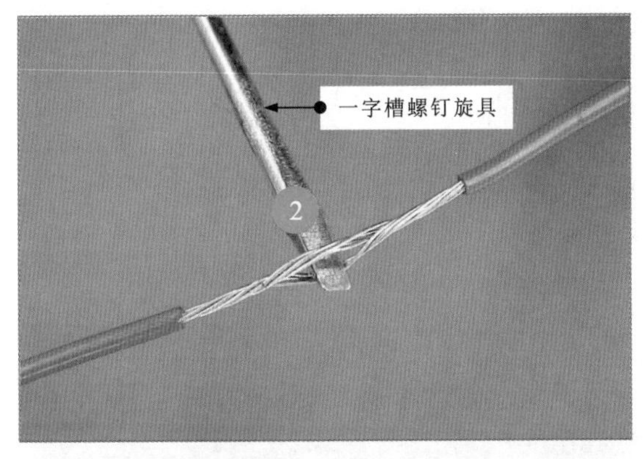

② 将一字槽螺钉旋具插入主路多股导线去掉绝缘层的线芯中心。

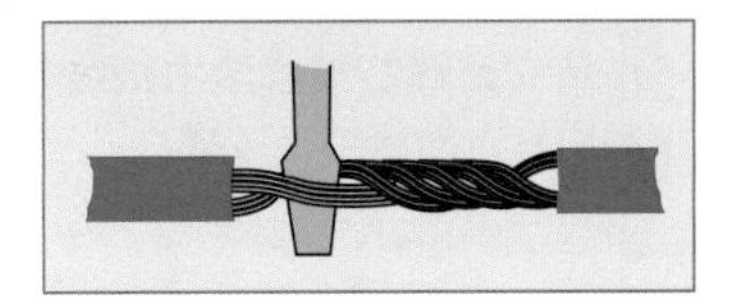

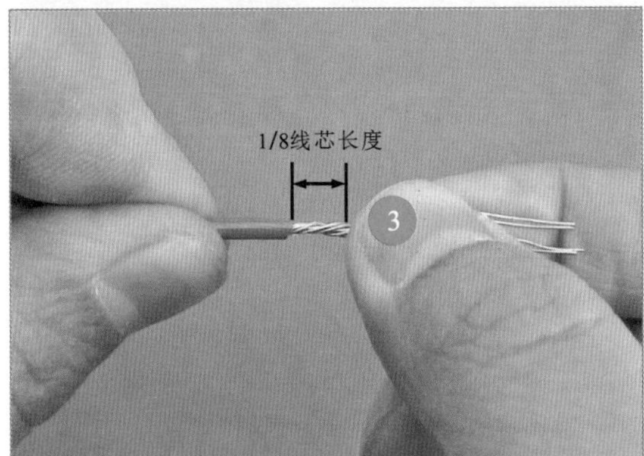

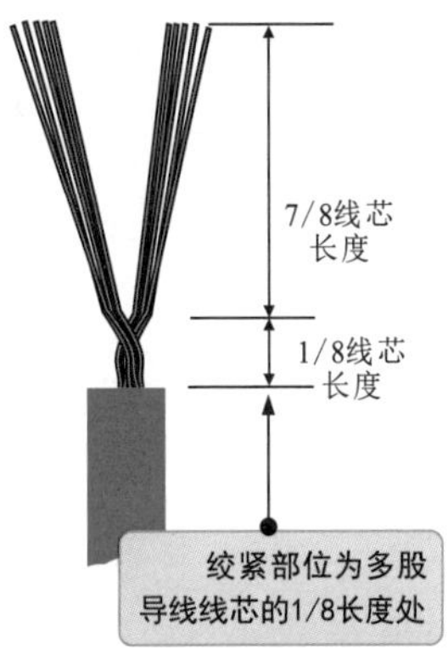

③ 散开支路多股导线线芯，在距绝缘层的1/8线芯长度处将线芯绞紧，并将余下的7/8线芯长度的线芯分为两组。

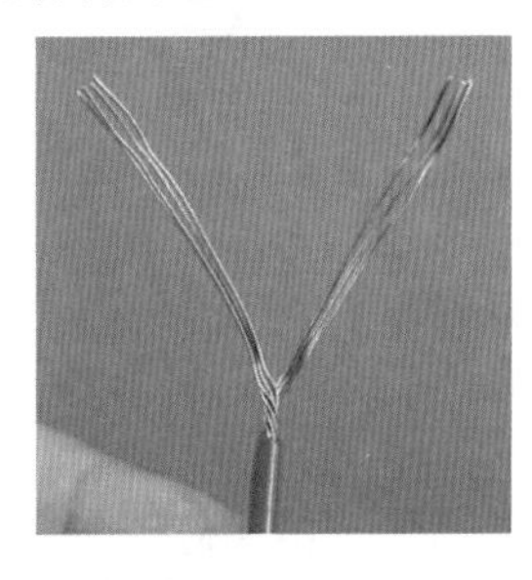

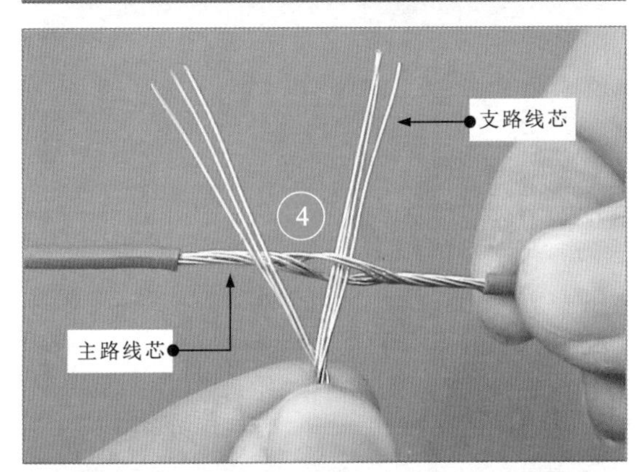

④ 将支路线芯的一组插入主路线芯的中间，将另一组放在前面。

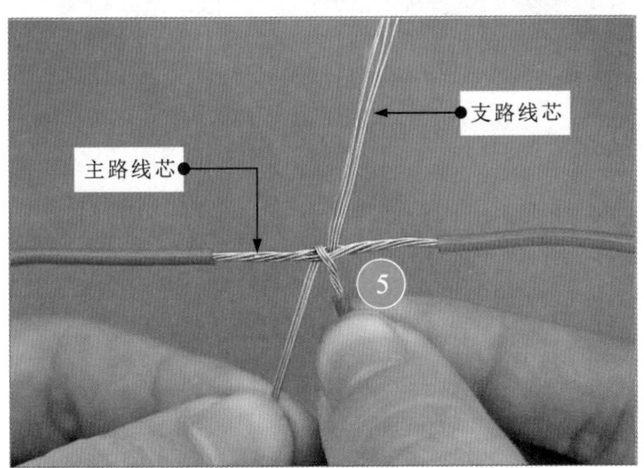

⑤ 将放在前面的支路线芯沿主路线芯按顺时针方向缠绕。

图4-29　两根多股导线缠绕式T形连接（续）

划重点

6 将支路线芯继续沿主路线芯按顺时针方向缠绕3～4圈。

7 使用偏口钳剪掉多余的支路线芯。

8 使用同样的方法将另一组支路线芯沿主路线芯按顺时针方向缠绕。

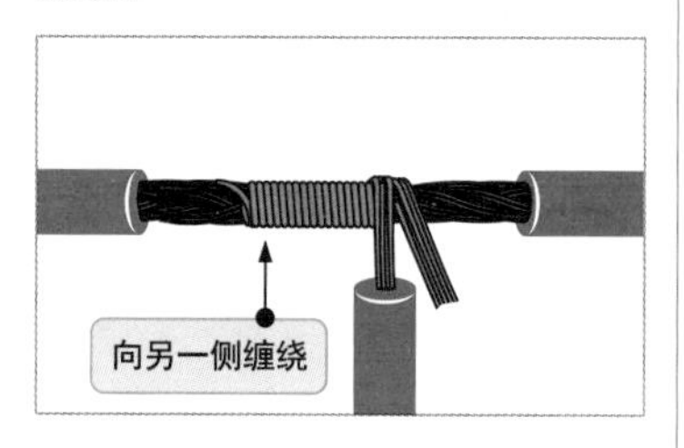

9 将支路线芯继续沿主路线芯按顺时针方向缠绕3～4圈，使用偏口钳剪掉多余的线芯。

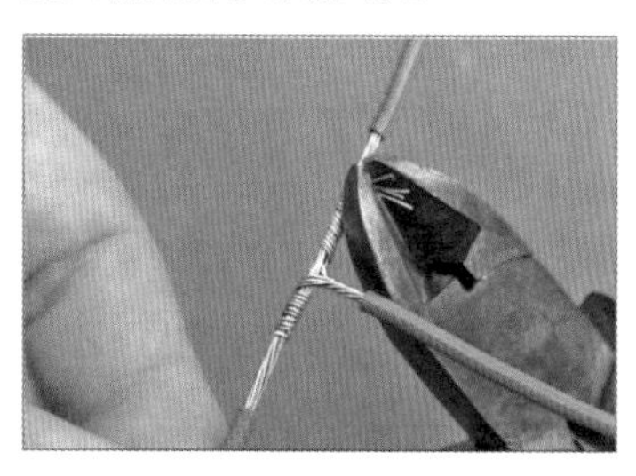

10 至此，两根多股导线T形缠绕连接完成。

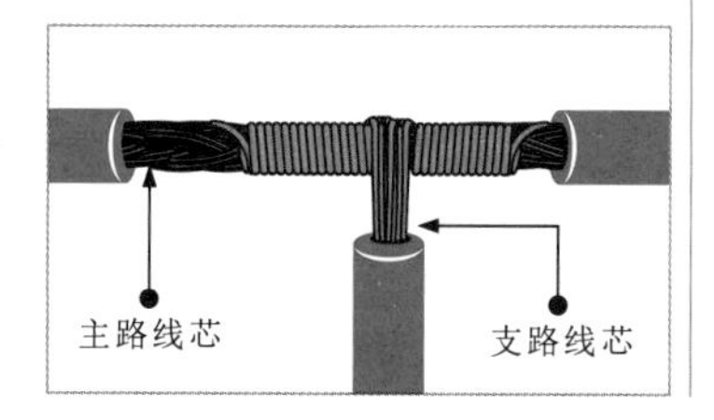

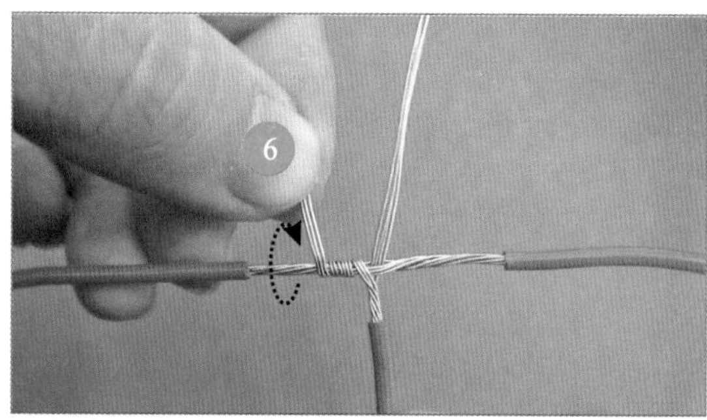

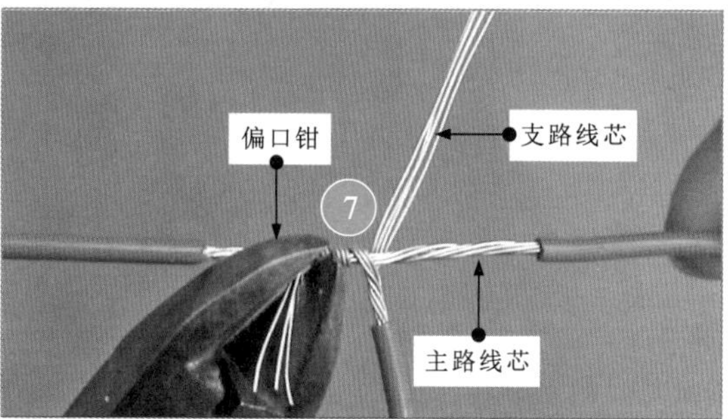

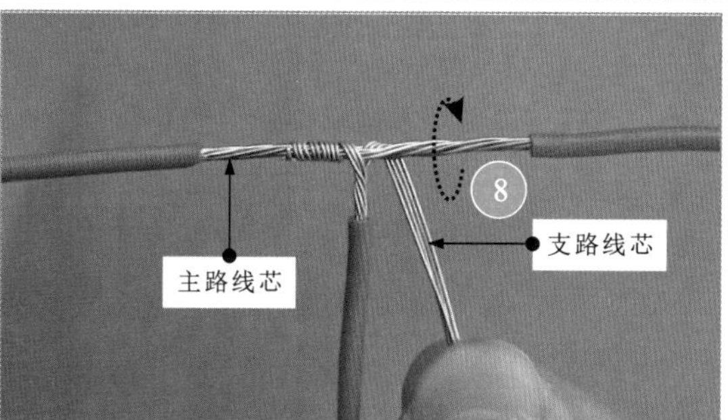

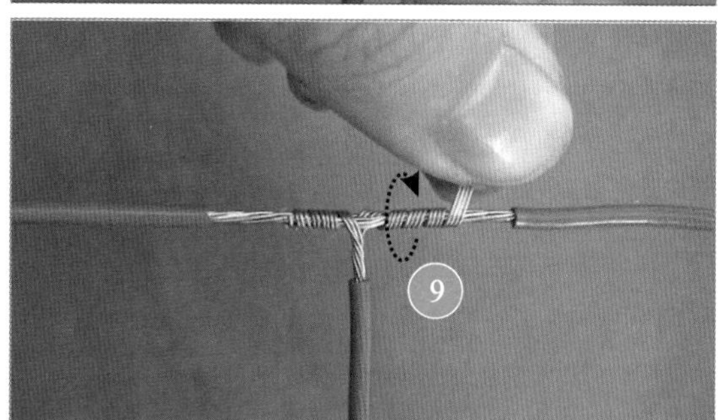

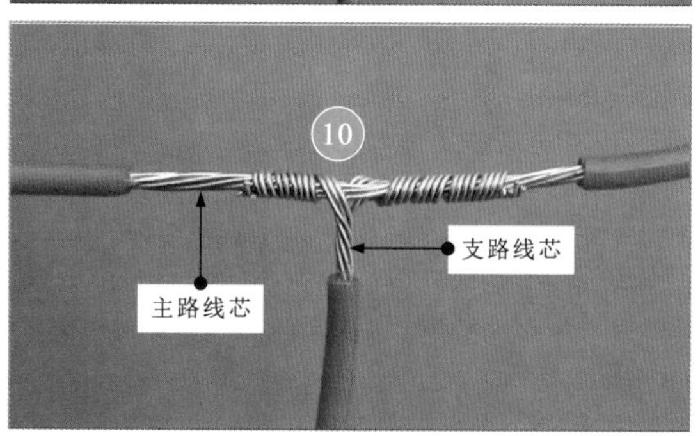

图4-29 两根多股导线缠绕式T形连接（续）

4.3.2 线缆的绞接连接

当两根横截面积较小的单股导线连接时，通常采用绞接连接，如图4-30所示。

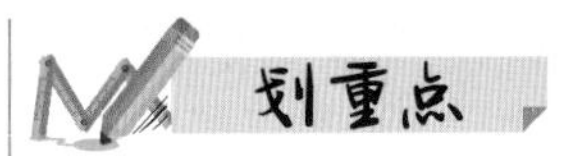

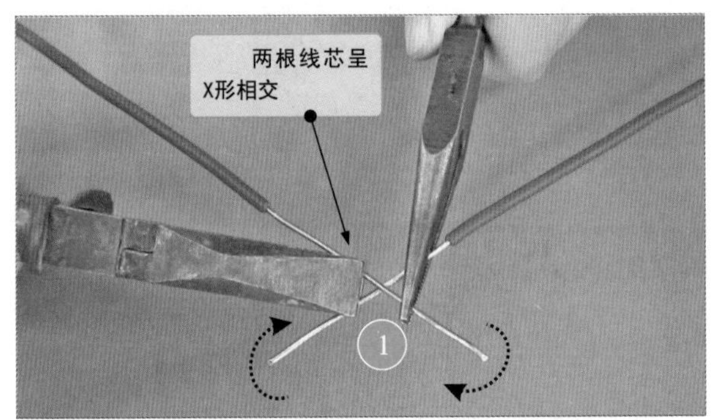

① 将去掉绝缘层的两根单股导线的线芯呈X形相交。

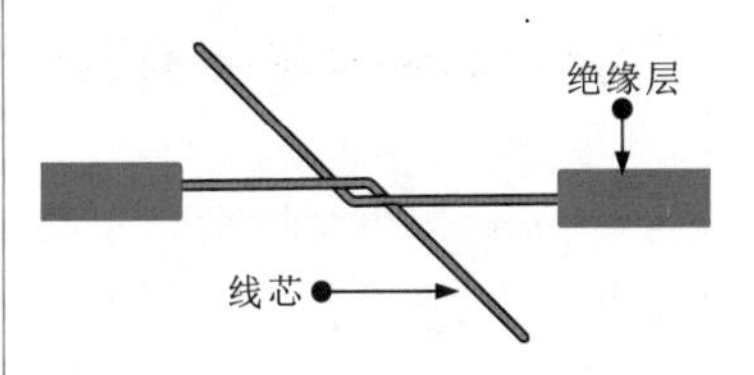

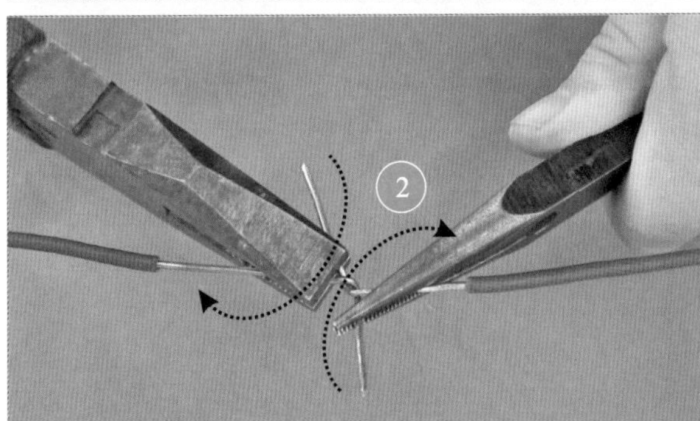

② 绞绕2～3圈。注意，导线的规格必须相同。

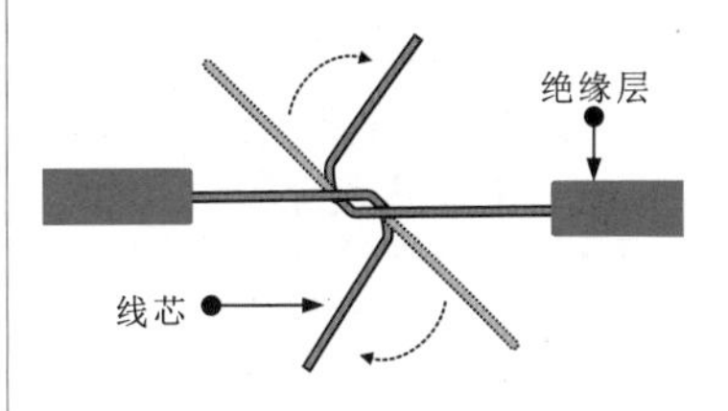

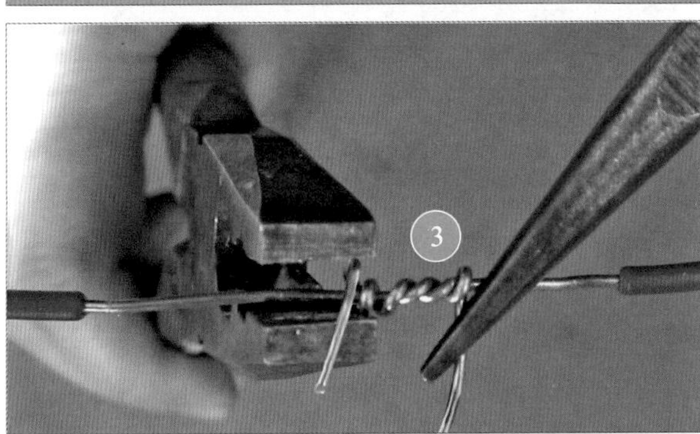

③ 将一端线芯扳起，向固定线芯贴绕6圈左右。

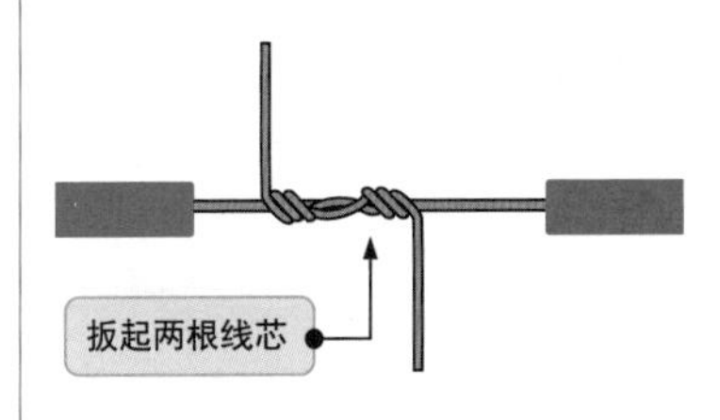

④ 将另一根线芯扳起，向固定线芯贴绕6圈左右。

图4-30 线缆的绞接连接

⑤ 剪掉多余的线芯，即可完成单股导线的绞接连接。

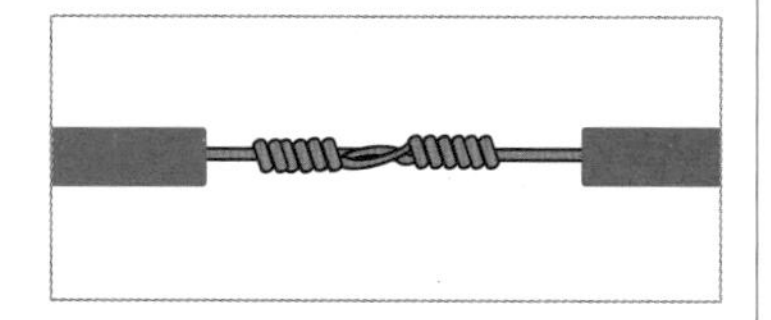

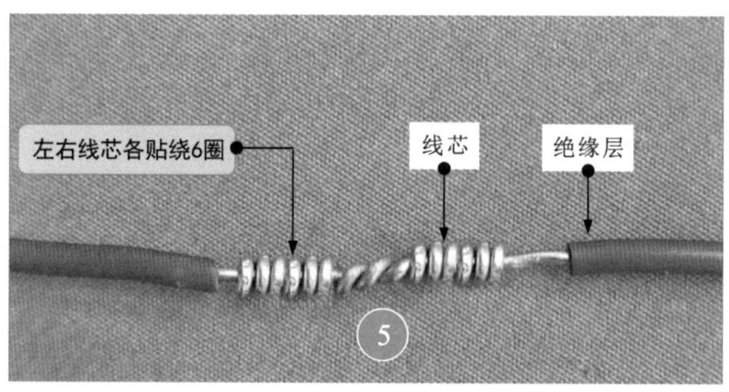

图4-30 线缆的绞接连接（续）

4.3.3 线缆的扭绞连接

扭绞连接是将待连接的导线线芯平行同向放置后，将线芯同时互相缠绕，如图4-31所示。

① 将两根导线的绝缘层均剥去50mm，平行同向放置。

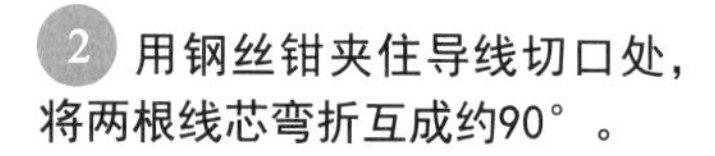

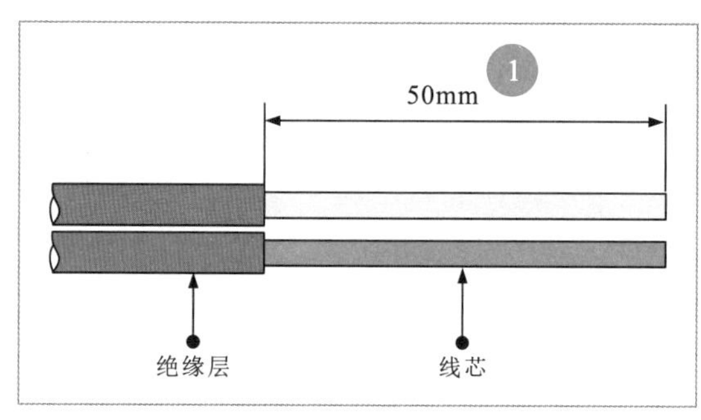

② 用钢丝钳夹住导线切口处，将两根线芯弯折互成约90°。

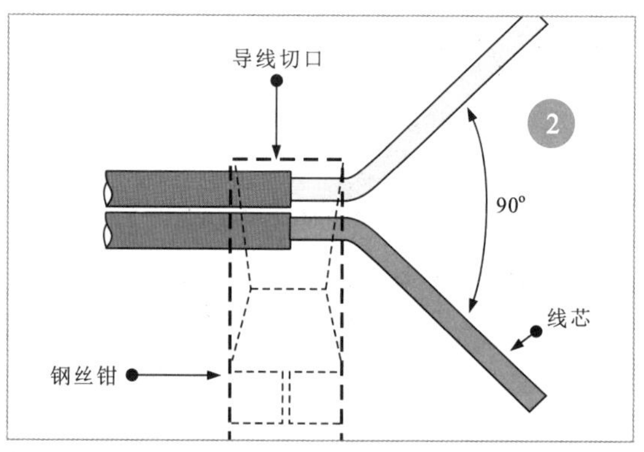

③ 用手或借助尖嘴钳将两根线芯扭绞在一起。

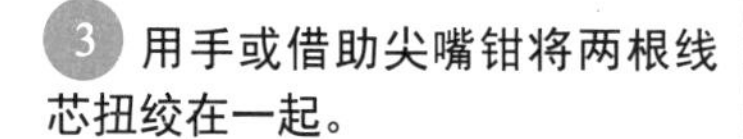

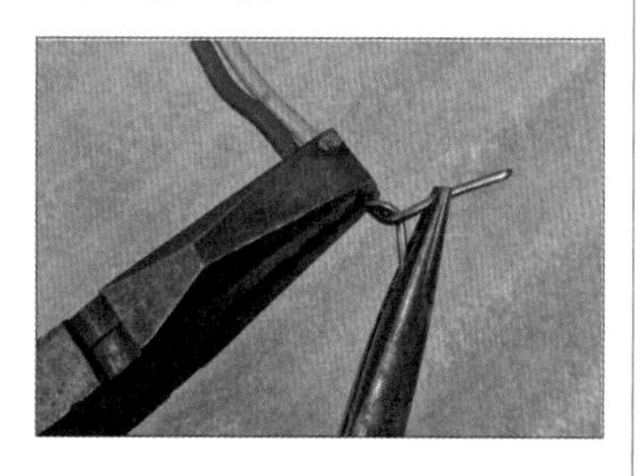

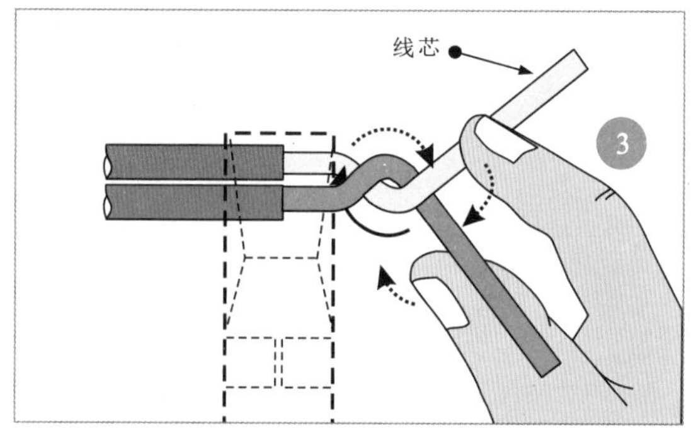

图4-31 线缆的扭绞连接

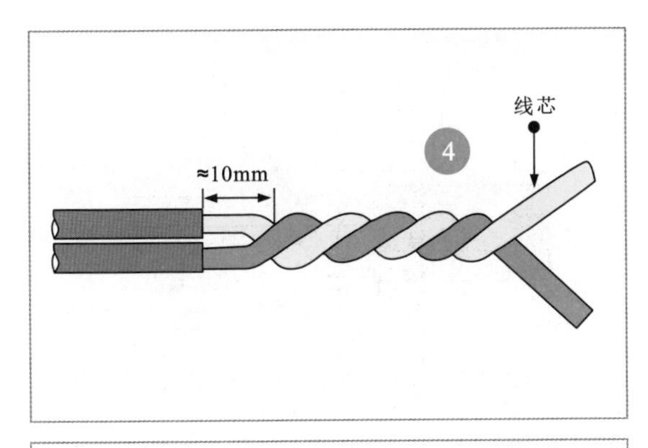

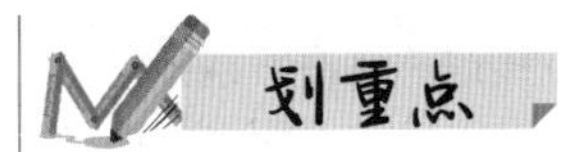

4 将两根线芯互相对称扭绞，按规范扭绞3圈。

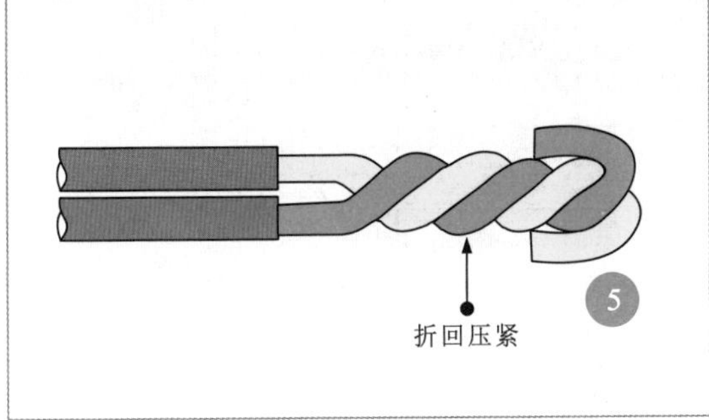

5 将扭绞后的多余线芯折回压紧。

图4-31 线缆的扭绞连接（续）

4.3.4 线缆的绕接连接

绕接也称并头连接，一般适用于三根导线的连接，将第三根导线的线芯绕接在另外两根导线的线芯上，如图4-32所示。

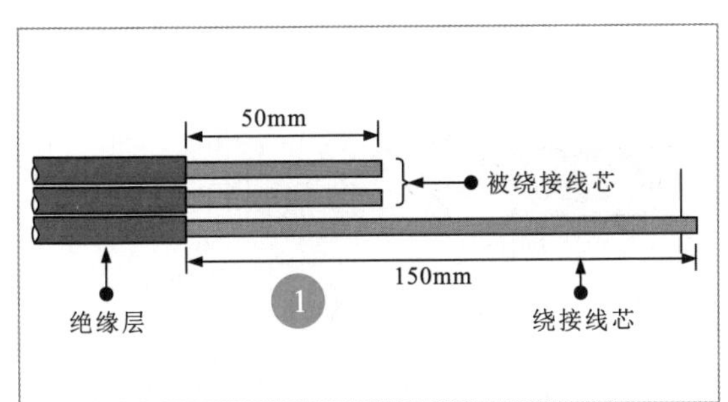

1 将三根导线的绝缘层根部对齐剥掉绝缘层，平行同向放置。

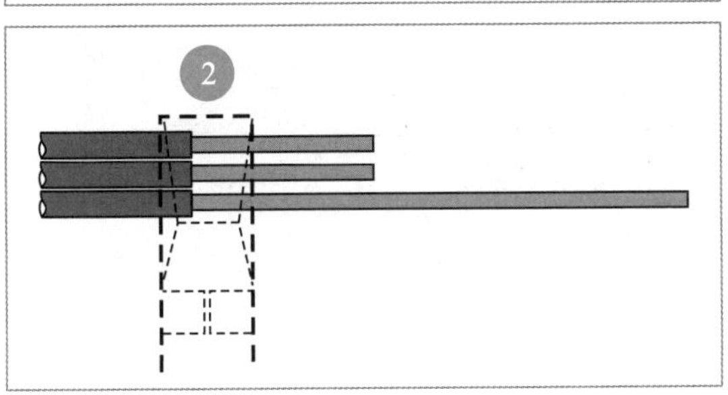

2 用钢丝钳夹住导线切口。

图4-32 线缆的绕接连接

3 将绕接线芯搭在被绕接线芯上(夹角为60°)后，向下弯曲绕接线芯。

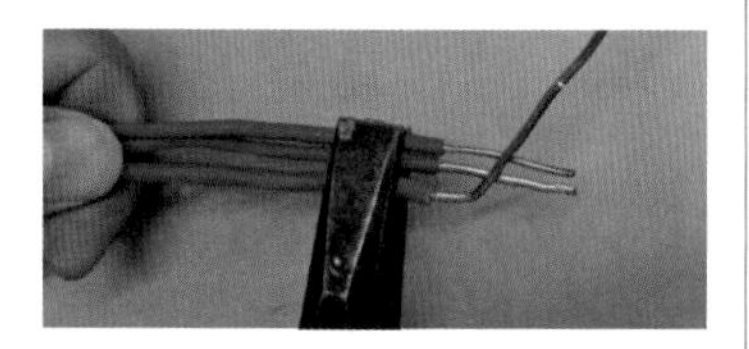

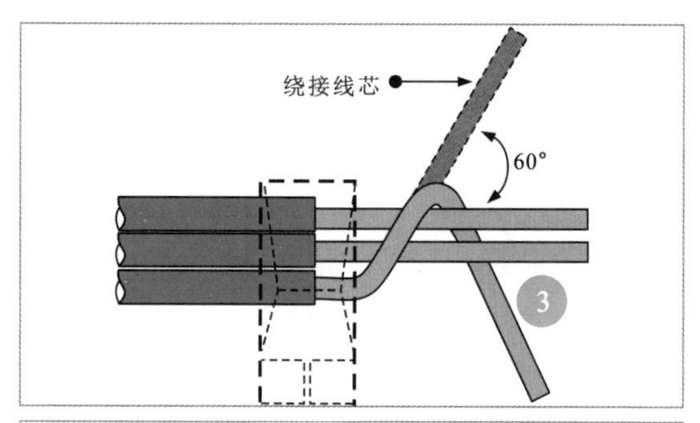

4 将绕接线芯向上弯曲约为90°。

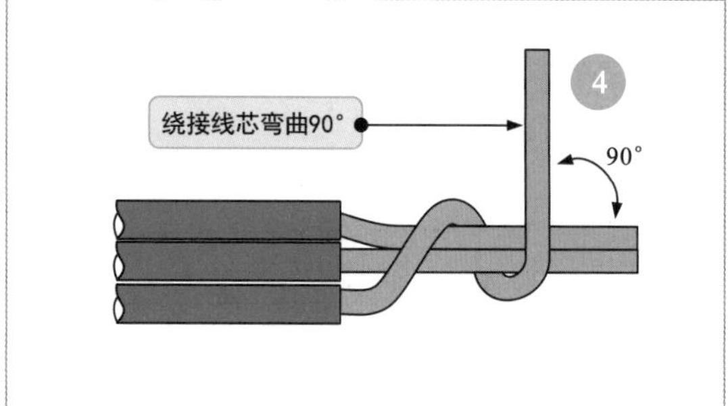

5 用拇指固定绕接线芯，用食指绕接。

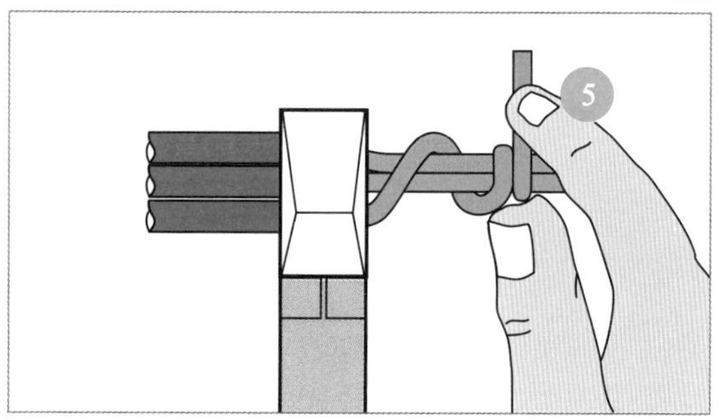

6 绕接5圈后，剪掉多余的线芯。

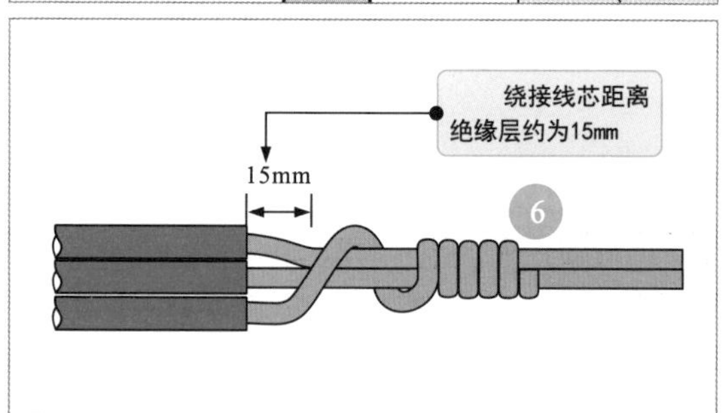

7 将被绕接线芯的余头并齐折回压紧。

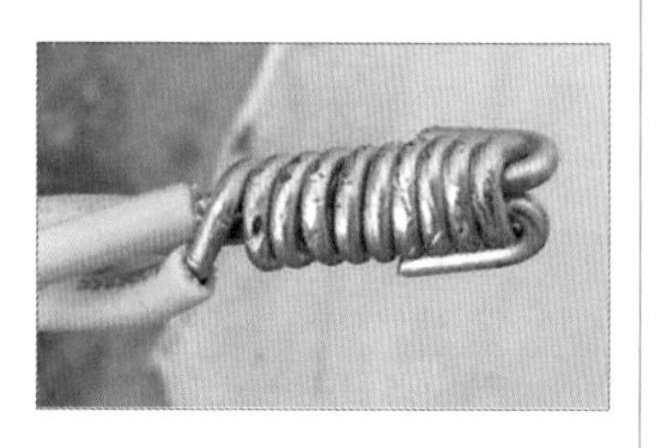

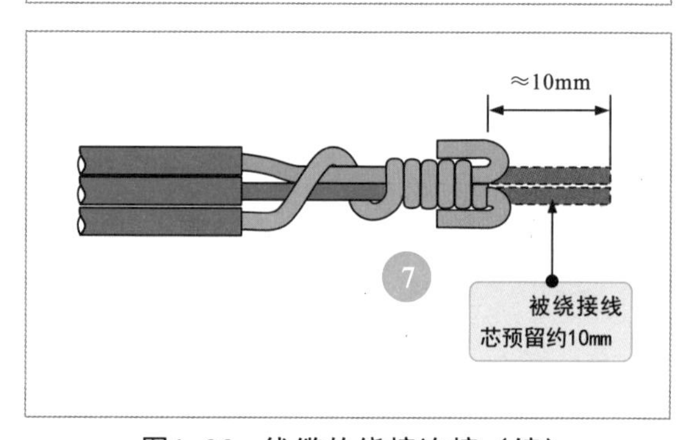

图4-32　线缆的绕接连接（续）

4.3.5 线缆的线夹连接

在电工操作中，常用线夹连接硬导线，操作简单，牢固可靠，如图4-33所示。

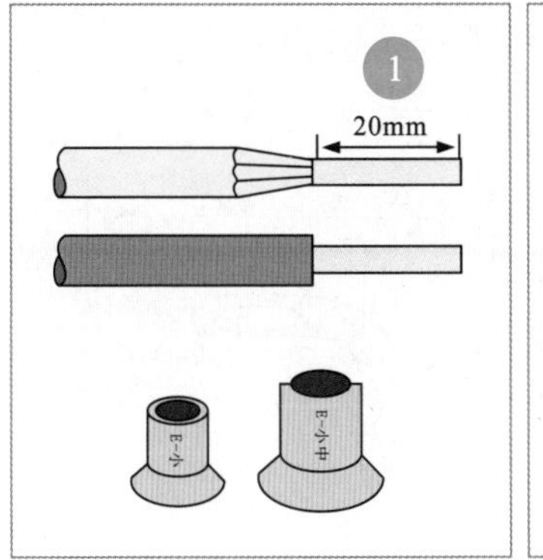

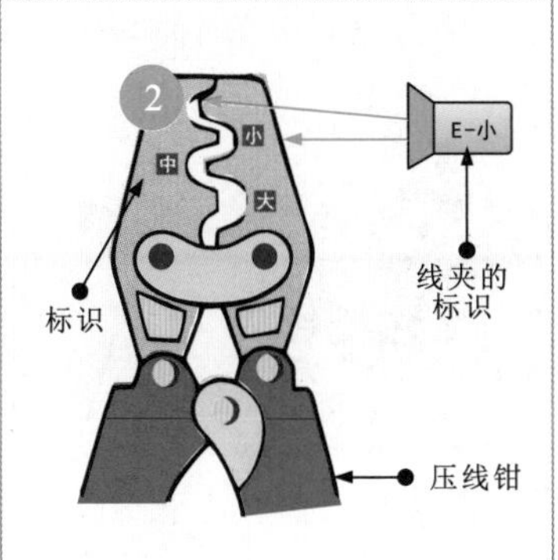

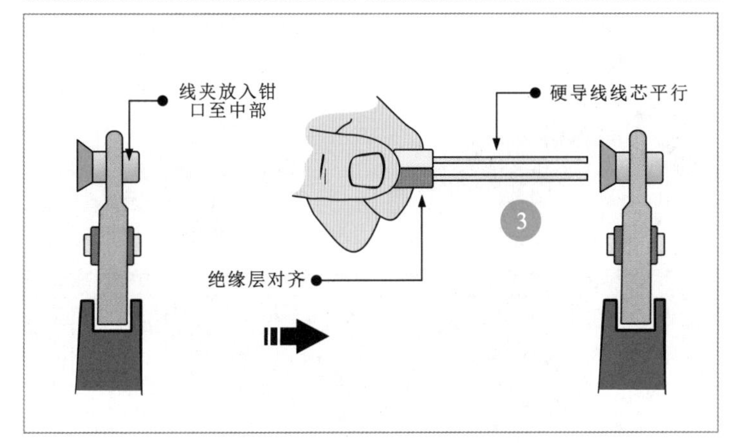

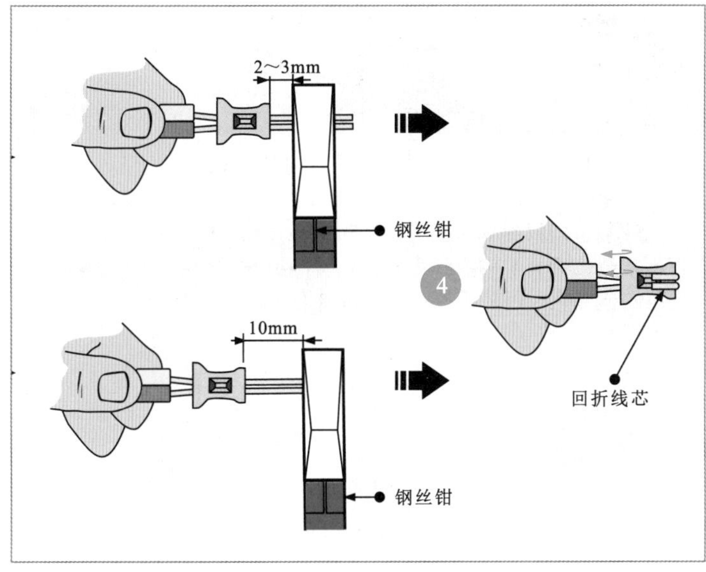

图4-33 线缆的线夹连接

划重点

1 将硬导线剥掉绝缘层约为20mm，根据硬导线直径选择线夹型号。

2 根据硬导线的线径选择压线钳压接的位置。

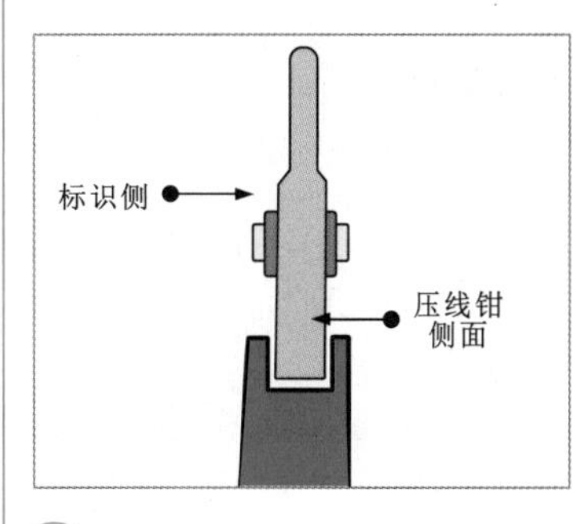

3 将线夹放入压线钳中，先轻轻夹持确认具体操作位置，然后将硬导线的线芯平行插入线夹中，线夹与硬导线绝缘层的间距为3～5mm，用力夹紧，使线夹牢固压接在硬导线的线芯上。

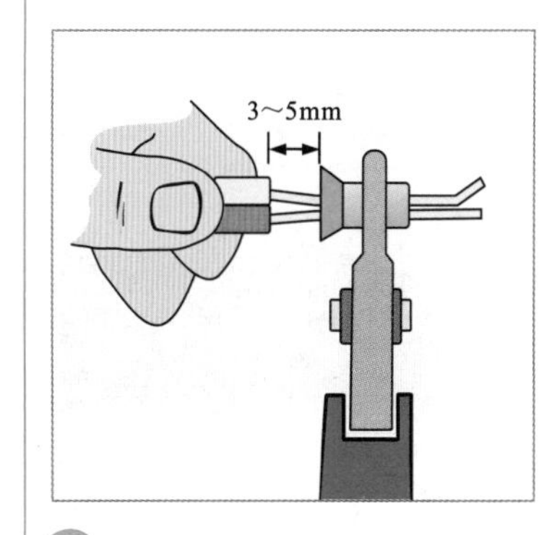

4 用钢丝钳剪掉多余的线芯，将线芯留2～3mm或10mm后回折，可更加紧固。

4.4 线缆连接头的加工

4.4.1 塑料硬导线连接头的加工

图4-34为塑料硬导线环形连接头的加工方法。

划重点

① 用左手握住塑料硬导线的一端，用右手持钢丝钳在距绝缘层5mm处夹紧并弯折。

② 将线芯弯折成直角后，再向相反方向弯折。

③ 使用钢丝钳钳住线芯头部朝第一次弯折处弯折，使线芯弯折成圆形。

④ 将多余的线芯剪掉，连接头加工完成。

⑤ 将连接头与电气设备的接线端子连接，用固定螺钉压紧。

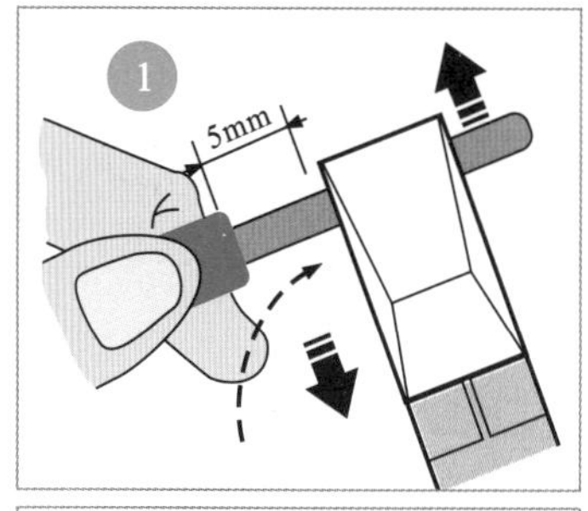

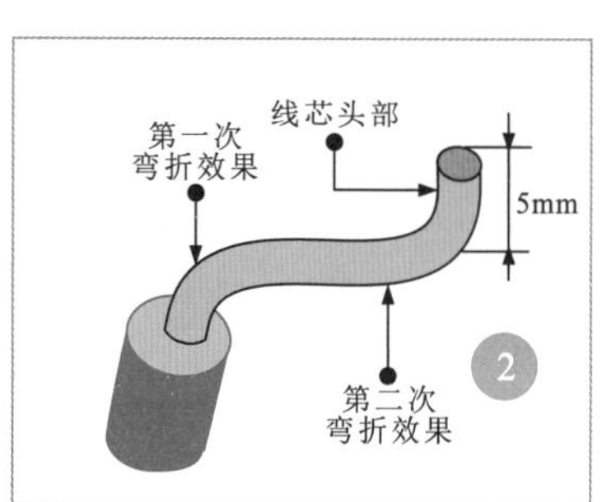

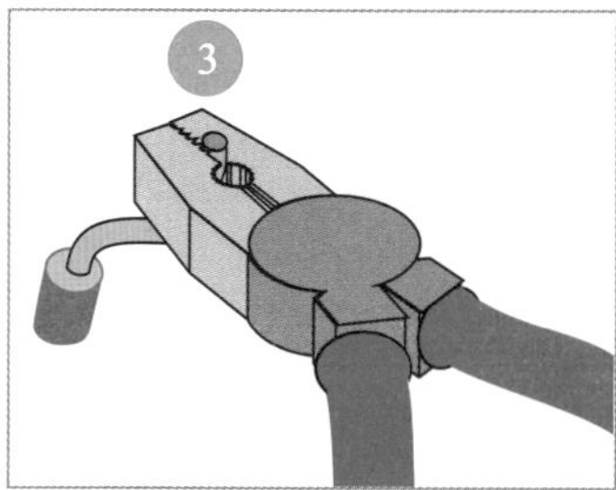

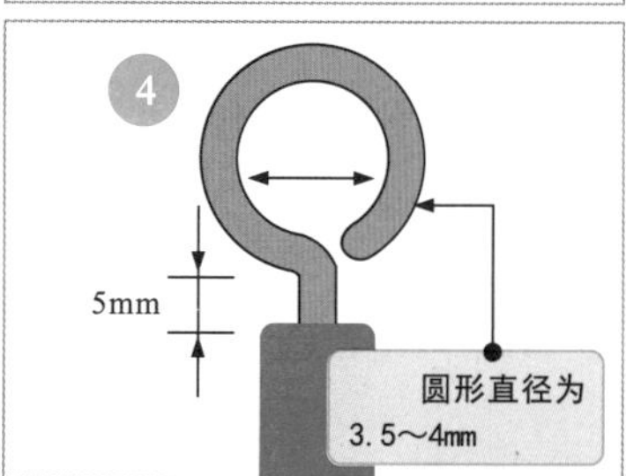

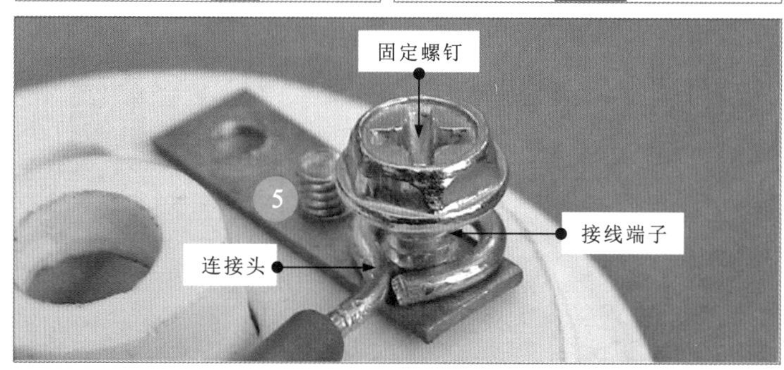

图4-34　塑料硬导线环形连接头的加工方法

多说两句!

在加工塑料硬导线的连接头时应当注意，若尺寸不规范或弯折不规范，都会影响接线质量。在实际操作过程中，若出现不合规范的连接头，则需要剪掉，重新加工，如图4-35所示。

环圈合适 —— 加工合格的连接头

环圈不足 —— 环圈不足易造成连接不牢固，诱发短路

环圈重叠 —— 环圈重叠会引起接触不良

连接线过长 —— 连接线露出过长有漏电危险

环圈过大 —— 环圈过大易造成接触不良，甚至有短路危险

图4-35　塑料硬导线合格与不合格的连接头

4.4.2 塑料软导线连接头的加工

塑料软导线连接头的加工有绞绕式连接头的加工、缠绕式连接头的加工及环形连接头的加工。

1 绞绕式连接头的加工

绞绕式连接头的加工是用一只手握住线缆的绝缘层，用另一只手向一个方向捻线芯，使线芯紧固整齐，如图4-36所示。

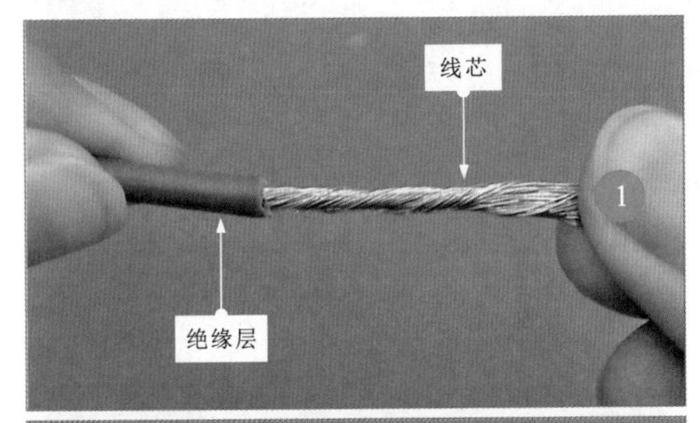

图4-36 绞绕式连接头的加工

1 将塑料软导线的绝缘层剥除后，握住线芯的一端，向一个方向绞绕。

2 绞绕的线芯用来与压接螺钉连接。

2 缠绕式连接头的加工

图4-37为缠绕式连接头的加工方法。

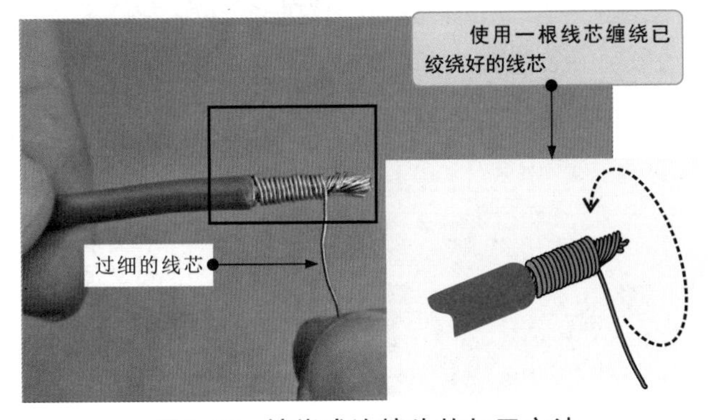

图4-37 缠绕式连接头的加工方法

将塑料软导线的线芯插入连接孔时，由于线芯过细，无法插入，所以需要在绞绕的基础上，将其中一根线芯沿一个方向由绝缘层处开始缠绕。

3 环形连接头的加工

若要将塑料软导线的线芯加工为环形，则首先将离绝缘层根部1/2处的线芯绞绕，然后弯折，并将弯折的线芯与塑料软导线并紧，再将弯折线芯的1/3拉起缠绕，如图4-38所示。

① 捏住去掉绝缘层的线芯向一个方向绞绕。

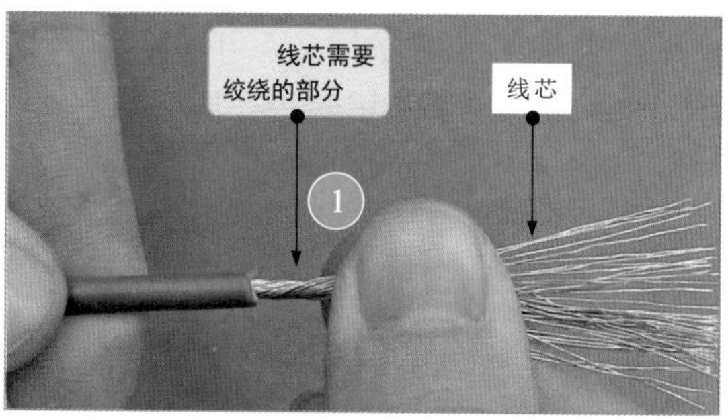

② 绞绕好的线芯长度应为总线芯长度的1/2（距离绝缘层根部），应紧固整齐。

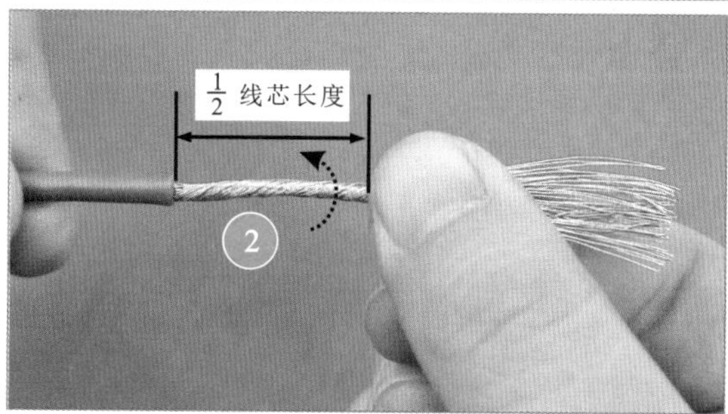

③ 将绞绕好的线芯弯折为环形。

④ 将1/3长度的线芯弯曲成圆形。

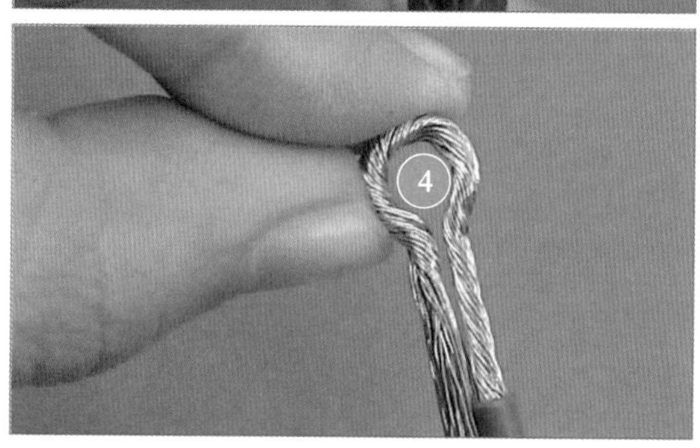

图4-38 环形连接头的加工

图4-38 环形连接头的加工（续）

5 将并紧线芯的1/3拉起，按顺时针方向缠绕2圈。

6 剪掉多余的线芯，完成环形连接头的加工。

4.5 线缆的焊接与绝缘层的恢复

4.5.1 线缆的焊接

线缆连接完成后，为确保线缆连接牢固，需要对连接端进行焊接处理，使其连接更牢固。焊接时，需要对连接处上锡，再用加热的电烙铁将线芯焊接在一起，如图4-39所示。

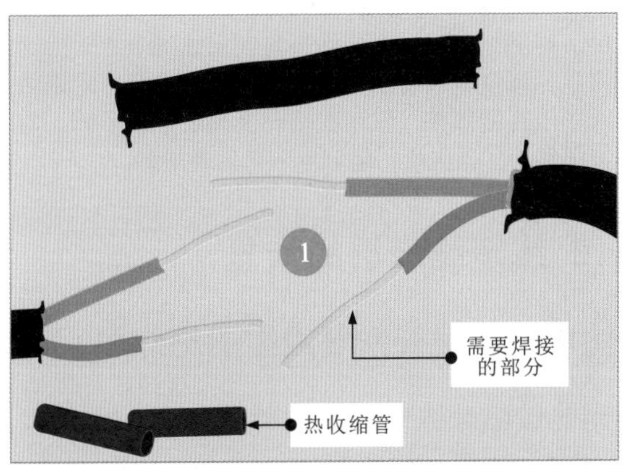

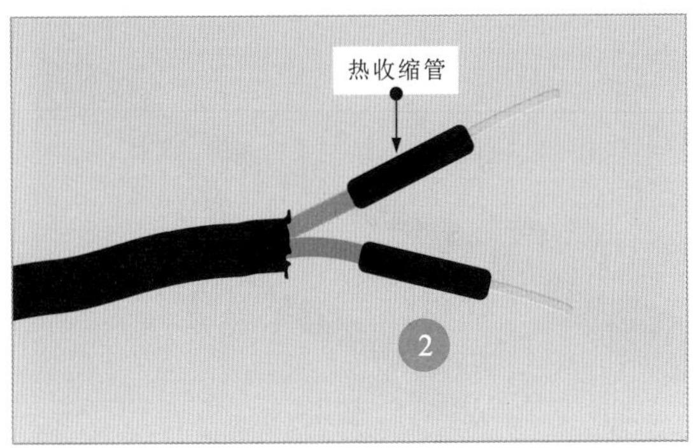

图4-39 线缆的焊接

1 剥除需要焊接部分的绝缘层。

2 热收缩管是一种遇热即收缩的套管，主要用于线缆焊接完成后的绝缘处理，需要预先套入绝缘层的外部。

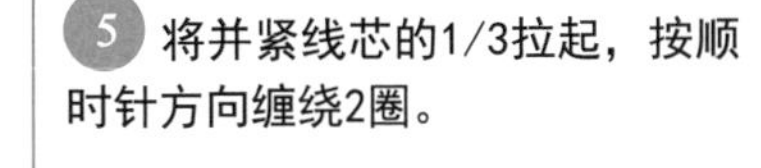

3 将焊接部位的线芯按缠绕连接的方法连接，使用电烙铁焊接牢固。

4 将热收缩管套在焊接部位，确保焊接部位完全被热收缩管套住，即完成线缆的焊接。

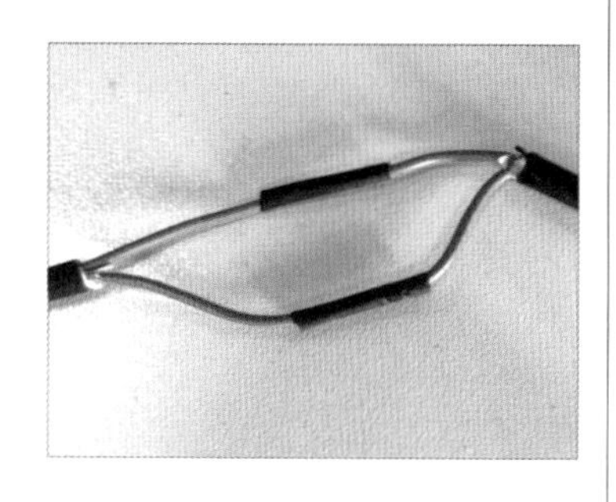

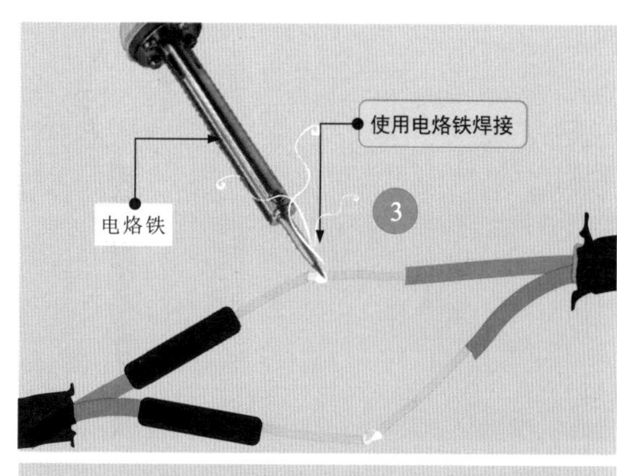

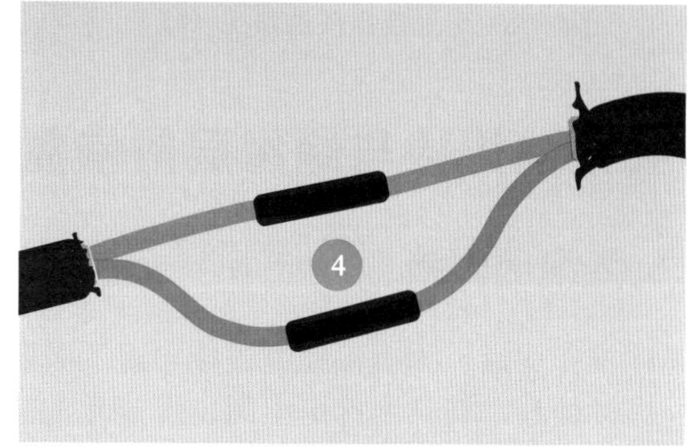

图4-39 线缆的焊接（续）

线缆的焊接除了使用图4-39的焊接方式外，还有钩焊、搭焊。其中，钩焊是将线缆弯成钩形勾在接线端子上，用钢丝钳夹紧后再焊接，强度低于绕焊，操作简便；搭焊是用焊锡将线缆搭到接线端子上直接焊接，仅用在临时连接或不便于缠、勾的地方及某些接插件上，最方便，但强度和可靠性最差。

4.5.2 线缆绝缘层的恢复

1 使用热收缩管恢复线缆的绝缘层

使用热收缩管恢复线缆的绝缘层是一种简便、高效的操作方法，如图4-40所示。

1 将热收缩管滑至线缆的连接处。

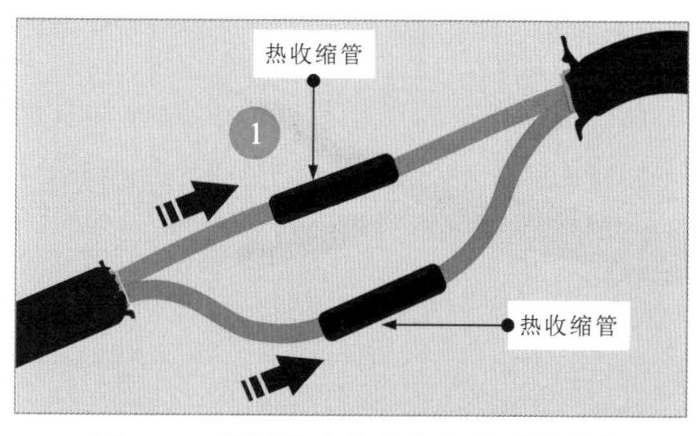

图4-40 使用热收缩管恢复线缆的绝缘层

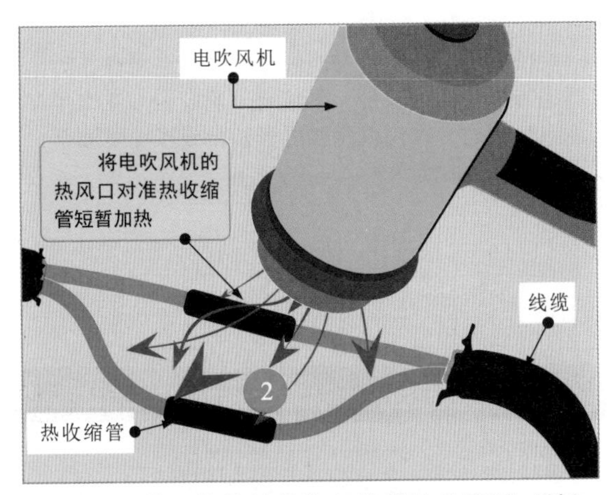

图4-40 使用热收缩管恢复线缆的绝缘层（续）

2 使用电吹风机加热热收缩管，使其缩至贴合线缆。

2 使用包缠法恢复线缆的绝缘层

包缠法是使用绝缘材料（黄蜡带、胶带）缠绕线芯，使线缆恢复绝缘功能，如图4-41所示。

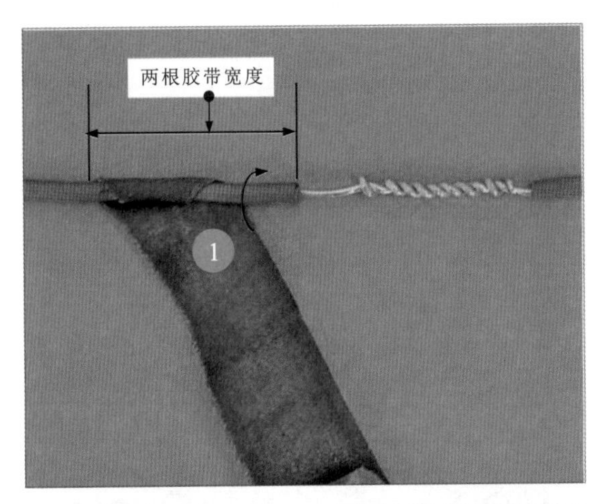

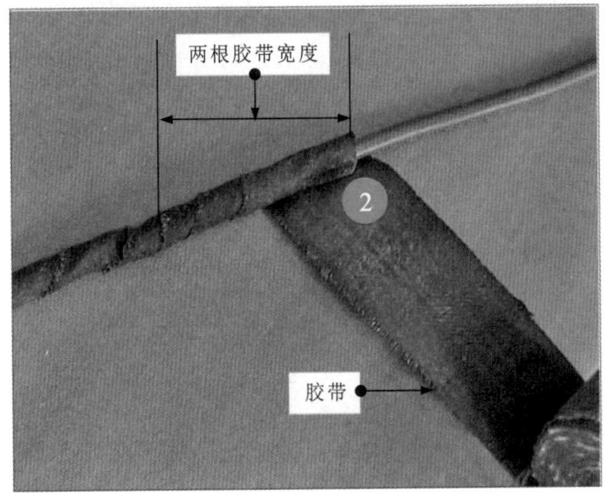

图4-41 使用包缠法恢复线缆的绝缘层

划重点

1 将胶带从完整的绝缘层上开始包缠（一般从距线芯根部两根胶带宽度的绝缘层位置）。

2 包缠时，每圈胶带应覆盖前一圈胶带一半的位置，包缠至另一端时也需同样包缠两根胶带宽度的完整绝缘层。

在一般情况下，在恢复220V线路线缆的绝缘性能时，应先包缠一层黄蜡带或涤纶薄膜带，再包缠一层胶带；在恢复380V线路线缆的绝缘性能时，先包缠两三层黄蜡带或涤纶薄膜带，再包缠两层胶带，如图4-42所示。

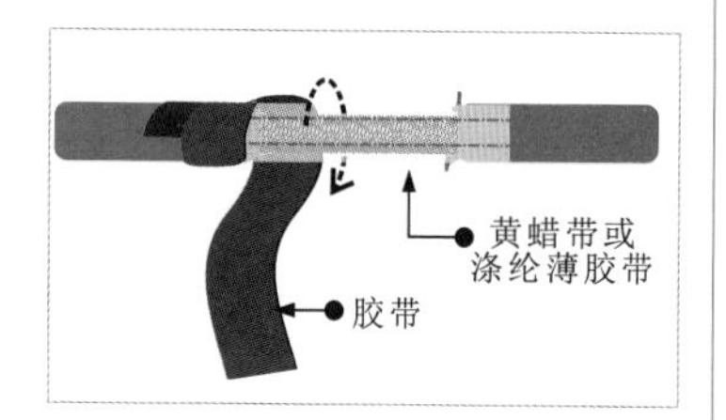

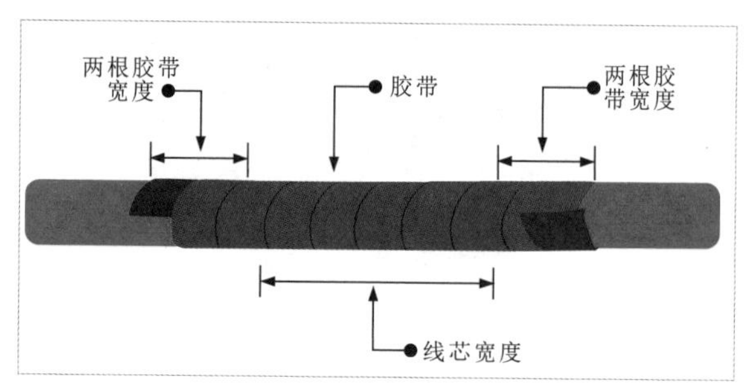

图4-42　绝缘胶带的包缠要求

线缆绝缘层的恢复是较为普通和常见的，在实际操作中还会遇到分支线缆连接点绝缘层的恢复，此时需要从距分支线缆连接点两根胶带宽度的位置开始包缠胶带，如图4-43所示。

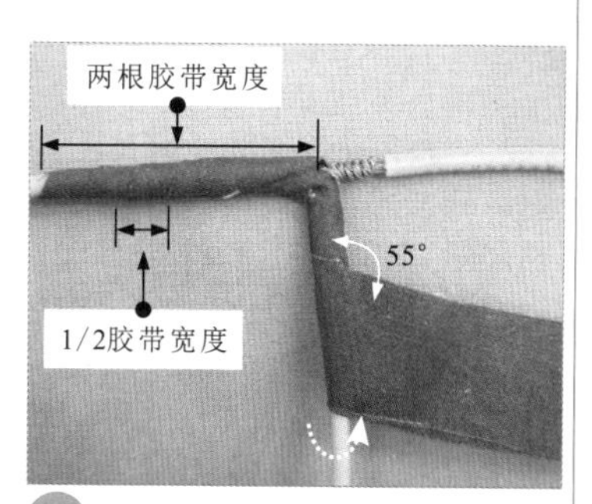

1 在离分支线缆连接点两根胶带宽度处，以与线缆成55°角、每层压1/2线缆胶带宽度的方式开始包缠，包缠至分支线缆连接点处后，紧贴线芯沿支路包缠。

2 在超出支路线缆连接点两根胶带宽度后向回包缠，沿主路线芯包缠至另一端。

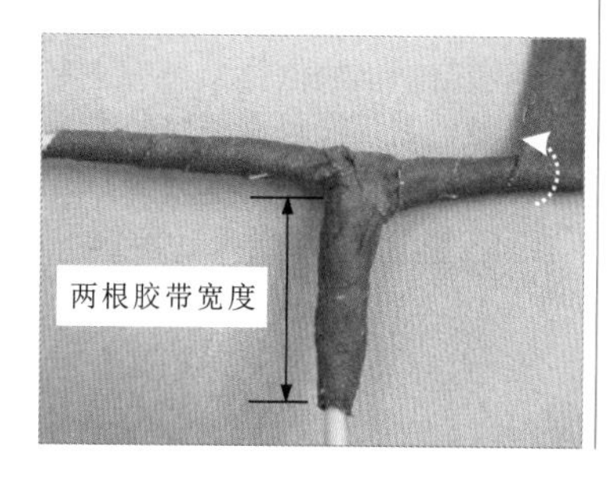

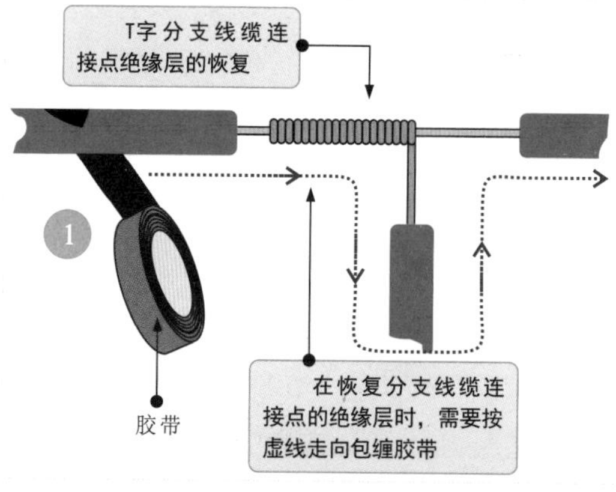

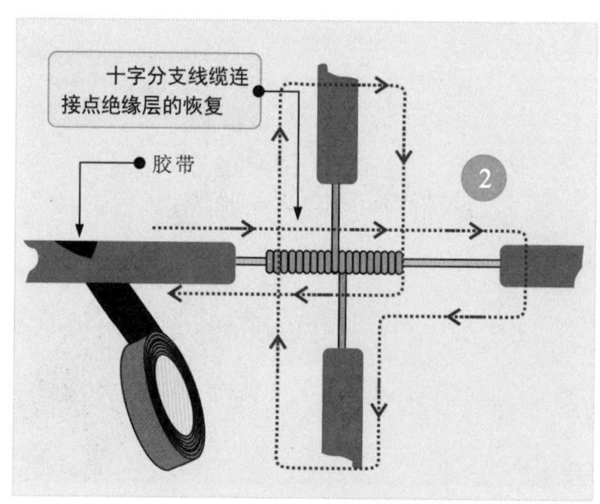

图4-43　线缆绝缘层的恢复方法

第5章 线缆的配线和敷设

5.1 线缆的配线

5.1.1 瓷夹配线

瓷夹配线也称夹板配线，是用瓷夹来支撑线缆，使线缆固定并与建筑物绝缘的一种配线方式。

1 瓷夹的固定

图5-1为瓷夹的固定方法。

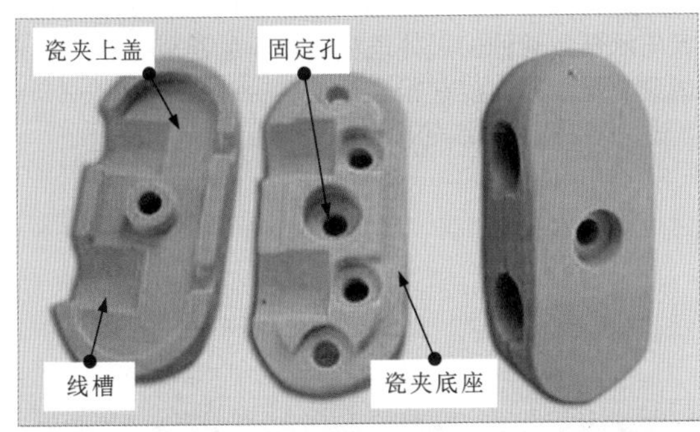

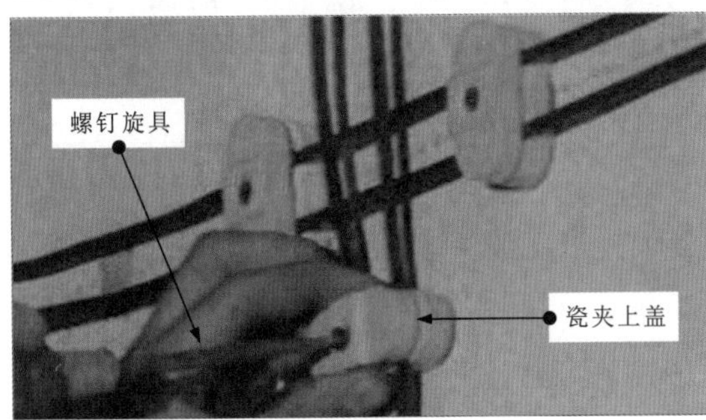

图5-1　瓷夹的固定方法

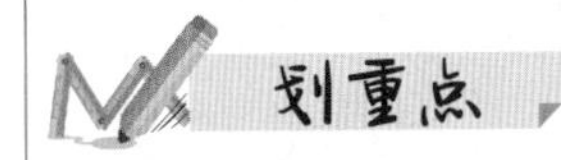

在固定瓷夹时，可以将其埋在固件上或使用胀管螺钉固定。

当用胀管螺钉固定时，应先在需要固定的位置钻孔，孔的大小应与胀管的粗细相同，深度应略长于胀管螺钉的长度；然后将胀管螺钉放入瓷夹底座的固定孔内并拧紧，将线缆固定在瓷夹的线槽内；最后用螺钉固定瓷夹上盖。

一般来说，瓷夹配线用于正常干燥的室内场所和房屋挑檐下的室外场所。在通常情况下，当使用瓷夹配线时，其线缆的横截面积一般不超过10mm²。

2 瓷夹的配线和敷设

在瓷夹配线过程中，通常会遇到穿墙或穿楼板的情况，此时，应按照相关规定进行操作，如图5-2所示。

当线缆穿墙进户时，一根瓷管只能穿一根线缆，并应有一定的倾斜度；当穿楼板时，应使用保护钢管，且穿过楼板的保护钢管的高度应为1.8m。

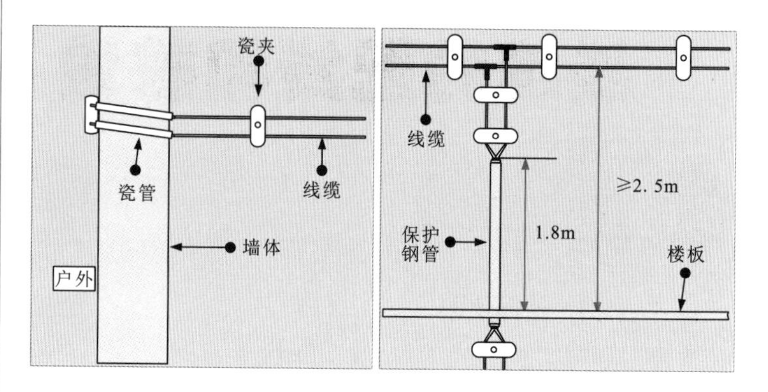

图5-2 瓷夹的配线和敷设

瓷夹配线通常会遇到一些障碍物，如线缆、水管、水蒸气管或转角等，应进行相应的保护；在与其他线缆交叉时，应使用塑料管或绝缘管保护线缆，并且塑料管或绝缘管的两端导线用瓷夹夹牢，防止塑料管移动；在跨越水蒸气管时，应使用瓷管保护线缆，瓷管与水蒸气管的保温外层应有20mm的距离；在使用瓷夹进行转角或分支配线时，应在距离墙面40～60mm处安装一个瓷夹固定线路。图5-3为瓷夹配线的标准。

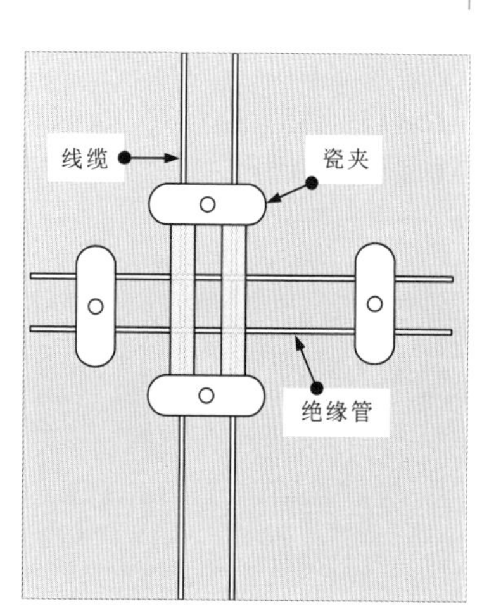

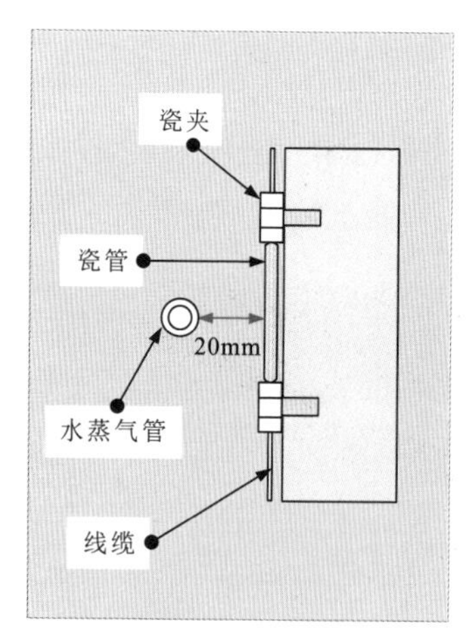

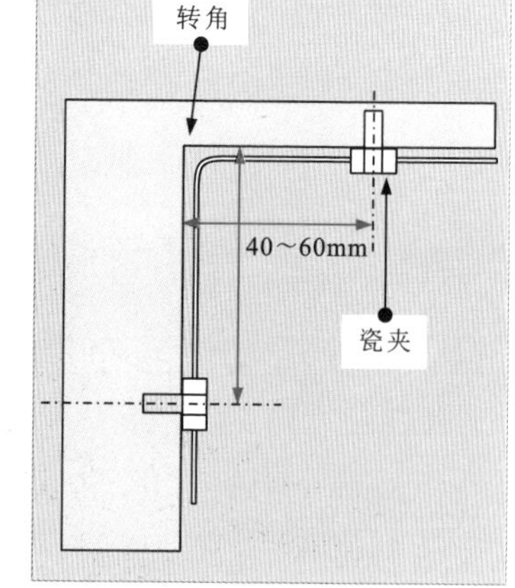

图5-3 瓷夹配线的标准

在瓷夹配线的过程中需要连接线缆时，其连接头应尽量安装在瓷夹中间，避免将连接头压在瓷夹内。使用瓷夹在室内配线时，绝缘导线与建筑物表面的最小距离不应小于5mm；使用瓷夹在室外配线时，不能应用在雨、雪能够落到的地方。

5.1.2 瓷瓶配线

瓷瓶配线也称绝缘子配线，是利用瓷瓶支撑并固定导线的一种配线方法。

1 瓷瓶与导线的绑扎

图5-4为瓷瓶与导线的绑扎方式。

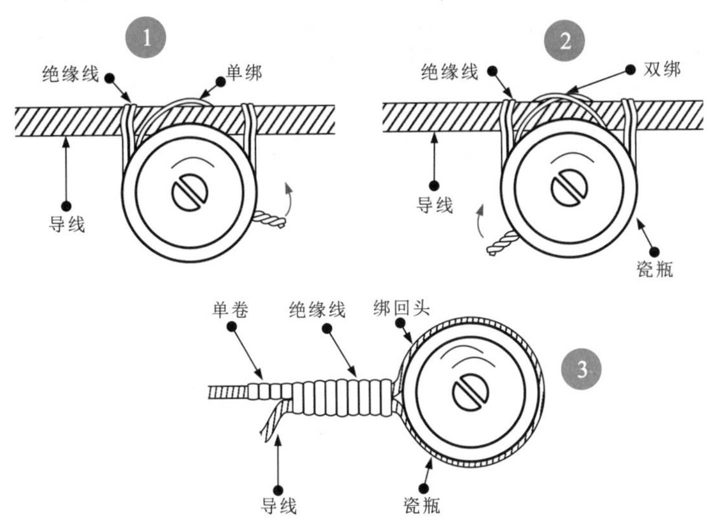

图5-4 瓷瓶与导线的绑扎方式

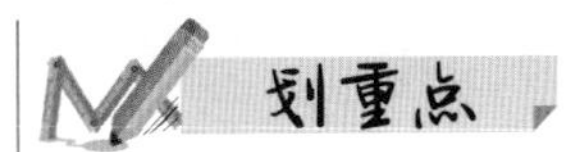

1 单绑方式常用于不受力瓷瓶或导线的横截面积在小于等于6mm²时的绑扎。

2 双绑方式常用于受力瓷瓶或导线的横截面积大于等于10mm²时的绑扎。

3 绑回头的方式通常用于终端导线与瓷瓶的绑扎。

在使用瓷瓶配线时，应先将导线校直，将导线的一端绑扎在瓷瓶的颈部，然后收紧导线的另一端，并绑扎固定，最后绑扎并固定导线的中间部位。

2 瓷瓶的配线和敷设

图5-5为瓷瓶的配线和敷设。在瓷瓶的配线过程中，当遇到导线分支、交叉或拐角时，应按相关规范进行操作。

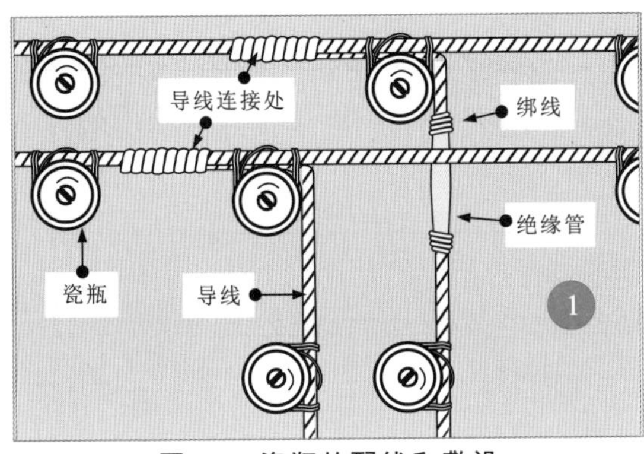

图5-5 瓷瓶的配线和敷设

1 当导线有分支时，需要将导线连接处放在瓷瓶的前方，并与主导线一起绑在瓷瓶上。

划重点

2 当导线互相交叉时，需要在交叉处使用绝缘管进行绝缘处理。

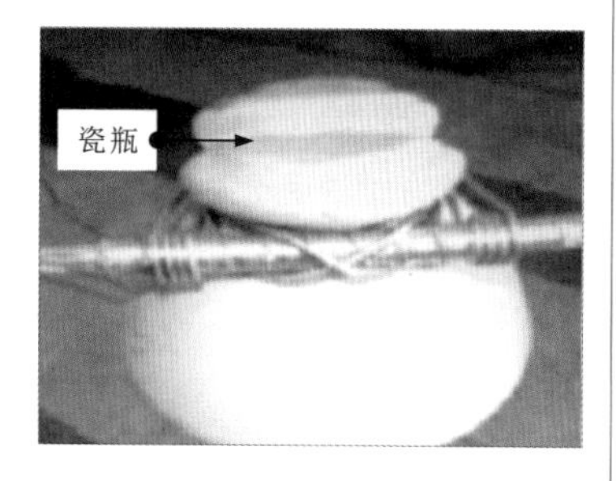

3 当导线有弯曲时，应在需要弯曲的位置安装、固定瓷瓶，并将导线固定在瓷瓶的外侧。

在使用瓷瓶配线时，若为两根导线平行敷设，则应将导线敷设在两个瓷瓶的同侧或外侧。

在建筑物的侧面或斜面配线时，必须将导线绑扎在瓷瓶的上方，严禁将两根导线置于两个瓷瓶的内侧。

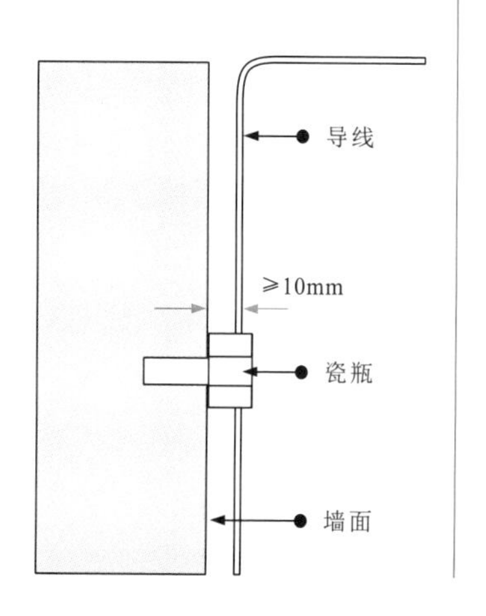

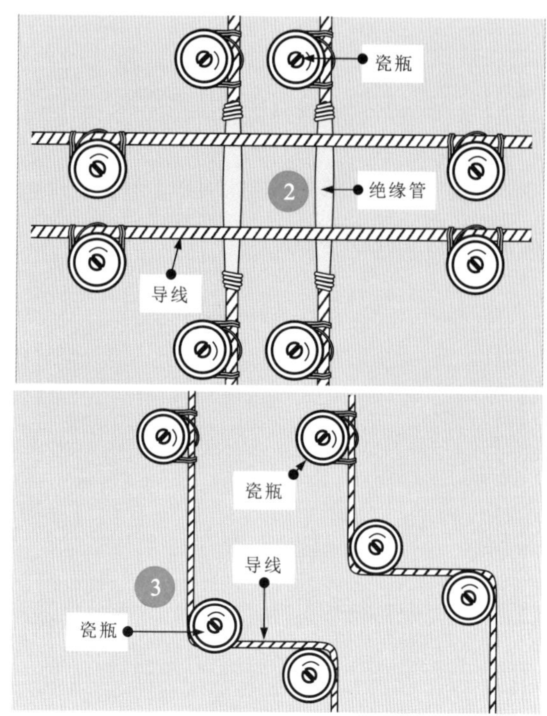

图5-5 瓷瓶的配线和敷设（续）

图5-6为瓷瓶配线过程中导线的敷设规范。

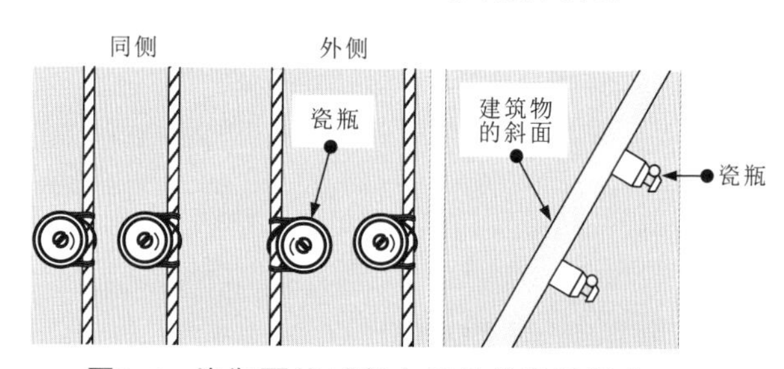

图5-6 瓷瓶配线过程中导线的敷设规范

在使用瓷瓶配线时，瓷瓶位置的固定非常重要，应按相关的规范进行操作。图5-7为固定瓷瓶时的规范。

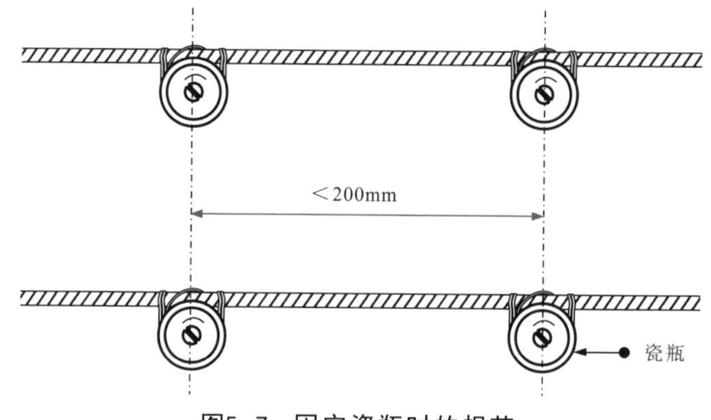

图5-7 固定瓷瓶时的规范

在室外，当瓷瓶固定在墙面上时，固定点之间的距离不应超过200mm，并且不可以固定在雨、雪等能落到的地方，且应使导线与墙面的最小距离大于等于10mm；瓷瓶不可以倒装。

5.1.3 金属管配线

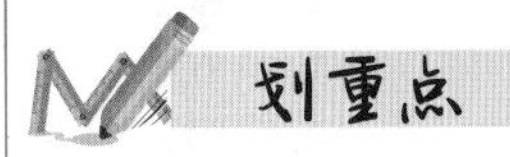

金属管配线可以很好地保护导线，能减少因线路短路而发生火灾等故障，在使用金属管配线时，应按顺序进行操作，如选配、加工、弯曲、固定等。

金属管配线是使用金属材质的管制品将线缆敷设在相应的场所，是一种常见的配线方式。

1 金属管的选配与加工

在使用金属管配线时，应先选配合适的金属管。图5-8为金属管的实物图。

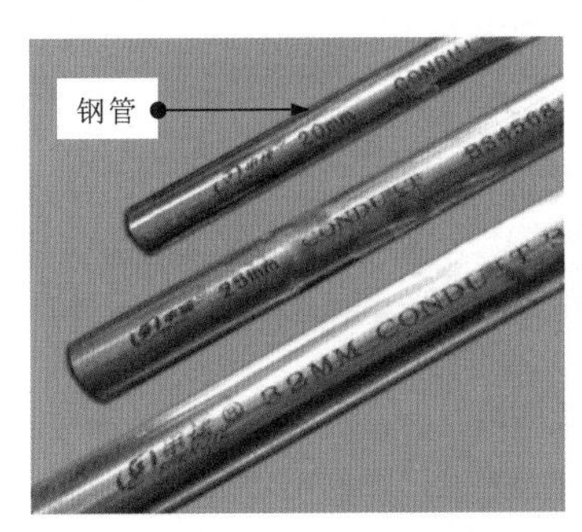

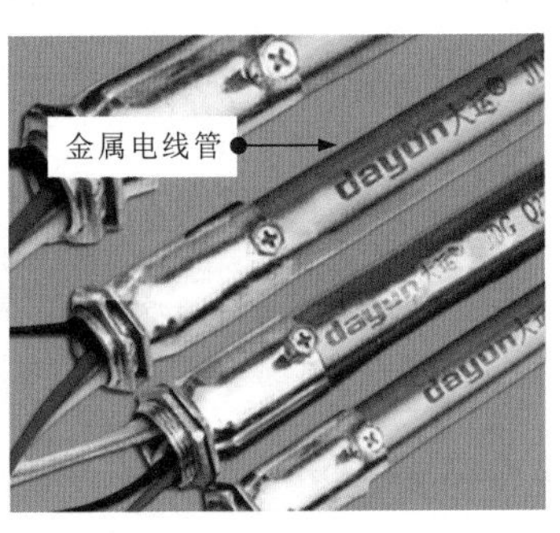

图5-8　金属管的实物图

若将金属管敷设在潮湿的场所，则金属管会受到不同程度的锈蚀，为了保障线缆的安全，应采用较厚的水、煤气钢管；若敷设于干燥的场所，则可以选配金属电线管。

为了防止在穿线时导线被金属管口刮伤，应使用专用工具对管口的毛刺进行打磨处理，使管口没有毛刺或尖锐的棱角。图5-9为金属管的管口。

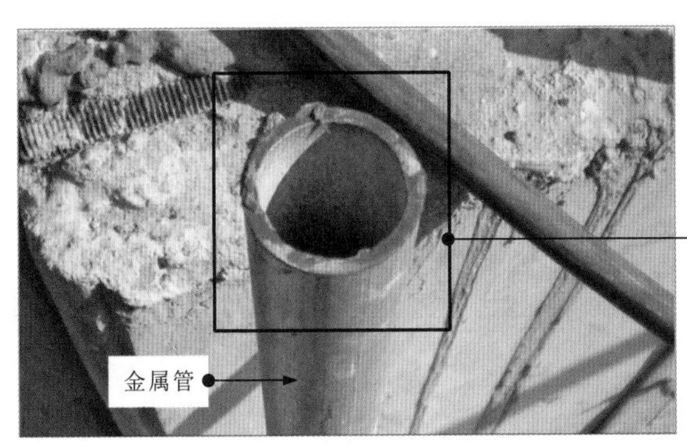

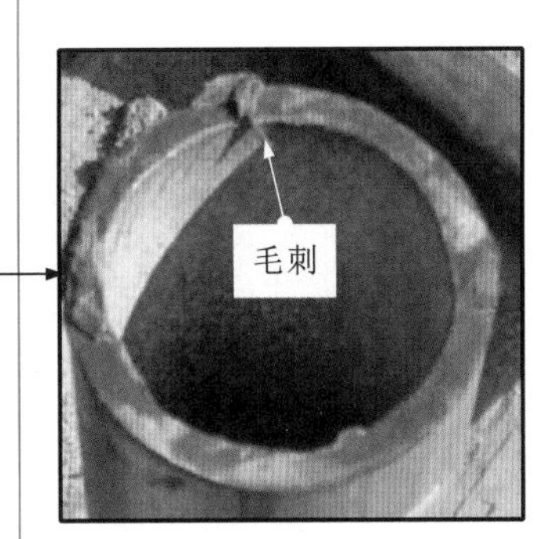

图5-9　金属管的管口

2 金属管的弯曲敷设

金属管的弯管操作要使用专业的弯管器，避免出现裂缝、明显凹瘪等弯制不良的现象。

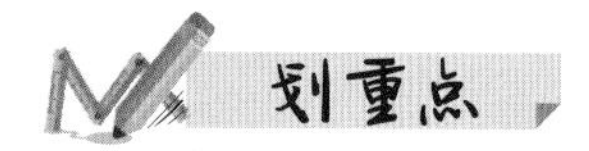

金属管的弯曲半径不得小于金属管外径的6倍。若在明敷时只有一个弯曲，则可将金属管的弯曲半径减少为金属管外径的4倍。

图5-10为金属管弯曲的加工示意图。

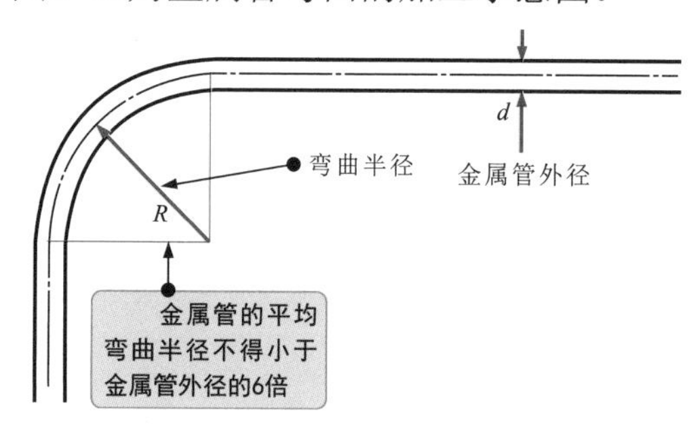

图5-10　金属管弯曲的加工示意图

在通常情况下，金属管的弯曲角度应为90°～105°。在敷设金属管时，为了减小配线时的困难程度，应尽量减少弯曲的个数，每根金属管的弯曲个数不应超过3个，直角弯曲不应超过两个。

图5-11为金属管管路长度的标准。

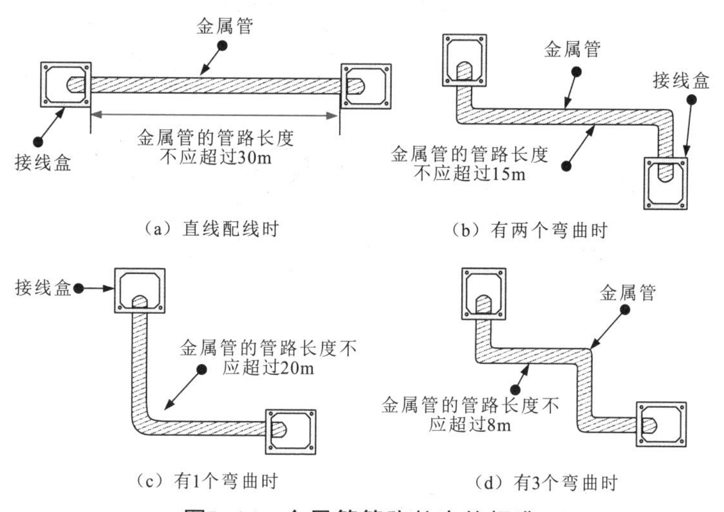

图5-11　金属管管路长度的标准

若金属管的管路较长或有较多弯曲时，则需要适当加装接线盒。

图5-12为金属管的固定。

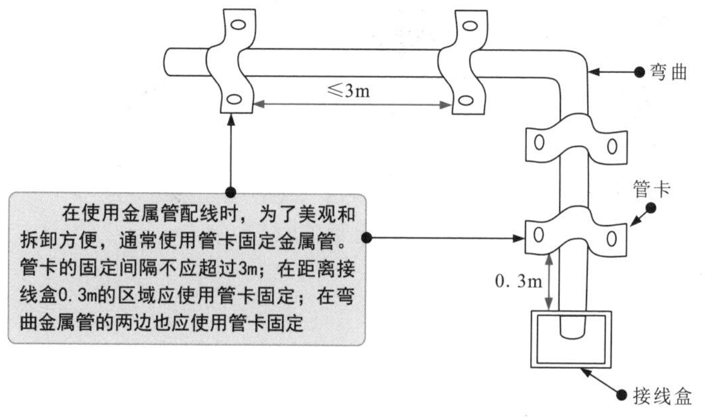

图5-12　金属管的固定

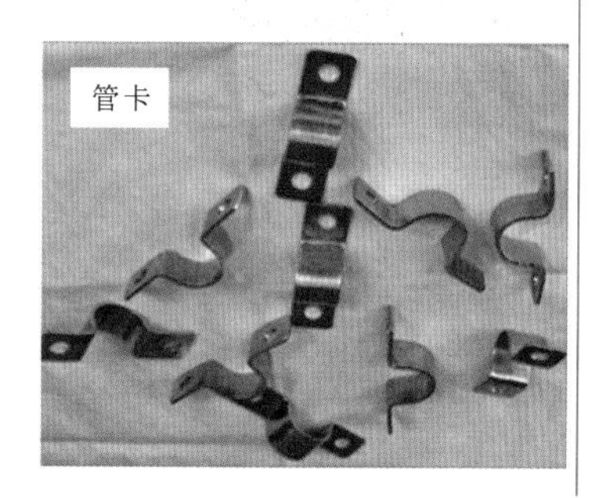

5.1.4 塑料线槽配线

塑料线槽配线是将绝缘导线敷设在塑料槽板的线槽内。通常规定，塑料线槽内的导线或导线的总横截面积不应超过塑料线槽总横截面积的20%。图5-13为在塑料线槽内的导线。

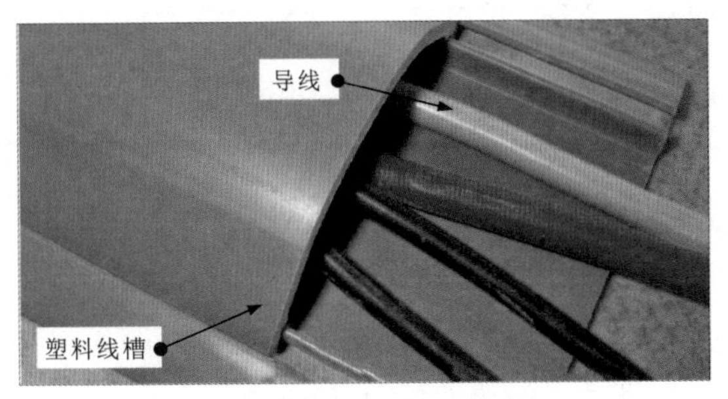

图5-13 在塑料线槽内的导线

导线水平敷设在塑料线槽中时可以不绑扎，应顺直导线，尽量不要交叉；导线在进出塑料线槽的部位和拐弯处应绑扎固定。若导线在塑料线槽内是垂直敷设的，则应每间隔1.5m的距离固定一次。

图5-14为塑料线槽的固定。

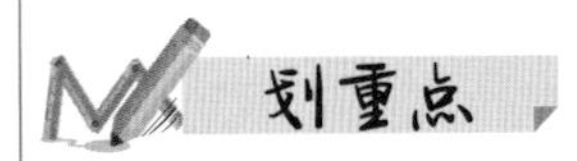

有些操作人员为了节省成本，将强电导线和弱电导线放置在同一塑料线槽内，这会对弱电设备的通信传输造成影响，是非常错误的行为。

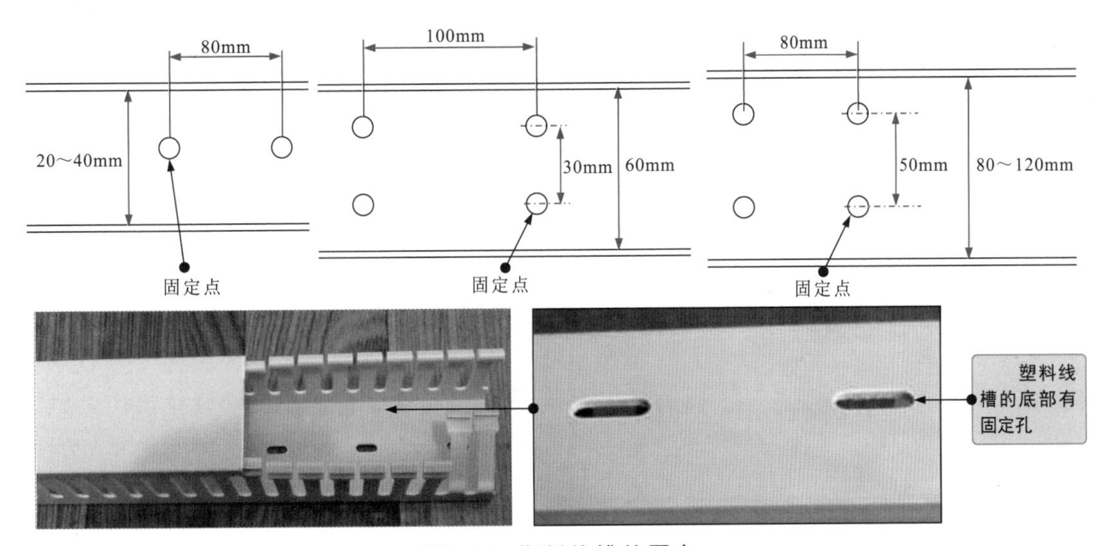

图5-14 塑料线槽的固定

当塑料线槽的宽度为20～40mm时，两固定点之间的最大距离应为80mm，可采用单排固定法；当塑料线槽的宽度为60mm时，两固定点之间的最大距离应为100mm，可采用双排固定法，并且固定点之间的纵向间距为30mm；当塑料线槽的宽度为80～120mm时，固定点之间的距离应为80mm，可采用双排固定法，并且固定点之间的纵向间距为50mm。

在使用金属线槽配线时，若遇到特殊情况或当直线敷设金属线槽的长度为1～1.5m时，则需在金属线槽的接头处安装支架或吊架。

5.1.5 金属线槽配线

金属线槽配线适用于在正常环境室内场所的明敷。图5-15为金属线槽配线。

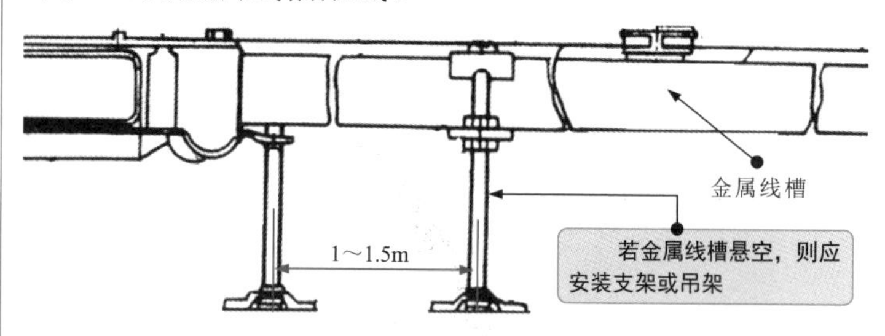

图5-15　金属线槽配线

金属线槽配线时的内部导线不能有接头，若为易于检修的场所，则可以在金属线槽内有分支接头。金属线槽内的导线横截面积不应超过金属线槽横截面积的20%，载流导线不宜超过30根。

图5-16为金属线槽配线时分线盒的使用。

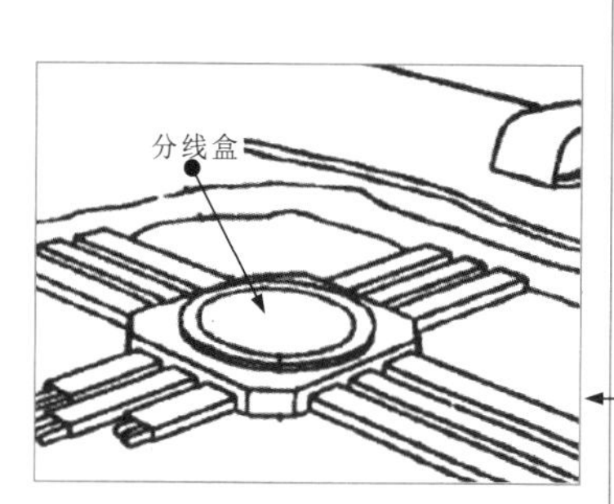

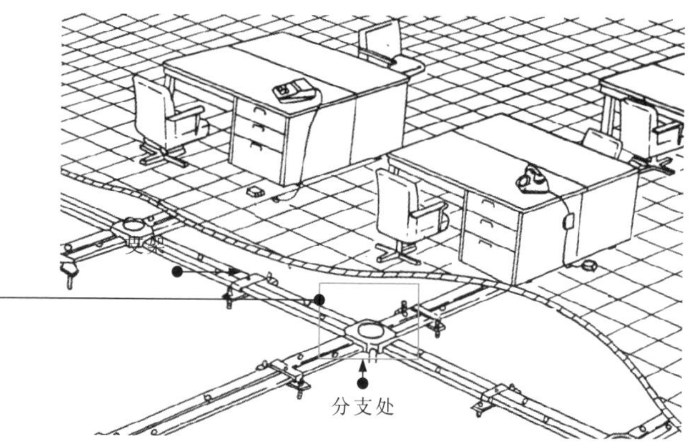

图5-16　金属线槽配线时分线盒的使用

在使用金属线槽配线时，为便于穿线，应在交叉/转弯或分支处设置分线盒；若金属线槽的长度超过6m，也应采用分线盒连接。为便于日后线路维护，分线盒应能开启，并采取防水措施。

若金属线槽敷设在现浇混凝土的楼板内，则要求楼板的厚度不应小于200mm；若敷设在楼板垫层内，则要求垫层的厚度不应小于70mm，并且要避免与其他管路有交叉现象。图5-17为金属线槽在混凝土中的敷设。

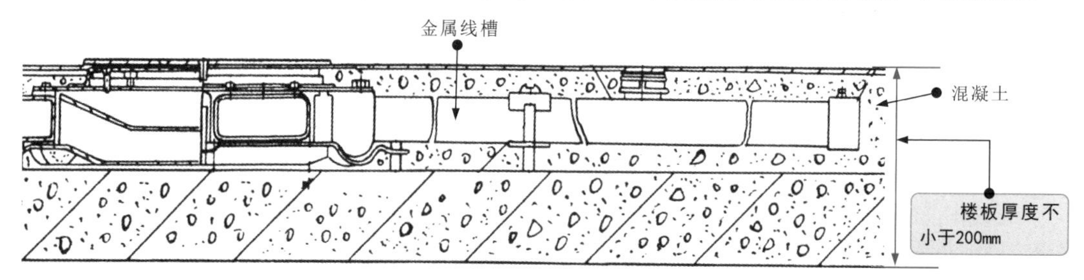

图5-17　金属线槽在混凝土中的敷设

5.1.6 塑料管配线

在使用塑料管配线时，首先需要选择合适的塑料管，加工时，会遇到弯管操作。若弯管的方法不当，则很容易造成塑料管瘪陷。弯管时，一般用弹簧进行辅助，可以保持与直管同样的直径。

图5-18为弯管规范。

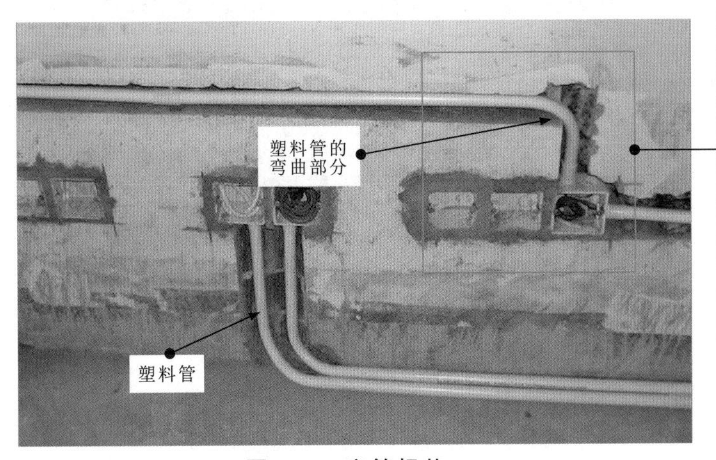

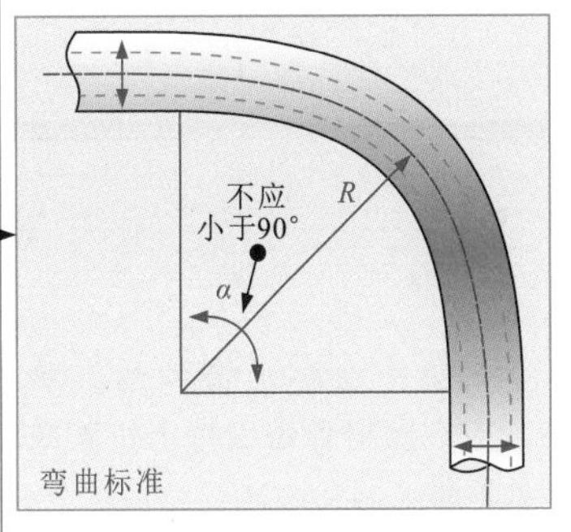

图5-18 弯管规范

塑料管的弯曲角度一般不应小于90°，要有明显的圆弧，不可以出现瘪陷现象。

图5-19为塑料管的暗敷。

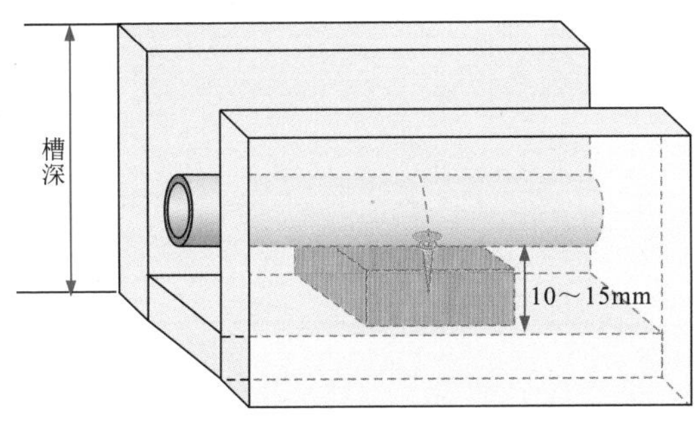

图5-19 塑料管的暗敷

塑料管暗敷时，一般在土建砌砖时预埋，否则应先在砖墙上开槽，然后在砖缝里打入木榫并钉上钉子，再用铁丝将塑料管绑扎在钉子上，并将钉子钉入。

若在混凝土内暗敷，则可用铁丝将塑料管绑扎在钢筋上，并用垫块垫高10～15mm，使塑料管与混凝土保持足够的距离，防止在浇灌混凝土时使塑料管移动。

图5-20为塑料管配线时的固定。

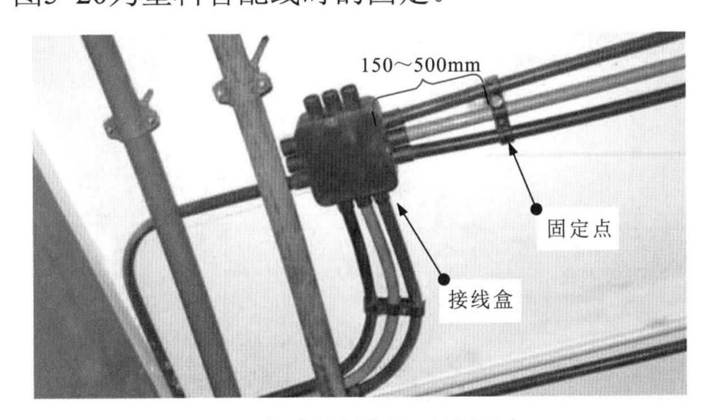

图5-20 塑料管配线时的固定

塑料管配线应使用管卡固定、支撑，在距离塑料管的始端、终端及开关、接线盒或电气设备150～500mm处均应固定一次，在敷设多条塑料管时要保持间距均匀。

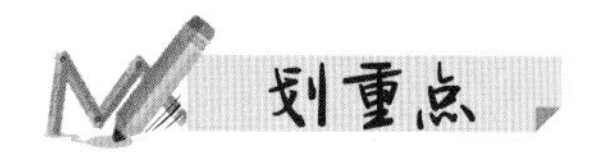

在两个固定点的中间部分可以根据间距均匀固定。

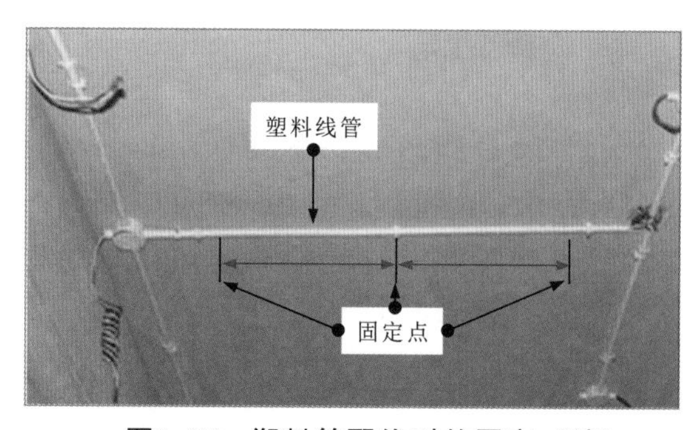

图5-20 塑料管配线时的固定（续）

图5-21为塑料管管口的规范操作。

为防止塑料线管内掉入异物，应在塑料管管口拧上护盖或塞上木塞。

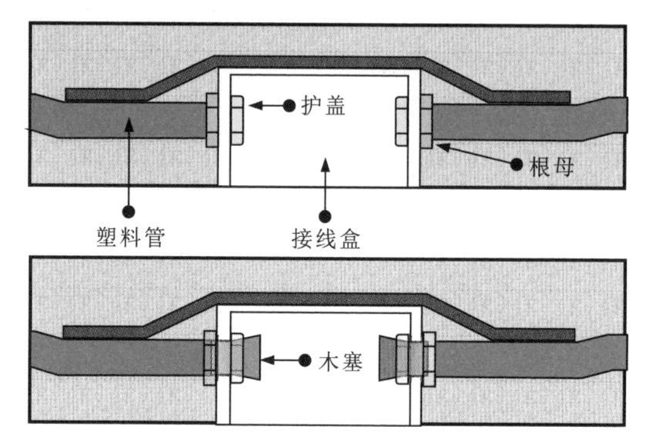

图5-21 塑料管管口的规范操作

图5-22为塑料管的连接操作。塑料管之间可以采用插入法和套接法连接。

1 插入法是先将黏结剂涂抹在A塑料管的表面，然后将A塑料管插入B塑料管内1.2～1.5倍A塑料管外径的深度。

2 套接法是将同直径的塑料管用套管连接。套管的长度为塑料管外径的2.5～3倍。套接时，先将套管加热至130℃左右，加热时间为1～2min，在套管变软的同时将两根塑料管插入套管即可。

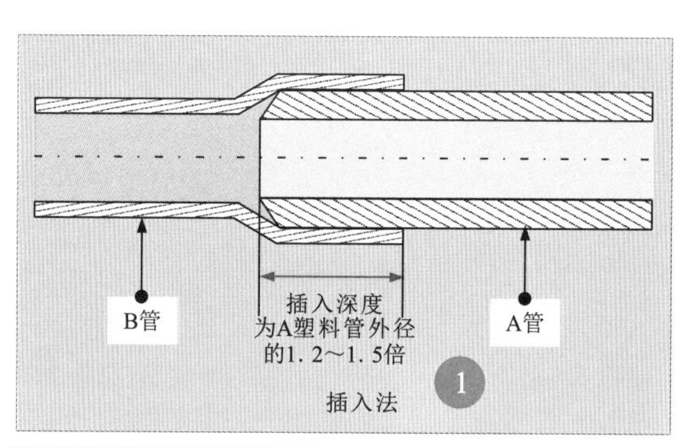

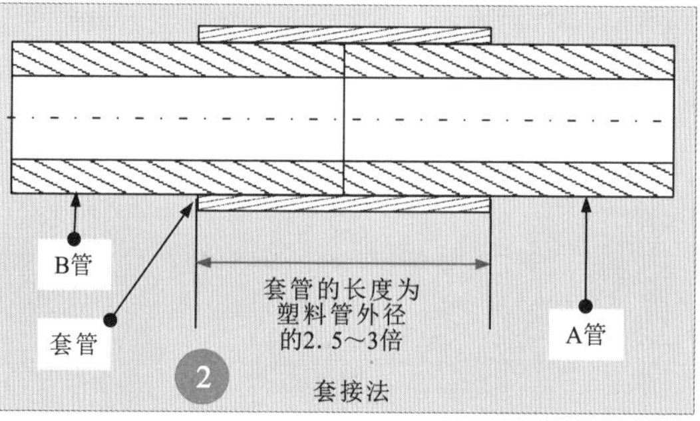

图5-22 塑料管的连接操作

图5-23为辅助连接配件。在塑料管敷设连接时，辅助连接配件有直接头、正三通头、90°弯头、45°弯头、异径接头等，可根据需要使用相应的配件。

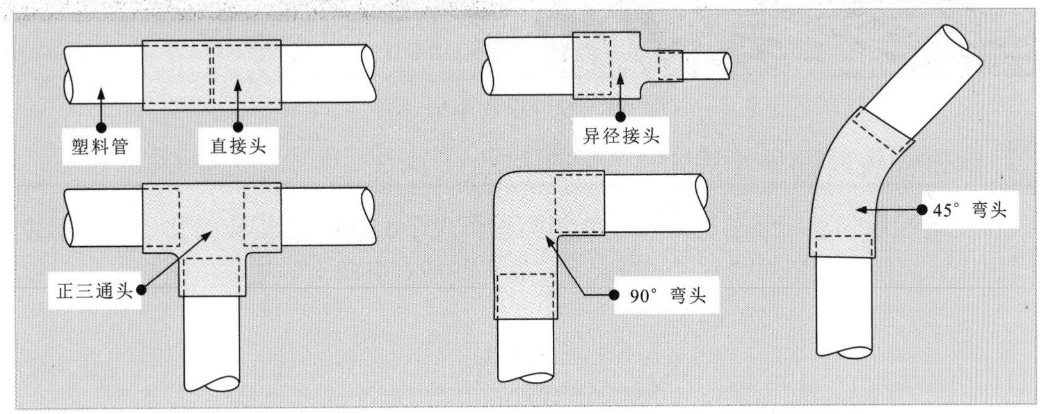

图5-23 辅助连接配件

塑料管加工完成后需要进行配线操作，即将导线穿入塑料管内，如图5-24所示。

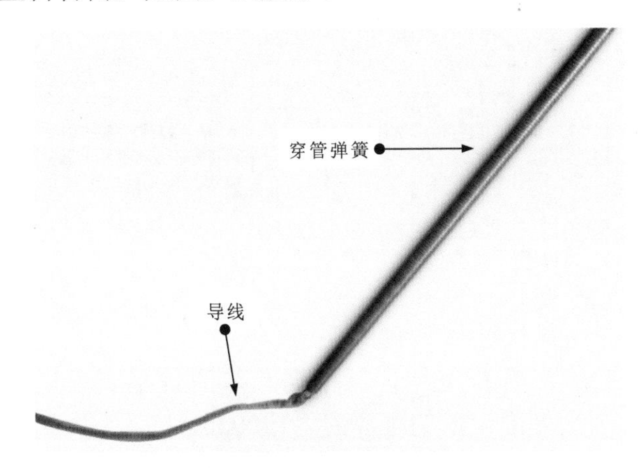

图5-24 穿入导线

在穿线时，可将导线与穿管弹簧连接，通过穿管弹簧将导线穿入塑料管中；穿出后，需要轻轻拉动导线的两端，察看是否有过紧或被卡死的情况。

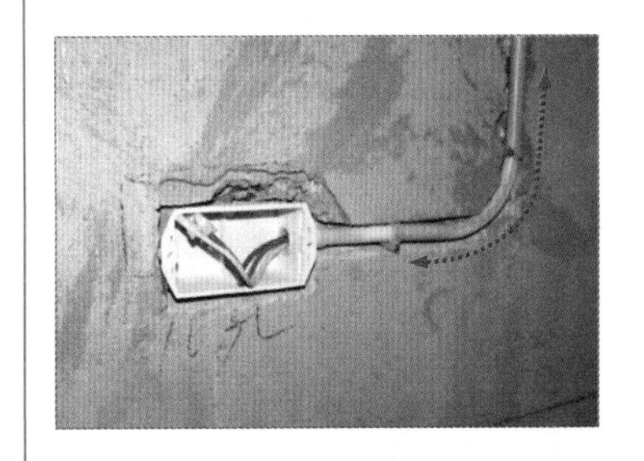

5.1.7 钢索配线

钢索配线是在钢索上吊瓷柱配线、吊钢管配线或塑料护套配线。

1 钢索的选用

在钢索配线中用到的钢索应选用镀锌钢索，不能使用含油芯的钢索。若敷设在潮湿或有腐蚀性的场所，则可以选用塑料护套钢索。

灯具也可以吊装在钢索上，通常应用在房顶较高的生产厂房内，可以降低灯具的安装高度，提高被照面的亮度，方便灯具的布置。

通常，单根钢索的直径应小于0.5mm，并且不应有扭曲和断股现象。

图5-25为钢索配线中的钢索。

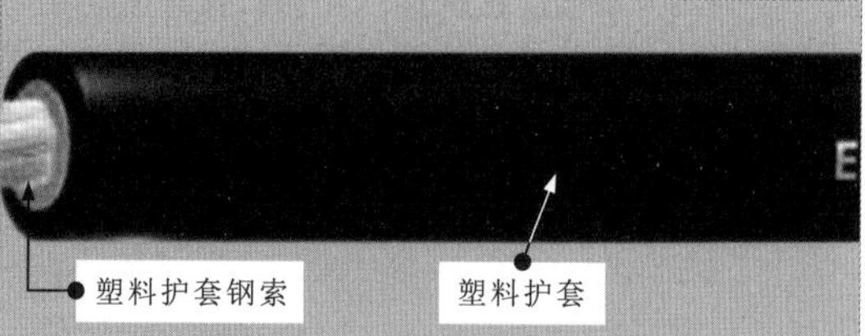

图5-25　钢索配线中的钢索

2 钢索配线时的导线固定

在钢索配线时，一般情况下，导线的弧垂不大于0.1m，否则应增加吊钩。钢索吊钩间的最大间距不应超过12m。在钢索上安装导线或灯具时，钢索应能承受全部负重。图5-26为钢索配线时导线的固定。

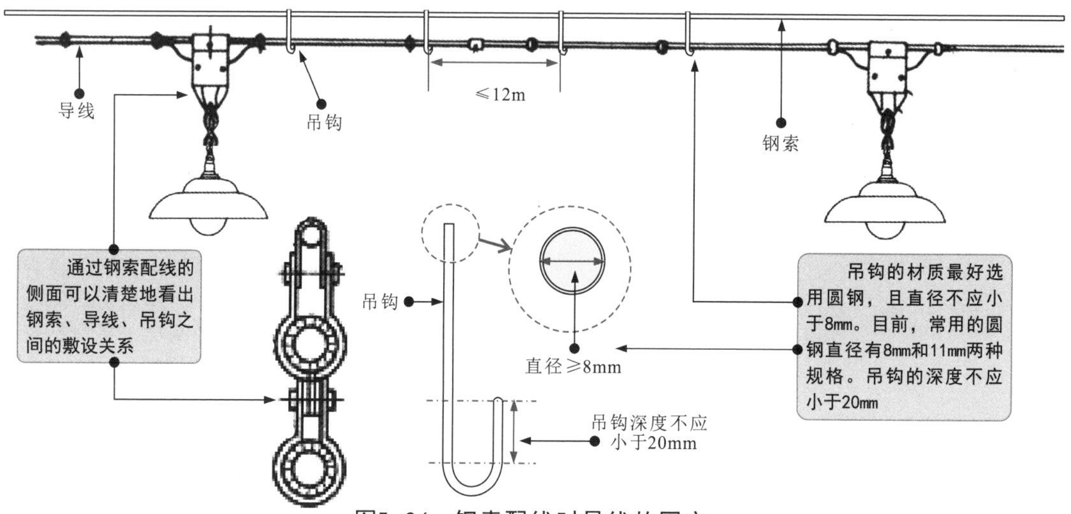

图5-26　钢索配线时导线的固定

不同的配线环境，具体的配线方法也略有差异，可根据具体的数据要求进行配线。为吊灯配线时，吊灯的扁钢吊架与两侧固定卡的距离应为1500mm。

3 钢索配线的连接

在钢索配线的过程中，若钢索的长度不超过50m，则可在钢索的一端使用花篮螺栓连接；若钢索的长度超过50m，则钢索的两端均应安装花篮螺栓；钢索的长度每超过50m，都应在中间安装一个花篮螺栓。图5-27为钢索配线的连接。

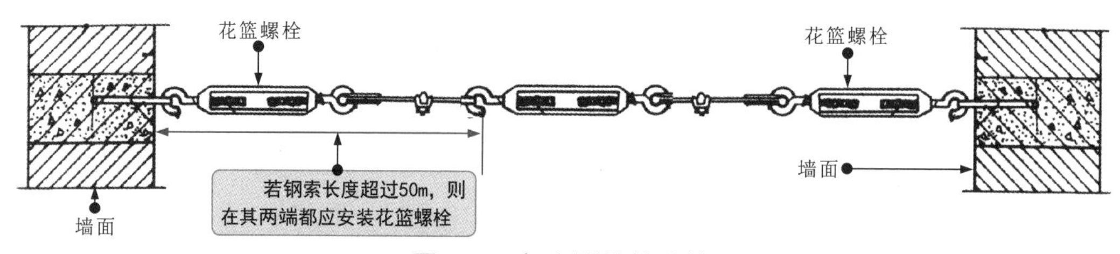

图5-27　钢索配线的连接

5.2 线缆的敷设

5.2.1 线缆的明敷

线缆的明敷是将穿好线缆的线槽按照敷设标准安装在室内墙体表面。这种敷设操作一般是在土建抹灰后或房子装修完成后，需要增设线缆或更改线缆或维修线缆（替换暗敷线缆）时采用的一种敷设方式。

线缆的明敷操作相对简单，对线缆的走向、线槽的间距、高度和线槽固定点的间距都有一定的要求，如图5-28所示。

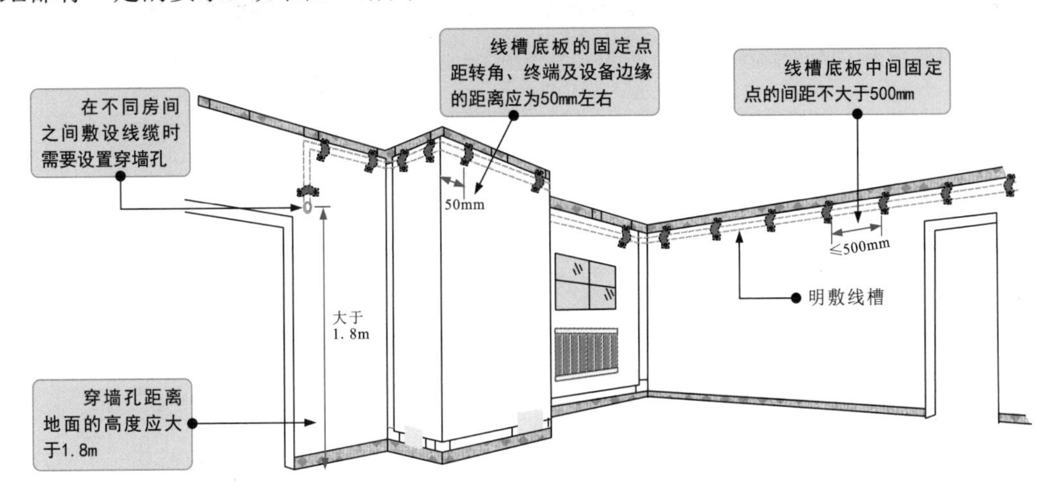

图5-28 线缆的明敷操作要求

明敷操作包括定位画线、选择线槽和附件、加工线槽、钻孔安装固定线槽、敷设线缆、安装附件等环节。

1 定位画线

图5-29为定位画线示意图。

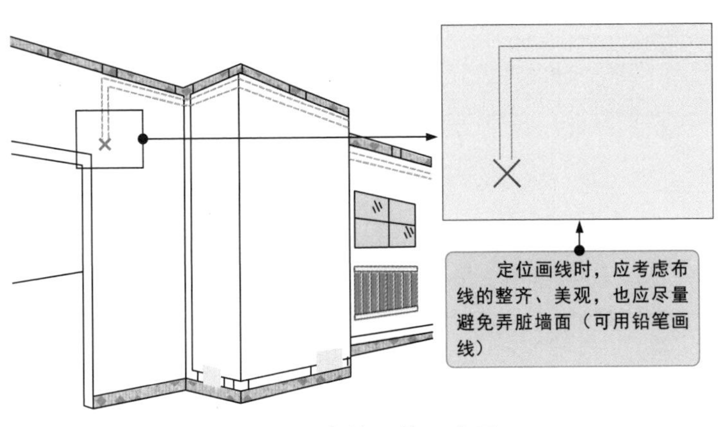

图5-29 定位画线示意图

划重点

定位画线是根据室内线缆布线图或根据增设线缆的实际需求规划好布线的位置，并借助笔和尺子画出线缆走线的路径及开关、灯具、插座的固定点，固定点用×标识。

2 选择线槽和附件

图5-30为明敷线槽和附件。当室内线缆采用明敷时，应借助线槽和附件实现走线，起固定、防护的作用，保证整体布线美观。

目前，家装明敷采用的线槽多为PVC塑料线槽。选配时，应根据规划线缆的路径选择相应长度、宽度的线槽，并选配相关的附件，如角弯、分支三通、阳转角、阴转角和终端头等。附件的类型和数量应根据实际敷设时的需求选用。

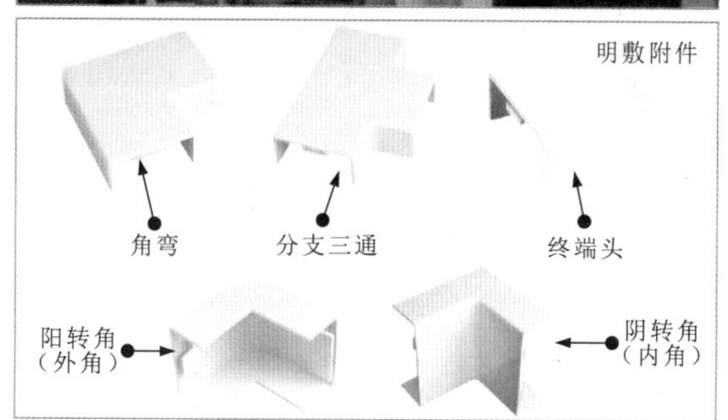

图5-30　明敷线槽和附件

3 加工塑料线槽

塑料线槽选择好后，需要根据定位画线的位置进行裁切，并对连接处、转角、分路等部分进行加工。

图5-31为塑料线槽的加工处理。

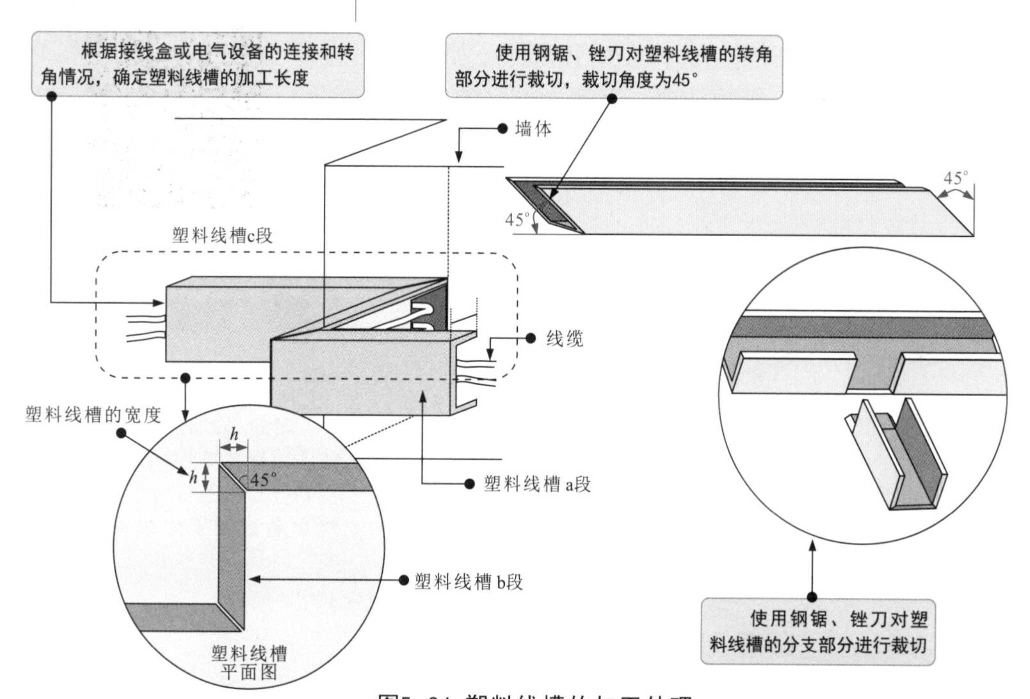

图5-31 塑料线槽的加工处理

4 钻孔安装固定塑料线槽

塑料线槽加工完成后，将其放到画线的位置，借助电钻在固定位置钻孔，并在钻孔处安装固定螺钉实现固定，如图5-32所示。

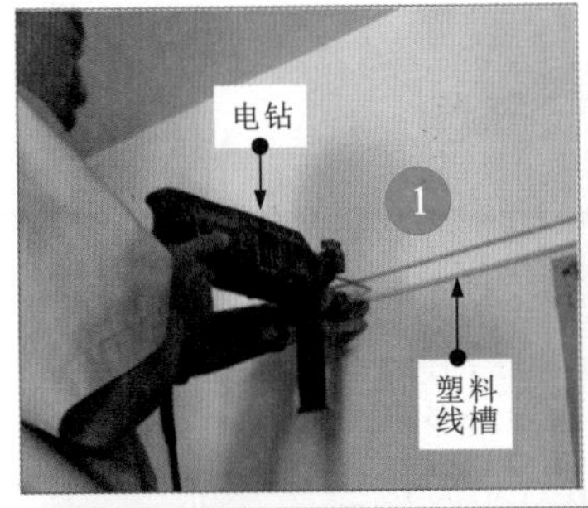

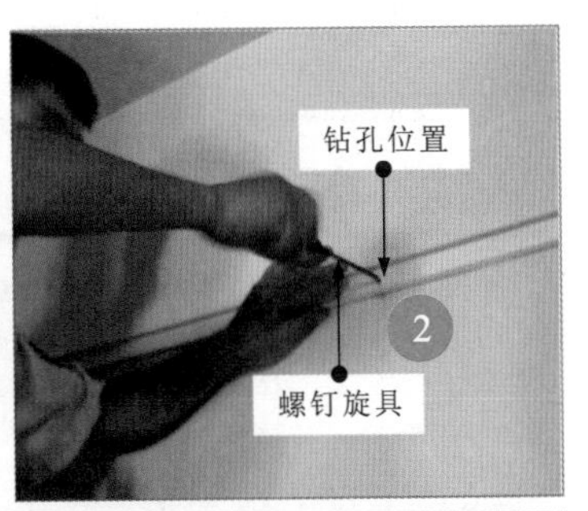

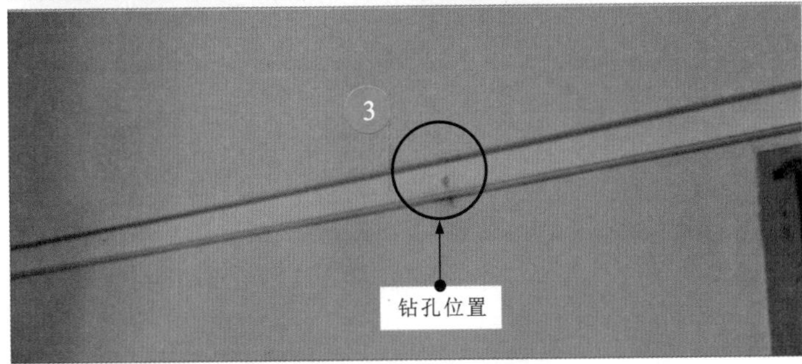

图5-32 安装固定塑料线槽

① 使用电钻在塑料线槽需要固定的位置钻孔。

② 使用螺钉旋具在钻孔位置拧入固定螺钉，固定塑料线槽。

③ 采用同样的方法，在塑料线槽的不同位置拧入固定螺钉，确认塑料线槽固定牢固。

根据规划路径，沿定位画线将塑料线槽逐段固定在墙壁上，如图5-33所示。

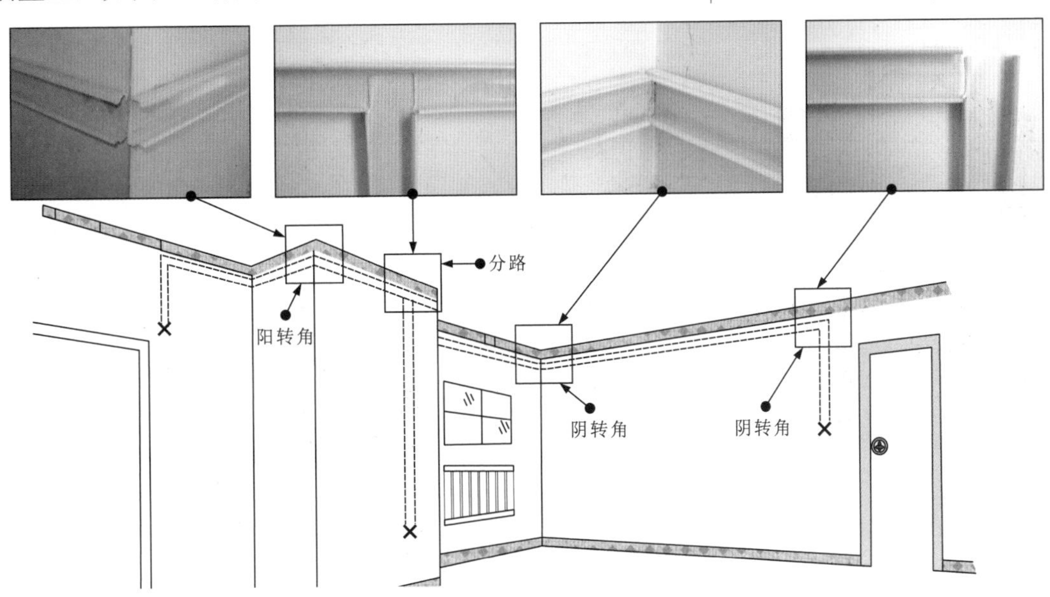

图5-33 塑料线槽安装固定后的效果

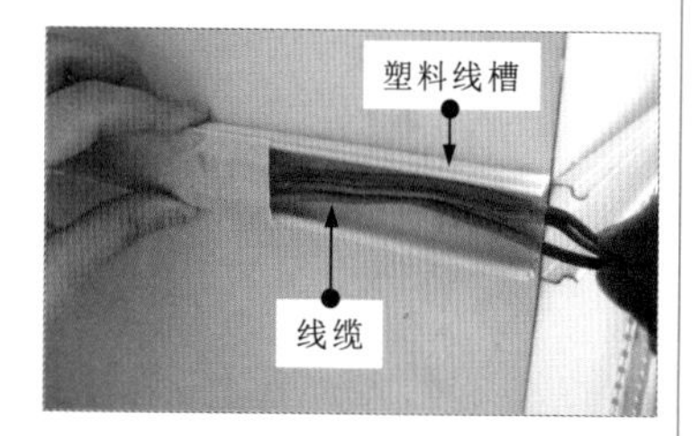

塑料线槽固定完成后，将线缆沿塑料线槽内壁逐段敷设，在敷设完成的位置扣好盖板。

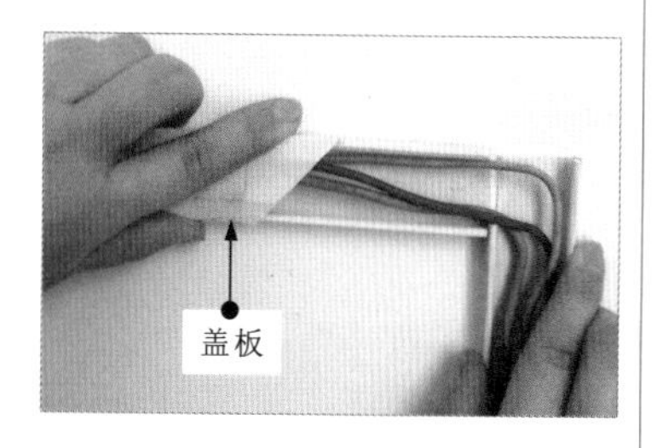

在明敷时，线缆在塑料线槽内部不能出现接头，如果线缆的长度不够，则需要拉出线缆，使用足够长度的线缆重新敷设。

5 敷设线缆

图5-34为敷设线缆的操作演示。

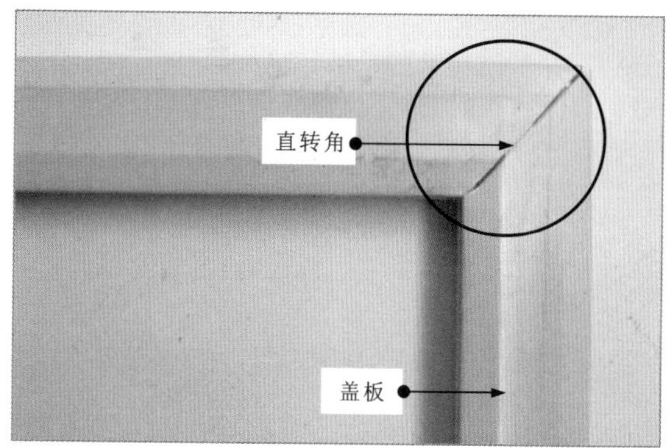

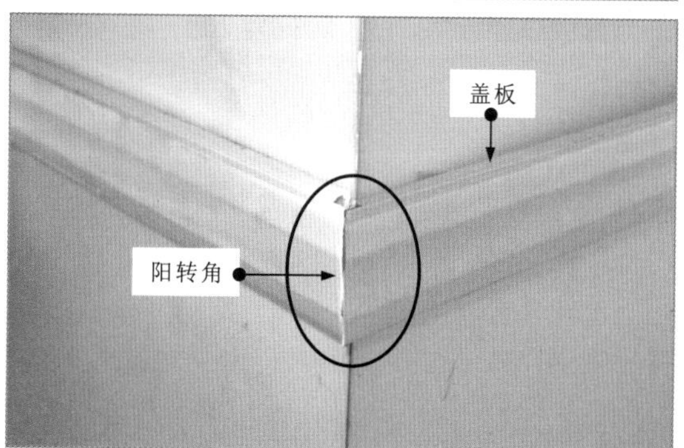

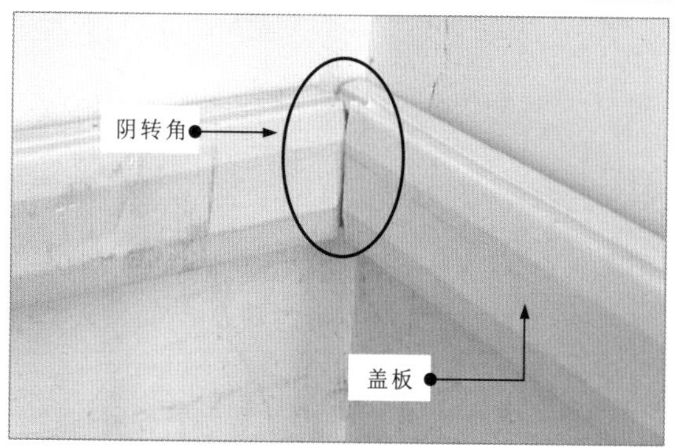

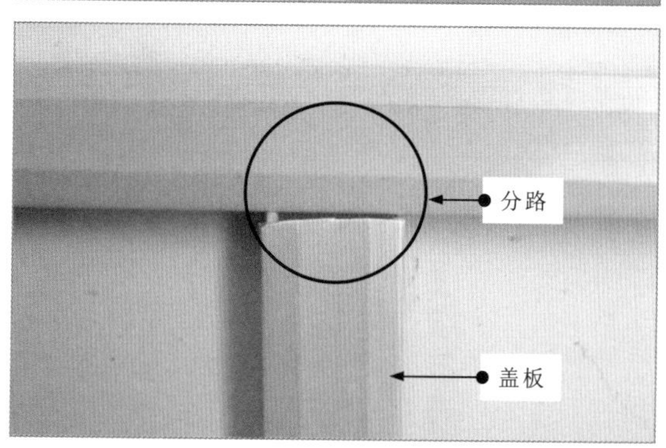

图5-34　敷设线缆的操作演示

线缆敷设完成，扣好盖板后，安装线槽转角和分支部分的配套附件，确保安装牢固可靠。图5-35为线缆明敷中配套附件的安装。

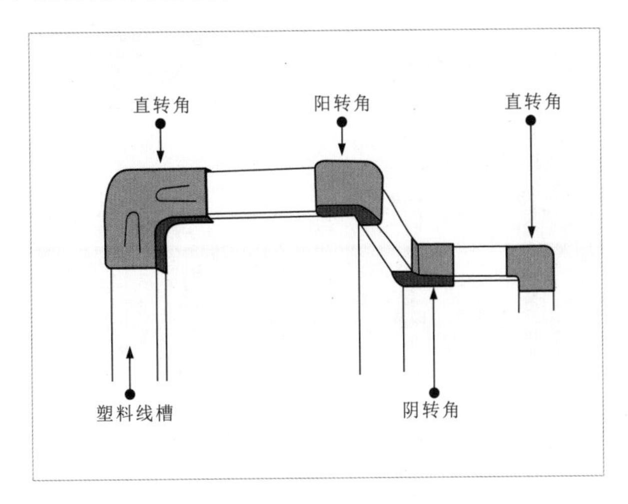

图5-35　线缆明敷中配套附件的安装

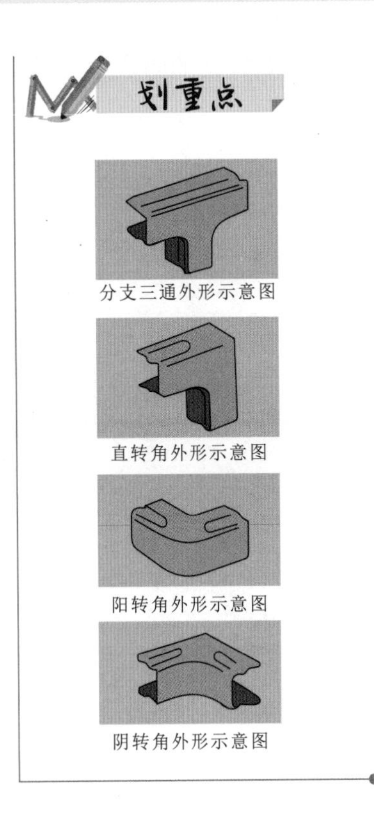

5.2.2 线缆的暗敷

室内线缆的暗敷是将室内线缆埋设在墙内、顶棚内或地板下的敷设方式，也是目前普遍采用的一种敷设方式。线缆暗敷通常在土建抹灰之前操作。

在暗敷前，需要先了解暗敷的基本操作规范和要求，如暗敷线槽的距离要求，强、弱电线槽的距离要求，各种插座的安装高度要求等，如图5-36所示。

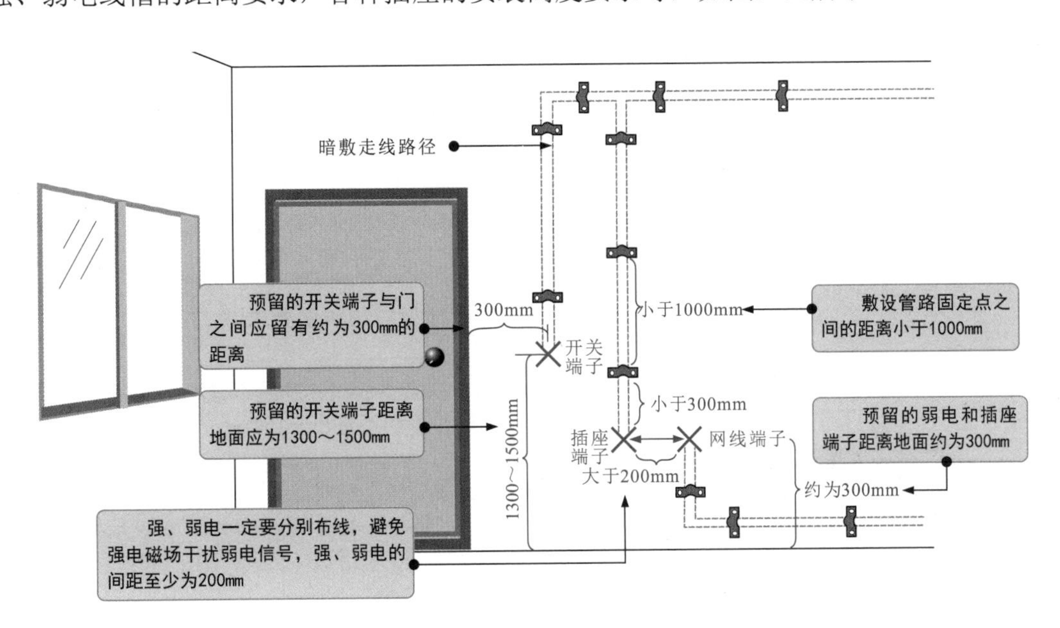

图5-36　插座的安装高度要求

线缆暗敷的距离要求如图5-37所示。

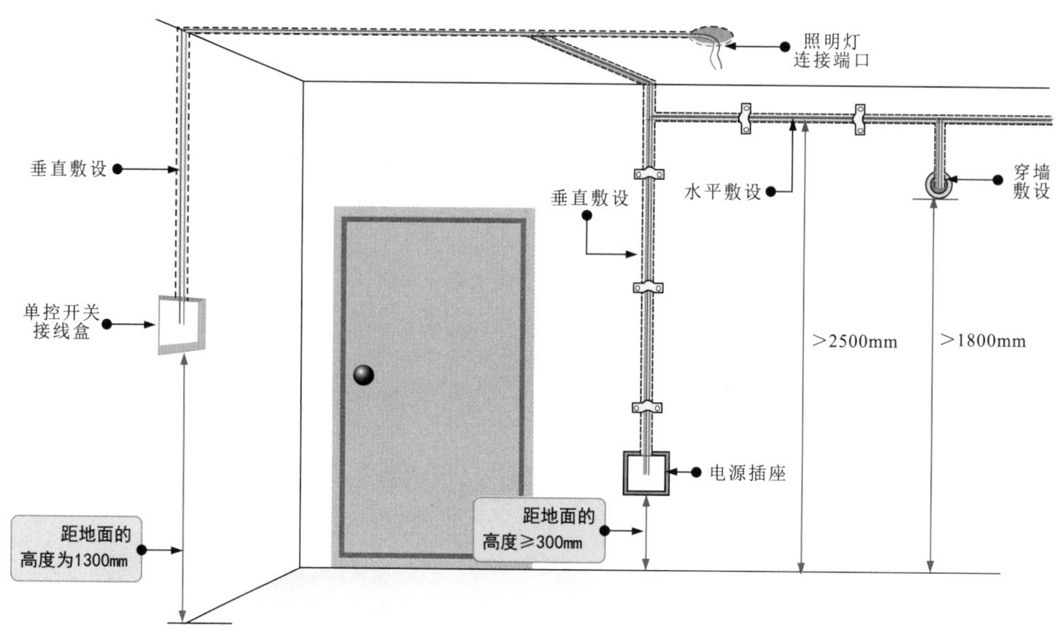

图5-37 线缆暗敷的距离要求

在阳台或平台上、穿越楼板时的暗敷要求如图5-38所示。

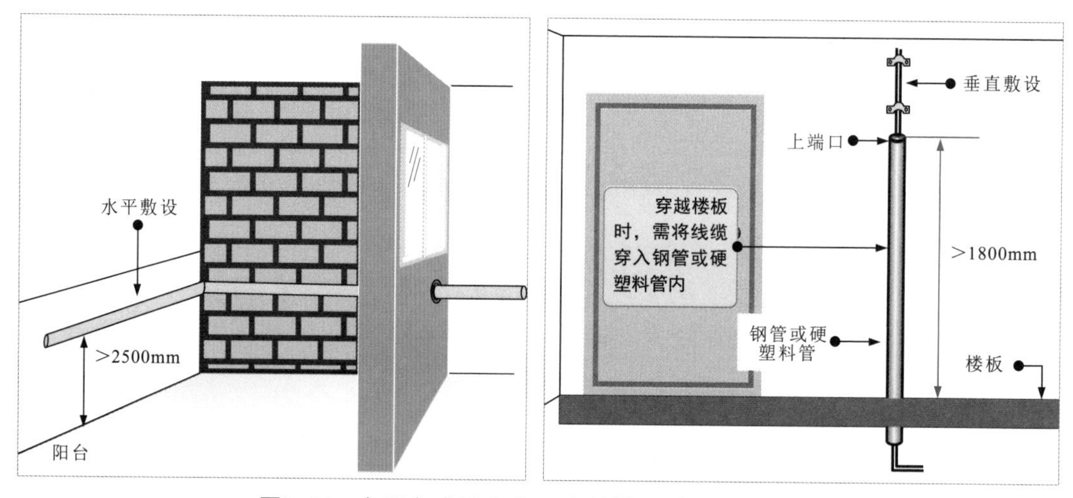

图5-38 在阳台或平台上、穿越楼板时的暗敷要求

当线缆敷设在蒸汽管下面时，净距不宜小于500mm；当线缆敷设在蒸汽管上面时，净距不宜小于1000mm；当交叉敷设时，净距不宜小于300mm。

当不能符合上述要求时，应对热水管采取隔热措施。对有保温措施的热水管，上下净距均可缩短200mm。线缆与其他管道（不包括可燃气体及易燃、可燃液体管道）的平行净距不应小于100mm，交叉净距应小于50mm。

内容可参看（《民用建筑电气设计规范JGJ_16-2008》）。

图5-39为弱电线路暗敷时的距离要求。

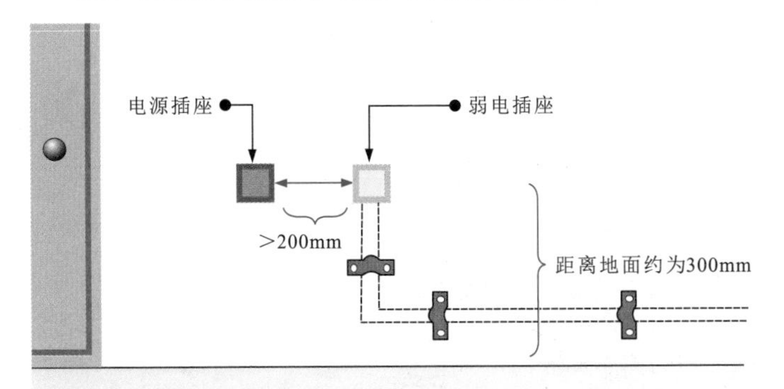

图5-39 弱电线路暗敷时的距离要求

由于弱电线路的信号电压低，如与电源线并行布线，易受220V电源线的电压干扰，因此敷设时应避开电源线。电源线与弱电线路之间的距离应大于200mm。它们的插座之间也应相距200mm以上。插座距地面约为300mm。

在暗敷时，开凿线槽是一个关键环节。按照规范要求，线槽的深度应能够容纳线管或线盒，一般为将线管埋入线槽后，抹灰层的厚度为15mm，如图5-40所示。

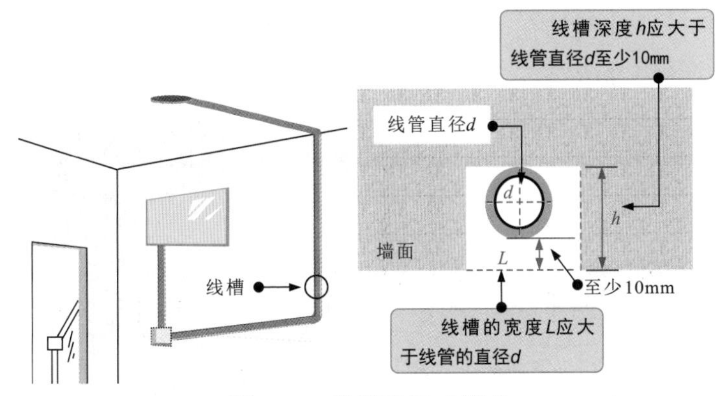

图5-40 线槽的尺寸要求

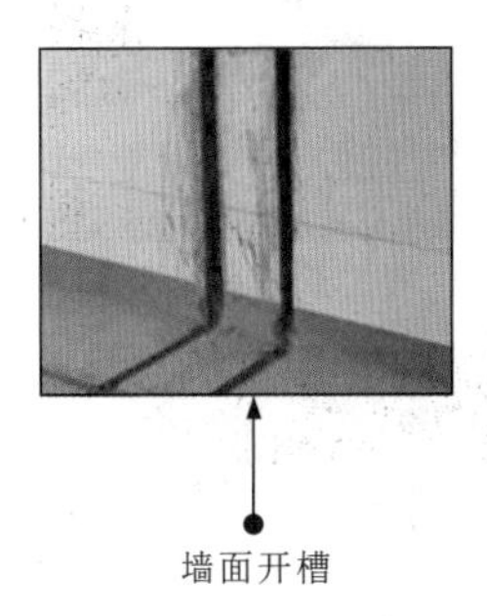

暗敷操作包括定位画线、选择线管和附件、开槽、加工线管、线管和接线盒的安装固定、穿线等环节。

1 定位画线

暗敷时定位画线的操作如图5-41所示。

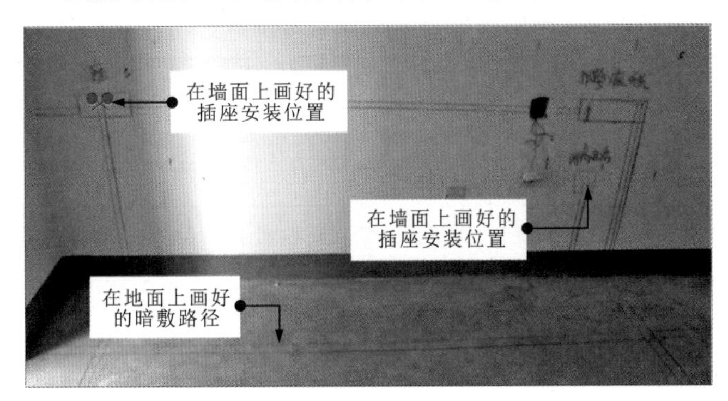

图5-41 暗敷时定位画线的操作

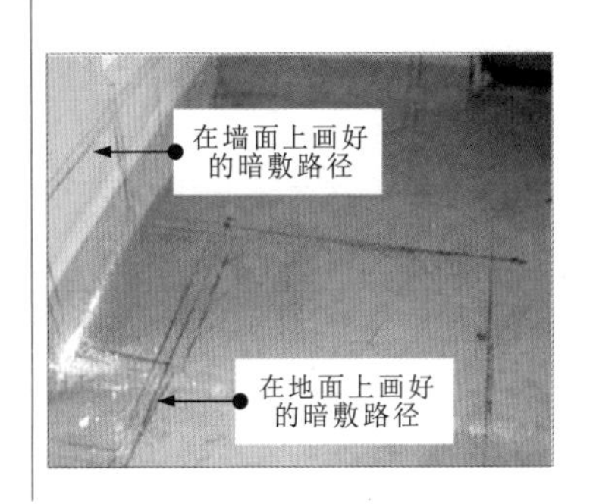

暗敷时，应借助线管及附件实现走线，起固定、防护作用。目前，家装暗敷采用的线管多为阻燃PVC线管。选配时，应根据施工图要求，确定线管的长度、所需配套附件的类型和数量等。

2 选择线管和附件

图5-42为暗敷采用的线管及附件。

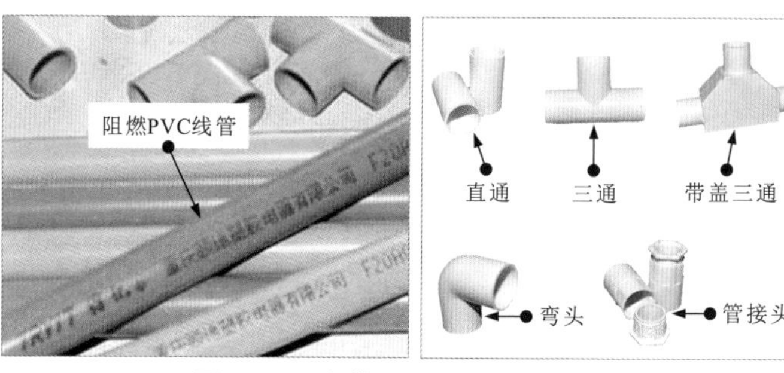

图5-42　暗敷采用的线管及附件

3 开槽

开槽是室内暗敷的重要环节，一般可借助切割机、凿子或冲击钻在画好的敷设路径上开槽。图5-43为暗敷的开槽方法。

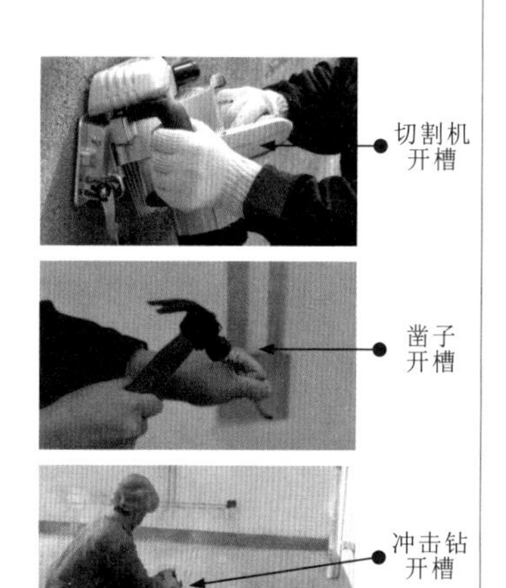

图5-43　暗敷的开槽方法

线管应根据管径、质量、长度、使用环境等参数进行选择，应符合室内暗敷要求。不同规格导线与线管可穿入的根数见表5-1。

表5-1　不同规格导线与线管可穿入导线的根数

导线横截面积（mm^2）	镀锌钢管穿入导线根数（根）				电线管穿入导线根数（根）				硬塑料管穿入导线根数（根）		
	2	3	4	5	2	3	4	5	2	3	4
	线管直径(mm)										
1.5	15	15	15	20	20	20	20	20	15	15	15
2.5	15	15	20	20	20	20	25	20	15	15	20
4	15	20	20	20	20	20	25	20	15	20	25
6	20	20	20	25	20	25	25	25	20	20	25
10	20	25	25	32	25	32	32	32	25	25	32
16	25	25	32	32	32	32	40	40	25	32	32
25	32	32	40	40	32	40	—	—	32	40	40

4 加工线管

开槽完成后，根据开槽的位置、长度等加工线管，线管的加工操作主要包括线管的清洁、裁切及弯曲等，如图5-44所示。

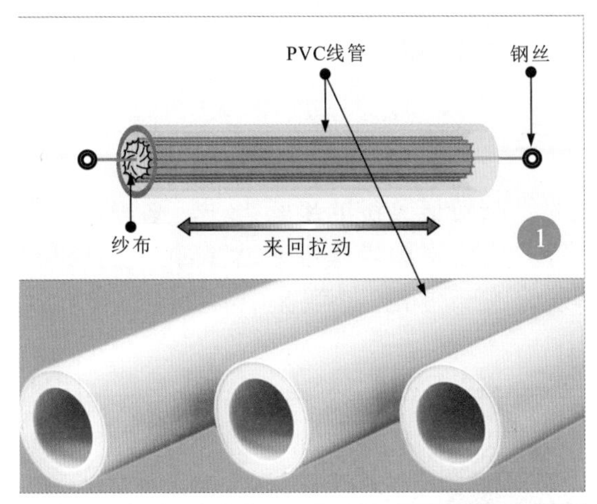

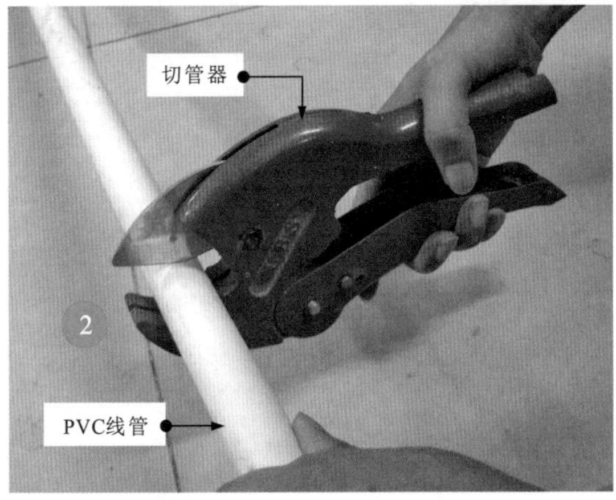

图5-44 线管的加工

1 在加工PVC线管前，应先去除内部的灰尘、杂物及积水，可来回拉动绑着纱布的钢丝，将内部的水分或灰尘擦净，也可以通过吹入压缩空气进行清洁。

2 根据开槽位置的实际长度确定PVC线管的长度，使用切管器裁切PVC线管，并使用锉刀处理PVC线管的裁切面，使PVC线管的切割面平整、光滑。

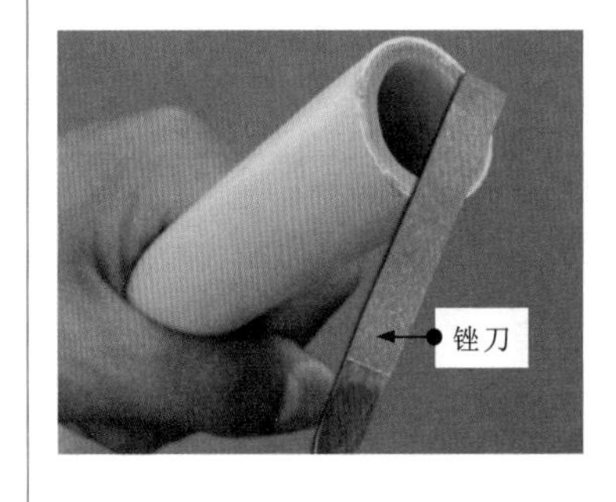

线管和接线盒的敷设、固定和安装操作应遵循基本的操作规范，线管应规则排列，圆弧过渡应符合穿线要求。图5-45为线管与接线盒的敷设效果。

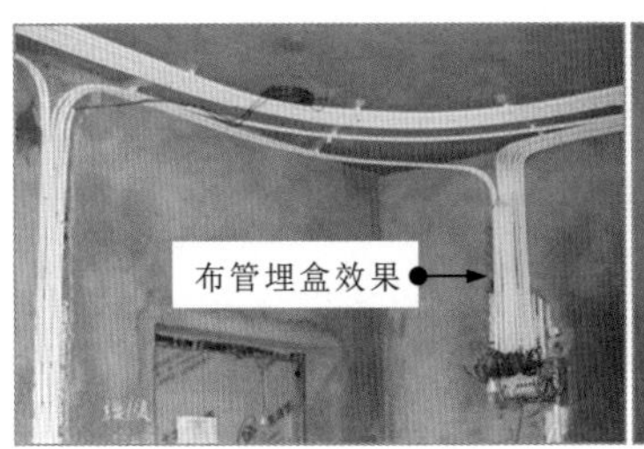

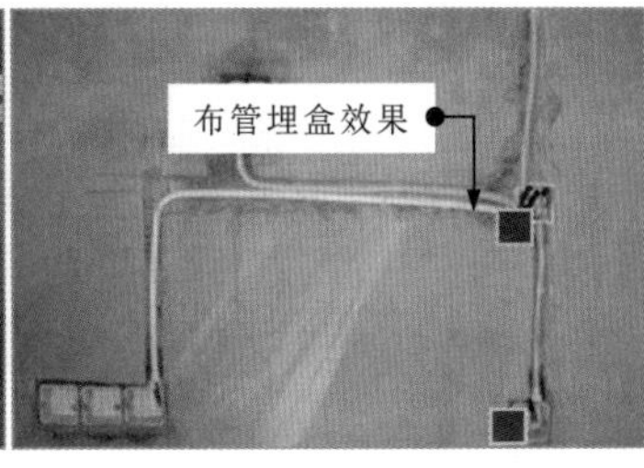

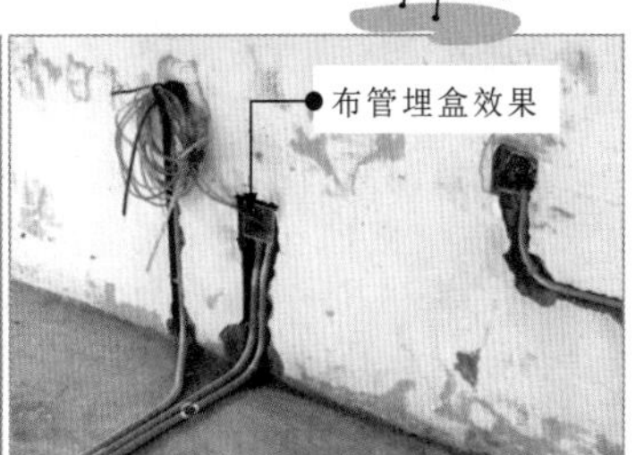

图5-45 线管与接线盒的敷设效果

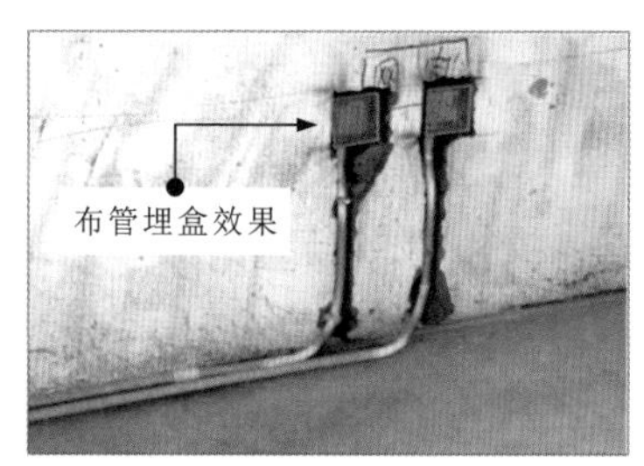

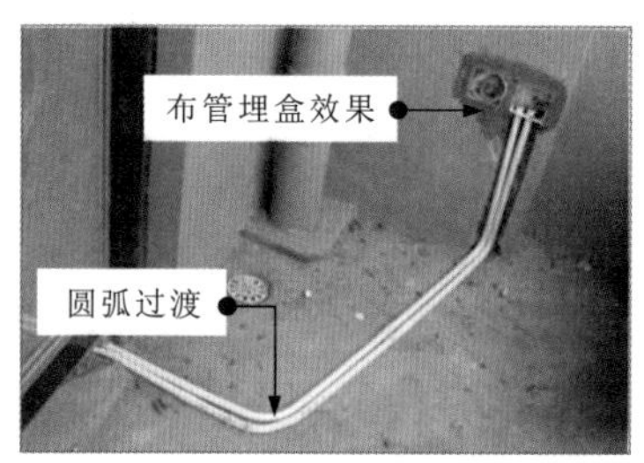

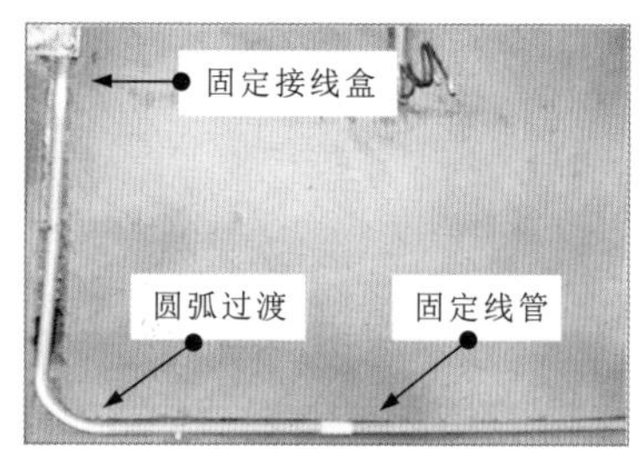

图5-45　线管与接线盒的敷设效果(续)

5 穿线

穿线是暗敷最关键的步骤之一，必须在暗敷线管完成后进行。实施穿线操作可借助穿管弹簧、钢丝等，将线缆从线管的一端引至接线盒中，如图5-46所示。

划重点

① 将待敷设的线缆与穿管弹簧的一端连接，准备穿线。

② 将连接线缆的穿管弹簧从线管的一端穿入，从另一端穿出。

从另一端穿出后，拉动线缆的两端，检查是否有过紧或被卡死的情况。

③ 塑料绝缘硬导线可在垂直线槽中直接穿线。

有圆角拐弯的线管，可将线缆绑接在一根钢丝上（直径为1.2mm左右），将钢丝从接线盒的一端穿入，从另一端出口穿出，拉拽钢丝，使线缆随着钢丝穿入线管。

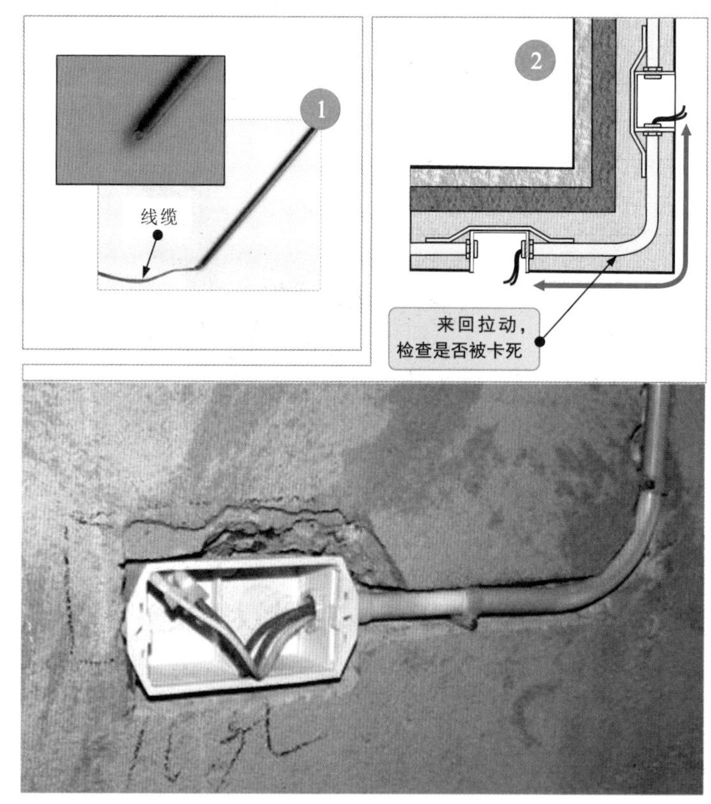

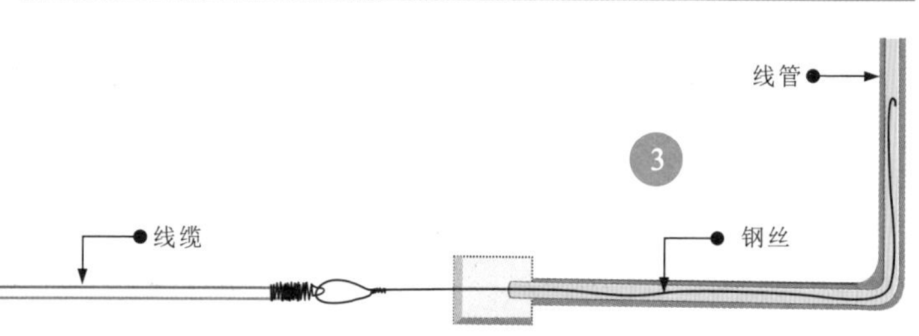

图5-46　暗敷时的穿线操作

穿线到线管的另一端后引入接线盒，此时要预留足够长度的线缆，应满足下一个阶段与插座、开关、灯具等部件的接线，如图5-47所示。

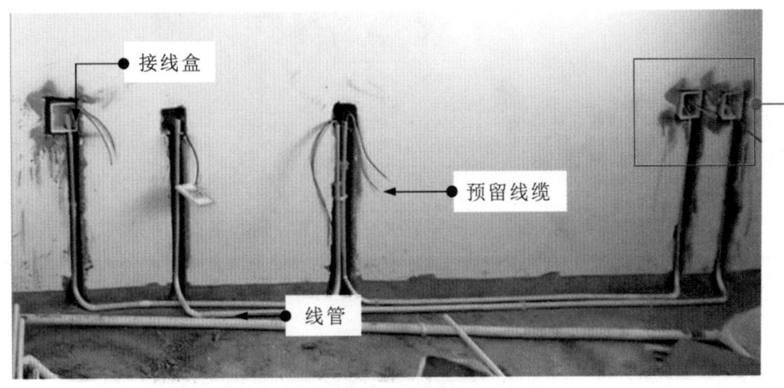

图5-47　接线盒中预留线缆

PVC线管根据直径的不同可以分为六分和四分两种规格。其中，四分PVC线管最多可穿3根横截面积为1.5mm²的导线；六分PVC线管最多可穿3根横截面积为 2.5mm²的导线。

目前，照明线路多使用横截面积为2.5mm²的导线，因此在家装中应选用六分PVC线管，如图5-48所示。

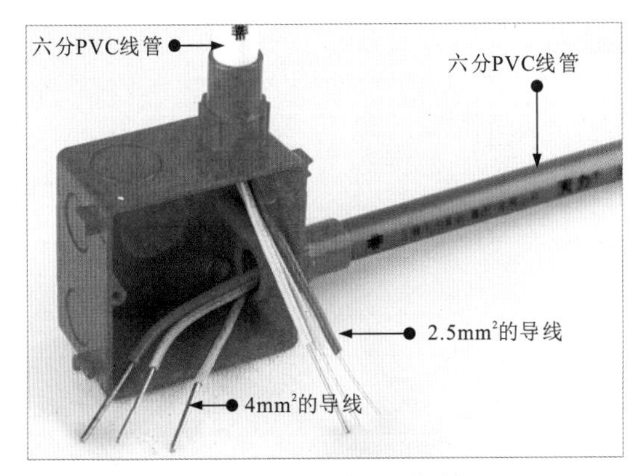

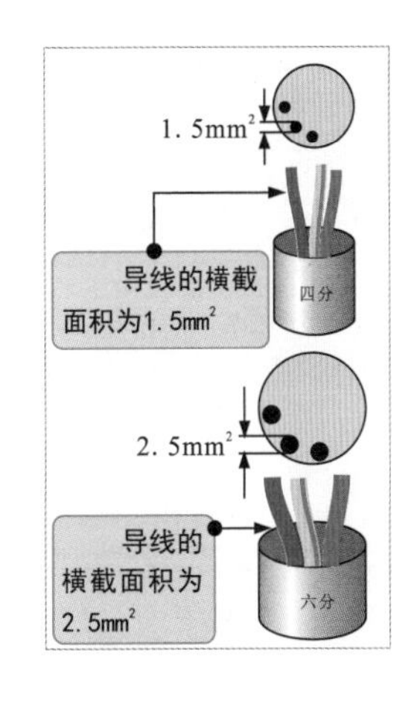

图5-48　六分PVC线管

线管穿线完成后，暗敷基本完成，在验证线管布置无误、线缆可自由拉动后，将凿墙孔和开槽抹灰恢复，如图5-49所示。至此，室内线缆的暗敷完成。

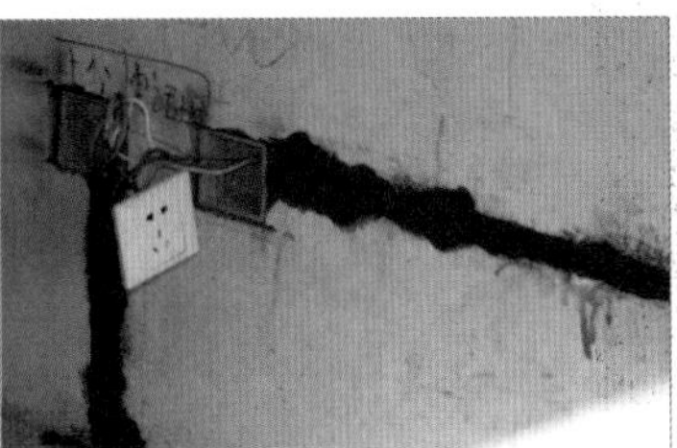

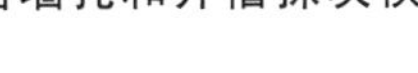

图5-49　将凿墙孔和开槽抹灰恢复

验电器的用法

6.1 高压验电器的用法

6.1.1 高压验电器的特点

高压验电器多用于检测500V以上的高压。目前常见的高压验电器主要有蜂鸣器报警高压验电器、声光型高压验电器、防雨型高压验电器及风车型高压验电器，可以根据使用环境的不同使用匹配的高压验电器。

1 蜂鸣器报警高压验电器（接触式）

图6-1为蜂鸣器报警高压验电器的外形结构（接触式）。该高压验电器主要由绝缘手柄、伸缩绝缘杆、报警蜂鸣器、自检按钮及金属探头构成。

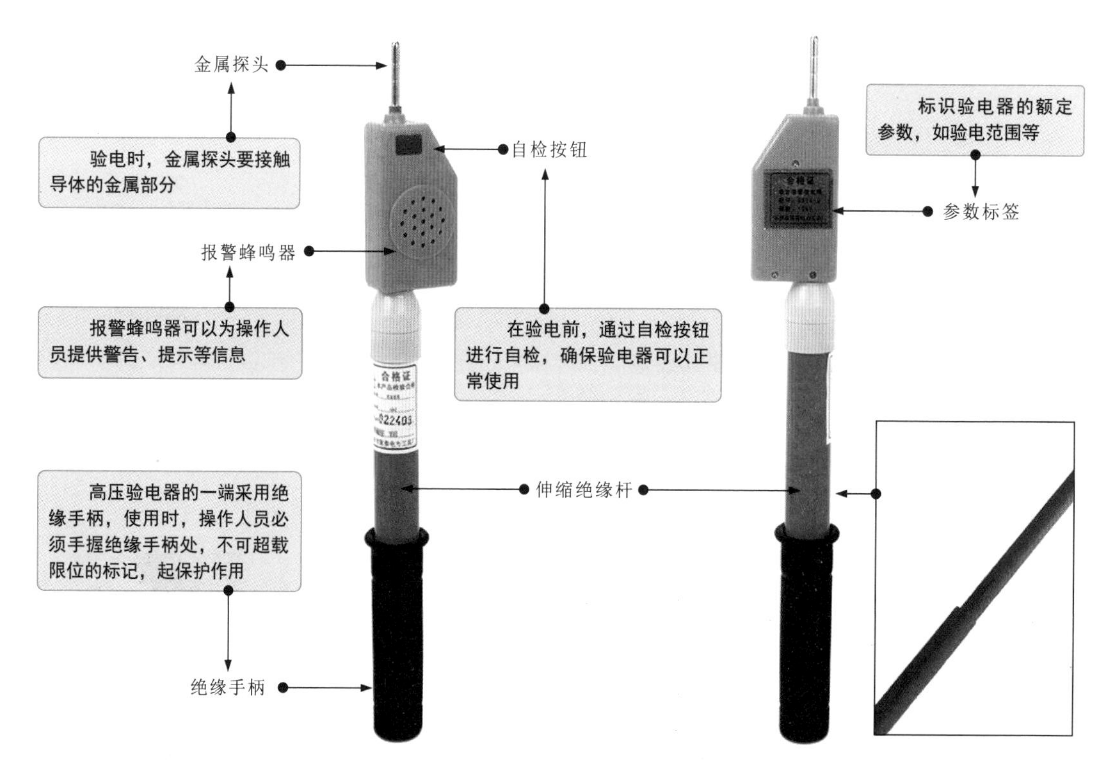

图6-1　蜂鸣器报警高压验电器的外形结构（接触式）

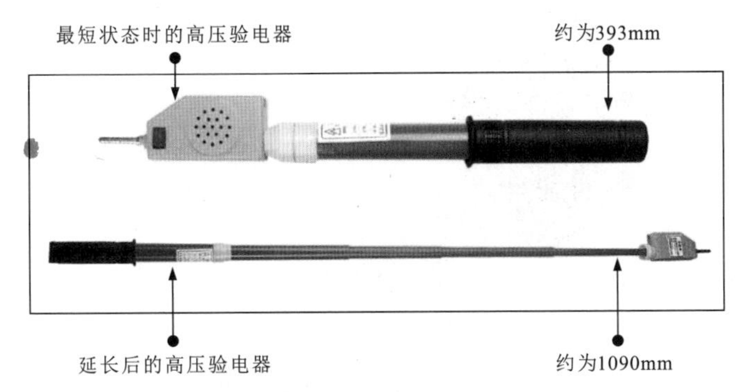

图6-1 蜂鸣器报警高压验电器的外形结构（接触式）（续）

伸缩绝缘杆可使高压验电器延长，可为远距离验电操作提供方便。操作人员可在距离高压设备的安全范围内进行检测。

2 声光型高压验电器（接触式）

图6-2为声光型高压验电器的外形结构。该高压验电器主要由绝缘手柄、伸缩绝缘杆、报警蜂鸣器、信号指示灯（灯光闪烁提示）、自检按钮及金属探头构成。

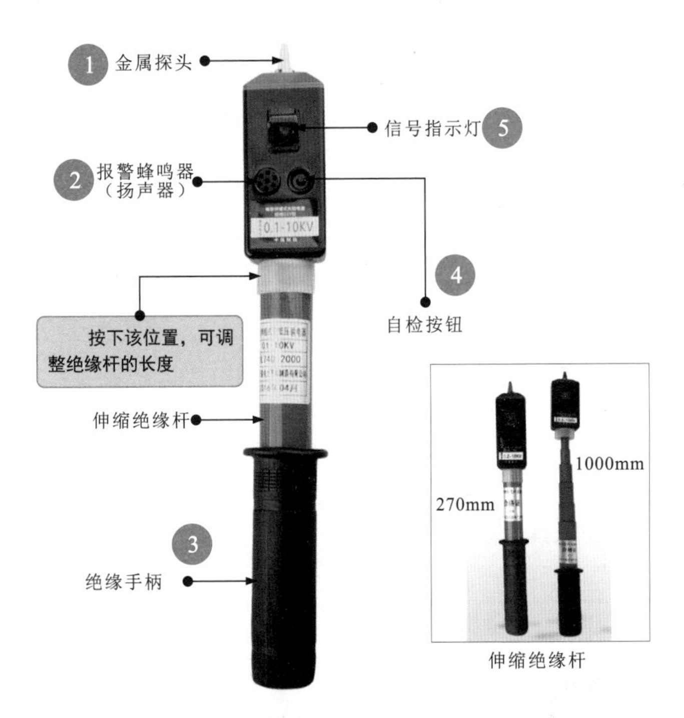

图6-2 声光型高压验电器的外形结构

1 验电时，金属探头必须接触导体的金属部分。

2 接触到带电物体时发出报警声。

3 操作人员应佩戴绝缘手套，手握绝缘手柄处验电，不可超载限位的标记，起保护作用。

4 按下自检按钮时发出声光信号，说明该验电器性能良好。

5 接触到带电物体时闪烁。

3 高压非接触式验电器

图6-3为贝汉275HP型高压非接触式验电器的外形结构。该验电器主要由LED指示灯、蜂鸣器、电压挡位旋钮和开关、手柄（电池盒）和绝缘延长杆接口等构成。

当检测到电流时，LED指示灯和蜂鸣器就会发光和报警；电压挡位旋钮可以改变检测挡位，有8个挡位可供选择；适用电压范围为500V及其以上；绝缘延长杆接口用来与绝缘延长杆连接，增大验电器的使用范围。

绝缘延长杆接口用来与绝缘延长杆连接，增大验电器的使用范围，可检测较高处的架空高压线。

传感器读取高压线附近的电场信号后送出交流信号，经过信号跟随电路跟随并正向偏置后进行滤波，将交流信号倍压整流成直流信号。该信号经滤波电路滤除邻线间的干扰后，再经放大电路将信号放大并送入施密特触发电路。施密特触发电路根据输入信号的大小送出有电、无电两种信号。LED指示灯和蜂鸣器将有电、无电信号显示出来。若非接触式验电器具有监控功能，则可以将有电、无电信号发送到室内监控设备中。

在使用前，应根据被测线路设备的额定电压选择合适型号的高压验电器，非接触式高压验电器还要选择合适的量程。

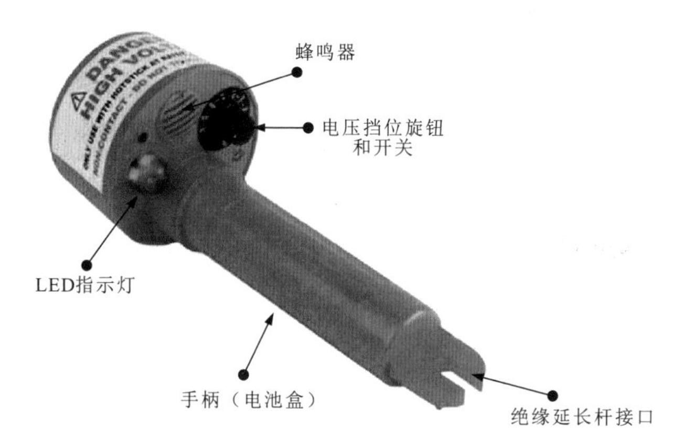

图6-3　贝汉275HP型高压非接触式验电器的外形结构

非接触式验电器使用内置电源，不需要与导线接触，可以最大限度地保障检测人员的人身安全。

图6-4为非接触式验电器的内部结构和信号流程。

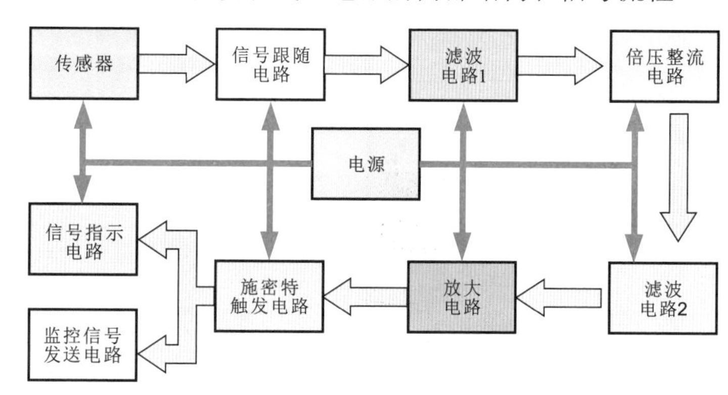

图6-4　非接触式验电器的内部结构和信号流程

6.1.2 高压验电器的使用

1 高压验电器的使用注意事项

在使用时，必须佩戴符合耐压要求的绝缘手套，如图6-5所示。

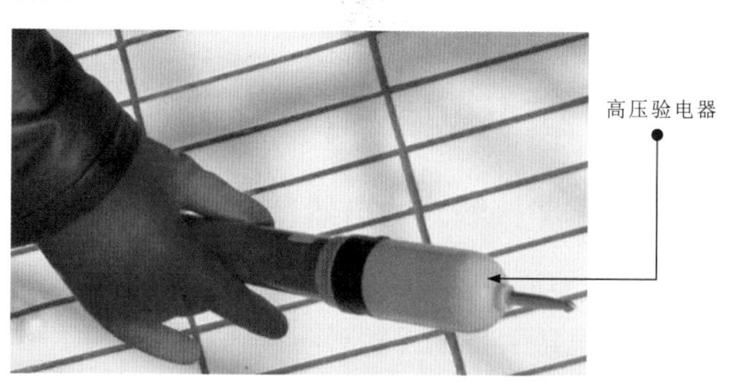

图6-5　高压验电器的使用注意事项

在使用时，先将高压验电器的伸缩绝缘杆调节至需要的长度并固定，以方便操作，如图6-6所示。

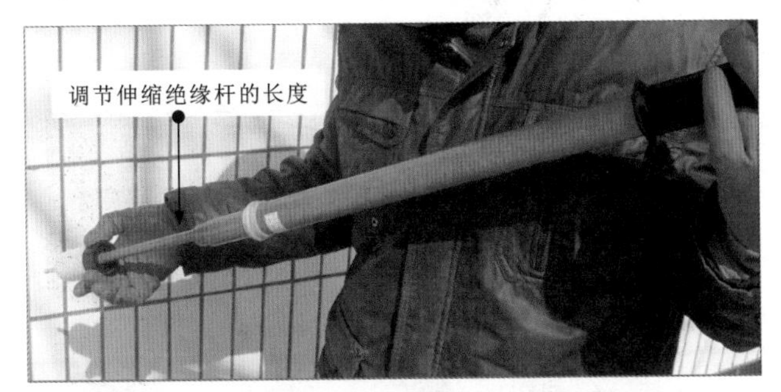

图6-6 高压验电器伸缩绝缘杆长度的调节

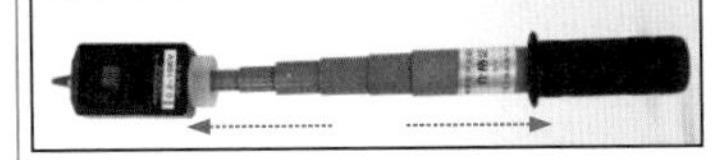
伸缩绝缘杆的长度可调节

如图6-7所示，高压验电器在使用前要检测其自身性能。

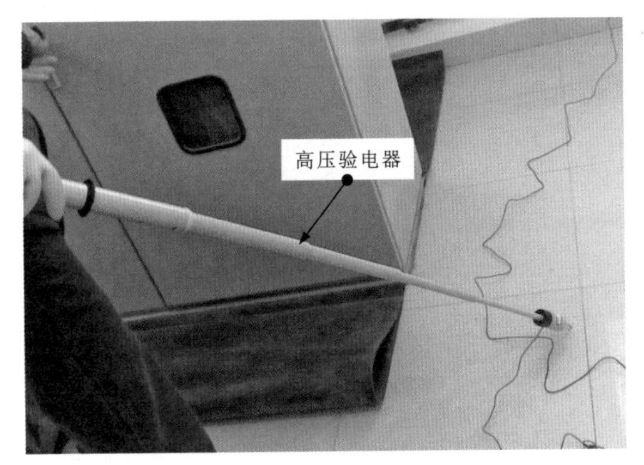

图6-7 高压验电器使用前自身性能的检测

在验电操作前，应对高压验电器进行自检，自检正常后方可使用。

图6-8为手握高压验电器的注意事项。

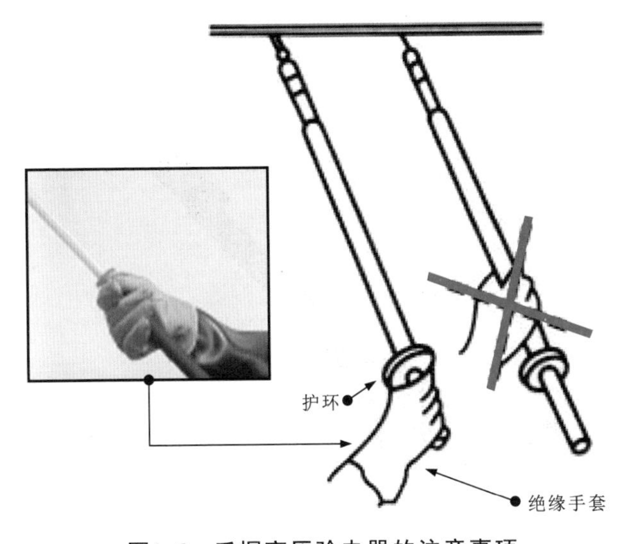

图6-8 手握高压验电器的注意事项

为了操作人员的安全，除必须佩戴符合要求的绝缘手套外，手握高压验电器时，必须握在绝缘手柄上，不可越过护环，不可触碰伸缩绝缘杆。

操作人员应将高压验电器慢慢靠近待测设备或供电线路，直至接触到待测设备或供电线路。若在该过程中高压验电器无任何反应，则表明待测设备或供电线路不带电；若在靠近的过程中，高压验电器发光或发声，则表明待测设备带电，即可停止靠近，完成验电操作。

使用完高压验电器，应将其存放在干燥通风处，避免受潮。

使用高压接触式验电器时，通常会安装伸缩绝缘杆，手必须握在绝缘手柄处，将验电器的金属探头接触待测部位后，在正常情况下，指示灯点亮或蜂鸣器出声，说明该部位带电。

图6-9为高压验电过程中的注意事项。

图6-9　高压验电过程中的注意事项

图6-10为高压验电器存放时的注意事项。

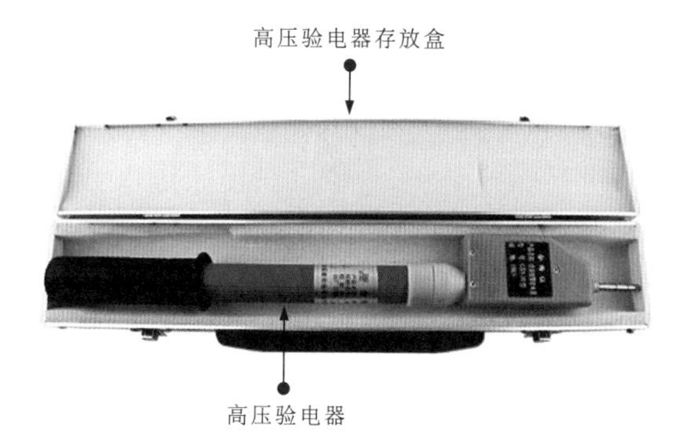

图6-10　高压验电器存放时的注意事项

2 高压验电器的操作指导

图6-11为高压接触式验电器的操作指导。

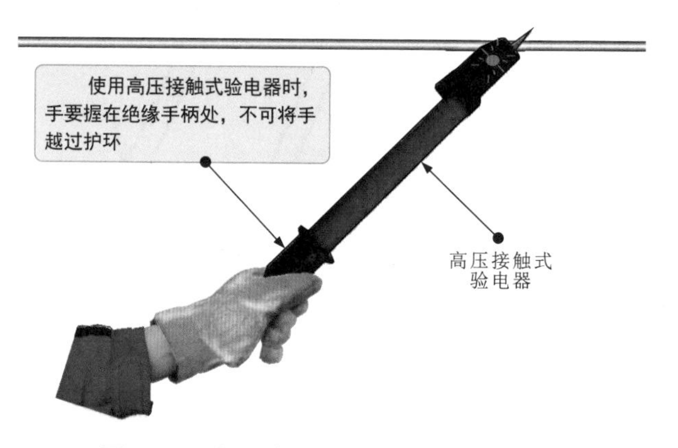

图6-11　高压接触式验电器的操作指导

使用高压非接触式验电器的方法与高压接触式验电器基本相同，操作指导如图6-12所示。

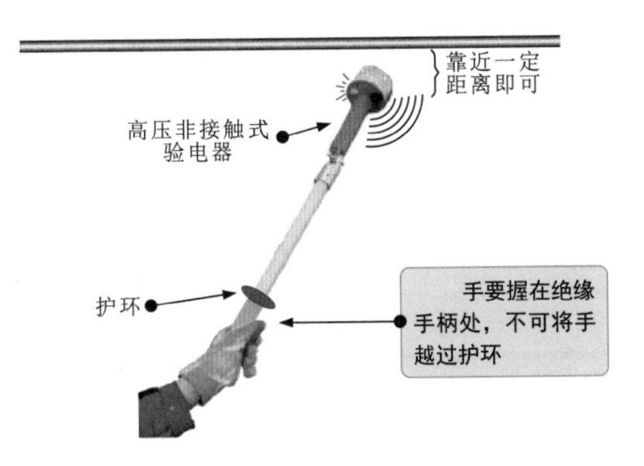

图6-12 高压非接触式验电器的操作指导

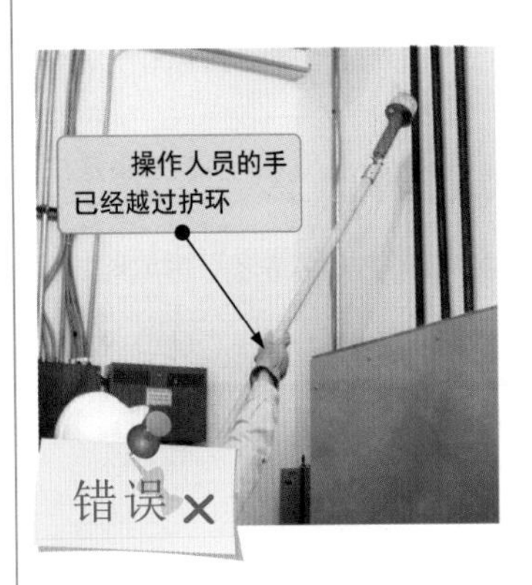

使用高压非接触式验电器应注意如下几点：

①检测的电压值必须达到所选挡位的启动电压，距离越近，启动电压越低；距离越远，启动电压越高。

②若选择同一挡位，则被测电压越高，距离越远。

③选择电压挡位越高，若测量同一电压，则被测距离越近。

④选择电压挡位越低，若测量同一电压，则被测距离越远。

6.2 低压验电器的用法

6.2.1 低压验电器的特点

目前，常见的低压验电器主要有氖管验电器、电子验电器和低压非接触式验电器。

低压验电器是用于检测低压的验电工具，测量范围为12～500V，可用来检测电气设备是否带电。

通常将低压验电器称为低压试电笔或低压验电笔。

1 氖管验电器（接触式）

氖管验电器是一种应用比较广泛的低压验电器，根据设计不同，外形多种多样，如图6-13所示。

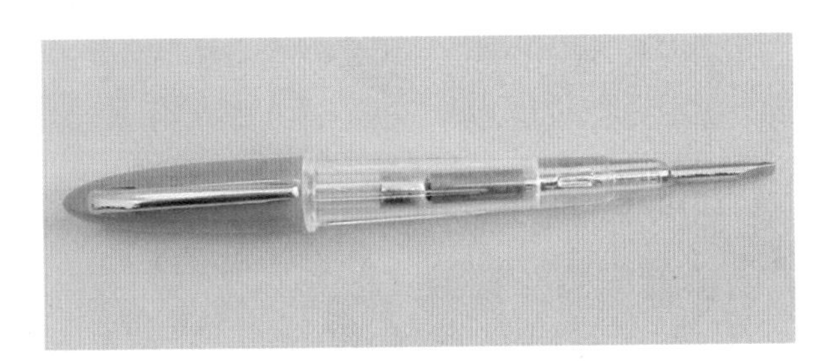

（a）钢笔形氖管验电器

（b）螺丝刀形氖管验电器

图6-13 氖管验电器的实物外形

① 钢笔形氖管验电器主要是由金属探头、电阻、氖管、弹簧及笔尾金属体（金属夹）构成的。

② 螺丝刀形氖管验电器主要是由金属探头、电阻、氖管、弹簧及金属螺钉等构成的。金属探头较长，有绝缘护套，可防止发生触电危险。

使用接触式验电器时，手必须接触验电器的尾部金属体，也就是说，验电器和人体串联在一起。相线与地之间有220V的电压，当使用验电器检测电源相线时，220V电压同时加到验电器与人体上，人体电阻通常很小，验电器内部的电阻有几兆欧左右，根据欧姆定律$I=U/R$，通过验电器和人体的电流极其微弱，甚至不到1mA，这样小的电流对人体没有危害，但足够使氖管发光。

图6-14为低压氖管验电器的结构组成。

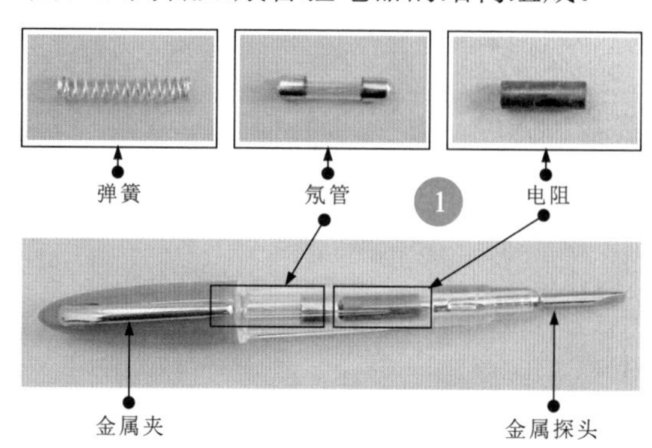

（a）钢笔形氖管验电器

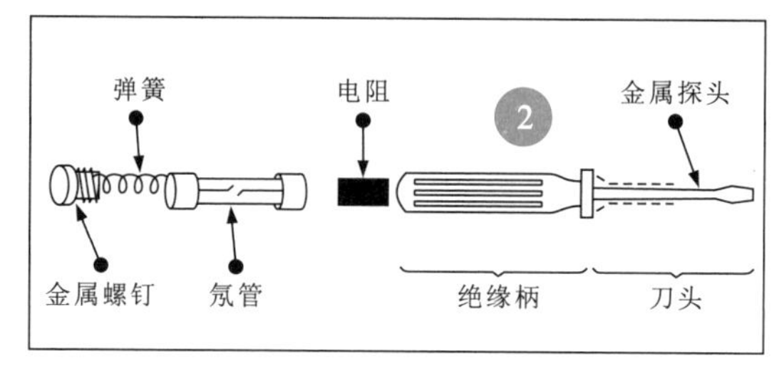

（b）螺丝刀形氖管验电器

图6-14　低压氖管验电器的结构组成

图6-15为氖管验电器的工作原理图。当检测电源零线时，没有电流通过氖管，氖管不会发光。

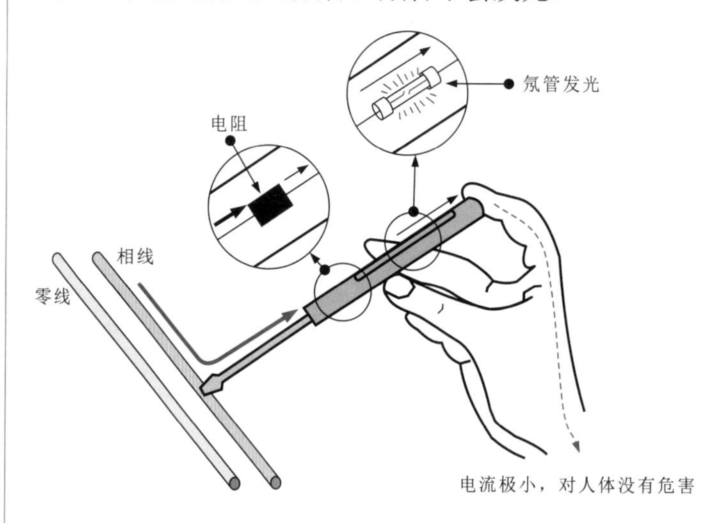

图6-15　氖管验电器的工作原理图

2 电子验电器（接触式）

电子验电器是目前使用最普遍的一种验电器，具有显示直观、操作简单的特点。

图6-16为电子验电器的实物外形。

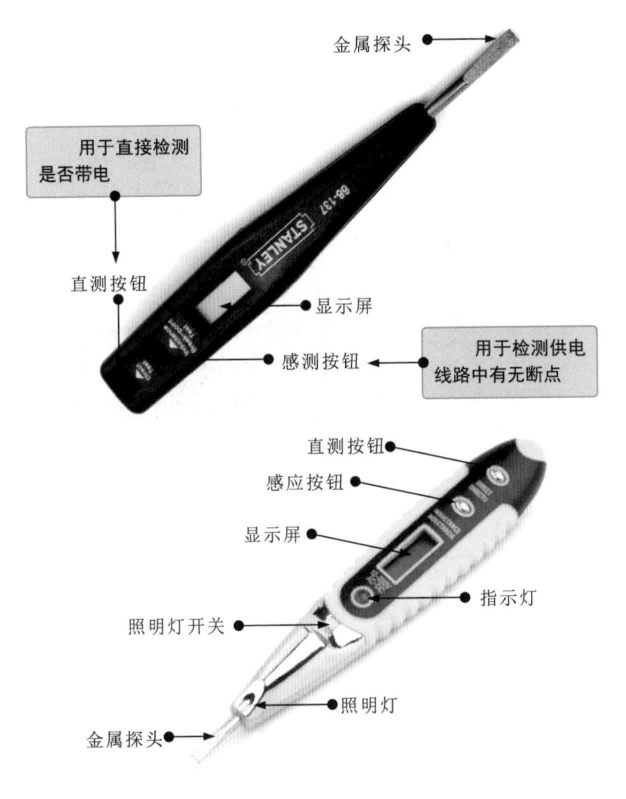

图6-16 电子验电器的实物外形

电子验电器是目前使用最普遍的一种验电器，具有显示直观、操作简单的特点。

从结构上看，电子验电器主要是由金属探头、指示灯、显示屏、感测按钮及直测按钮等部分构成的。

3 低压非接触式验电器

图6-17为低压非接触式验电器的结构组成。

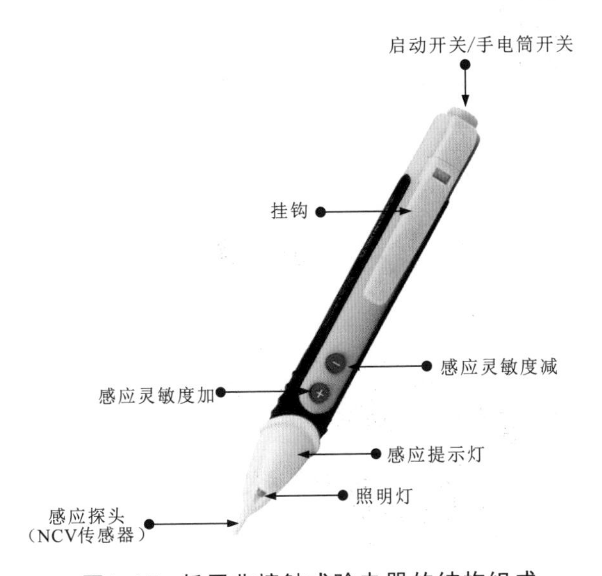

图6-17 低压非接触式验电器的结构组成

低压非接触式验电器是无需直接接触带电体，可以通过感应的方式检测低压线路或设备是否带电的新型验电器。

6.2.2 低压氖管验电器的使用

划重点

使用氖管验电器时，需要用拇指按住尾部的金属部分，食指和中指夹住氖管验电器的绝缘部分，插入需要检测的设备。

图6-18为典型低压氖管验电器的基本操作方法。

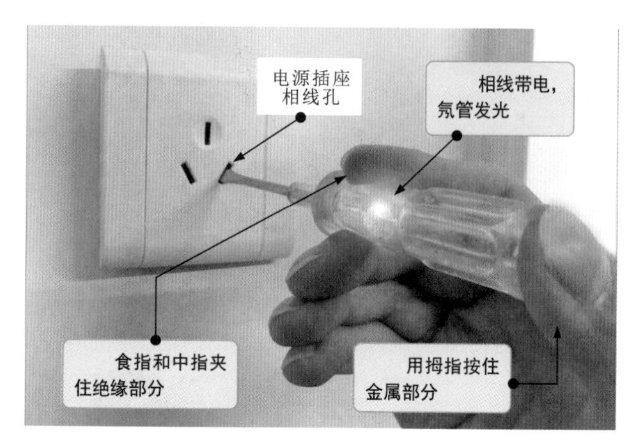

图6-18　典型低压氖管验电器的基本操作方法

图6-19为低压氖管验电器的使用注意事项。

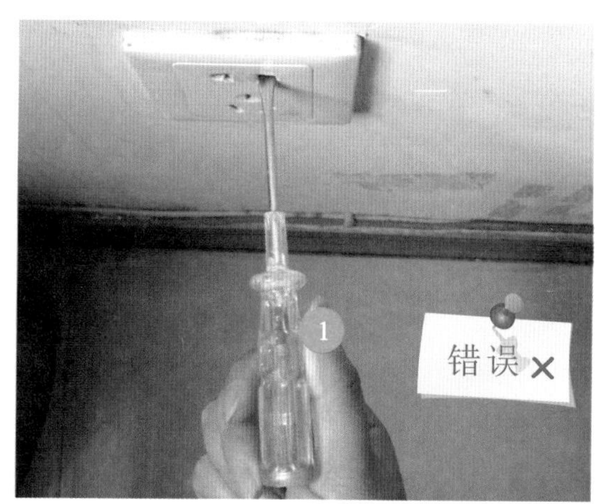

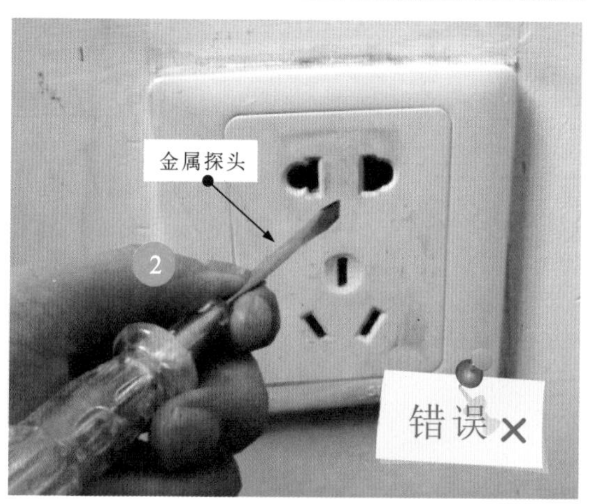

图6-19　低压氖管验电器的使用注意事项

1 使用氖管验电器时，若拇指未接触氖管验电器尾部的金属部分，即使所测对象带电，氖管也不能发光，将无法为操作人员提供准确的验电结果。

2 验电时，要防止手指触及金属探头，以免造成触电事故。

在使用前，应检查验电器内有无安全电阻、是否损坏、有无受潮或进水情况。

必须在有已知的电源处进行试测，以证明氖管可以正常发光。

使用氖管验电器时，应逐渐靠近被测物体，直至氖管发亮。

根据氖管的显示状态可判断检测部位的电流情况，见表6-1。

表6-1 氖管的显示状态对应检测部位的电流情况

氖管显示状态	电流情况
氖管两端全亮	被测线路为交流电
氖管前端亮	被测线路为直流电负极
氖管后端亮	被测线路为直流电正极
在判别直流电有无接地时，氖管前端发亮	被测直流电正极接地故障
在判别直流电有无接地时，氖管后端发亮	被测直流电负极接地故障

在明确氖管验电器自身性能正常的前提下，使用时，若氖管不发光，则表明待测设备或供电线路不带电；若氖管发亮，则表明待测设备或供电线路带电。

氖管验电器除了可以检测设备是否带电外，还可以通过观察氖管的显示状态区分电压的高、低及零线和相线。

检测时，若氖管发光至黄红色，则表明电压较高；若发光微亮至暗红，则表明电压较低。

在区分零线、相线时，只需观察氖管是否发光即可，若发光，则表明被测线路为相线；反之，为零线。

6.2.3 低压电子验电器的使用

图6-20为典型低压电子验电器的基本操作方法。

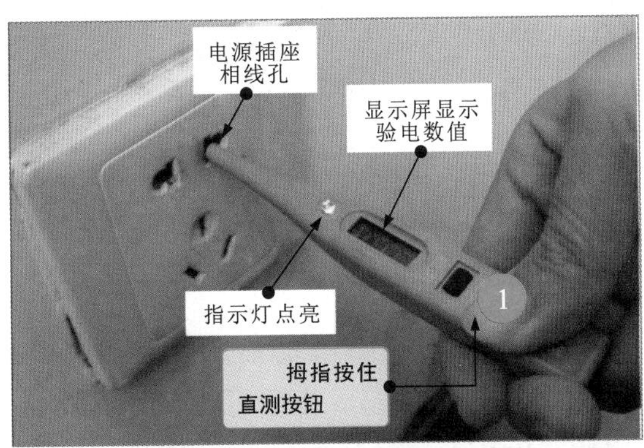

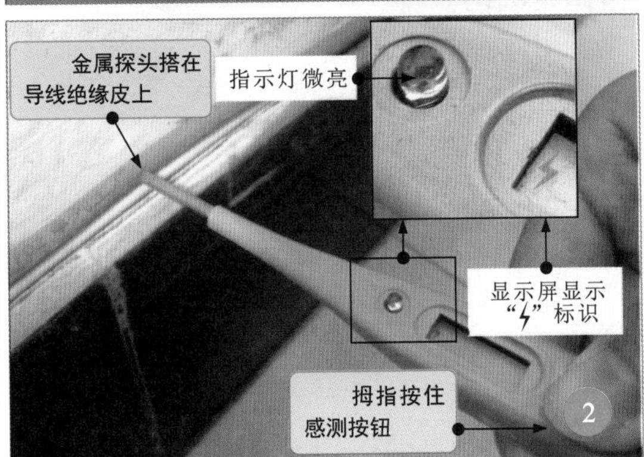

图6-20 典型低压电子验电器的基本操作方法

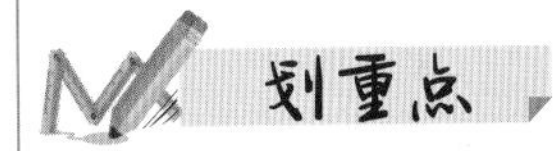

1 一般在检测待测设备或供电线路是否带电时，将金属探头接触待测部位，按下直测按钮即可。

2 当使用电子验电器检测供电线路有无断线情况时，用拇指按下感测按钮，将金属探头搭在导线绝缘皮上，显示屏显示“ϟ”标识表示导线无断线情况；若无“ϟ”标识，则多为导线中有断线情况。

图6-21为电子验电器的数值显示及读取方法。

划重点

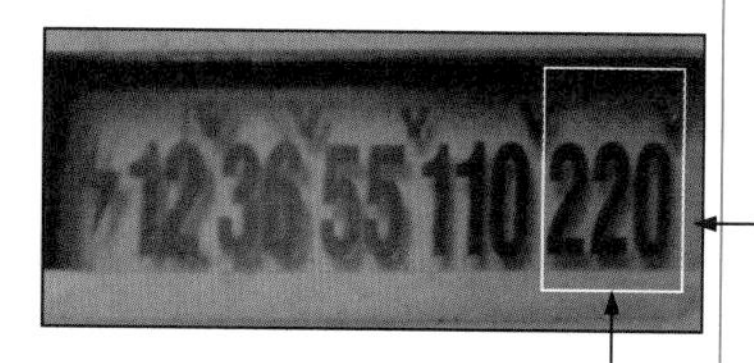

在一组数值中，只有最后一个数值才是当前的测量结果。根据读数，当前所测线路电压为220V。

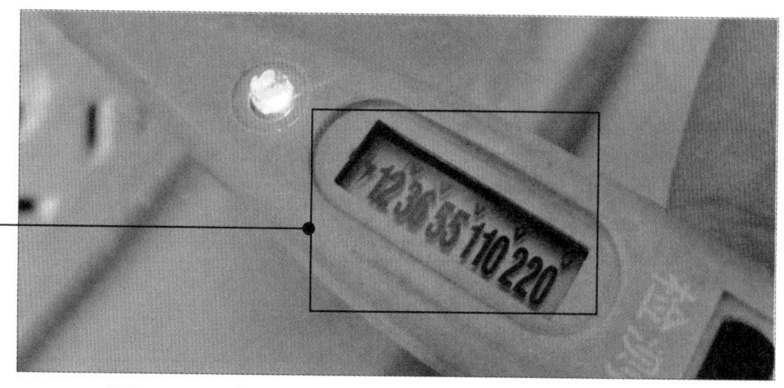

图6-21　电子验电器的数值显示及读取方法

图6-22为使用电子验电器检测电源插座相线孔是否带电的操作训练。

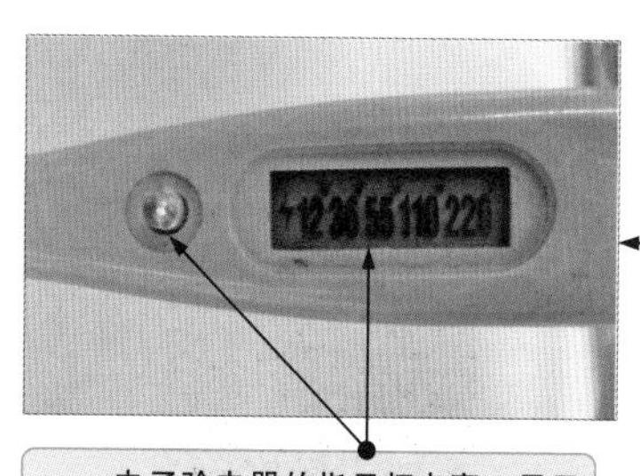

电子验电器的指示灯点亮，显示屏显示12V 35V 55V 110V 220V，表明该相线孔带电，电压为220V

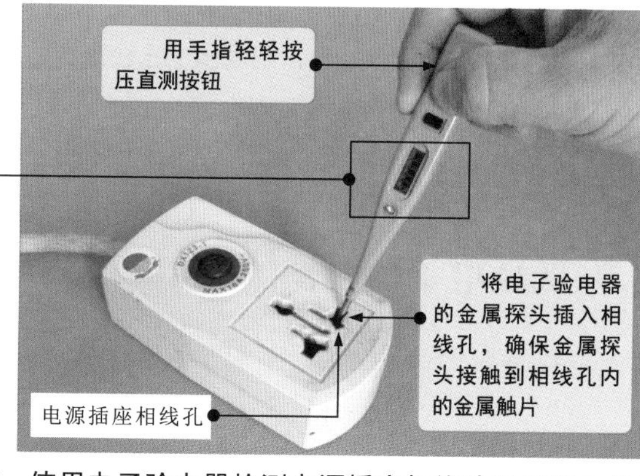

图6-22　使用电子验电器检测电源插座相线孔是否带电的操作训练

多说两句！

用电子验电器检测相线时，指示灯点亮，显示屏显示12V 35V 55V 110V 220V，表明相线带电；若指示灯不亮，无显示，则说明所测相线不带电。

另外，在使用电子验电器检测相线时，若相线带电，即使不按压直测按钮，指示灯也会点亮，显示屏也会显示电压，一般显示12V，如图6-23所示。

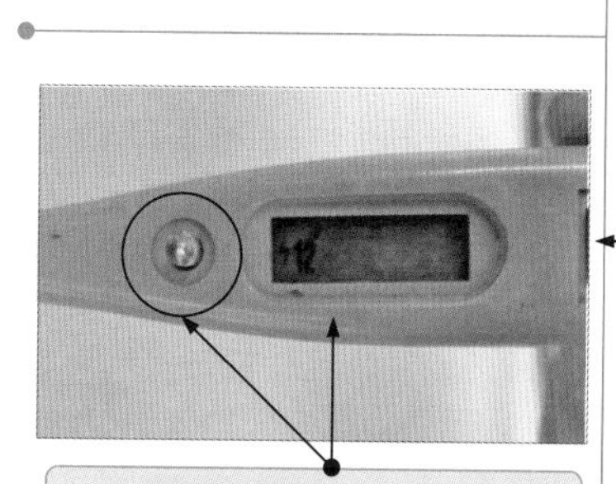

不按压直测按钮，指示灯点亮，显示屏显示12V

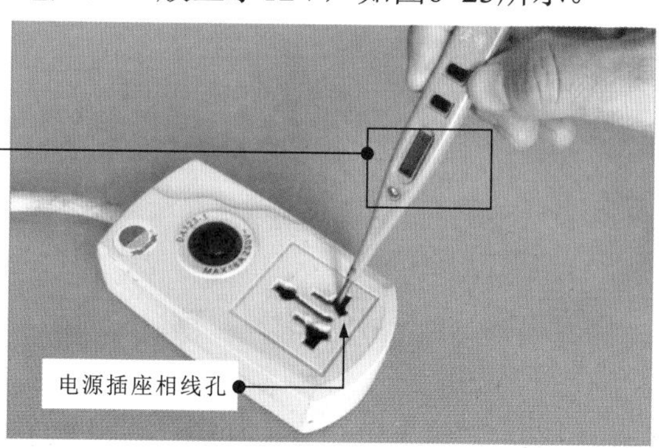

图6-23　使用电子验电器检测相线在不按压直测按钮时的显示结果

图6-24为使用电子验电器检测电源插座零线孔是否带电的操作训练。

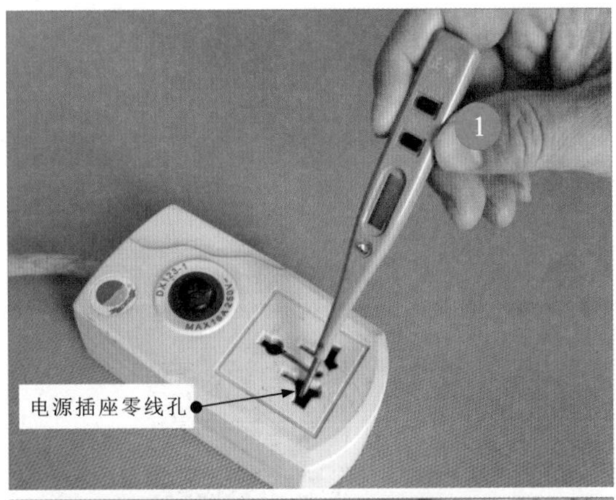

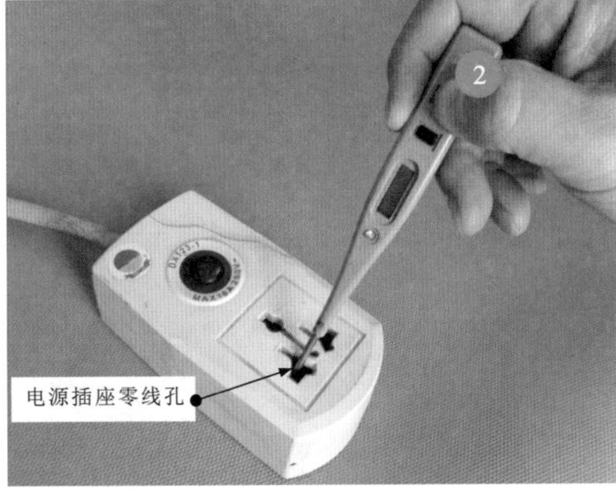

图6-24 使用电子验电器检测电源插座零线孔是否带电的操作训练

划重点

1 未按压任何按钮，指示灯不亮，显示屏无任何显示。

2 用手指轻轻按压直测按钮，电子验电器的指示灯点亮，显示屏无电压显示(有些电子验电器的显示屏显示12V)，表明零线孔不带电。

借助电子验电器检测零线是否带电，在不按压任何按钮时，指示灯不亮，显示屏无任何显示。

按下直测按钮后，有些电子验电器显示带电标识，有些电子验电器显示12V电压，指示灯微亮，表明零线不带电；若指示灯点亮，显示电压较高，则表明零线带电，此状态处于线路短路危险状态，必须在安全的前提下，立刻排查线路的短路问题。

图6-25为使用电子验电器检测电源插座地线孔是否带电的操作训练。

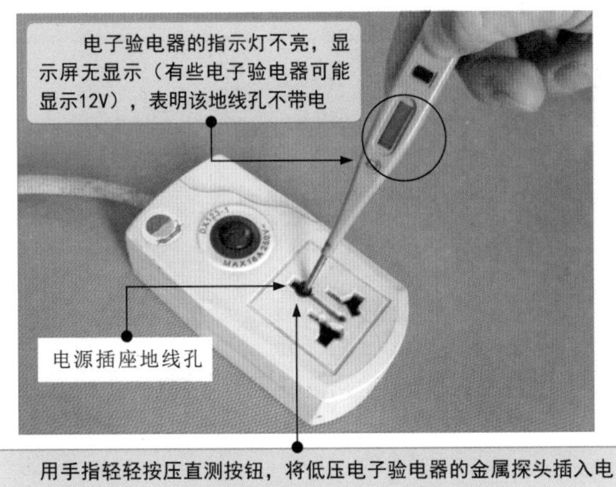

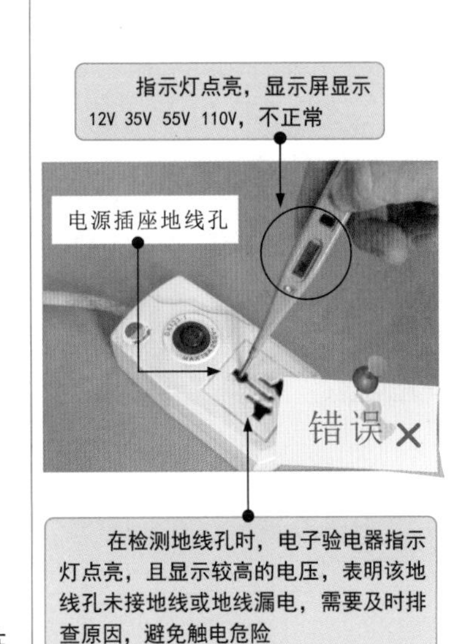

图6-25 使用电子验电器检测电源插座地线孔是否带电的操作训练

第7章 万用表的用法

7.1 指针万用表的用法

7.1.1 指针万用表的特点

1 指针万用表的键钮分布

指针万用表的最大特点是能够直观地显示电流、电压等参数的变化过程和变化方向，使用方法简单，易于操作，功能强大，应用十分广泛。

图7-1为典型指针万用表的基本结构。

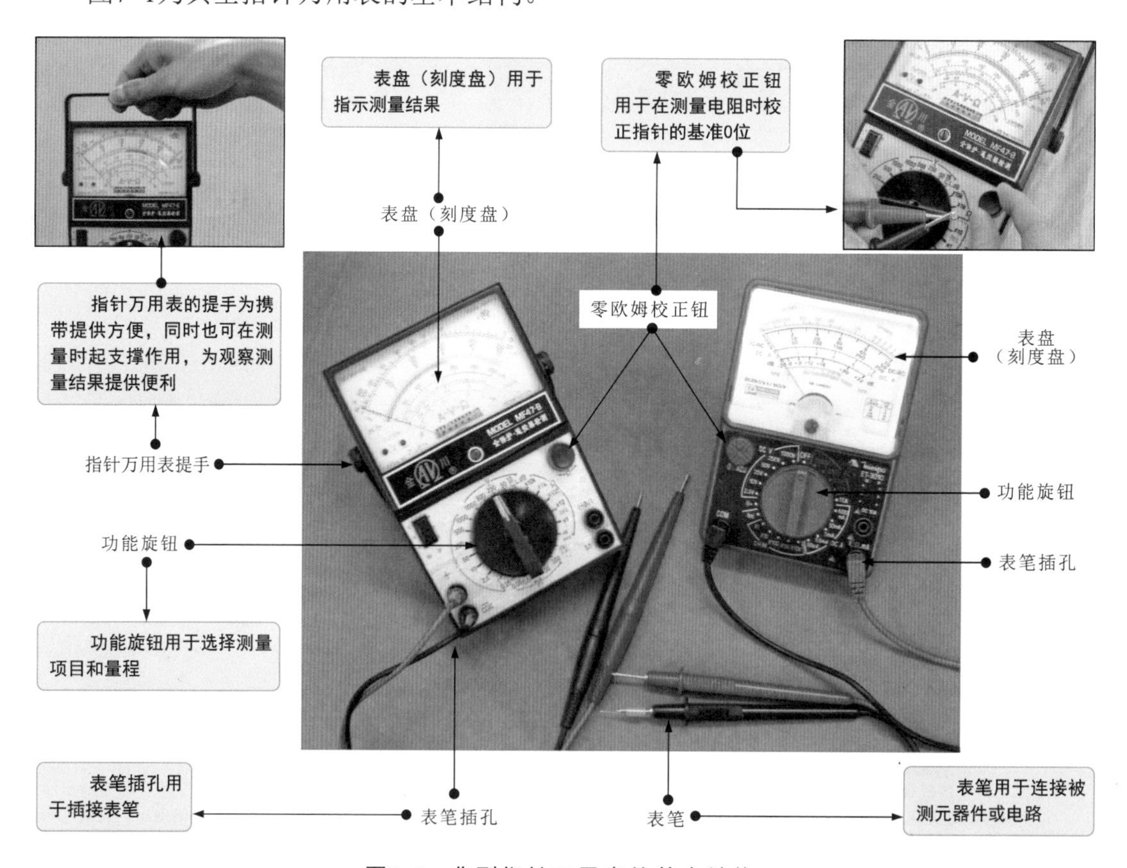

图7-1 典型指针万用表的基本结构

图7-2为典型指针万用表的键钮分布。该指针万用表主要由表盘（刻度盘）、指针、表头校正螺钉、三极管检测插孔、零欧姆校正钮、功能旋钮、正/负极性表笔插孔、2500V电压检测插孔、5A电流检测插孔及红/黑表笔等组成。

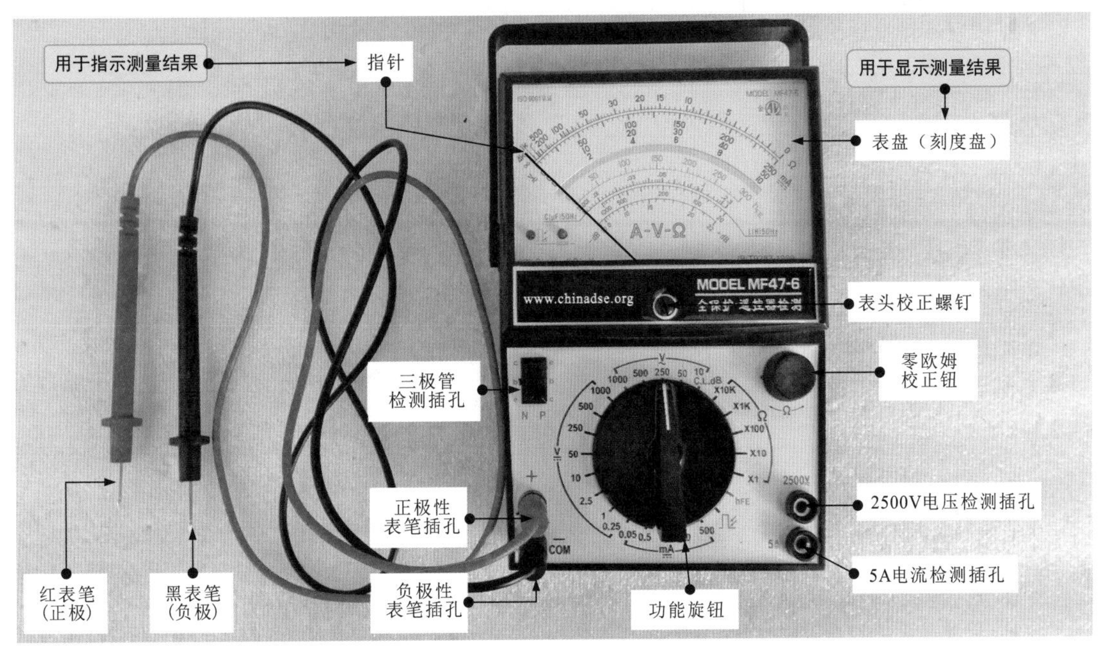

图7-2 典型指针万用表的键钮分布

① 表盘（刻度盘）

图7-3为指针万用表的表盘（刻度盘）。表盘（刻度盘）位于指针万用表的最上方，由多条弧线构成，用于显示测量结果。

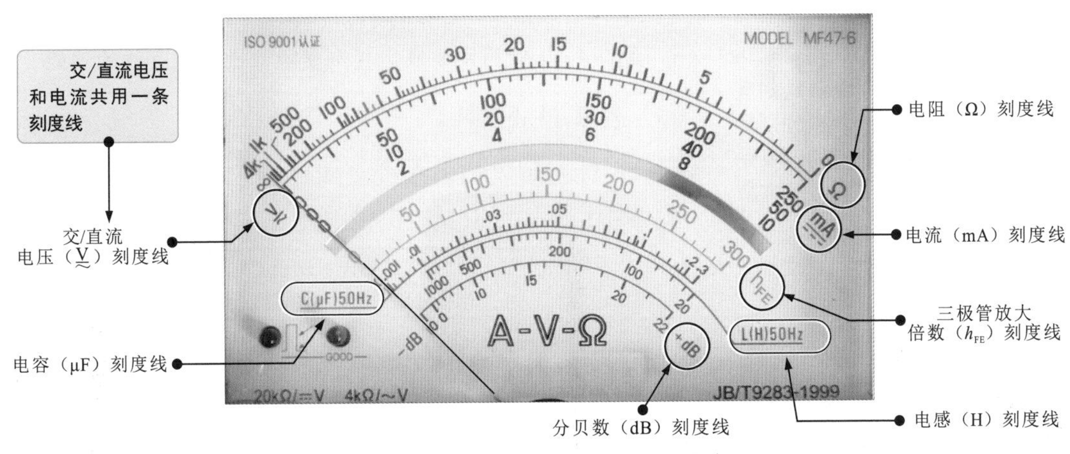

图7-3 指针万用表的表盘（刻度盘）

由于指针万用表的功能很多，因此表盘上通常有许多标识刻度值的同心弧线（刻度线）。

通常，指针万用表的表盘由6条同心弧线构成，每一条弧线均标识出与功能旋钮相对应的刻度值。

划重点

1 电阻（Ω）刻度线位于表盘的最上边，右侧标识Ω。

仔细观察不难发现，电阻刻度线呈指数分布，从右到左，由疏到密，最右侧的刻度值为0，最左侧的刻度值为无穷大。

2 交/直流电压（V≂）刻度线的左侧标识为V≂，表示为测量交流电压和直流电压时所要读取的刻度，左侧为0，下方有三排刻度值与量程对应。

电流刻度线与交/直流电压刻度线共用一条刻度线，右侧标识为mA，表示为测量电流时所要读取的刻度，左侧为0。

3 三极管放大倍数（h_{FE}）刻度线是刻度盘上的第三条线，右侧标识h_{FE}，左侧为0。

4 电容（μF）刻度线是刻度盘上的第四条线，左侧标识C（μF）50Hz，检测电容时，需要使用50Hz的交流信号。

5 电感（H）刻度线是刻度盘上的第五条线，右侧标识L（H）50Hz，检测电感时，需要使用50Hz的交流信号。

6 分贝数（dB）刻度线是刻度盘最下边的一条线，两侧分别标识-dB、+dB，两端的10和22表示量程范围，主要用于测量放大器的增益或衰减值。

图7-4为指针万用表表盘（刻度盘）上各刻度线的功能。

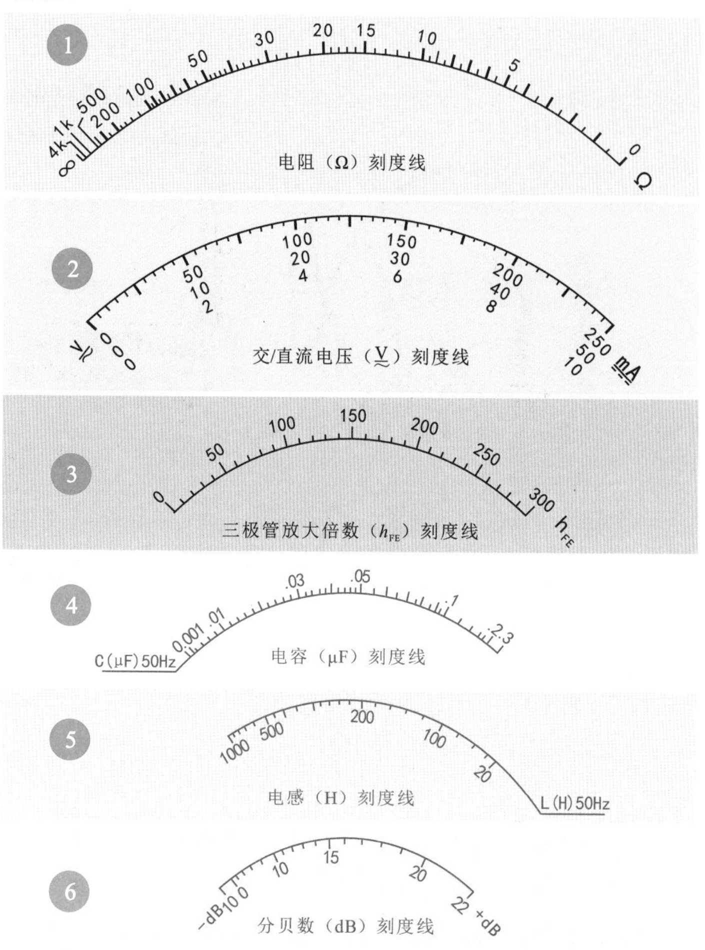

图7-4 指针万用表表盘（刻度盘）上各刻度线的功能

② 表头校正螺钉

指针万用表的表头校正螺钉位于表盘下方的中央位置，用于指针万用表的机械调零，如图7-5所示。

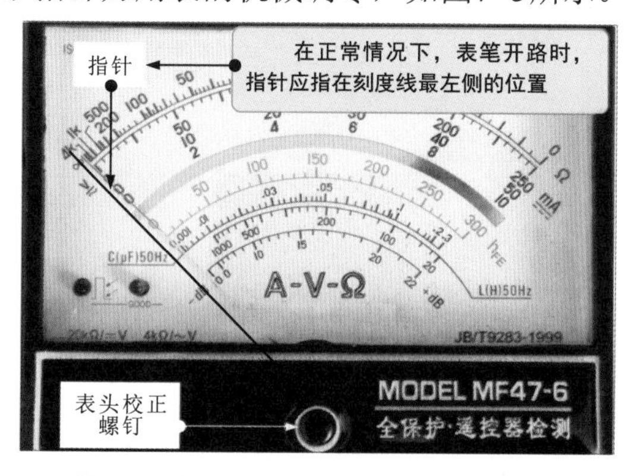

图7-5 指针万用表的表头校正螺钉

③ 功能旋钮

图7-6为指针万用表的功能旋钮。功能旋钮位于指针万用表的主体位置，在其周围标有测量项目及量程，可通过旋转功能旋钮进行选择。

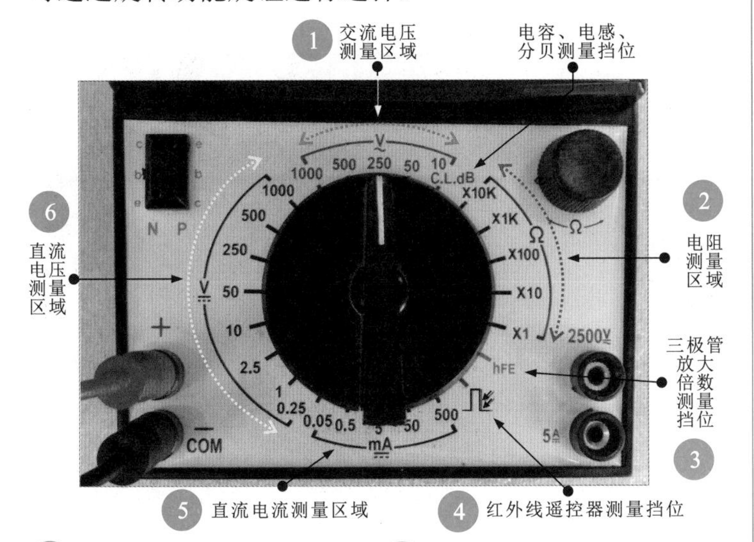

⑤ 测量直流电流时选择该区域，根据被测的电流值，可选择的量程为0.05mA、0.5mA、5mA、50mA、500mA。

⑥ 测量直流电压时选择该区域，根据被测的电压值，可选择的量程为0.25V、1V、2.5V、10V、50V、250V、500V、1000V。

图7-6 指针万用表的功能旋钮

划重点

① 测量交流电压时选择该区域，根据被测的电压值，可选择的量程为10V、50V、250V、500V、1000V。

② 测量电阻值时选择该区域，根据被测的电阻值，可选择的量程为×1Ω、×10Ω、×100Ω、×1kΩ、×10kΩ。

有些指针万用表的电阻检测区域还有标识 ·))（蜂鸣挡），主要用于检测二极管及线路的通、断。

③ 测量三极管的放大倍数时选择该挡位。

④ 该挡位主要用于检测红外线遥控器，将红外线遥控器的发射头垂直对准红外线遥控器检测挡位，按下红外线遥控器的功能按键。如果红色发光二极管闪亮，则表示该红外线遥控器工作正常。

④ 零欧姆校正钮

零欧姆校正钮位于表盘下方，用于调整指针万用表在测量电阻时的基准0位，如图7-7所示。

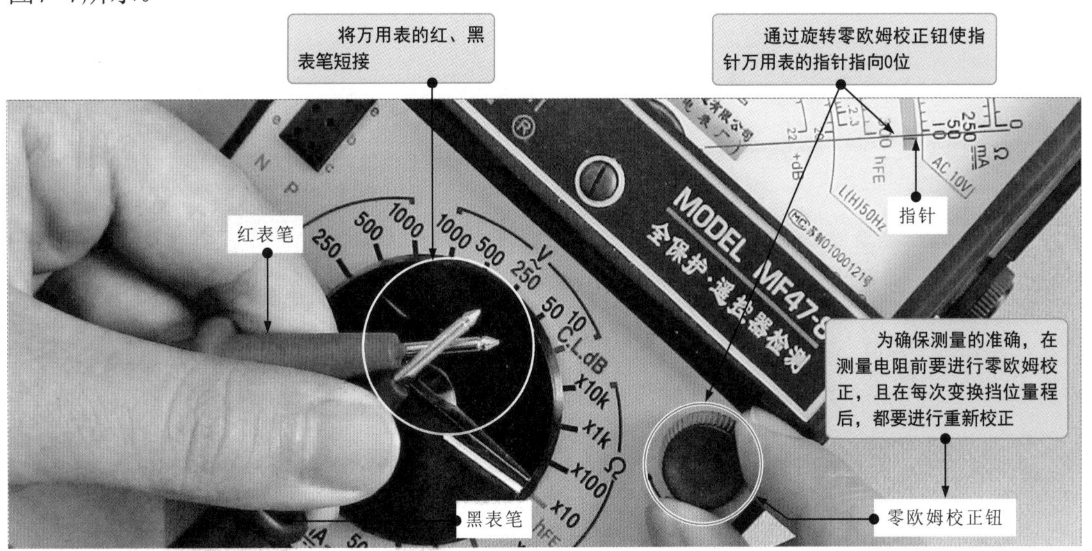

图7-7 指针万用表的零欧姆校正

划重点

⑤ 三极管检测插孔

三极管检测插孔位于操作面板的左侧，如图7-8所示，在三极管检测插孔下方标有N和P。

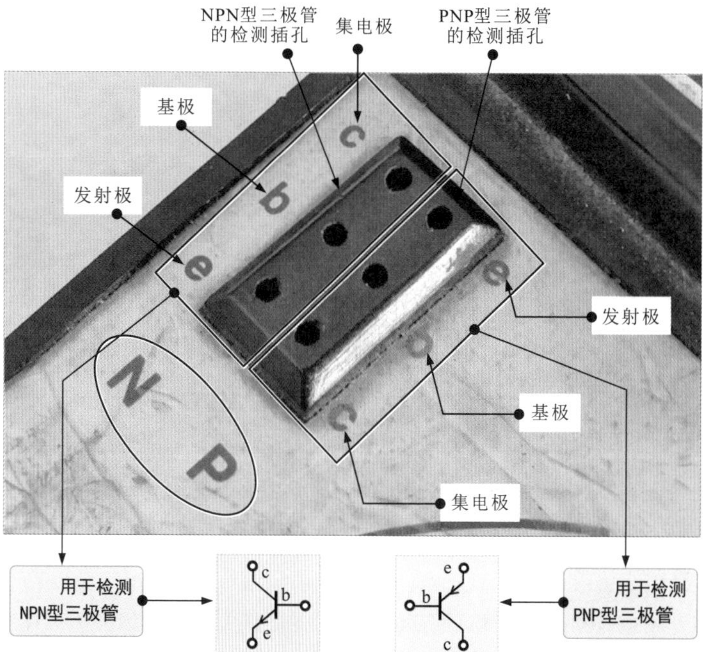

图7-8　指针万用表上的三极管检测插孔

⑥ 表笔插孔

在指针万用表的下边有2～4个表笔插孔，用来与表笔连接（指针万用表的型号不同，表笔插孔的数量和位置不同）。指针万用表的每个表笔插孔都用文字或符号标识，如图7-9所示。

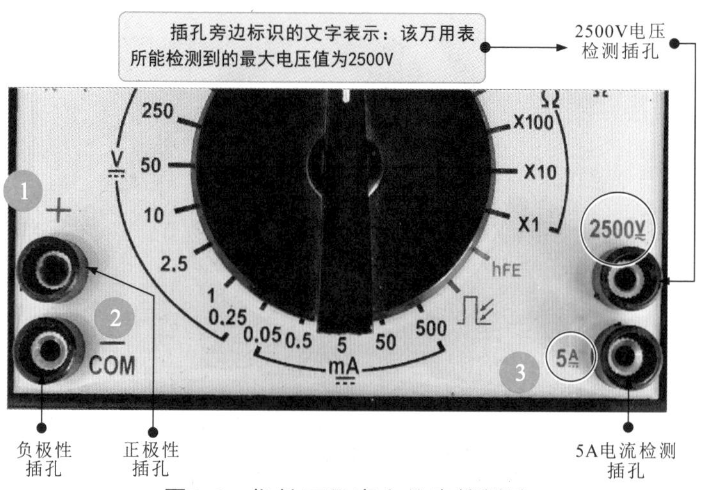

图7-9　指针万用表上的表笔插孔

① 标有＋标识，与红表笔连接。

② 标有COM或－标识，与黑表笔连接。

③ 表示所能检测的最大电流为5A。

使用指针万用表测量不同项目时，不同测量项目对应的表笔插孔如图7-10所示。

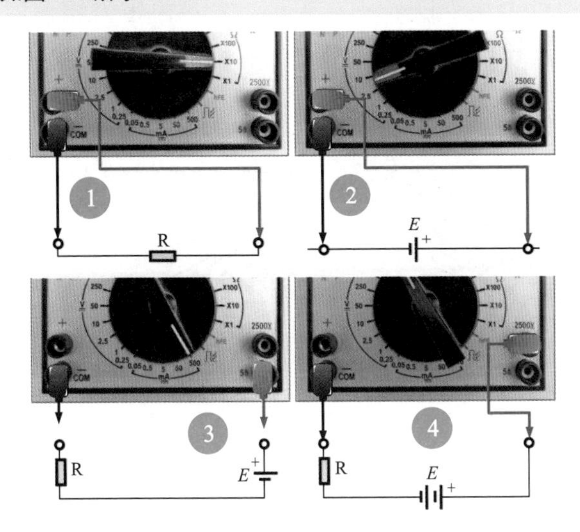

图7-10 不同测量项目对应的表笔插孔

1 测量电阻时的表笔插孔。

2 测量电压时的表笔插孔。

3 测量大电流（500mA～5A）时的表笔插孔。

4 测量大电压（1000～2500V）时的表笔插孔。

⑦ 表笔

如图7-11所示，指针万用表的表笔分别为红表笔和黑表笔，主要用来连接待测电路、元器件。

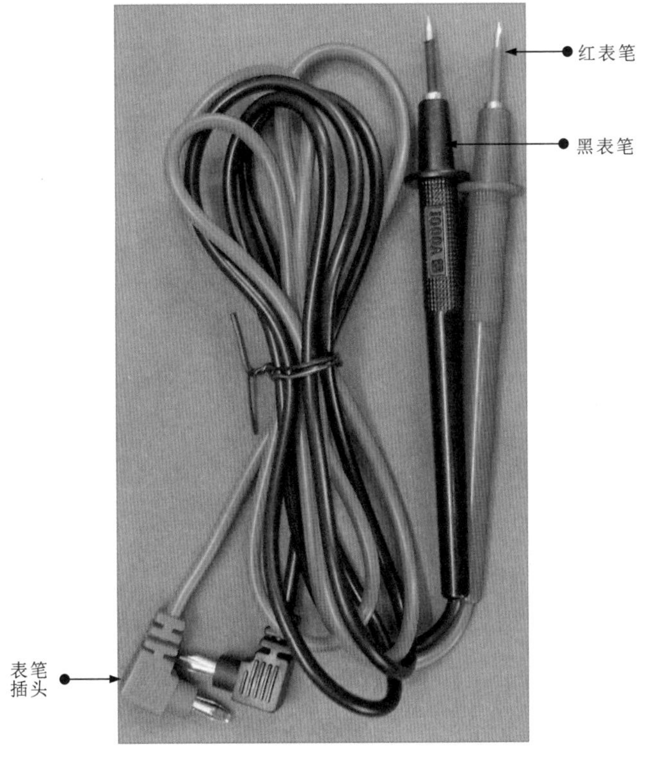

图7-11 指针万用表的表笔

划重点

1 将指针万用表的表笔搭接在待测元器件（电路）的相应测试端即可实现测量。

2 在有极性的环境下测量时，要注意表笔搭接的位置和方式，以免造成指针万用表的指针反偏。

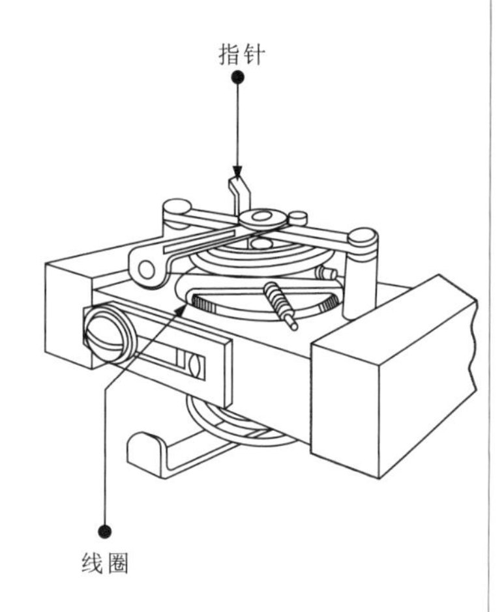

直流电流表的指示部分是将线圈与指针连接在一起，有电流流过线圈，指针就会转动。

2 指针万用表的工作原理

指针万用表的表头其实是一个直流电流表，内部结构如图7-12所示。

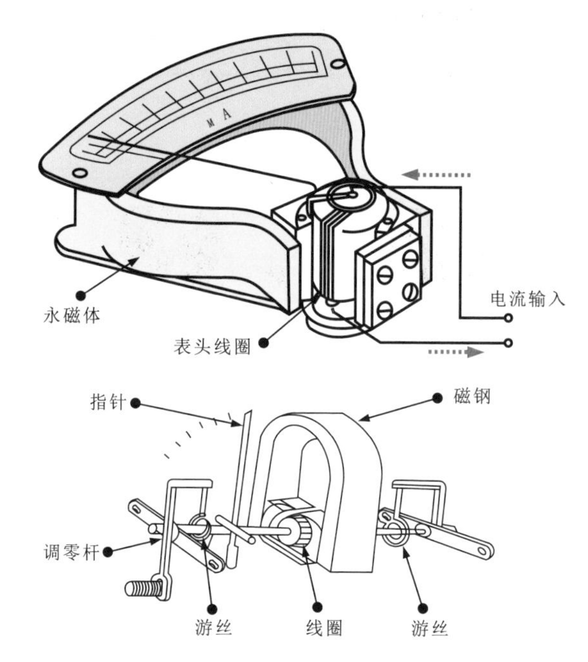

图7-12 指针万用表表头的内部结构

指针万用表的摆动原理遵循电磁感应定律，如图7-13所示。

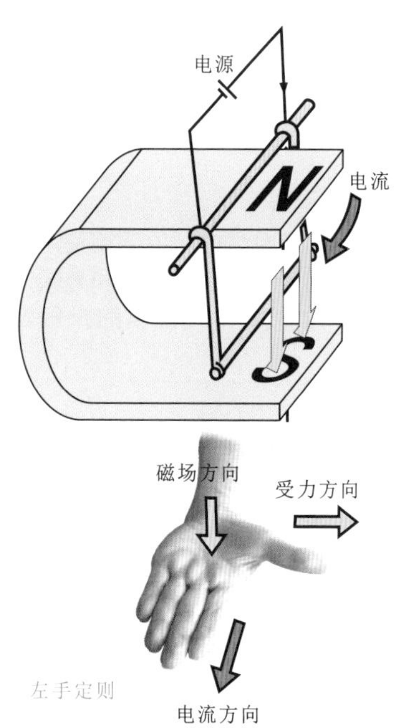

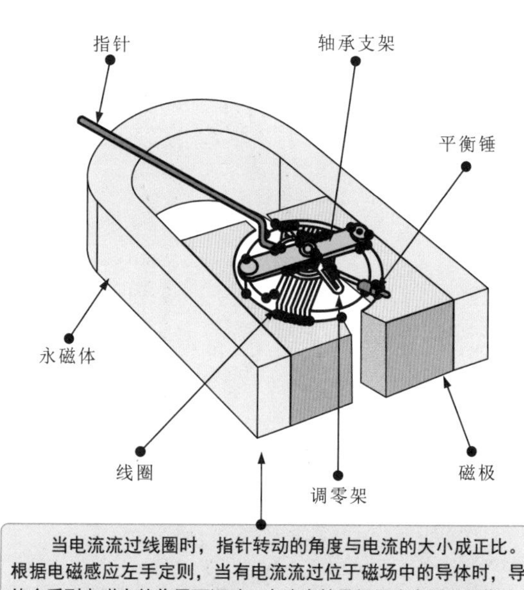

当电流流过线圈时，指针转动的角度与电流的大小成正比。根据电磁感应左手定则，当有电流流过位于磁场中的导体时，导体会受到电磁力的作用而运动，电流表就是根据这个原理制作的

图7-13 指针万用表的摆动原理

图7-14为指针万用表的电路组成示意图。

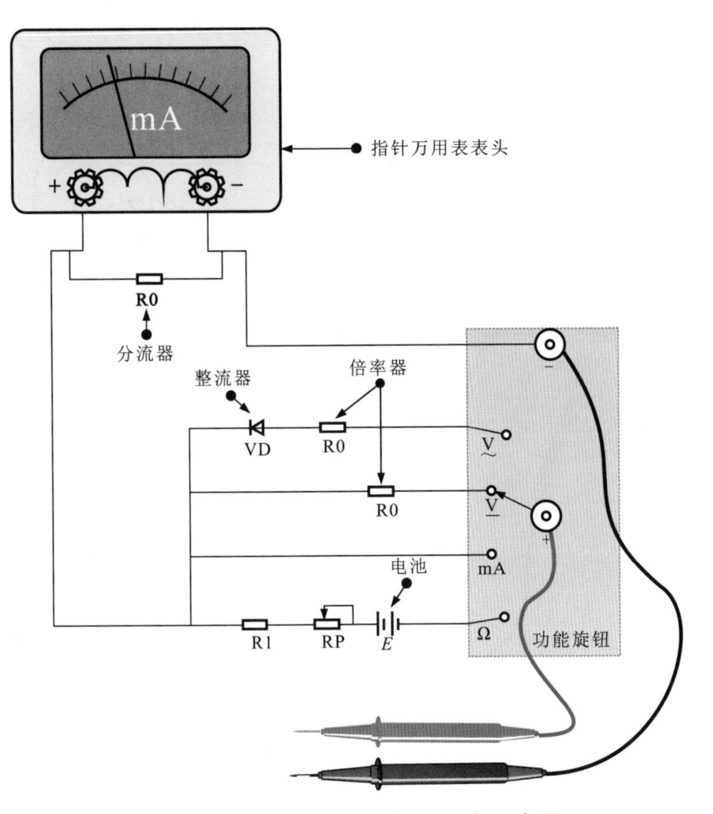

图7-14 指针万用表的电路组成示意图

指针万用表设有分流器（用来扩大电流的量程）、倍率器（用来扩大电压的量程）、整流器（将交流变成直流）、电池（在测量电阻时提供电源）等。

图7-15为使用指针万用表检测电阻时内部电路的工作原理。

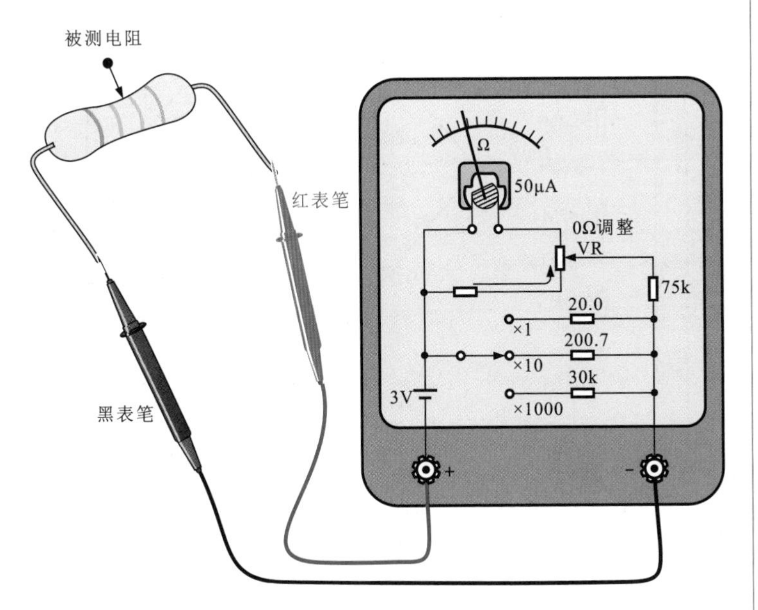

图7-15 使用指针万用表检测电阻时内部电路的工作原理

在测量电阻时，指针万用表的内部电池为被测电阻送入电流，经被测电阻后送入指针万用表，被测电阻阻值小，通过的电流大，阻值大，通过的电流小。分流器使电流值与被测电阻的阻值成比例，指针偏摆角度与被测电阻的阻值相对应。

图7-16为使用指针万用表检测直流电压时的内部电路状态。当指针万用表的量程为100V时，表内电阻为3个电阻和表头电阻之和，约为2MΩ，相当于20kΩ/V，内阻很高，不会对被测电压产生影响。

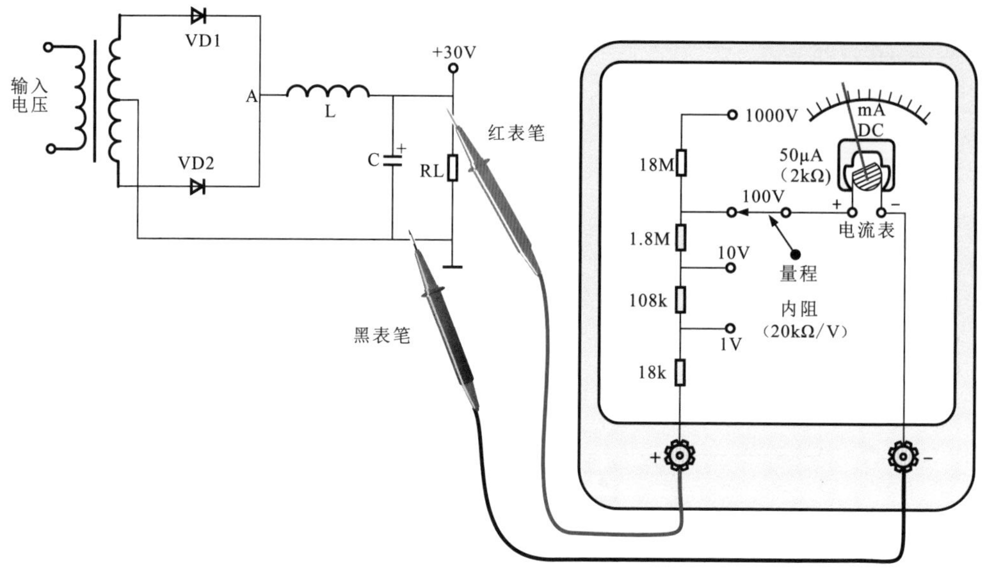

图7-16　使用指针万用表检测直流电压时的内部电路状态

图7-17为使用指针万用表检测交流电压时的内部电路状态。将交流电压加到指针万用表的两端，表内的桥式整流电路将交流电压变成直流电流后驱动表头。

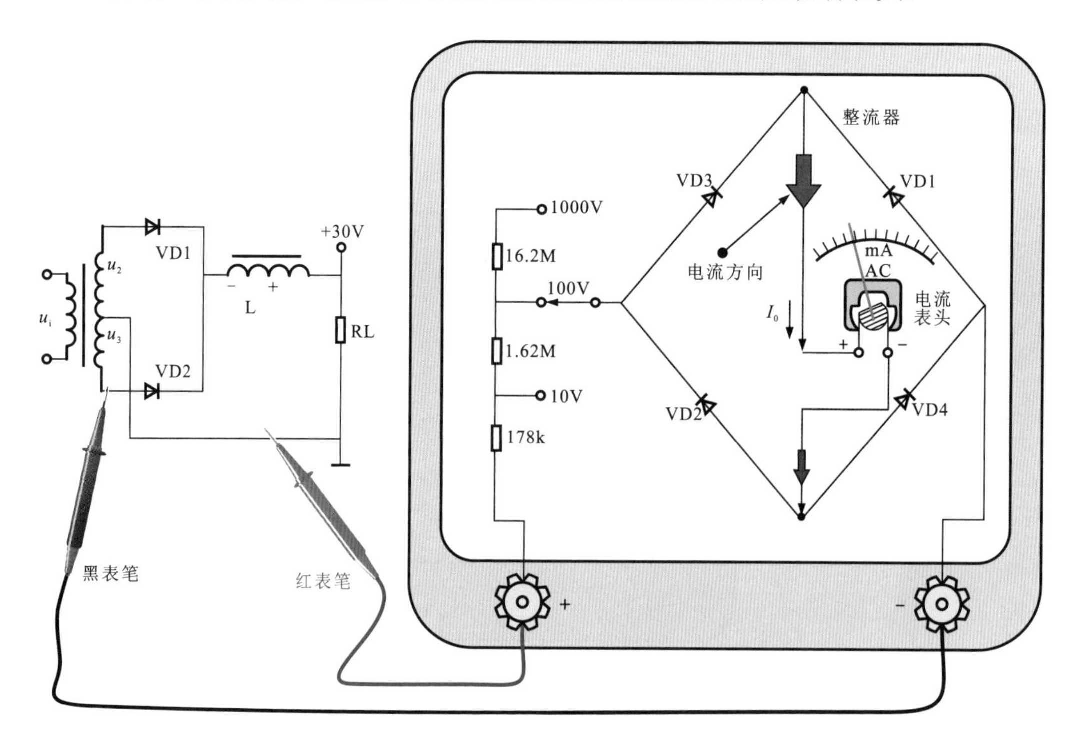

图7-17　使用指针万用表检测交流电压时的内部电路状态

3 指针万用表的性能参数

指针万用表的性能参数在使用说明书中有简单介绍。性能参数有助于了解该指针万用表的性能，从而根据测量需要选择和使用指针万用表。

图7-18为指针万用表的性能参数。

刻度范围

误差范围

准确度和基本误差

升降变差

倾斜误差

灵敏度和阻尼时间

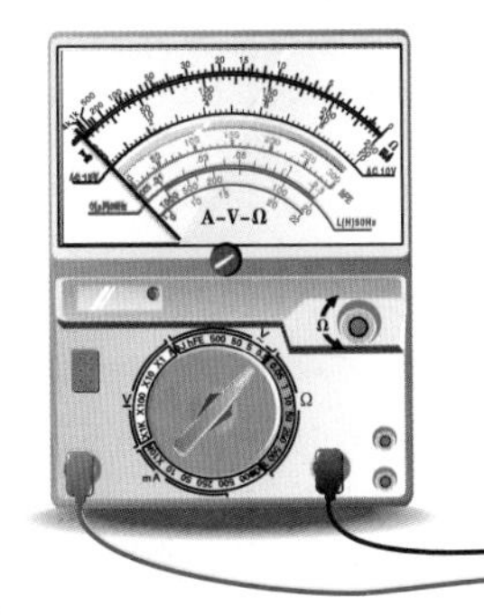

【刻度范围】体现指针万用表的适用范围，是指针万用表功能特性的重要体现。

项目	刻度范围
直流电压（V）	0.25、1、2.5、10、50、250、1000
交流电压（V）	10、50、250、500、1000
直流电流（mA）	0.05、0. 5、5、50、500
低频电压（dB）	−10～+22（AC 10V范围）
电阻（Ω）	×1、×10、×100、×1k、×10k

【误差范围】指针万用表显示精度的重要指标。

项目	误差范围
直流电压（V）	允许误差值范围为最大刻度值的±3%
直流电流（mA）	允许误差值范围为最大刻度值的±4%
低频电压（V）	允许误差值范围为刻度盘长度的±3%

【准确度和基本误差】指针万用表测量准确度和精度的重要指标。

准确度等级	1.0	1.5	2.5	50
基本误差	±1.0%	±1.5%	±2. 5%	±5.0%

准确度一般称为精度，表示测量结果的准确程度，即指针万用表的指示值与实际值之差。

基本误差用刻度尺量程的百分数表示。若刻度尺的特性不均匀，则用刻度尺长度的百分数表示。指针万用表的准确度等级用基本误差表示。准确度越高，基本误差就越小。

升降变差

指针万用表的被测量由零平稳增加到上量程，再平稳减小到零，所对应同一条刻度线的向上（增加）、向下（减小）两次读数与被测量的实际值之差被称为指示值的升降变差，简称变差，即

$$\Delta_A=|A'_0-A''_0|$$

式中，Δ_A：指针万用表指示值变差；

A'_0：被测量平稳增加（或减小）时测得的实际值；

A''_0：被测量平稳减小（或增加）时测得的实际值。

指针万用表的变差与表头的摩擦力矩有关，摩擦力矩越大，变差就越大；反之，则小。

当表头的摩擦力矩很小时，$A'_0\approx A''_0$，$\Delta_A=0$，可忽略不计。

一般来说，指针万用表的指示值变差不应超过基本误差。

倾斜误差

指针万用表在使用过程中，从规定的使用部位向任意方向倾斜时所带来的误差被称为倾斜误差。

倾斜误差主要是由于表头转动部位不平衡造成的，与轴尖和轴承之间的间隙大小有关。

倾斜误差的大小与指针的长短有关，同样的不平衡与倾斜，小型指针万用表的倾斜误差就小；大型指针万用表由于指针长，轴尖与轴承间隙大，倾斜误差就大。

指针万用表技术条件规定，当自规定的工作位置向一方倾斜30°时，指针位置应保持不变。

灵敏度和阻尼时间

灵敏度是对较小测量值的反映程度。通常，灵敏度越高，测量的数值越精确。

阻尼时间是阻碍或减少一个动作所需的时间。对于指针万用表来说，其动圈的阻尼时间在技术条件中规定不应超过4s。

图7-18 指针万用表的性能参数

调零也是指针万用表的一项重要参数。根据技术条件规定，当旋转指针万用表的零欧姆校正钮时，指针自刻度尺的零点位置向两边偏离应小于刻度尺弧长的2%，最大不能大于弧长的6%。

7.1.2 指针万用表的使用注意事项

指针万用表的使用注意事项见表7-1。

表7-1 指针万用表的使用注意事项

① 应定期使用精密仪器校正，使读数与基准值相同，误差在允许范围之内。
② 要避开强磁场环境，以免造成测量误差。
③ 当信号频率超过3000Hz时，测量误差会渐渐变大。
④ 在每次测量前，要进行零欧姆校正。
⑤ 根据估值选择恰当的量程。
⑥ 要注意表笔的极性。
⑦ 要注意内阻的影响。
⑧ 禁止在测量高电压（200V以上）或大电流（0.5A以上）时拨动功能旋钮。
⑨ 当测量NPN型三极管基极与发射极之间的正向阻抗时，要将黑表笔搭在基极（b）上，红表笔搭在发射极（e）上；当测量基极与集电极之间的反向阻抗时，要将红表笔搭在基极（b）上，黑表笔搭在集电极（c）上。在测量PNP型三极管时，表笔连接方式相反。

另外，要注意指针万用表内阻会对测量结果产生影响。图7-19为指针万用表的内阻对测量产生的影响（被测电阻较大）。

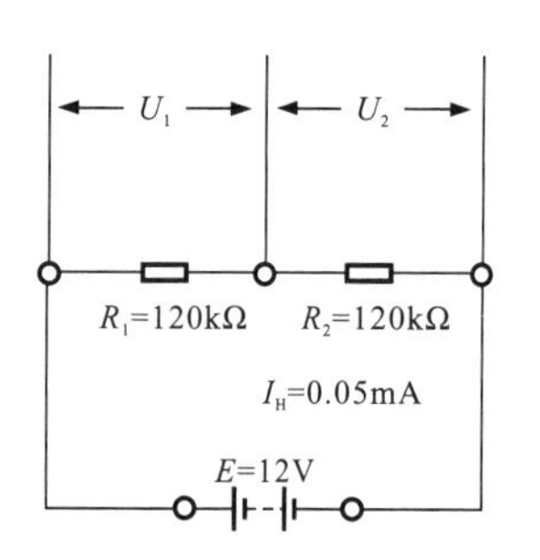

$$I_H=\frac{12V}{120k\Omega+120k\Omega}=0.05mA$$

U_1=0.05mA×120kΩ=6V

U_2=0.05mA×120kΩ=6V

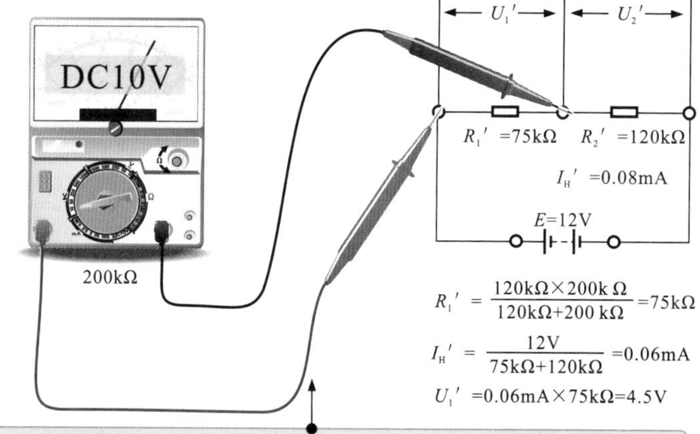

根据欧姆定律计算出串联电路的电流为12V/(120kΩ+120kΩ)= 0.05mA，两个电阻上的电压降分别为6V。由于万用表内阻的影响，因此在实际测量时往往会出现较大的误差。

图7-19 指针万用表的内阻对测量产生的影响（被测电阻较大）

多说两句！

当检测R_1电阻的电压时，相当于指针万用表的内阻与R_1并联，当前指针万用表内阻为20kΩ/V。当选择DC10V挡位时，指针万用表的内阻R_S=20kΩ/V×10V=200kΩ。R_S与电阻R_1并联后，R_1'=120kΩ×200kΩ/(120kΩ+200kΩ)=75kΩ。此时，由于电阻变小，电压也会变小，电流为12V/(120kΩ+75kΩ)=0.06mA，R_1上的电压为U_1'=0.06mA×75kΩ=4.5V，检测R_1的电压为4.5V，误差为25%。

图7-20为指针万用表的内阻对测量产生的影响（被测电阻较小）。

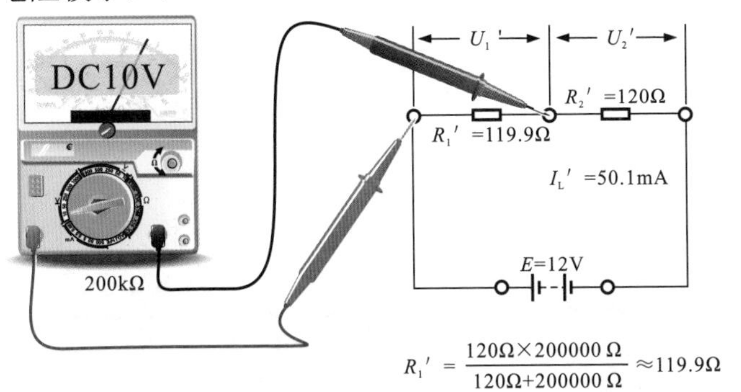

$$R_1' = \frac{120\Omega \times 200000\,\Omega}{120\Omega + 200000\,\Omega} \approx 119.9\Omega$$

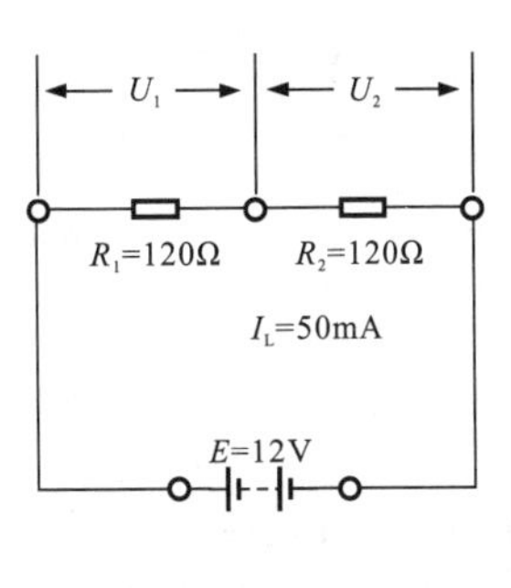

$$I_L = \frac{12V}{120\Omega + 120\Omega} = 50mA$$

图7-20 指针万用表的内阻对测量产生的影响（被测电阻较小）

7.1.3 连接指针万用表表笔

图7-21为指针万用表的表笔连接。指针万用表有两支表笔：红表笔和黑表笔。在使用指针万用表测量前，应先将两支表笔对应插入相应的表笔插孔中。

图7-21 指针万用表的表笔连接

① 黑表笔插入有“COM”标识的表笔插孔中。

② 红表笔插入有“+”标识的表笔插孔中。

在测量高电压或大电流时，需将红表笔插入高电压或大电流的测量插孔内，如图7-22所示。

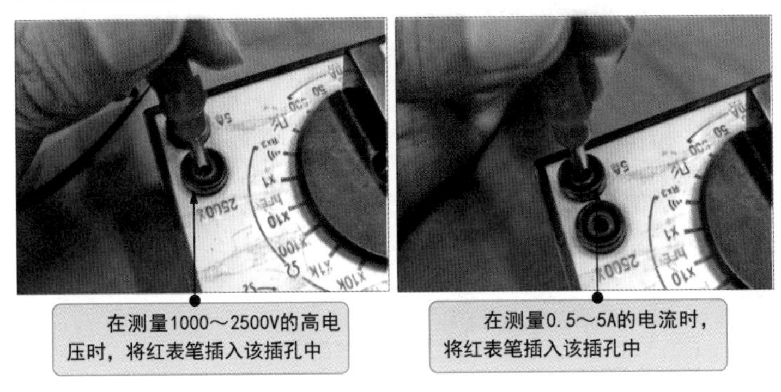

图7-22 指针万用表高电压或大电流测量插孔

7.1.4 指针万用表的表头校正

将指针万用表置于水平位置，表笔开路，观察指针是否处于0位。

如指针偏正或偏负，都应微调表头校正螺钉，使指针准确地对准0位，校正后能保持很长时间不用校正，只有在指针万用表受到较大冲击、振动后才需要重新校正。指针万用表在使用过程中超过量程时可出现“打表”的情况，可能引起表针错位，需要注意。

图7-23为指针万用表的表头校正，指针应指在0位。

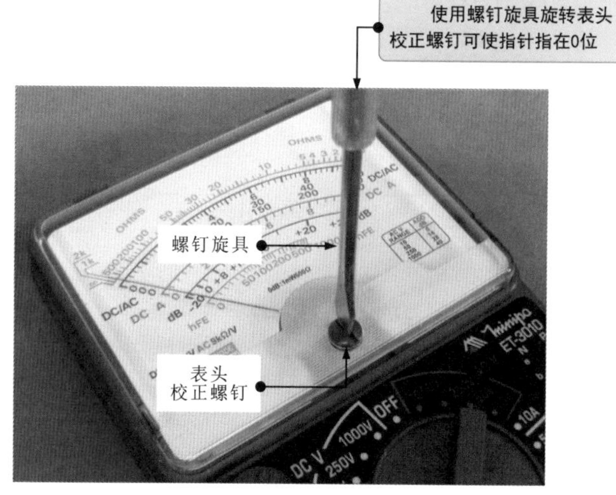

图7-23　指针万用表的表头校正

指针万用表靠指针的摆动角度来指示所测量的数值。例如，在测量直流电流时，电流流过表头的线圈会产生磁场力使指针摆动，流过的电流越大，指针摆动的角度越大。若电流为0，则指针在初始0位。若不在0位，在测量时就会出现误差。因此在使用指针万用表测量前都需要对指针万用表进行表头校正。

7.1.5 指针万用表的量程选择

在使用指针万用表进行测量时，应根据被测数值选择合适的量程才能获得精确的测量结果，如果量程选择得不合适，会引起较大的误差。

1 测量电阻时的量程选择

图7-24为用指针万用表测量电阻时的量程选择。

① 测量小于200Ω的电阻时，应选$R\times1\Omega$挡。

② 测量200～400Ω的电阻时，应选$R\times10\Omega$挡。

③ 测量400Ω～5kΩ的电阻时，应选$R\times100\Omega$挡。

④ 测量5～50kΩ的电阻时，应选$R\times1k\Omega$挡。

⑤ 测量大于50kΩ的电阻时，应选$R\times10k\Omega$挡。

⑥ 测量二极管或三极管时，常选$R\times1k\Omega$挡，也可选$R\times10k\Omega$挡。

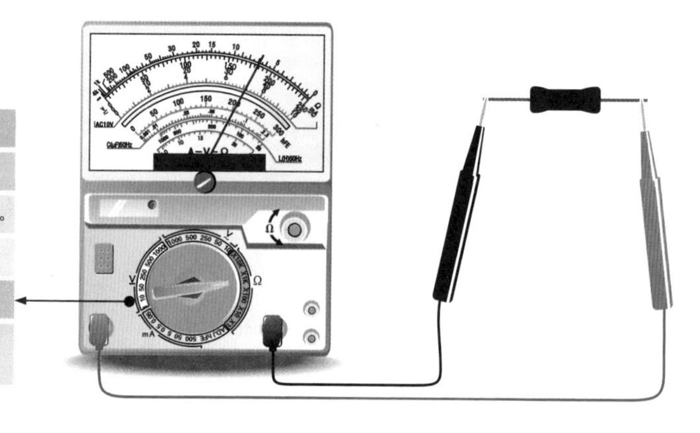

图7-24　用指针万用表测量电阻时的量程选择

2 测量直流电压时的量程选择

图7-25为用指针万用表测量直流电压时的量程选择。

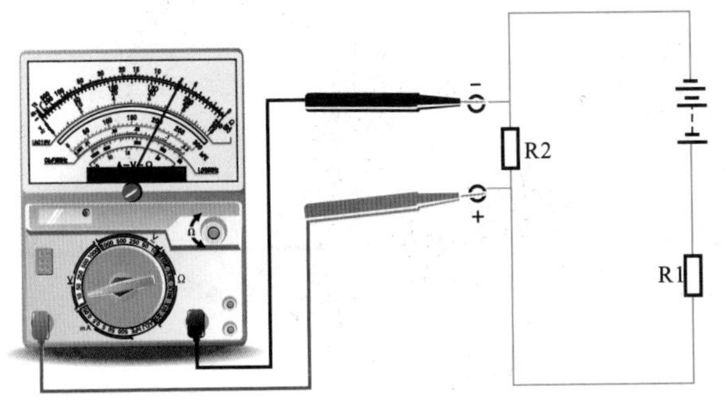

图7-25 用指针万用表测量直流电压时的量程选择

3 测量直流电流时的量程选择

图7-26为用指针万用表测量直流电流时的量程选择。

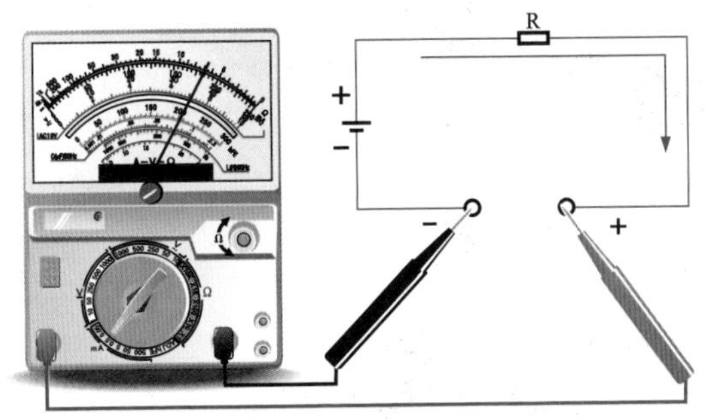

图7-26 用指针万用表测量直流电流时的量程选择

4 测量交流电压时的量程选择

图7-27为用指针万用表测量交流电压时的量程选择。

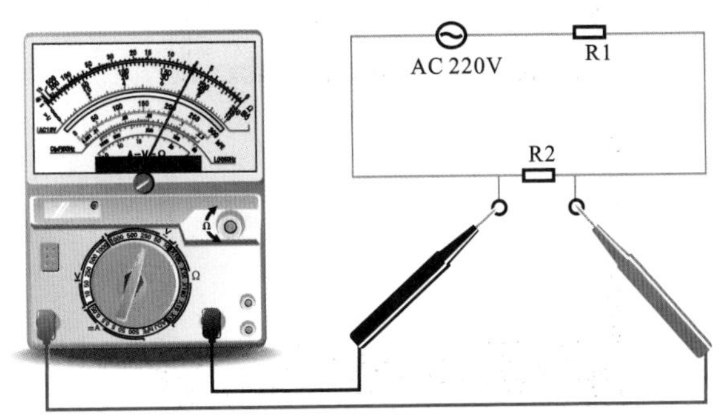

图7-27 用指针万用表测量交流电压时的量程选择

划重点

① 测量小于0.25V的直流电压时选择0.25V挡。

② 测量大于0.25V、小于1V的直流电压时选择1V挡。

③ 测量1～2.5V的直流电压时选择2.5V挡。

④ 测量2.5～10V的直流电压时选择10V挡。

⑤ 测量10～50V的直流电压时选择50V挡。

⑥ 测量50～250V的直流电压时选择250V挡。

⑦ 测量250～500V的直流电压时选择500V挡。

⑧ 测量500～1000V的直流电压时选择1000V挡。

⑨ 测量1000～2500V的直流电压时应使用2500V电压检测插孔。

① 测量小于0.25mA的直流电流时选择0.25mA挡。

② 测量0.25～0.5mA的直流电流时选择0.5mA挡。

③ 测量0.5～5mA的直流电流时选择5mA挡。

④ 测量5～50mA的直流电流时选择50mA挡。

⑤ 测量50～500mA的直流电流时选择500mA挡。

⑥ 如测量电流超过500mA、小于5A，则应使用5A电流检测插孔。

① 测量10V以下的交流电压时选择10V挡。

② 测量10～50V交流电压时选择50V挡。

③ 测量50～250V交流电压时选择250V挡。

④ 测量250～500V交流电压时选择500V挡。

⑤ 测量500～1000V交流电压时选择1000V挡。

⑥ 测量超过1000V、小于2500V的交流电压时，选用2500V电压检测插孔。

7.1.6 指针万用表的欧姆调零

图7-28为指针万用表的欧姆调零操作。

划重点

在测量电阻值时，每变换一次量程，均需要重新通过零欧姆校正钮进行零欧姆校正。测量电阻值以外的其他量时不需要进行零欧姆校正。

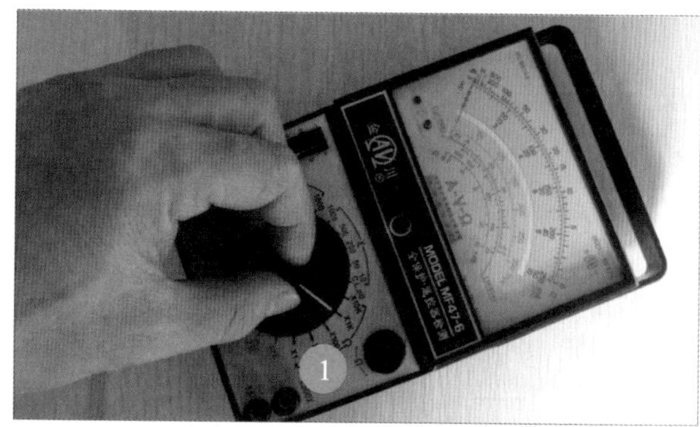

1 调整功能/量程旋钮至需要的电阻量程。

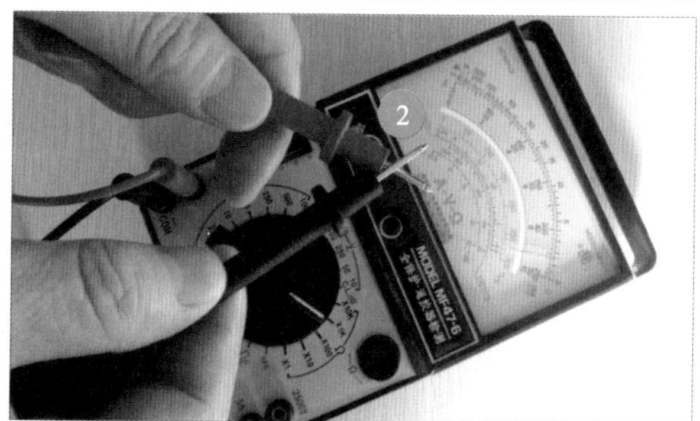

2 将红、黑表笔短接，观察表盘上指针的指示位置，未指向0位。

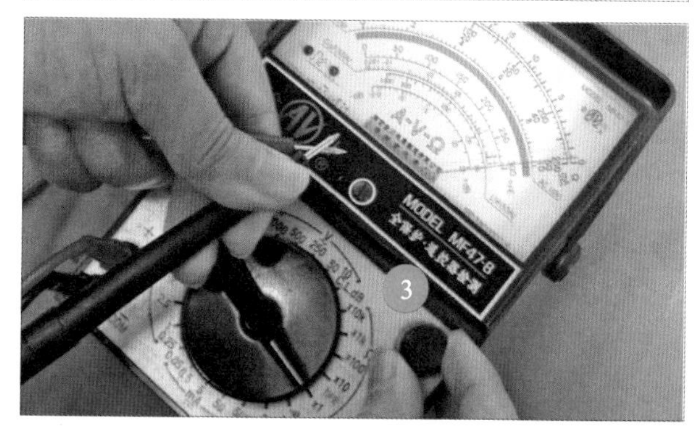

3 调整零欧姆校正钮。

4 直至指针指向0位。

图7-28　指针万用表的欧姆调零操作

由于指针万用表内的电池容量会随使用时间逐渐减少，电池电压随之降低，0Ω时的电流也会发生变化，因此在测量电阻值前都要进行零欧姆校正，即将两表笔短接时，指针应指向0Ω。如果指针不指向0Ω，则需要通过零欧姆校正钮进行调整，使指针准确地指向0Ω。

7.1.7 指针万用表测量结果的读取

1 电阻测量结果的读取

图7-29为指针万用表电阻测量结果的读取方法。

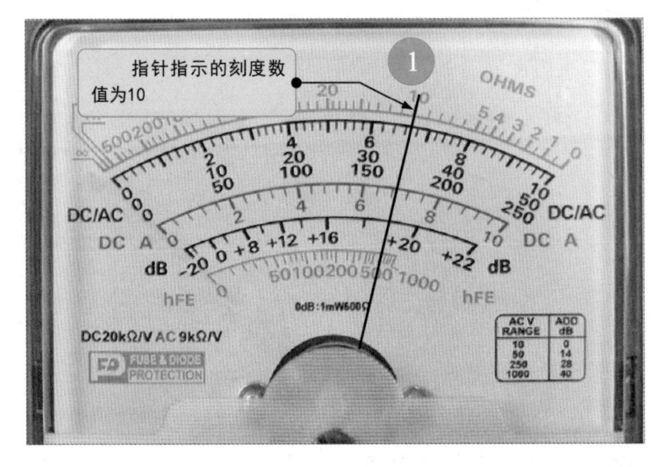

测量结果:
10×10=100（Ω）

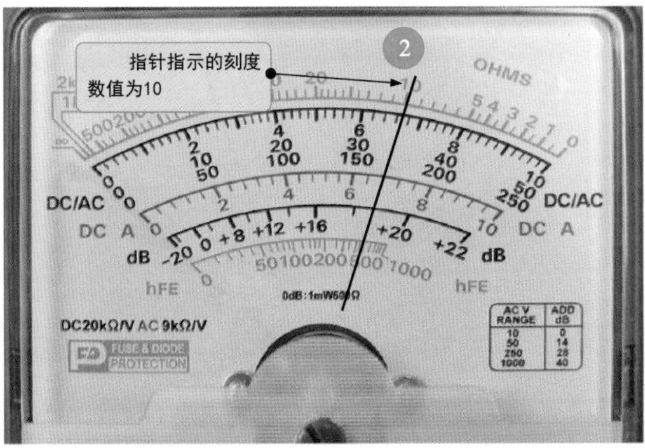

测量结果:
10×100=1000（Ω）

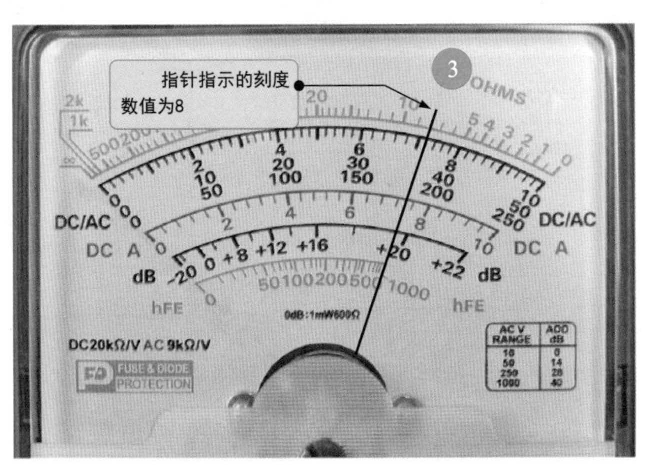

测量结果:
8×1k=8（kΩ）

图7-29 指针万用表电阻测量结果的读取方法

划重点

用指针万用表测量时，要根据选择的量程，结合指针在相应刻度线上的指示刻度读取测量结果。不同测量功能，其所测结果的读取方法不同。

2 电压测量结果的读取

划重点

电压测量结果的读取比较简单，根据选择的量程，找到对应的刻度线后，直接读取指针指示的刻度数值（或换算）即可。

图7-30为指针万用表电压测量结果的读取方法。

将量程旋钮调至直流2.5V

测量结果：
180×(2.5/250)=1.80(V)

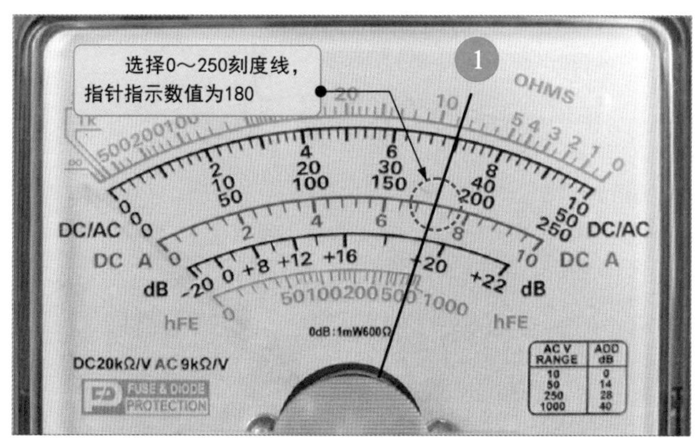

将量程旋钮调至直流10V

测量结果：
直接读取测量结果7V即可。

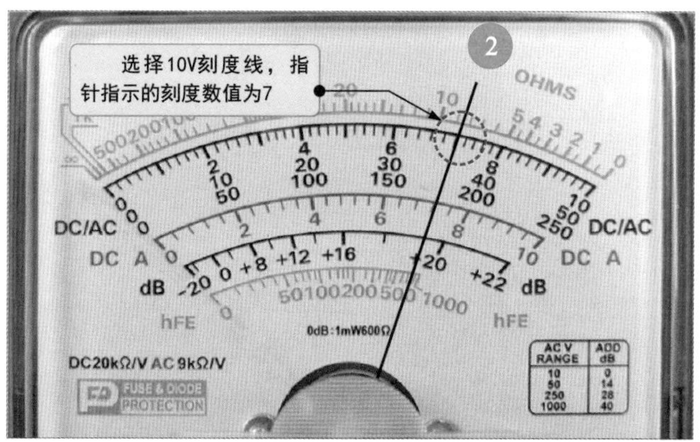

将量程旋钮调至直流25V

测量结果：
175×(25/250)=17.5(V)

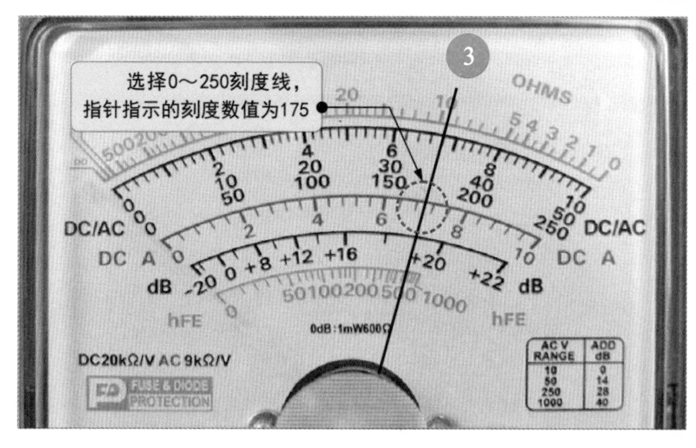

图7-30 指针万用表电压测量结果的读取方法

用指针万用表测量直流电压、交流电压、直流电流、交流电流的结果读取方法相同。

7.2 数字万用表的用法

7.2.1 数字万用表的特点

1 数字万用表的键钮分布

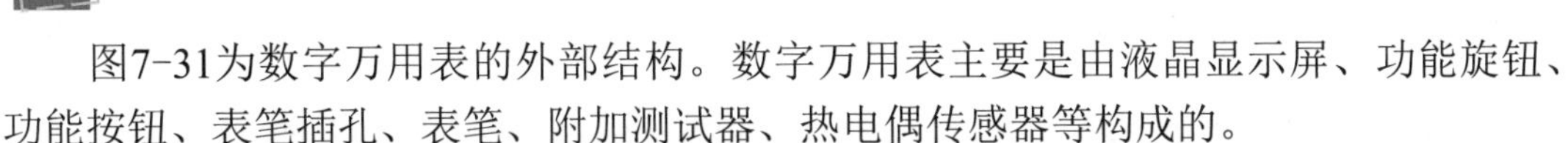

图7-31为数字万用表的外部结构。数字万用表主要是由液晶显示屏、功能旋钮、功能按钮、表笔插孔、表笔、附加测试器、热电偶传感器等构成的。

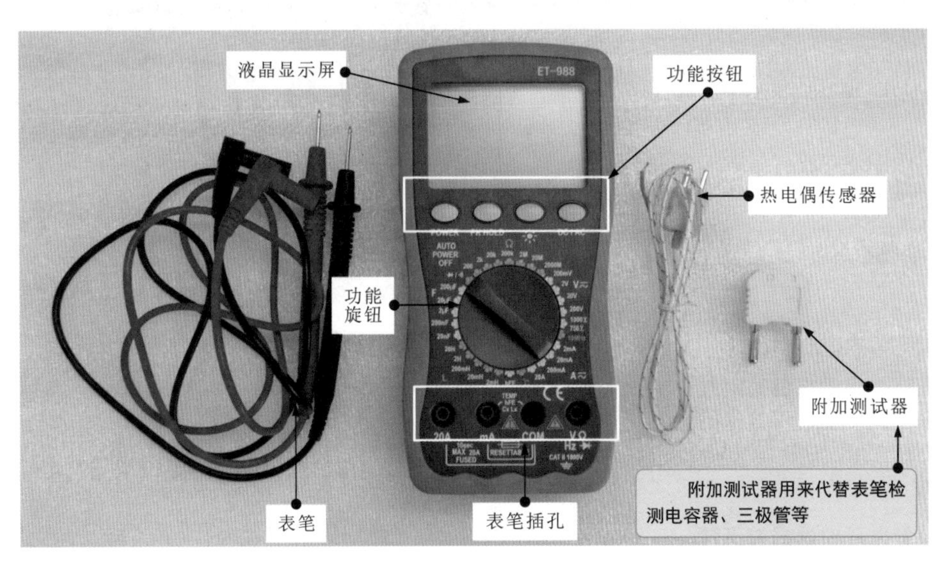

图7-31 数字万用表的外部结构

数字万用表根据量程转换方式的不同，可以分为手动量程选择式数字万用表和自动量程转换式数字万用表，如图7-32所示。

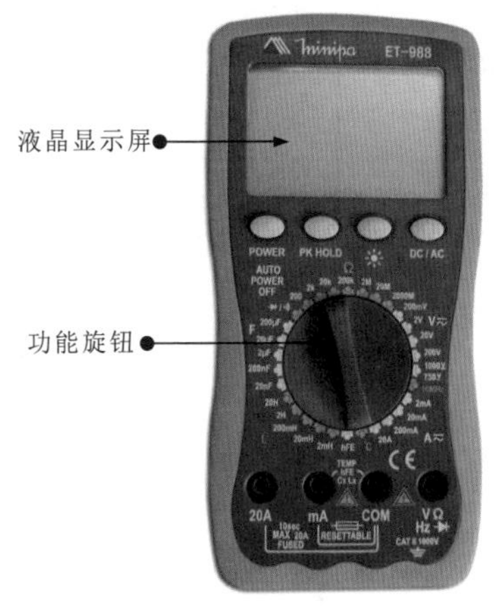

手动量程选择式数字万用表

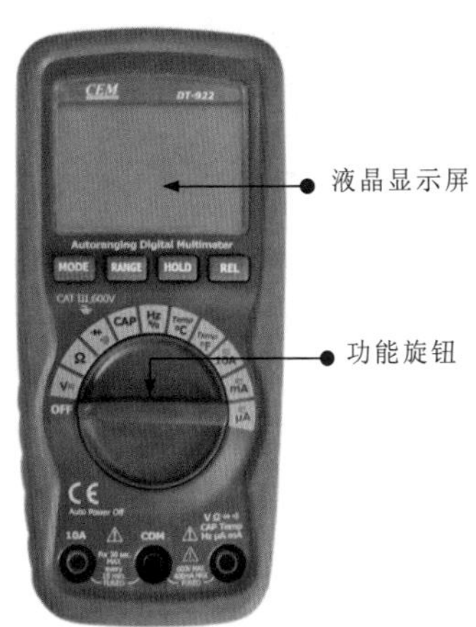

自动量程转换式数字万用表

图7-32 手动量程选择式数字万用表和自动量程转换式数字万用表的实物外形

数字万用表的液晶显示屏是用来显示当前的测量状态和测量结果的。由于数字万用表的功能很多，因此在液晶显示屏上会有许多标识，根据不同的测量功能可显示不同的测量状态。

① 液晶显示屏

图7-33为数字万用表的液晶显示屏。

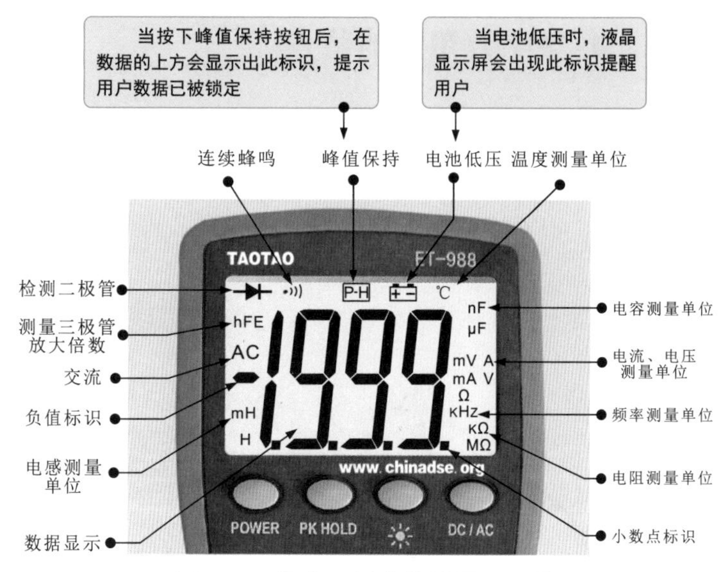

图7-33　数字万用表的液晶显示屏

② 功能旋钮

图7-34为数字万用表的功能旋钮。

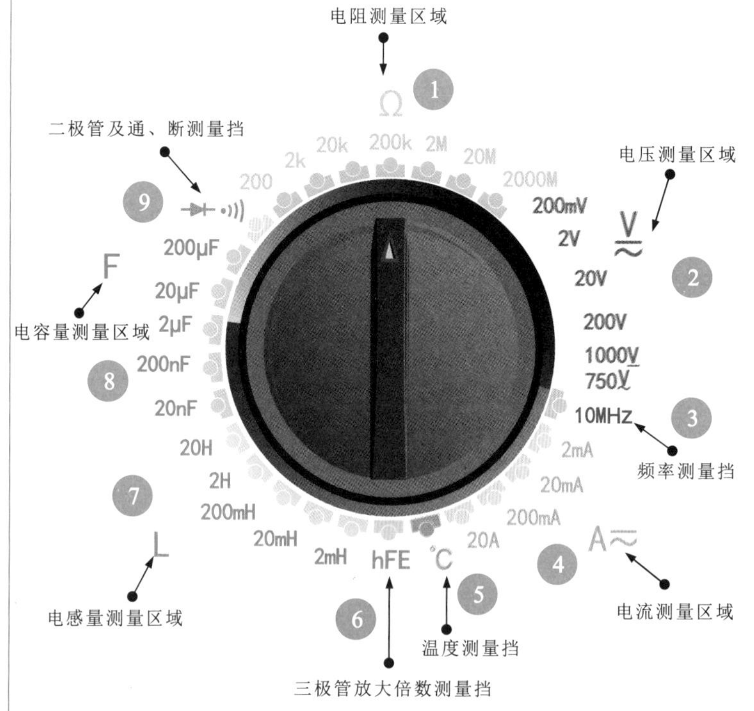

图7-34　数字万用表的功能旋钮

1 当测量电阻时选择该区域，根据被测的电阻值，可选择的量程有200、2k、20k、200k、2M、20M、2000M。

2 当测量电压时选择该区域，根据被测电压值的不同，可选择的量程有200mV、2V、20V、200V、1000V、750V。

3 当测量频率时，可选择该挡。

4 当测量电流时选择该区域，根据被测电流值的不同，可选择的量程有2mA、20mA、200mA、20A。

5 当测量温度时可选择该挡。

6 当测量放大倍数时可选择该挡。

7 当测量电感量时可选择该区域。

8 当测量电容量时可选择该区域。

9 当测量二极管的性能是否良好或通、断情况时，可选择该挡。

③ 功能按钮

如图7-35所示，数字万用表的功能按钮位于液晶显示屏与功能旋钮之间。数字万用表的功能按钮主要包括电源按钮、峰值保持按钮、背光灯按钮及交/直流切换按钮。

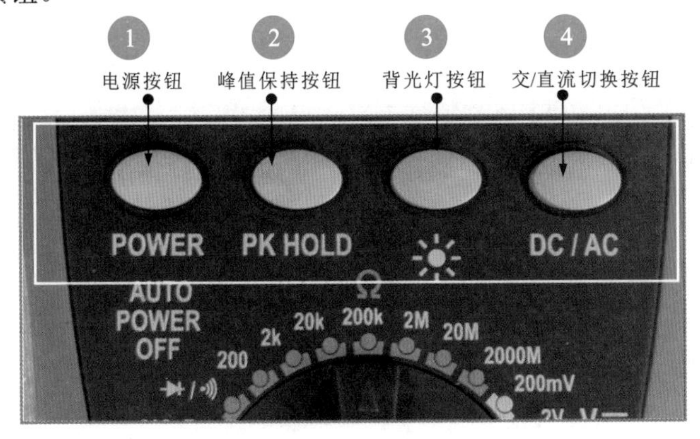

图7-35 数字万用表的功能按钮

④ 附加测试器

附加测试器是数字万用表的附加配件，主要用来测量电容的电容量、电感的电感量、三极管的放大倍数等。图7-36为数字万用表的附加测试器。

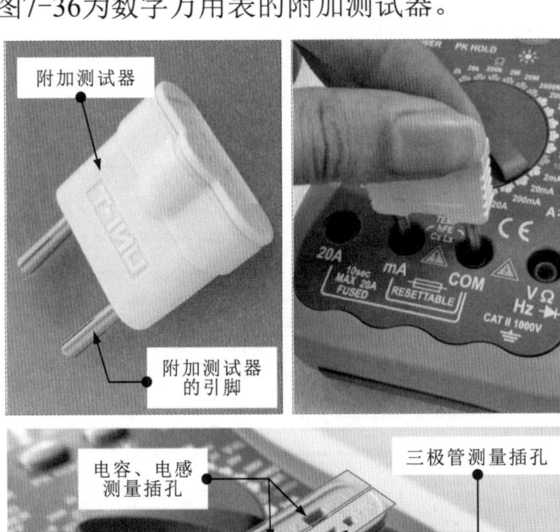

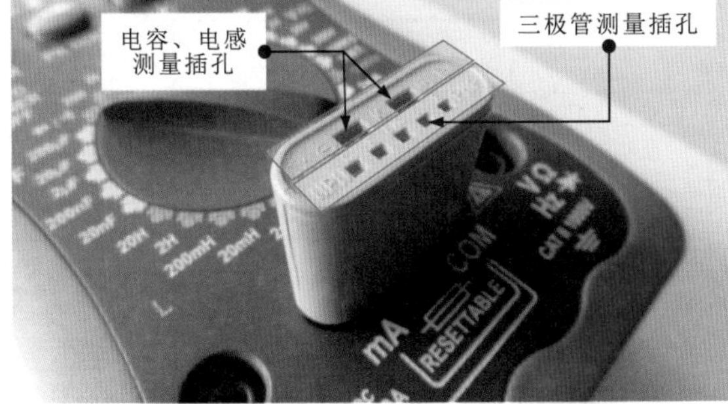

图7-36 数字万用表的附加测试器

划重点

① 用来启动或关断供电电源。很多数字万用表都具有自动断电功能，当长时间不使用时会自动切断电源。

② 用来锁定某一瞬间的测量结果，方便用户记录数据。

③ 按下后，液晶显示屏点亮5s便自动熄灭，方便用户在黑暗的环境下观察数据。

④ 未按下时，测量直流电压/电流；按下后，测量交流电压/电流。

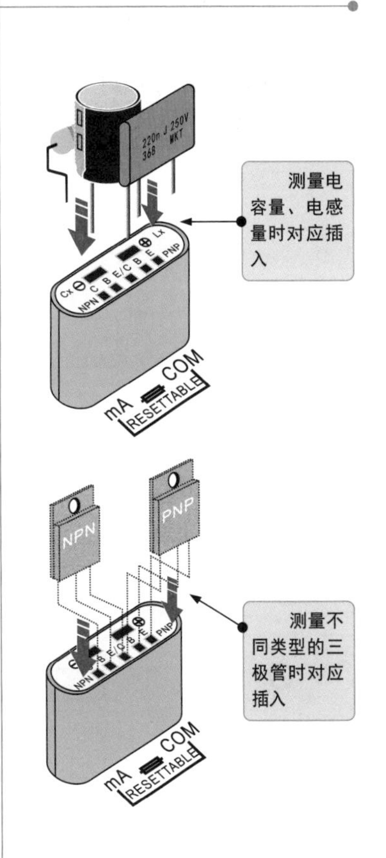

1 标有“20A”的表笔插孔用于测量大电流（200mA～20A）。

2 标有“mA”的表笔插孔为低于200mA电流检测插孔，还是附加测试器和热电偶传感器的负极输入端。

3 标有“COM”的表笔插孔为公共接地插孔，主要用来连接黑表笔，还是附加测试器和热电偶传感器的正极输入端。

4 标有“VΩHz ”的表笔插孔为电阻、电压、频率和二极管检测插孔，主要用来连接红表笔。

5 表笔插孔

图7-37为数字万用表的表笔插孔。通常，在数字万用表的操作面板下面有2～4个插孔。万用表的每个插孔都用文字或符号标识。

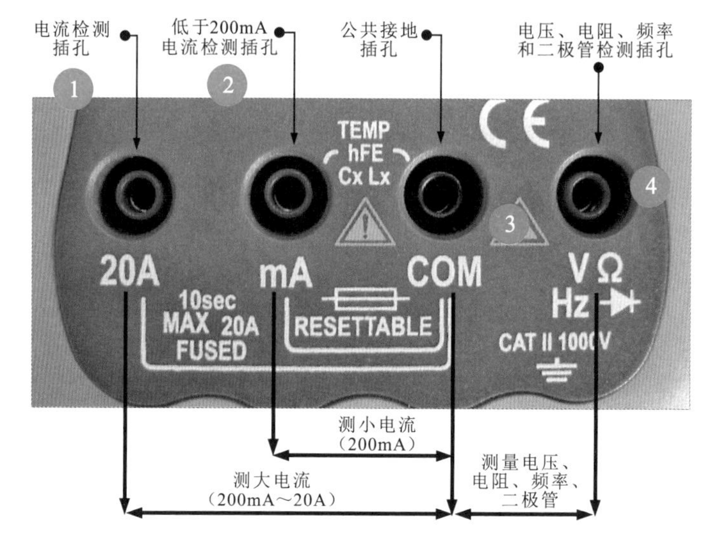

图7-37 数字万用表的表笔插孔

6 数字万用表的性能参数

数字万用表的工作原理如图7-38所示。

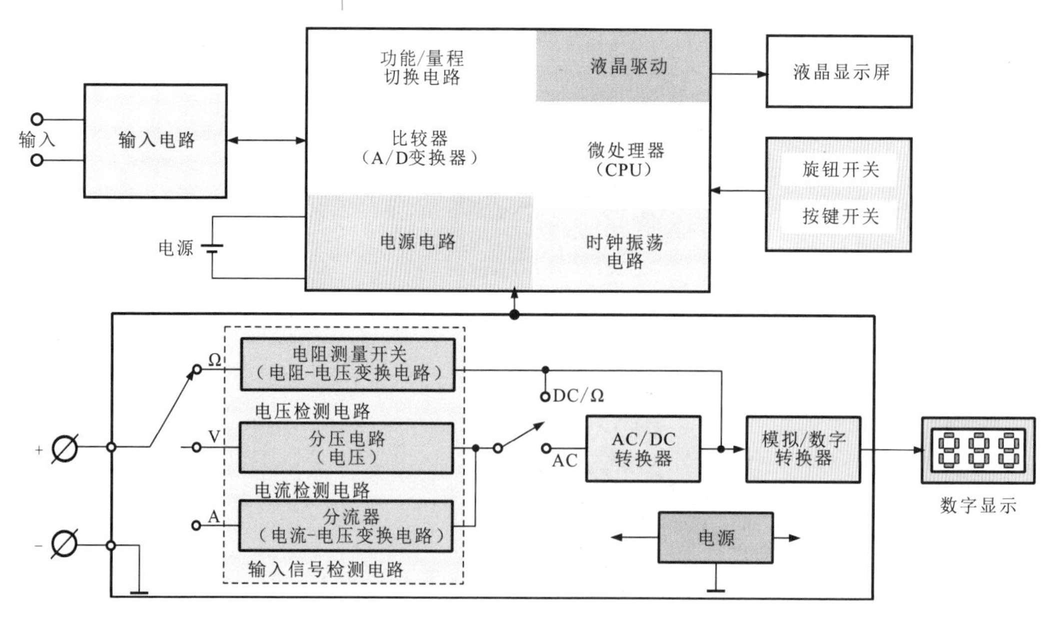

图7-38 数字万用表的工作原理

数字万用表将物理量变成数字量，经数字处理和运算后变成数码信号，直接由液晶显示屏显示测量数值和单位。直流电压的测量和显示电路是数字万用表的基本电路。电流和电阻的测量需要将输入的电流和电阻转换成直流电压后，再进行数字处理和显示。

在测量电流时，电流流过表内具有一定数值的电阻，测得在该电阻上的电压降后，再变换成电流值显示出来。

在测量电阻时，表内会有电流输出加到该电阻上，该电阻上的电压降与电阻值成正比，通过该电阻上的电压降可求得电阻值，并进行数码显示。

在测量交流电流和交流电压时，需要经过整流电路将交流变成直流后再进行测量。

多说两句！

数字万用表进行测量的核心部分是A/D变换器。A/D变换器的功能是将电压、电流等物理量（模拟信号）变成数值化的数字量，用直接读取数值的方式取代指针和刻度盘的读数方式。在PM3数字万用表中采用ΔΣ方式的A/D变换器的结构如图7-39所示。

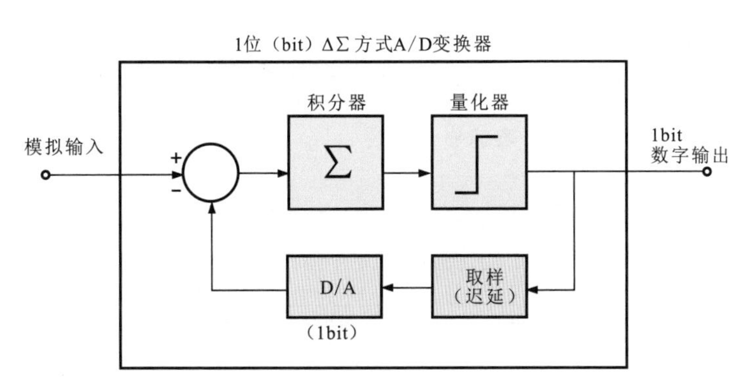

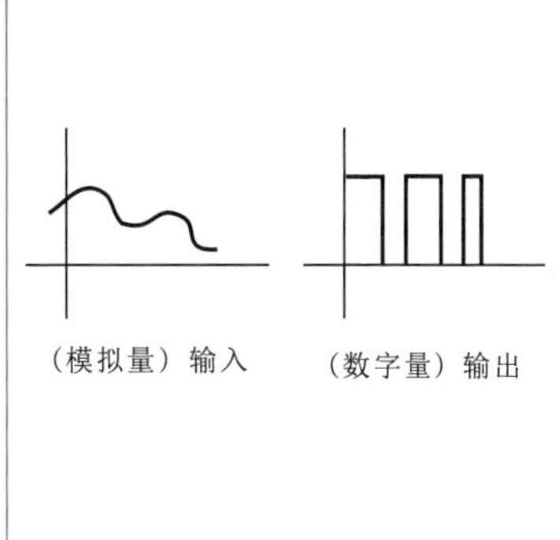

图7-39 PM3数字万用表中采用ΔΣ方式的A/D变换器的结构

数字万用表的内部电路结构如图7-40所示。数字万用表的内部电路主要由功能选择开关、分压器、电阻/电压变换器、电流/电压变换器、整流器、A/D变换器和数字处理显示器等构成。连接表笔的部分为输入选择和信号变换电路。直流电压测量部分包括A/D变换器和数字处理显示器。

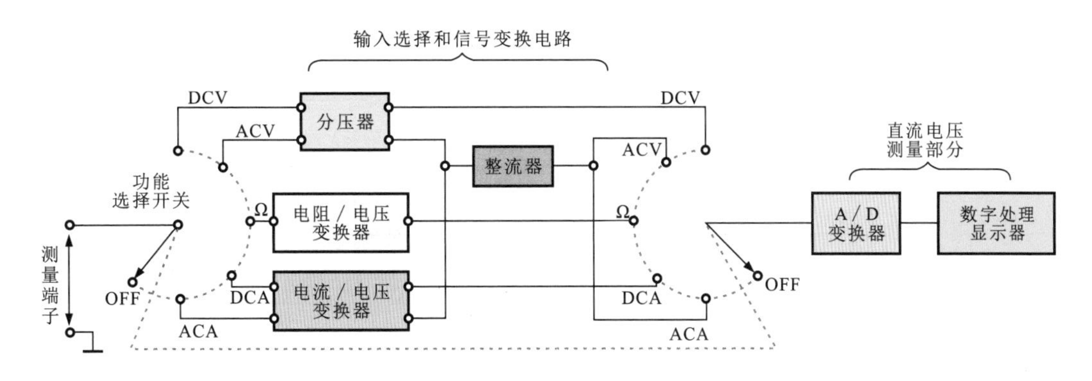

图7-40 数字万用表的内部电路结构

2 数字万用表的性能参数

数字万用表的性能参数包括显示特性、测量精确度及其他技术特性。图7-41为典型数字万用表的显示特性。

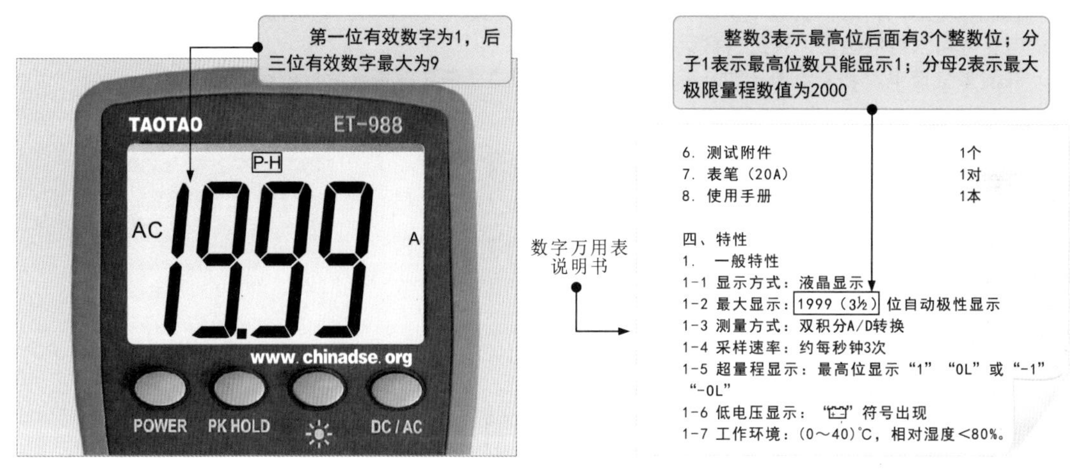

图7-41 典型数字万用表的显示特性

图7-42为典型数字万用表的测量精确度。

【直流电压和交流电压】的精确度

量程	200mV	2V	20V	200V	直流1000V/交流750V
精确度	0. 1mV	0. 001V	0. 01V	0. 1V	1V

【直流电流和交流电流】的精确度

量程	2mA	20mA	200mA	20A
精确度	0.001mA	0.01A	0. 1A	0.01A

【电容量】的精确度

量程	20nF	200nF	2μF	20μF	200μF
精确度	0. 01nF	0. 1nF	0. 001μF	0. 01μF	0. 1μF

【电感量】的精确度

量程	2mH	20mH	200mH	2H	20H
精确度	0.001mH	0.01mH	0.1mH	0.001H	0.01H

【频率】的精确度

量程	2kHz	20kHz	200kHz	2000kHz	10MHz
精确度	1Hz	10Hz	100Hz	1kHz	10kHz

【温度】的精确度

量程	-20～399.999℃	400～1000℃
精确度	1	1

图7-42 典型数字万用表的测量精确度

7.2.2 数字万用表的模式设定

1 连接数字万用表表笔

图7-43为数字万用表的表笔连接示意图。

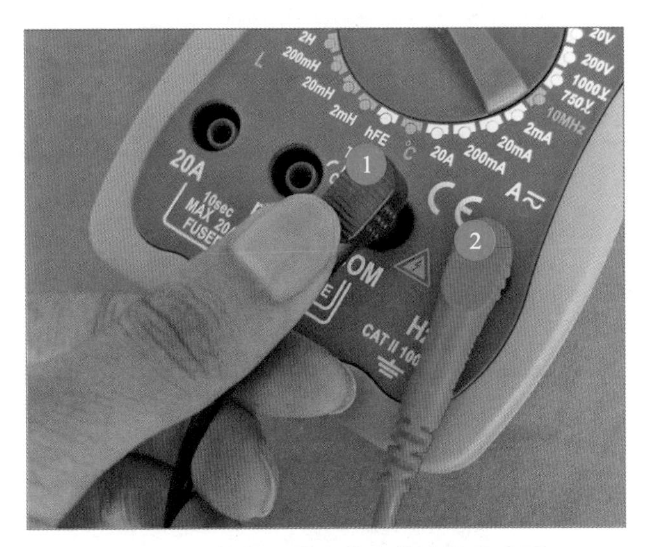

图7-43 数字万用表的表笔连接示意图

划重点

在使用数字万用表测量前，应先将两支表笔对应插入相应的表笔插孔中。

① 黑表笔插入有“COM”标识的表笔插孔中。

② 红表笔可根据功能不同，插入其余的三个红色插孔中。

2 按下电源按钮

如图7-44所示，数字万用表设有电源按钮，使用时，需要先按下电源按钮，开启数字万用表。

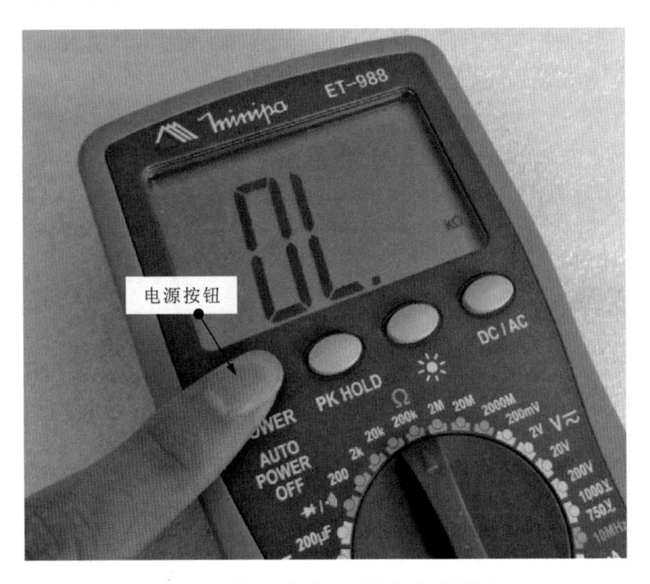

图7-44 按下数字万用表电源按钮

按下电源按钮，数字万用表开启，液晶显示屏显示测量单位或测量功能。

多说两句！

某些数字万用表不带有电源按钮，而是在功能旋钮上设有关闭挡，当选择功能或量程时，直接通电开启。

3 数字万用表模式设定

划重点

如图7-45所示，数字万用表的电压测量区域具有交流和直流两种测量状态。若需要测量交流电压，则需要进行模式设定。

①开启数字万用表后，将功能旋钮设定在电压测量区域，默认状态为直流电压测量模式。

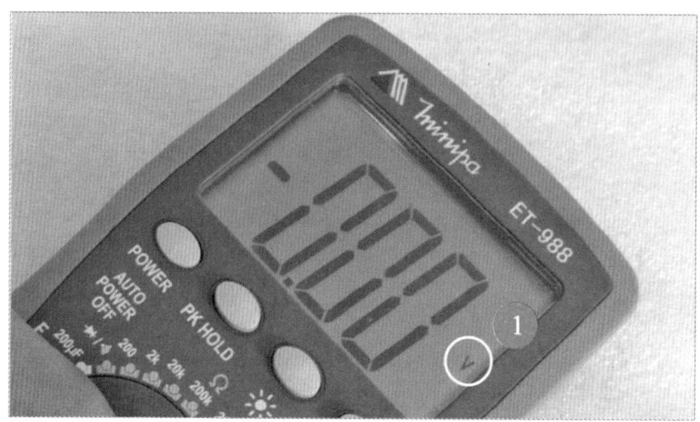

②按下交/直流切换按钮后，液晶显示屏显示AC字样，表明当前处于交流电压测量模式。

图7-45　数字万用表的模式设定

①MODE模式按钮可以用来切换直流（DC）/交流（AC）、二极管/蜂鸣器、频率/占空比的测量模式。

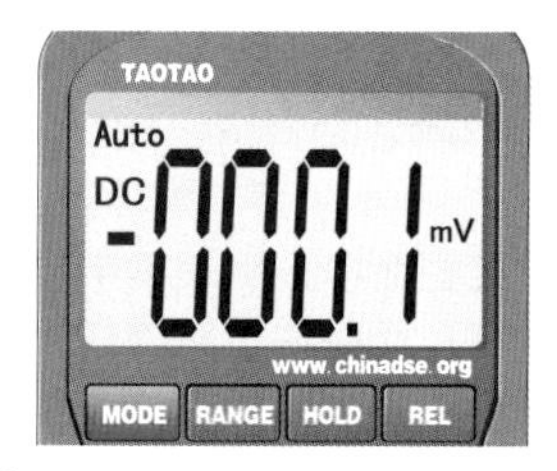

②按下MODE模式按钮，可切换直流（DC）/交流（AC）电压测量模式。

如图7-46所示，自动量程数字万用表的模式设定方式可通过“MODE”模式按钮切换。

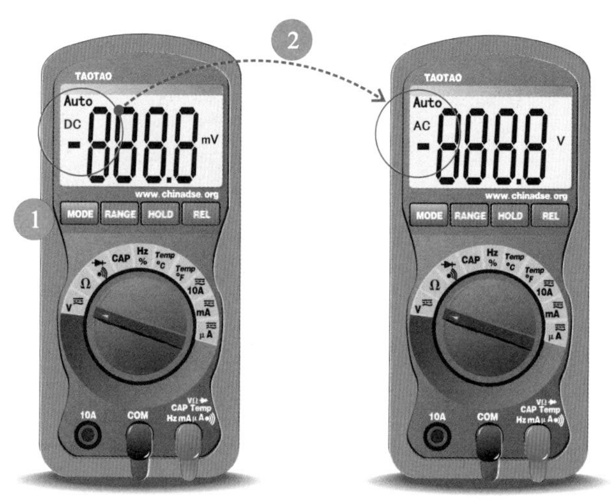

图7-46　自动量程数字万用表模式设定

7.2.3 数字万用表的量程选择

在使用数字万用表测量时，最终测量结果的分辨率（精度）与量程的选择关系密切。

图7-47为测量直流电压时量程与分辨率的关系。

划重点

分辨率为0.1mV

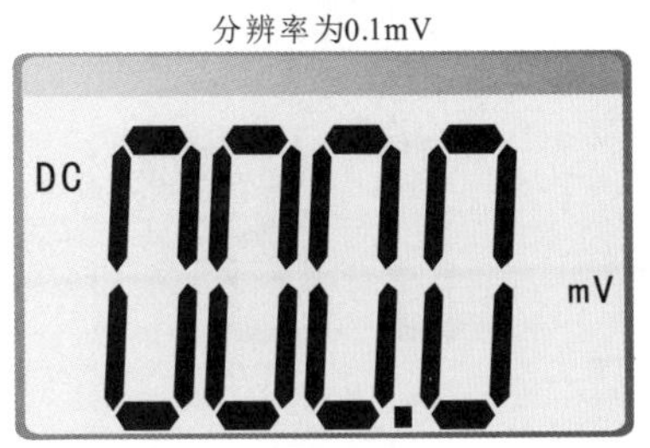

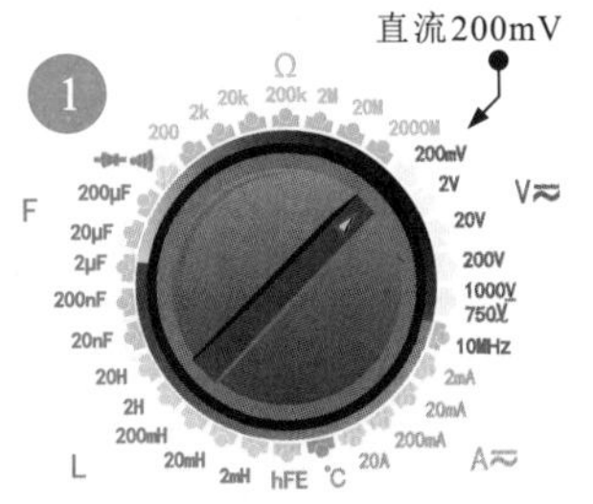

1 量程选择直流200mV，分辨率为0.1mV，显示000.0mV，测量范围为000.1～199.9mV。

分辨率为0.001V

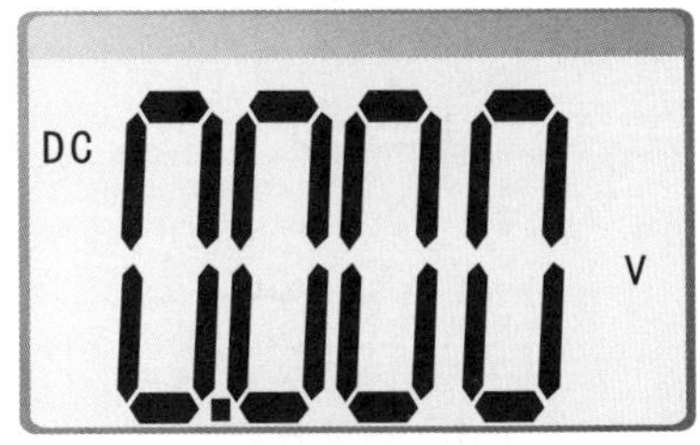

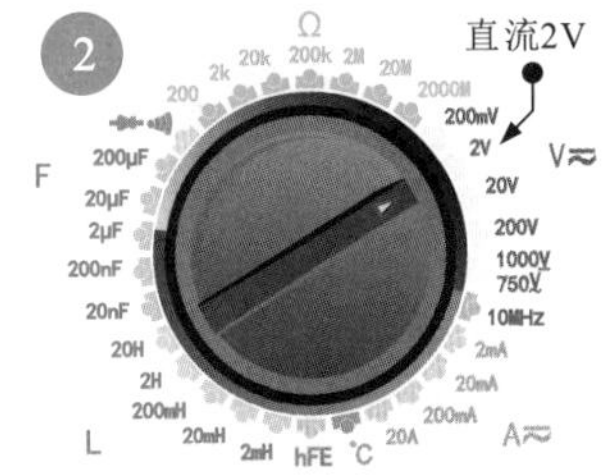

2 量程选择直流2V，分辨率为0.001V，显示0.000V，测量范围为0.001～1.999V。

分辨率为0.01V

DC 00.00 V

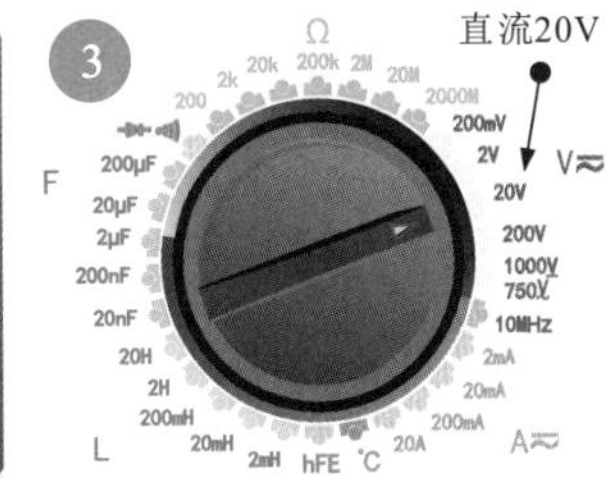

3 量程选择直流20V，分辨率为0.01V，显示00.00V，测量范围为0.01～19.99V。

分辨率为0.1V

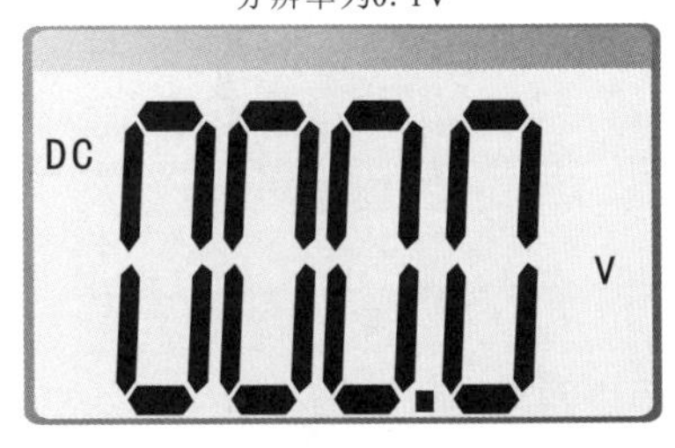

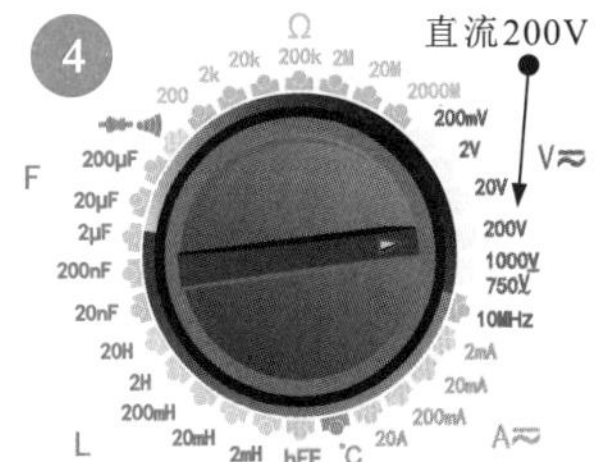

4 量程选择直流200V，分辨率为0.1V，显示000.0V，测量范围为0.1～199.9V。

分辨率为1V

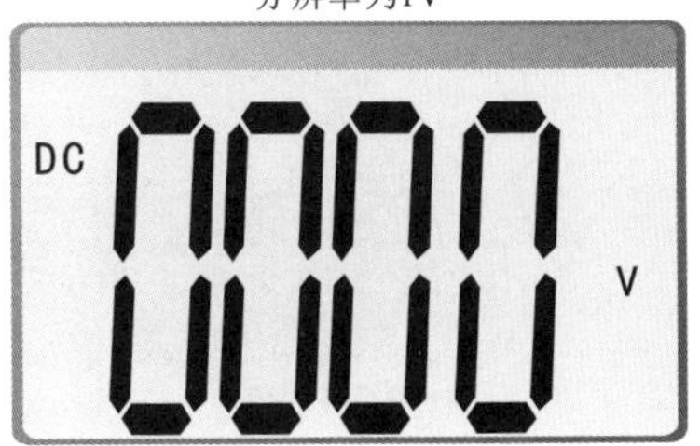

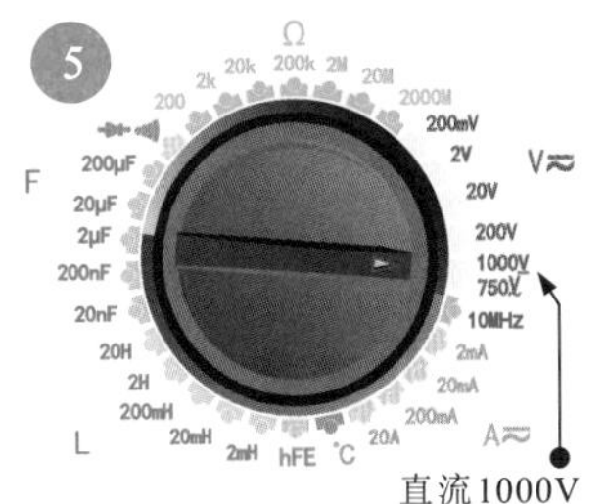

图7-47 测量直流电压时量程与分辨率的关系

5 量程选择直流1000V，分辨率为1V，显示0000V，测量范围为1～999V。

❶ 显示的测量结果为1V。不能显示小数点后面的数值，测量结果为近似值。

❷ 显示的测量结果为1.6V。可以显示小数点后面1位，最后1位数字误差较大。

❸ 显示的测量结果为1.61V。可以显示小数点后面两位，测量结果比较准确。

❹ 显示的测量结果为1.617V。可以显示小数点后面3位，测量结果更准确。

如图7-48所示，以测量电压标称值为1.5V的5号电池为例。可以看到，量程范围设定得越接近且略大于待测数值时，测量的结果越准确。

图7-48 电池电压的量程与结果对照

选择直流200mV量程测量5号电池的电压如图7-49所示，显示“OL”符号（过载），表明测量数值已超出测量范围，不能使用该量程进行测量。

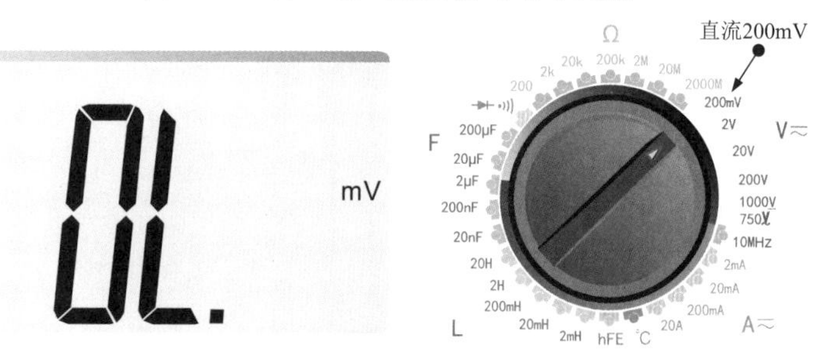

图7-49 选择直流200mV量程测量5号电池电压的测量结果

7.2.4 数字万用表测量结果的读取

数字万用表测量结果的读取比较简单，测量时，测量结果会直接显示在液晶显示屏上，直接读取数值和单位即可。

当小数点在数值的第一位之前时，表示“0.”。使用数字万用表测量电阻时测量结果的读取方法如图7-50所示。

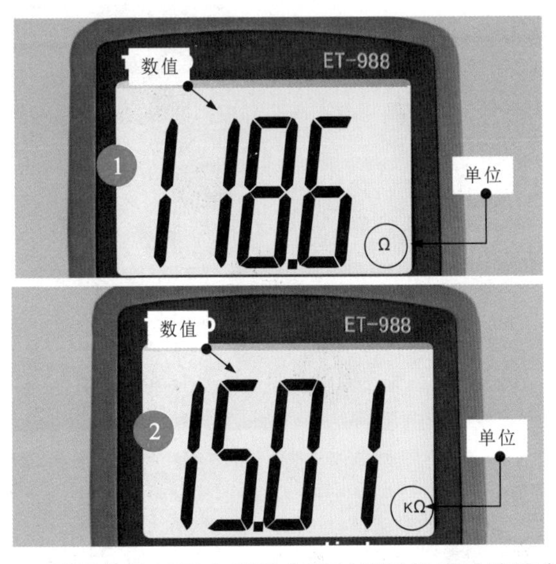

图7-50 使用数字万用表测量电阻时测量结果的读取方法

使用数字万用表测量电压时测量结果的读取方法如图7-51所示。

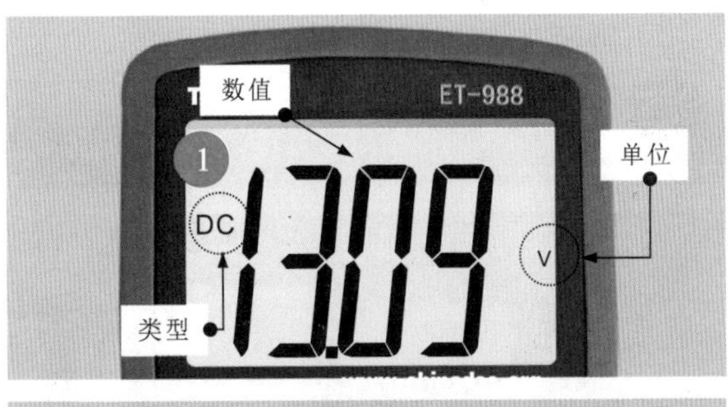

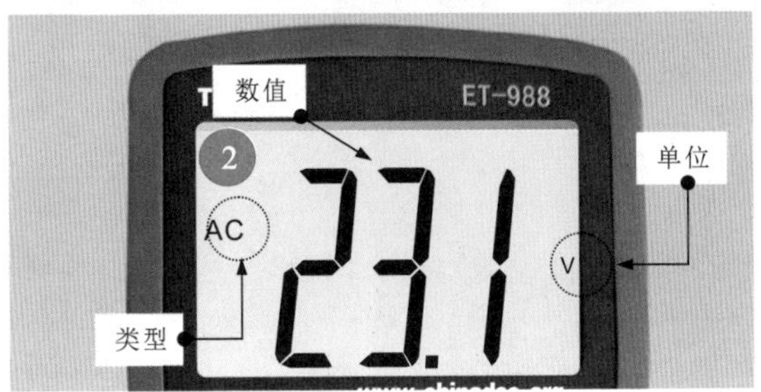

图7-51 使用数字万用表测量电压时测量结果的读取方法

划重点

在使用数字万用表测量前，应先将两支表笔对应插入相应的表笔插孔中。

1 根据屏幕显示，直接读取测量结果为118.6Ω。

2 根据屏幕显示，直接读取测量结果为15.01kΩ。

1 根据屏幕显示，直接读取测量结果为直流13.09V。

2 根据屏幕显示，直接读取测量结果为交流23.1V。

7.2.5 数字万用表附加测试器的使用

数字万用表的附加测试器可用来测量电容量、电感量、温度及三极管的放大倍数。图7-52为附加测试器的安装使用。

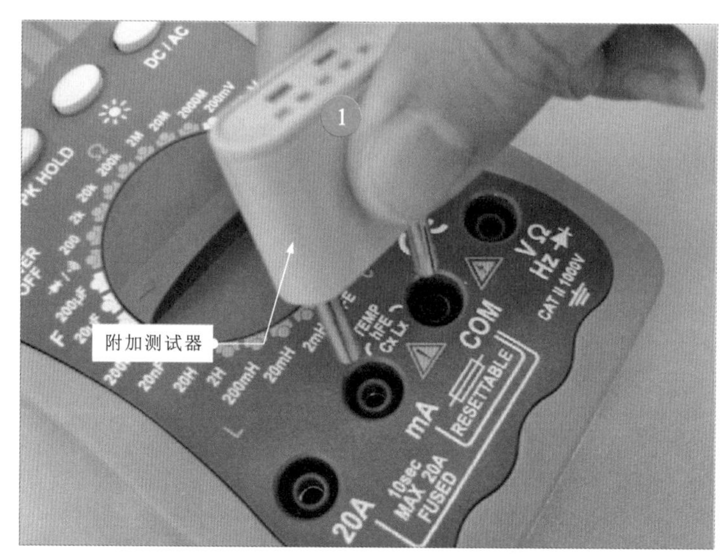

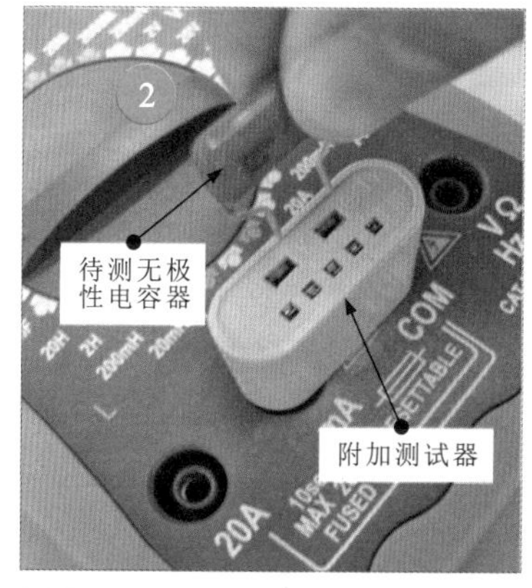

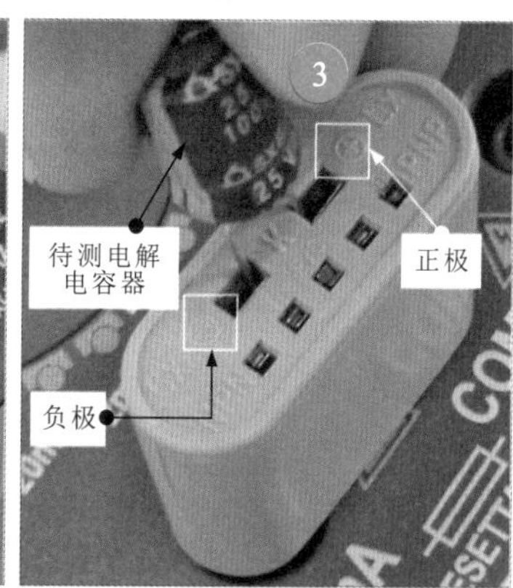

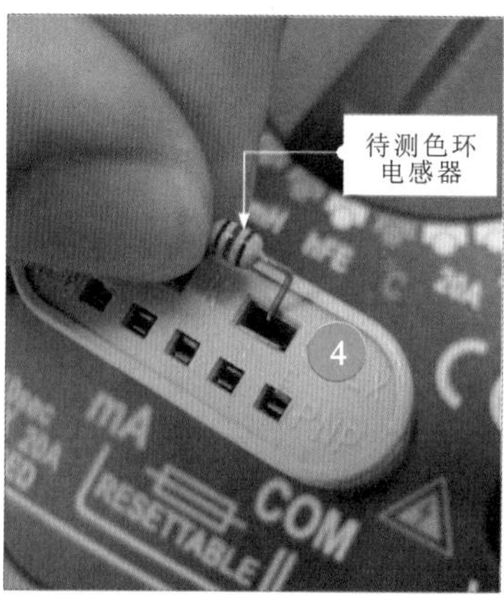

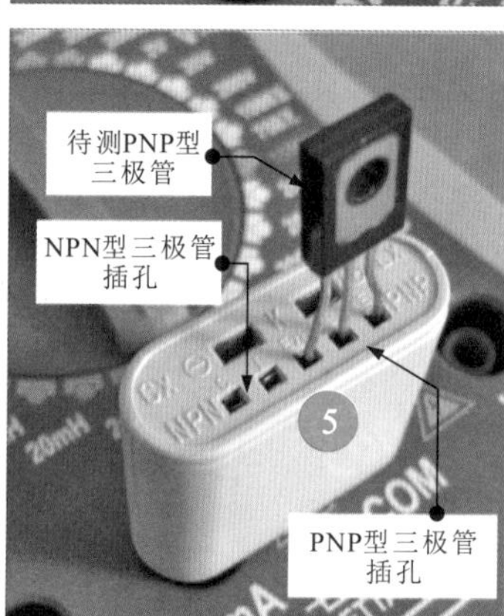

图7-52　附加测试器的安装使用

1 将附加测试器按照极性插入数字万用表相应的表笔插孔中。

2 将无极性电容器插入附加测试器的相应插孔。

3 将电解电容器插入附加测试器的相应插孔。

4 将色环电感器插入附加测试器的相应插孔。

5 将PNP型三极管插入附加测试器的PNP型三极管插孔。

第8章 钳形表的用法

8.1 钳形表的特点

8.1.1 钳形表的种类

钳形表是一种可以检测电气设备或线缆工作时的电流、电压、电阻及漏电电流的常用检测仪表。常见的钳形表有通用型数字钳形表、模拟式钳形表、高压钳形表、漏电电流数字钳形表等。

1 通用型钳形表

如图8-1所示，通用型钳形表主要有通用型数字式钳形表和通用型模拟式钳形表两种。

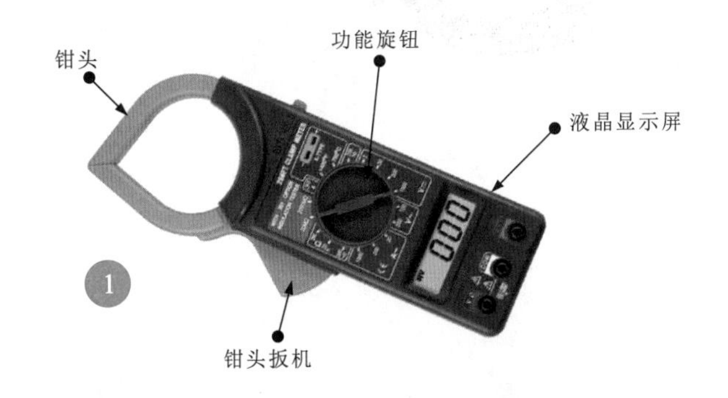

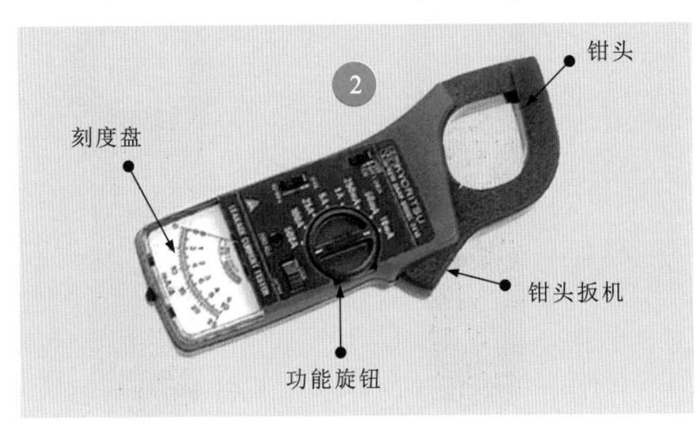

图8-1 通用型钳形表的实物外形

划重点

1 通用型数字式钳形表的功能多样，除了可以检测电流，还可以检测电压、电阻等。

2 通用型模拟式钳形表简称指针形钳形表，主要用于检测交流电流，可以通过调整不同的量程测量不同的交流电流。

在检测家用电器设备的交流电流时多采用通用型模拟式钳形表。

高压钳形表属于高压测量工具，由符合高压等级的钳形表与高压绝缘杆构成。在检测三相交流电压或高压线缆的电流时可以使用高压钳形表。

漏电电流数字钳形表主要用于检测漏电电流。

当不能确定电路是否漏电时，可以使用漏电电流数字钳形表检测有无漏电情况。

2 高压钳形表

图8-2为高压钳形表的实物外形。

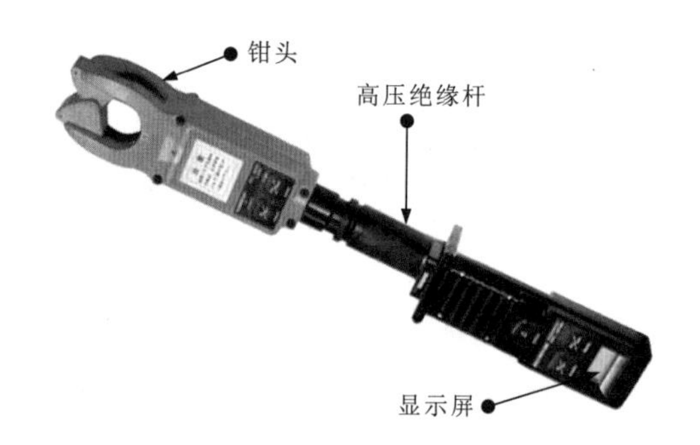

图8-2　高压钳形表的实物外形

3 漏电电流数字钳形表

图8-3为漏电电流数字钳形表的实物外形。

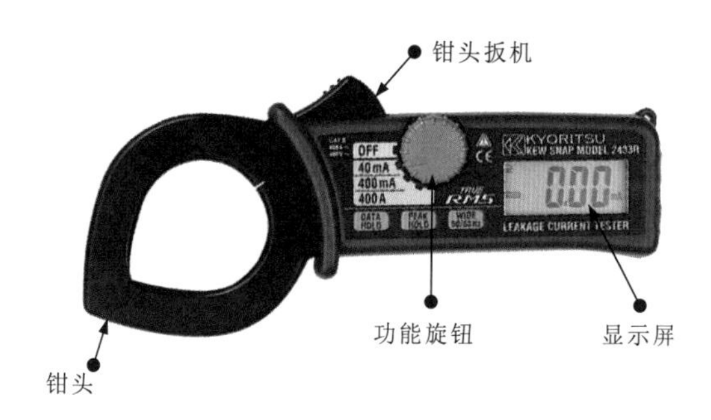

图8-3　漏电电流数字钳形表的实物外形

钳形表按照检测电流可以分为交/直流模拟钳形表、直流数字钳形表、交流数字钳形表等，如图8-4所示。

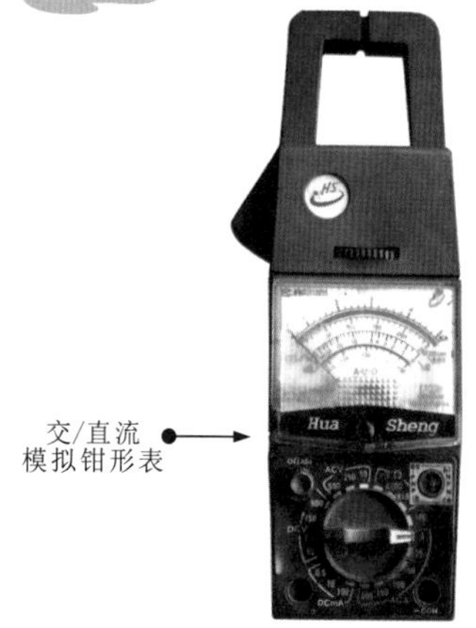

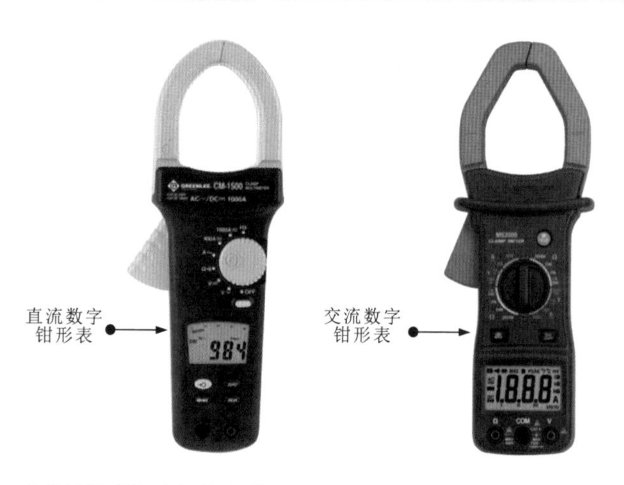

图8-4　不同类型钳形表的实物外形

8.1.2 钳形表的键钮分布

图8-5为典型钳形表的外形结构。

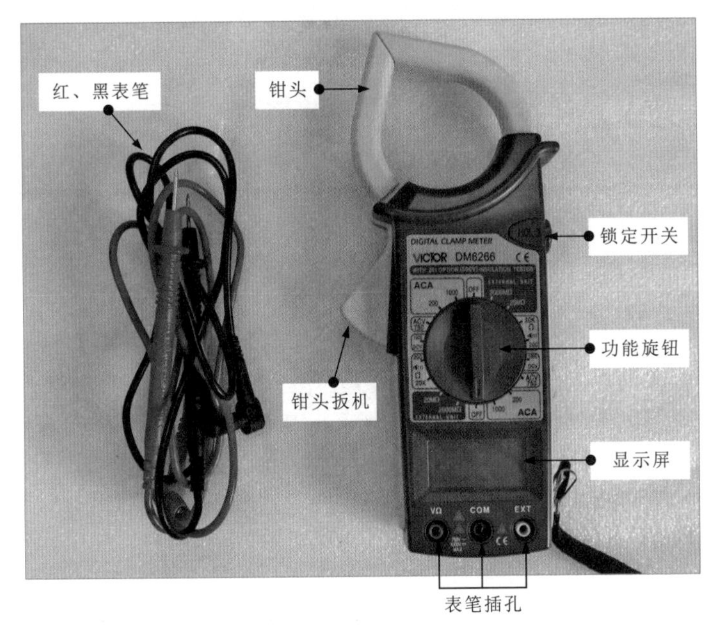

图8-5 典型钳形表的外形结构

钳形表主要是由钳头、钳头扳机、锁定开关、功能旋钮、显示屏、表笔插孔和红、黑表笔等构成的。

1 钳头扳机和钳头

图8-6为钳形表的钳头扳机和钳头。钳形表的钳头扳机用于控制钳头的开启和闭合，当闭合钳头时可以产生电磁感应，主要用于检测电流。

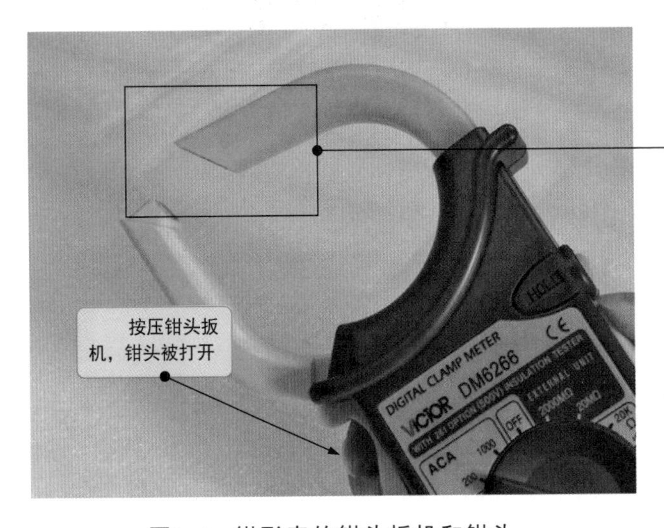

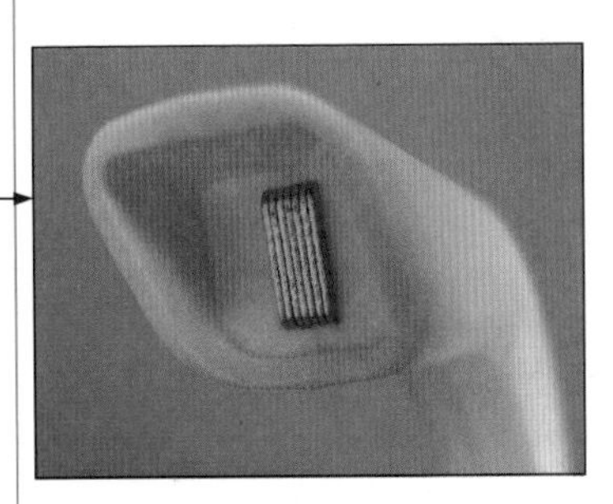

图8-6 钳形表的钳头扳机和钳头

当按压钳头扳机时，钳头被打开，在钳头的接口处可以看到铁芯；当松开钳头扳机时，钳头被闭合。

2 锁定开关

划重点

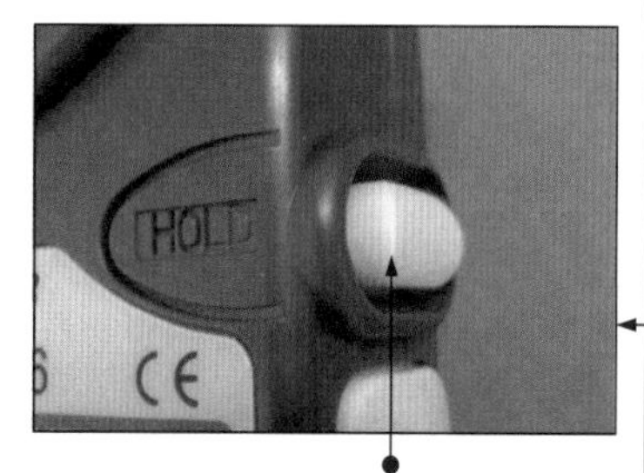

锁定开关通常位于钳形表的一侧，用HOLD表示，按下时即可锁定检测数据，再次按下时，即可清除锁定的检测数据，可以继续进行检测。

图8-7为钳形表的锁定开关。锁定开关用于锁定显示屏上显示的数据，方便在空间较小或黑暗的地方锁定检测数值。若继续检测需要去除保存的数据时，再次按下锁定开关即可。

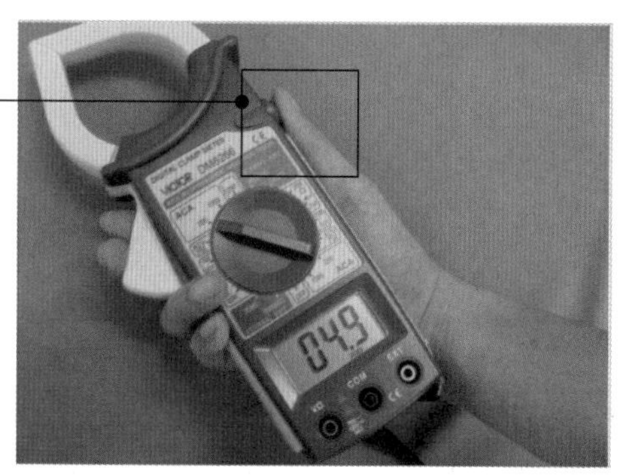

图8-7 钳形表的锁定开关

3 功能旋钮

图8-8为钳形表的功能旋钮。

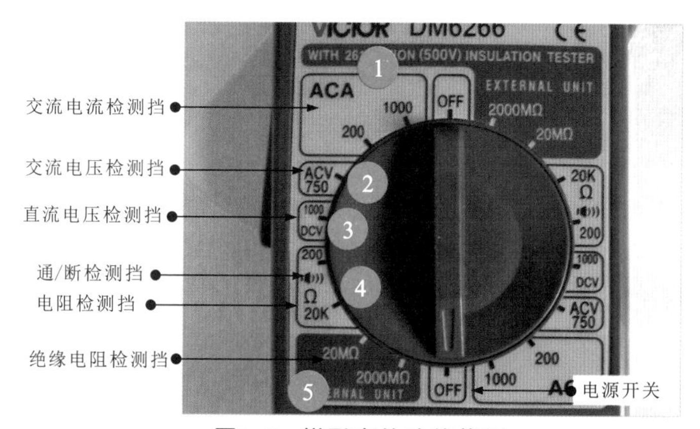

图8-8 钳形表的功能旋钮

1 用来对线路或电气设备的交流电流进行检测，包括200A/1000A两个量程：当检测的交流电流小于200A时，置于ACA200挡；当检测的交流电流大于200A小于1000A时，置于ACA1000挡。

2 用来对线路或电气设备的交流供电电压进行检测，量程为750V。

3 用来对线路或电气设备的直流供电电压进行检测，量程为1000V。

4 用来对元器件的阻值进行检测，量程为200Ω/20kΩ。

5 用来检测各种低压电气设备绝缘电阻的阻值，通过测量结果可以判断低压电气设备的绝缘性能是否良好，包括20MΩ/2000MΩ两个量程。检测时，需要连接500V的测试附件，在正常情况下，若未连接500V的测试附件，则显示屏的显示值处于游离状态。

4 显示屏

图8-9为钳形表的显示屏。

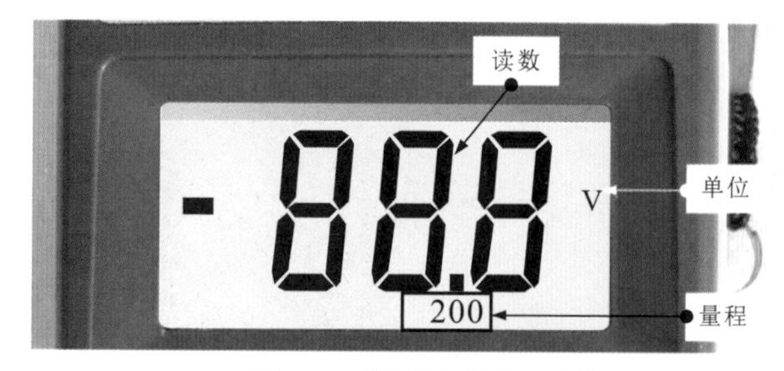

图8-9 钳形表的显示屏

钳形表的显示屏主要用于显示检测时的量程、单位、检测数值及其极性等。

5 表笔插孔

图8-10为钳形表的表笔插孔。钳形表的表笔插孔用于连接红、黑表笔和绝缘测试附件。

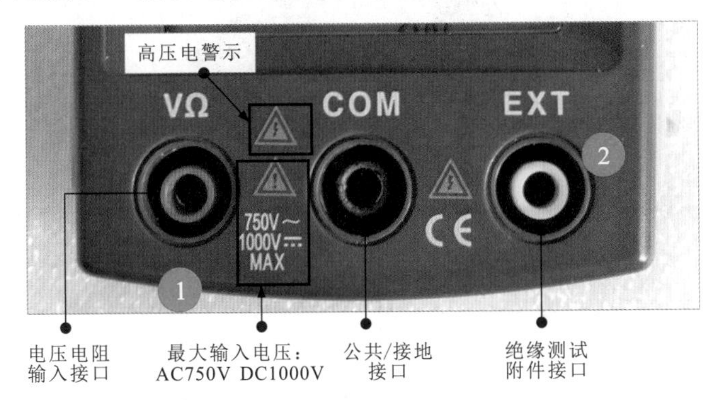

图8-10 钳形表的表笔插孔

划重点

1 在测量交流电压、直流电压、电阻时需要用到电压电阻输入接口（红表笔接口）、公共/接地接口（黑表笔接口）。

2 在测量绝缘电阻时，需要将500V的测试附件与绝缘测试附件接口（EXT）连接。

8.1.3 钳形表的工作原理

图8-11为典型钳形表的内部功能框图。

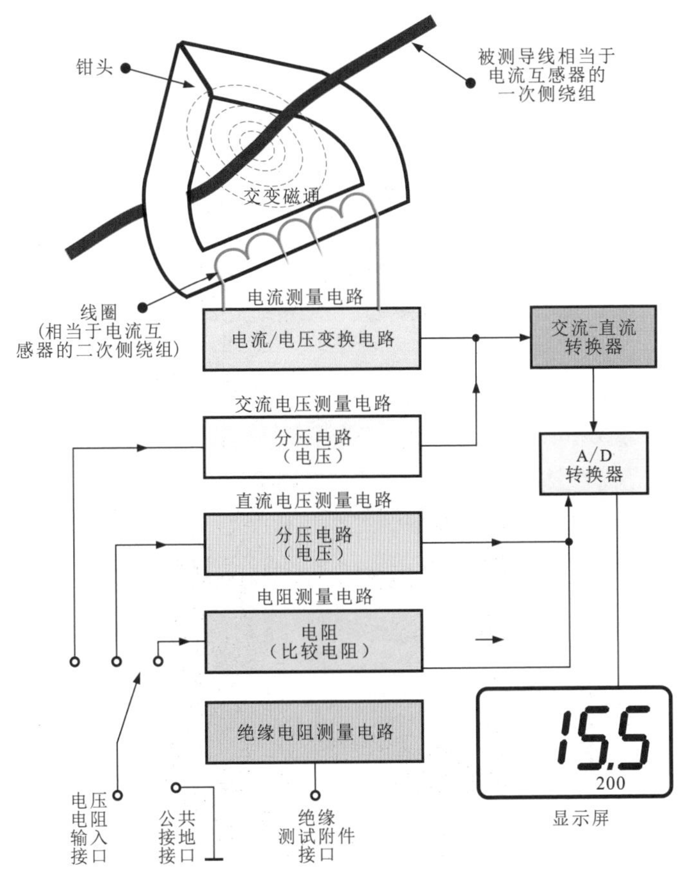

图8-11 典型钳形表的内部功能框图

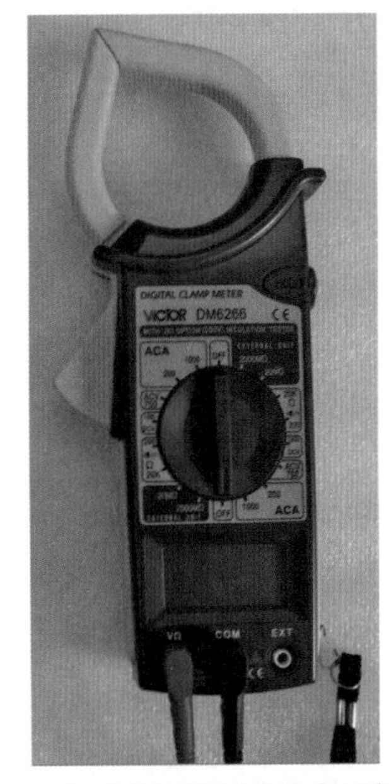

数字钳形表通过改变量程可使表笔插孔与不同的测量电路连接，测量电路将信号送入A/D转换器，经处理后送入显示屏显示测量数据。

钳形表检测交流电流的原理是建立在电流互感器工作原理的基础上的。当按压钳形表的钳头扳机时，钳头可以张开，钳住被测导线，当被测导线通过交流电流时，产生的交变磁通使二次侧绕组产生感应电流。

图8-12为钳形表检测电流的原理。

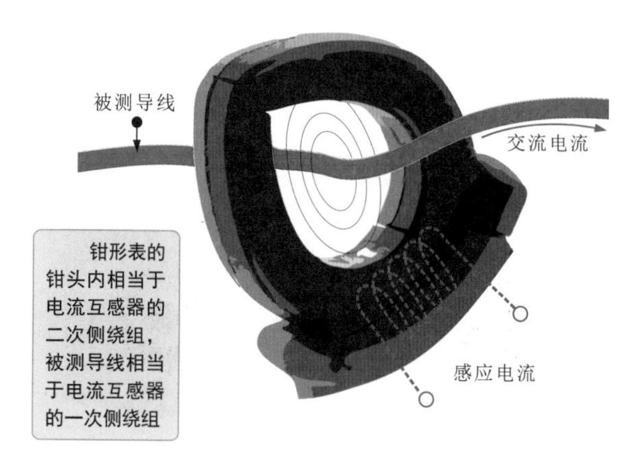

图8-12　钳形表检测电流的原理

钳形表的使用

8.2.1 钳形表的调整

在使用钳形表检测电流时，首先应当检查钳形表的绝缘外壳是否发生破损，同时，在测量前，还要对待测线缆的额定电流进行核查，以确定是否符合测量范围。

图8-13为钳形表自身性能及待测电流的核查。

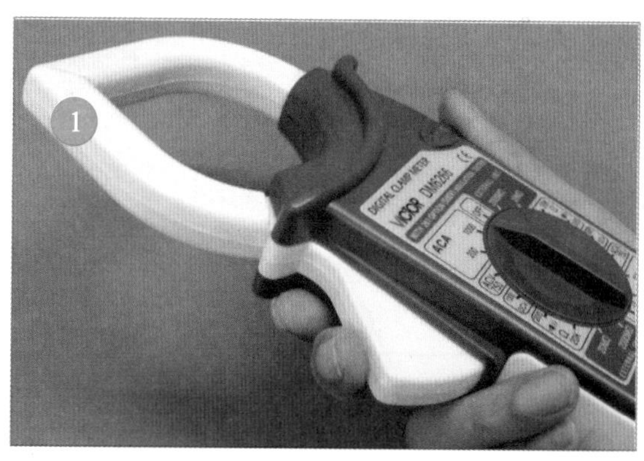

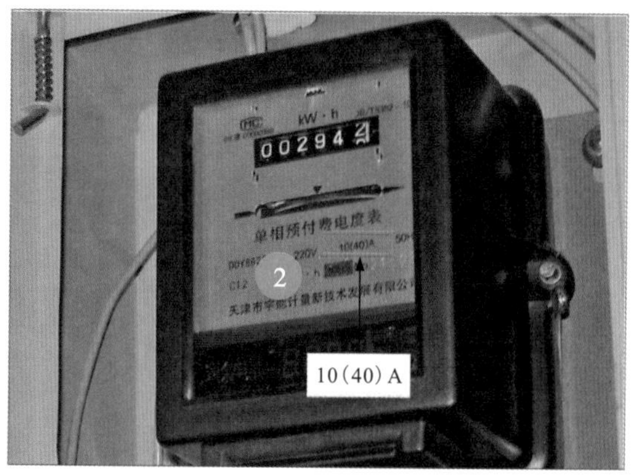

图8-13　钳形表自身性能及待测电流的核查

1 检查钳形表是否有电及钳形表的绝缘外壳是否破损。

2 额定电流为40A。由于供电线缆的电流需流经电度表，因此可以得知被测线缆的最大电流不会超过40A。

图8-14为钳形表测量挡位的调整。

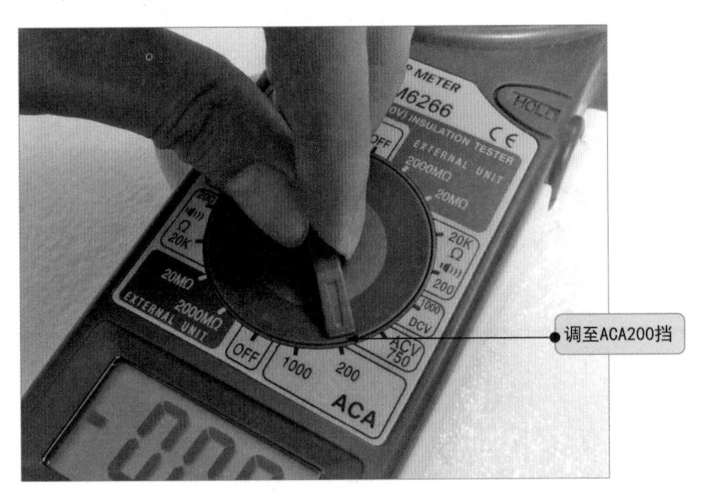

图8-14　钳形表测量挡位的调整

8.2.2 钳形表的测量操作

图8-15为钳形表测量电流的操作方法。

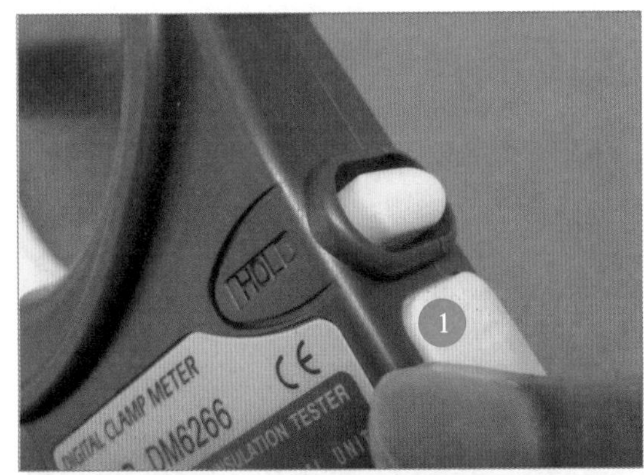

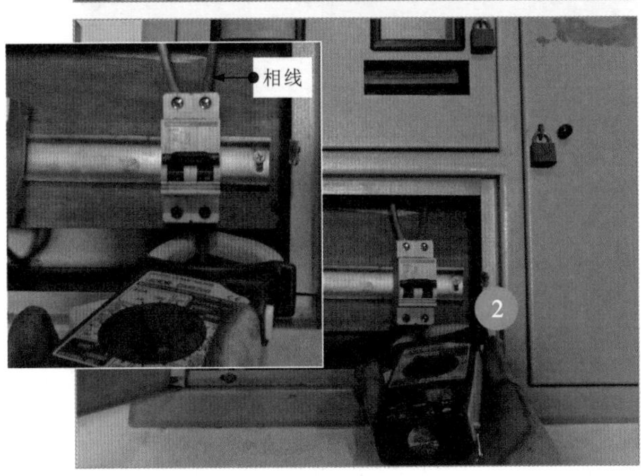

图8-15　钳形表测量电流的操作方法

若需要检测线缆通过的额定电流，则应选择比额定电流大的挡位，将钳形表的功能旋钮调至ACA200挡。

1 当调节好钳形表的挡位后，先确定HOLD（锁定开关）键已被打开。

2 按压钳头扳机，张开钳头，钳住待测线缆中的相线，松开钳头扳机，紧闭钳头，此时即可观察钳形表显示的数值。若无法直接观察检测数值，则可以按下HOLD键，取出钳形表后，即可读取显示屏上显示的检测数值。

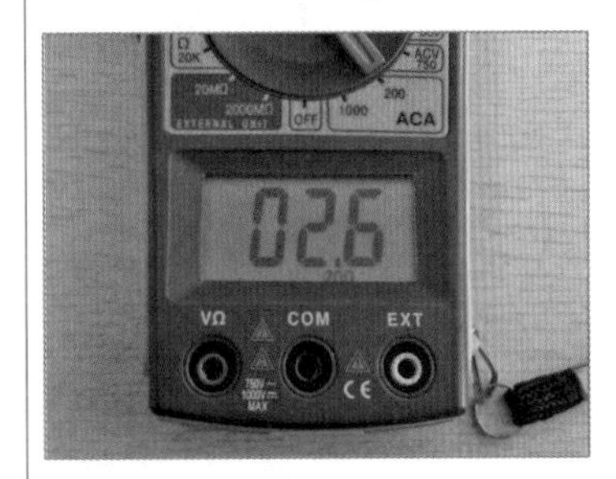

读取显示屏显示结果，当前电流测量值为2.6A。

兆欧表的用法

9.1 兆欧表的特点

9.1.1 兆欧表的种类

兆欧表也可以称为绝缘电阻表，主要用来检测电气设备、家用电器及线缆的绝缘电阻或高值电阻。常见的兆欧表有手摇式兆欧表和电动式兆欧表。

1 手摇式兆欧表

手摇式兆欧表是一种带有手动摇柄的兆欧表。其内部无内置电池，安装有小型手摇发电机，可以将手动摇柄产生的高压加到检测端。图9-1为手摇式兆欧表的实物外形，结构较为简单，容易维护，是电工操作中最常使用的检测仪表之一。

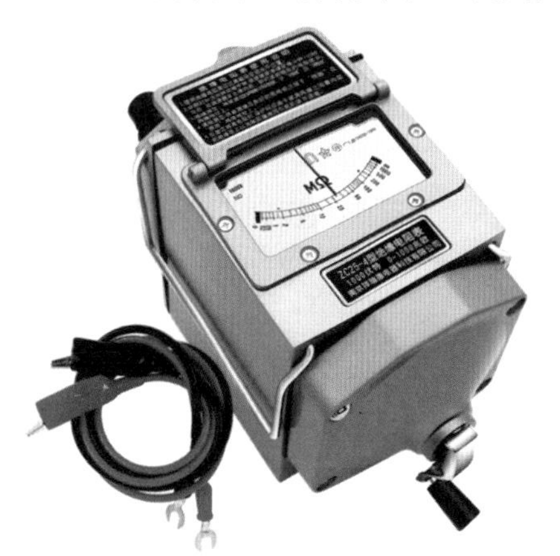

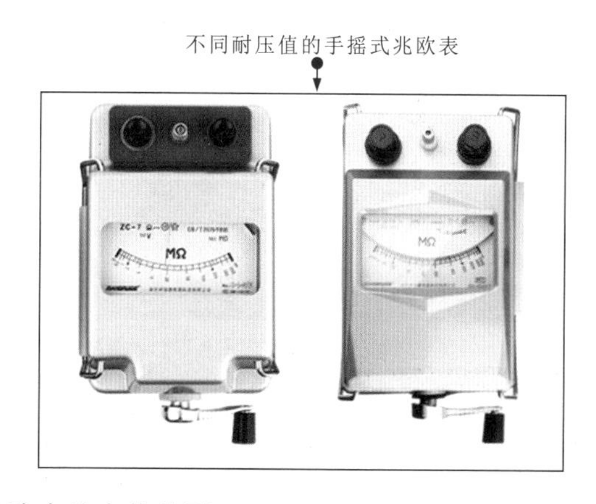

图9-1　手摇式兆欧表的实物外形

手摇式兆欧表通常只能产生一种电压，当需要测量不同电压下的绝缘电阻时，就要选择相应的手摇式兆欧表。若需要测量额定电压在500V以下电气设备或线路的绝缘电阻时，应选用500V或1000V的手摇式兆欧表；若需要测量额定电压在500V以上电气设备或线路的绝缘电阻时，应选用1000～2500V的手摇式兆欧表；若需要测量绝缘子时，应选用2500～5000V的手摇式兆欧表。在一般情况下，测量低压电气设备的绝缘电阻可选用0～200MΩ的手摇式兆欧表。

2 电动式兆欧表

电动式兆欧表又称电子式兆欧表，根据显示检测数值的方式不同，可分为数字式兆欧表和指针式兆欧表。

① 数字式兆欧表

数字式兆欧表使用数字直接显示测量数值。

图9-2为数字式兆欧表的实物外形。

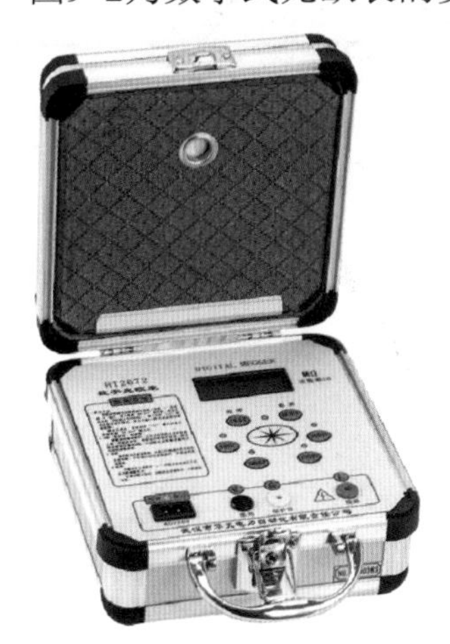

图9-2 数字式兆欧表的实物外形

数字式兆欧表内部常使用内置电池作为电源，并采用DC/DC变换技术将兆欧表提升至所需的直流高压，具有测量精度高、输出稳定、功能多样、经久耐用等特点，可以通过改变挡位来改变输出电压。

② 指针式兆欧表

图9-3为指针式兆欧表的实物外形。指针式兆欧表采用指针指示的方式显示测量数值。

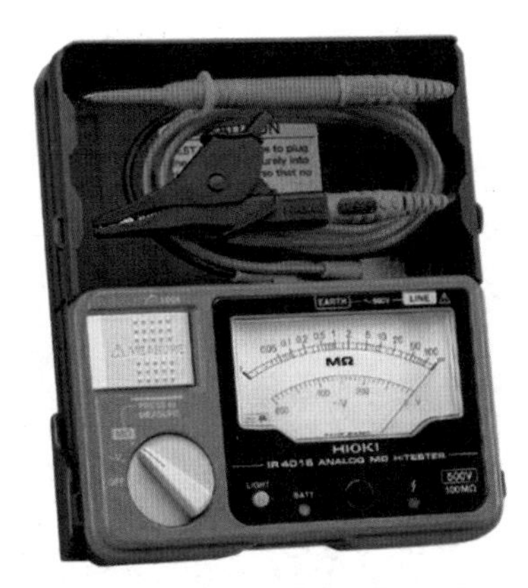

图9-3 指针式兆欧表的实物外形

指针式兆欧表的内部同样设有内置电池作为电源，并使用刻度表的方式通过指针指示测量的数值。该类兆欧表具有体积小、质量轻、便于携带等特点。

兆欧表可以测量所有导电型、抗静电型及静电泄放型材料的阻抗或电阻。使用兆欧表测出绝缘性能不良的电气设备可以有效避免发生触电伤亡及设备损坏的事故。

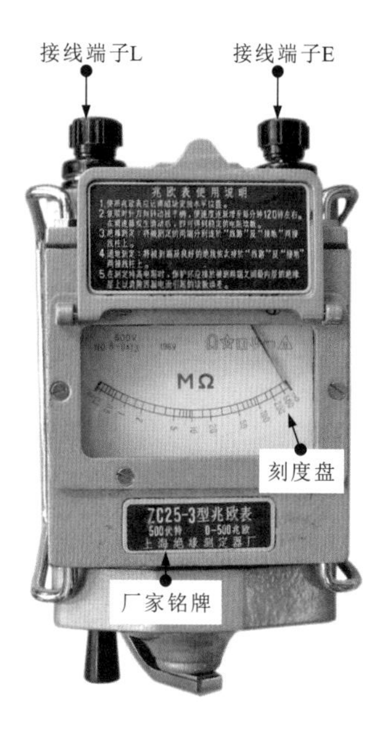

9.1.2 手摇式兆欧表的键钮分布

图9-4为手摇式兆欧表的外形结构。手摇式兆欧表主要由刻度盘、接线端子、手动摇杆、测试线等部分构成。

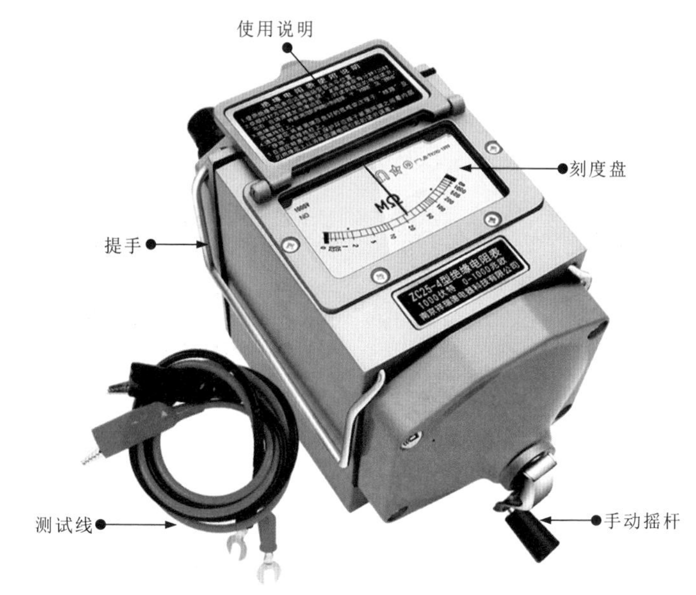

图9-4 手摇式兆欧表的外形结构

通常，在手摇式兆欧表上有厂家铭牌和使用说明，用户可以了解产品信息和使用要求。

图9-5为手摇式兆欧表上的厂家铭牌和使用说明。厂家铭牌上标有型号、额定电压、量程和生产厂家等信息；使用说明位于刻度盘的上方，简单介绍使用方法和注意事项。

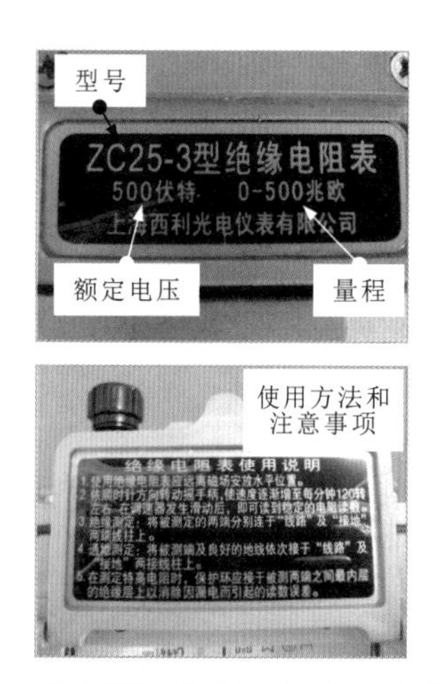

使用说明标注了该兆欧表的基本使用方法和使用注意事项。

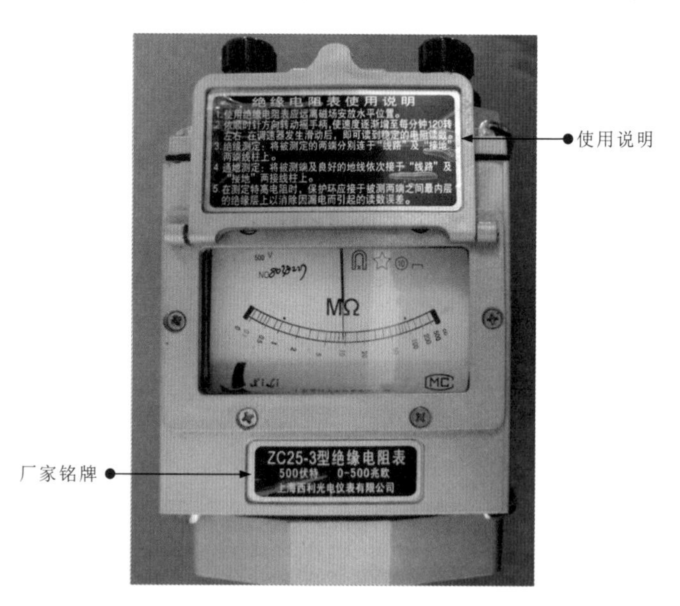

图9-5 手摇式兆欧表上的厂家铭牌和使用说明

1 刻度盘

图9-6为手摇式兆欧表的刻度盘。

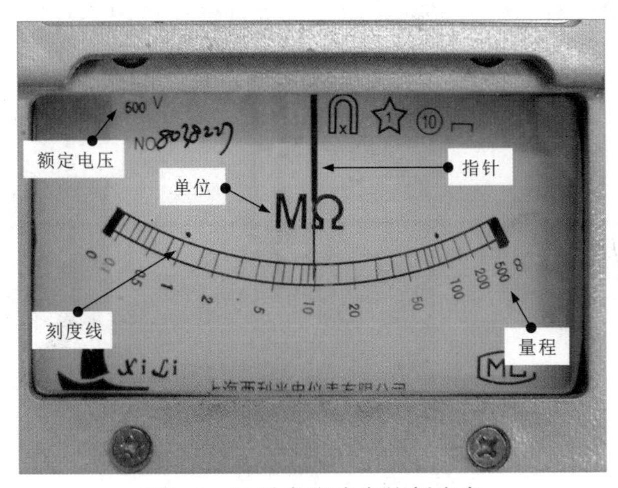

图9-6 手摇式兆欧表的刻度盘

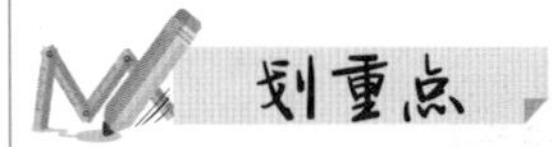

手摇式兆欧表的刻度盘是由量程、刻度线、指针和额定电压等构成的，用指针方式指示测量结果，根据指针在刻度线上的指示位置即可读出当前测量的具体数值。

刻度盘上的标识信息表示该手摇式兆欧表的量程为500MΩ，额定输出电压为500V，指针初始位置一直处在10MΩ（有一些手摇式兆欧表的指针在待机状态下指向∞）。

2 接线端子

图9-7为手摇式兆欧表的接线端子。手摇式兆欧表的接线端子通过测试线与待测设备连接来检测绝缘电阻。

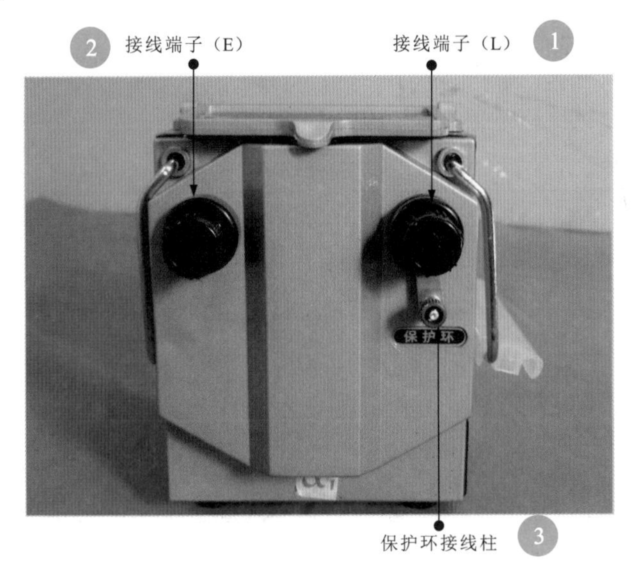

图9-7 手摇式兆欧表的接线端子

① 接线端子L是手摇式兆欧表的输出端，习惯上与红色测试线连接。

② 接线端子E习惯上使用黑色测试线与电气设备的外壳、接地棒及线路的绝缘层等连接。

③ 保护环接线柱在检测电缆绝缘电阻时用来与屏蔽线连接。

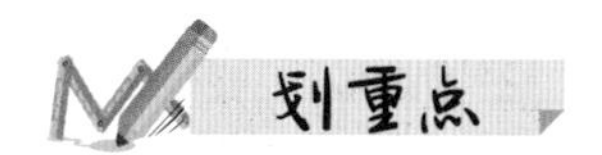

3 测试线

图9-8为手摇式兆欧表的测试线。手摇式兆欧表的测试线分为红色测试线和黑色测试线，可用来与待测设备连接。

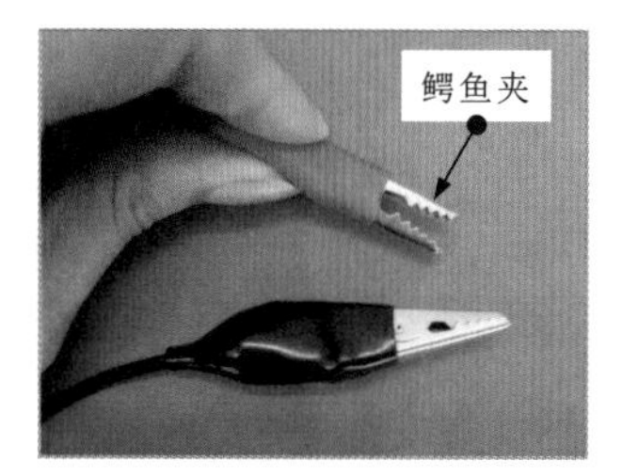

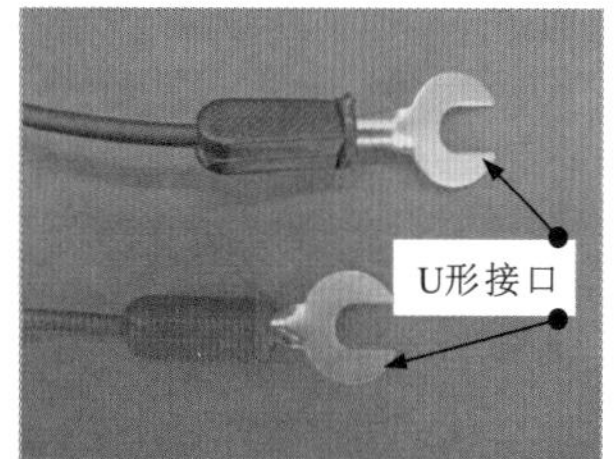

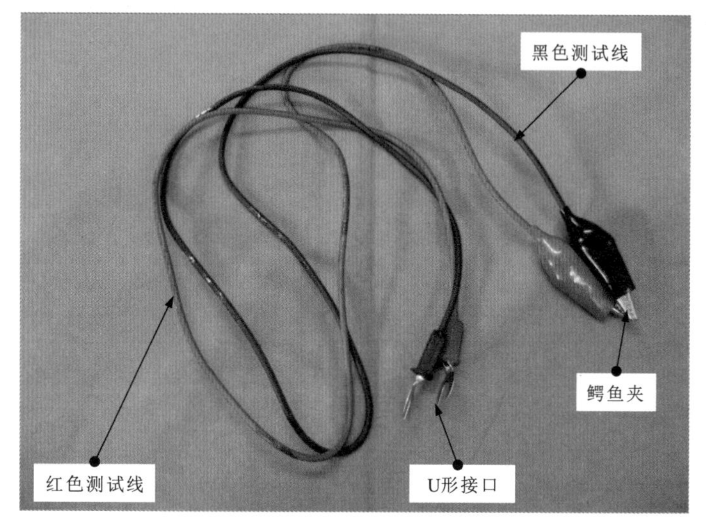

图9-8　手摇式兆欧表的测试线

红色测试线与接线端子（L）连接；黑色测试线与接线端子（E）连接。测试线的一端为U形接口，与接线端子连接；另一端为鳄鱼夹，用来夹住待测部位，可有效防止滑脱。

4 手动摇杆

图9-9为手摇式兆欧表的手动摇杆。

手摇式兆欧表的手动摇杆与内部直流发电机连接，当顺时针摇动手动摇杆时，手摇式兆欧表中的小型直流发电机发电，为检测电路提供高压。

图9-9　手摇式兆欧表的手动摇杆

9.1.3 电动式兆欧表的键钮分布

图9-10为电动式兆欧表的外形结构。

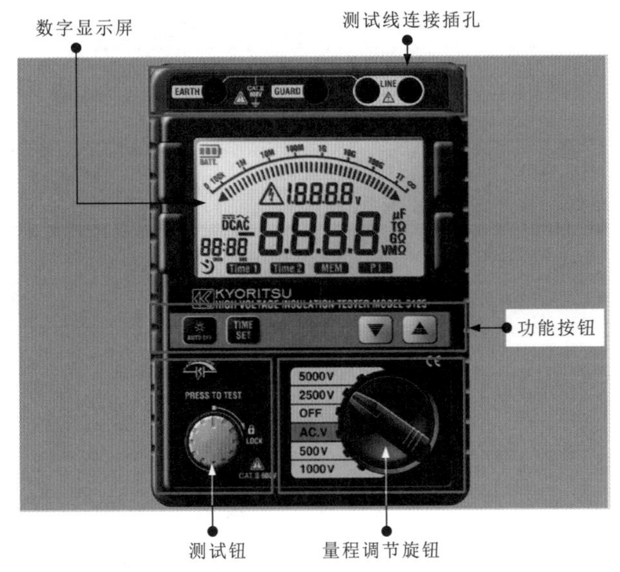

图9-10 电动式兆欧表的外形结构

电动式兆欧表主要由数字显示屏、测试线连接插孔、功能按钮、量程调节旋钮及测试钮等部分构成。

1 数字显示屏

图9-11为电动式兆欧表的数字显示屏。数字显示屏用来显示兆欧表的工作状态及测量结果。

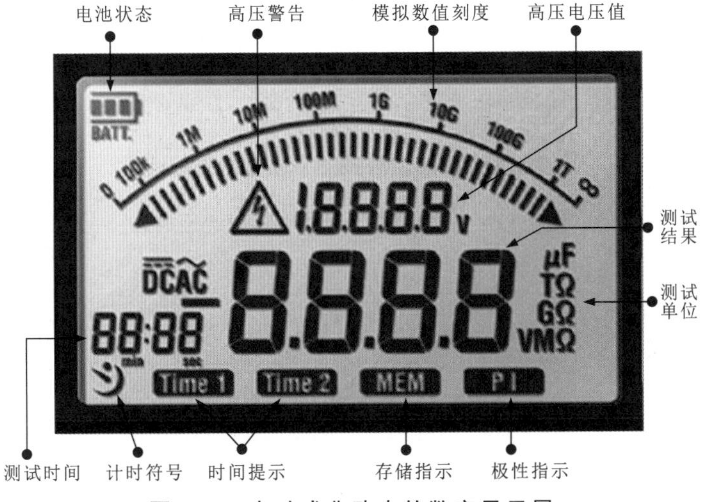

图9-11 电动式兆欧表的数字显示屏

电动式兆欧表的数字显示屏可以显示被测数值及辅助信息，如电池状态、高压电压值、高压警告、测试时间、存储指示、极性指示等。

数字显示屏直接显示测试时所选择的高压电压值及高压警告；通过电池状态可以了解数字式兆欧表内的电量；测试时间可以显示测试检测的时间；计时符号闪动表示当前处于计时状态；测试结果可以通过模拟数值刻度读出，也可以直接显示。

表9-1为数字显示屏显示符号的意义。

表9-1　数字显示屏显示符号的意义

显示符号	意义	说明
BATT	电池状态	显示电池的使用量
	模拟数值刻度	显示数值的范围
1.8.8.8.8 v	高压电压值	输出高压值
	高压警告	按下测试键后，输出高压时，点亮
88:88 min see	测试时间	显示测试的时间
	计时符号	当处在测试状态时，闪动，正在计时
8.8.8.8	测试结果	测试的数值结果，无穷大显示为—— ——
μF，TΩ，GΩ，VMΩ	测试单位	测试结果的单位
Time1	时间提示	到时间提示
Time2	时间提示	到时间提示并计算吸收比
MEM	存储指示	按下显示测试结果时，点亮
P1	极性指示	极性符号，当时间提示（Time2）显示后，点亮

电动式兆欧表共有三类连接插孔：地线连接插孔（EARTH）、屏蔽线连接插孔（GUARD）、线路连接插孔（LINE）。通常，在检测绝缘电阻时只连接地线连接插孔和线路连接插孔。只有在检测有屏蔽层的电缆时，才将屏蔽线连接到GUARD。

2 测试线连接插孔

图9-12为电动式兆欧表的测试线连接插孔。

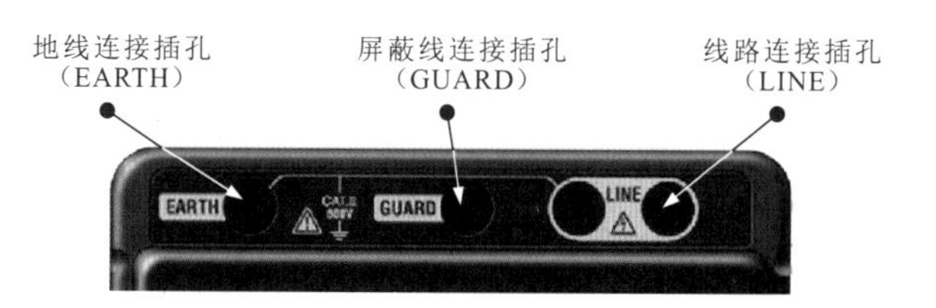

图9-12　电动式兆欧表的测试线连接插孔

3 功能按钮

图9-13为电动式兆欧表的功能按钮。电动式兆欧表的功能按钮主要是由背光灯控制键、时间设置键和上下控制键构成的。

背光灯控制键可以控制数字显示屏内的背光灯点亮或熄灭；时间设置键用来设置显示的时间等信息；上下控制键用来控制数据的读取与数据的修改等。

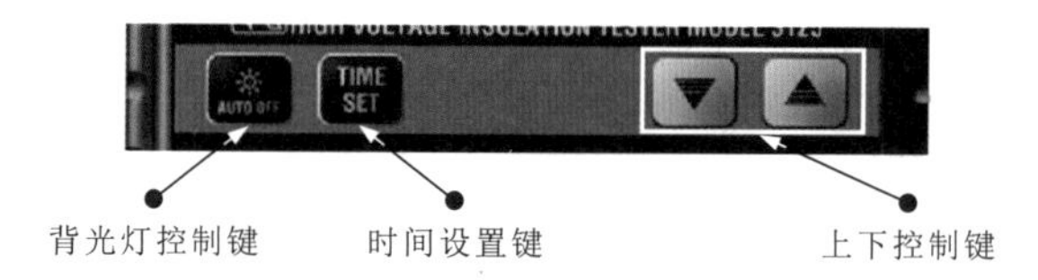

图9-13　电动式兆欧表的功能按钮

4 量程调节旋钮

图9-14为电动式兆欧表的量程调节旋钮。

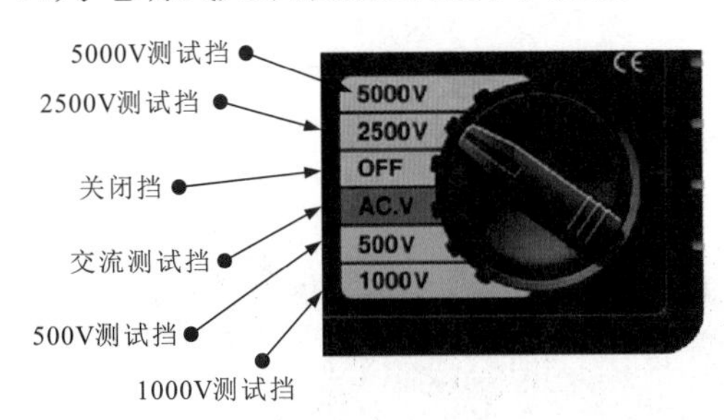

图9-14 电动式兆欧表的量程调节旋钮

5 测试钮

图9-15为电动式兆欧表的测试钮。

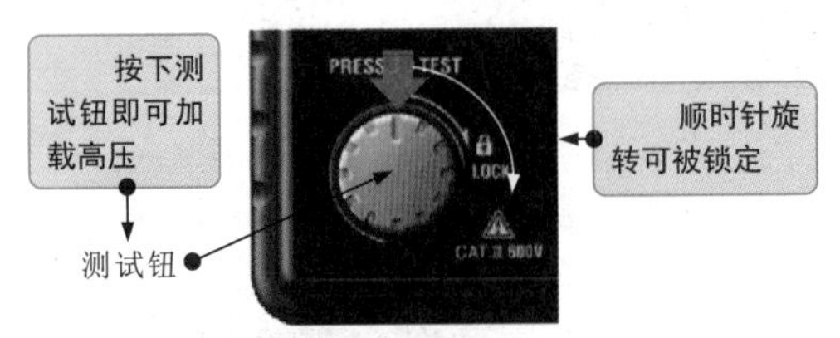

图9-15 电动式兆欧表的测试钮

划重点

电动式兆欧表的量程调节旋钮可选择测试挡位和测试量程。

电动式兆欧表可以调节的量程有交流测试挡、关闭挡及500V、1000V、2500V、5000V等多个测试挡。

测量时，按下测试钮即可加载高压，此时若旋转测试钮，则可被锁定，可以一直为被测设备加载高压。

多说两句！

厂家不同，数字式兆欧表的外形结构也不同。图9-16为两种由不同厂家生产的数字式兆欧表的外形结构。

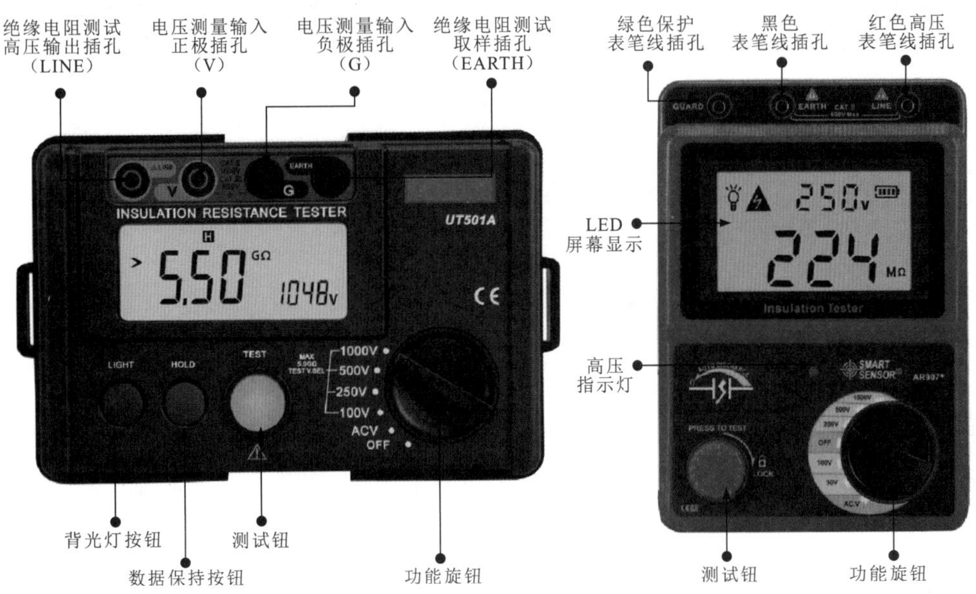

图9-16 两种由不同厂家生产的数字式兆欧表的外形结构

1 拧松L接线端子，固定红色测试线。

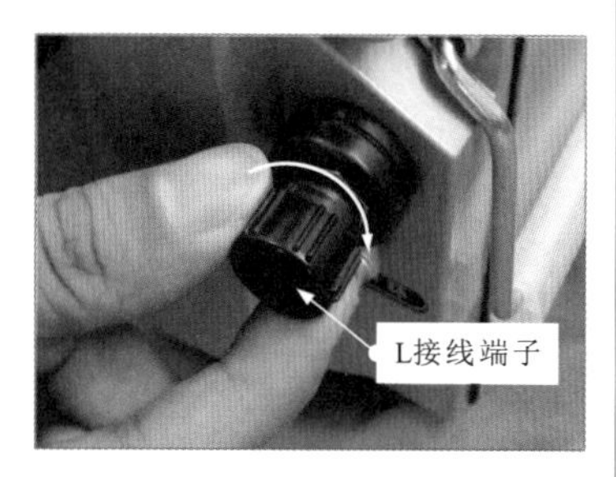

2 拧松E接线端子，固定黑色测试线。

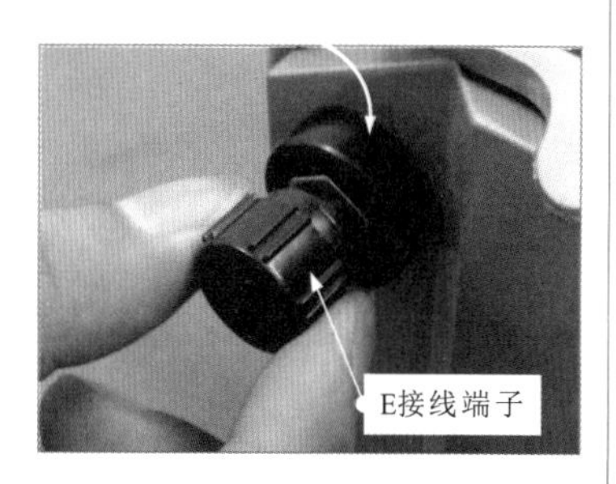

在使用兆欧表测量时，被测设备的额定电压是选择兆欧表规格参数的重要标准。一般要求选用的兆欧表耐压值要与被测设备或线路的额定电压相适应，测量量程也必须与被测设备或线路测量数值相适合。

9.2 兆欧表的使用

9.2.1 连接测试线

图9-17为兆欧表测试线的连接方法。

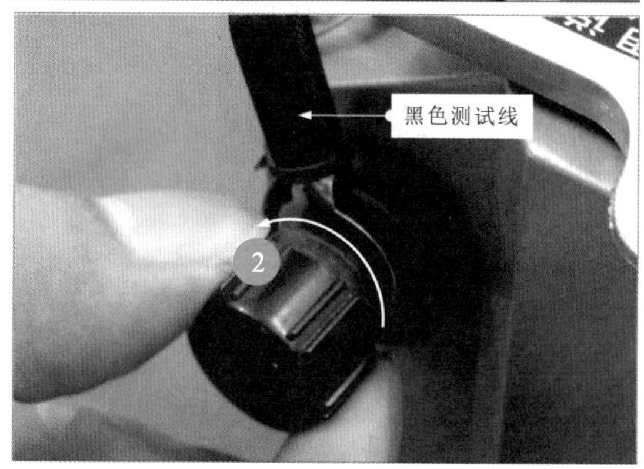

图9-17　兆欧表测试线的连接方法

被测设备在不同电压等级时，要对应选用兆欧表的规格及对绝缘电阻的基本要求。表9-2为不同电压等级对应选用兆欧表的规格及对绝缘电阻的基本要求。

表9-2　不同电压等级对应选用兆欧表的规格及对绝缘电阻的基本要求

电压等级	兆欧表的规格	绝缘电阻（20℃）
220V以下	250V	0.5MΩ
380V（低于500V）	500V	0.5MΩ
1kV以下	1000V	10MΩ
小于2. 5kV	2500V	300MΩ
小于5. 0kV	5000V	800MΩ

9.2.2 空载测试（自检）

图9-18为兆欧表测试线的连接方法。

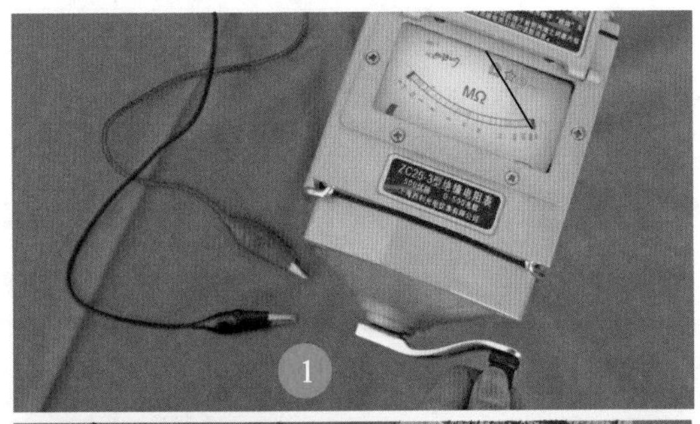

1 将红、黑测试夹分开，顺时针摇动手动摇杆，指针指向∞。

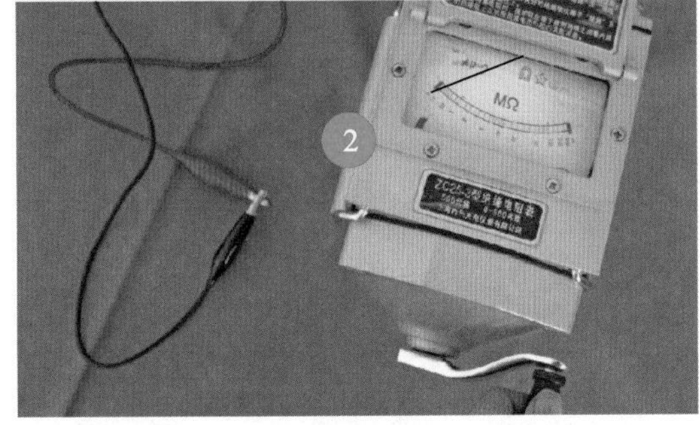

2 将红、黑测试夹短接，顺时针摇动手动摇杆，指针指向0。

图9-18 兆欧表测试线的连接方法

9.2.3 检测室内供电线路的绝缘电阻

在使用手摇式兆欧表检测时，先将室内供电线路的总断路器断开，再将红色测试线与支路开关（照明支路）的输出端连接，黑色测试线与室内地线或接地端（接地棒）连接；然后顺时针转动手动摇杆。若测得绝缘电阻约为500MΩ，则说明供电线路的绝缘性很好，很安全。切忌，不可带电检测。图9-19为使用兆欧表检测室内供电线路的绝缘电阻。

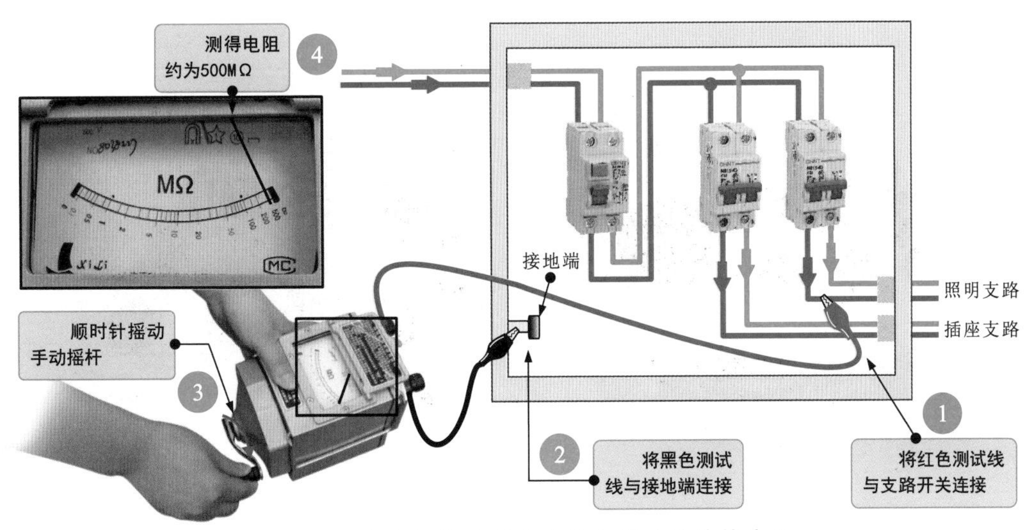

图9-19 使用兆欧表检测室内供电线路的绝缘电阻

第10章 电桥的用法

10.1 电桥的特点

电桥是一种应用比较广泛的电磁测量仪表，采用比较法测量电阻、电容、电感等，灵敏度和准确度较高。典型电桥的实物外形如图10-1所示。

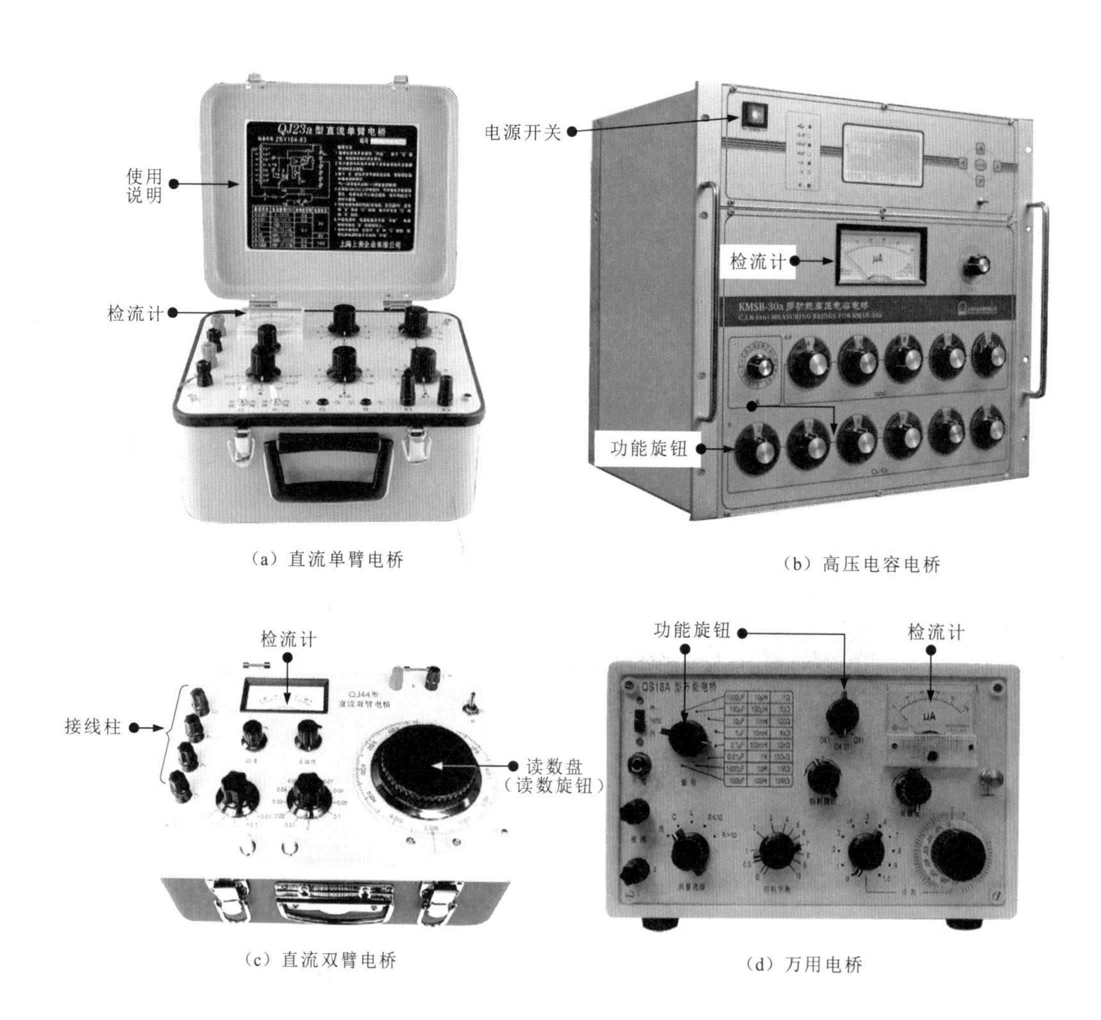

（a）直流单臂电桥　（b）高压电容电桥　（c）直流双臂电桥　（d）万用电桥

图10-1　典型电桥的实物外形

10.1.1 直流单臂电桥

图10-2为典型直流单臂电桥（QJ23型）的实物外形。直流单臂电桥是较为常见的电桥之一。

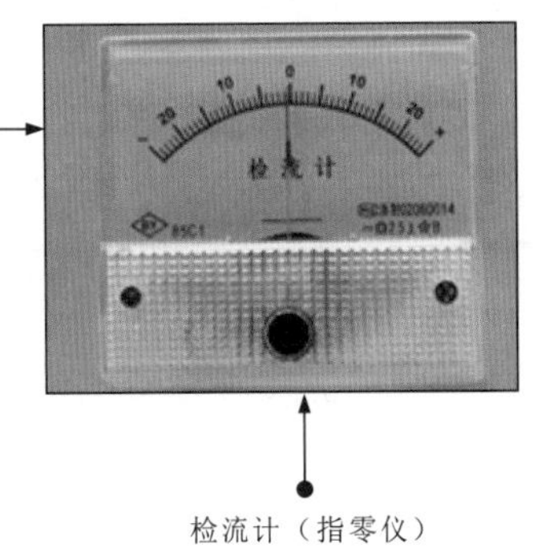

检流计（指零仪）

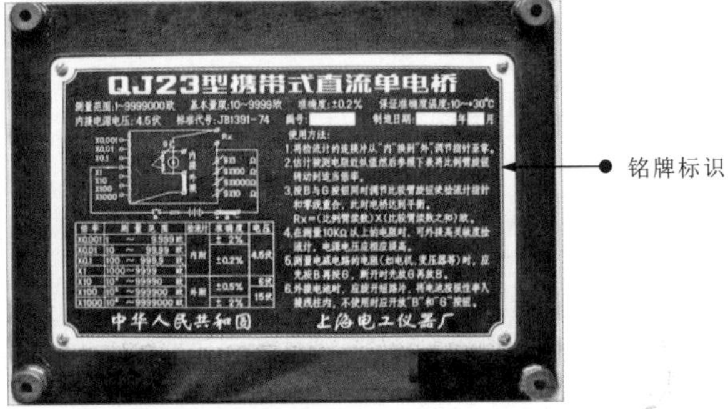

铭牌标识

图10-2 典型直流单臂电桥(QJ23型)的实物外形

QJ23型直流单臂电桥采用惠斯通电桥线路，主要是由测量盘、量程变换器、指零仪及电源等组件构成的，可以检测0～9.999MΩ的元器件。

图10-3为直流单臂电桥的工作原理。

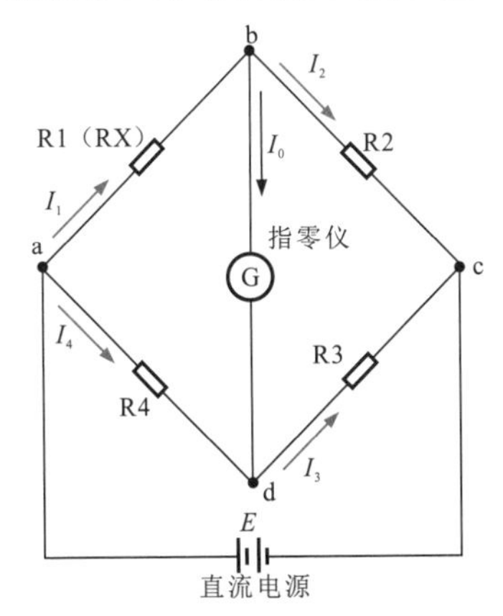

图10-3 直流单臂电桥的工作原理

图10-3中，电阻R1、R2、R3、R4所在的支路被称为电桥的4个臂。其中，1个臂连接被测电阻RX，其他几个臂连接标准电阻，G为检流计（指零仪），用来检测所在支路有无电流。

当检流计G无电流通过时（指针指向0位），称电桥达到平衡状态。平衡时，4个臂的阻值满足一个简单的关系，利用这一关系即可获得被测电阻的阻值。

根据电桥的平衡关系，在已知3个臂电阻相同的情况下，就可以确定另外一个臂被测电阻的阻值，即

$$R_x = \frac{R_2 R_4}{R_3}$$

1 使用条件

QJ23型直流单臂电桥的使用条件见表10-1。

表10-1 QJ23型直流单臂电桥的使用条件

有效量程	温度参考值	温度标称使用范围	相对识读标称使用范围
<1MΩ	（20±1.5）℃	5～35℃	25%～80%
≥1MΩ	（20±1.0）℃	10～30℃	25%～75%

2 基本误差的允许极限

QJ23型直流单臂电桥基本误差的允许极限见表10-2。

表10-2 QJ23型直流单臂电桥基本误差的允许极限

量程倍率	有效量程	分辨率	基本误差的允许极限（Ω）	电源
×0.001	0～9.999Ω	0.001Ω	±(2%x+0.002)	4.5V
×0.01	0～99.99Ω	0.01Ω	±(0.2%x+0.002)	
×0.1	0～999.9Ω	0.1Ω	±(0.2%x+0.02)	
×1	0～9.999kΩ	1Ω	±(0.2%x+0. 2)	
×10	0～99.99kΩ	10Ω	±(0.5%x+5)	6V
×100	0～999.9kΩ	100Ω	±(0.5%x+50)	15V
×1000	0～4.999MΩ	1kΩ	±(2%x+2000)	21V
	5～9.999MΩ			36V

注：x为电桥平衡后的测量盘读数之和乘以量程倍率所得的数值。

3 指零仪的灵敏度

QJ23型直流单臂电桥指零仪的灵敏度见表10-3。

表10-3 QJ23型直流单臂电桥指零仪的灵敏度

量程倍率	有效量程	灵敏度	标准度等级	电源
×0.001	0～9.999Ω	0.001Ω	2	4.5V
×0.01	10～99.99Ω	0.01Ω	0.3	
×0.1	100～999.9Ω	0.1Ω		
×1	1～9.999kΩ	1Ω		
×10	10～99.99kΩ	10Ω	1	6V
×100	100～499.9kΩ	100Ω	2	15V
	500～999.9kΩ		5	
×1000	1～4.999MΩ	1kΩ	10	21V
	5～9.999MΩ			36V

10.1.2 直流双臂电桥

图10-4为典型直流双臂电桥（QJ44型）的实物外形。

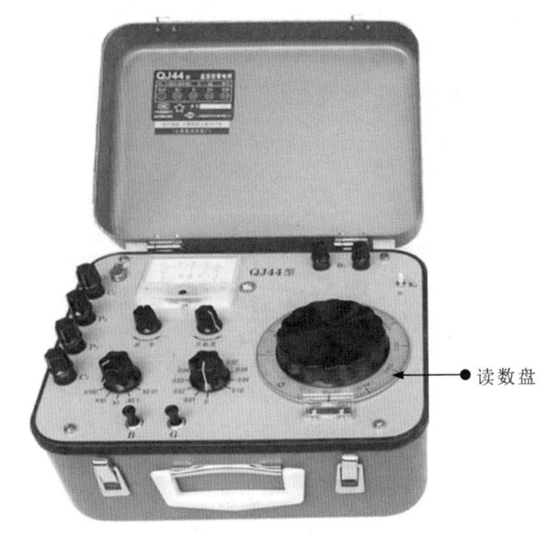

图10-4 典型直流双臂电桥(QJ44型)的实物外形

直流双臂电桥主要用来检测金属导体的导电系数、接触电阻、电动机和变压器的阻值及各类直流低值电阻，内附集成电路电子检流计和工作电源，适合工矿企业、实验室及车间等场所。

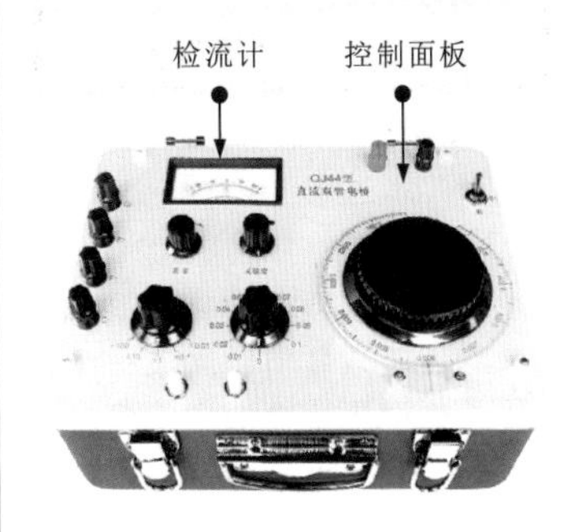

图10-5为直流双臂电桥的工作原理。

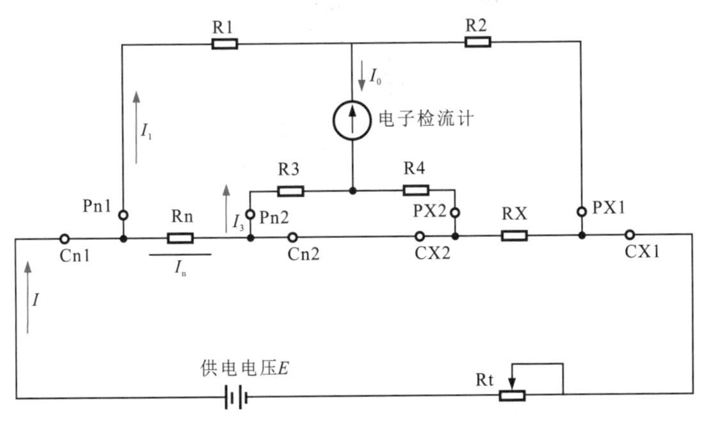

图10-5 直流双臂电桥的工作原理

检测时，直流双臂电桥的调节过程始终保持$R_3/R_1=R_4/R_2$，则被测电阻R_x就应满足

$R_x/R_n=R_1/R_2$

为了保证直流双臂电桥在平衡过程中R_3/R_1恒等于R_4/R_2，通常采用两个机械联动转换开关同时调节R_1与R_3、R_2与R_4，使两个比值总是保持相等。

直流双臂电桥允许误差极限为

$$E_{\text{lim}}=\pm\frac{C}{100}\left(\frac{R_N}{10}+X\right)$$

式中，C—误差等级指数；R_N—基准值；X—标准盘示值。

C、R_N的取值见表10-4。

表10-4 C、R_N的取值

量程倍率	×0.01	×0.1	×1	×10
C	1	0.2	0.2	0.2
R_N（Ω）	0.001	0.01	0.1	1

10.1.3 直流单双臂电桥

划重点

QJ47型 携带式直流 单双臂电桥

量程标识

铭牌标识

直流单双臂电桥将直流单臂电桥和直流双臂电桥制成一体，常用于检测工矿企业中的各种金属导体及各类开关的接触电阻等参数。

QJ47型直流单双臂电桥：
①准确度等级：0.05级。
②测量范围：10^{-3}～10^{6}Ω。

图10-6为典型直流单双臂电桥（QJ47型）的实物外形。

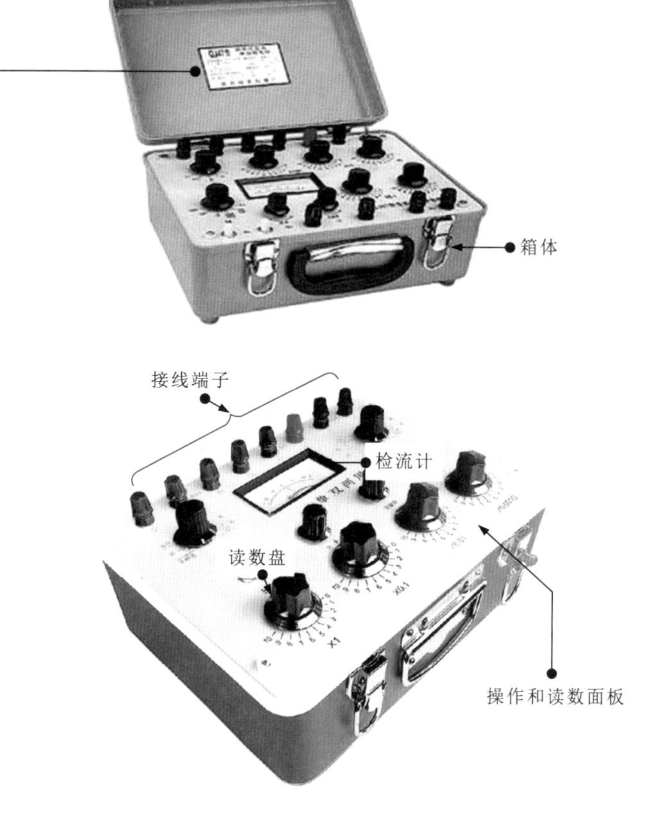

图10-6　典型直流单双臂电桥(QJ47型)的实物外形

QJ47型直流单双臂电桥基本误差时的参考条件见表10-5。

表10-5　QJ47型直流单双臂电桥基本误差时的参考条件

参考条件	周围温度				相对湿度	电源电源
	(20±2)℃	(20±5)℃	(20±2)℃	(20±5)℃		
	单臂电桥		双臂电桥			
有效量程（Ω）	10～10^{5}	10～10^{5}	10^{-2}～10^{2}	10^{-3}～10^{3}	40%～70%	单臂电桥（内）:1.5V 双臂电桥（外）:1.5～2V或2.5V
等级指数（%）	0.05	0.2	0.05	0.2		

QJ47型直流单双臂电桥标称使用极限范围及允许偏差见表10-6。

表10-6 QJ47型直流单双臂电桥标称使用极限范围及允许偏差

影响量	等级指数	标称使用极限范围			允许偏差
		有效量程10^{-2}～$10^{5}\Omega$	有效量程10^{5}～$10^{6}\Omega$	有效量程10^{-3}～$10^{-2}\Omega$	
周围温度	0.05%	（参考值±10）℃			100%
	0.2%		（参考值±15）℃	（参考值±18）℃	
相对湿度	所有等级	25%～80%			20%
电源电压	所有等级	-17%～+15%			10%

10.1.4 万能电桥

图10-7为典型万能电桥的实物外形。

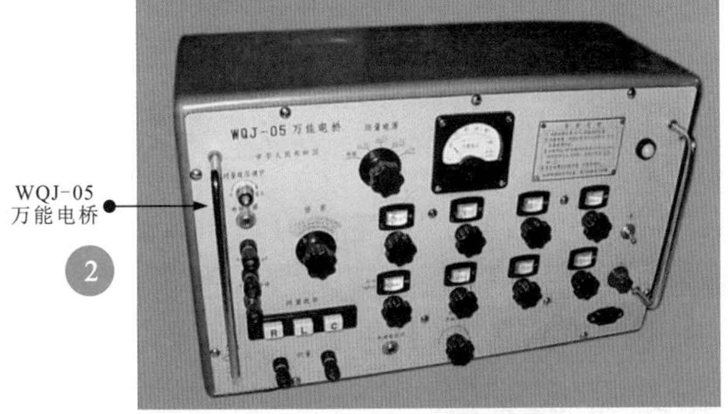

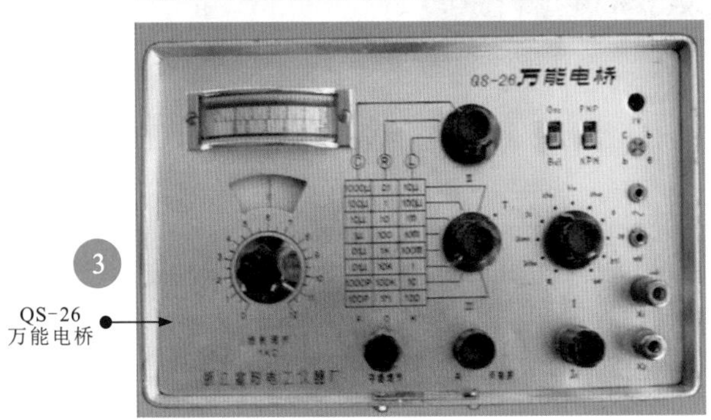

图10-7 典型万能电桥的实物外形

电桥主要由测量桥体、音频振荡器、交流放大器和平衡指示表（检流计）几部分组成。

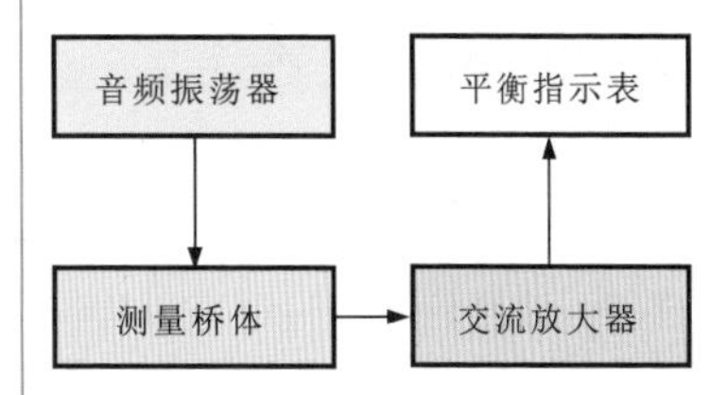

1 QS18A型万能电桥可以测量电阻器的阻值、电容器的电容量及其损耗因数、线圈的电感量及其品质因数（Q值）等参数。

2 WQJ-05万能电桥可以测量阻值为0.01Ω～1.2MΩ、电容量为1pF～122μF、电感量为1μH～121H的参数，同时还可以测量电容器的损耗因数、电感器的品质因数等。

3 QS-26万能电桥可以测量小功率晶体管的基极反向饱和电流、晶体管的漏电流、晶体管的特征频率及晶体管的放大倍数等参数。

万能电桥可以测量电阻器的阻值、电容器的电容量及电感器的电感量，测量时，通过万能电桥内部的切换开关将标准电阻、标准电容、标准电感与被测元器件组合成不同类型的电桥，包括测量电阻的惠斯通电桥、测量电容的电容串联比较电桥和电容并联比较电桥、测量电感的麦克斯韦-文氏电桥和海氏电桥。

10.1.5 高压电桥

图10-8为典型高压电桥的实物外形。高压电桥主要用来在高电压下测量绝缘材料和电气设备的绝缘介质损耗因数和电容量。

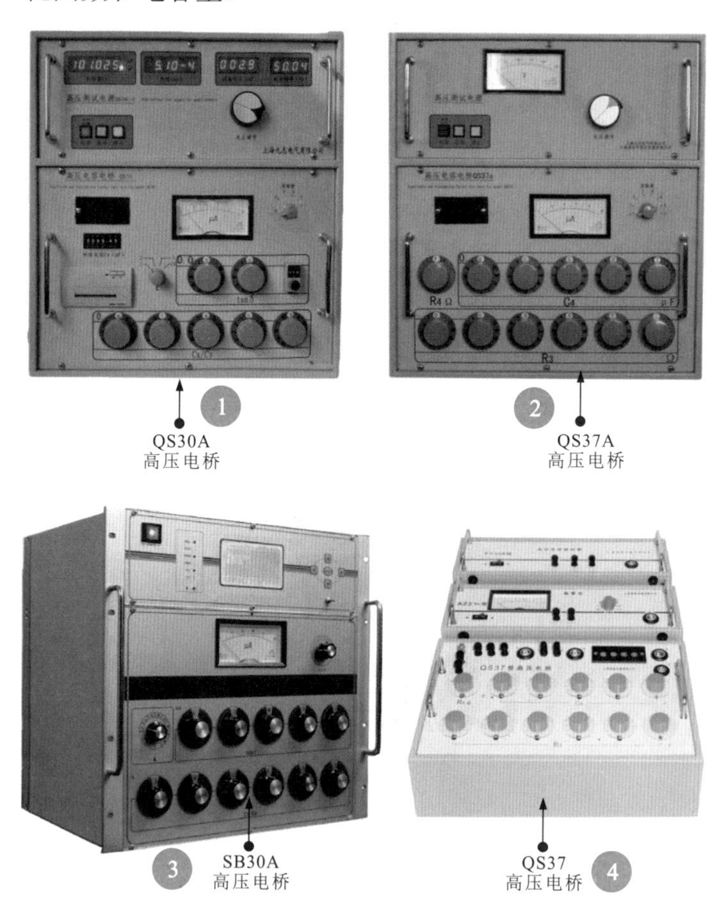

图10-8　典型高压电桥的实物外形

划重点

① QS30A高压电桥为实验室精密型高压电桥，可与各类高压标准电容器配合组成高压电容电桥，适合在高电压下测量电力电缆、高压套管、电力电容器、互感器等高压电力设备的电容量及其损耗角的正切值tanδ，以及各种固体或液体绝缘材料的介电常数ε及其损耗角的正切值。

② QS37A高压电桥采用西林电桥的经典线路，可测量电容器、互感器、变压器、各种电工油及各种绝缘材料在工频高压下的介质损耗（tanδ）和电容量（C）等参数，能有效防止外部电磁场干扰。

③ SB30A高压电桥可测量电容量、电抗、高压变比、角差、高压阻抗等，具有测量精度高、读数位数多、线性度好、不受环境温/湿度影响等特点。

④ QS37高压电桥适合测量各类高压工业绝缘材料和绝缘油的介电损耗（tanδ）和介电常数（ε）。

使用高压电桥测量时，操作人员必须集中精力，在测量地点的周围应划定为高压危险区，并有明显的标识或金属屏蔽，以防止非操作人员闯入。在测量过程中，如果需要对被测产品施加高压，则应缓慢升高，不可以加突变电压。如有放电管发光，则必须及时切断电源，仔细检查接线及被测产品有无击穿，待排除故障后，方可再次进行高压测量工作。

10.1.6 数字电桥

图10-9为典型数字电桥的实物外形。

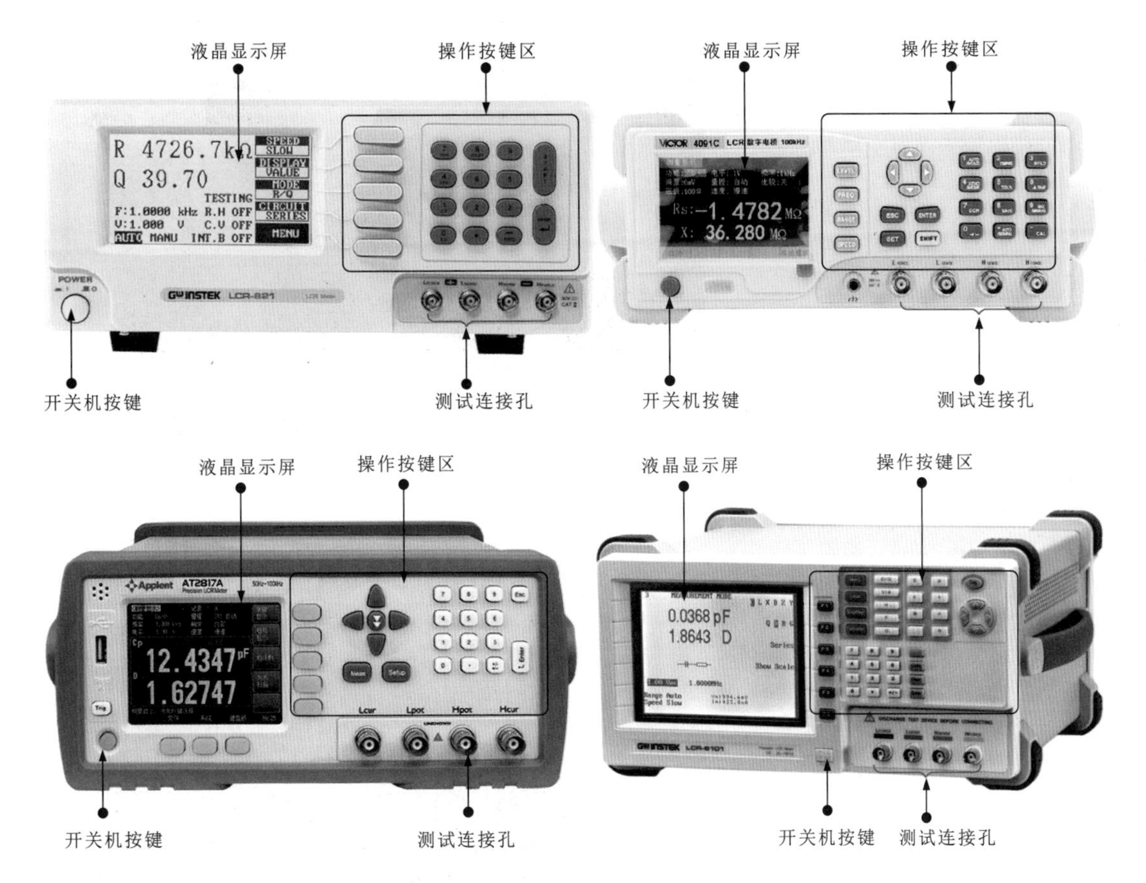

图10-9 典型数字电桥的实物外形

10.2 电桥的使用

10.2.1 直流单臂电桥的使用

直流单臂电桥的使用注意事项如下：

① 使用完毕，将B和G开关断开。

② 在测量含有电感（变压器、电动机等）产品的电阻时，必须先闭合B开关后再闭合G开关，若先闭合G开关，则当闭合B开关的一瞬间，会因自感而引起逆电势，从而损坏指零仪；断开时，先断开G开关，再断开B开关。

③ 当长期搁置不用时，应将内部的电池取出，以免被电池漏液腐蚀。在更换电池时，打开背面铭牌，将3节干电池串联放入。

④ 在不用时，应将指零仪模式选择旋钮旋到“内接”位置，使指零仪短路。

划重点

❶ 当操作直流单臂电桥时，应先了解各旋钮的分布。

可以看到，QJ23型直流单臂电桥的操作显示面板主要是由倍率旋钮（比例盘）、4个读数旋钮（量程旋钮）、指零仪开关、接线柱、电源开关、指零仪等部分组成的。

❷ 在铭牌标识上标有测量范围及使用方法等。

在使用直流单臂电桥测量时，调节读数旋钮和倍率旋钮使指零仪的指针指向0位，直流单臂电桥达到平衡后，根据倍率旋钮指示的倍率和读数旋钮指示的读数即可读出被测电阻的阻值。其中，RX为接线柱，外接被测电阻，倍率旋钮乘以读数旋钮即为被测电阻的阻值。

❸ 以测量电阻为例：

将被测电阻的引脚接到RX接线柱上，根据被测电阻的标称阻值选择适当的倍率后，闭合B开关和G开关，调节读数旋钮的数值，使指零仪重新指向0位，此时直流单臂电桥平衡，被测电阻的阻值R_x=倍率×读数旋钮示数。

图中，倍率读数为1，读数旋钮的读数依次为4、8、0、0，指零仪的指针指向0位。

根据计算公式：被测阻值=1×(4000+800+0+0)=4800(Ω)。

图10-10为QJ23型直流单臂电桥的使用方法。

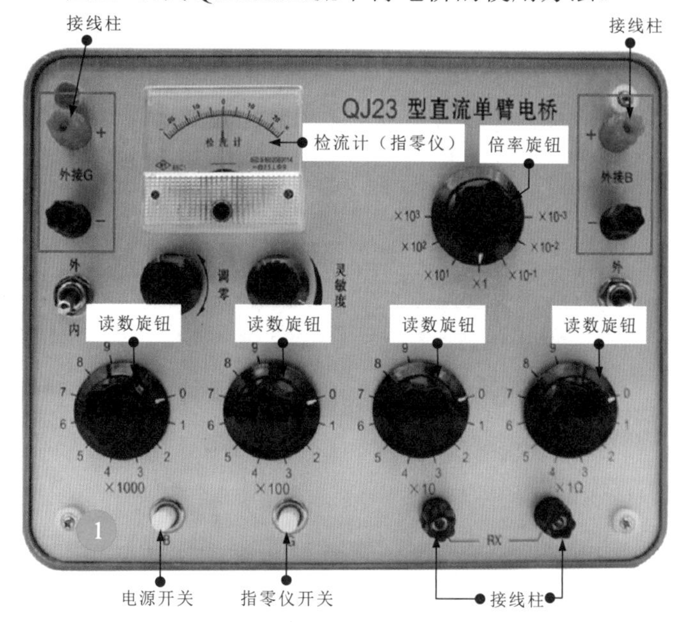

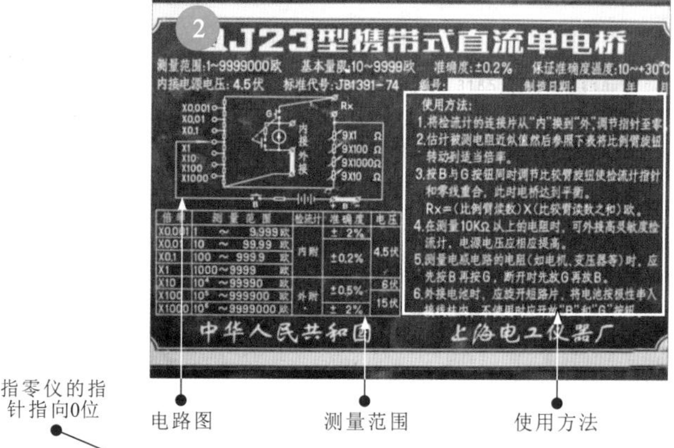

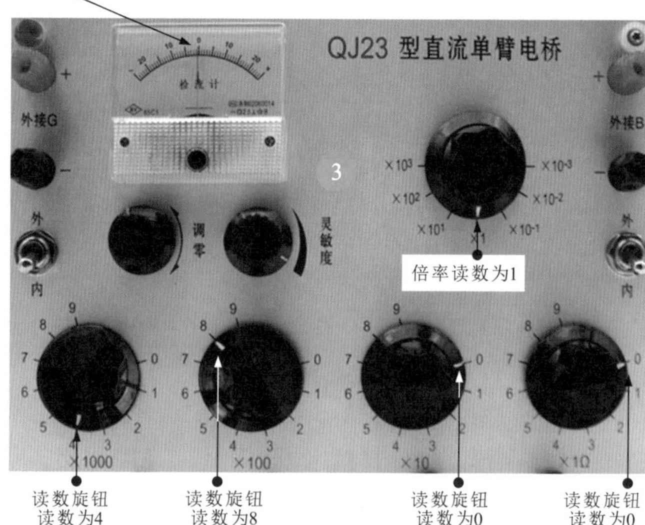

图10-10　QJ23型直流单臂电桥的使用方法

10.2.2 直流双臂电桥的使用

图10-11为QJ44型直流双臂电桥的使用方法。

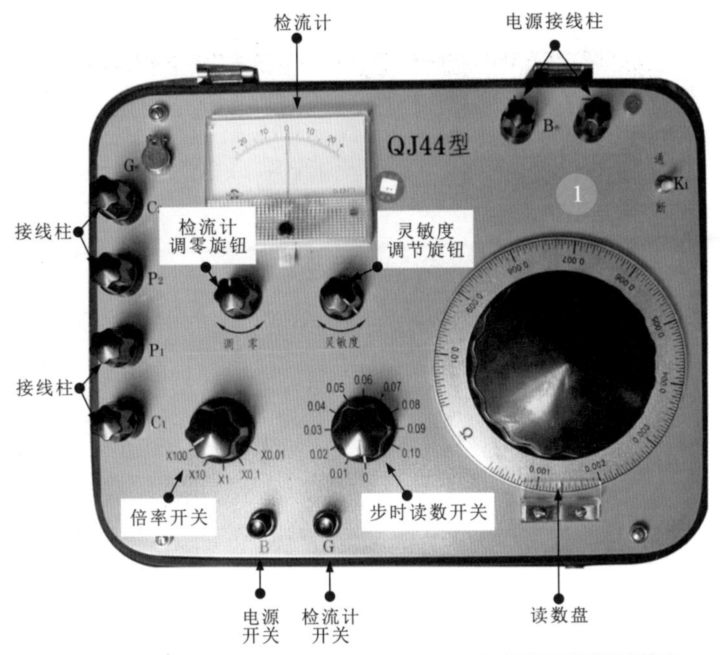

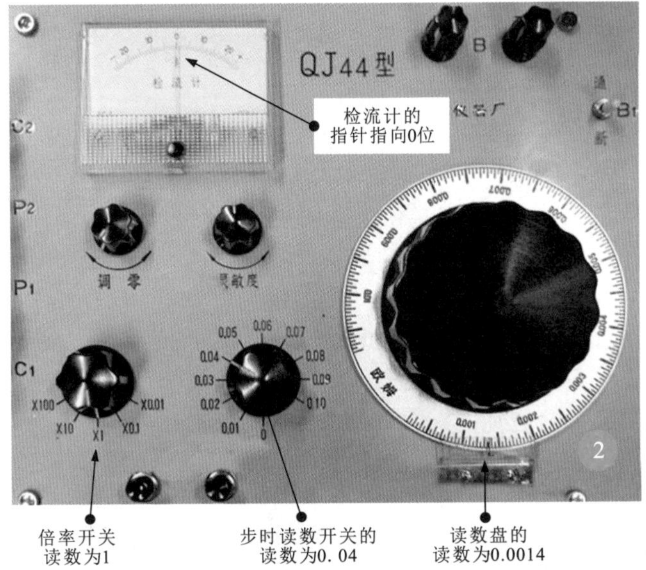

图10-11 QJ44型直流双臂电桥的使用方法

直流双臂电桥在测量时，应首先闭合B开关，再闭合G开关；断开时，先断开G开关，再断开B开关。

在测量0.1Ω以下的电阻时，B开关应间歇使用，C1、P1、C2、P2接线柱与被测电阻之间连接导线的电阻为0.005～0.01Ω；在测量0.1Ω以上的电阻时，连接导线的电阻可大于0.01Ω。

使用完毕，应将B开关和G开关断开，避免浪费电源。

划重点

1 在使用直流双臂电桥测量之前，应首先了解操作面板上各键钮的功能。QJ44型直流双臂电桥的操作面板主要是由检流计、接线柱、检流计调零旋钮、灵敏度调节旋钮、倍率开关、步时读数开关、电源开关（B开关）、检流计开关（G开关）、读数盘、电源接线柱等构成的。

被测电阻的四端连接法

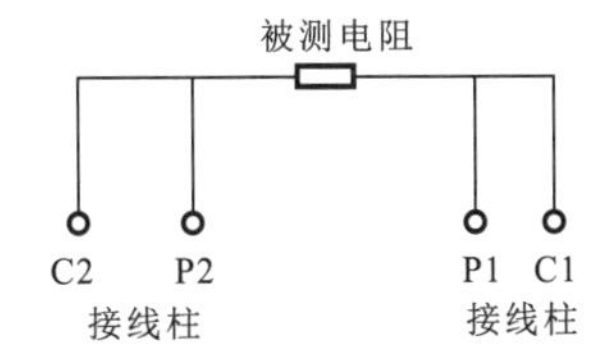

2 根据被测电阻的标称值或估计值调整倍率开关的位置。

闭合B开关和G开关（先闭合B开关后闭合G开关），调节步时读数开关和读数盘，使检流计的指针指向0位。

此时即可读出被测电阻的阻值，即阻值=倍率开关读数×（步时读数开关读数+读数盘读数）。

当前，倍率开关的读数为1，步时读数开关的读数为0.04，读数盘的读数为0.0014，检流计的指针指向0位。

因此，当前电桥所测阻值=1×(0.04+0.0014)=0.0414(Ω)。

10.2.3 直流单双臂电桥的使用

划重点

图10-12为QJ47型直流单双臂电桥的使用方法。

1 在使用直流单双臂电桥进行测量前，应首先了解面板上各键钮的功能。QJ47型直流单双臂电桥的操作面板由双臂接线柱、电源接线柱、S读数盘、M读数盘、读数盘、电源选择开关、检流计、检流计调零旋钮、灵敏度调节旋钮、电源开关、检流计开关、外置检流计接线柱、单臂接线柱等构成。

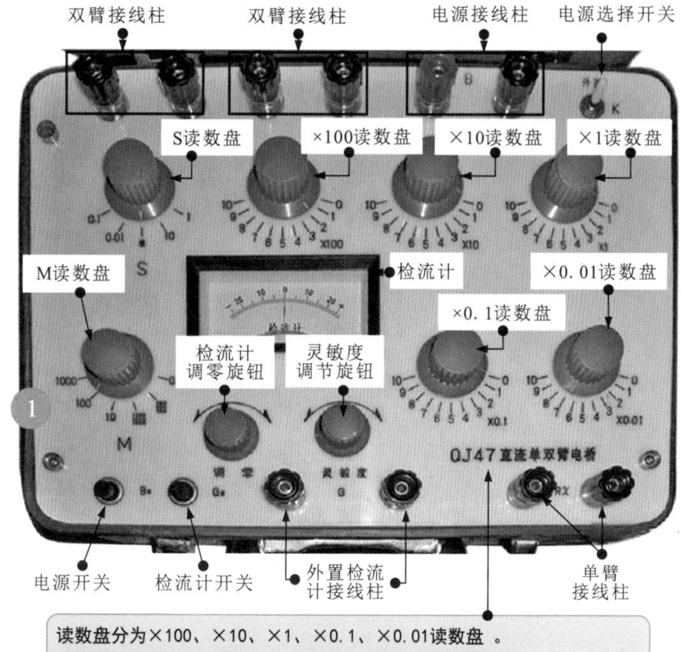

读数盘分为×100、×10、×1、×0.1、×0.01读数盘 。
用作单臂电桥时，被测阻值=读数盘读数×M读数盘读数。
用作双臂电桥，且M读数盘位于100/100时，被测阻值=读数盘读数×S读数盘读数×0.01；M读数盘位于1000/1000时，被测阻值=读数盘读数×S读数盘读数×0.001。

2 直流单双臂电桥用作单臂电桥时，S读数盘指向“单”，M读数盘的读数为100，在其他读数盘中，×100的读数为2，×10 的读数为7，×1的读数为0，×0.1的读数为0，×0.01 的读数为7，根据读数公式：被测阻值=M读数盘读数×读数盘读数，即被测阻值=100×270.07=27007（Ω）。

3 直流单双臂电桥用作双臂电桥时，S读数盘指向0.01，M读数盘指向100/100，在其他读数盘中，×100的读数为5，×10 的读数为6，其他的读数均为0，根据计算方法，被测数值=S读数盘读数×读数盘的读数×0.01，即被测阻值=0.01×560×0.01=0.056（Ω）。

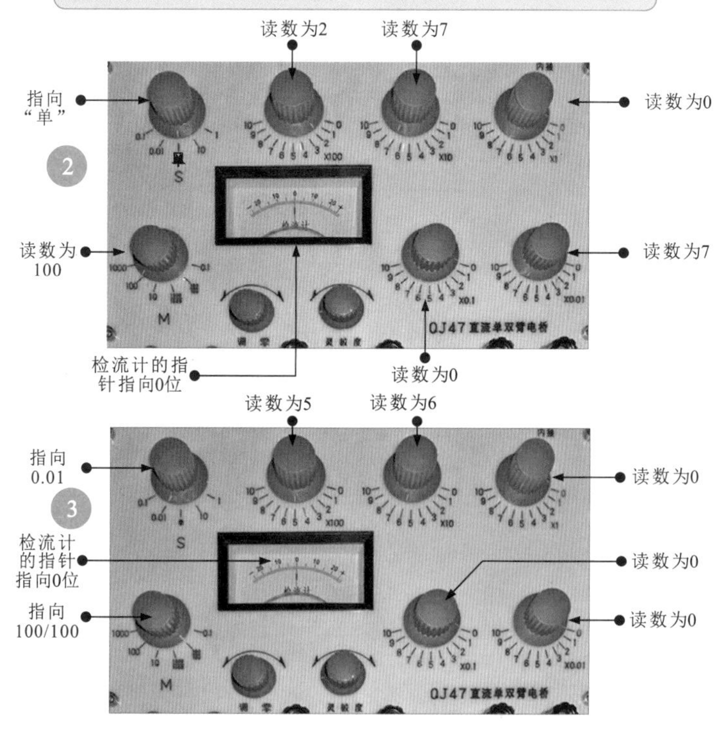

图10-12 QJ47型直流单双臂电桥的使用方法

10.2.4 万能电桥的使用

图10-13为QS8A型万能电桥的使用方法。

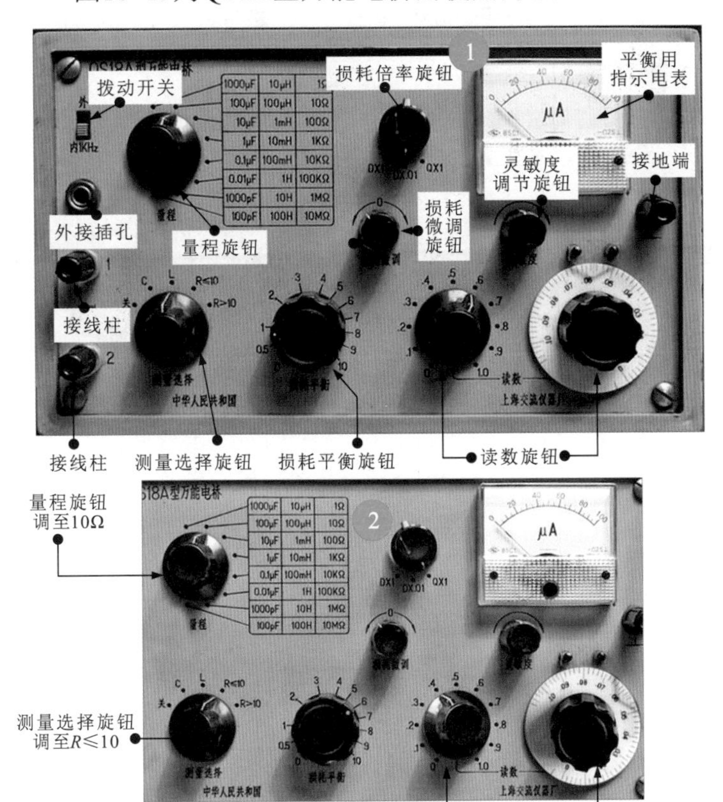

测量选择旋钮调至$R\leqslant10$，量程旋钮根据被测电阻的大小调至10Ω，第一位读数旋钮的读数为0.4，第二位读数旋钮的读数为0.08，根据万能电桥测量电阻的计算方法，被测数值=量程旋钮读数×读数旋钮读数，即被测数值=10×(0.4+0.08)=4.8(Ω)

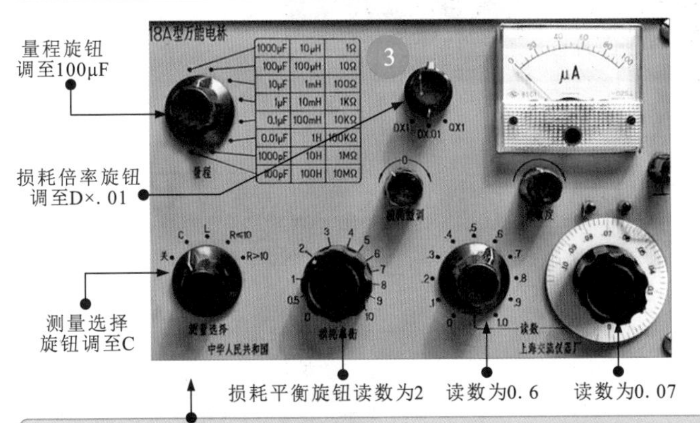

测量选择旋钮调至C，量程旋钮根据被测电容量的大小调至100μF，第一位读数旋钮的读数为0.6，第二位读数旋钮的读数为0.07，损耗平衡旋钮读数为2，损耗倍率旋钮调至D×.01，根据计算公式，被测数值=量程旋钮读数×读数旋钮读数，即被测数值=100×(0.6+0.07)=67(μF)，损耗倍率为0.01×2=0.02

图10-13 QS8A型万能电桥的使用方法

划重点

① 在使用万能电桥测量前，应首先了解面板上各键钮的功能。

万能电桥的操作面板主要是由拨动开关、量程旋钮、外接插孔、接线柱、测量选择旋钮、损耗平衡旋钮、损耗微调旋钮、损耗倍率旋钮、平衡用指示电表、接地端、灵敏度调节旋钮及读数旋钮等部分组成的。

② 测量电阻时，旋转量程旋钮到适当的位置。

根据被测元器件的电阻调节测量选择旋钮，当被测元器件的电阻小于10Ω时，调至$R<10$，量程旋钮调至1Ω或10Ω；当被测元器件的电阻等于或大于10Ω时，调至$R\geqslant10$挡，量程旋钮调至100Ω或以上。

调节读数旋钮，使平衡用指示电表偏向0位，将灵敏度调节旋钮调到足够大的位置，再次调节读数旋钮，平衡用指示电表平衡后，即可读出被测元器件的电阻。

③ 测量电容量时，将量程旋钮调至适当位置，被测元器件的电容量应小于量程的最大读数。

将测量选择旋钮调至C，将损耗微调旋钮旋至适当位置。适当调整灵敏度调节旋钮，使平衡用指示电表的指针略小于满度。

调节读数旋钮，调节损耗平衡旋钮，使平衡用指示电表的指针指向0位，再将灵敏度增大，反复调节读数旋钮和损耗平衡旋钮，平衡用指示电表的指针趋于0位，此时电桥平衡。被测电容量=量程旋钮读数×读数旋钮读数，损耗倍率=损耗倍率旋钮读数×损耗平衡旋钮读数。

4 测量电感量时，将测量选择旋钮调至L，量程旋钮调至100μH。

读数分别为0.5、0.06，损耗平衡旋钮的读数为8，损耗倍率旋钮调至Q×1。被测数值=量程旋钮读数×读数旋钮读数，即被测数值=100×(0.5+0.06)=56(μH)，损耗倍率为1×8=8。

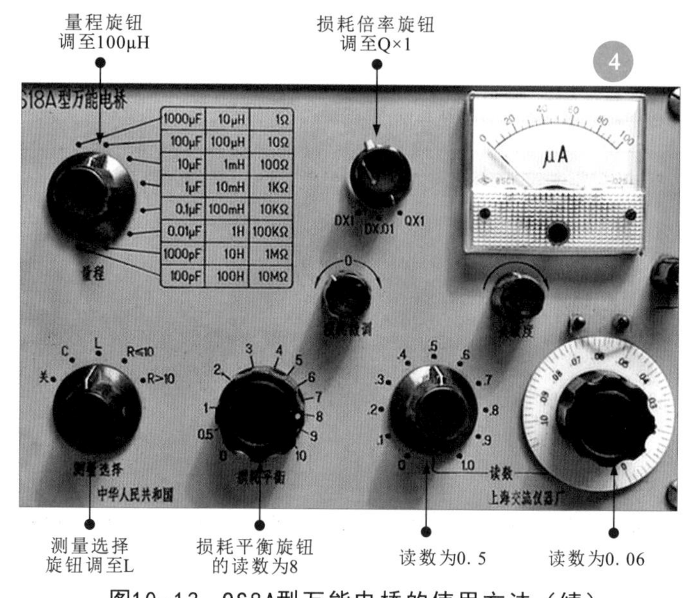

图10-13 QS8A型万能电桥的使用方法（续）

10.2.5 数字电桥的使用

数字电桥的操作方法比较简单，只需将被测元器件接入接线柱即可。

图10-14为使用数字电桥检测电容器的方法。按下清零按钮，使数字电桥清0，参数选择C，频率选择1kHz，将鳄鱼夹夹在纸介电容器两端的引脚上。此时，数字电桥的一个显示屏可显示电容量为2.1μF，接近标称值，在误差范围内，另一个显示屏显示损耗因数为0.0166。

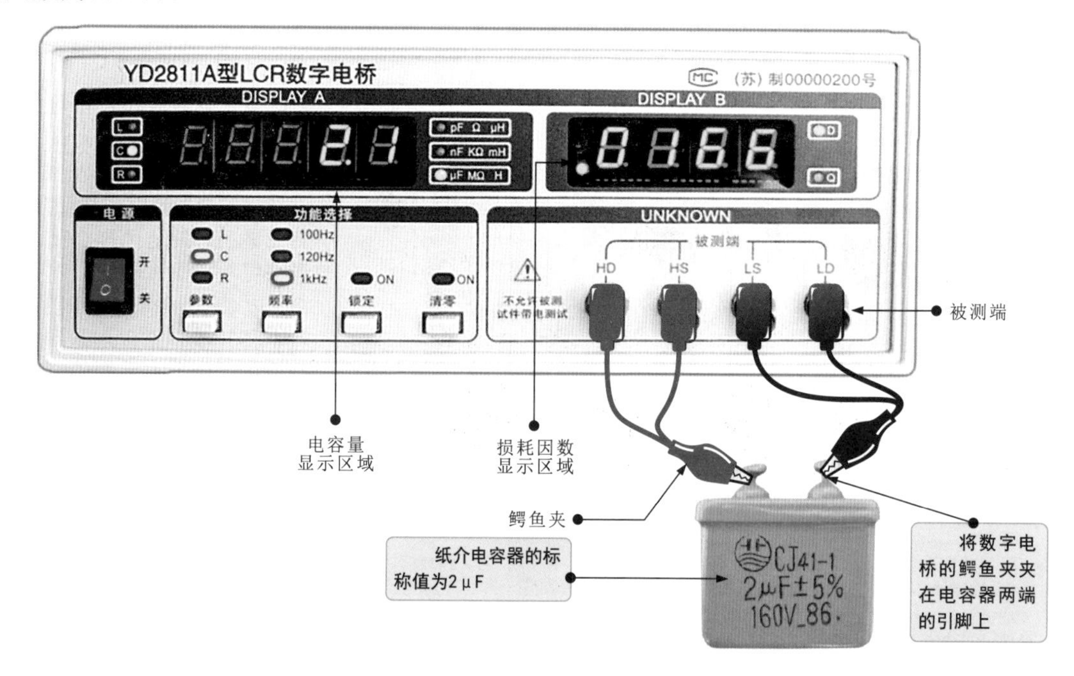

图10-14 使用数字电桥检测电容器的方法

第11章 常用的电气部件

11.1 开关的特点与检测

11.1.1 开关的特点

图11-1为常用开关的实物外形。

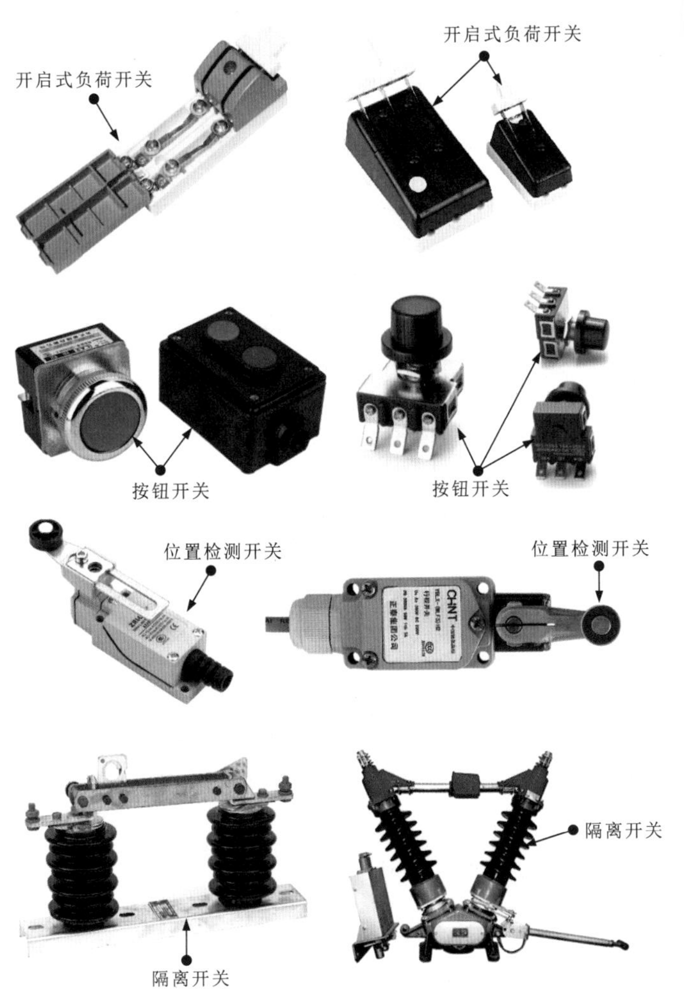

图11-1 常用开关的实物外形

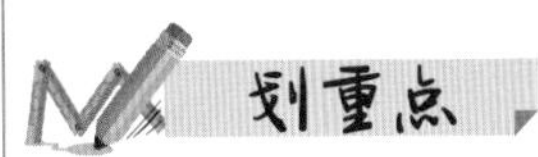

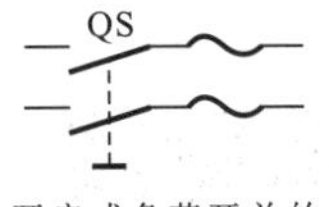

开启式负荷开关的电路图形符号

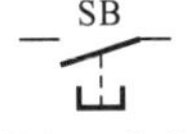

按钮开关的电路图形符号

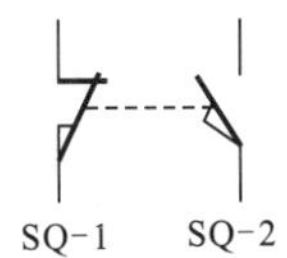

位置检测开关的电路图形符号

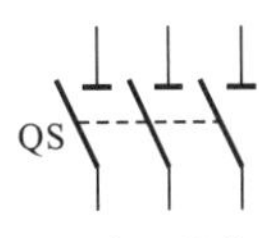

隔离开关的电路图形符号

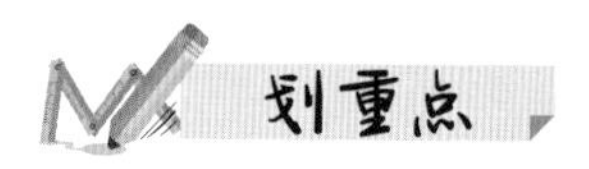

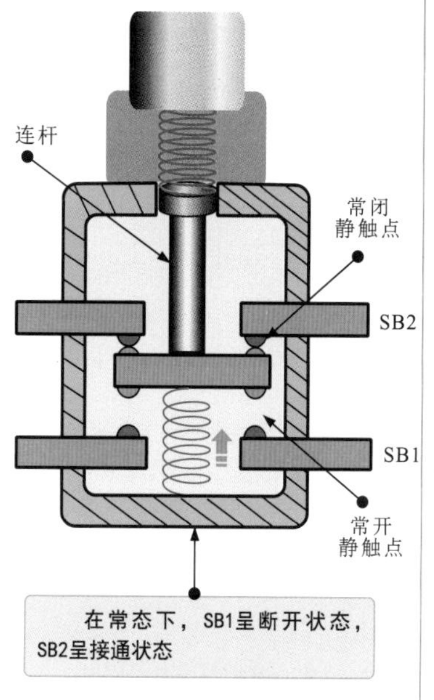

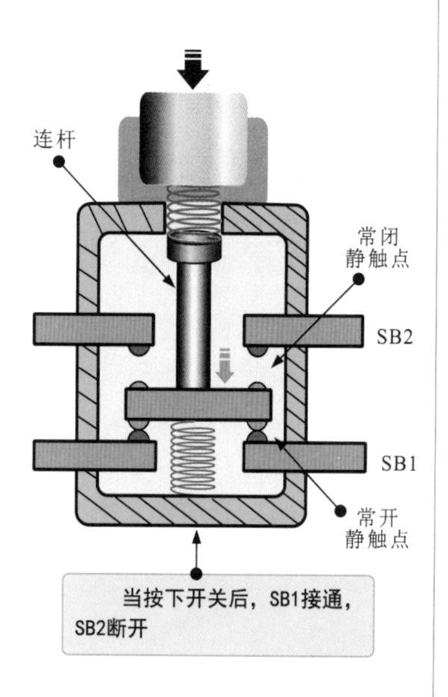

开关的功能特点如图11-2所示。开关是一种控制电路闭合、断开的电气部件，主要用于对自动控制电路发出操作指令，从而实现对电路的自动控制。

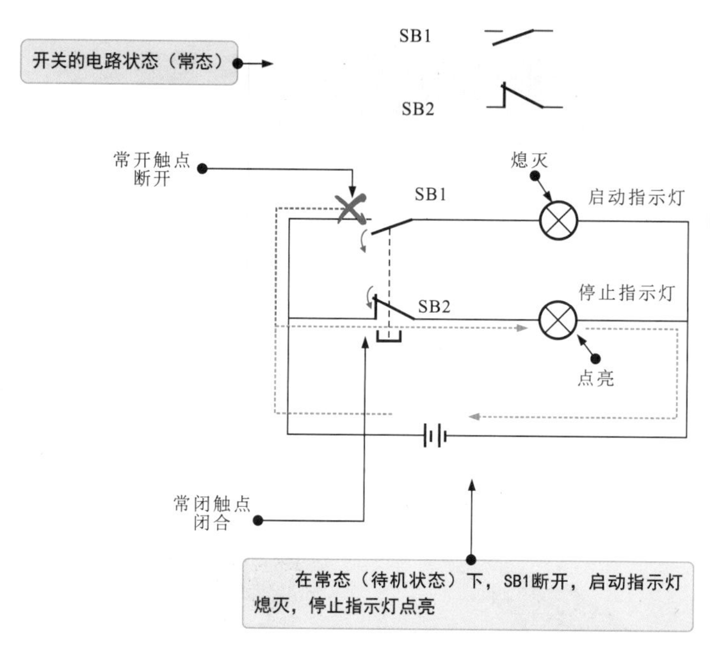

（a）常态（待机状态）

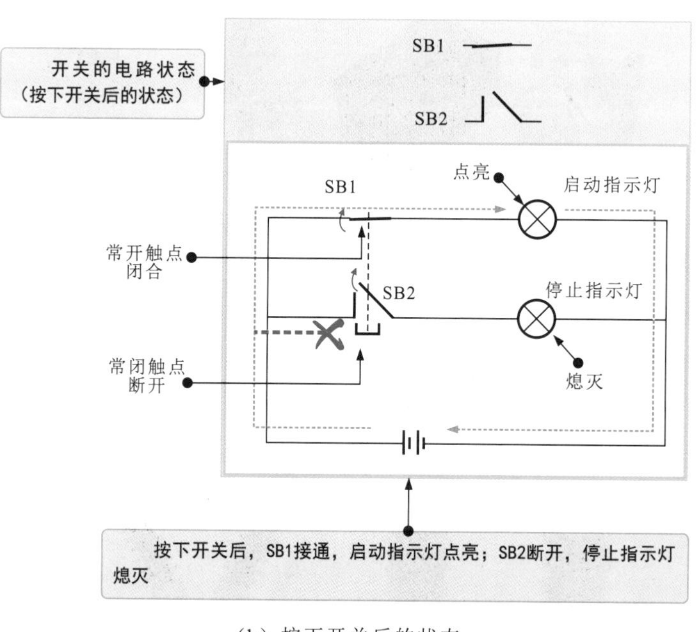

（b）按下开关后的状态

图11-2 开关的功能特点

11.1.2 开关的检测

开关的应用广泛，功能相同，因此在检测开关时，检测触点的通、断状态即可判断好坏。图11-3为开关的检测方法。

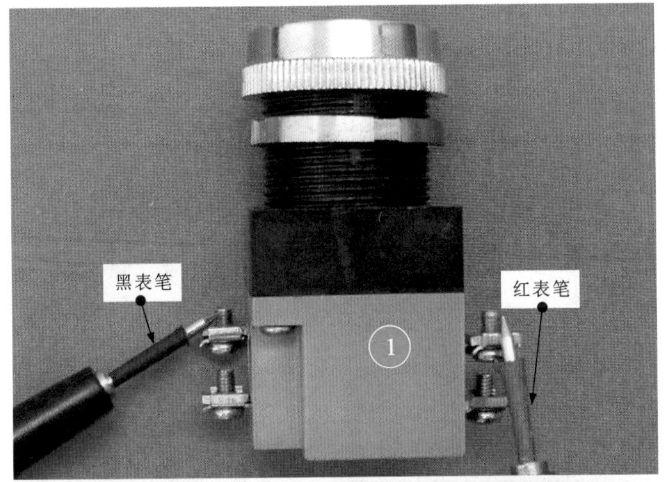

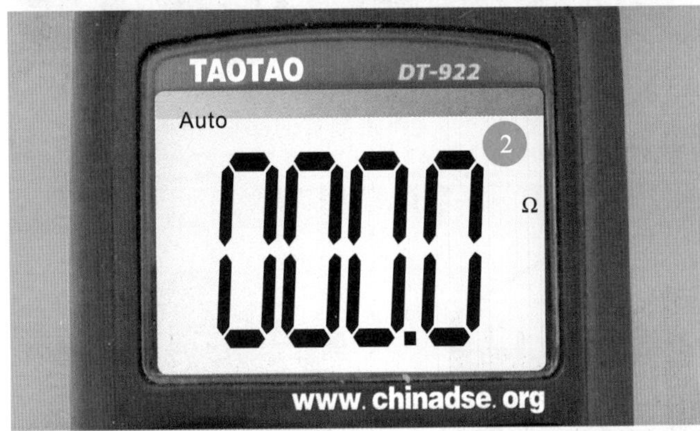

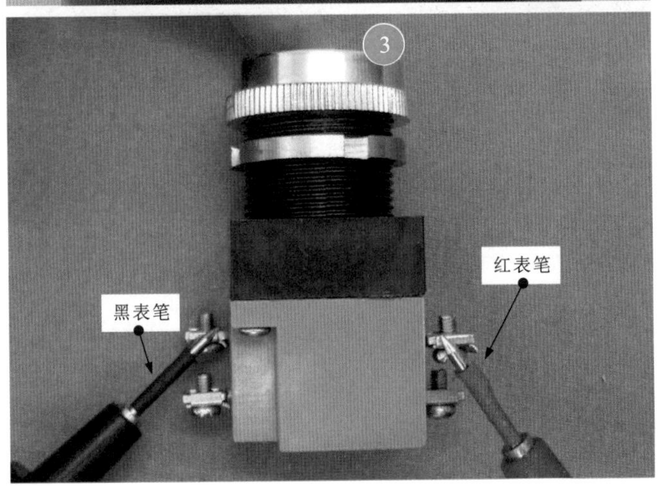

图11-3 开关的检测方法

1 将万用表调至欧姆挡，将两支表笔分别搭在复合按钮开关的两个常闭静触点上。

2 常闭静触点在正常情况下处于闭合导通状态，正常实测阻值趋于零。

若检测两个常开静触点，则测量结果正好相反，即在常态时，测得的阻值趋于无穷大，按下复合按钮开关后，测得的阻值应为零。

3 按下复合按钮开关，将万用表的两支表笔分别搭在两个常闭静触点上，观察万用表的显示屏，实际测得的阻值为无穷大。

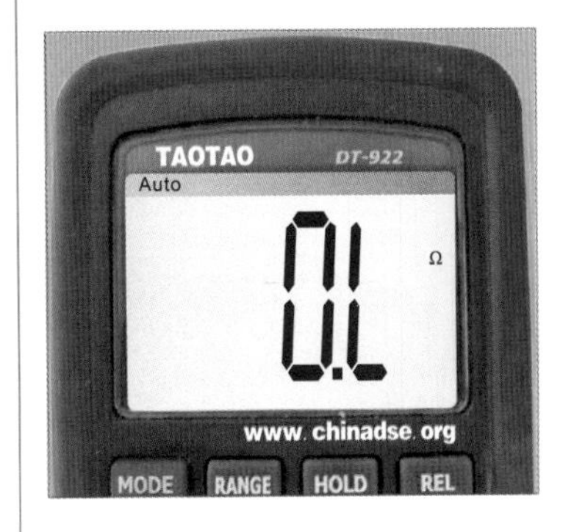

11.2 接触器的特点与检测

11.2.1 接触器的特点

接触器是一种由电压控制的开关装置，适用于远距离频繁地接通和断开的交、直流电路系统。根据触点通过电流的种类，接触器主要可以分为交流接触器和直流接触器。图11-4为交流接触器的实物外形。

交流接触器是一种应用在交流电源环境中的通、断开关，在各种控制线路中应用广泛，具有欠电压、零电压释放保护、工作可靠、性能稳定、操作频率高、维护方便等特点。

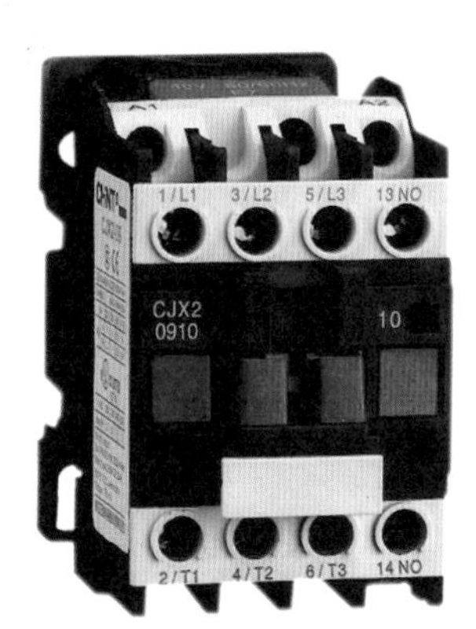

图11-4　交流接触器的实物外形

图11-5为直流接触器的实物外形。

直流接触器是一种应用在直流电源环境中的通、断开关，具有低电压释放保护、工作可靠、性能稳定等特点，多用在精密机床中控制直流电动机。

图11-5　直流接触器的实物外形

接触器属于控制类器件，是电力拖动系统、机床设备控制线路、自动控制系统使用最广泛的低压电器之一。交流接触器和直流接触器的工作原理和控制方式基本相同，都是通过线圈得电控制常开触点闭合、常闭触点断开，线圈失电控制常开触点复位断开、常闭触点复位闭合。

图11-6为接触器的结构及功能特点。接触器的结构组成主要包括线圈、衔铁和触点等几部分。工作时，接触器的核心工作过程是在线圈得电的状态下，上下两块衔铁磁化，相互吸合，由衔铁动作带动触点动作，如常开触点闭合、常闭触点断开。

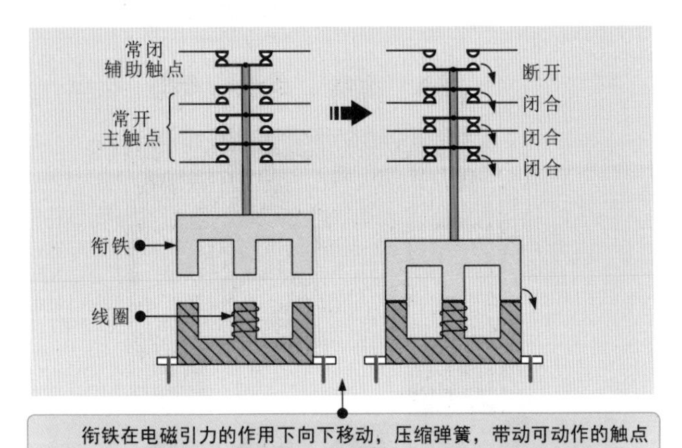

衔铁在电磁引力的作用下向下移动，压缩弹簧，带动可动作的触点向下移动，原本闭合的常闭辅助触点断开，原本断开的常开主触点闭合

图11-6 接触器的结构及功能特点

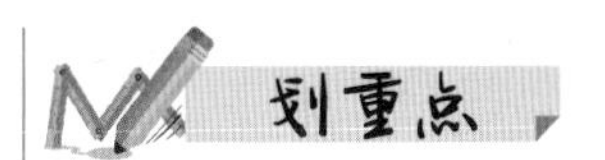

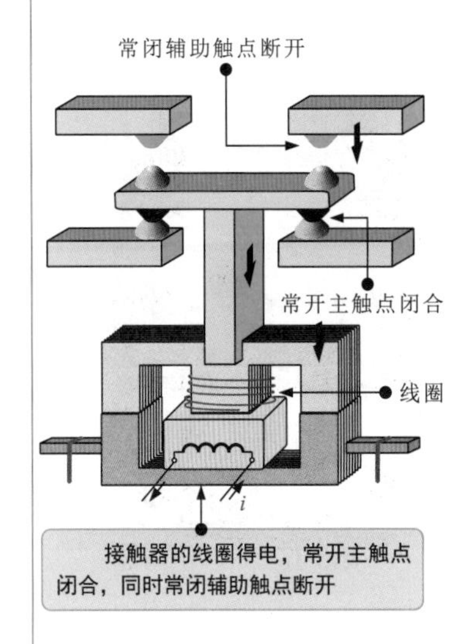

接触器的线圈得电，常开主触点闭合，同时常闭辅助触点断开

在实际的控制电路中，接触器一般利用常开主触点接通或分断主电路及负载，用常闭辅助触点执行控制指令。图11-7为水泵电路中接触器的功能应用。

接触器KM主要是由线圈、一组常开主触点KM-1、两组常开辅助触点和一组常闭辅助触点构成的。闭合断路器QS，接通三相电源，380V电压经交流接触器KM的常闭辅助触点KM-3为停机指示灯HL2供电，HL2点亮；按下启动按钮SB1，接触器KM线圈得电，常开主触点KM-1闭合，水泵电动机接通三相电源启动运转。同时，常开辅助触点KM-2闭合实现自锁功能；常闭辅助触点KM-3断开，切断停机指示灯HL2的供电，HL2熄灭；常开辅助触点KM-4闭合，运行指示灯HL1点亮

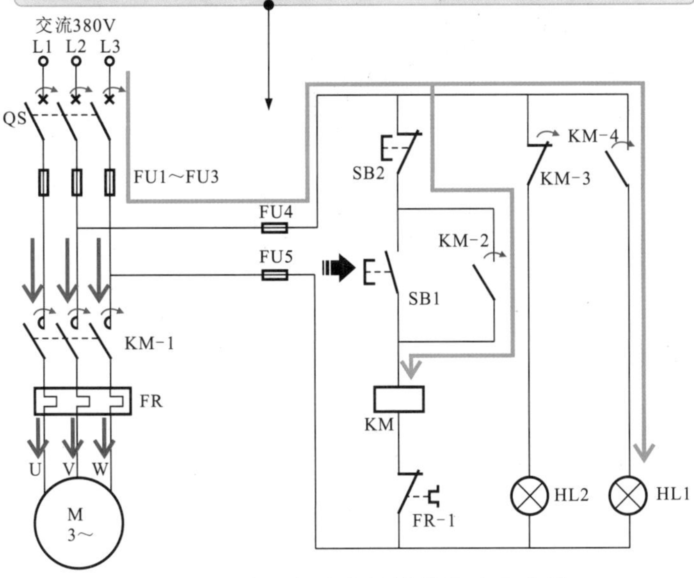

图11-7 水泵电路中接触器的功能应用

交流接触器内部动作

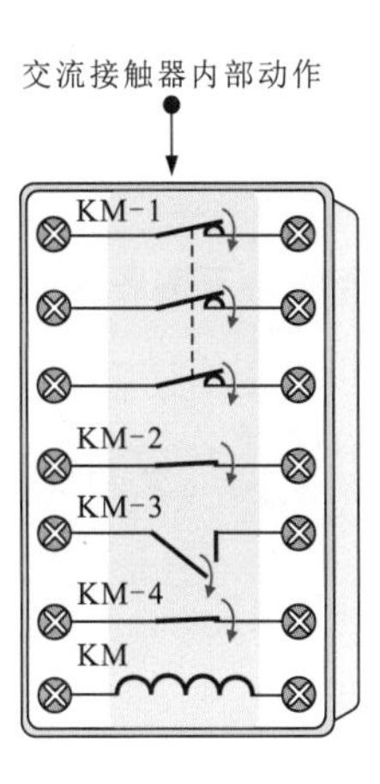

划重点

11.2.2 接触器的检测

图11-8为接触器的检测方法，主要用于检测其内部线圈、开关触点之间的阻值。

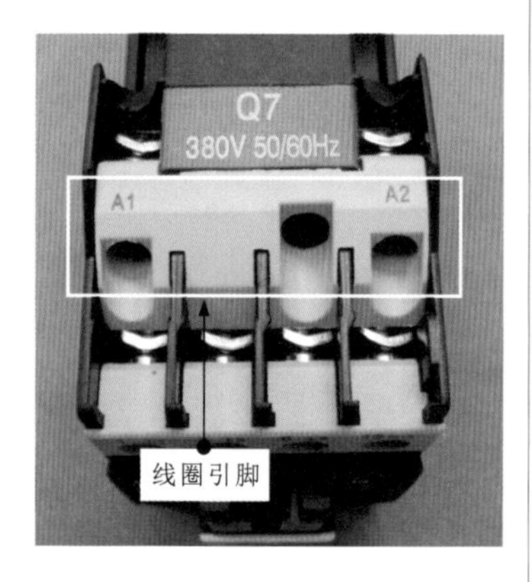

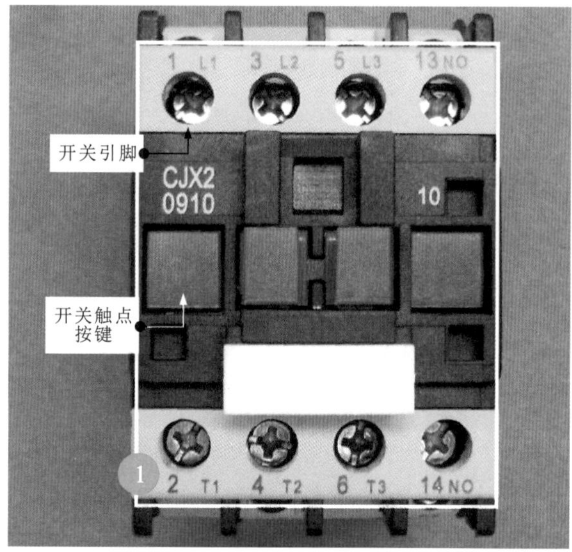

① 根据待测接触器的标识辨别各接线端子之间的连接关系：A1和A2为内部线圈引脚；L1和T1、L2和T2、L3和T3、NO连接端分别为内部开关引脚。

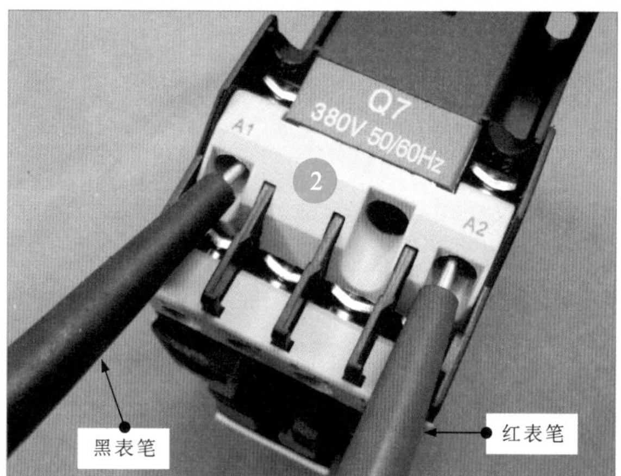

② 将万用表的功能旋钮调至欧姆挡，两支表笔分别搭在接触器的A1和A2引脚上。

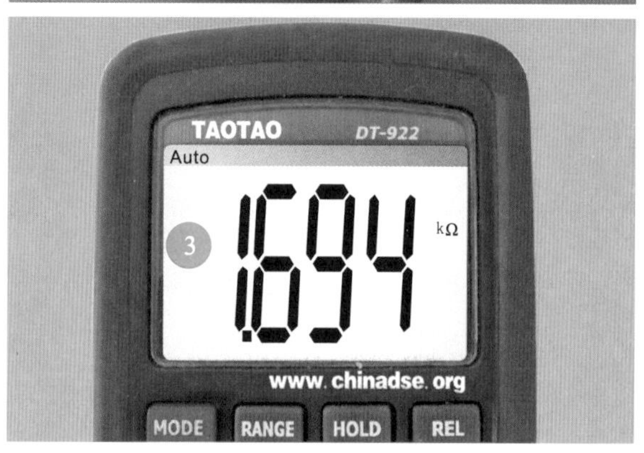

③ 显示屏显示测得的阻值为1.694kΩ，正常。

图11-8 接触器的检测方法

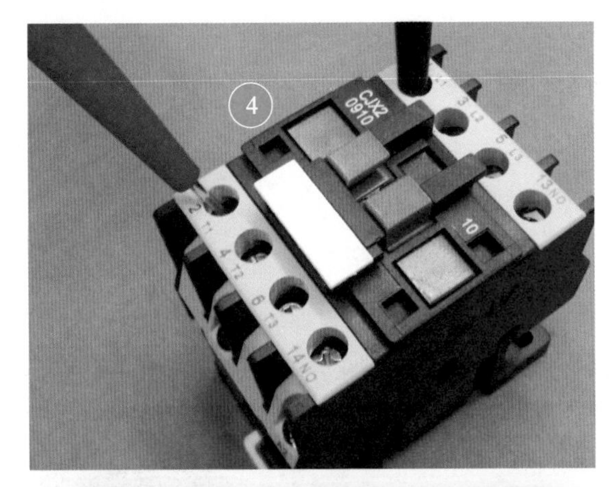

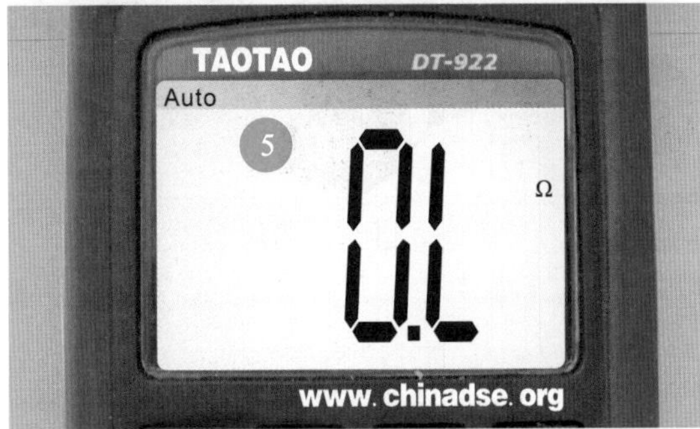

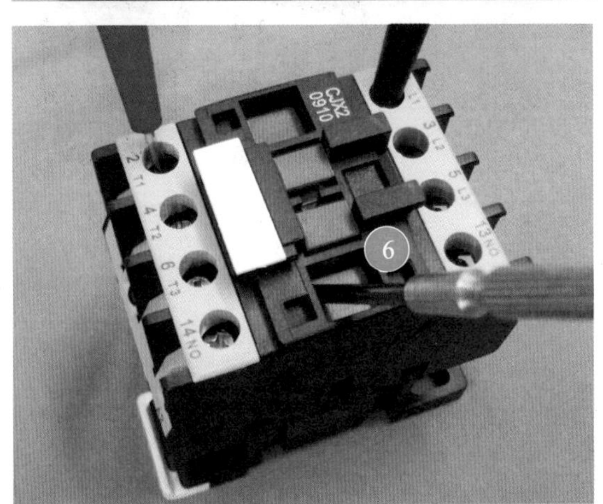

图11-8 接触器的检测方法（续）

4 将万用表的红、黑表笔分别搭在交流接触器的L1和T1引脚上，检测接触器内部触点的阻值。

5 在正常情况下，万用表测得的阻值应为无穷大。

6 万用表的红、黑表笔保持不变，手动按动接触器上的开关触点按键，使内部开关处于闭合状态。

7 在正常情况下，万用表测得的阻值趋于零。

判断接触器好坏的方法：

①若测得内部线圈有一定的阻值，内部开关在闭合状态下的阻值为零，在断开状态下的阻值为无穷大，可判断接触器正常。

②若测得内部线圈的阻值为无穷大或零，则表明内部线圈已损坏。

③若测得内部开关在断开状态下的阻值为零，则表明内部触点粘连损坏。

④若测得内部开关在闭合状态下的阻值为无穷大，则表明内部触点损坏。

⑤若测得内部四组开关中有一组损坏，均表明接触器损坏。

11.3 继电器的特点与检测

11.3.1 继电器的特点

常见的继电器主要有电磁继电器、中间继电器、电流继电器、速度继电器、热继电器及时间继电器等。

图11-9为常见电磁继电器的实物外形。

电磁继电器主要通过对较小电流或较低电压的感知实现对大电流或高电压的控制，多在自动控制电路中起自动控制、转换或保护作用。

图11-9　常见电磁继电器的实物外形

图11-10为常见中间继电器的实物外形。

中间继电器多用于自动控制电路中，通过对电压、电流等中间信号变化量的感知实现对电路的通、断控制。

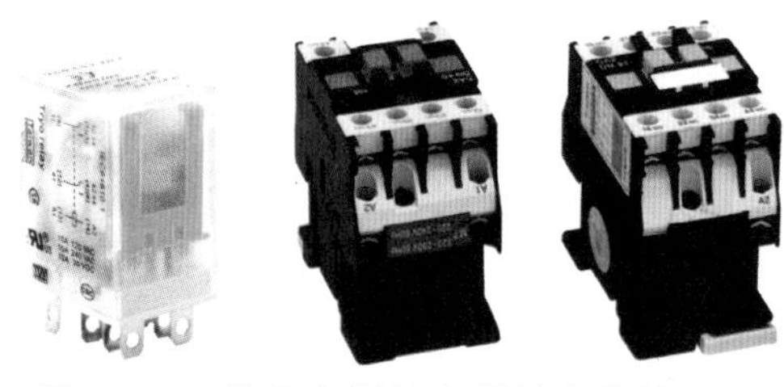

图11-10　常见中间继电器的实物外形

图11-11为常见电流继电器的实物外形。

电流继电器多用于自动控制电路中，通过对电流的检测实现自动控制、安全保护及转换等功能。

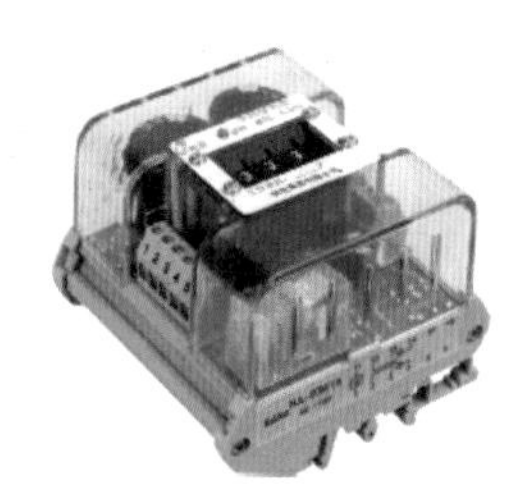

图11-11　常见电流继电器的实物外形

图11-12为常见速度继电器的实物外形。

速度继电器又称转速继电器，多用于三相异步电动机反接制动电路中，通过感知电动机的旋转方向或转速实现对电路的通、断控制。

图11-12　常见速度继电器的实物外形

图11-13为常见热继电器的实物外形。

图11-13　常见热继电器的实物外形

图11-14为常见时间继电器的实物外形。

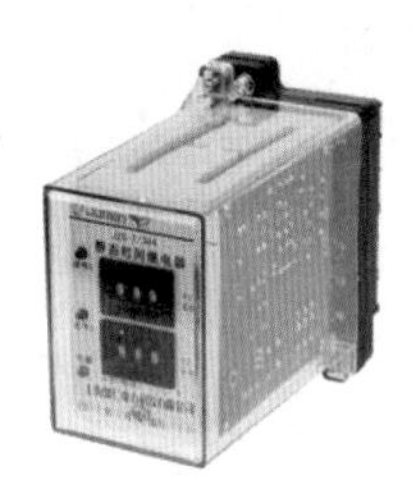

图11-14　常见时间继电器的实物外形

图11-15为电磁继电器的结构原理。

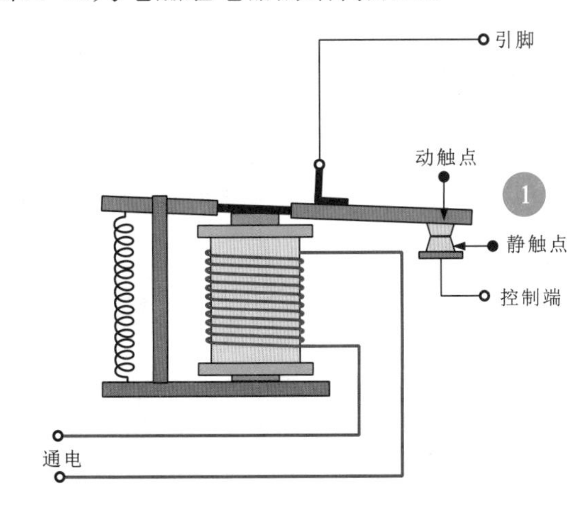

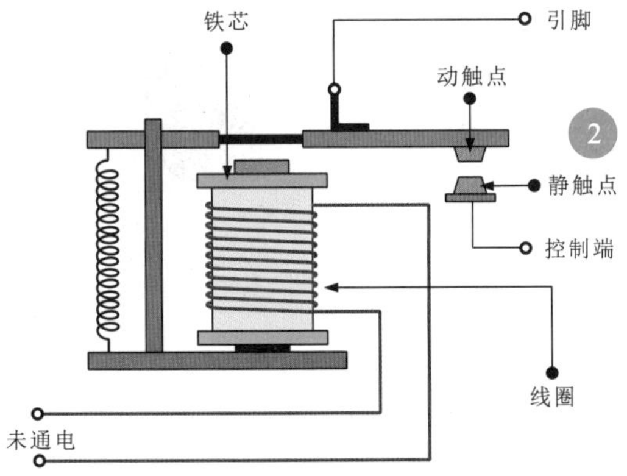

图11-15　电磁继电器的结构原理

热继电器主要通过感知温度的变化实现对电路的通、断控制，主要用于电路的过热保护。

时间继电器在控制电路中多用于延时通电控制或延时断电控制。

1 电磁继电器通电后，铁芯被磁化，产生的电磁力吸动衔铁并带动弹簧片，使动触点和静触点闭合，接通电源。

2 当线圈断电后，电磁力消失，由于弹簧片的作用，使动、静触点分开，断开电源。

图11-16为电磁继电器在电路中的功能应用。

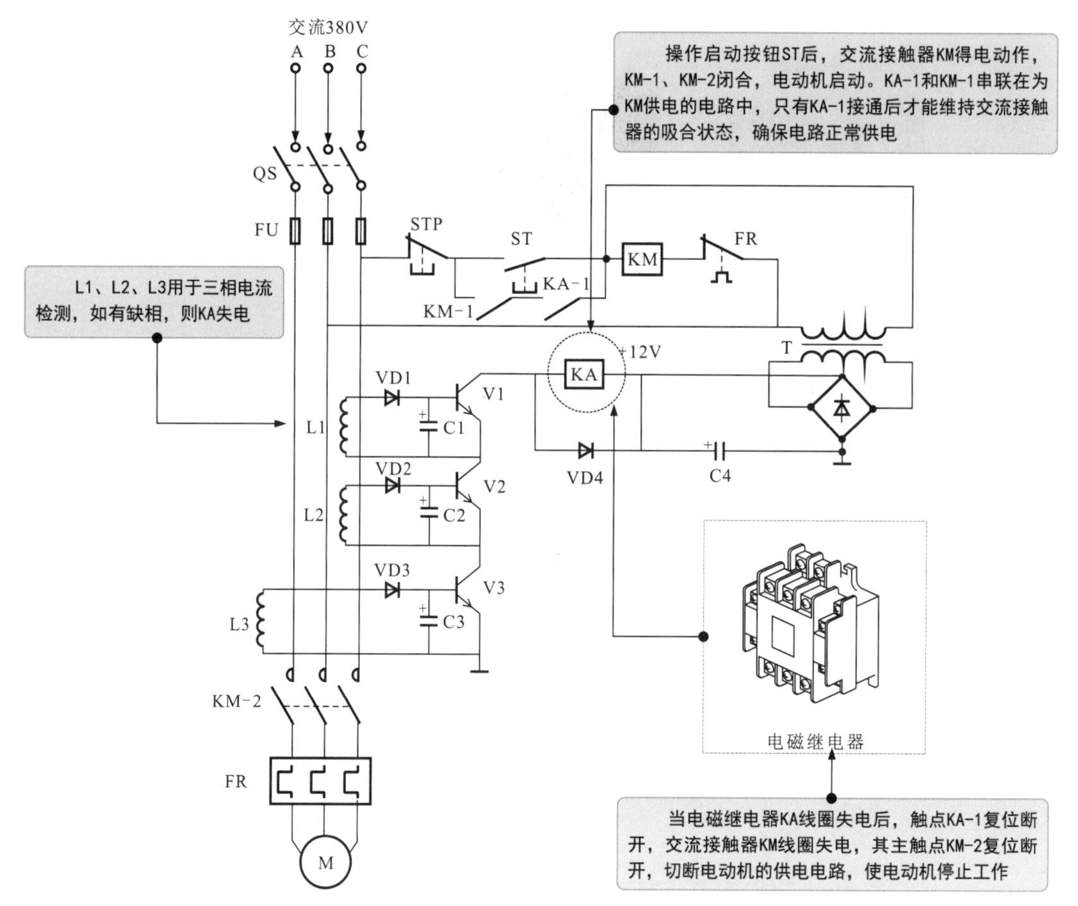

图11-16 电磁继电器在电路中的功能应用

图11-17为时间继电器在电路中的功能应用。

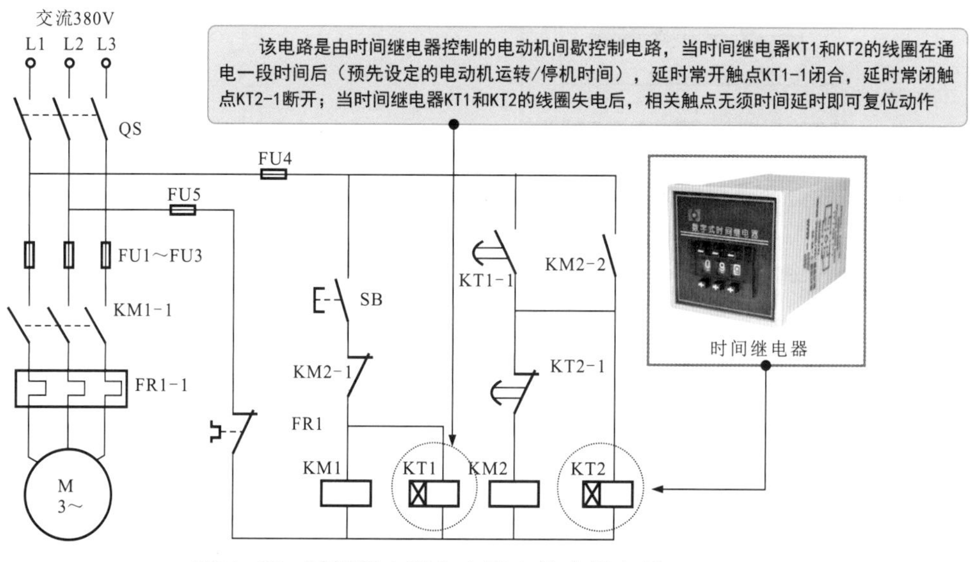

图11-17 时间继电器在电路中的功能应用

11.3.2 电磁继电器的检测

检测电磁继电器时，通常是在断电状态下检测内部线圈及引脚间的阻值。图11-18为电磁继电器的检测方法。

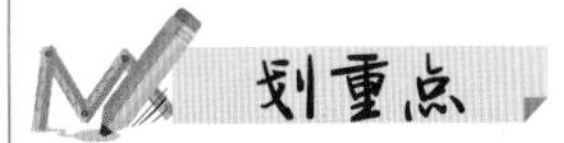

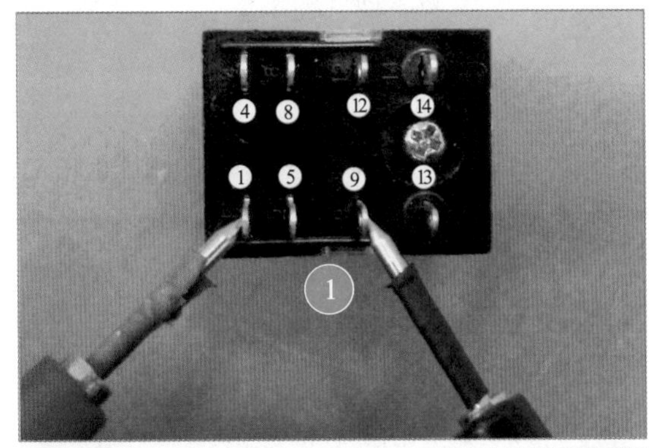

1 将万用表的功能旋钮调至$R\times1\Omega$挡，红、黑表笔分别搭在电磁继电器常闭触点的两引脚端。

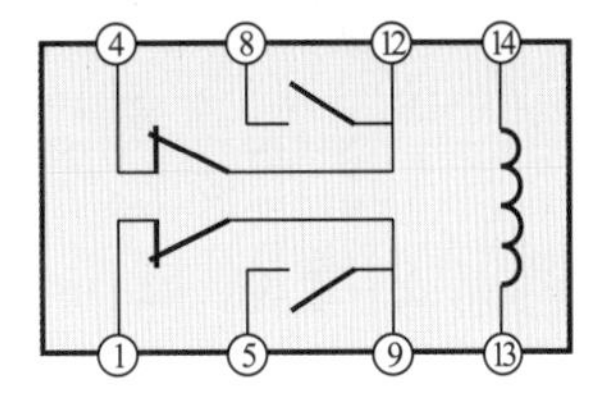

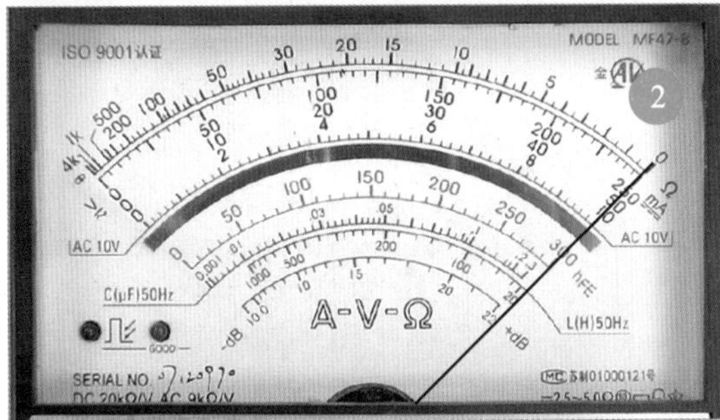

2 在正常情况下，万用表检测到的常闭触点间的阻值应为0Ω。

3 将万用表的红、黑表笔分别搭在电磁继电器常开触点的两引脚端。

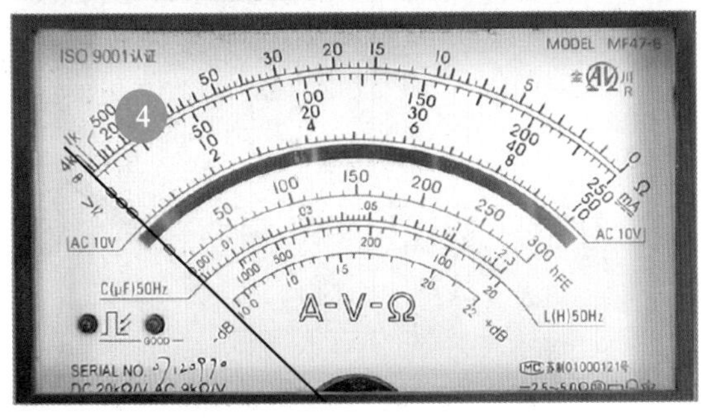

4 在正常情况下，万用表检测到的常开触点间的阻值应为无穷大。

图11-18 电磁继电器的检测方法

5 将万用表的红、黑表笔分别搭在电磁继电器线圈的两引脚端。在正常情况下，万用表检测到的线圈间应有一定的阻值。

图11-18 电磁继电器的检测方法（续）

11.3.3 时间继电器的检测

图11-19为时间继电器的检测方法。

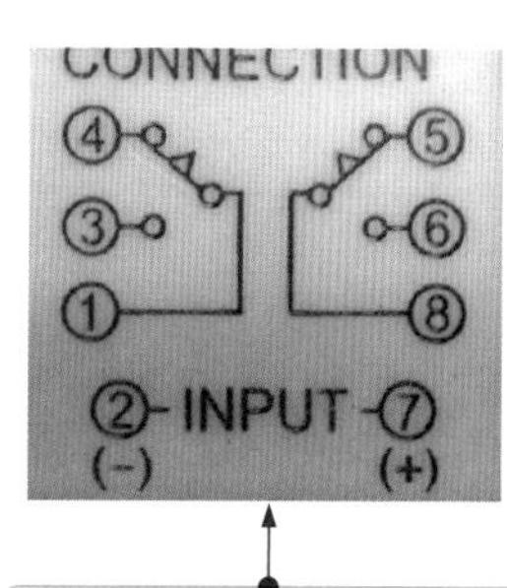

在检测时间继电器之前，可根据时间继电器的引脚标识确定各引脚的连接状态

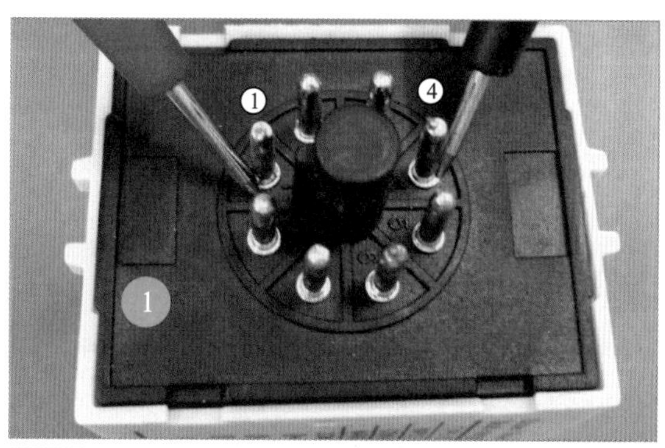

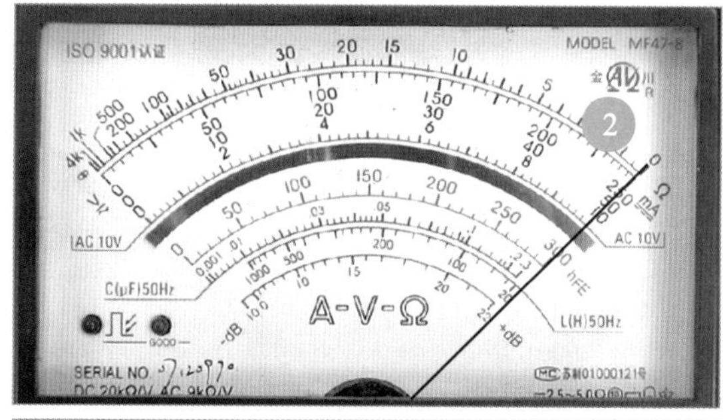

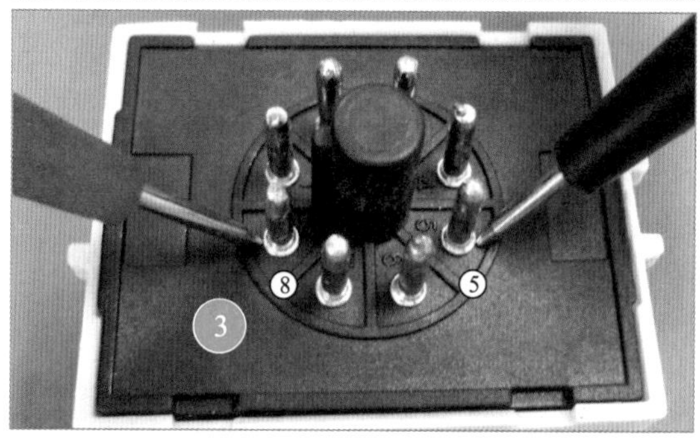

1 将万用表的功能旋钮调至$R\times1\Omega$挡，红、黑表笔分别搭在时间继电器的1脚和4脚。

2 在正常情况下，万用表检测到的1脚和4脚间的阻值应为0Ω。

3 将万用表的红、黑表笔分别搭在时间继电器的5脚和8脚。在正常情况下，万用表检测到的5脚和8脚间的阻值应为0Ω。

图11-19 时间继电器的检测方法

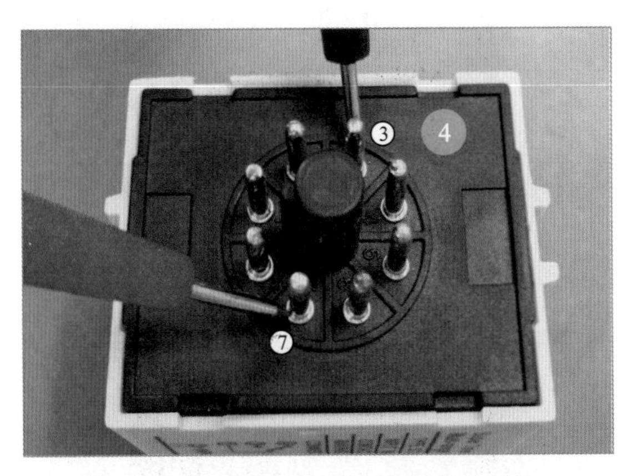

图11-19 时间继电器的检测方法(续)

4 将万用表的红、黑表笔分别搭在时间继电器的正极和其他引脚端，如3脚。在正常情况下，检测到的阻值应为无穷大。

在未通电的状态下，时间继电器的1脚和4脚、5脚和8脚是闭合的，在通电并延迟一定的时间后，1脚和3脚、6脚和8脚是闭合的。闭合引脚间的阻值应为0Ω；未接通引脚间阻值应为无穷大。

11.4 过载保护器的特点与检测

11.4.1 过载保护器的特点

如图11-20所示，过载保护器主要可分为熔断器和断路器两大类。

图11-20 过载保护器

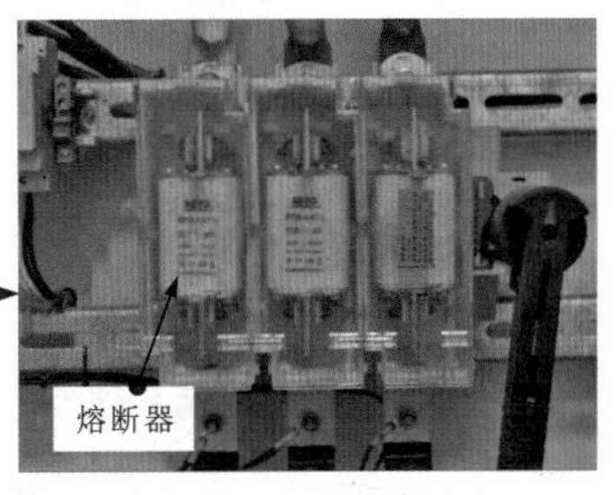

熔断器

过载保护器是在发生过电流、过热或漏电等情况下能自动实施保护功能的器件，一般采取自动切断线路实现保护功能。

1 熔断器是应用在配电系统中的过载保护器件。当系统正常工作时，熔断器相当于一根导线，起通路作用；当通过熔断器的电流大于规定值时，熔断器的熔体熔断，自动断开线路，对线路上的其他电气设备起保护作用。

2 断路器是一种可切断和接通负荷电路的开关器件，具有过载自动断路保护功能，根据应用场合主要可分为低压断路器和高压断路器。

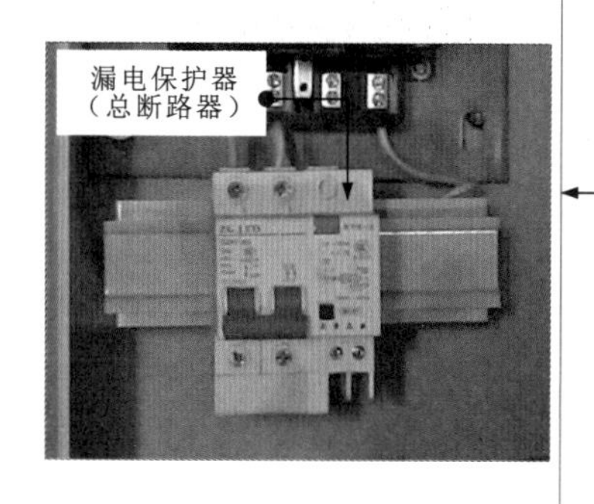

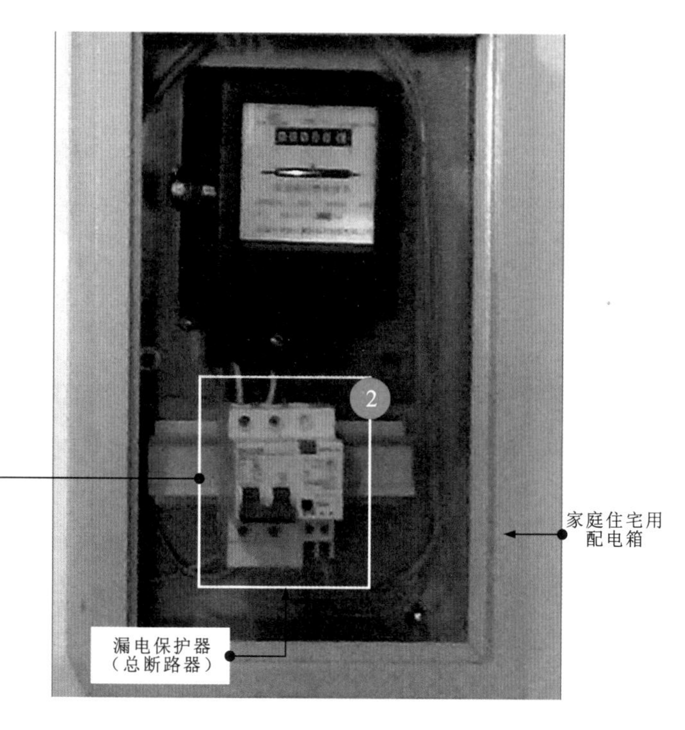

图11-20　过载保护器（续）

图11-21为典型断路器的工作原理。

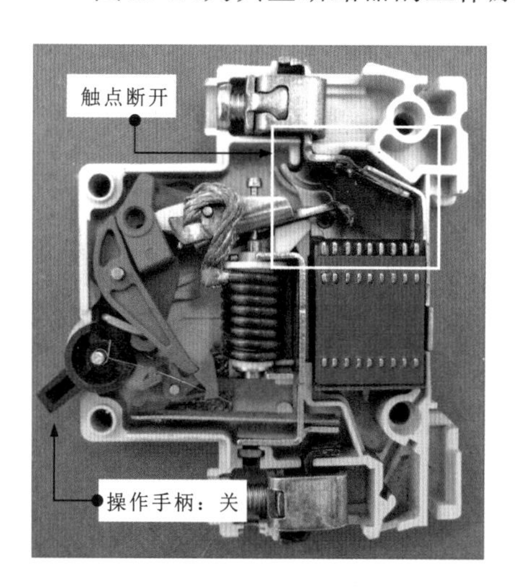

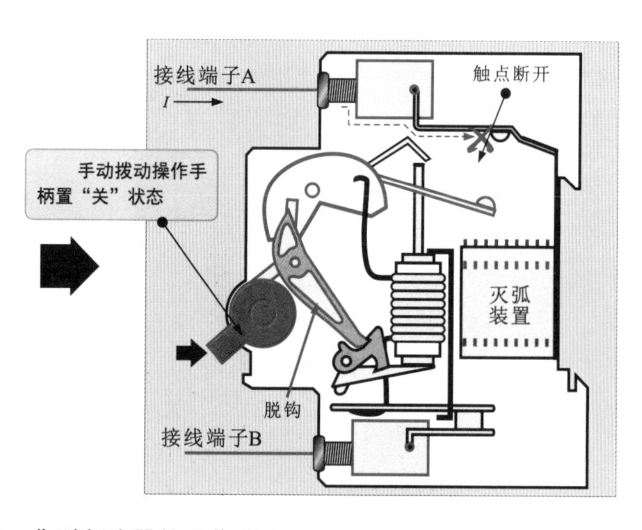

图11-21　典型断路器的工作原理

当手动控制操作手柄置“开”状态时，操作手柄带动脱钩动作，连杆部分带动触点动作，触点闭合，电流经接线端子A、触点、电磁脱扣器、热脱扣器后，由接线端子B输出。

当手动控制操作手柄置“关”状态时，操作手柄带动脱钩动作，连杆部分带动触点动作，触点断开，电流被切断。

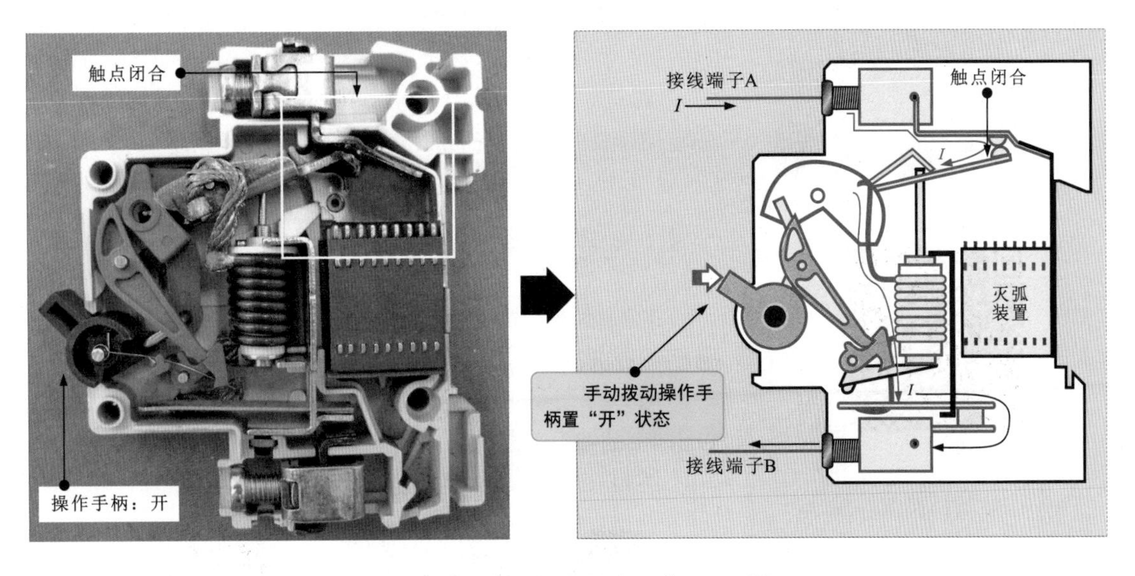

图11-21 典型断路器的工作原理(续)

11.4.2 熔断器的检测

熔断器的种类多样，检测方法基本相同。下面以插入式熔断器为例介绍检测方法，如图11-22所示。

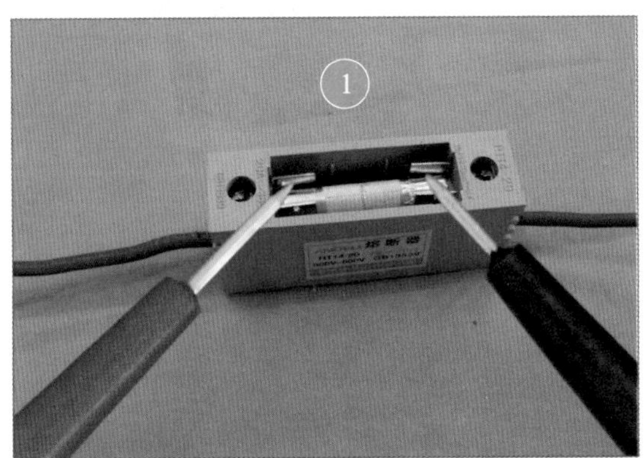

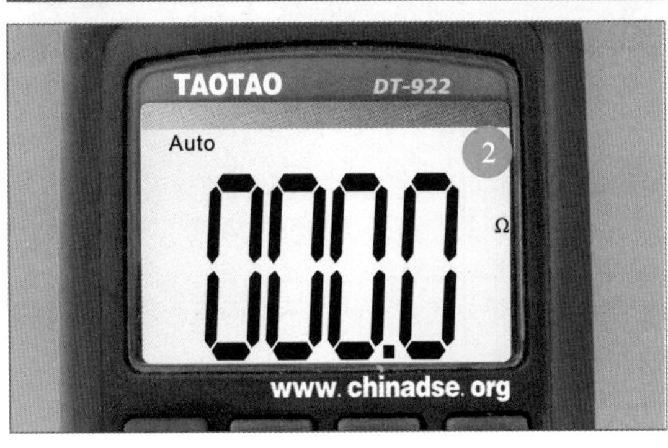

图11-22 熔断器的检测方法

1 将万用表的红、黑表笔分别搭在插入式熔断器的两端。

2 万用表显示屏显示测得的阻值趋于零。

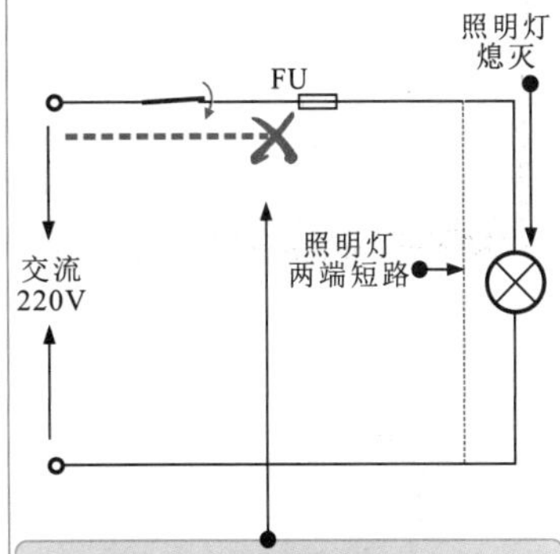

当电路出现短路故障时，电路中的电流很大，超过熔断器的额定电流，熔体熔断，切断电路，实现保护

检测插入式熔断器时，若测得的阻值很小或趋于零，表明正常；若测得的阻值为无穷大，表明内部熔丝已熔断。

11.4.3 断路器的检测

断路器的种类多样，检测方法基本相同。下面以带漏电保护断路器为例介绍断路器的检测方法。在检测断路器前，首先观察断路器表面标识的内部结构图，判断各引脚之间的关系。

图11-23为带漏电保护断路器的检测方法。

① 将红、黑表笔分别搭在带漏电保护断路器的两个接线端子上，测得在断开状态下的阻值应为无穷大。

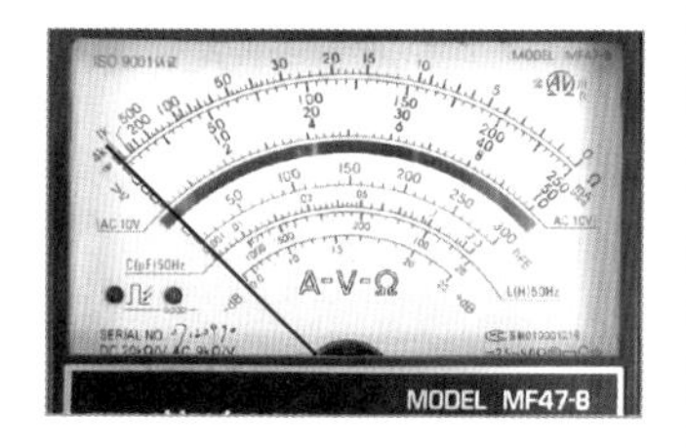

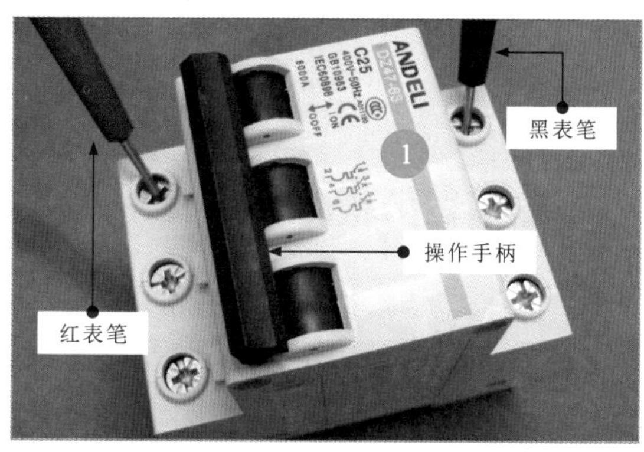

② 将红、黑表笔分别搭在带漏电保护断路器的两个接线端子上，测得在闭合状态下的阻值应为0Ω。

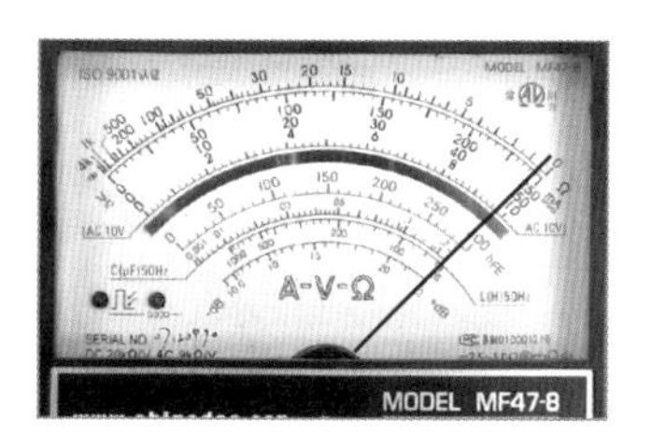

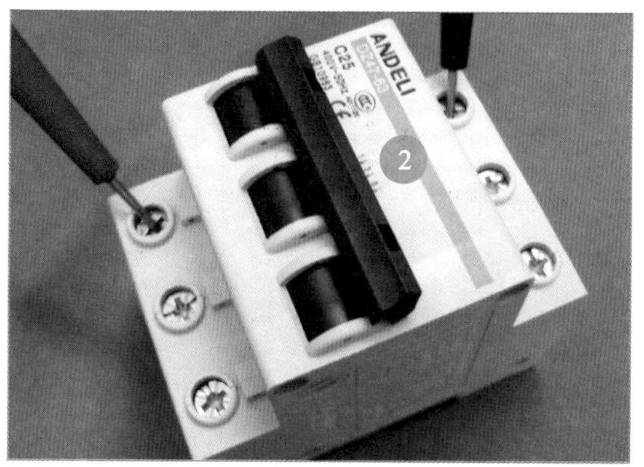

图11-23 带漏电保护断路器的检测方法

在检测断路器时可通过下列方法判断好坏：

①若测得各组开关在断开状态下的阻值均为无穷大，在闭合状态下均为零，则表明正常。

②若测得各组开关在断开状态下的阻值为零，则表明内部触点粘连损坏。

③若测得各组开关在闭合状态下的阻值为无穷大，则表明内部触点断路损坏。

④若测得各组开关中任何一组损坏，说明该断路器已损坏。

11.5 光电耦合器的特点与检测

11.5.1 光电耦合器的特点

图11-24为常见光电耦合器的实物外形。

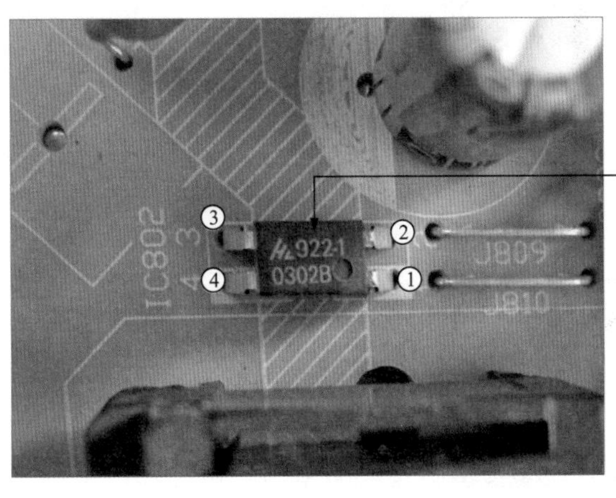

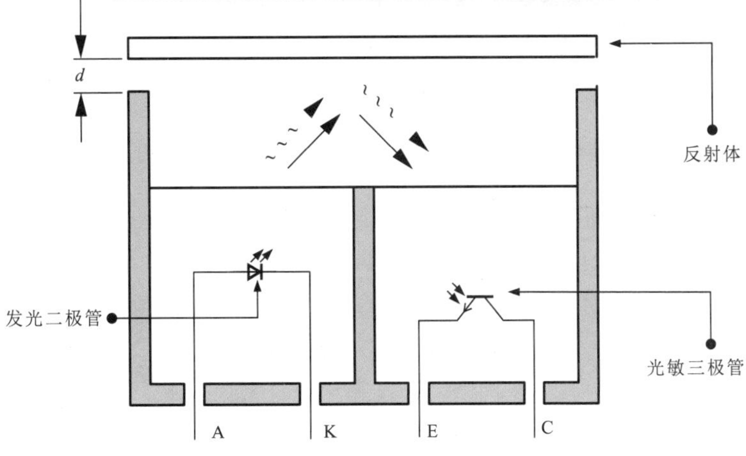

图11-24 常见光电耦合器的实物外形

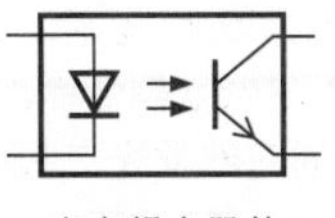

光电耦合器的电路图形符号

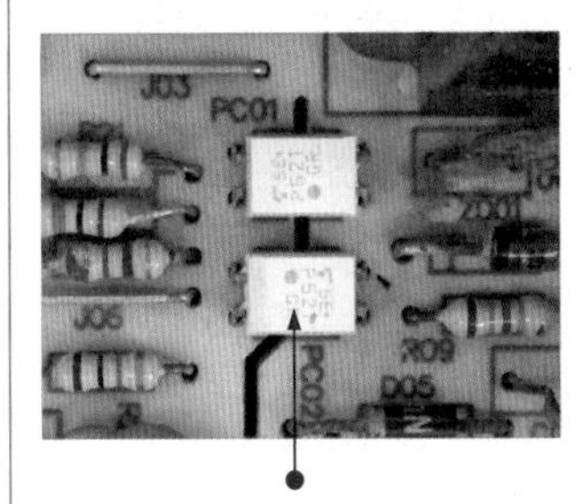

空调器通信电路中的光电耦合器

光电耦合器是一种光电转换器件。其内部实际上是由一个光敏三极管和一个发光二极管构成的，以光电方式传递信号。

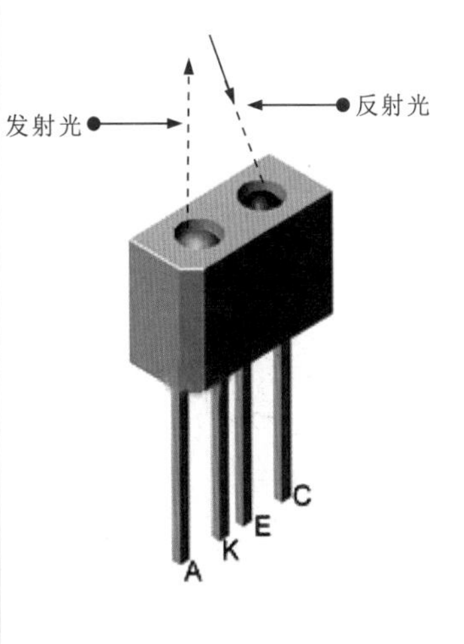

11.5.2 光电耦合器的检测

光电耦合器一般可通过分别检测二极管侧和光敏三极管侧的正、反向阻值来判断内部是否存在击穿短路或断路情况。图11-25为光电耦合器的检测方法。

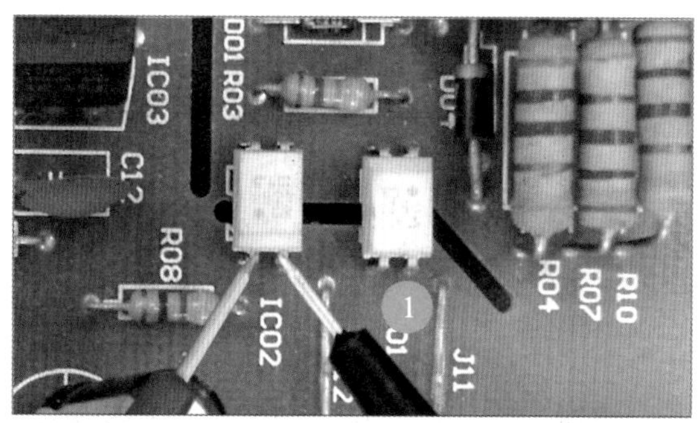

图11-25　光电耦合器的检测方法

1 将万用表的量程旋钮调至欧姆挡，并进行欧姆调零，红、黑表笔分别搭在光电耦合器的1脚和2脚，即检测内部发光二极管两个引脚间的正、反向阻值。

2 可测得正向有一定阻值，反向阻值趋于无穷大。

在正常情况下，若不存在外围元器件的影响（若有影响，则可将光电耦合器从电路板上取下），则光电耦合器内部发光二极管侧的正向应有一定的阻值，反向阻值应为无穷大；光敏三极管侧的正、反向阻值都应为无穷大。

11.6 霍尔元件的特点与检测

11.6.1 霍尔元件的特点

图11-26为霍尔元件的结构。霍尔元件是将放大器、温度补偿电路及稳压电源集成在一个芯片上的元器件。

实物外形

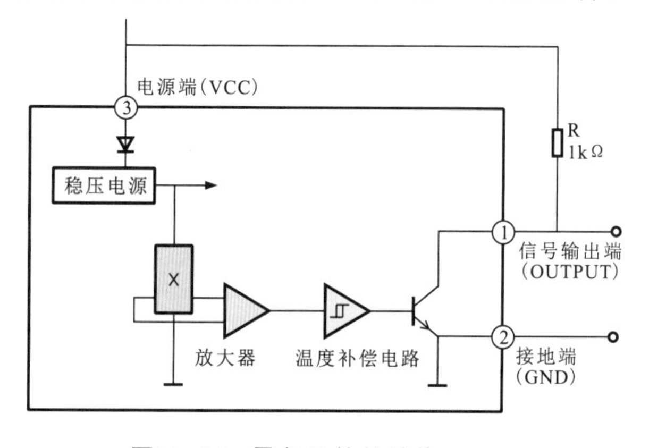

图11-26　霍尔元件的结构

霍尔元件常用的接口电路如图11-27所示。它可以与三极管、晶闸管、二极管、TTL电路和MOS电路配接，应用便利。

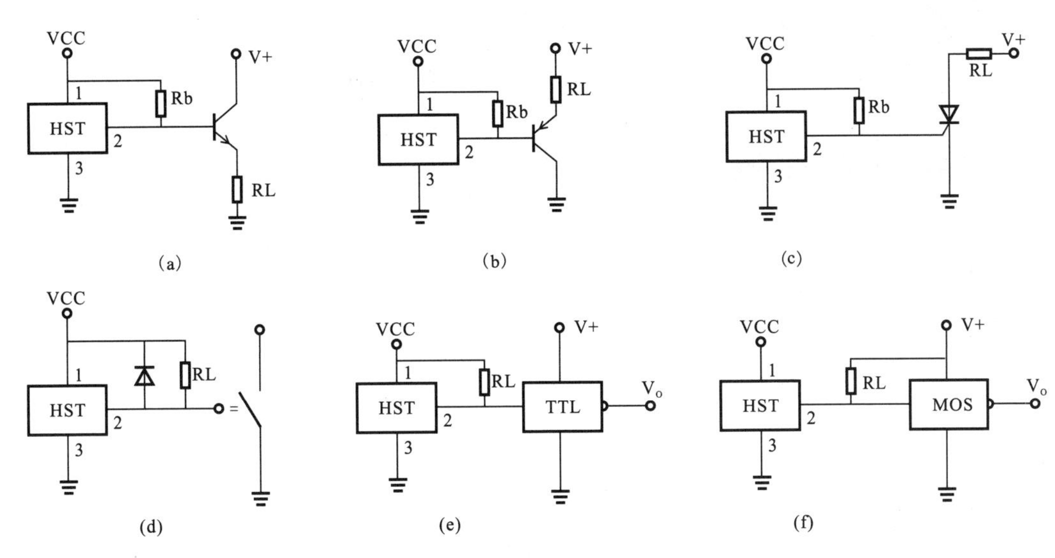

图11-27 霍尔元件常用的接口电路

无刷电动机定子绕组必须根据转子磁极的方位切换电流方向才能使转子连续旋转，因此在无刷电动机内必须设置一个转子磁极位置的传感器。这种传感器通常采用霍尔元件。图11-28为霍尔元件在电动自行车无刷电动机中的应用。

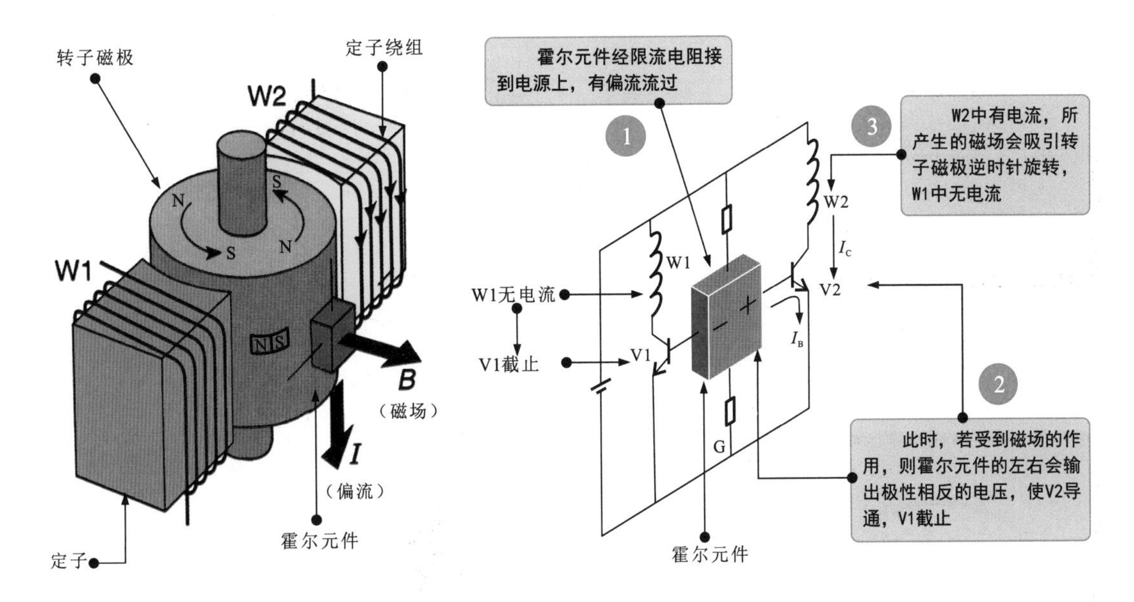

图11-28 霍尔元件在电动自行车无刷电动机中的应用

图11-29为霍尔元件在电动自行车调速转把中的应用。

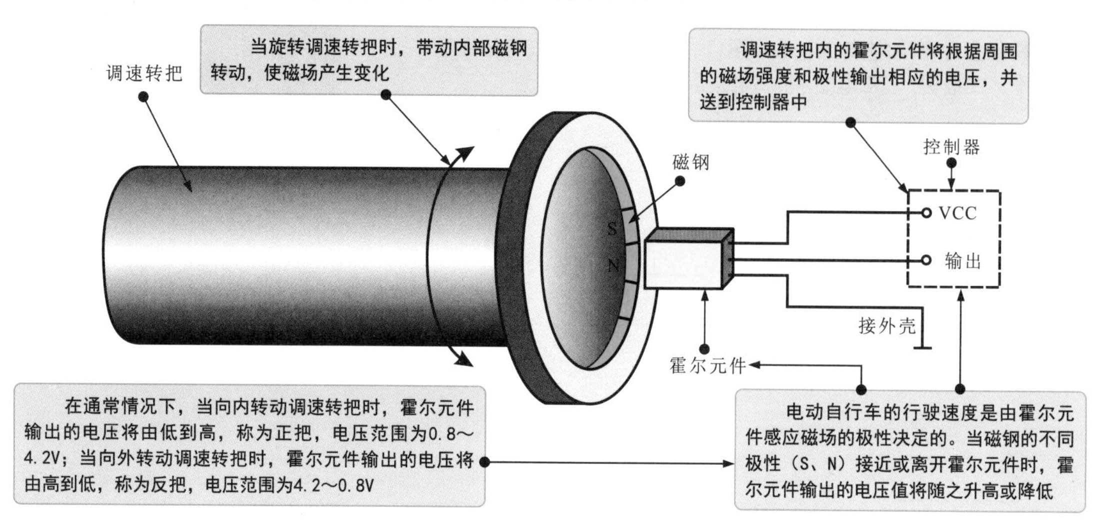

图11-29　霍尔元件在电动自行车调速转把中的应用

11.6.2 霍尔元件的检测

图11-30为电动自行车调速转把中霍尔元件的检测方法。

判断霍尔元件是否正常时，可使用万用表分别检测霍尔元件引脚间的阻值。

1 将万用表的量程旋钮调至 $R\times 1\text{k}\Omega$，并进行欧姆调零，红、黑表笔分别搭在霍尔元件的供电端和接地端，测得两引脚间的阻值为0.9kΩ。

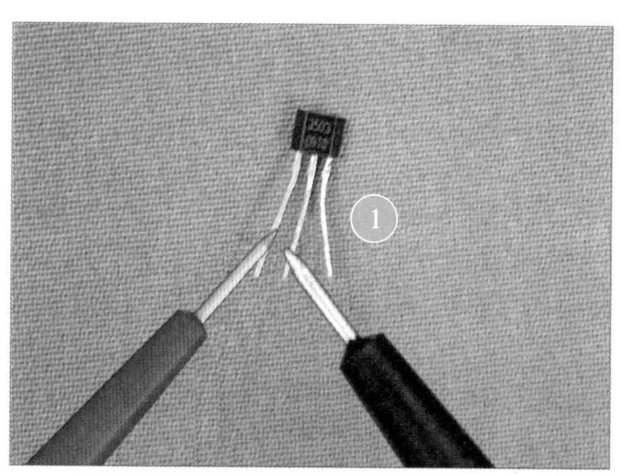

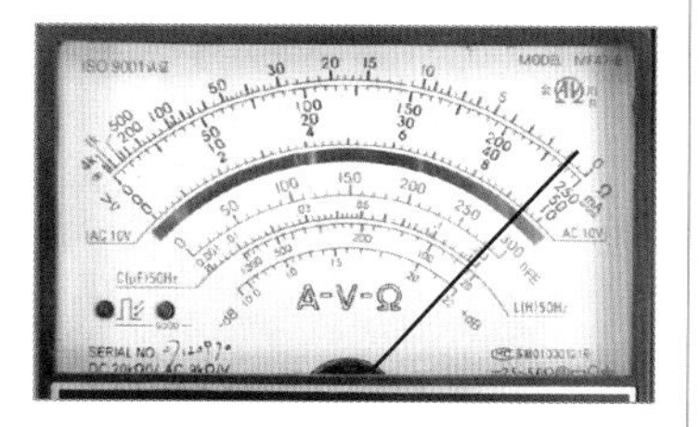

2 保持黑表笔位置不动，将红表笔搭在霍尔元件的输出端，测得两引脚间的阻值为8.7kΩ。

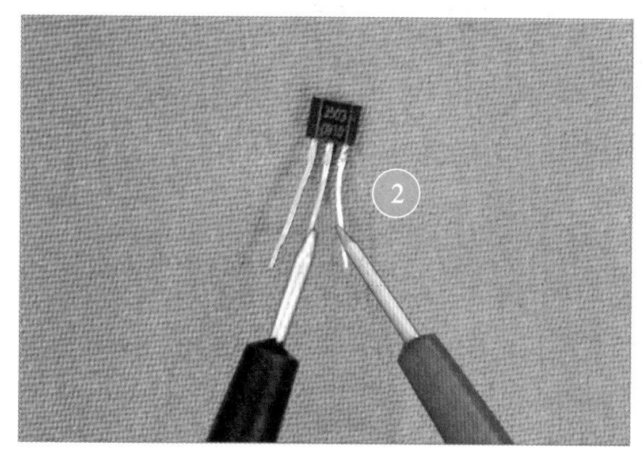

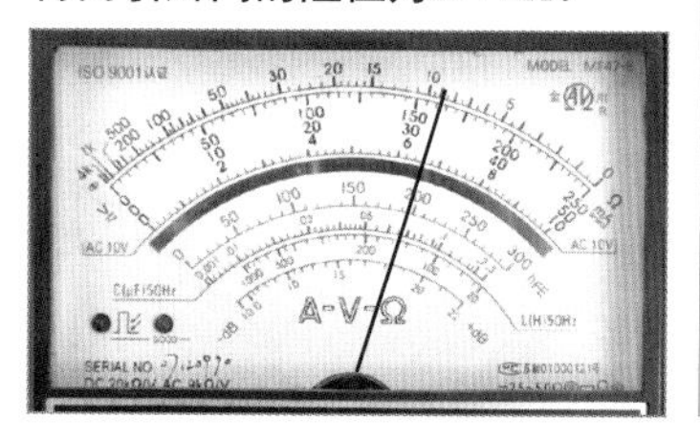

图11-30 电动自行车调速转把中霍尔元件的检测方法

11.7 变压器的特点与检测

11.7.1 变压器的特点

提升或降低交流电压是变压器在电路中的主要功能，如图11-31所示。

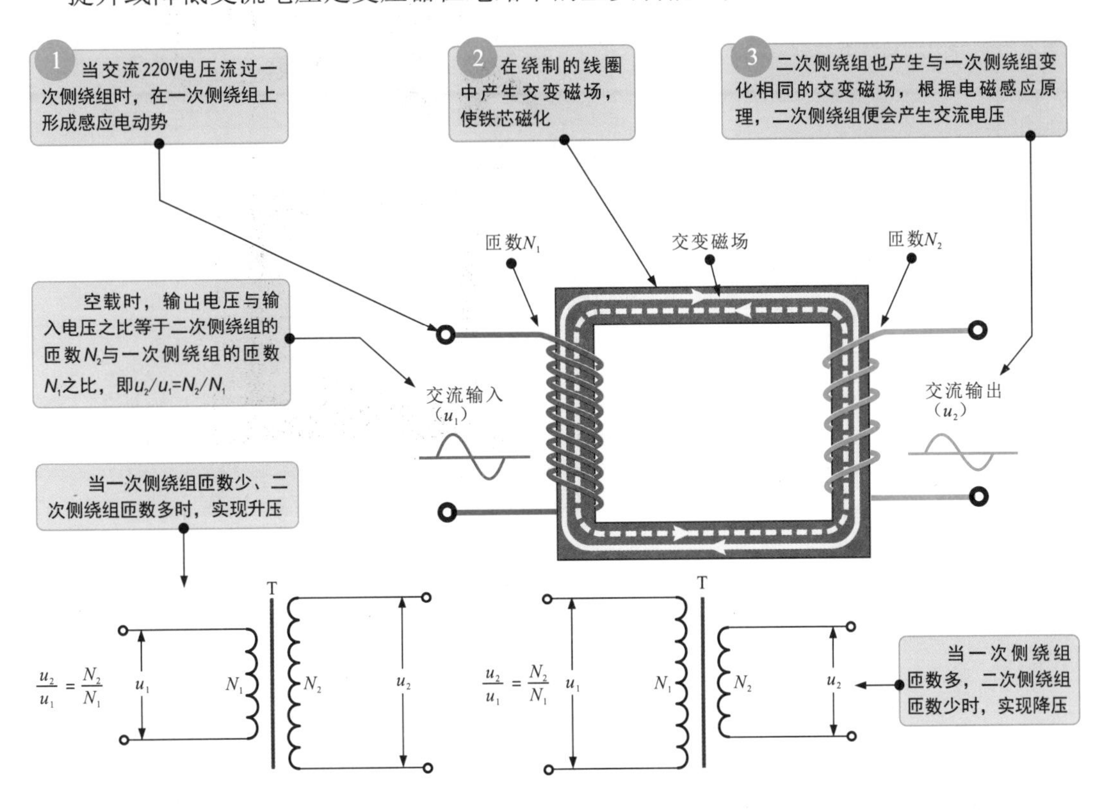

图11-31 变压器的电压变换功能

1 低频变压器

低频变压器主要有电源变压器和音频变压器。图11-32为电源变压器的实物外形。

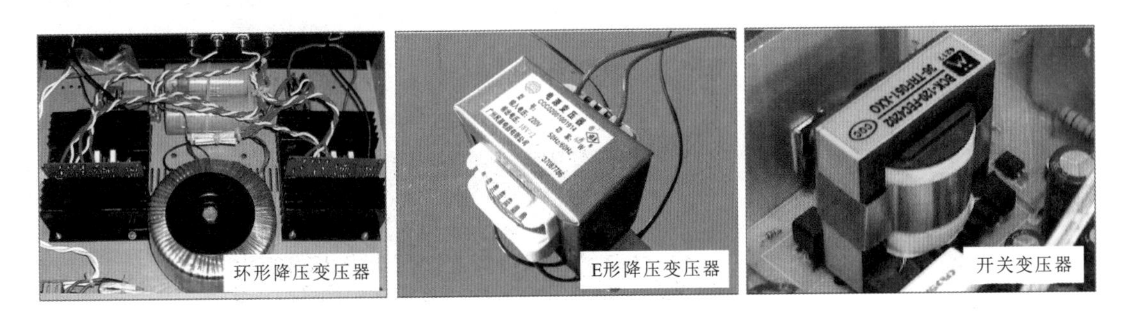

图11-32 电源变压器的实物外形

音频变压器是传输音频信号的变压器，主要用来耦合传输信号和阻抗匹配，多应用在功率放大器中，如高保真音响放大器，需要采用高品质的音频变压器。

音频变压器根据功能还可分为音频输入变压器和音频输出变压器，分别接在功率放大器的输入级和输出级。

图11-33为音频变压器的实物外形。

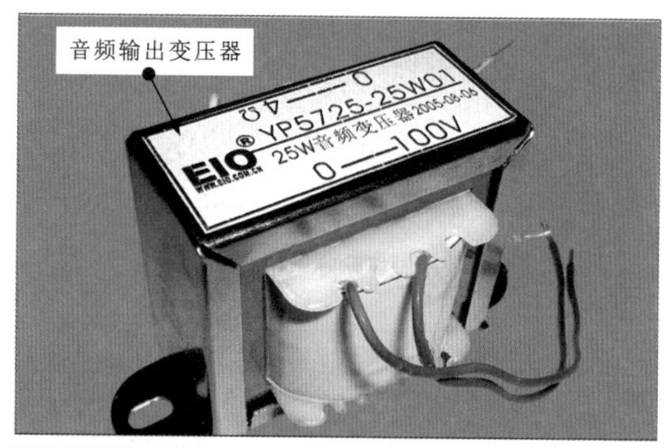

图11-33　音频变压器的实物外形

2 中频变压器

中频变压器简称中周，适用范围一般为几千赫兹至几十兆赫兹，频率相对较高，实物外形如图11-34所示。

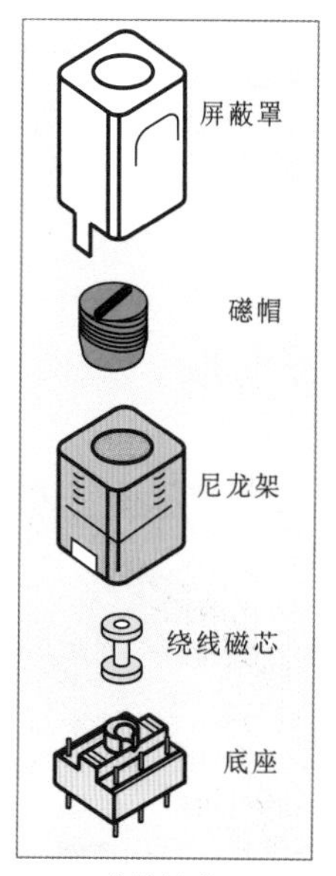

结构组成

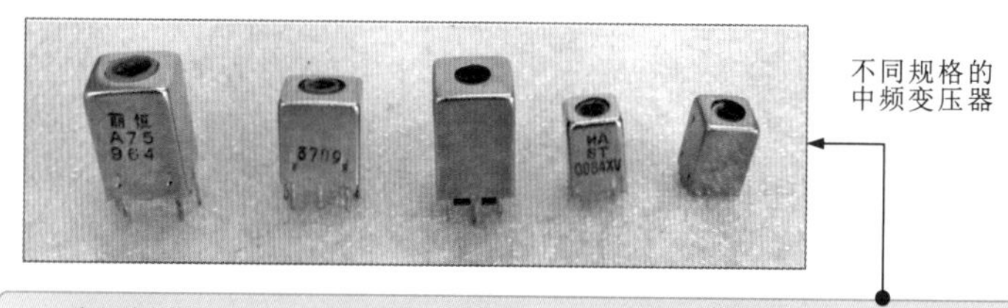

中频变压器与振荡线圈的外形十分相似，可通过磁帽上的颜色区分。常见的中频变压器主要有白色、红色、绿色和黄色，颜色不同，具体的参数和应用不同

图11-34　中频变压器的实物外形

在收音机电路中，通常白色的中频变压器为第一中频，红色的中频变压器为第二中频，绿色的中频变压器为第三中频，黑色的中频变压器为本振线圈。在实际应用中，不同厂家对中频变压器的颜色标识没有统一的标准，应具体问题具体分析，但不论哪个厂家生产的中频变压器，不同颜色的中频变压器不可互换。

3 高频变压器

工作在高频电路中的变压器被称为高频变压器，图11-35为高频变压器的实物外形。

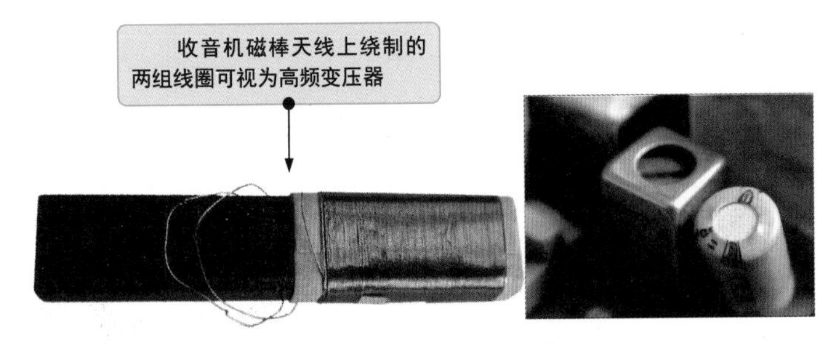

图11-35 高频变压器的实物外形

高频变压器主要应用在收音机、电视机、手机、卫星接收机电路中。短波收音机中的高频变压器工作在1.5～30MHz频率范围。FM收音机的高频变压器工作在88～108MHz频率范围。

4 特殊变压器

特殊变压器是应用在特殊环境中的变压器。在电子产品中，常见的特殊变压器主要有彩色电视机中的行输出变压器、行激励变压器等，如图11-36所示。

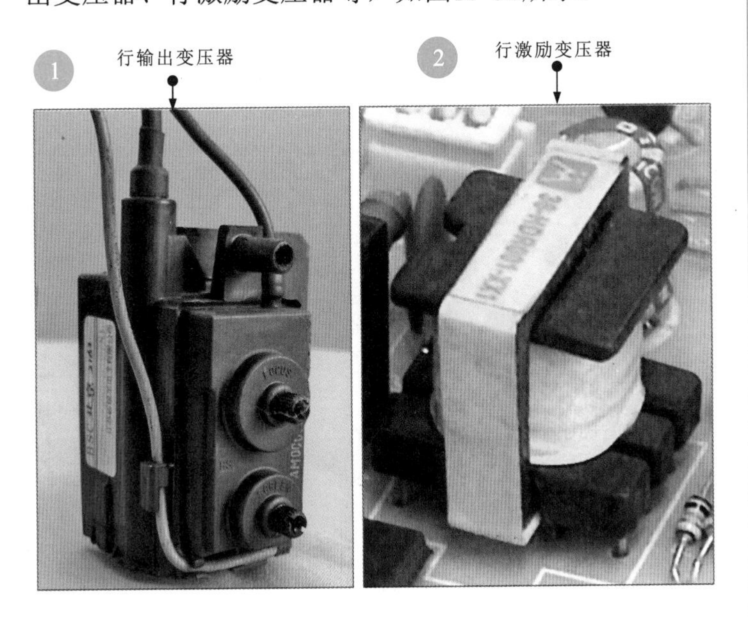

图11-36 特殊变压器的实物外形

1 行输出变压器能输出几万伏的高压和几千伏的副高压，故又称高压变压器。其线圈结构复杂。型号不同，线圈结构也不同。

2 行激励变压器可降低输出电压幅度。

11.7.2 变压器绕组阻值的检测

变压器是一种以一次侧、二次侧绕组为核心的部件，当使用万用表检测时，可通过检测绕组阻值来判断变压器是否损坏。

1 变压器绕组阻值的检测

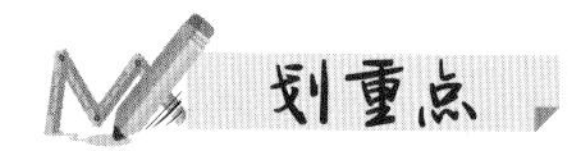

检测变压器绕组阻值主要包括对一次侧、二次侧绕组自身阻值的检测、绕组与绕组之间绝缘电阻的检测、绕组与铁芯或外壳之间绝缘电阻的检测三个方面，在检测变压器绕组阻值之前，应首先区分待测变压器的绕组引脚，如图11-37所示。

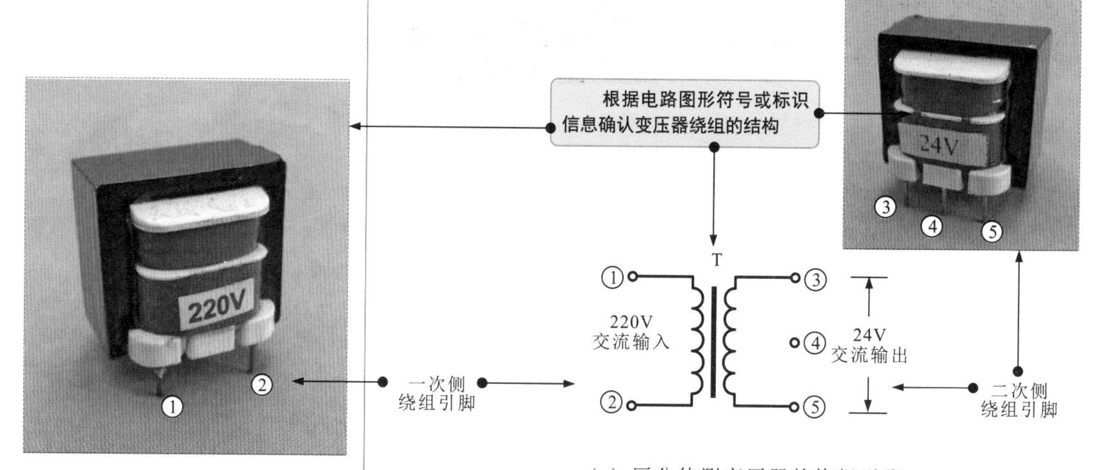

（a）区分待测变压器的绕组引脚

① 将万用表的量程旋钮调至欧姆挡，红、黑表笔分别搭在待测变压器的一次侧绕组两引脚上或二次侧绕组两引脚上，观察万用表显示屏，在正常情况下应有一固定值。若实测阻值为无穷大，则说明所测绕组存在断路现象。

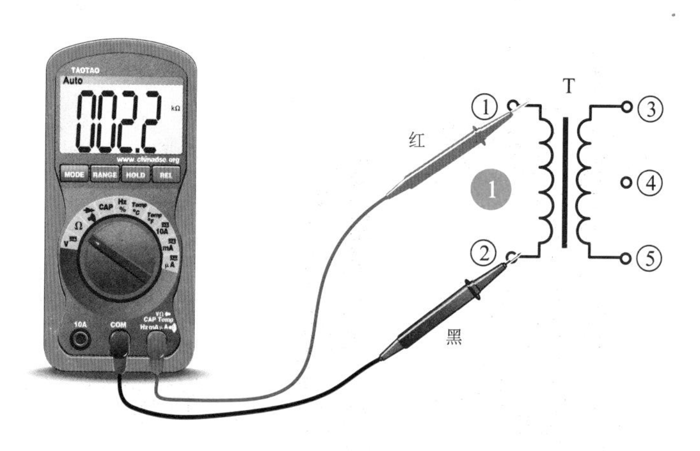

（b）检测变压器绕组自身阻值

图11-37 变压器绕组阻值的检测方法

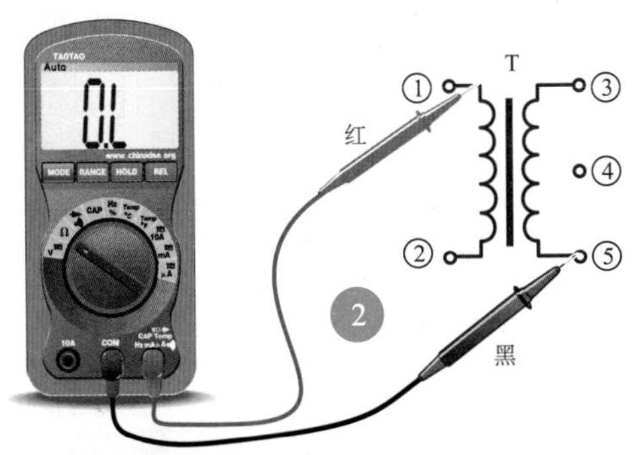

（c）检测变压器绕组与绕组之间的阻值

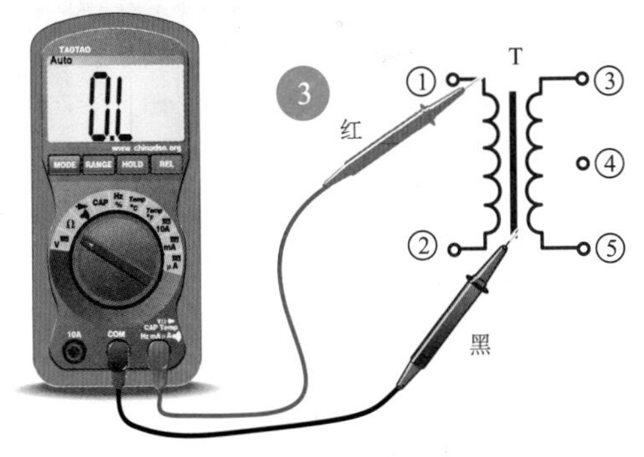

（d）检测变压器绕组与铁芯之间的阻值

图11-37　变压器绕组阻值的检测方法（续）

2 将万用表的量程旋钮调至欧姆挡，红、黑表笔分别搭在待测变压器的一次侧、二次侧绕组任意两引脚上，观察万用表显示屏，在正常情况下应为无穷大。若绕组之间有一定的阻值或阻值很小，则说明所测变压器绕组之间存在短路现象。

3 将万用表的量程旋钮调至欧姆挡，红、黑表笔分别搭在待测变压器的一次侧绕组引脚和铁芯上，观察万用表显示屏，在正常情况下应为无穷大。若绕组与铁芯之间有一定的阻值或阻值很小，则说明所测变压器绕组与铁芯之间存在短路现象。

图11-38为变压器绕组自身阻值的检测案例。

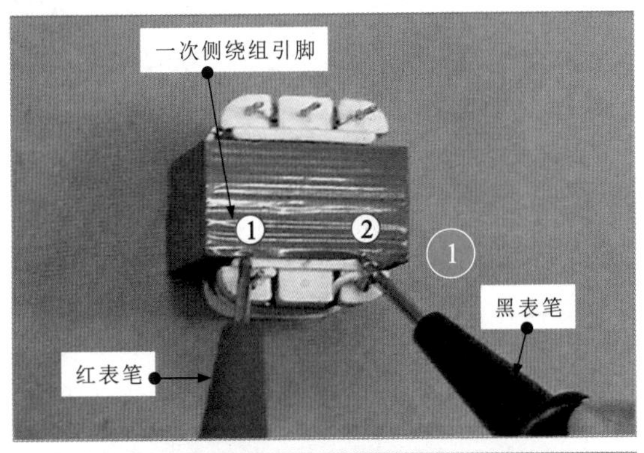

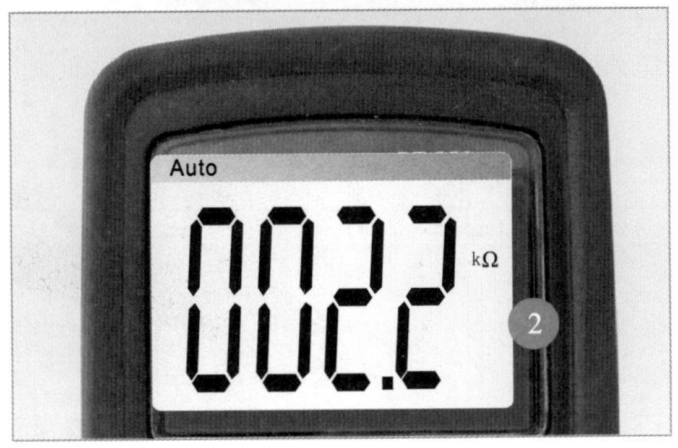

图11-38　变压器绕组自身阻值的检测案例

1 将万用表的量程旋钮调至欧姆挡，红、黑表笔分别搭在待测变压器的一次侧绕组两引脚上。

2 测得阻值为2. 2kΩ。

③ 将万用表的红、黑表笔分别搭在待测变压器二次侧绕组两引脚上。

④ 测得阻值为30Ω。

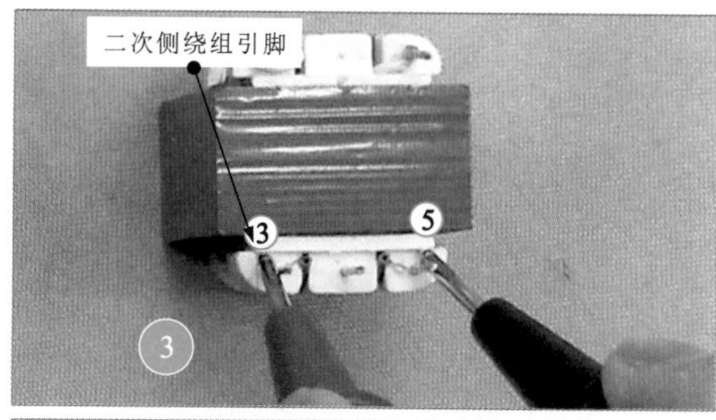

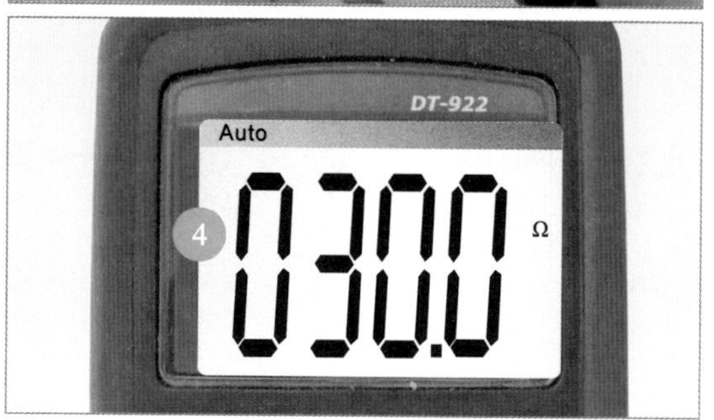

图11-38　变压器绕组自身阻值的检测案例（续）

将万用表的量程旋钮调至欧姆挡，红、黑表笔分别搭在待测变压器一次侧绕组和二次侧绕组的任意两引脚上，测得阻值为无穷大。若变压器有多个二次侧绕组，则应依次检测每个二次侧绕组与一次侧绕组之间的阻值。

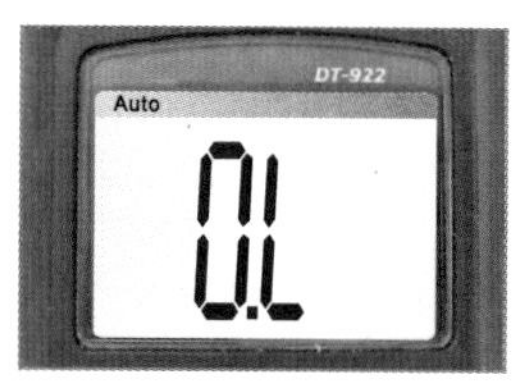

图11-39为变压器绕组与绕组之间阻值的检测。

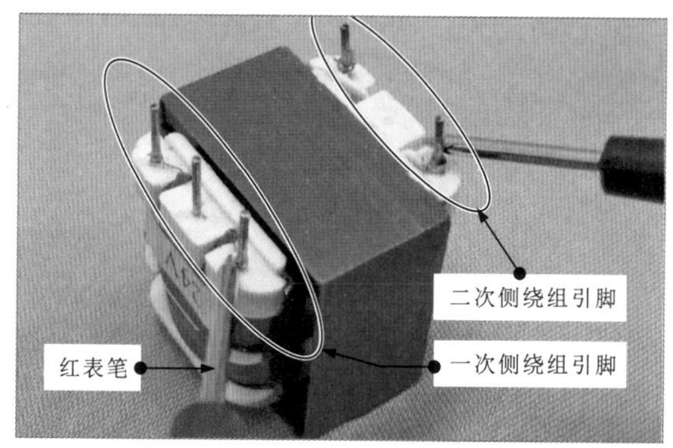

图11-39　变压器绕组与绕组之间阻值的检测

将万用表的量程旋钮调至欧姆挡，红、黑表笔分别搭在待测变压器任意绕组引脚和铁芯上，测得阻值为无穷大。

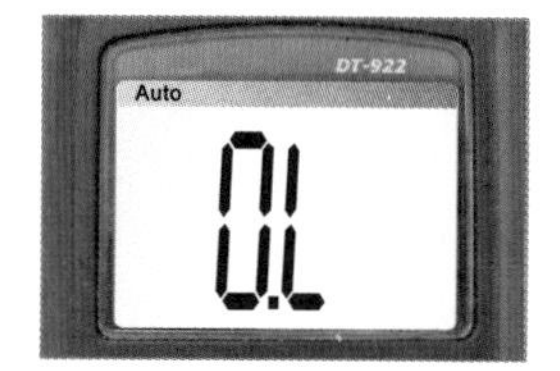

图11-40为变压器绕组与铁芯之间阻值的检测。

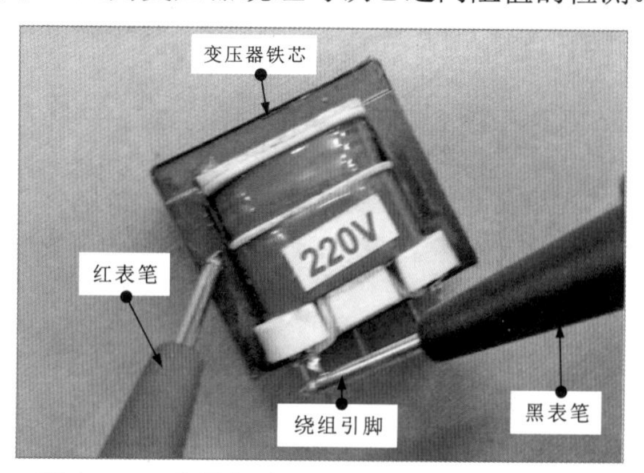

图11-40　变压器绕组与铁芯之间阻值的检测

11.7.3 变压器输入、输出电压的检测

变压器的主要功能就是电压变换，因此在正常情况下，若输入电压正常，则应输出变换后的电压，使用万用表检测时，可通过检测输入、输出电压来判断变压器是否损坏，检测指导如图11-41所示。

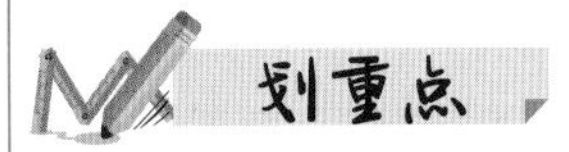

将变压器置于实际工作环境中或搭建测试电路模拟实际工作环境，并向变压器输入交流电压，用万用表分别检测输入、输出电压来判断变压器的好坏，在检测之前，需要区分待测变压器的输入、输出引脚，了解输入、输出电压值，为变压器的检测提供参照标准。

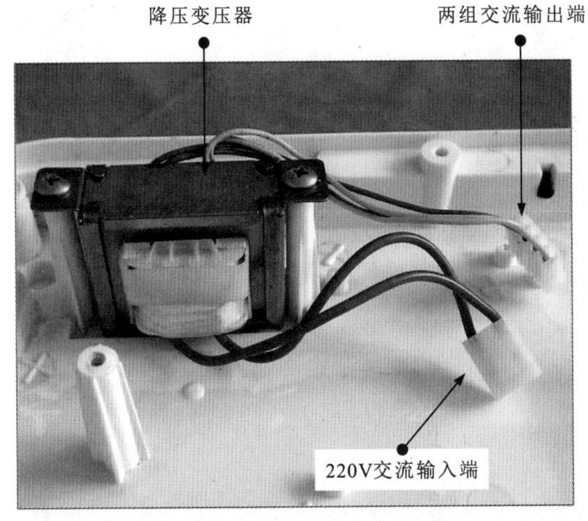

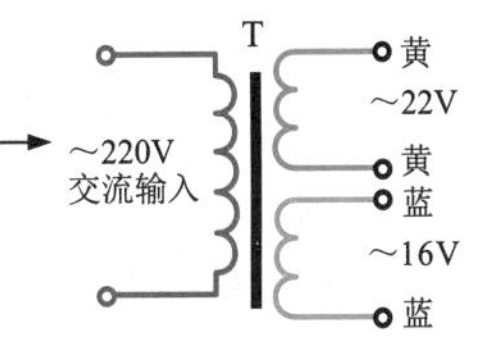

(a) 区分待测变压器的输入、输出端

1 识读变压器上的铭牌标识：输入为交流220V；输出有两组（蓝色线为16V输出，黄色线为22V输出）。

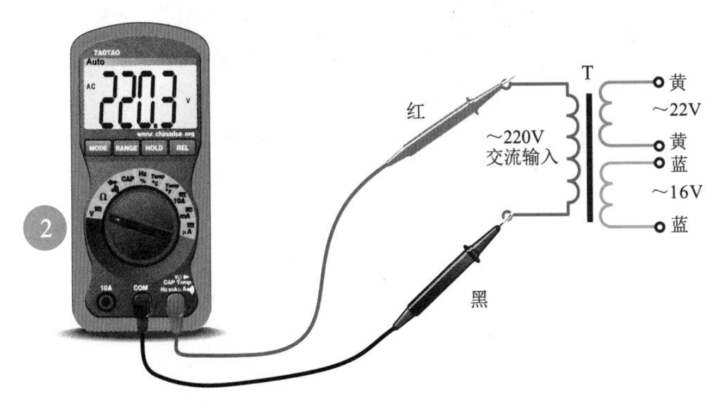

(b) 检测变压器输入、输出电压

图11-41 变压器输入、输出电压的检测指导

2 将万用表的量程旋钮调至交流电压挡，红、黑表笔分别搭在待测变压器的交流输入端或交流输出端，观察万用表显示屏。若输入电压正常，而无电压输出，则说明变压器损坏。

划重点

1 将变压器置于实际工作环境或搭建测试电路模拟实际工作环境；将万用表的量程旋钮调至交流电压挡，红、黑表笔分别搭在待测变压器的输入端，实测输入电压为交流220.3V。

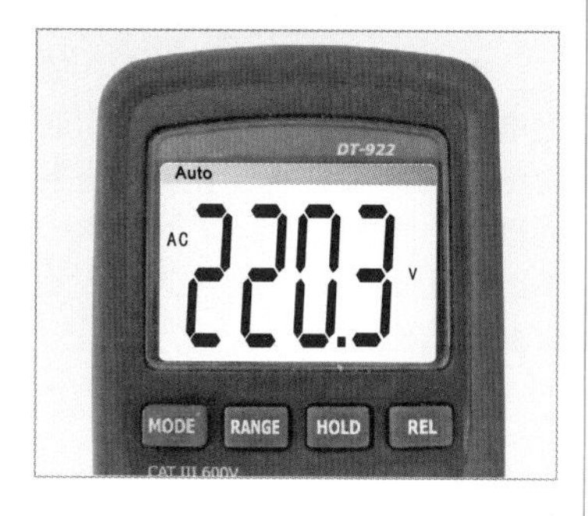

2 将万用表的红、黑表笔分别搭在待测变压器的蓝色输出端，实测输出电压为交流16.1V。

3 将万用表的红、黑表笔分别搭在待测变压器的黄色输出端。

4 实测输出电压为交流22.4V。

图11-42为变压器输入、输出电压的检测方法。

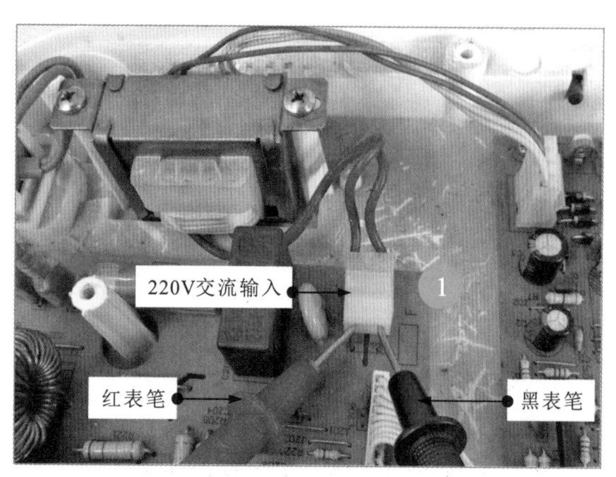

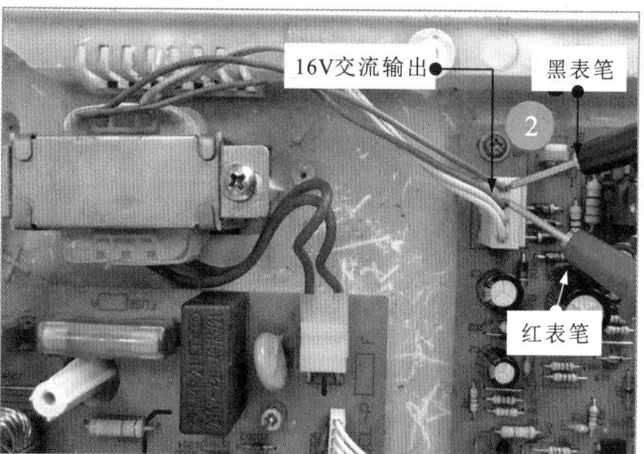

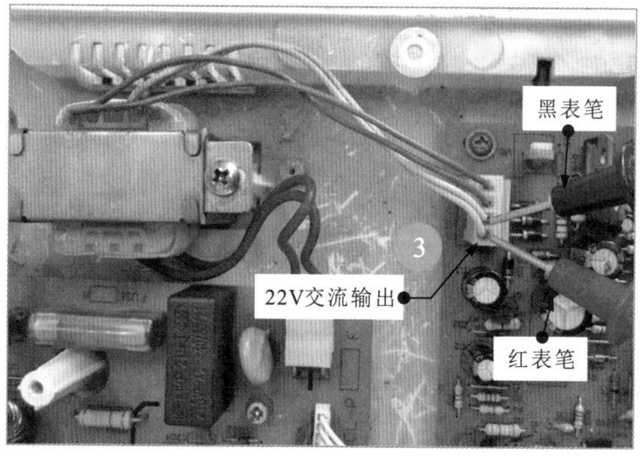

图11-42　变压器输入、输出电压的检测方法

11.7.4 变压器绕组电感量的检测

变压器一次侧、二次侧绕组都相当于多匝数的电感线圈，检测时，可以用万用电桥检测一次侧、二次侧绕组的电感量来判断变压器的好坏。

在检测之前，应首先区分待测变压器的绕组引脚，如图11-43所示。

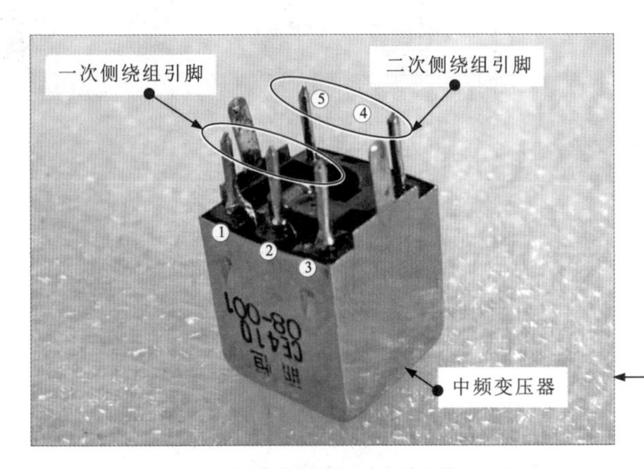

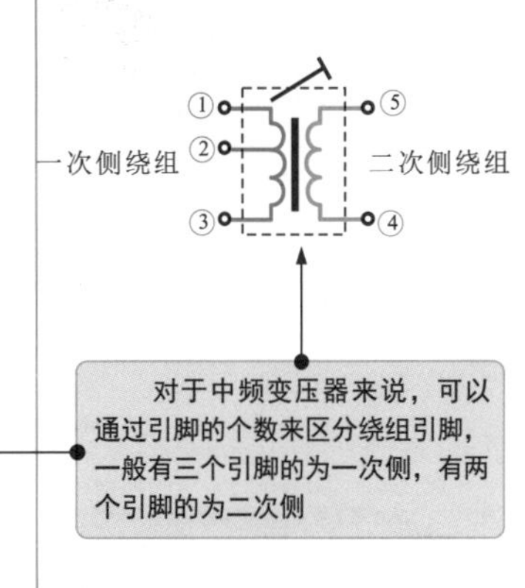

图11-43 区分待测变压器的绕组引脚

对于其他类型的变压器来说，如果没有标识变压器的一次侧、二次侧，则一般可以通过观察引线粗细或线圈匝数的方法来区分。通常，对于降压变压器，引线较细的一侧为一次侧，引线较粗的一侧为二次侧；线圈匝数较多的一侧为一次侧，线圈匝数较少的一侧为二次侧。另外，通过测量绕组的阻值也可区分，即阻值较大的一侧为一次侧，阻值较小的一侧为二次侧。如果是升压变压器，则区分方法正好相反。

图11-44为使用万用电桥检测变压器绕组电感量的方法。

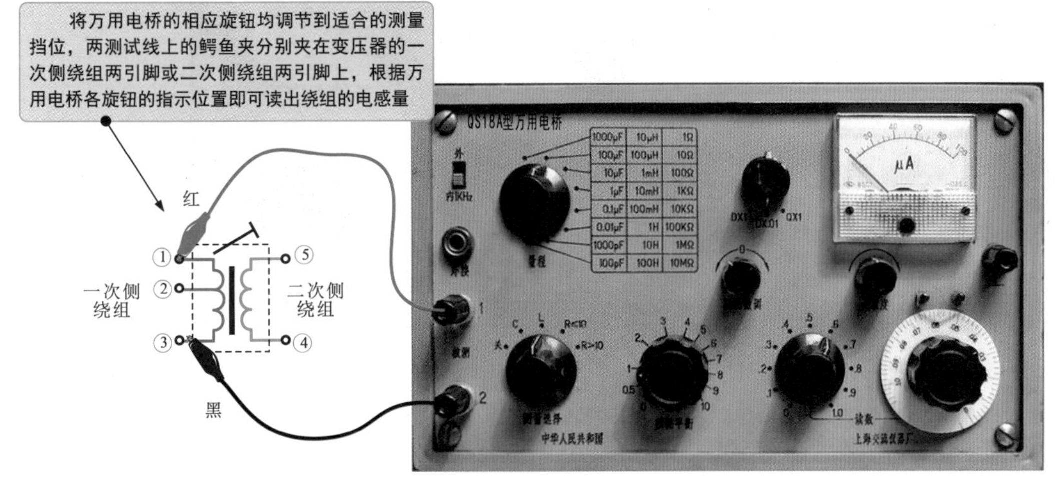

图11-44 使用万用电桥检测变压器绕组电感量的方法

图11-45为变压器绕组电感量的检测案例。

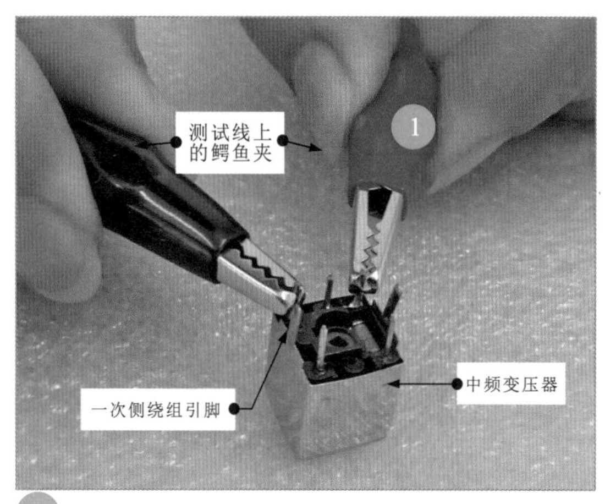

1 将万用电桥两测试线上的鳄鱼夹分别夹在中频变压器一次侧绕组的两个引脚上。

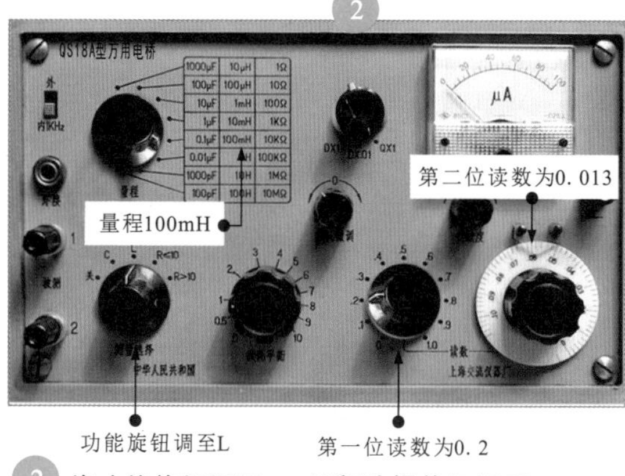

2 将功能旋钮调至L，量程选择旋钮调至100mH，分别调节各读数旋钮，使平衡用指示电表指向0位，此时读取万用电桥显示数值为（0.2+0.013）×100mH=21.3mH。

图11-45 变压器绕组电感量的检测案例

多说两句！

如图11-46所示，万用电桥的旋钮虽然比较多，但每个旋钮都有各自的功能，了解万用电桥每个旋钮的功能后，读取数值就会十分简单。

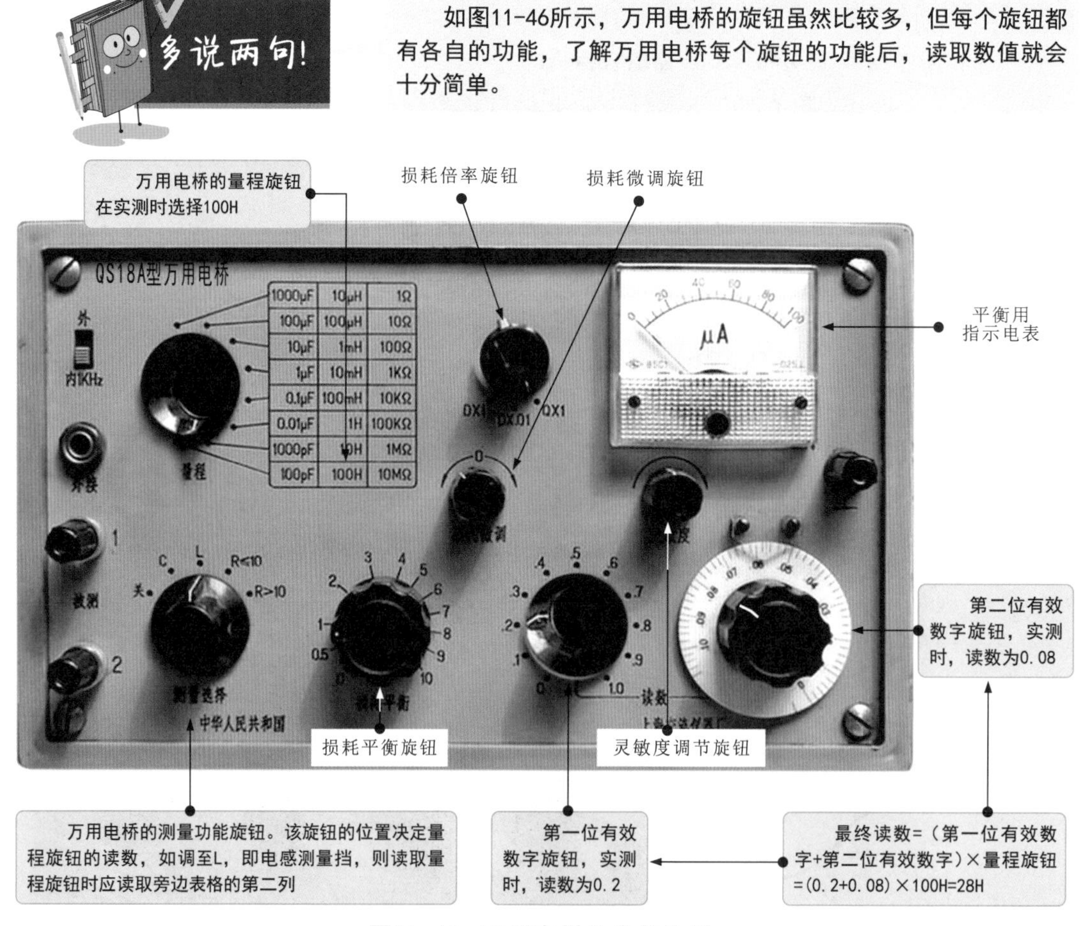

图11-46 万用电桥的实物外形

电动机

12.1 电动机的特点

电动机是一种利用电磁感应原理将电能转换为机械能的动力部件，种类多样。

12.1.1 永磁式直流电动机

图12-1为永磁式直流电动机的结构组成。

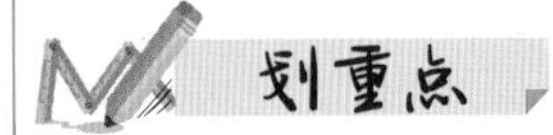

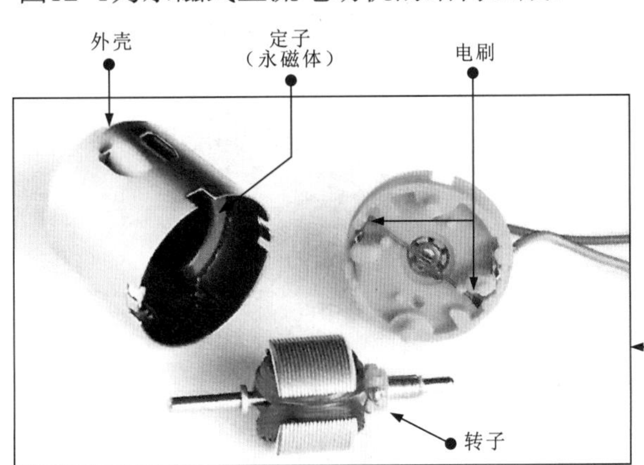

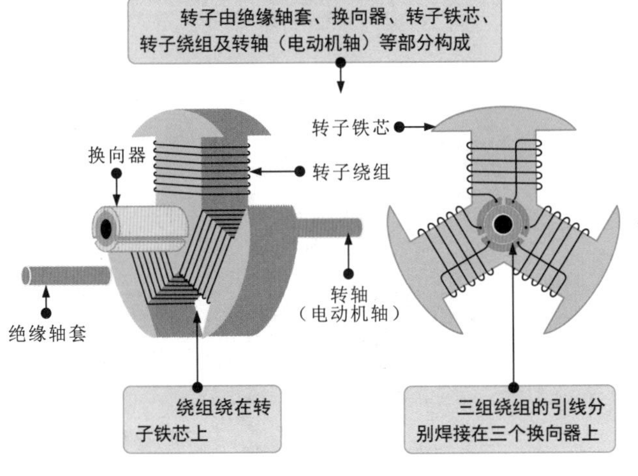

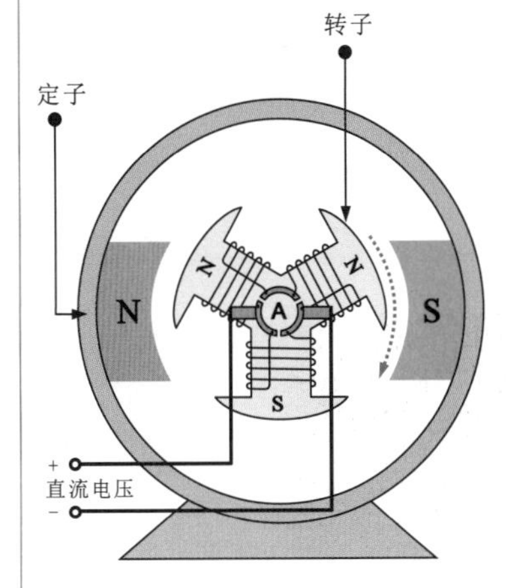

图12-1 永磁式直流电动机的结构组成

12.1.2 电磁式直流电动机

电磁式直流电动机是将用于产生定子磁场的永磁体用电磁铁取代，转子由转子铁芯、转子绕组（线圈）及转轴等组成，如图12-2所示。

图12-2 电磁式直流电动机的结构组成

12.1.3 有刷直流电动机

有刷直流电动机的内部设置电刷和换向器，主要由定子、转子、电刷及换向器等组成，如图12-3所示。

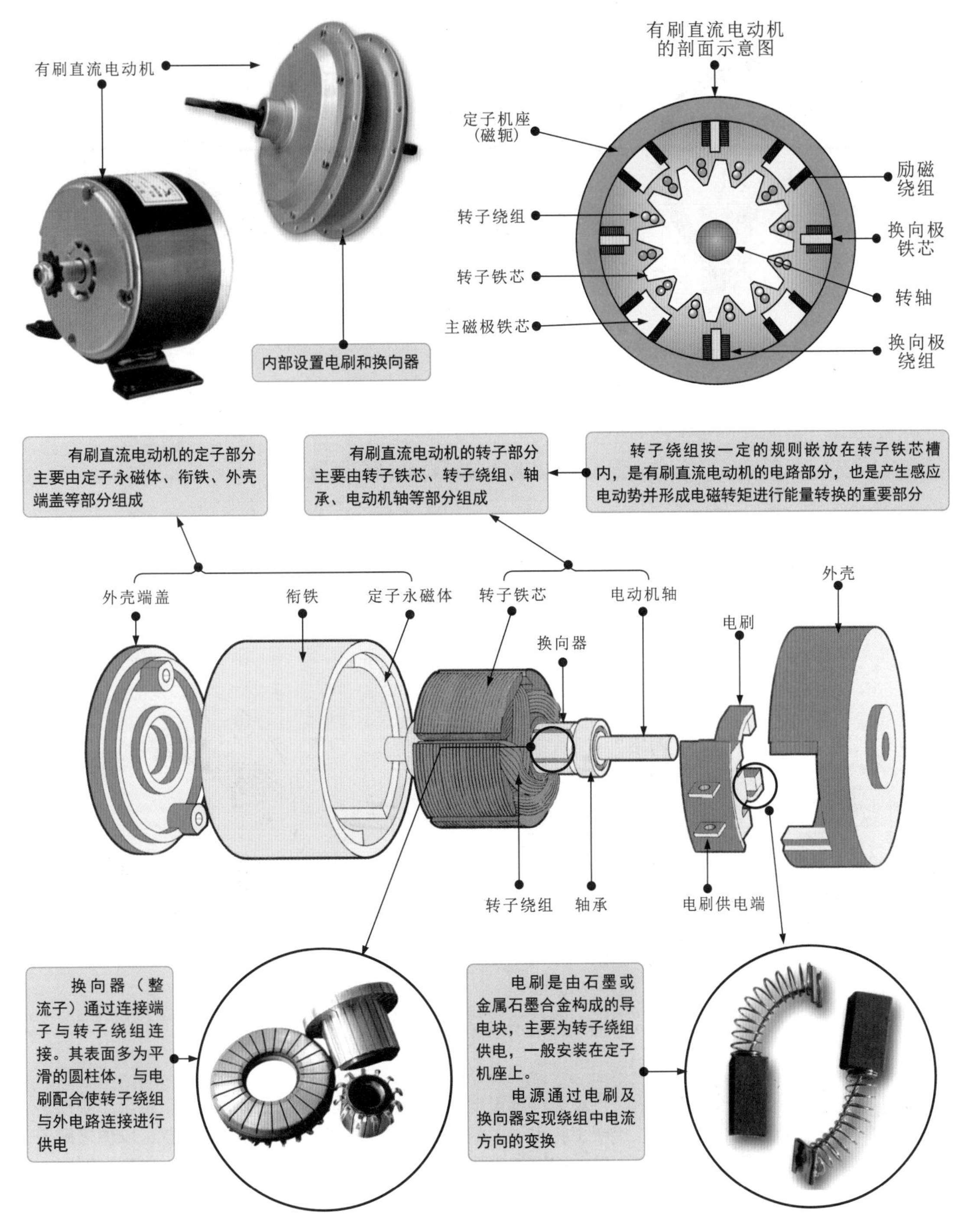

图12-3 有刷直流电动机的结构组成

12.1.4 无刷直流电动机

图12-4为无刷直流电动机的结构组成。无刷直流电动机没有电刷和换向器，主要是由转轴、转子、定子绕组、霍尔元件等组成的。

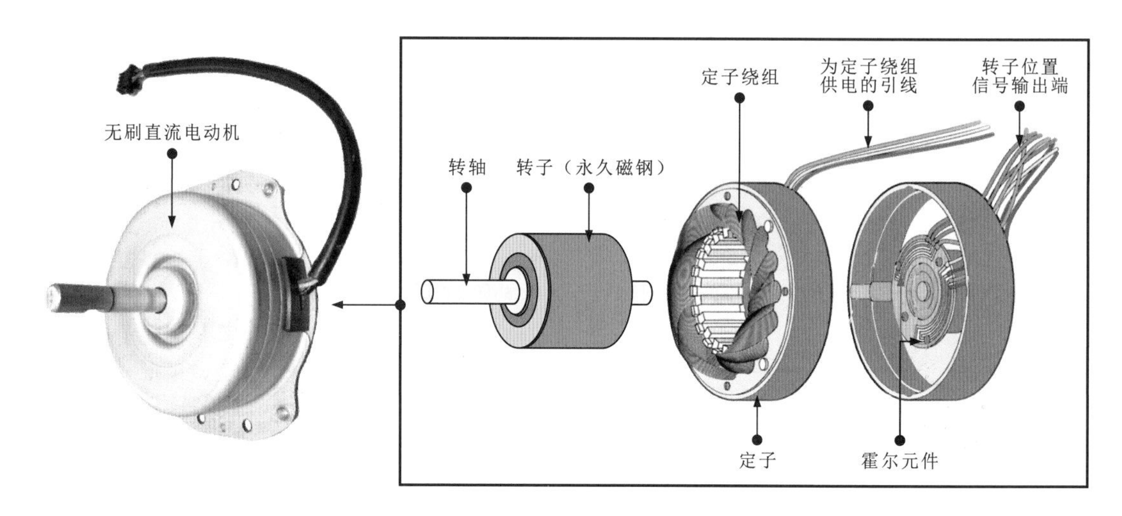

图12-4　无刷直流电动机的结构组成

霍尔元件是无刷直流电动机中的传感部件，一般固定在定子上，如图12-5所示。

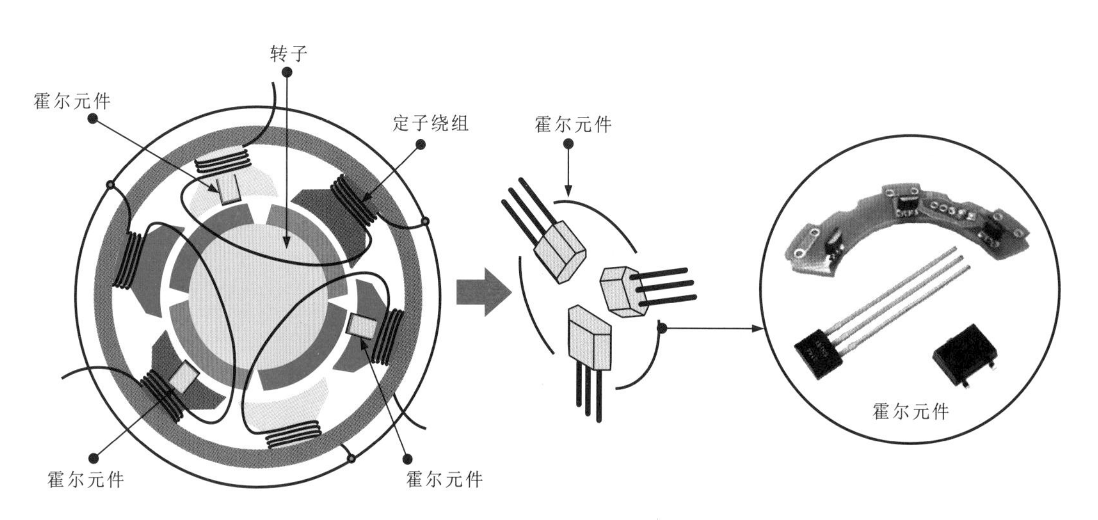

图12-5　霍尔元件的结构组成

无刷直流电动机的转子是由永久磁钢制成的；绕组绕制在定子上；定子上的霍尔元件用来检测转子磁极的位置，以便借助该位置的信号控制定子绕组中的电流方向和相位，驱动转子旋转。

12.1.5 交流同步电动机

交流同步电动机根据结构的不同，有转子需要励磁的同步电动机和转子不需要励磁的同步电动机。交流同步电动机的转速与供电电源的频率同步，若工作在电源频率恒定的条件下，则转速恒定不变，与负载无关。

1 转子需要励磁的同步电动机

图12-6为转子需要励磁的同步电动机的结构组成。

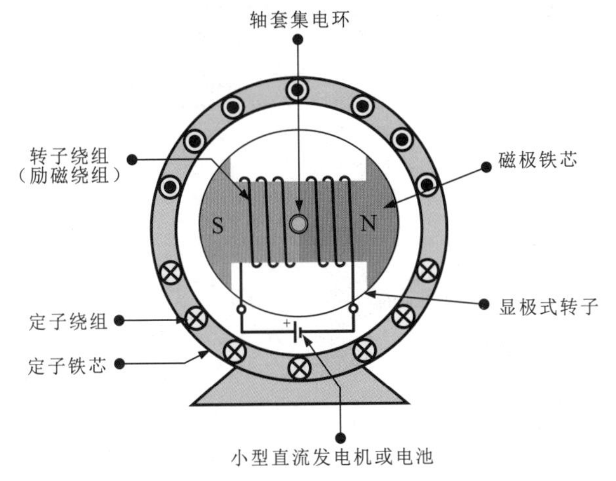

图12-6 转子需要励磁的同步电动机的结构组成

转子需要励磁的同步电动机主要是由显极式转子、定子绕组、定子铁芯、转子绕组及轴套集电环等组成的。

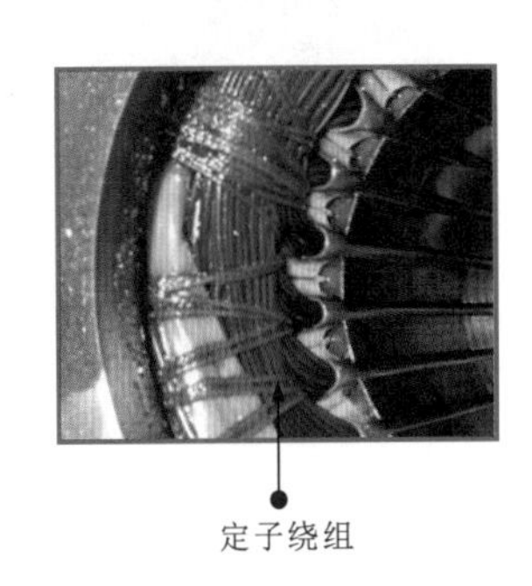

2 转子不需要励磁的同步电动机

图12-7为转子不需要励磁的同步电动机的结构组成。

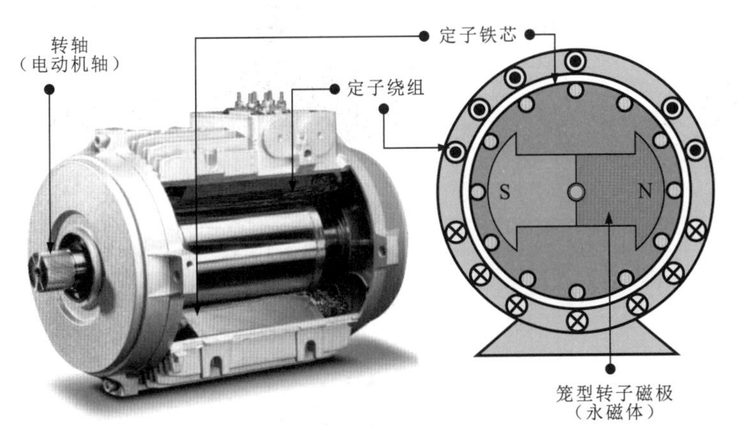

图12-7 转子不需要励磁的同步电动机的结构组成

笼型转子磁极用来产生启动转矩，当电动机的转速达到一定值时，转子即可跟踪定子绕组的电流频率并达到同步，转子的极性是由定子感应出来的。它的极数与定子的极数相等，当转子的速度达到一定值时，转子上的笼型绕组就会失去作用，只靠转子磁极跟踪定子磁极达到同步。

同步电动机的转速$n=60f/p$。其中，f为电源频率；p为磁极对数。
磁极对数为1，电源频率为50Hz，转速为60×50/1=3000（r/min）。
磁极对数为2，电源频率为50Hz，转速为60×50/2=1500（r/min）。

12.1.6 交流异步电动机

交流异步电动机的转速与供电电源的频率不同步。根据供电方式不同，交流异步电动机主要分为单相交流异步电动机和三相交流异步电动机。

1 单相交流异步电动机

图12-8为单相交流异步电动机的结构组成。单相交流异步电动机采用单相交流电源（由一根相线、一根零线构成的交流220V电源）供电，主要由定子、转子、转轴、轴承、端盖等部分组成。

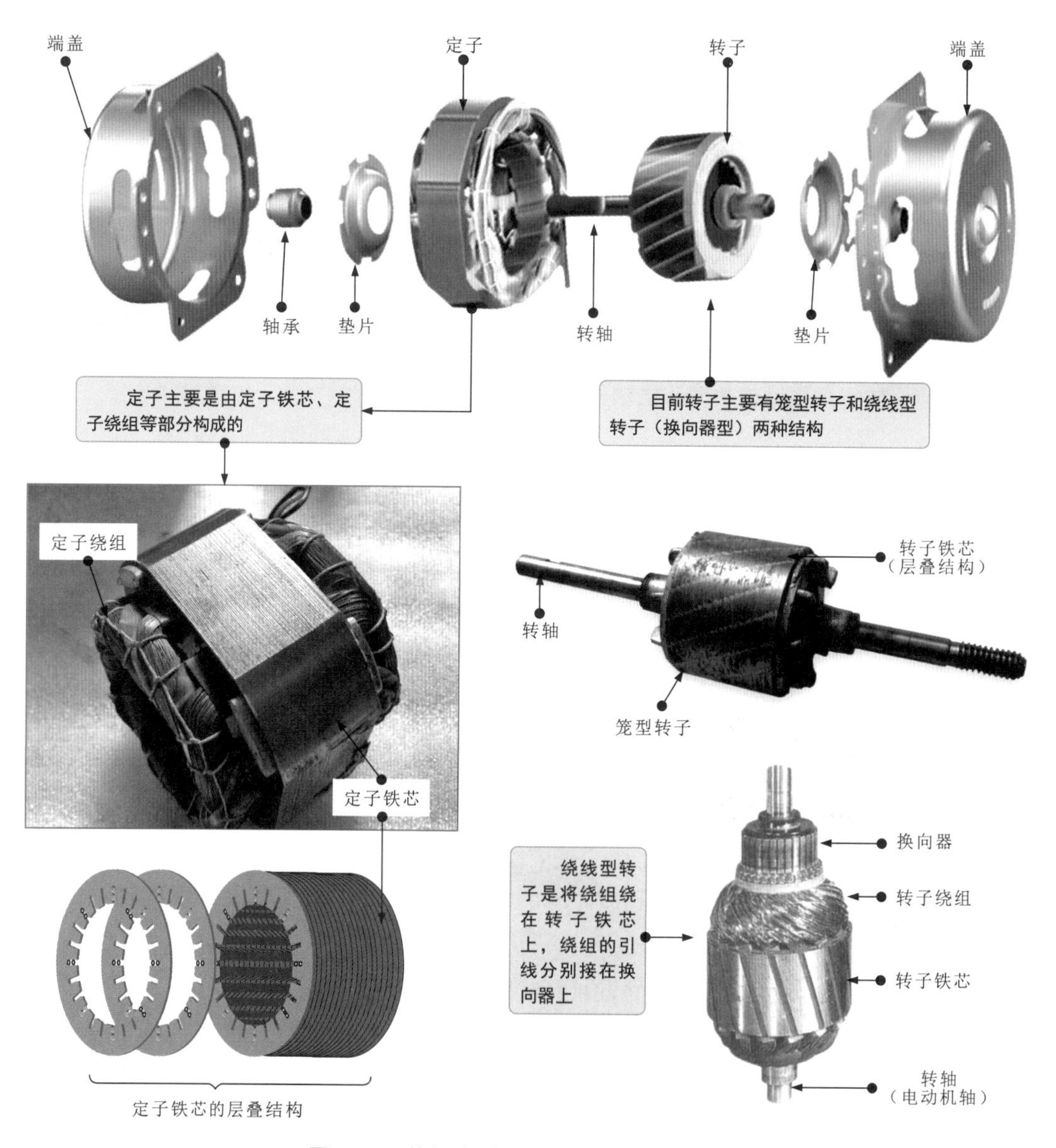

图12-8 单相交流异步电动机的结构组成

2 三相交流异步电动机

图12-9为三相交流异步电动机的结构组成。三相交流异步电动机采用三相交流电源供电，转矩较大、效率较高，多用在大功率动力设备中。

三相交流异步电动机与单相交流异步电动机的结构相似，主要是由定子、转子、转轴、轴承、端盖、外壳等部分组成的。

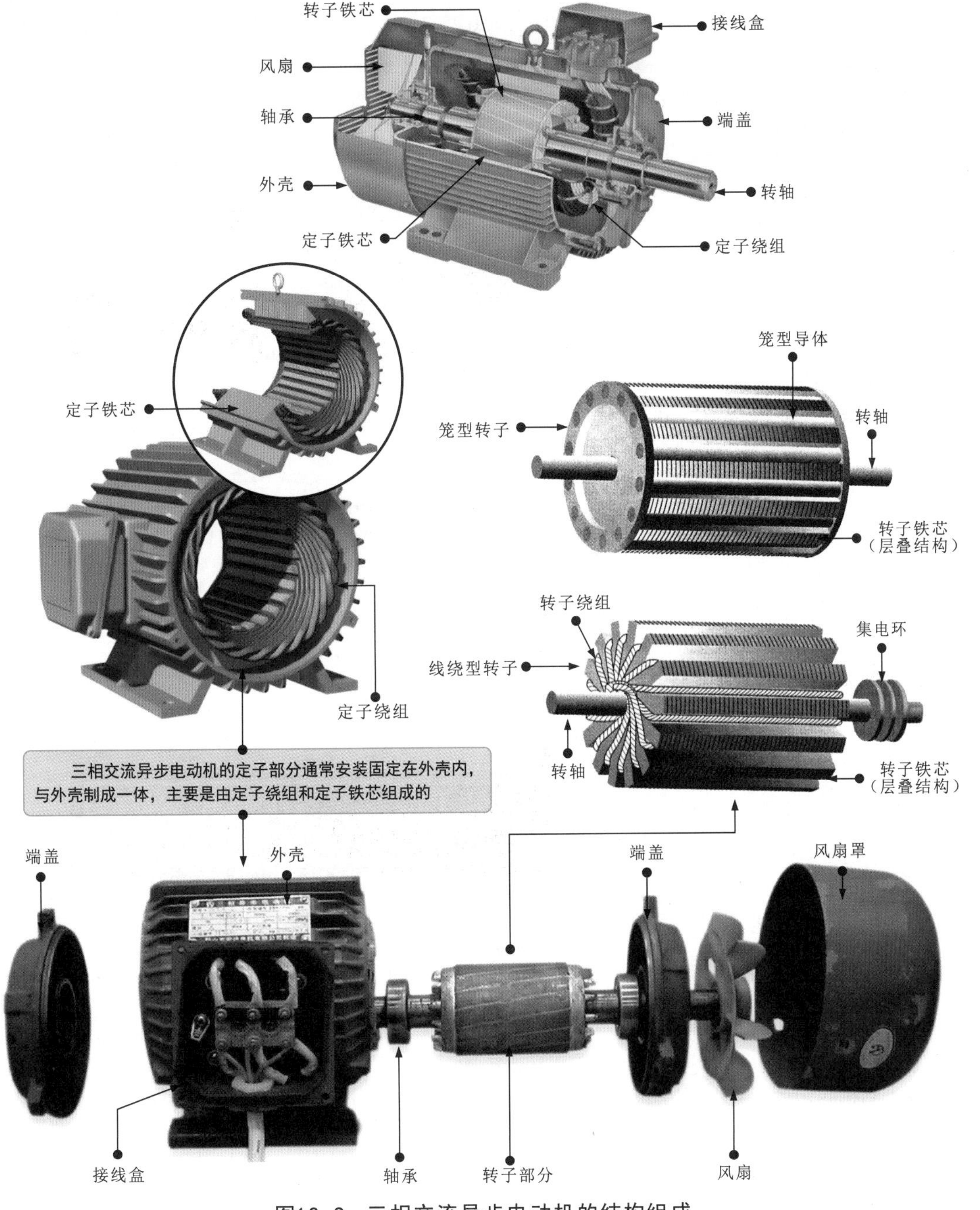

图12-9 三相交流异步电动机的结构组成

12.2 电动机的检测

12.2.1 电动机绕组阻值的检测

1 用万用表检测电动机绕组的阻值

图12-10为用万用表粗略检测电动机绕组阻值的方法。

绕组是电动机的主要组成部件，在电动机的实际应用中，损坏的概率相对较高。在检测时，一般可用万用表的电阻挡进行粗略检测，进而判断绕组有无短路或断路故障。

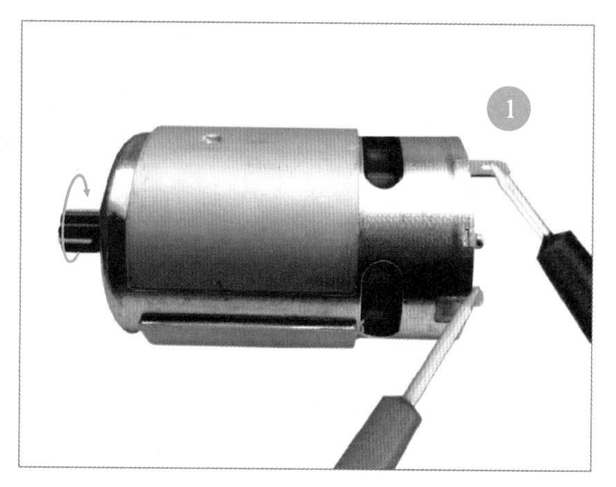

1 将万用表的功能旋钮调至$R\times10$欧姆挡，红、黑表笔分别搭在直流电动机的两引脚端，检测直流电动机内部绕组的阻值。

2 万用表实测阻值约为100Ω。

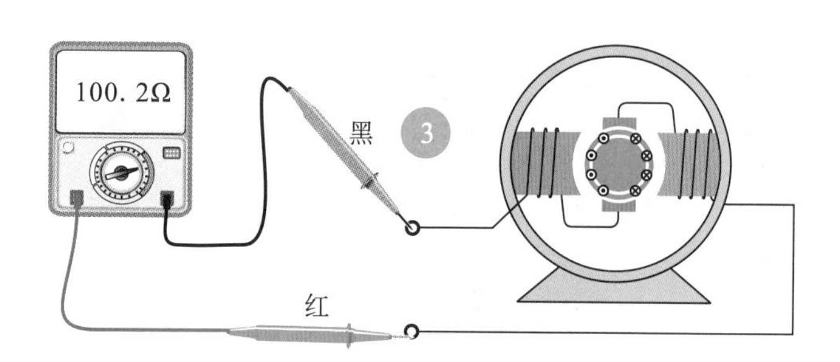

3 普通直流电动机是通过电源和换向器为绕组供电的，有两根引线。检测时，相当于检测一个电感线圈的电阻，应能检测到一个固定的数值，当检测一些小功率直流电动机时，会因其受万用表内电流的驱动而旋转。

图12-10 用万用表粗略检测电动机绕组阻值的方法

图12-11为单相交流电动机绕组阻值的检测方法。

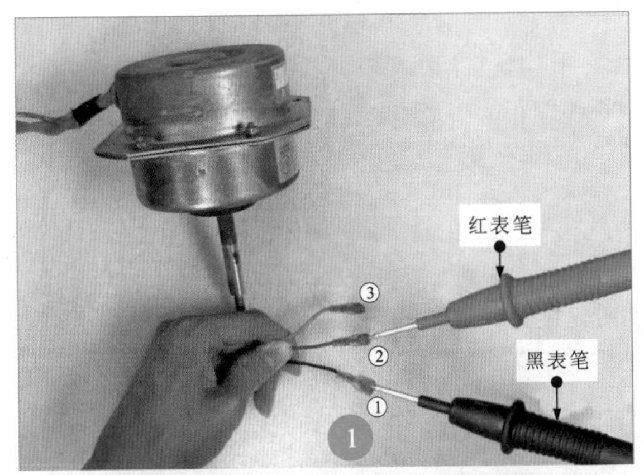

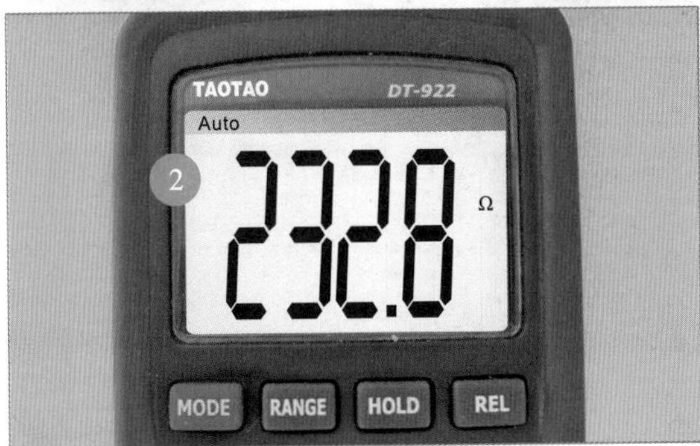

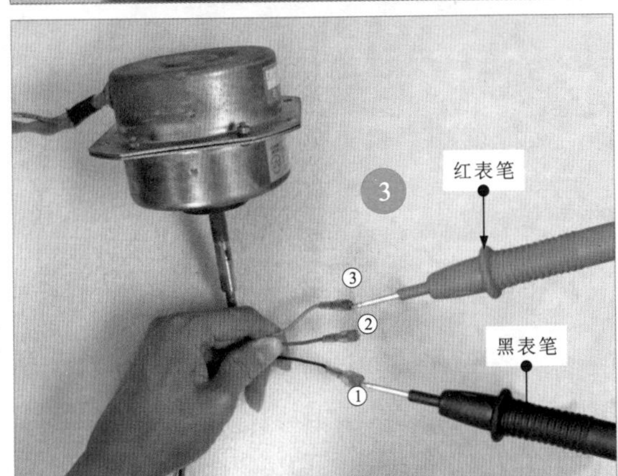

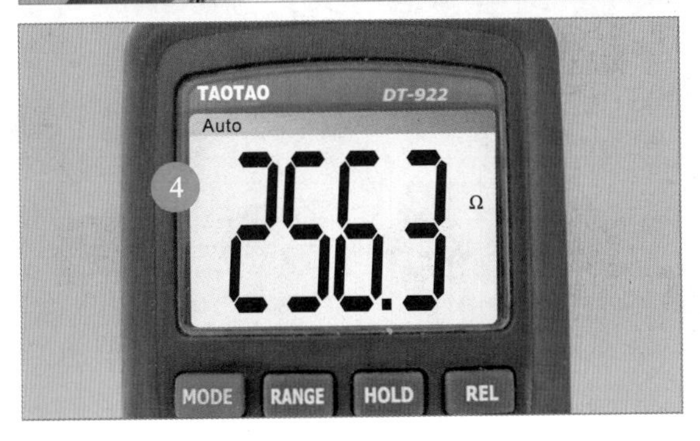

图12-11 单相交流电动机绕组阻值的检测方法

1 将万用表的红、黑表笔分别搭在单相交流电动机两组绕组的引出线上（①、②）。

2 从万用表的显示屏上读取实测第一组绕组的阻值R_1=232.8Ω。

3 保持黑表笔不动，将红表笔搭在另一组绕组的引出线上（①、③）。

4 从万用表的显示屏上读取实测第二组绕组的阻值R_2=256.3Ω。

若所测电动机为单相交流电动机，则检测两两绕组之间的阻值所得到的三个数值R_1、R_2、R_3，应满足其中两个数值之和等于第三个数值（$R_1+R_2=R_3$）。

若R_1、R_2、R_3中的任意一个数值为无穷大，则说明绕组内部存在断路故障。

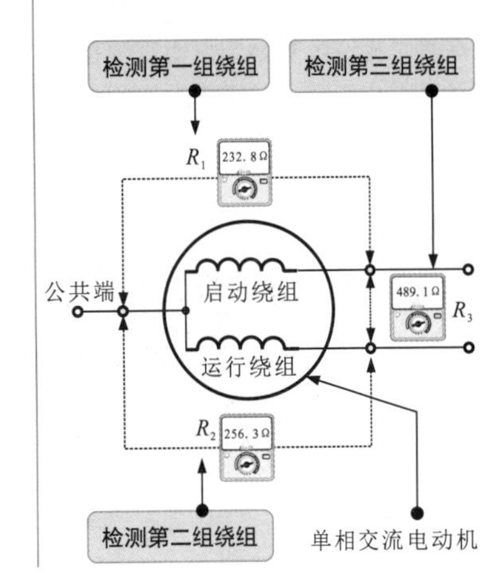

2 用万用电桥检测电动机绕组的阻值

用万用电桥可以精确检测三相交流电动机绕组的阻值，即使有微小的偏差也能够被发现，是判断制造工艺和性能的有效方法，如图12-12所示。

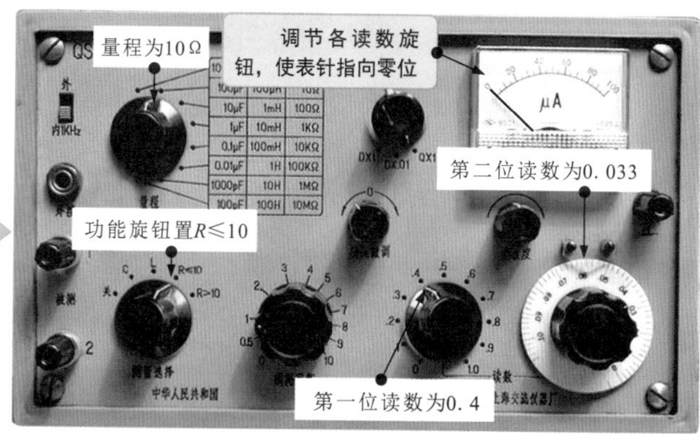

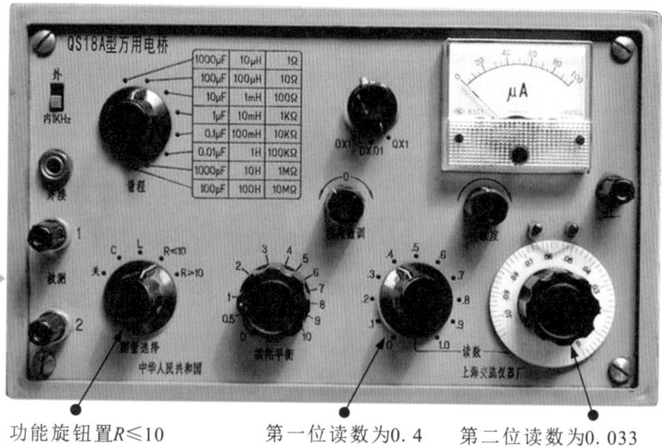

图12-12　用万用电桥检测电动机绕组阻值的方法

划重点

① 将连接端子上的金属片拆下，使三相绕组互相分离（断开），以保证检测结果的准确性。

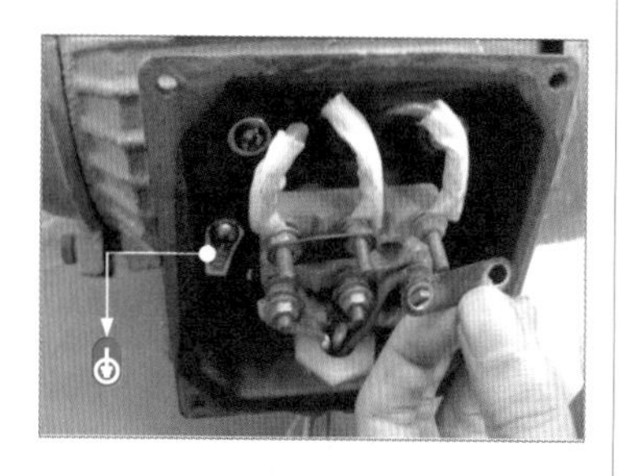

② 将万用电桥测试线上的鳄鱼夹夹在第一相绕组的两端，实测数值为（0.4+0.033）×10Ω=4.33Ω。

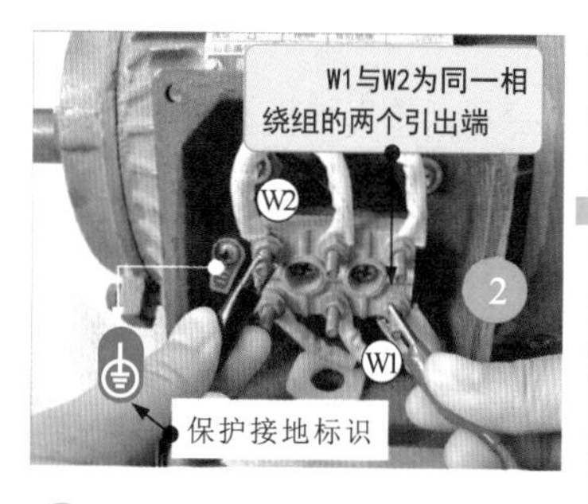

③ 使用相同的方法，将鳄鱼夹夹在第二相绕组的两端，实测数值为（0.4+0.033）×10Ω=4.33Ω。

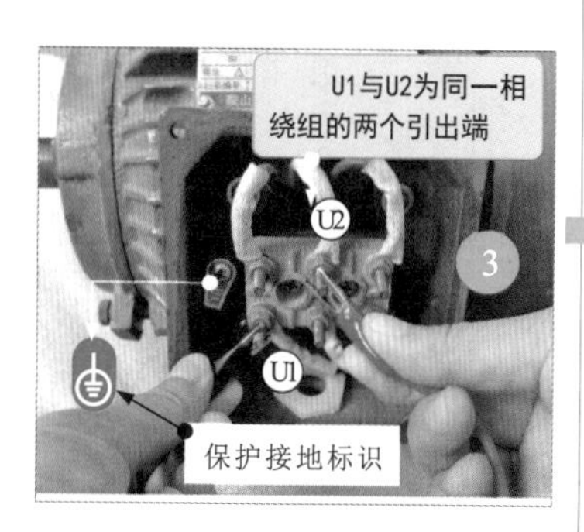

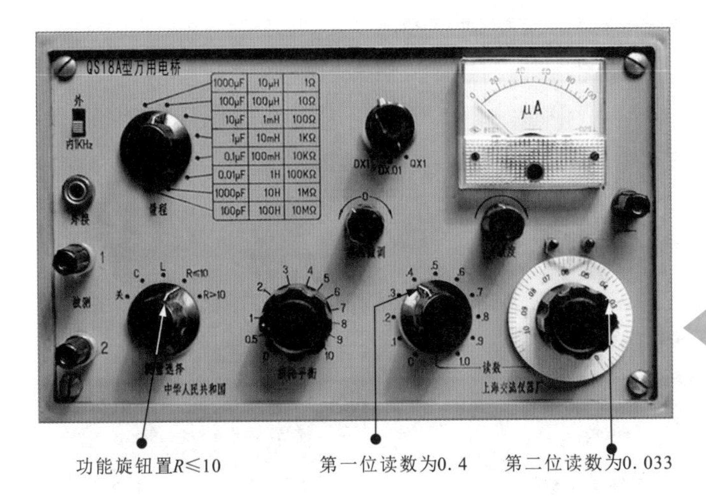

图12-12 用万用电桥检测电动机绕组阻值的方法（续）

划重点

4 将鳄鱼夹夹在第三相绕组的两端，实测数值为（0.4+0.033）×10Ω=4.33Ω。

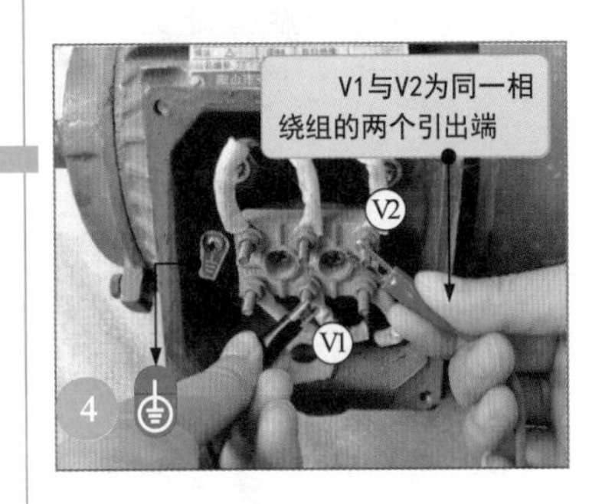

通过图12-12的检测结果可知，在正常情况下，三相交流电动机每相绕组的阻值约为4.33Ω，若测得三相绕组的阻值不同，则绕组内可能有短路或断路情况。

若通过检测发现三相绕组的阻值偏差较大，则表明三相交流电动机已损坏。

12.2.2 电动机绝缘电阻的检测

电动机一般借助兆欧表检测绝缘电阻，通过检测能有效发现设备受潮、部件局部脏污、绝缘击穿、引线接外壳及老化等问题。

1 电动机绕组与外壳之间绝缘电阻的检测

借助兆欧表检测电动机绕组与外壳之间绝缘电阻的方法如图12-13所示。

1 将兆欧表的黑色测试线接在接地端，红色测试线接在任意一相绕组的引出端。

2 顺时针匀速转动兆欧表的手柄，观察兆欧表指针的摆动情况，实测绝缘电阻大于1MΩ。

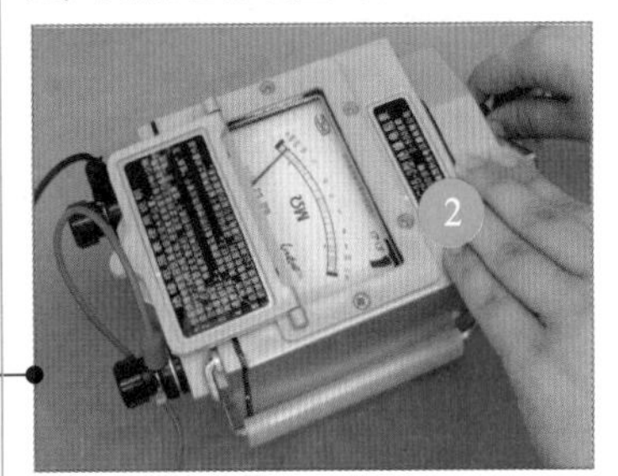

图12-13 借助兆欧表检测电动机绕组与外壳之间绝缘电阻的方法

为确保测量值的准确度，当再次进行测量时，需要待兆欧表的指针慢慢回到初始位置后，再顺时针匀速转动手柄，若检测结果远小于1MΩ，则说明电动机的绝缘性能不良或内部导电部分与外壳之间有漏电情况。

划重点

2 电动机绕组与绕组之间绝缘电阻的检测

借助兆欧表检测电动机绕组与绕组之间绝缘电阻的方法如图12-14所示。

① 将兆欧表的测试线分别夹在两相绕组的引出端。

② 顺时针匀速转动兆欧表的手柄，测得两相绕组之间的绝缘电阻为500MΩ。

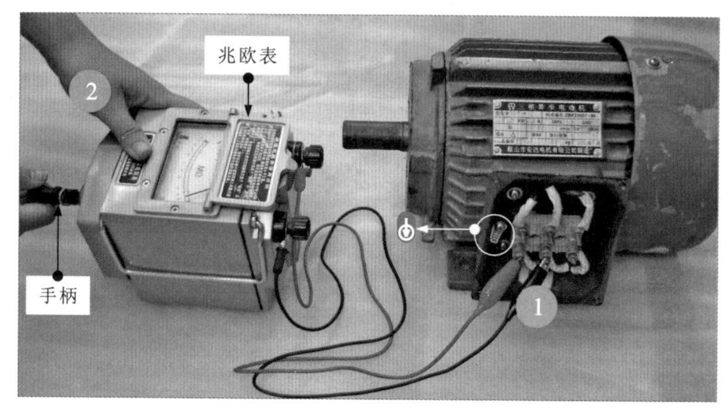

图12-14 借助兆欧表检测电动机绕组与绕组之间绝缘电阻的方法

在检测绕组与绕组之间的绝缘电阻时，需取下绕组与绕组之间的金属连接片，即确保绕组与绕组之间没有任何连接关系。若测得绕组与绕组之间的绝缘电阻为零或较小，则说明绕组与绕组之间存在短路现象。

12.2.3 电动机空载电流的检测

检测电动机的空载电流，就是检测电动机在未带任何负载情况下运行时绕组中的运行电流。

为方便检测，一般使用钳形表检测三相交流电动机的空载电流，如图12-15所示。

① 将三相绕组输出引线中的一根置于钳形表的钳口内。

② 观察钳形表的显示屏，正常时，三相绕组输出引线的空载电流应相同，若不相同或过大，均说明三相交流电动机存在异常。

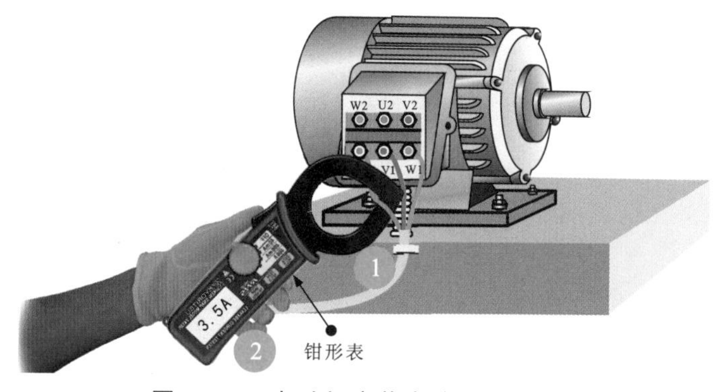

图12-15 电动机空载电流的检测方法

图12-16为借助钳形表检测三相交流电动机空载电流的案例。

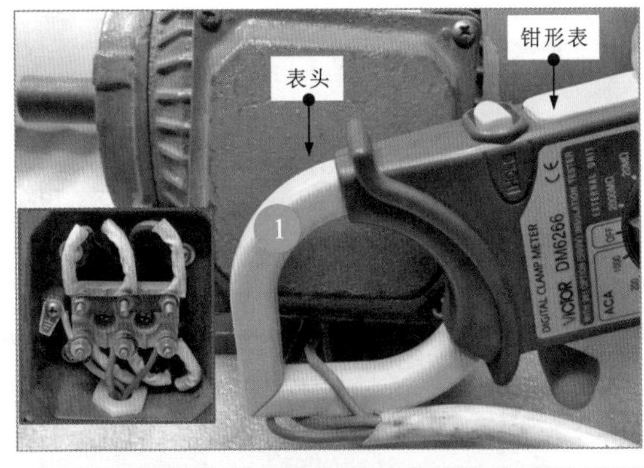

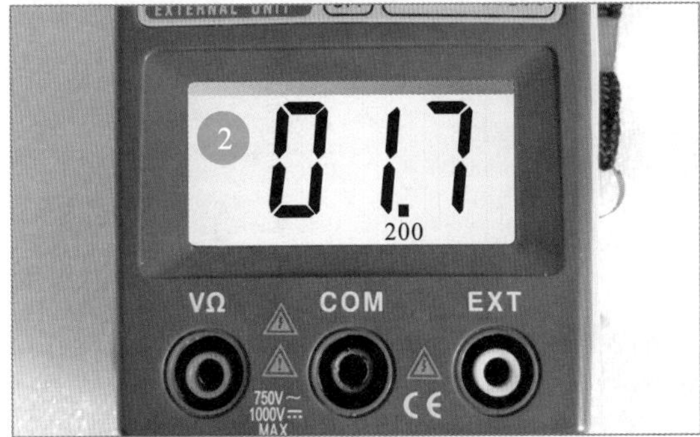

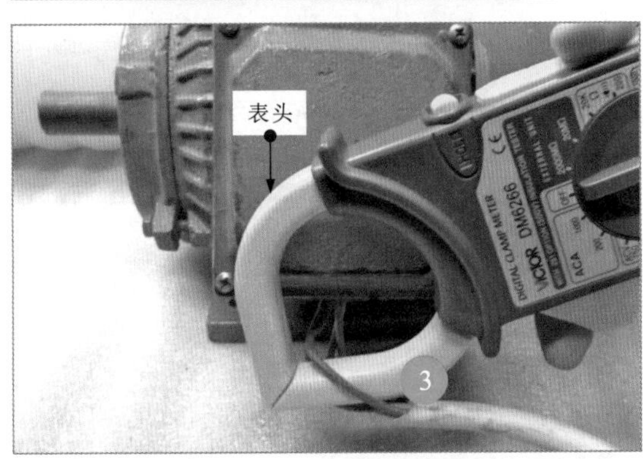

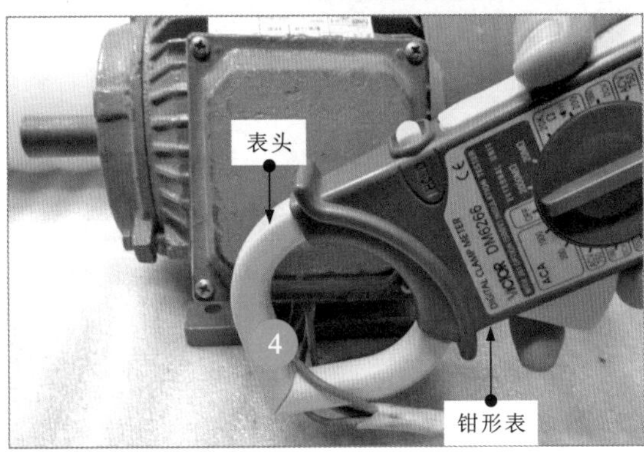

图12-16 借助钳形表检测三相交流电动机空载电流的案例

划重点

1 用钳形表钳住三相交流电动机三相绕组输出引线中的一根。

2 实测空载电流为1.7A。

3 用钳形表钳住三相绕组输出引线中的另外一根。实测空载电流为1.7A。

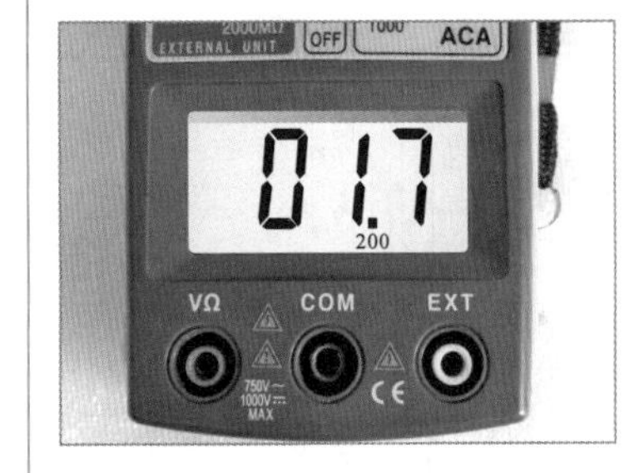

4 用钳形表钳住三相绕组输出引线中的最后一根。实测空载电流为1.7A。

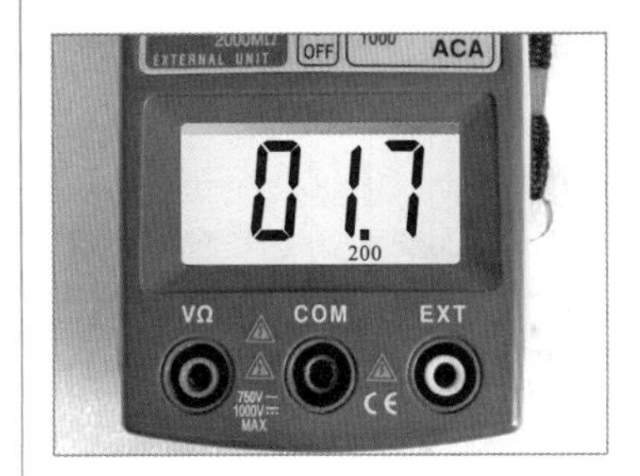

若实测空载电流过大或三相绕组输出引线中的空载电流不均衡，均说明三相交流电动机存在异常。在一般情况下，空载电流过大的原因主要是铁芯不良、转子与定子之间的间隙过大、线圈匝数过少、绕组连接错误。空载电流为额定电流的40%～55%。

12.2.4 电动机转速的检测

电动机的转速是电动机运行时每分钟旋转的转数。检测电动机的实际转速，并与铭牌上的额定转速进行比较，可判断电动机是否存在超速或堵转现象。

如图12-17所示，检测电动机的转速一般使用专用的转速表。

① 用转速表的测试头顶住转轴轴心的凹点。

② 当电动机运行1min后停止检测，此时转速表显示的读数为电动机每分钟的实际转速。

③ 将检测的实际转速与铭牌上的额定转速相比较，即可判断电动机的工作状态。

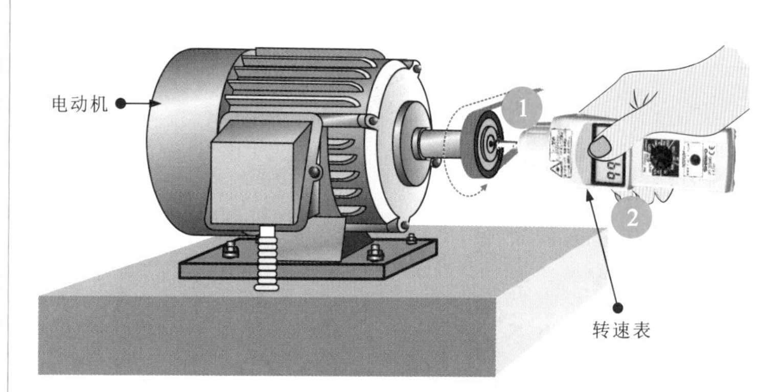

图12-17 电动机转速的检测方法

在检测没有铭牌的电动机时，应先确定其额定转速，通常可用指针万用表进行简单判断。首先将电动机各相绕组之间的金属连接片取下，使各相绕组之间绝缘，再将指针万用表的量程调至0.05mA，红、黑表笔分别搭在某一相绕组的两端，匀速转动电动机主轴一周，观测一周内指针万用表指针左右摆动的次数。

当指针万用表的指针摆动一次时，表明电流正负变化一个周期，为2极电动机（2800r/min）；当指针万用表的指针摆动两次时，则为4极电动机（1400r/min）。依此类推，三次则为6极电动机（900r/min）。

第13章 电气部件安装与电气接地

13.1 控制器件的安装

13.1.1 开关的安装

划重点

开关一般安装在电气线路中用来控制线路的通、断。在安装前，首先要了解开关在线路中的功能和连接关系，做好规划后再安装。

图13-1为照明灯的单控开关控制电路，由单控开关控制照明灯的点亮和熄灭。

图13-1为单控开关在线路中的控制关系。

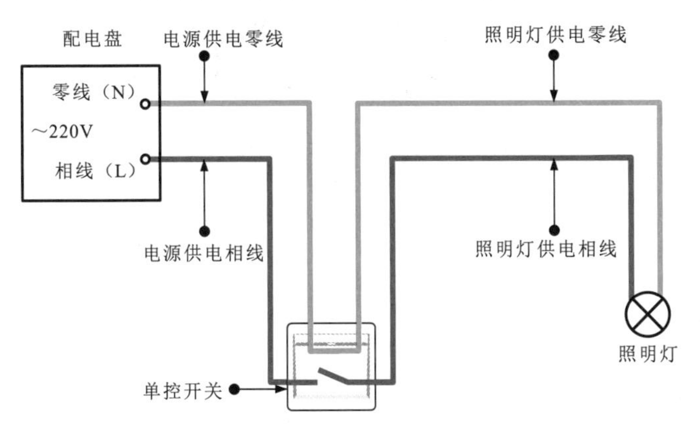

图13-1　单控开关在线路中的控制关系

单控开关的安装要求如图13-2所示。

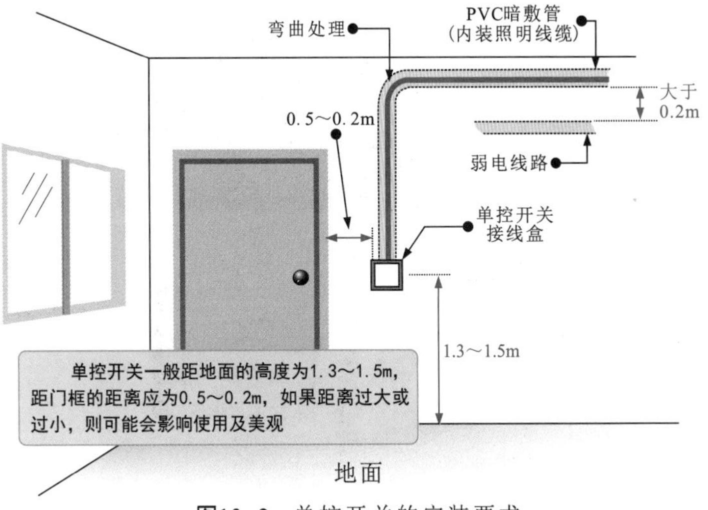

图13-2　单控开关的安装要求

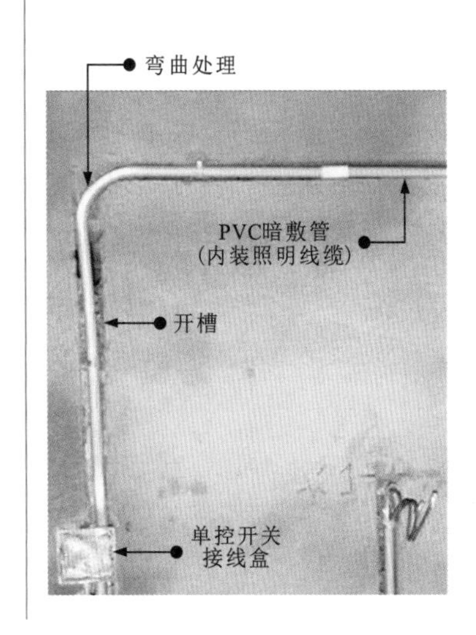

划重点

1 将单控开关接线盒嵌入墙壁的开槽中，嵌入时，要注意接线盒不能歪斜。

2 接线盒的外部边缘应与墙面保持齐平，嵌入后，使用水泥砂浆填充接线盒与墙壁之间的多余空隙。

待安装的单控开关

1 选用合适的一字螺钉旋具撬开单控开关两侧的护板卡扣。

2 将单控开关的护板取下，检查单控开关是否处于关闭状态。如果单控开关处于开启状态，则要将单控开关拨动至关闭状态。

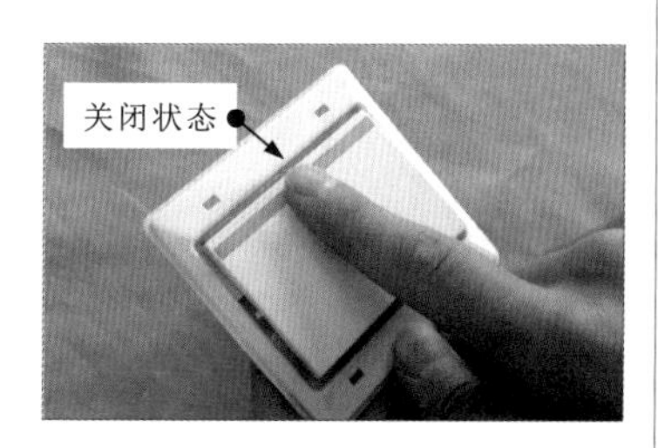

1 单控开关安装前的准备

图13-3为单控开关接线盒嵌入墙壁的方法。

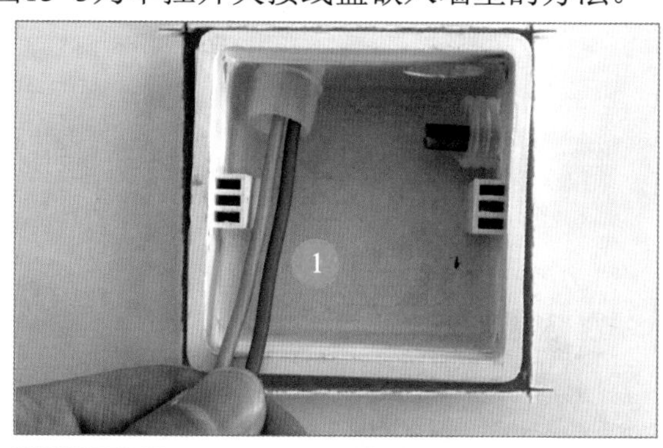

图13-3　单控开关接线盒嵌入墙壁的方法

如图13-4所示，在安装之前应对单控开关的配件进行清点和检查。

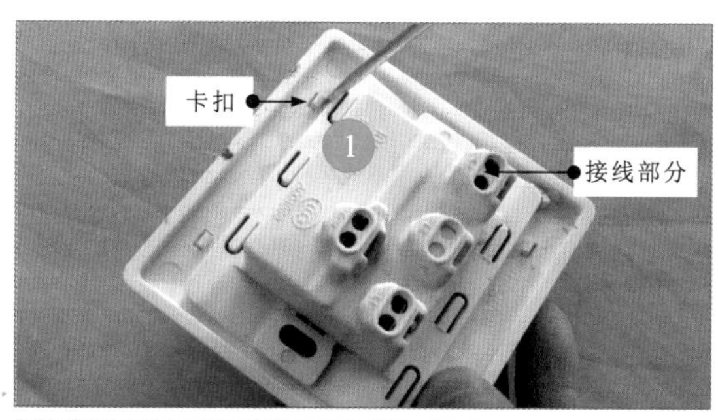

图13-4　清点和检查单控开关配件

2 单控开关的接线

单控开关的接线操作如图13-5所示。

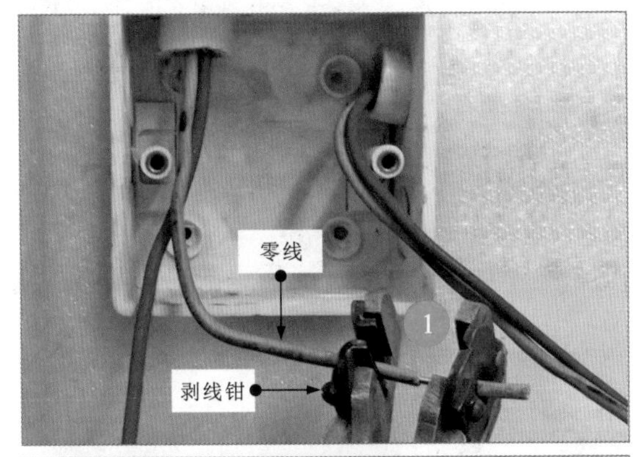

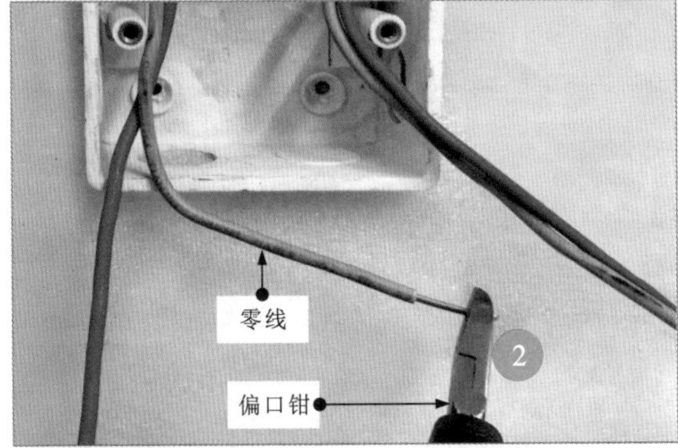

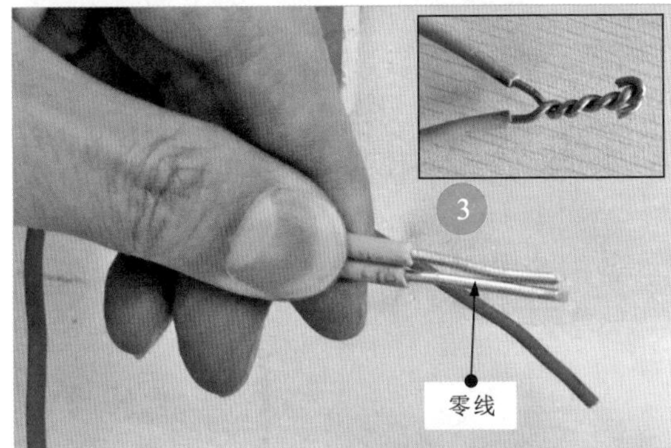

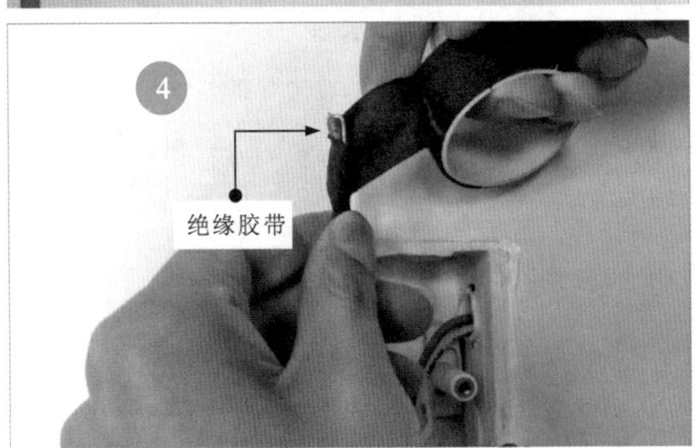

图13-5 单控开关的接线操作

1 借助剥线钳剥除电源供电零线和照明灯供电零线的绝缘层。

2 剥除绝缘层的线芯长度为50mm左右，若过长，则使用偏口钳剪掉多余的线芯。

3 使用尖嘴钳将两根零线与照明灯并头连接。

4 使用绝缘胶带对连接部位进行绝缘处理。不可有裸露的线芯，确保线路安全。

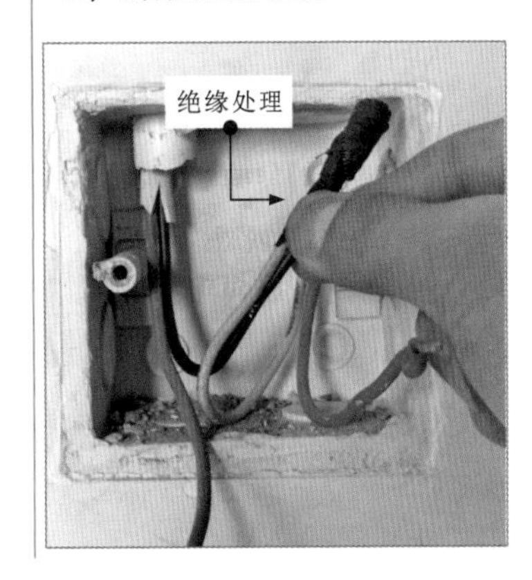

5 使用剥线钳按相同要求剥除电源供电相线和照明灯供电相线的绝缘层。

6 将电源供电相线穿入单控开关的一根接线柱中（一般先连接入线端再连接出线端），避免将线芯裸露在外部。

7 使用螺钉旋具拧紧接线柱固定螺钉，固定电源供电相线，电源供电相线与单控开关的连接必须牢固，不可出现松脱情况。

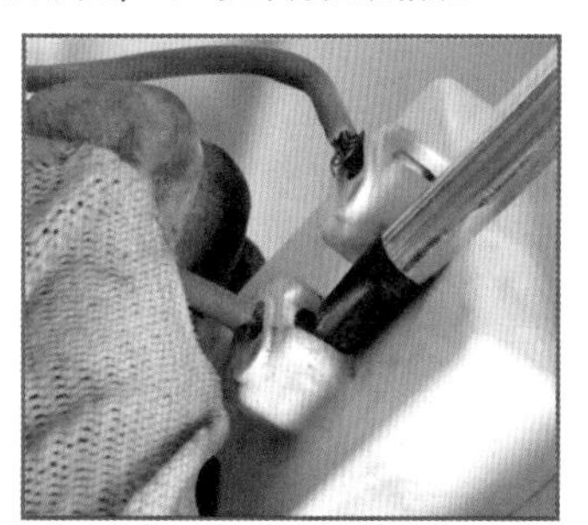

8 将接线盒内的相线和零线适当整理，在不受外力的作用下归纳在接线盒内。检查相线和零线的连接是否牢固，有无裸露线芯，绝缘处理是否正确。

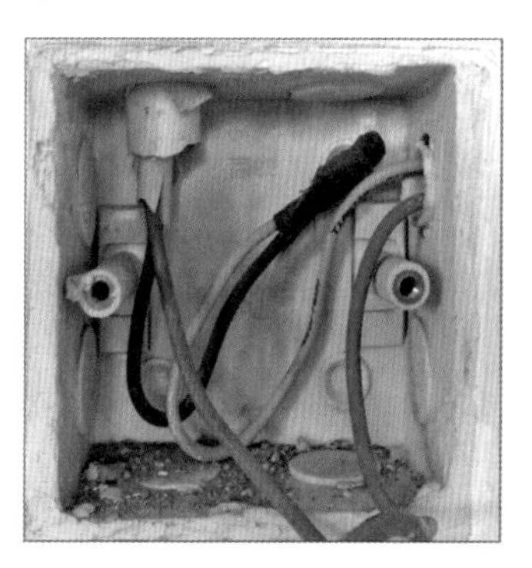

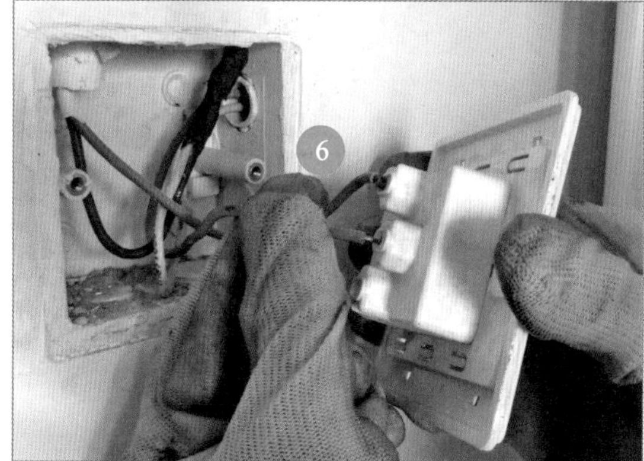

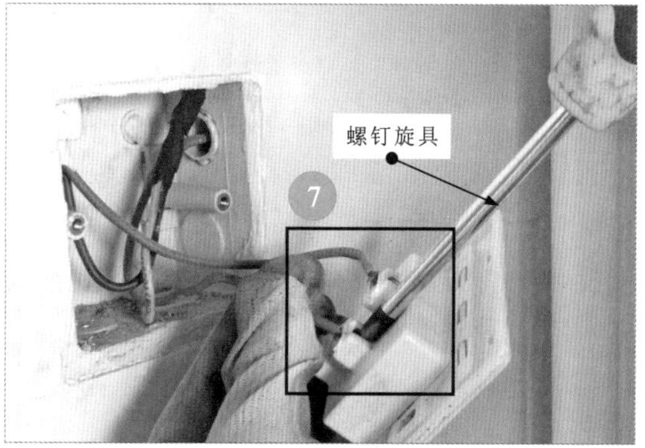

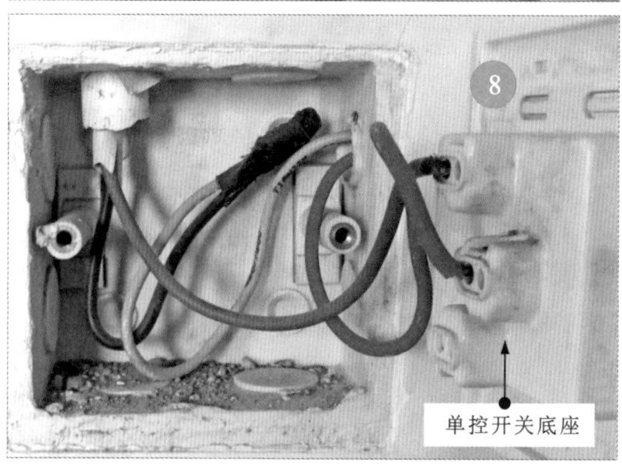

图13-5　单控开关的接线操作（续）

3 单控开关的固定

图13-6为单控开关的固定方法。

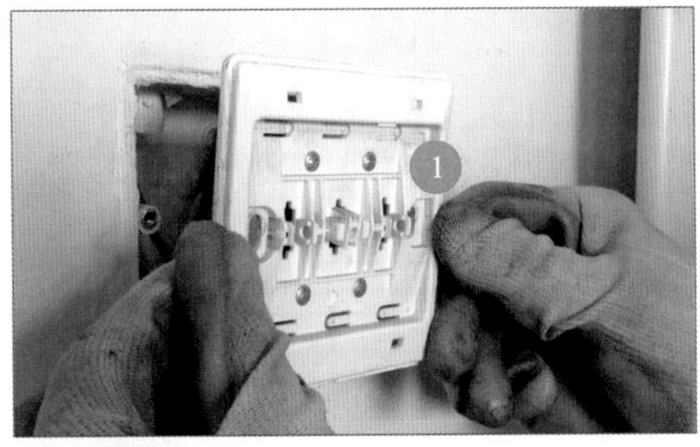

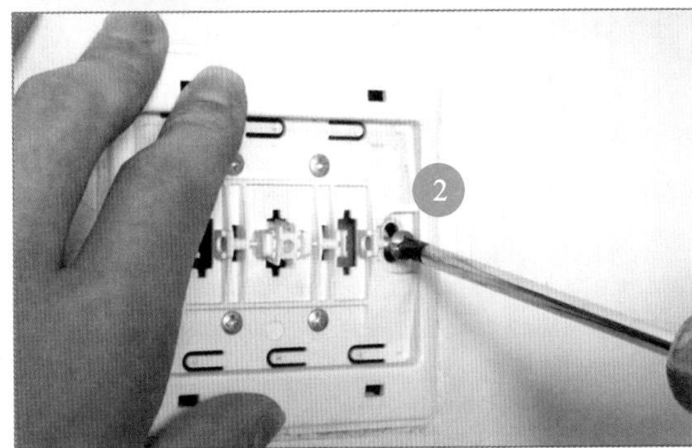

图13-6 单控开关的固定方法

划重点

1 将单控开关底座中的螺钉固定孔对准接线盒中的螺孔按下。

2 使用螺钉旋具将单控开关的底座固定在接线盒的螺孔上。左、右两颗固定螺钉均固定牢固，确认底座与接线盒安装牢固。

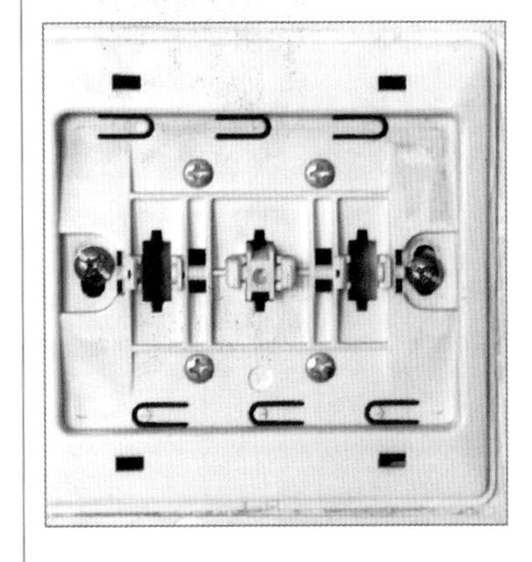

3 将单控开关的操作面板装到底座上，有红色标识的一侧向上。

4 按下操作面板时听到“咔”的一声。安装完成后，按动操作面板几次，确认动作灵活。

13.1.2 交流接触器的安装

图13-7为交流接触器的安装示意图。

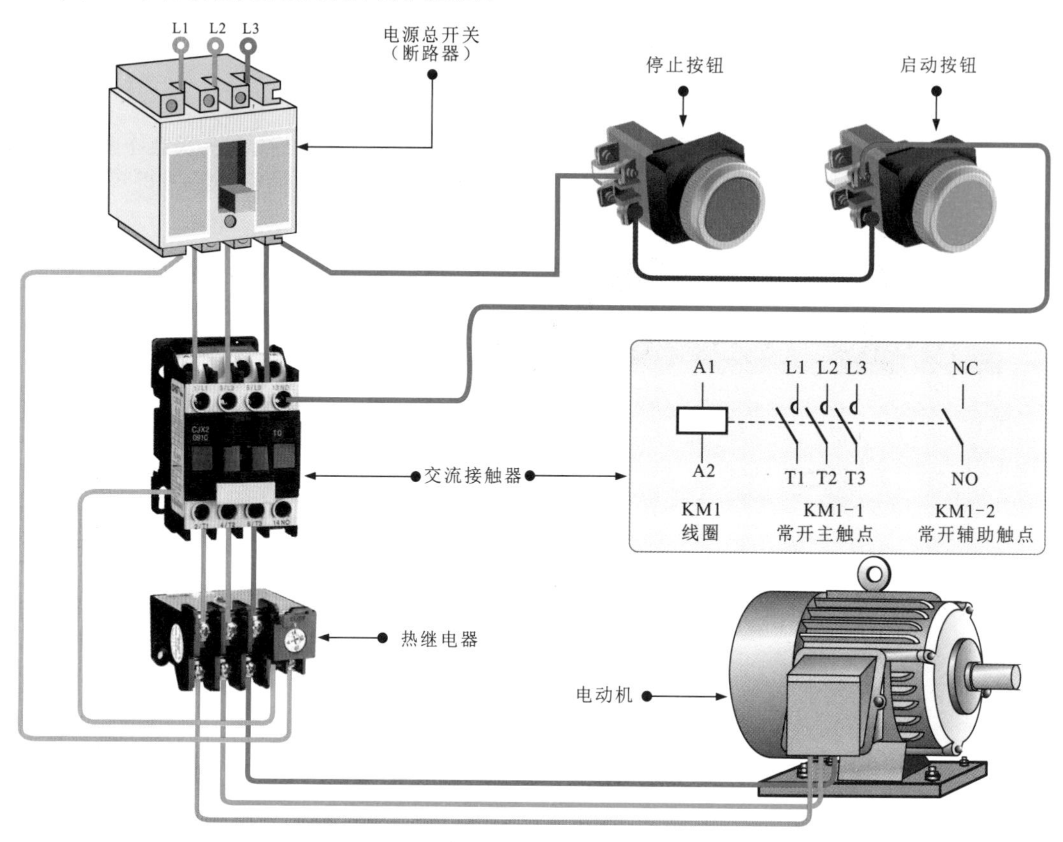

图13-7 交流接触器的安装示意图

交流接触器的A1和A2为内部线圈引脚，用来连接供电端；L1和T1、L2和T2、L3和T3、NO连接端分别为内部开关引脚，用来连接电动机或负载，如图13-8所示。

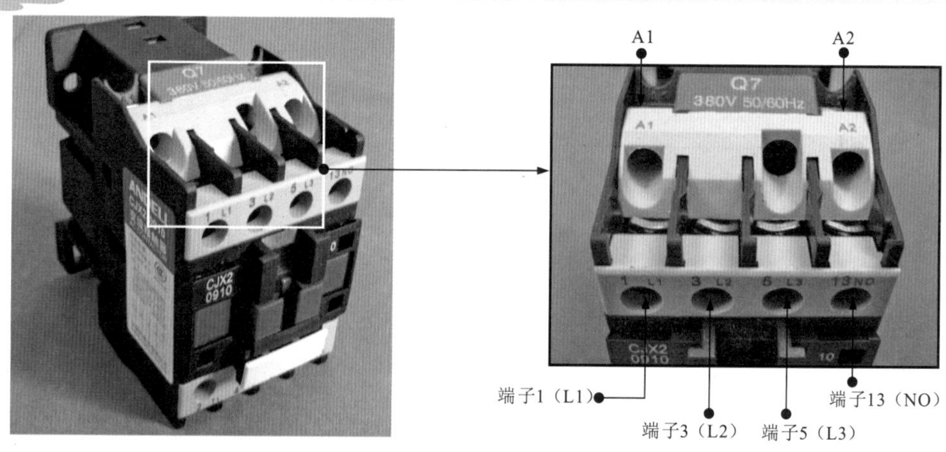

图13-8 交流接触器的内部引脚

图13-9为交流接触器的安装接线方法。

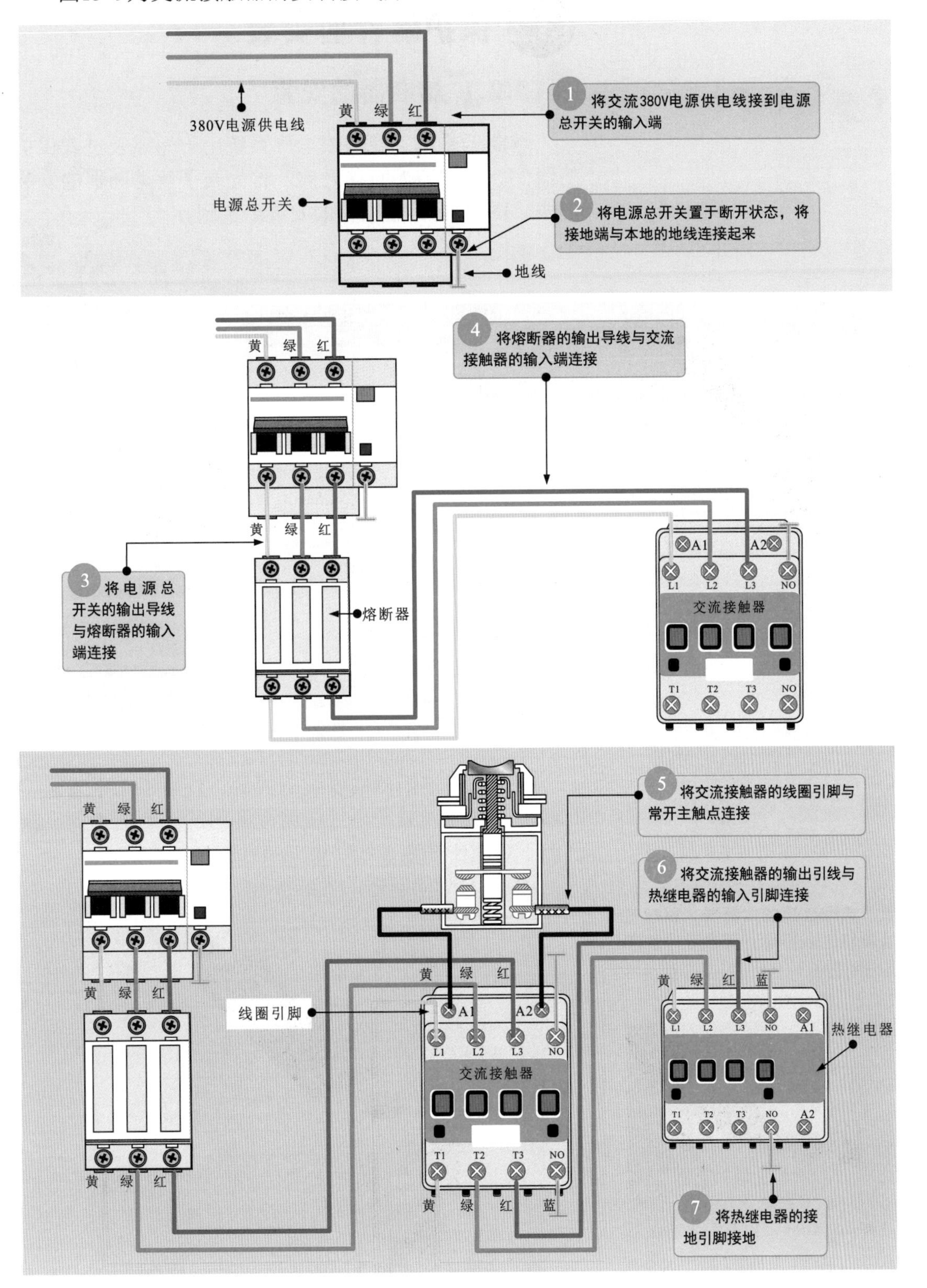

图13-9 交流接触器的安装接线方法

13.2 保护器件的安装

13.2.1 熔断器的安装

熔断器是电工线路或电气系统用于短路及过载保护的器件。在安装熔断器之前，首先要了解熔断器的安装形式。图13-10为熔断器的安装示意图。

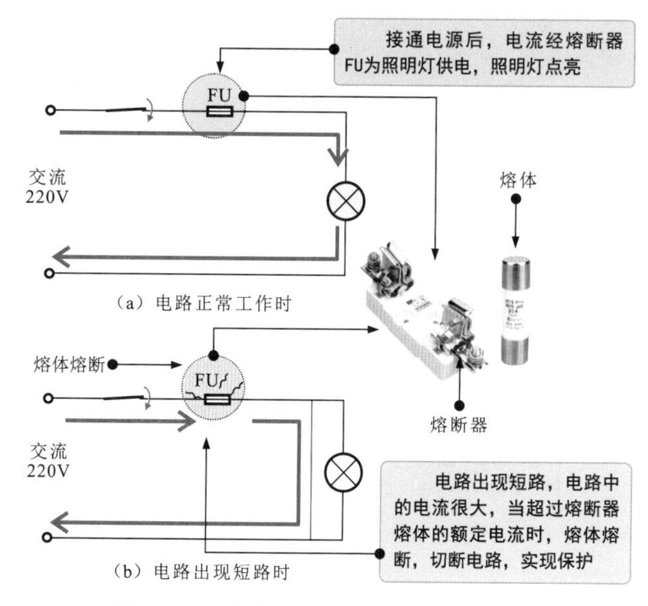

图13-10　熔断器的安装示意图

在了解了熔断器的安装形式后，便可以动手安装熔断器了。下面以典型电工线路中常用的熔断器为例，演示一下熔断器在电工线路中安装和接线的全过程。

图13-11为熔断器的安装接线方法。

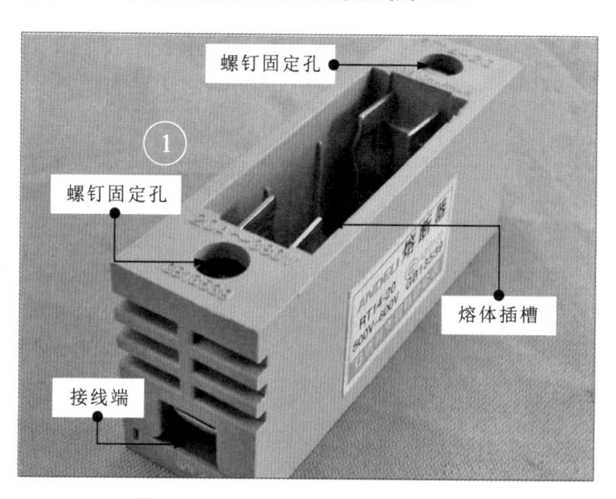

图13-11　熔断器的安装接线方法

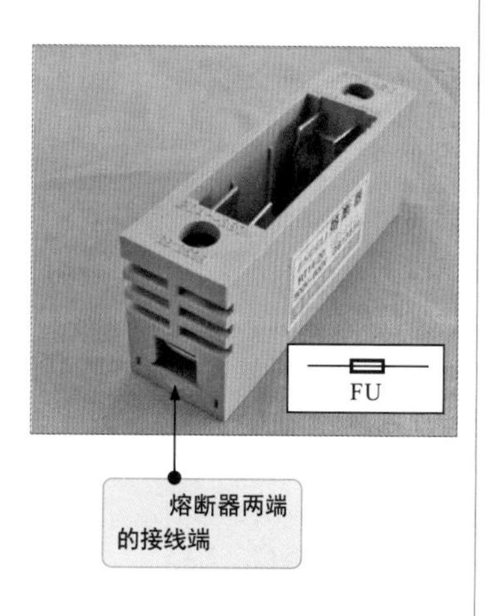

1 选择合适的熔断器。用螺钉旋具将熔断器螺钉固定孔中的固定螺钉拧松。

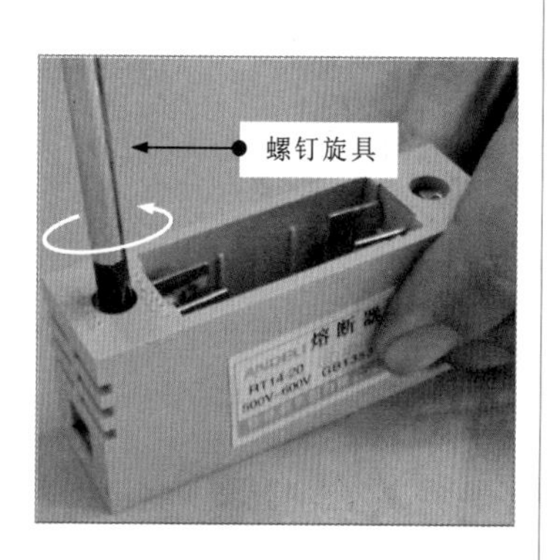

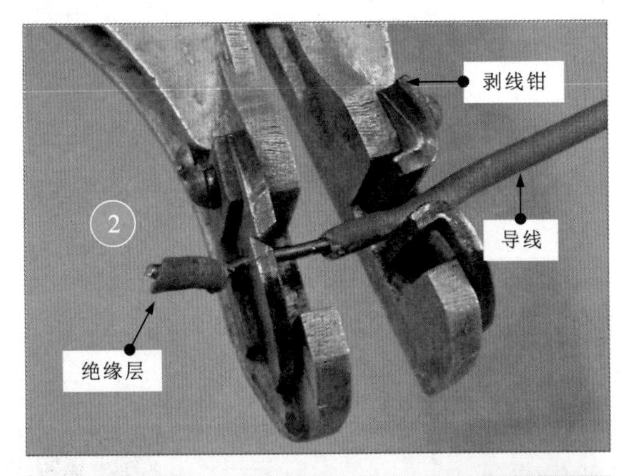

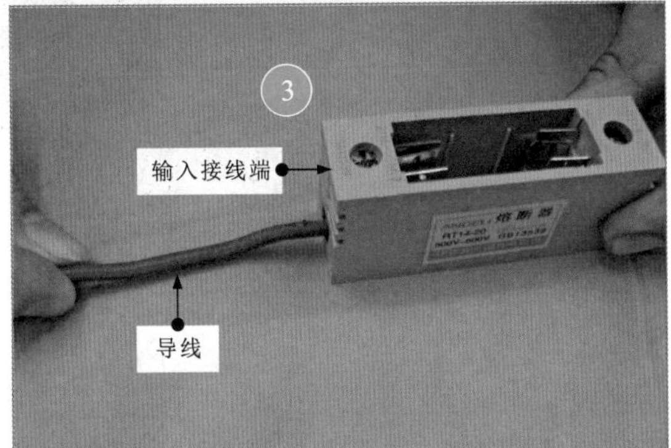

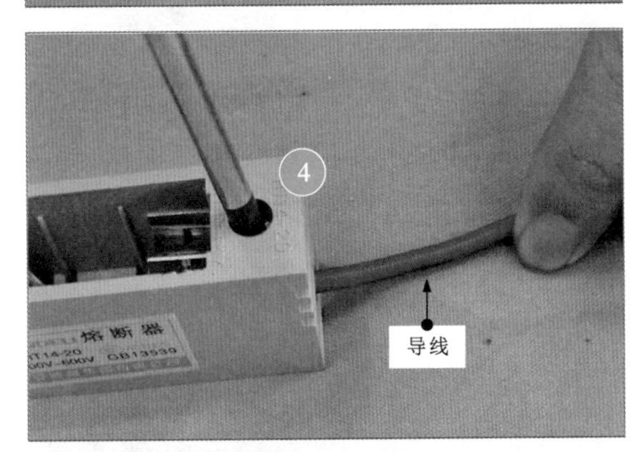

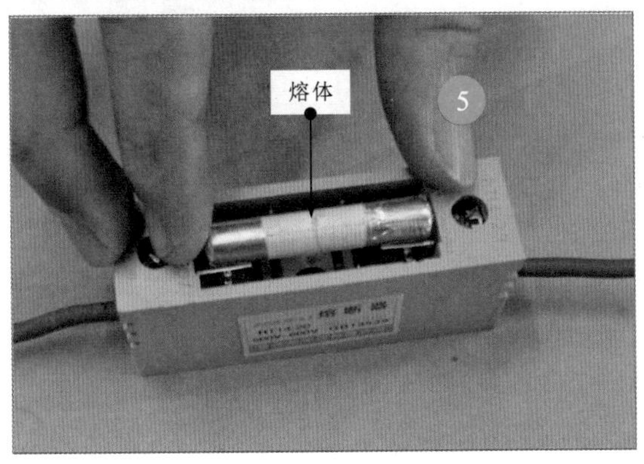

图13-11 熔断器的安装接线方法(续)

2 用剥线钳将导线的绝缘层剥除。使用偏口钳将导线多余的线芯剪断。

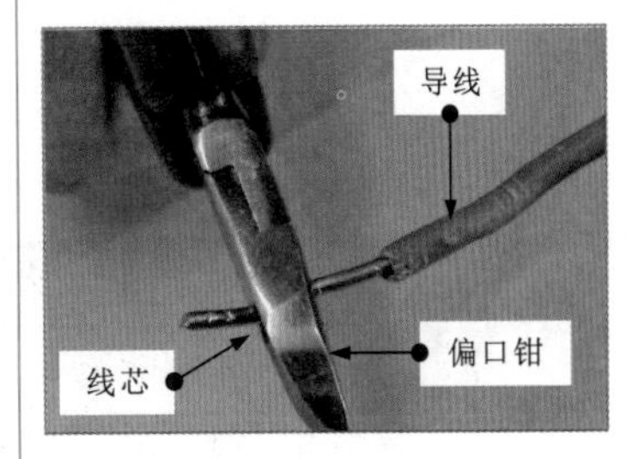

3 将导线插入熔断器的输入接线端，用螺钉旋具拧紧固定螺钉。

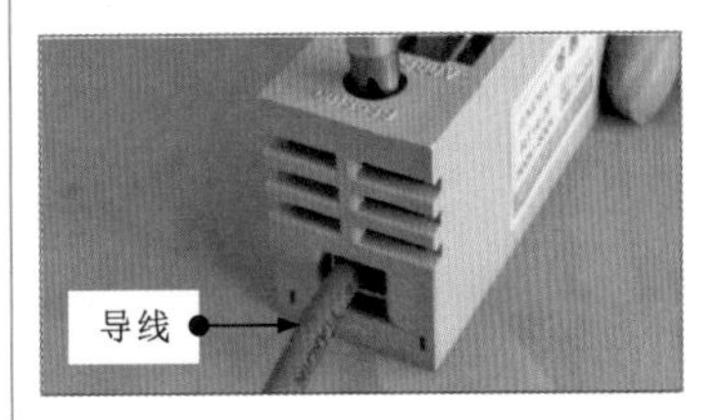

4 将导线插入熔断器的输出接线端，用螺钉旋具拧紧固定螺钉。

5 将熔体安装在熔体插槽内。

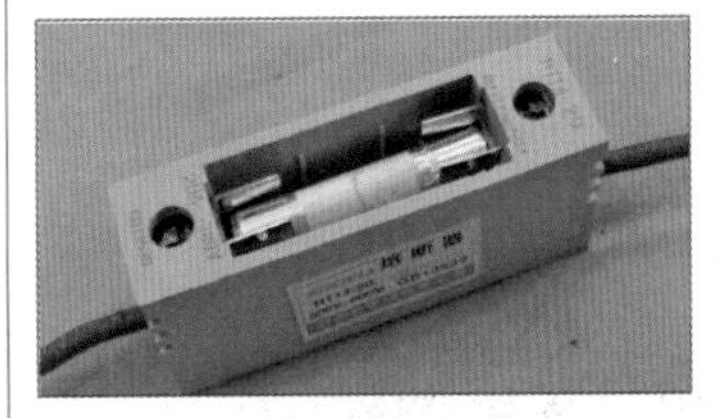

安装好的熔断器

13.2.2 热继电器的安装

热继电器是用来保护过热负载的保护器件。在安装热继电器之前，首先要了解热继电器的安装形式。

图13-12为热继电器的安装连接示意图。

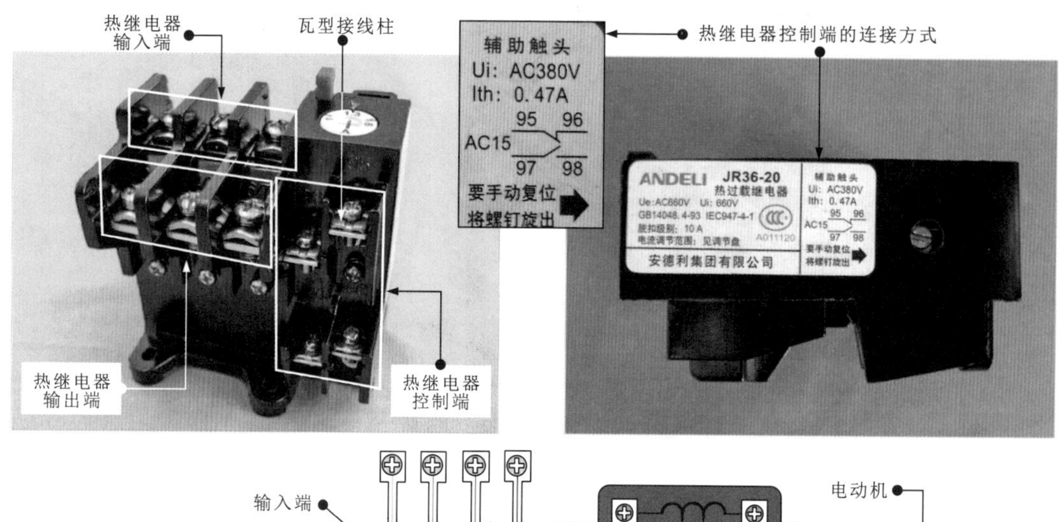

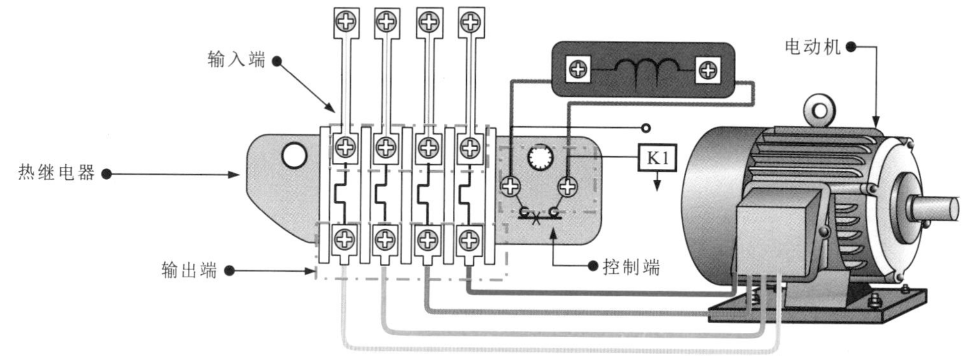

图13-12 热继电器的安装连接示意图

1 将输入端的接线柱拧松，使用螺钉旋具将导线与输入端连接。

图13-13为热继电器的安装连接方法。

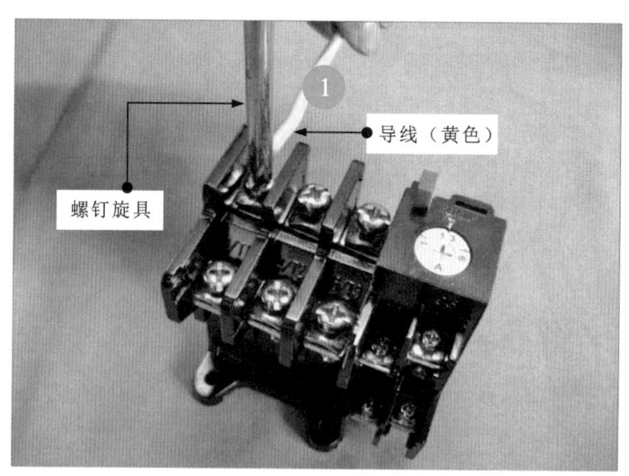

图13-13 热继电器的安装连接方法

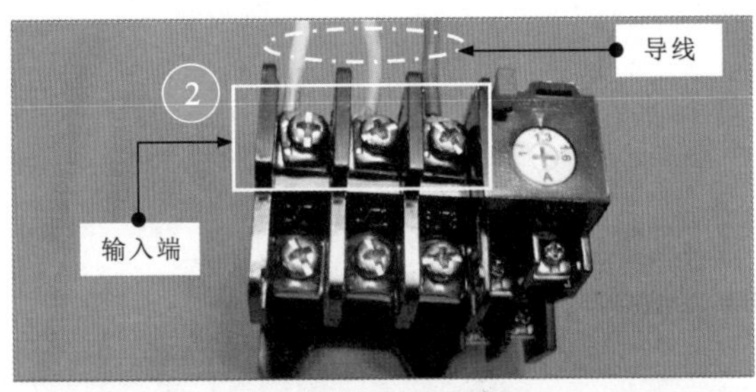

2 依次将导线与输入端连接。

3 依次将导线与输出端连接。

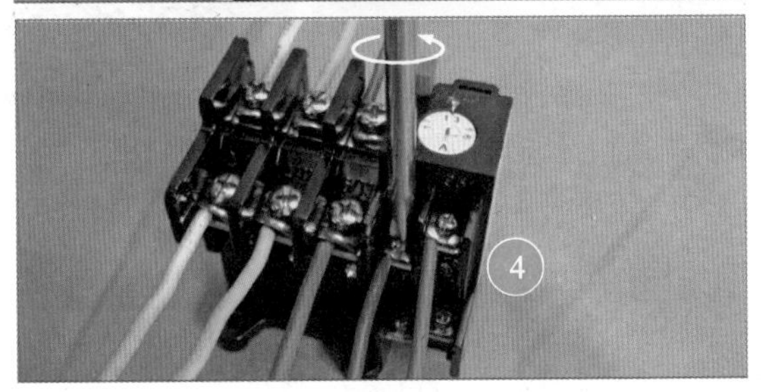

4 依次将导线与控制端连接。最后，依次拧紧固定螺钉，将热继电器安装在固定位置。

图13-13 热继电器的安装连接方法（续）

13.2.3 漏电保护器的安装

漏电保护器实际上是一种具有漏电保护功能的开关。图13-14为漏电保护器的实物外形。

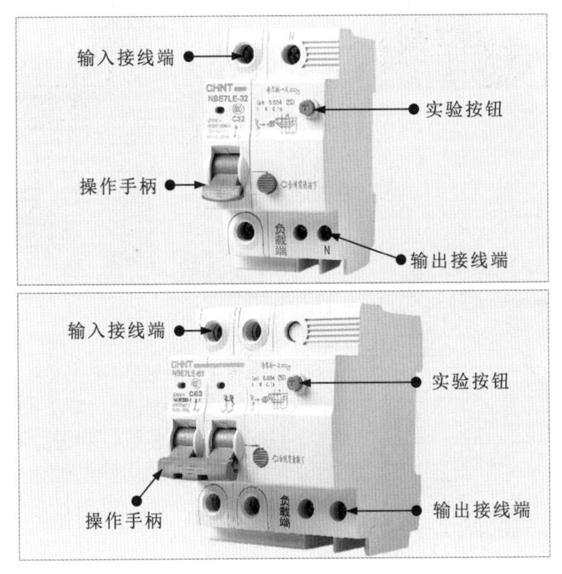

图13-14 漏电保护器的实物外形

划重点

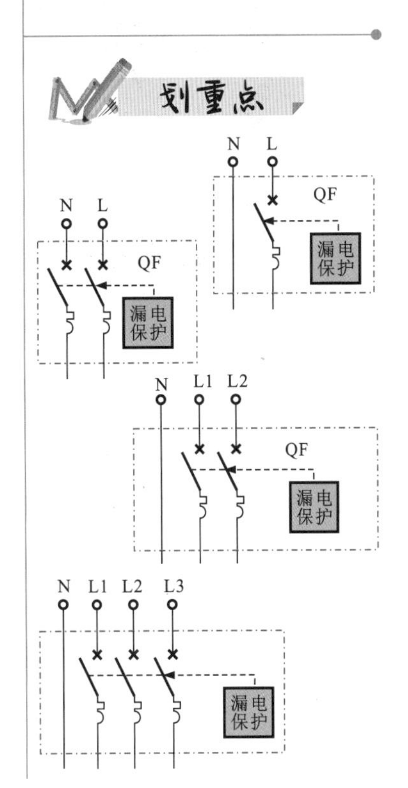

图13-15为漏电保护器的应用。

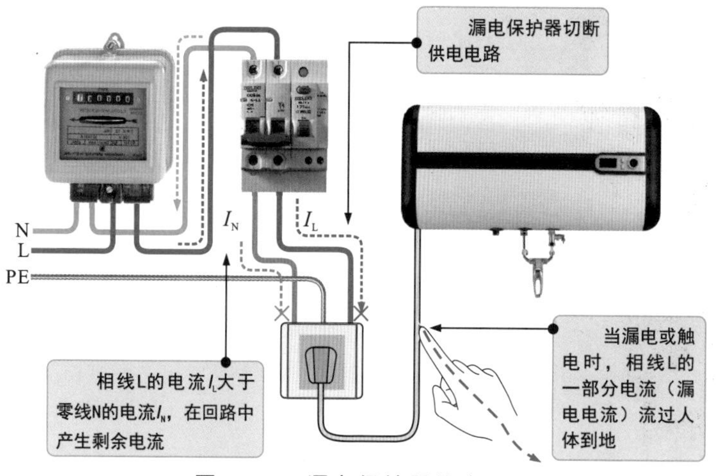

图13-15　漏电保护器的应用

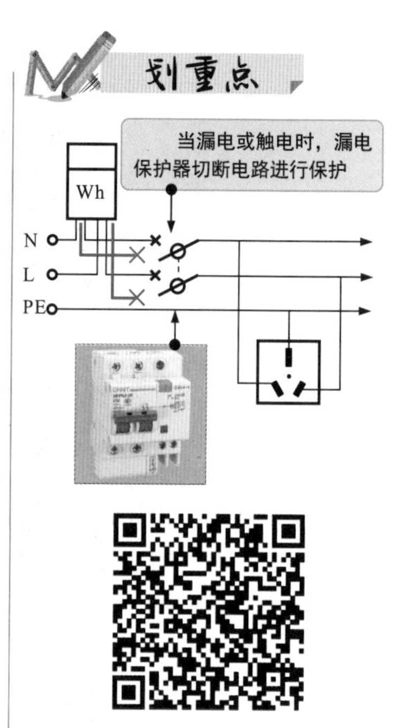

在安装漏电保护器之前，需要根据实际的安装环境选配规格合适的漏电保护器。图13-16为漏电保护器的安装连接方法。

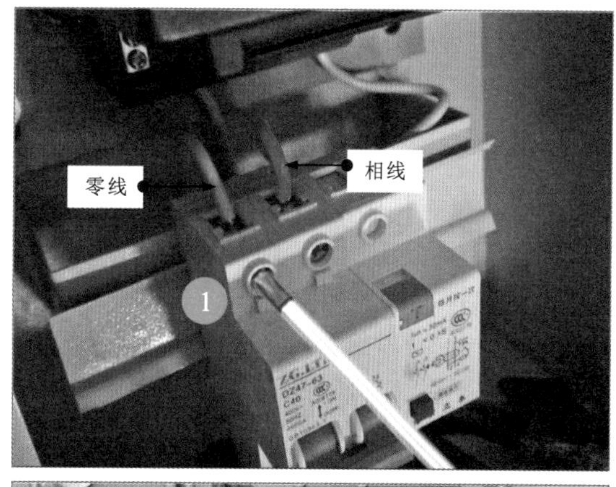

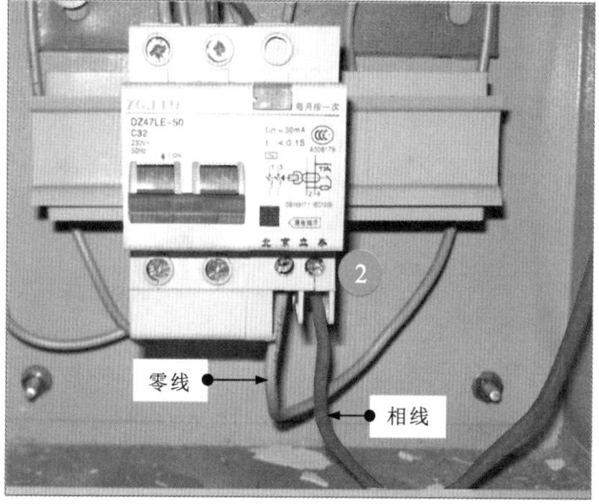

图13-16　漏电保护器的安装连接方法

1 将总漏电保护器固定在导轨上，将相线和零线分别插入漏电保护器的输入接线端。连接输出导线时，应保证总漏电保护器处于断开状态。

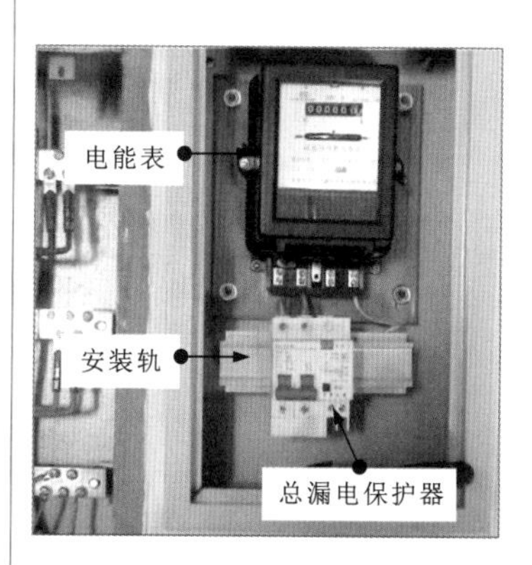

2 将相线连接在L接线端，零线连接在N接线端，并使用螺钉旋具拧紧固定螺钉。将总漏电保护器的输出导线从配电箱上端的穿线孔穿出，并与用电设备连接，完成安装。

13.3 电气接地

13.3.1 电气设备接地的保护原理

电气设备接地是为保证电气设备正常工作及人身安全而采取的一种安全措施。图13-17为电气设备接地的保护原理。

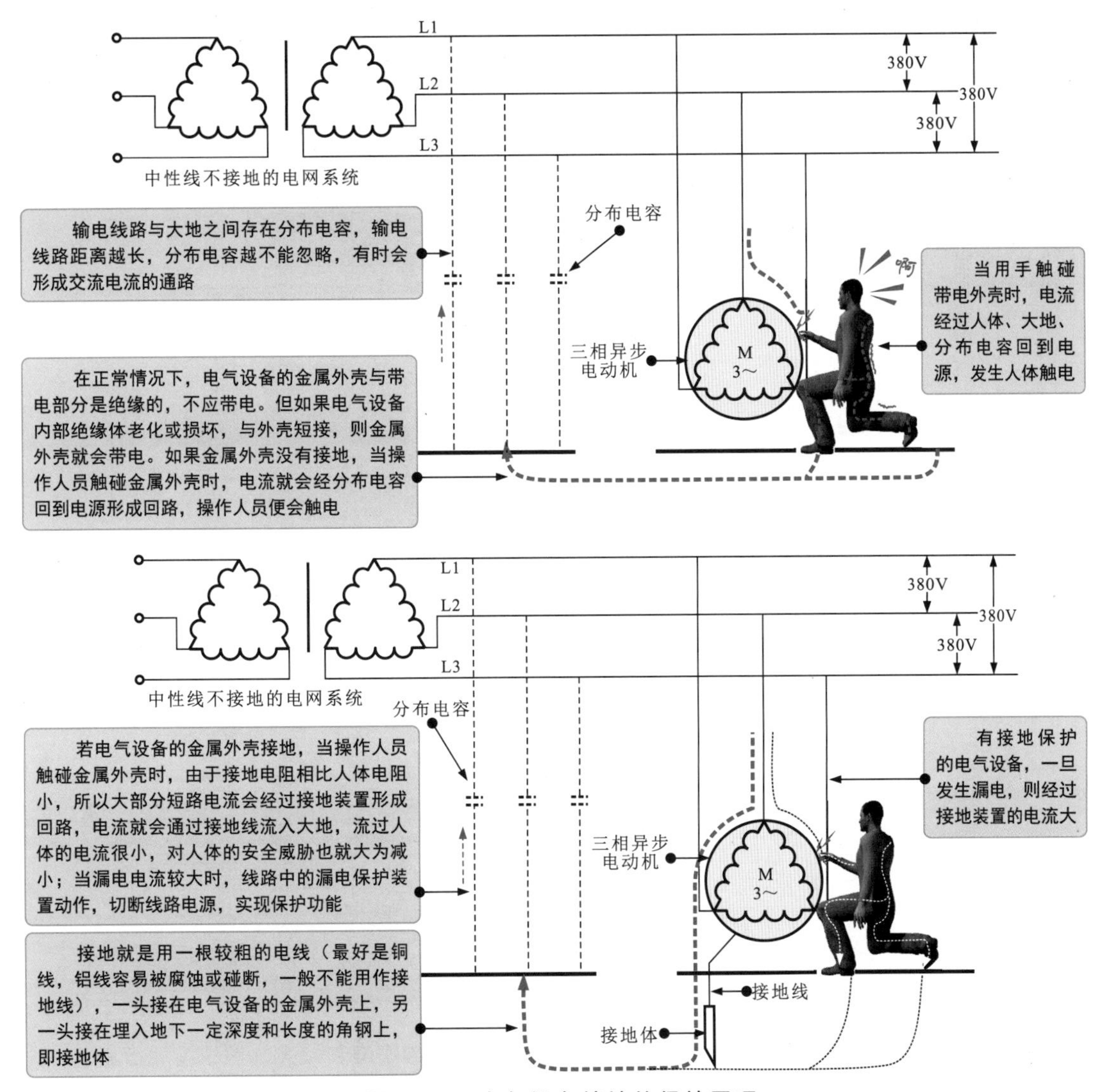

图13-17 电气设备接地的保护原理

接地是将电气设备的外壳或金属底盘与接地装置进行电气连接，以便将电气设备上可能产生的漏电、静电荷和雷电电流引入地下，防止人体触电，保护设备安全。接地装置是由接地体和接地线组成的。其中，直接与土壤接触的金属导体被称为接地体；与接地体连接的金属导线被称为接地线。

13.3.2 电气设备的接地形式

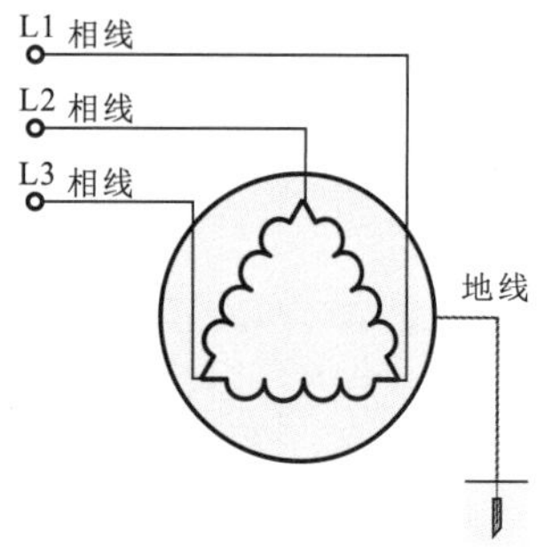

三相三线制保护接地

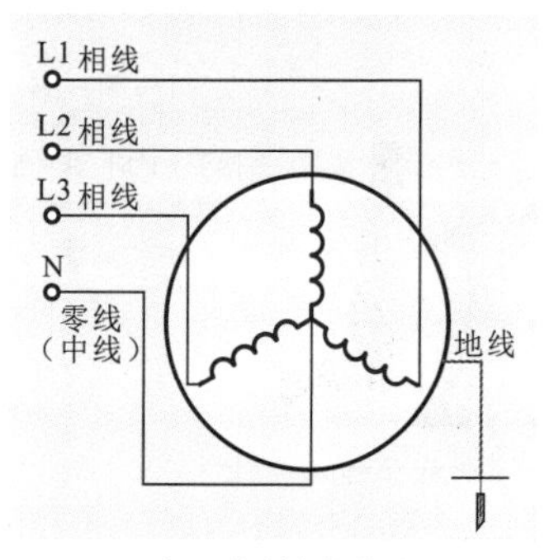

三相四线制保护接地

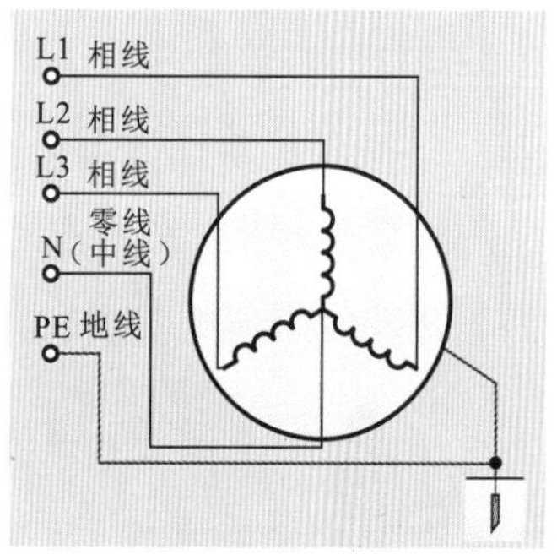

三相五线制保护接地

电气设备常见的接地形式主要有保护接地、工作接地、重复接地、防雷接地、防静电接地和屏蔽接地等。

1 保护接地

保护接地是将电气设备不带电的金属外壳接地，以防止电气设备在绝缘损坏或意外情况下使金属外壳带电，确保人身安全。图13-18为电动机金属底座和外壳的保护接地措施。

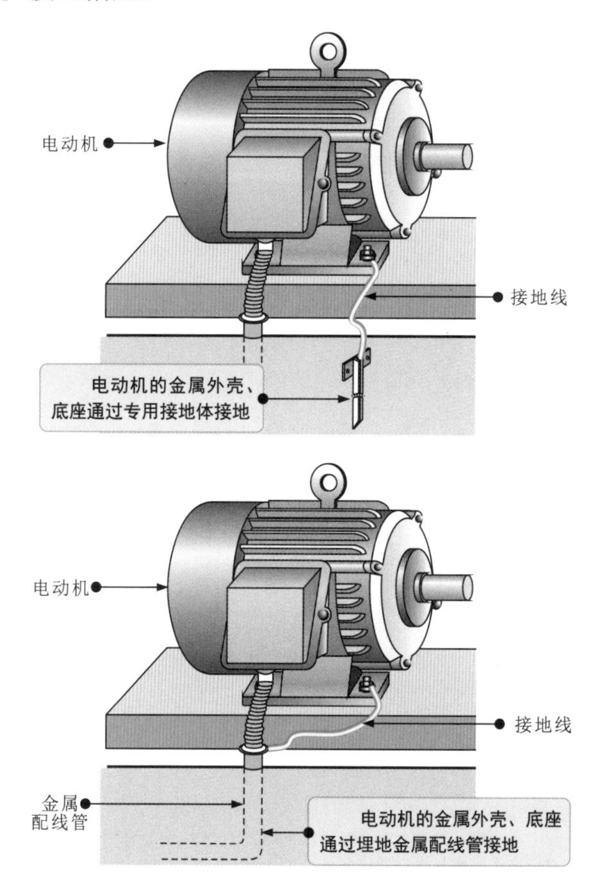

图13-18　电动机金属底座和外壳的保护接地措施

接地可以使用专用的接地体，也可以使用自然接地线，如将底座、外壳与埋在地下的金属配线管连接。

便携式电气设备的保护接地一般不单独敷设，而是采用设备专门接地或将接零线芯的橡皮护套线作为电源线，绝缘损坏后可能带电的金属构件通过电源线内的专门接地线芯实现保护接地。

在电工作业中，常见的便携式设备主要包括便携式电动工具，如电钻、电铰刀、电动锯管机、电动攻丝机、电动砂轮机、电刨、冲击电钻、电锤等。

图13-19为电钻等便携式电动工具的保护接地。

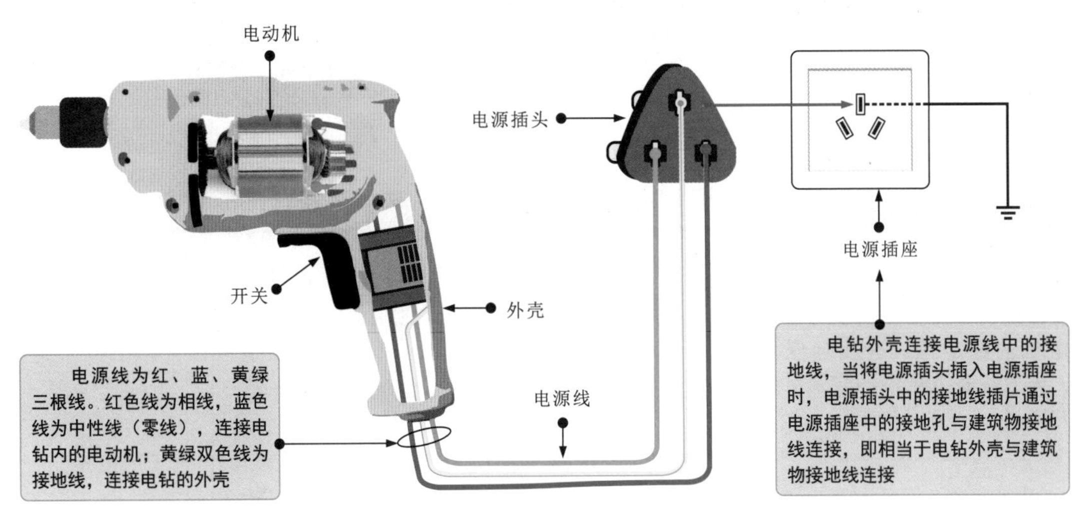

图13-19 电钻等便携式电动工具的保护接地

图13-20为便携式设备的保护接地。

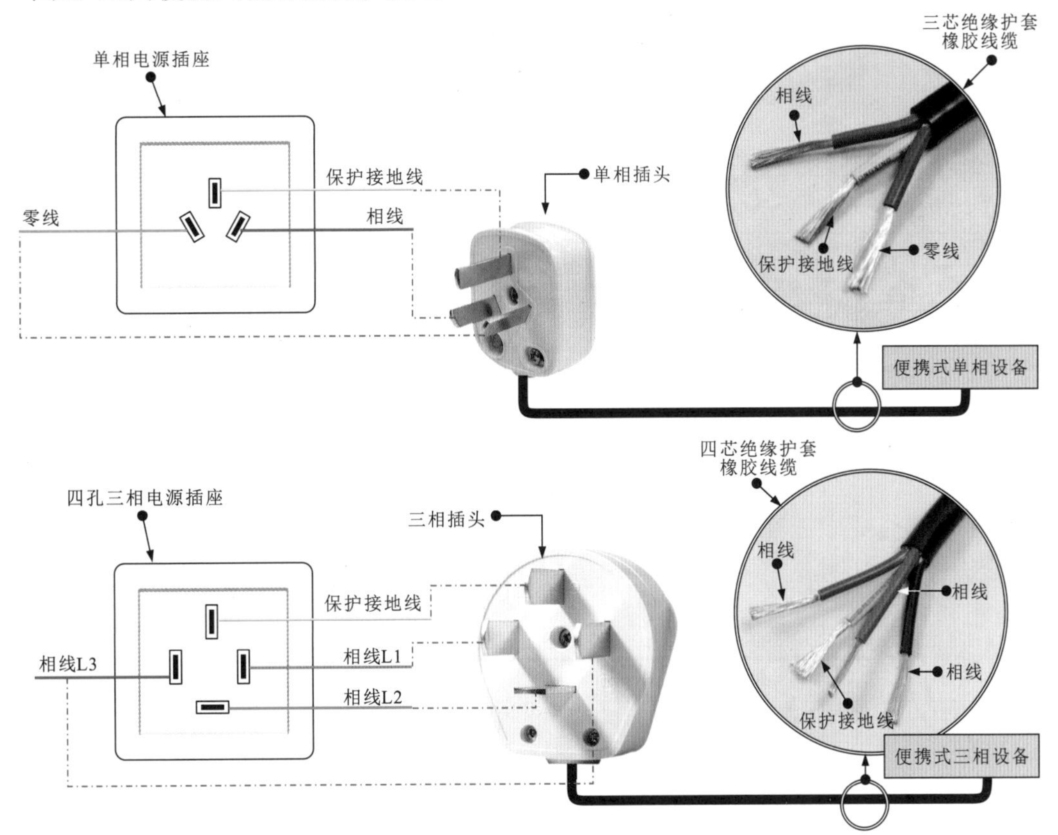

图13-20 便携式设备的保护接地

便携式单相设备使用三孔单相电源插头、电源插座；接线时，专用接地插孔应与专用的保护接地线相接。

便携式三相设备使用四孔三相电源插座。四孔三相电源插座有专用的保护接地触头，插头上的接地插片要长一些，在插入时可以保证插座和插头的接地触头在导电触头接触之前就先行连通，在拔出时可以保证导电触头脱离以后才会断开。

2 工作接地

工作接地是将电气设备的中性点接地，其主要作用是保持系统电位的稳定性。在实际应用中，电气设备的连接不能采用此种方式。

图13-21为电气设备的工作接地。

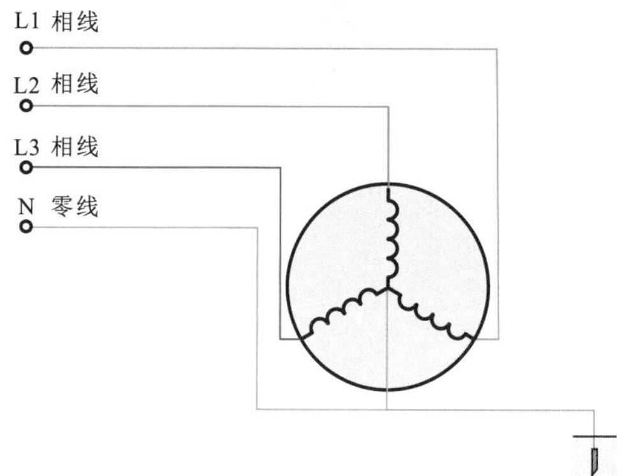

图13-21 电气设备的工作接地

3 重复接地

图13-22为供电线路中保护零线的重复接地措施。

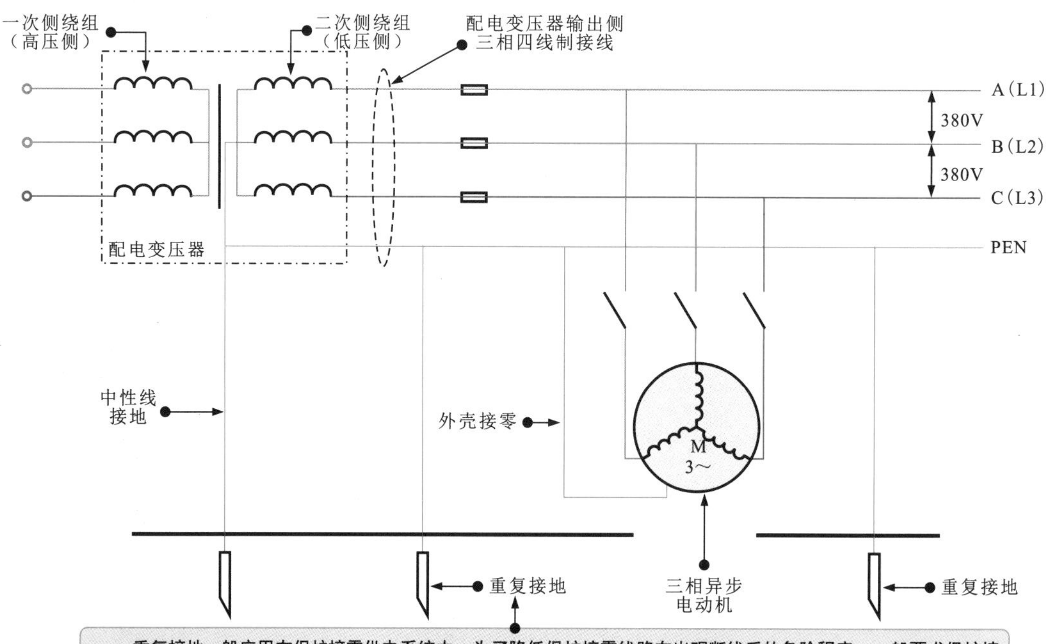

图13-22 供电线路中保护零线的重复接地措施

图13-23为重复接地的功效。在采用重复接地的接零保护线路中，当出现中性线断线时，由于断线后面的零线仍接地，因此当出现相线触碰金属外壳时，大部分电流将经零线和接地线流入大地，并触发保护装置动作，切断设备电源，流经人体的电流很小，可有效降低对人体的危害。

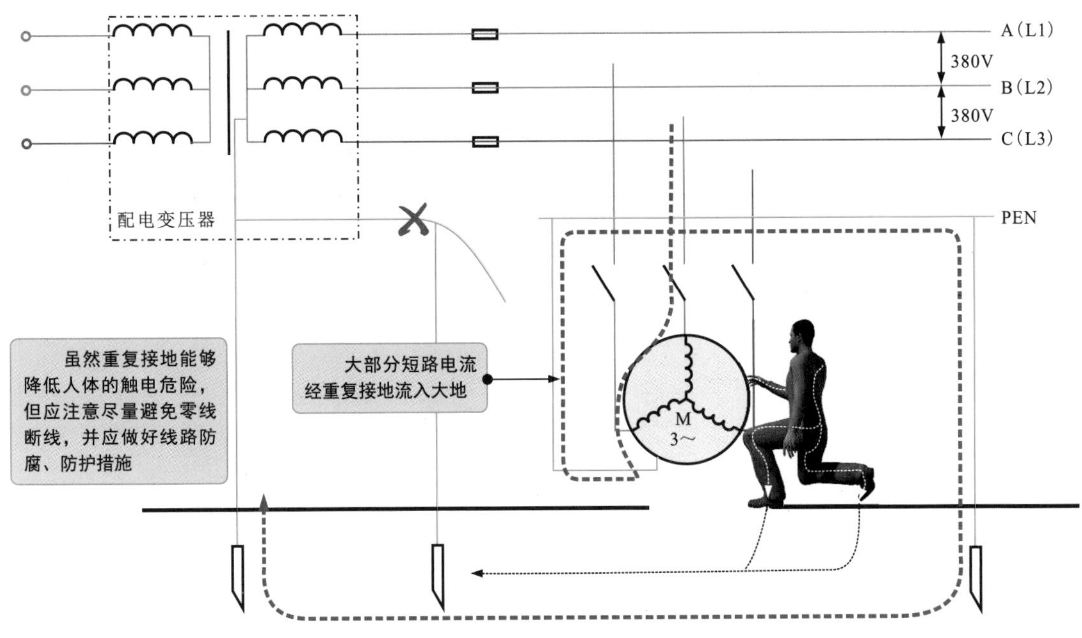

图13-23 重复接地的功效

4 防雷接地

图13-24为防雷接地的形式。防雷接地主要是将避雷器的一端与被保护对象相连，另一端连接接地装置。当发生雷击时，避雷器可将雷电引向自身，并由接地装置导入大地，从而避免雷击事故的发生。

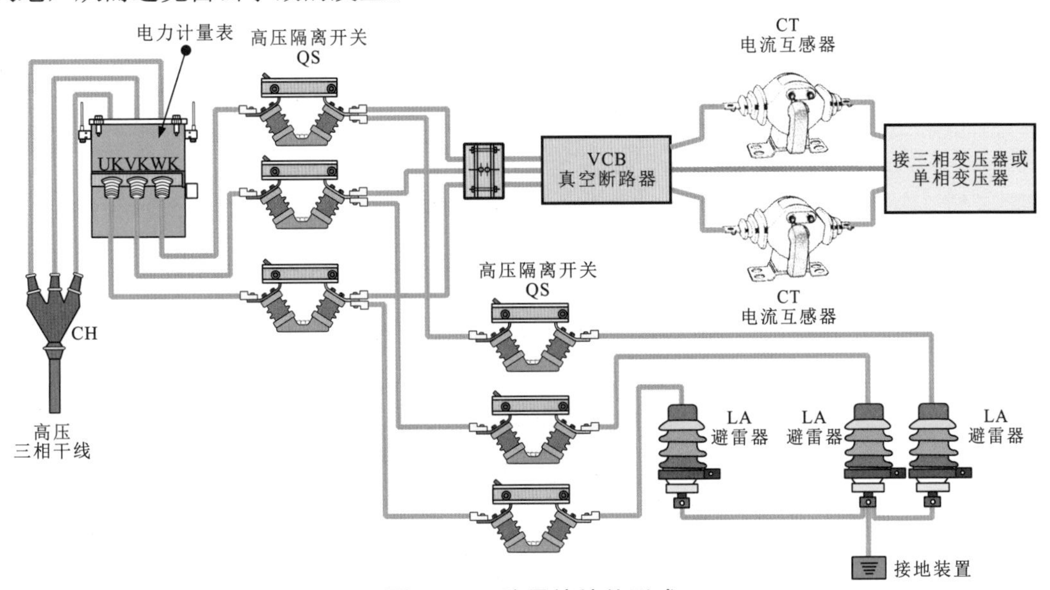

图13-24 防雷接地的形式

13.3.3 电气设备的接地规范

不同应用环境下的电气设备，其接地装置所要求的接地电阻不同。电气设备的接地规范见表13-1。

表13-1 电气设备的接地规范

接地电气设备的环境	电气设备的名称	接地电阻要求（Ω）
装有熔断器（25 A以下）的电气设备	任何供电系统	$R \leq 10$
	高、低压电气设备	$R \leq 4$
	电流、电压互感器的二次绕组	$R \leq 10$
	电弧炉	$R \leq 4$
	工业电子设备	$R \leq 10$
处在高土壤电阻率大于500 Ω·m的地区	1kV以下小电流接地系统的电气设备	$R \leq 20$
	发电厂和变电所的接地装置	$R \leq 10$
	大电流接地系统的发电厂和变电所的装置	$R \leq 5$
无避雷线的架空线	小电流接地系统中的水泥杆、金属杆	$R \leq 30$
	低压线路的水泥杆、金属杆	$R \leq 30$
	零线重复接地	$R \leq 10$
	低压进户线绝缘子角铁	$R \leq 30$
建筑物	30 m建筑物（防直击雷）	$R \leq 10$
	30 m建筑物（防感应雷）	$R \leq 5$
	45 m建筑物（防直击雷）	$R \leq 5$
	60 m建筑物（防直击雷）	$R \leq 10$
	烟囱接地	$R \leq 30$
防雷设备	保护变电所的户外独立避雷针	$R \leq 25$
	装设在变电所架空进线上的避雷针	$R \leq 25$
	装设在变电所与母线连接架空进线上的管形避雷器（与旋转电动机无联系）	$R \leq 10$
	装设在变电所与母线连接架空进线上的管形避雷器（与旋转电动机有联系）	$R \leq 5$

13.4 接地装置的连接

13.4.1 接地体的连接

1 自然接地体的连接

图13-25为常见的自然接地体。

图13-25 常见的自然接地体

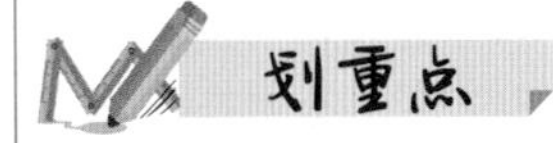

自然接地体包括直接与大地可靠接触的金属管道、与地连接的建筑物金属结构、钢筋混凝土建筑物的承重基础、带有金属外皮的电缆等。

注意，包有黄麻、沥青等绝缘材料的金属管道及有可燃气体或液体的金属管道不可作为接地体。利用自然接地体时应注意以下几点：

①用不少于两根导体在不同接地点与自然接地体连接；

②在直流电路中，不应利用自然接地体接地；

③当自然接地体的接地阻值符合要求时，一般不再安装人工接地体，发电厂和变电所及爆炸危险场所除外；

④当同时使用自然、人工接地体时，应分开设置测试点。

在连接管道一类的自然接地体时，不能使用焊接的方式连接，应采用金属抱箍或夹头的压接方法连接，如图13-26所示。金属抱箍适用于管径较大的管道。金属夹头适用于管径较小的管道。值得注意的是，金属夹头与金属抱箍在连接之前需进行镀锡或镀锌等防锈处理。在建筑物钢筋等金属体上连接接地线时，应采用焊接的方式连接，也可以采用螺钉压接，但必须先进行防锈处理。

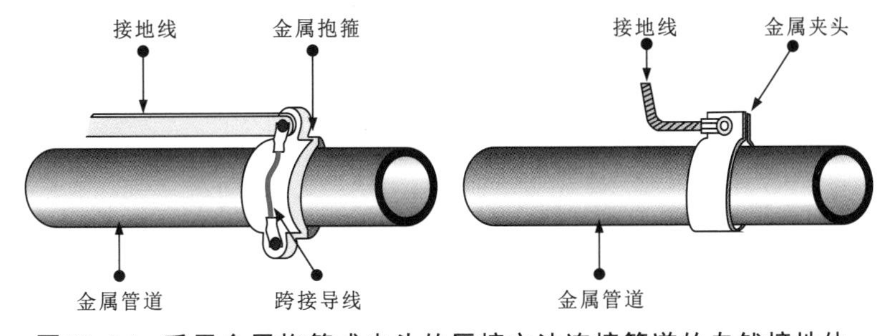

图13-26 采用金属抱箍或夹头的压接方法连接管道的自然接地体

2 施工专用接地体的连接

图13-27为施工专用接地体。

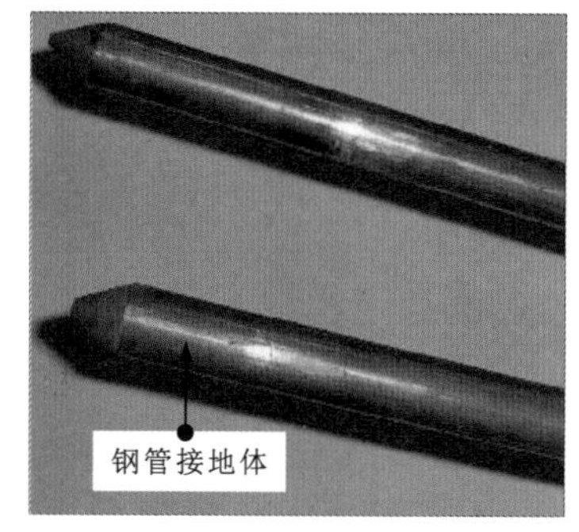

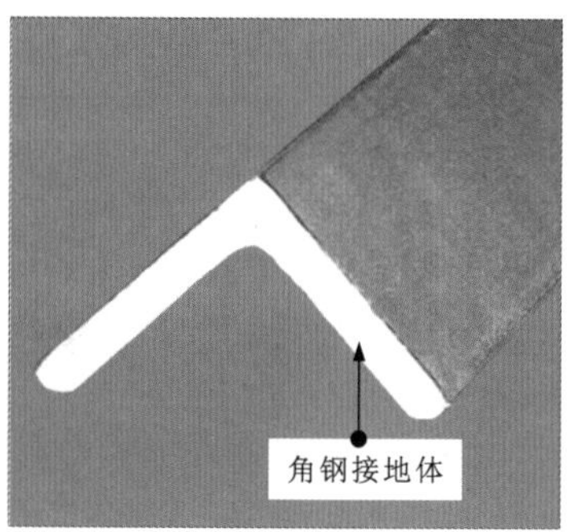

图13-27 施工专用接地体

施工专用接地体应选用钢材制作，一般常用角钢和钢管作为施工专用接地体，在有腐蚀性的土壤中，应使用镀锌钢材或增大接地体的尺寸。

图13-28为施工专用接地体的安装连接。

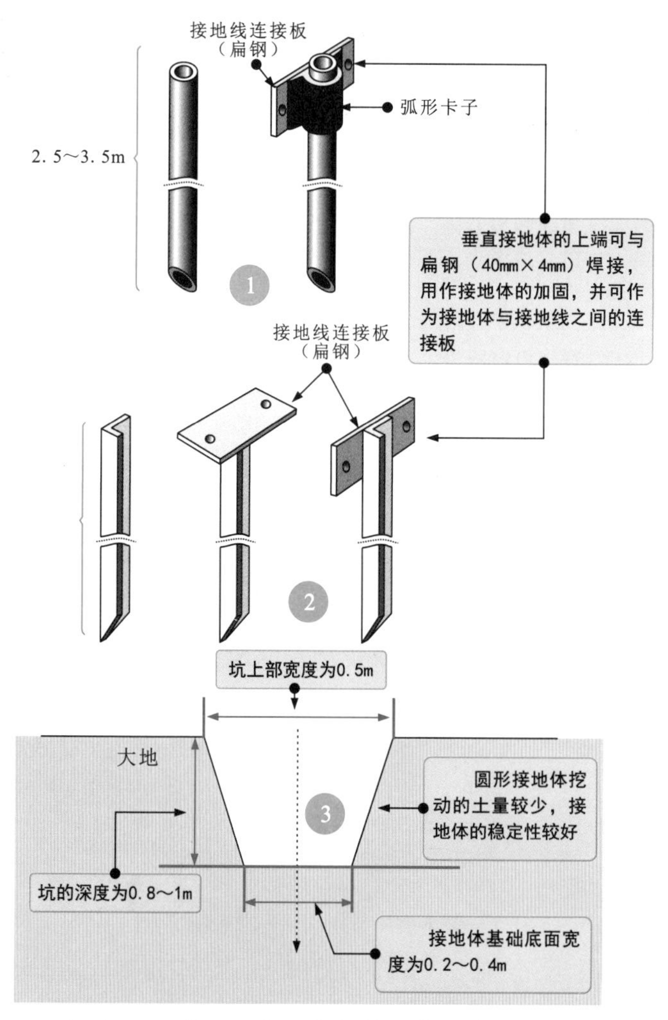

图13-28 施工专用接地体的安装连接

钢管接地体一般选用直径为50mm、壁厚不小于3. 5mm的管材；角钢接地体一般选用40mm×40mm×5mm或50mm×50mm×5mm两种规格的角钢。目前，施工专用接地体的连接方法多采用垂直连接。垂直连接专用接地体时多采用挖坑打桩法。

1 钢管的下端应单面削尖，形成一个尖点，便于打入土中。

2 角钢的尖角应保持在角脊线上，尖点的两条斜边要对称。

3 按照接地体的规格挖坑，坑的上部稍宽，底部渐窄，若有石子，应清除，以便打入接地体并敷设接地线。

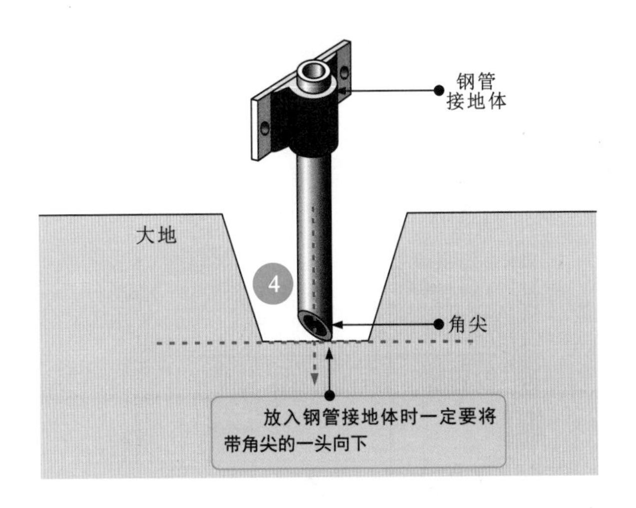

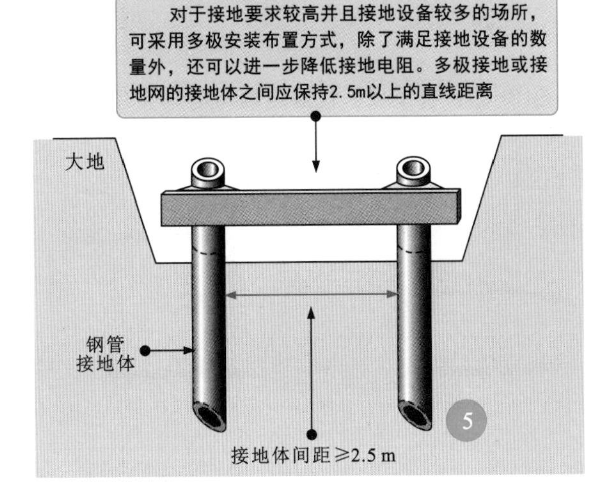

图13-28 施工专用接地体的安装连接（续）

划重点

4 将制作好的钢管接地体垂直放入挖好坑的中心位置。接地体必须埋入地下一定深度，免遭破坏。

5 采用打桩法将接地体打入土壤中，将其四周用土壤填入并夯实，以减小接触电阻。

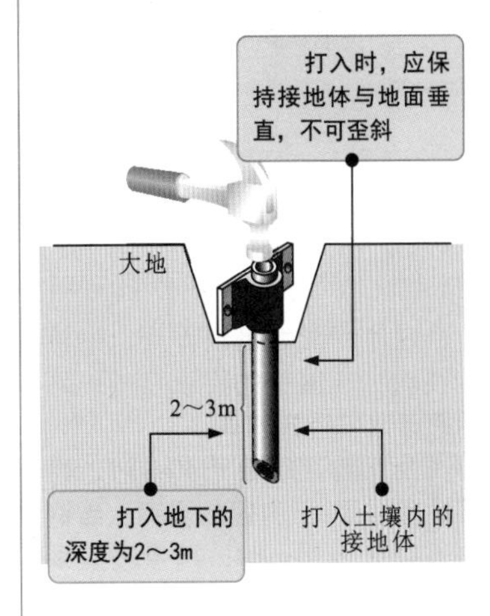

13.4.2 接地线的连接

1 自然接地线的连接

接地装置的接地线应尽量选用自然接地线，如建筑物的金属结构、配电装置的构架、配线用钢管（壁厚不小于1.5mm）、电力电缆铅包皮或铝包皮、金属管道（1kV以下电气设备的管道，输送可燃液体或可燃气体的管道不得使用）。

自然接地线与大地接触面大，如果是为较多的电气设备提供接地，则只需增加引接点，并将所有的引接点连接成带状或网状，将每个引接点通过接地线与电气设备连接，如图13-29所示。

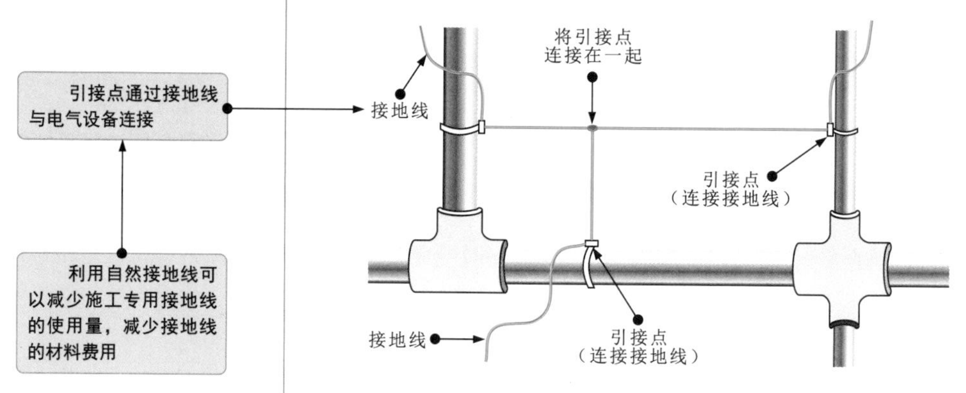

图13-29　引接点通过接地线与电气设备连接

图13-30为使用配管作为自然接地线的要求。

在使用配线钢管作为自然接地线时，在接头的接线盒处应采用跨接线的连接方式。

当钢管直径小于40mm时，跨接线应采用6mm直径的圆钢；当钢管直径大于50mm时，跨接线应采用25mm×24mm的扁钢。

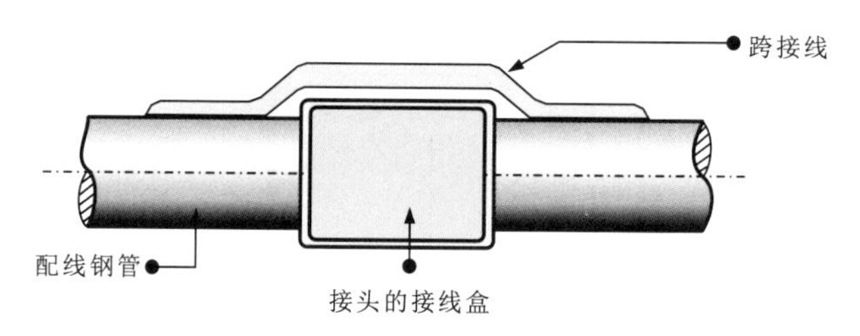

图13-30　使用配管作为自然接地线的要求

2 施工专用接地线的连接

施工专用接地线通常是使用扁钢或圆钢材料制成的裸线或绝缘线，如图13-31所示。

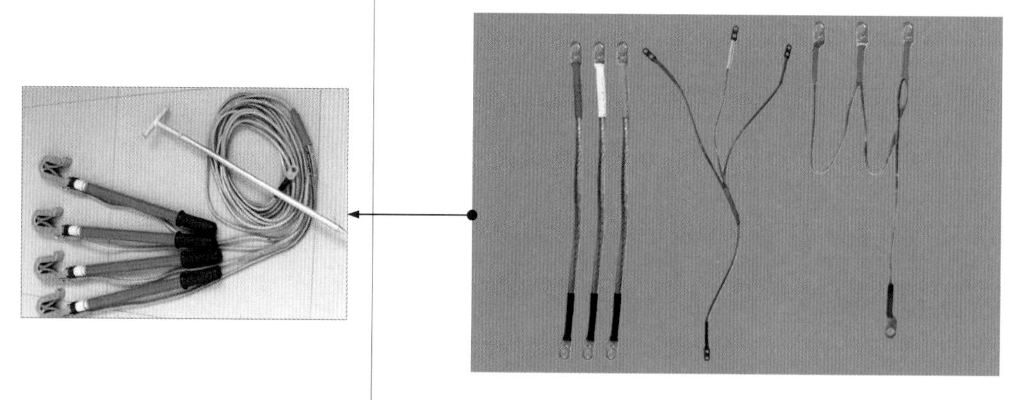

图13-31　施工专用接地线

接地干线是接地体之间的连接导线，或者一端连接接地体，另一端连接各个接地线的连接线。

图13-32为接地体与接地干线的连接。

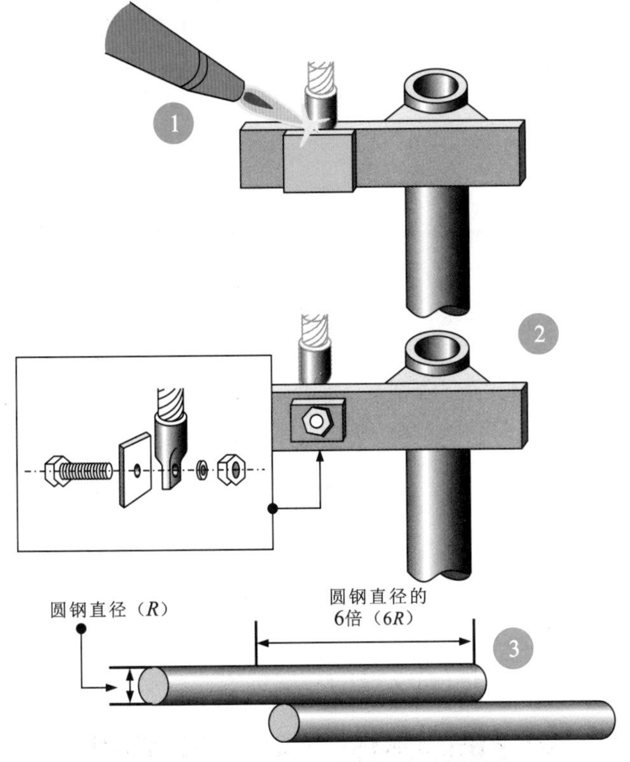

图13-32 接地体与接地干线的连接

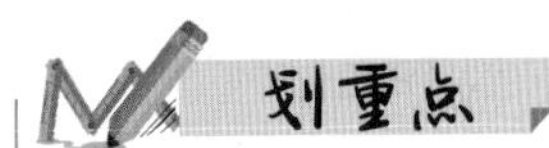

1 接地干线与接地体应采用焊接方式连接，并在焊接处添加镶块，增大焊接面积。

2 当没有条件使用焊接设备时，也可以用螺母压接，但接触面必须经过镀锌或镀锡等防锈处理，螺母也要采用大于M12的镀锌螺母。在有振动的场所，在螺杆上应加弹簧垫圈。

3 当采用扁钢或圆钢作为接地干线且需要延长时，必须用焊接设备焊接，不宜用螺母压接。焊接时，扁钢的搭接长度应为宽度的两倍；圆钢的搭接长度应为直径的6倍。

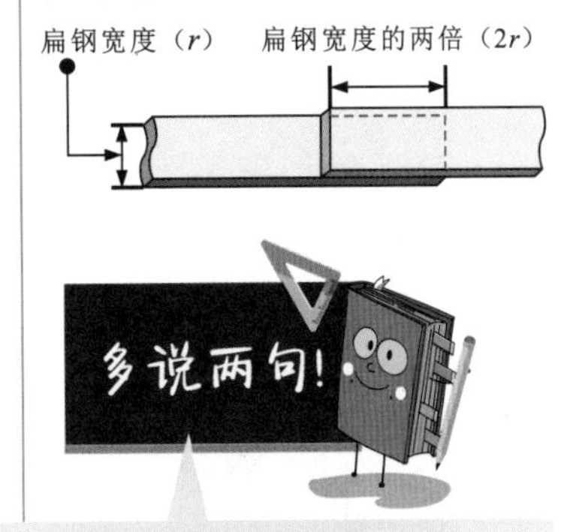

多说两句！

用于输配电系统的工作接地线应满足下列要求：10kV避雷器的接地支线应采用多股导线；接地干线可选用铜芯或铝芯的绝缘导线或裸导线，其横截面积不小于16mm²；用作避雷针或避雷器接地线的横截面积不应小于25mm²；接地干线可用扁钢或圆钢，扁钢尺寸应不小于4mm×12mm，圆钢直径应不小于6mm；配电变压器低压侧中性点的接地线要采用裸铜导线，横截面积不小于35mm²；变压器容量大于100kV·A时，接地线的横截面积为25mm²。不同材料保护接地线的类别不同，其横截面积也不同。

不同材料保护接地线的横截面积见表13-2。

表13-2 不同材料保护接地线的横截面积

材料	接地线类别	最小横截面积（mm²）	最大横截面积（mm²）
铜	移动电动工具引线的接地线芯	生活用：0.12	25
		生常用：1.0	
	绝缘铜线	1.5	
	裸铜线	4.0	
铝	绝缘铝线	2.5	35
	裸铝线	6.0	
扁钢	户内：厚度不小于3 mm	24.0	100
	户外：厚度不小于4 mm	48.0	
圆钢	户内：厚度不小于5 mm	19.0	100
	户外：厚度不小于6 mm	28.0	

划重点

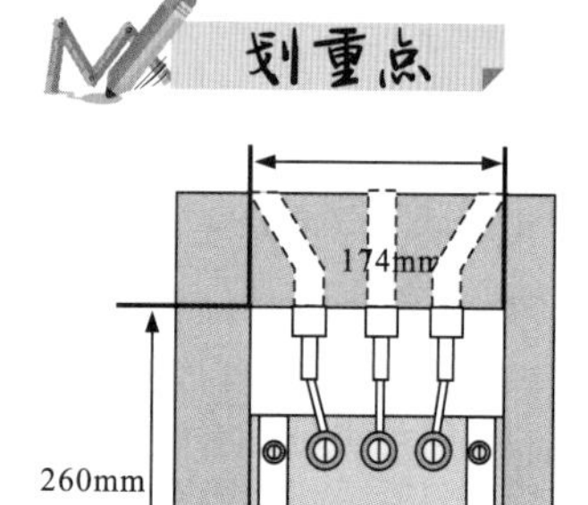

如果墙内有钢筋或混凝土，则可利用钢筋混凝土柱内的钢筋作为引下线，同时当接地电阻检测点不允许在柱上留洞时，可移到附近的适当位置连接

图13-33为室内接地干线与室外接地体的连接。

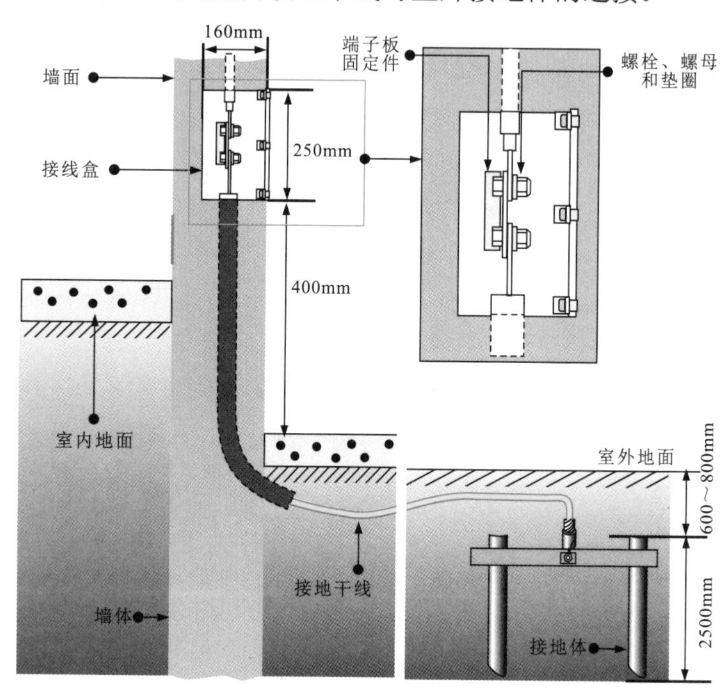

图13-33　室内接地干线与室外接地体的连接

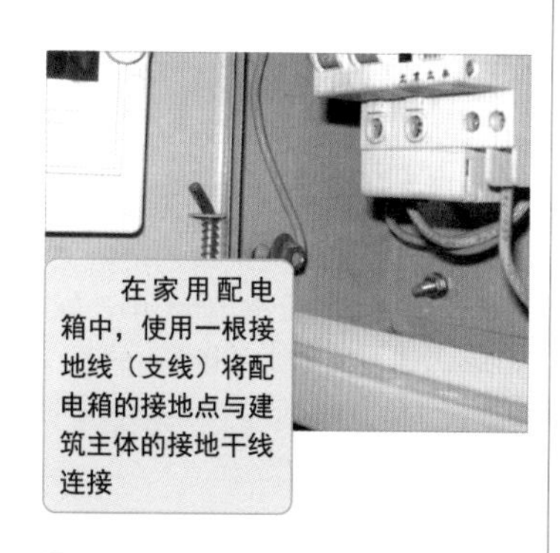

在家用配电箱中，使用一根接地线（支线）将配电箱的接地点与建筑主体的接地干线连接

图13-34为接地支线的连接。

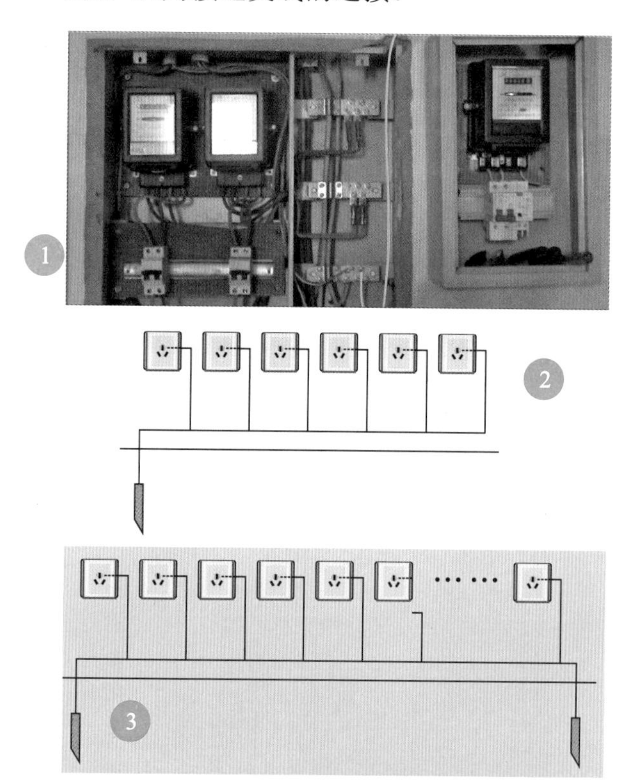

图13-34　接地支线的连接

1 当连接插座接地支线时，插座的接地线必须由接地干线和接地支线组成。插座的接地支线与接地干线之间应采用T形连接，连接处要用锡焊加固。

2 当安装6个以下的插座，且总电流不超过30A时，接地干线的一端需要与接地体连接。

3 当安装6个以上的插座时，接地干线的两端应分别与接地体连接。

13.4.3 接地装置的涂色

接地装置安装完毕，应对各接地干线和接地支线的外露部分涂色，并在接地固定螺钉的表面涂上防锈漆，在焊接部分的表面涂上沥青漆，如图13-35所示。

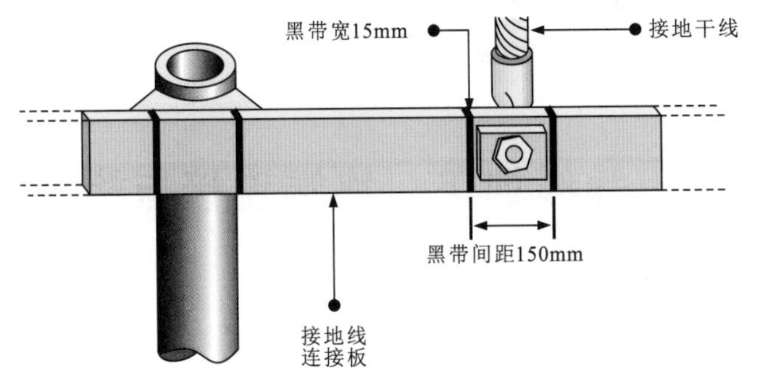

图13-35 接地装置的涂色

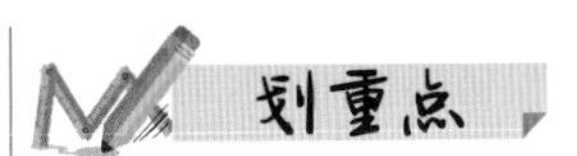

明敷安装的接地线及其固定零件应涂上黑色。

根据房间的装饰，可将明敷的接地线涂上其他颜色，但在接地线连接板处和接地干线连接处应涂上两条15mm的黑带，两条黑带间距为150mm。

13.4.4 接地装置的检测

接地装置投入使用之前，必须检验接地装置的质量，以保证接地装置符合使用要求，检测接地装置的接地电阻是检验的重要环节。通常，使用接地电阻测量仪检测接地电阻，如图13-36所示。

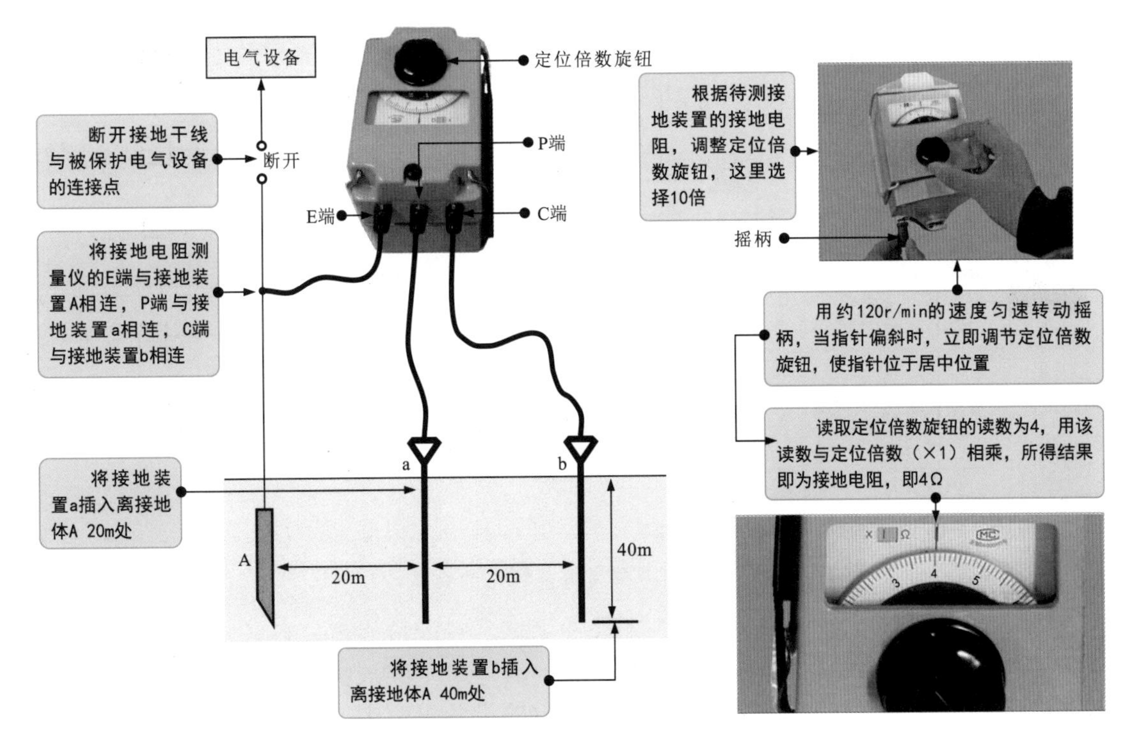

图13-36 接地装置的检测

第14章

家庭弱电线路连接与检测

14.1 有线电视线路的结构、线缆加工、终端连接与检测

14.1.1 有线电视线路的结构

图14-1为有线电视线路的结构。前端部分负责信号的处理；干线部分负责信号的传输；分配分支部分负责将信号分配给每个用户。

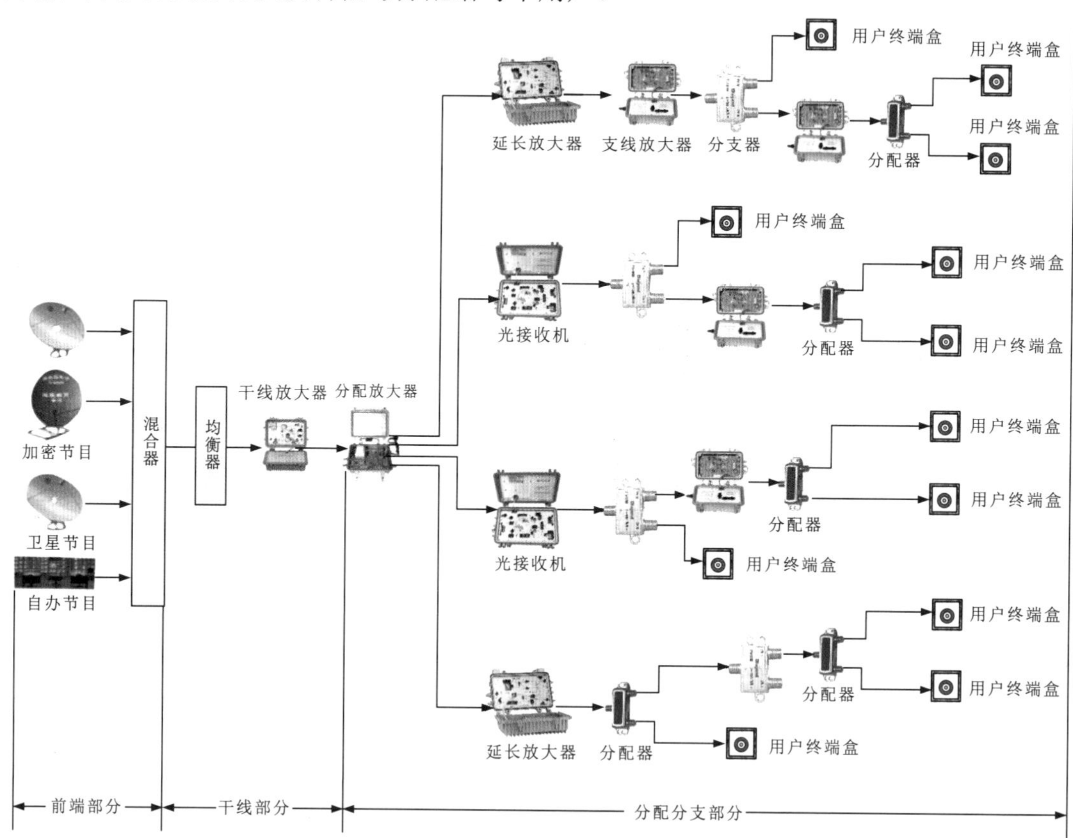

图14-1　有线电视线路的结构

有线电视线路主要由光接收机、干线放大器、分配放大器、延长放大器、支线放大器、分配器、分支器、用户终端盒等组成。其中，干线放大器、分配放大器、光接收机、支线放大器、分配器等一般安装在特定的设备机房中；分支器和用户终端盒安装在用户家中。

14.1.2 有线电视线缆的加工

有线电视线缆（同轴线缆）是传输有线电视信号、连接有线电视设备的线缆，在连接前，需要先加工有线电视线缆的连接端。

用户家中有线电视线路的连接如图14-2所示。

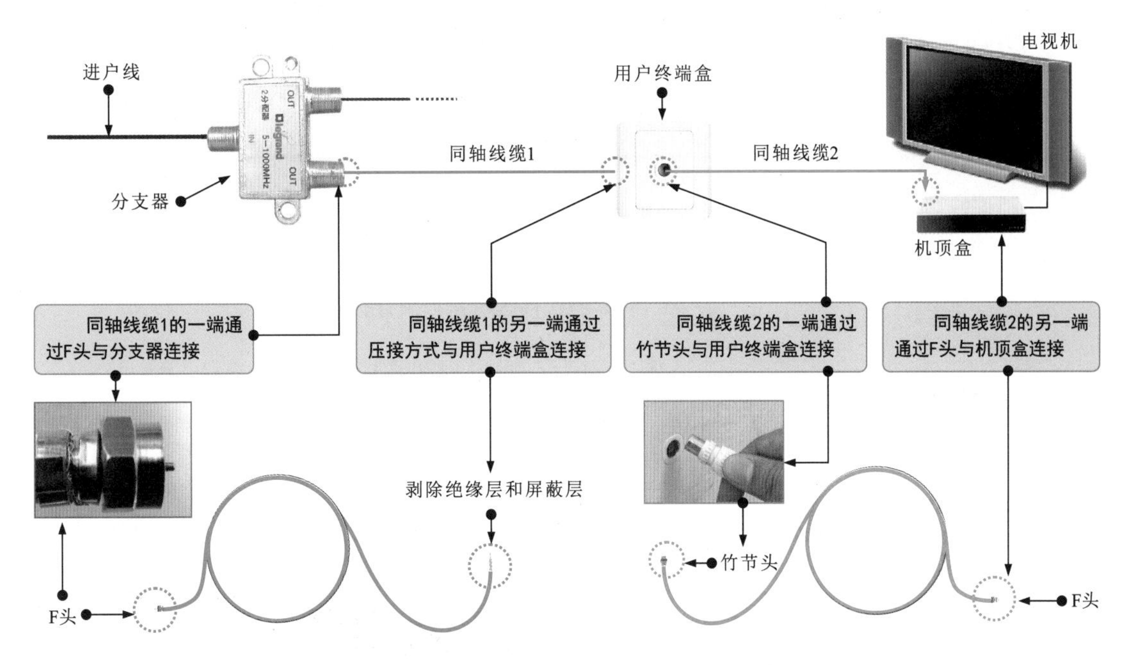

图14-2 用户家中有线电视线路的连接

1 有线电视线缆绝缘层和屏蔽层的剥除

如图14-3所示，将有线电视线缆的绝缘层和屏蔽层剥除，为制作F头或压接做好准备。

① 使用剪刀将有线电视线缆的护套剪开，将有线电视线缆的网状屏蔽层向外翻折。

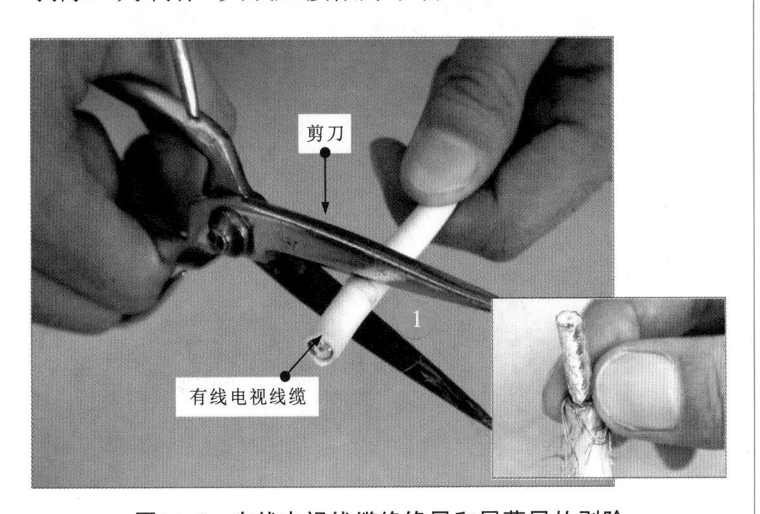

图14-3 有线电视线缆绝缘层和屏蔽层的剥除

2 用剪刀将绝缘层剪开，露出内部的线芯。

值得注意的是，操作时，不要将线芯剪断。

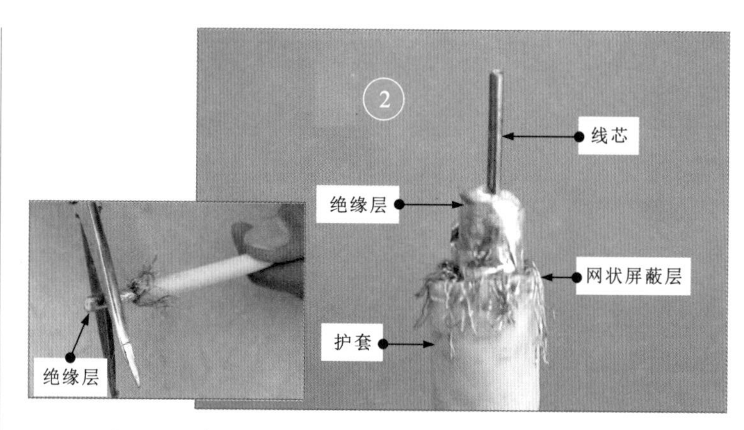

图14-3　有线电视线缆绝缘层和屏蔽层的剥除（续）

2 有线电视线缆F头的制作

图14-4为有线电视线缆F头的制作方法。

1 剥除绝缘层和屏蔽层后，应确保绝缘层与护套切口相距2～3mm。

2 将F头安装在绝缘层与屏蔽层之间。

3 使用压线钳将卡环紧固在有线电视线缆与F头的连接处，并使用钢丝钳将卡环修整好。

压接卡环后，要将挤压头用钢丝钳压紧，使其贴服在卡环上。

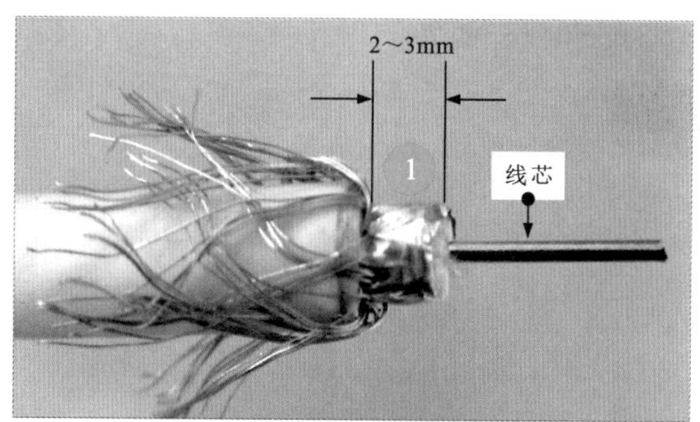

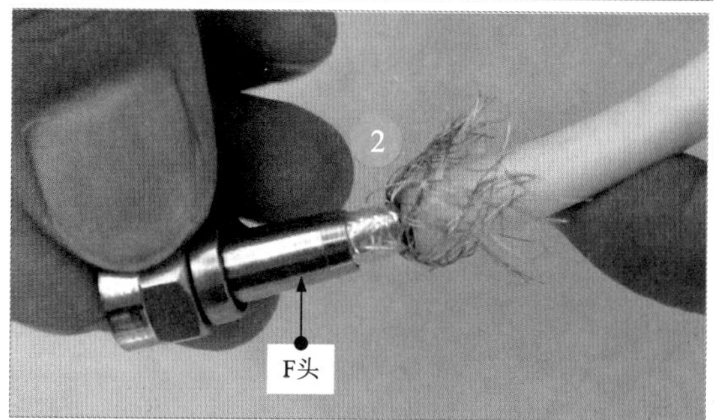

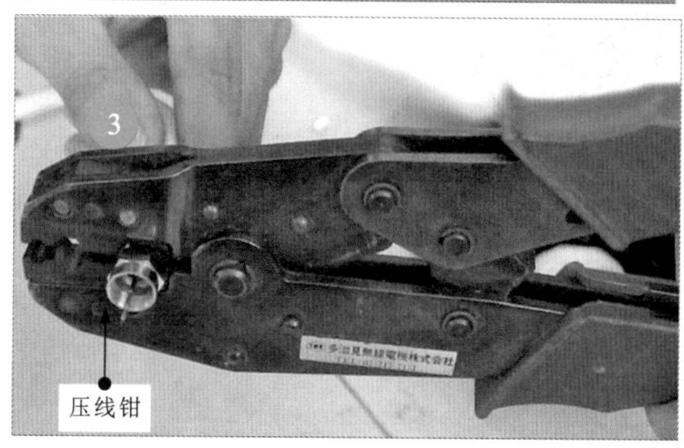

图14-4　有线电视线缆F头的制作方法

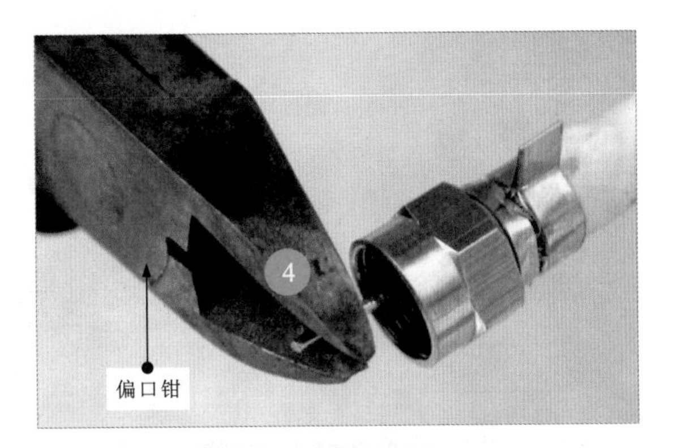

图14-4 有线电视线缆F头的制作方法（续）

4 使用偏口钳将线芯剪断，使线芯露出F头1～2mm。至此，F头制作完成。

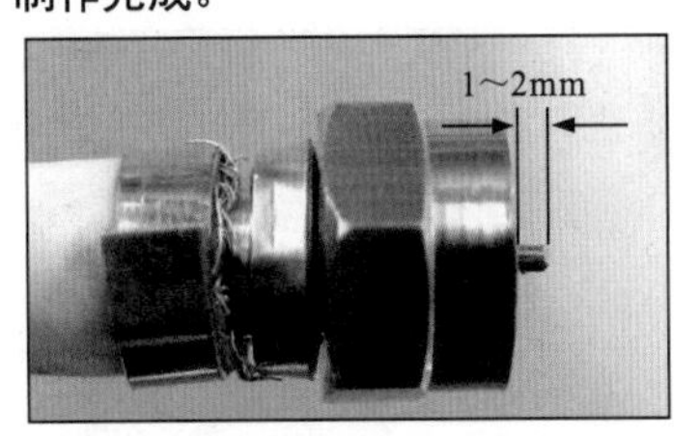

3 有线电视线缆竹节头的制作

图14-5为有线电视线缆竹节头的制作方法。

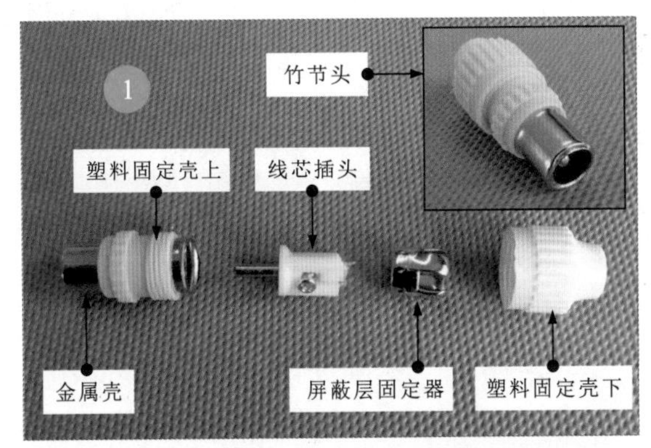

1 竹节头一般由塑料固定壳、金属壳、线芯插头、屏蔽层固定器构成。

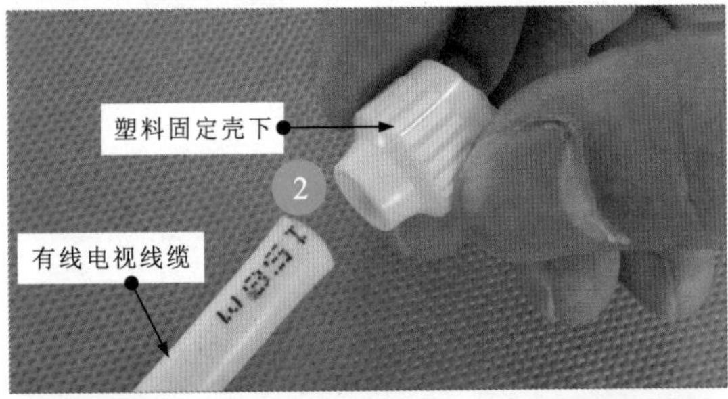

2 将有线电视线缆穿入塑料固定壳下。

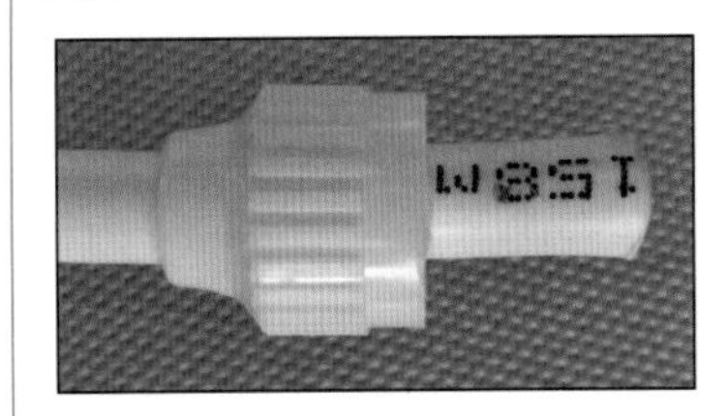

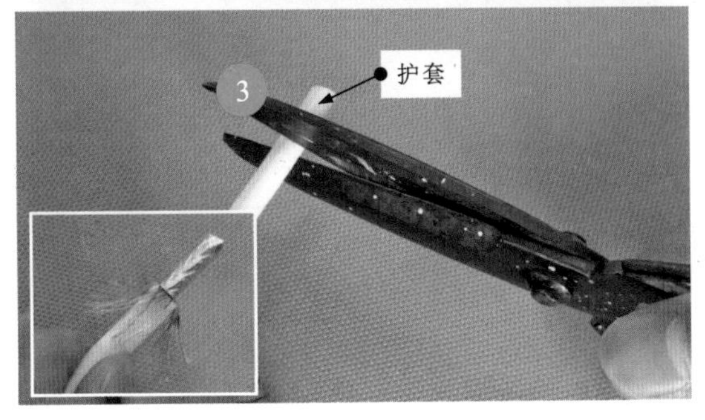

3 使用剪刀剪开有线电视线缆的护套，将网状屏蔽层向外翻折

图14-5 有线电视线缆竹节头的制作方法

4 用剪刀剪掉绝缘层，露出线芯。

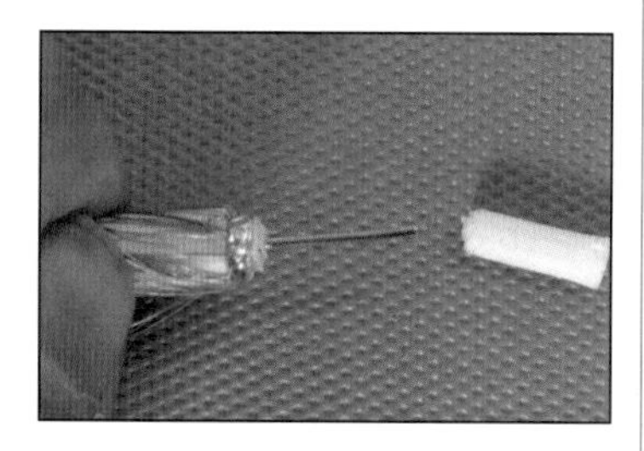

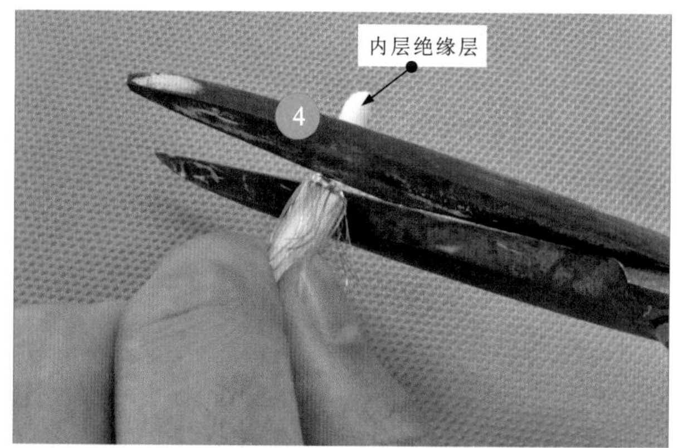

5 使用屏蔽层固定器固定翻折后的网状屏蔽层。

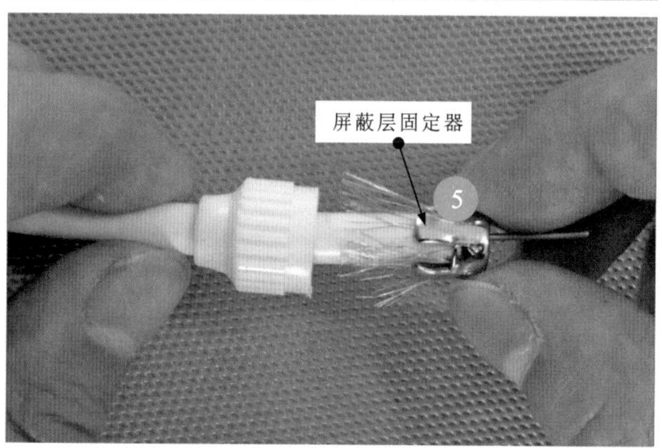

6 将线芯插入线芯插头，使用螺钉旋具紧固固定螺钉。

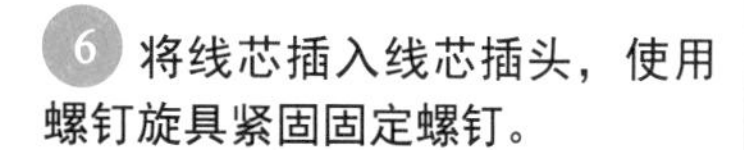

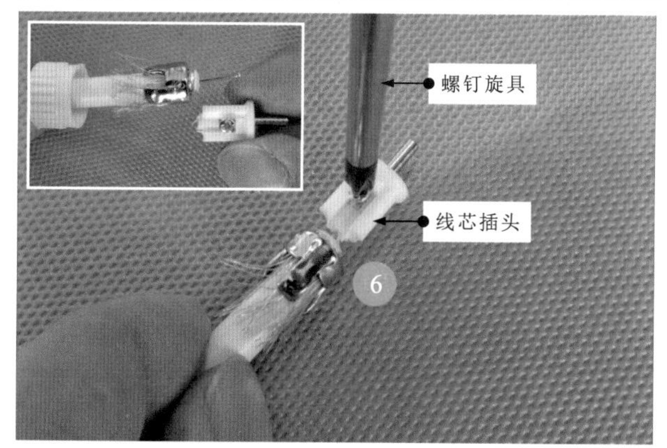

7 将塑料固定壳上、下拧紧。至此，竹节头制作完成。

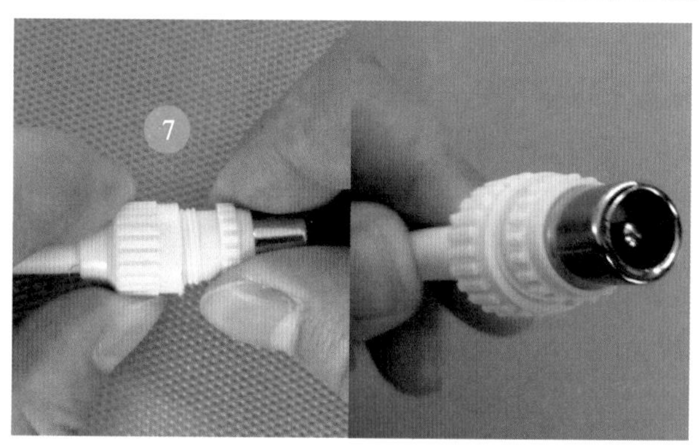

图14-5　有线电视线缆竹节头的制作方法（续）

14.1.3 有线电视终端的连接

有线电视终端的连接如图14-6 所示。

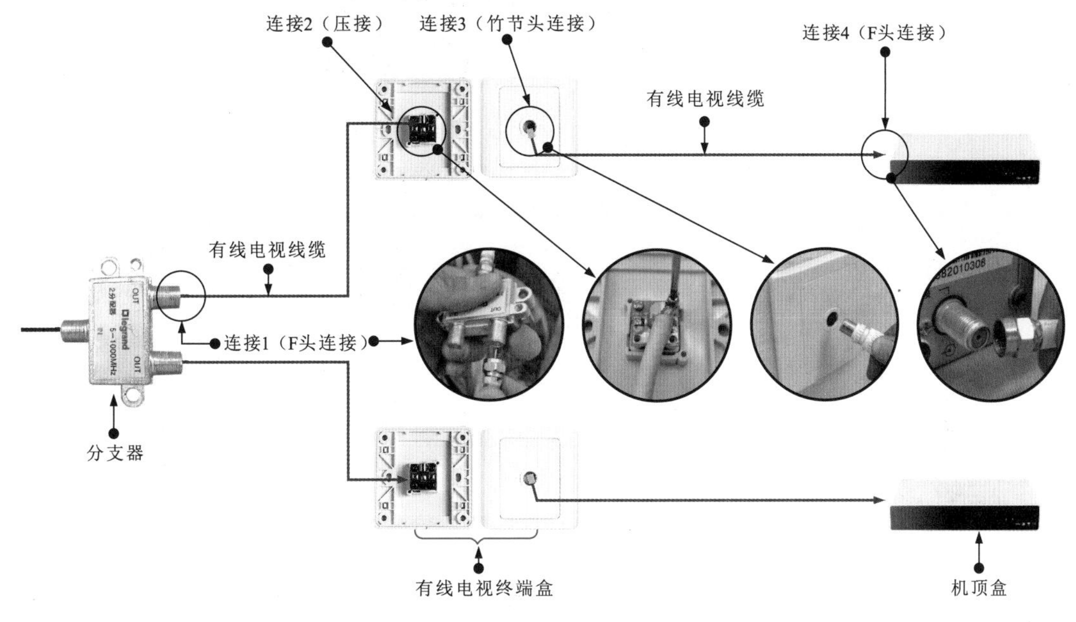

图14-6 有线电视终端的连接

1 分支器与用户终端盒的连接

分支器与用户终端盒的连接如图14-7所示。

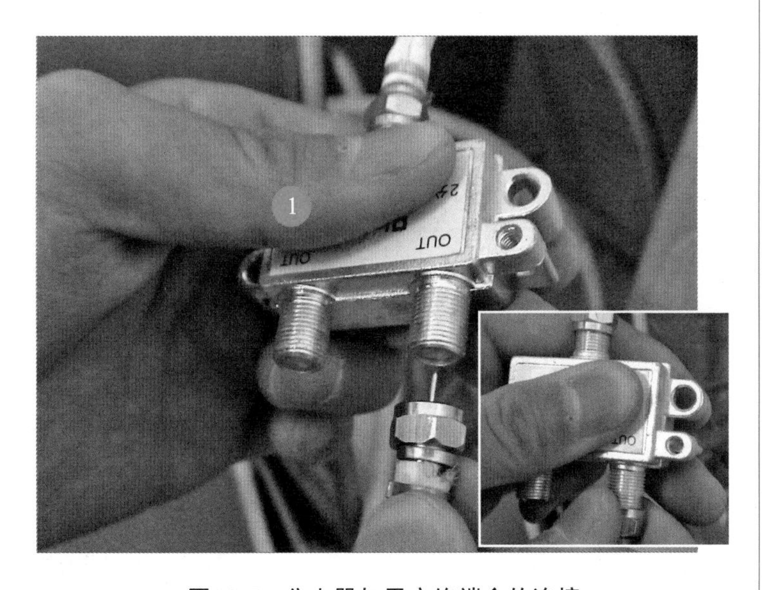

图14-7 分支器与用户终端盒的连接

1 将有线电视线缆的F头与分支器的输出端连接，旋紧F头上的螺栓，使有线电视线缆与分支器紧固。

② 将用户终端盒的护盖打开。拧下用户终端盒接线信息模块上的固定螺钉，拆下固定卡。

③ 将有线电视线缆的线芯插入用户终端盒接线信息模块的接线孔内，拧紧固定螺钉，并用固定卡固定。

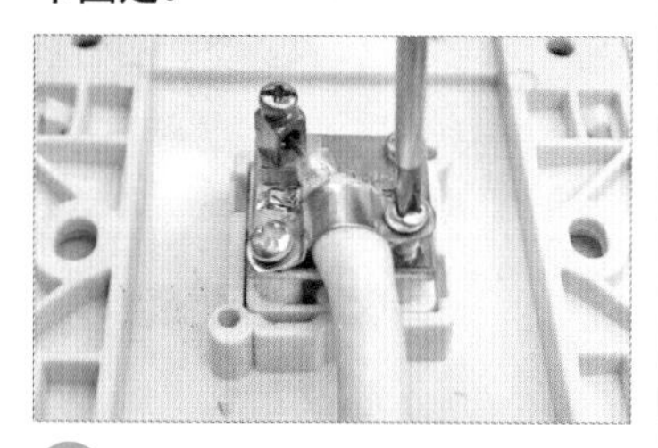

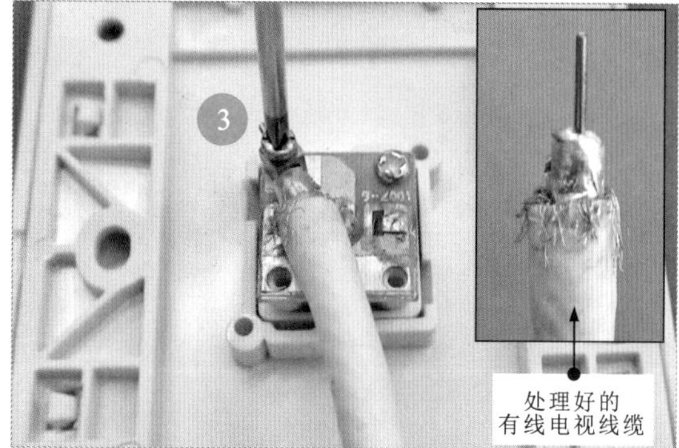

④ 将连接好有线电视线缆的用户终端盒固定在墙面的预留接线盒上，盖上护板后，连接完成。

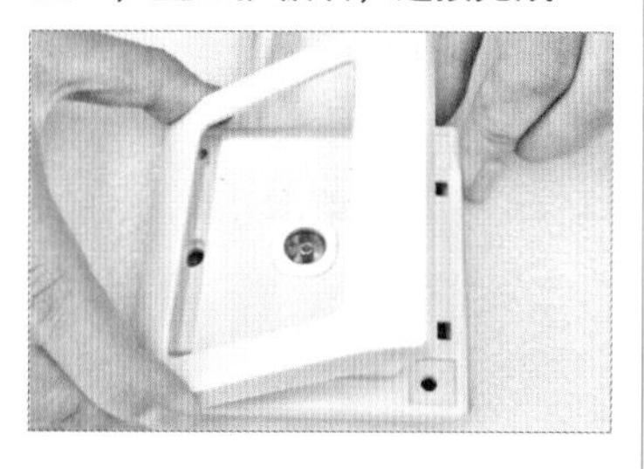

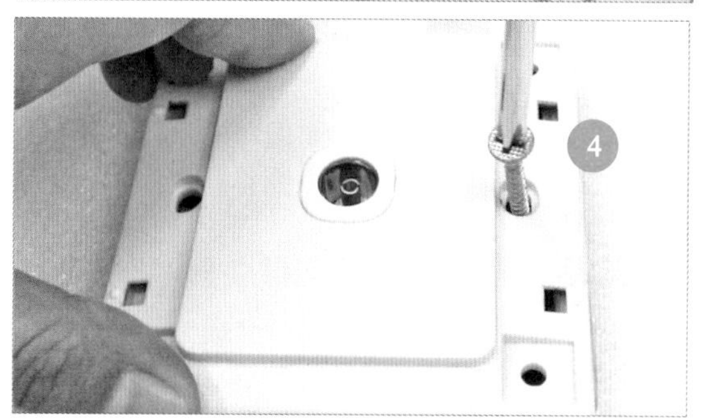

图14-7 分支器与用户终端盒的连接（续）

2 用户终端盒与机顶盒的连接

用户终端盒与机顶盒的连接如图14-8所示。

① 将有线电视线缆制作好竹节头的一端插入用户终端盒的输出口。

② 将有线电视线缆制作好F头的一端接在机顶盒的射频接口上。

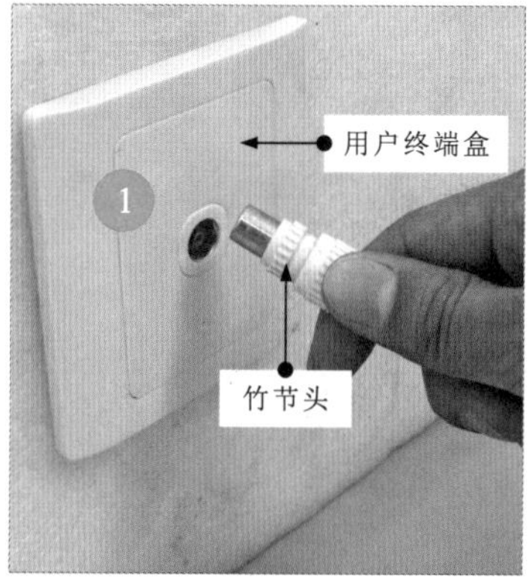

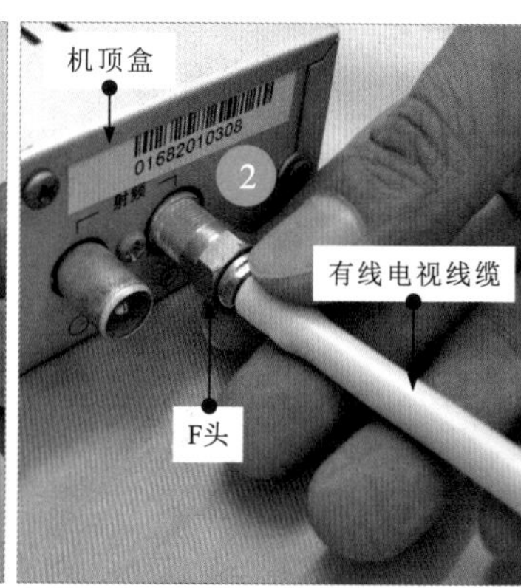

图14-8 用户终端盒与机顶盒的连接

图14-9为用户家中有线电视线路连接后的效果。

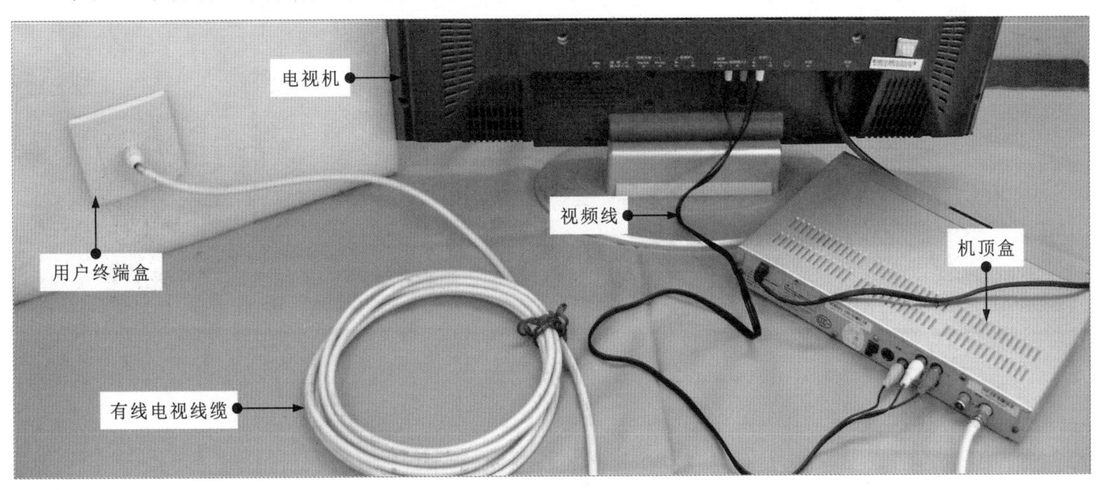

图14-9 用户家中有线电视线路连接后的效果

14.1.4 有线电视线路的检测

1 有线电视线缆及其接头的检查

有线电视线路是通过有线电视线缆与用户终端盒、机顶盒、电视机等连接的。对有线电视电缆及其接头的检查如图14-10所示。

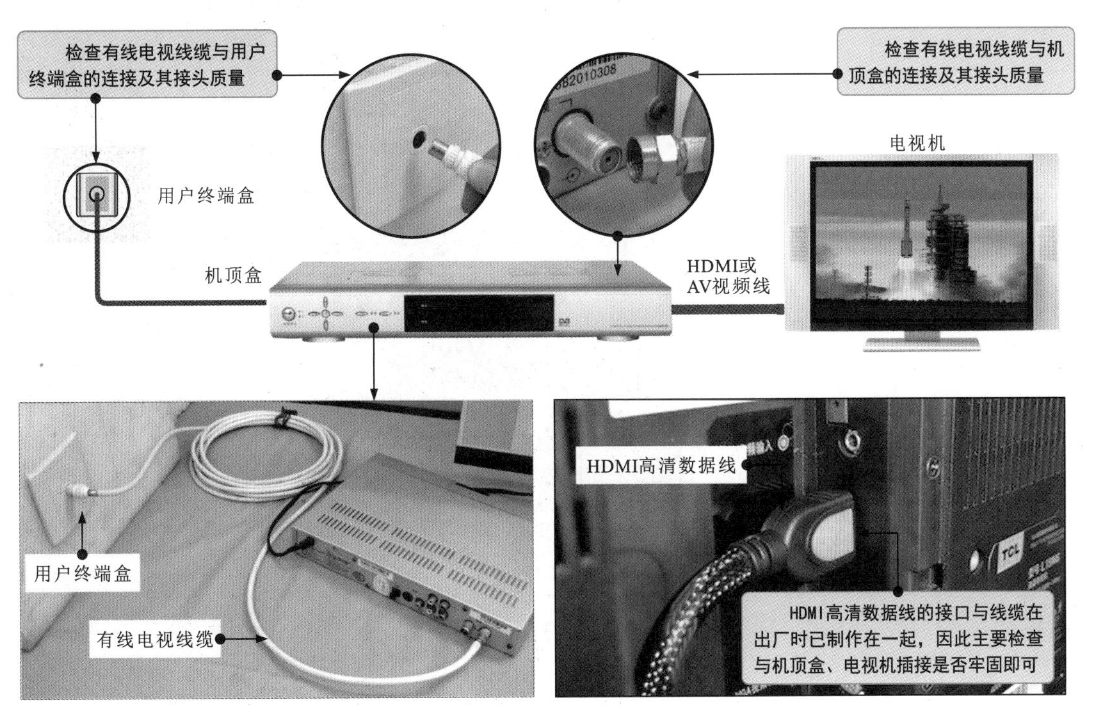

图14-10 对有线电视线缆及其接头的检查

合格与不合格的有线电视线缆F头如图14-11所示。

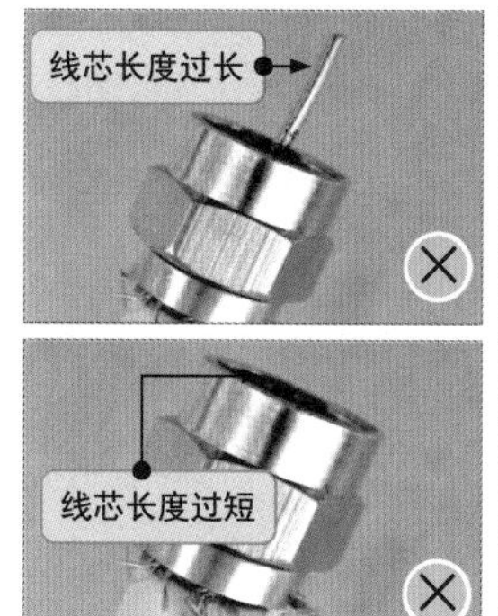

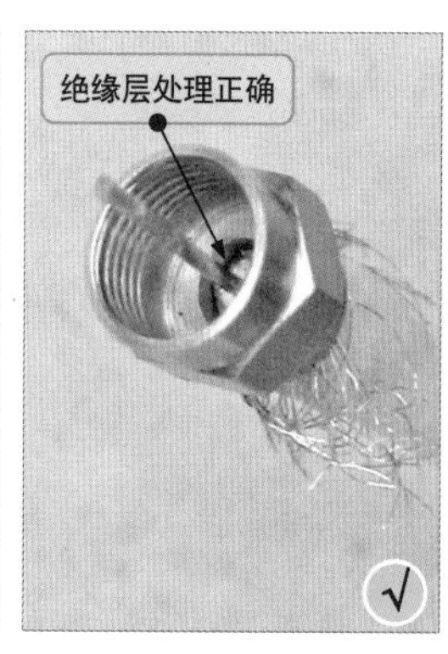

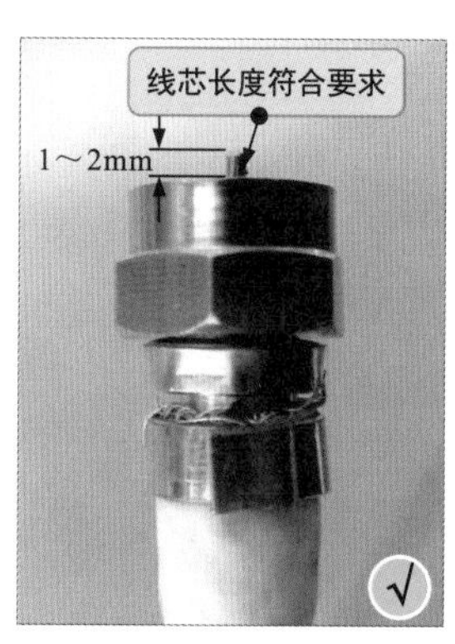

图14-11　合格与不合格的有线电视线缆F头

2 有线电视线路用户终端信号的检测

图14-12为有线电视线路用户终端信号的检测，在一般情况下，可借助场强仪检测由进户线送入信号的强度。

划重点

① 将进户线的输入接头从分支器上拔下，与手持式数字场强仪上的RF转接头连接。

② 按下电源开关，启动手持式数字场强仪。按下QAM键，可显示数字信号状态。

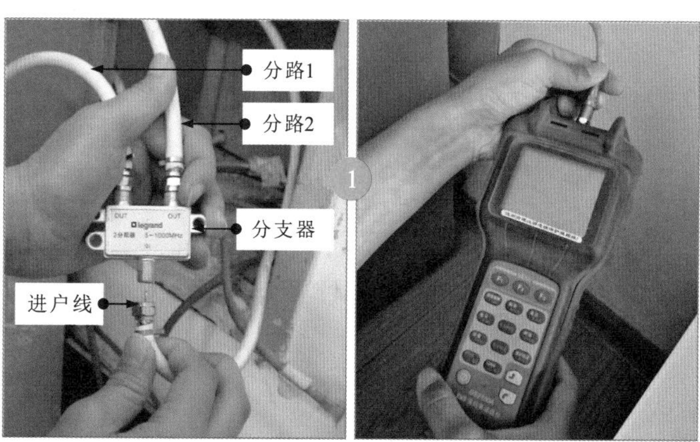

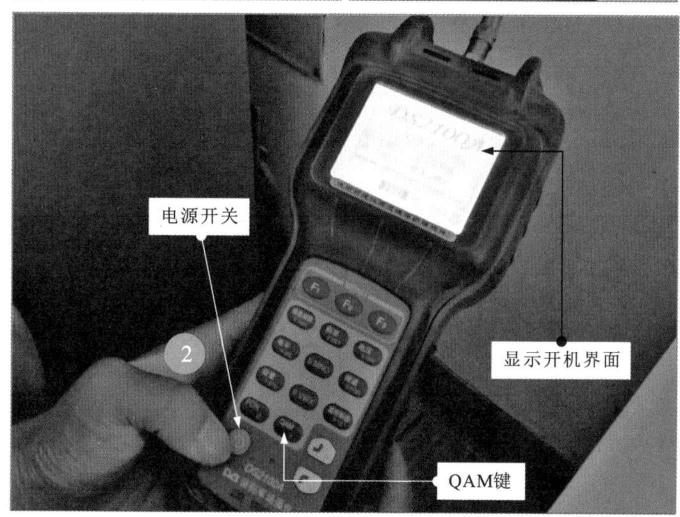

图14-12　有线电视线路用户终端信号的检测

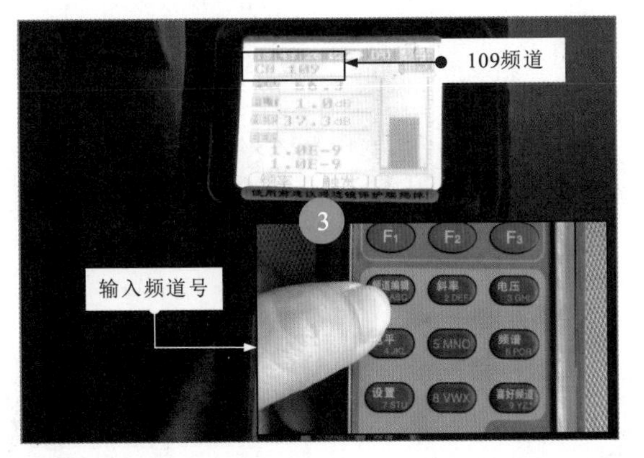

③ 输入要检测的频道号，如109，按F1键确认检测，信号强度为66.3dB。

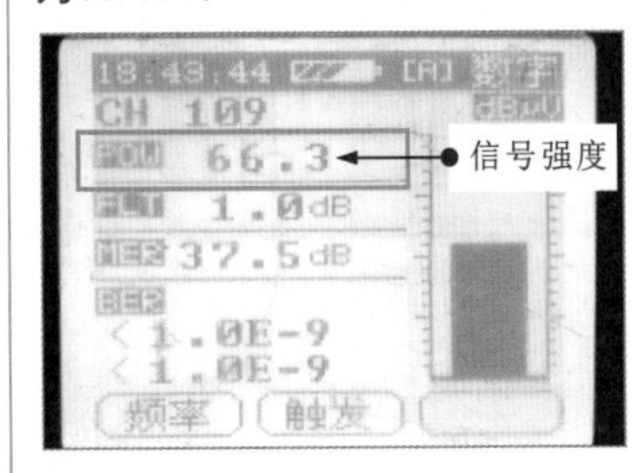

图14-12 有线电视线路用户终端信号的检测（续）

14.2 网络线路的结构、插座的安装与检测

14.2.1 网络线路的结构

图14-13为借助有线电视线路上网的网络结构。

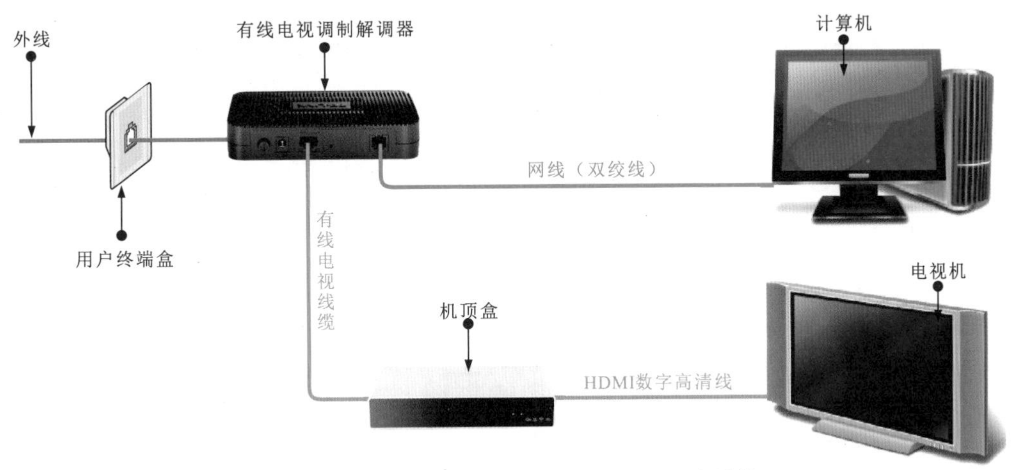

图14-13 借助有线电视线路上网的网络结构

图14-14为借助光纤构建的网络结构。

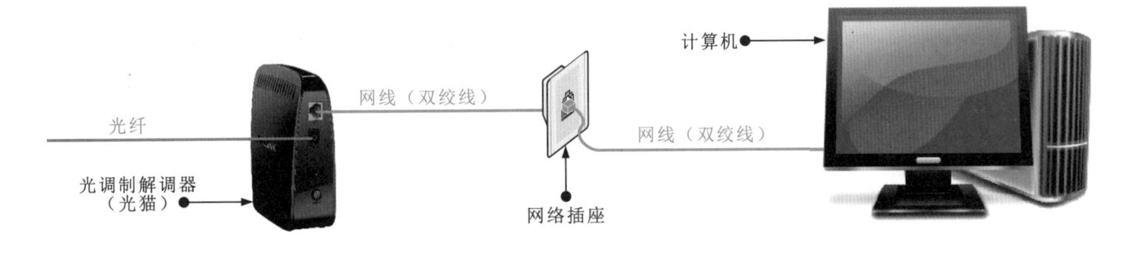

图14-14 借助光纤构建的网络结构

14.2.2 网络插座的安装

图14-15为网络插座的安装示意图。网络插座是连接端口。网络插座背面的信息模块与入户线连接，正面的输出端口通过制作水晶头的网线与计算机连接。

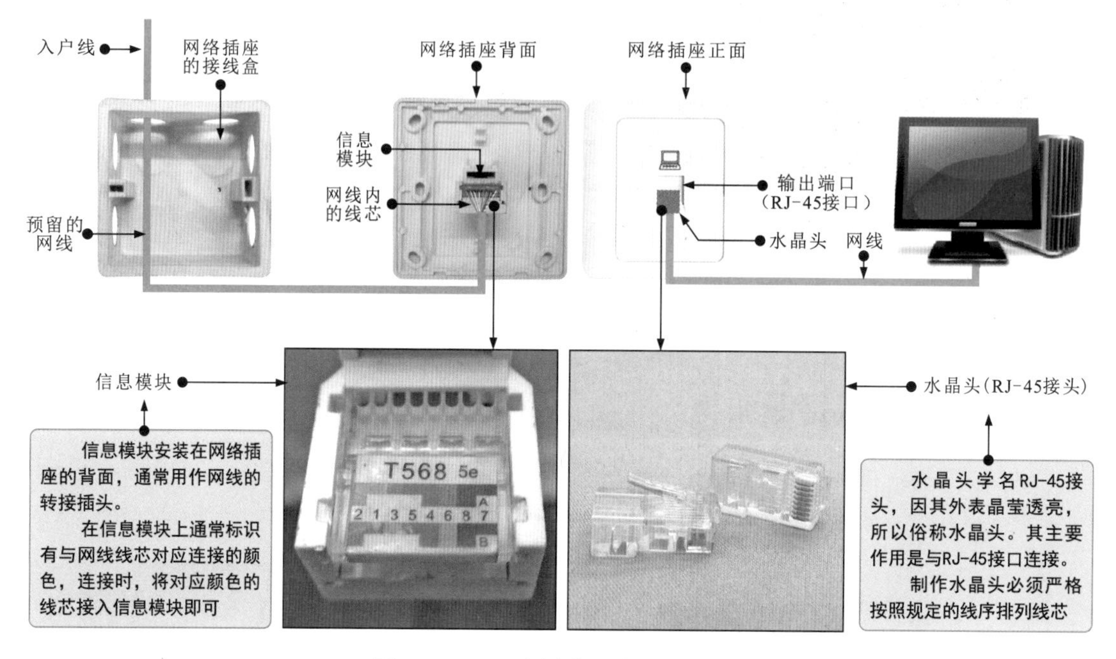

图14-15　网络插座的安装示意图

网络插座的接线线序有两种，如图14-16所示。

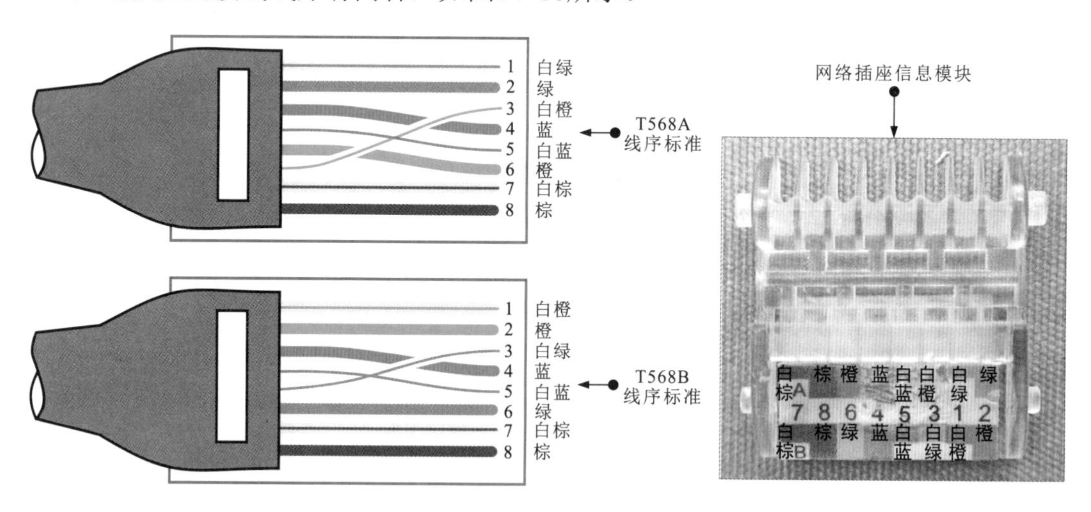

图14-16　网络插座的接线线序

信息模块和水晶头的接线线序均应符合 T568A、T568B 的要求。

值得注意的是，网络插座信息模块压线板的接线线序并不是按 1、2、…、8 递增排列的，而是从右到左依次为 2、1、3、5、4、6、8、7。

1 网线与网络插座信息模块的连接

图14-17为网线与网络插座信息模块的连接方法。

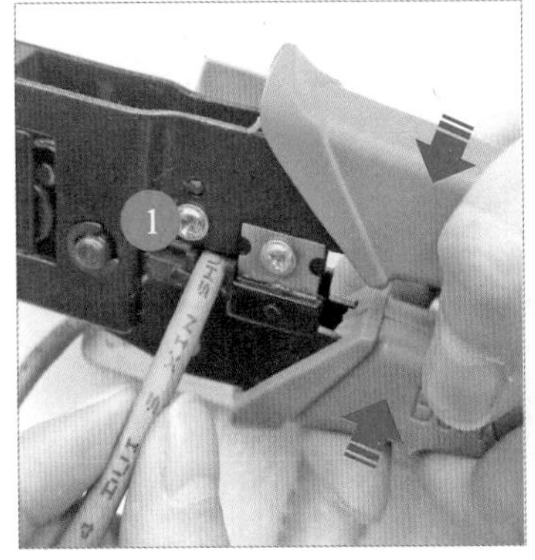

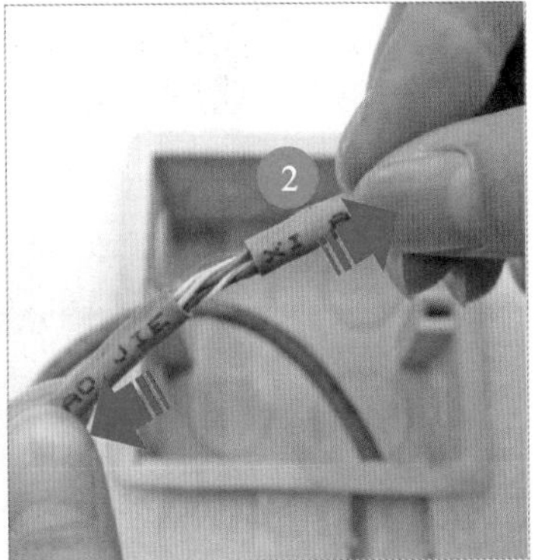

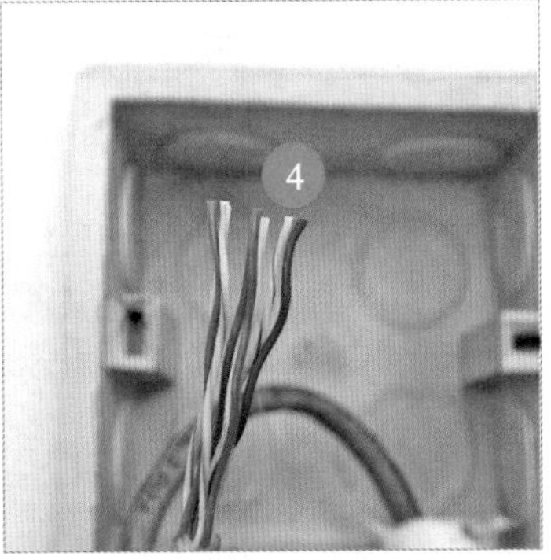

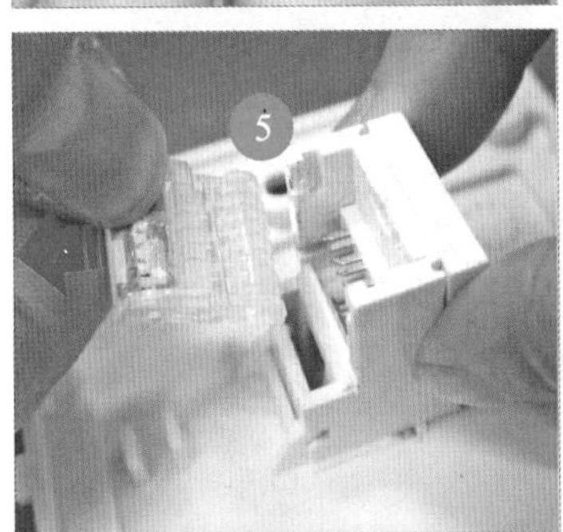

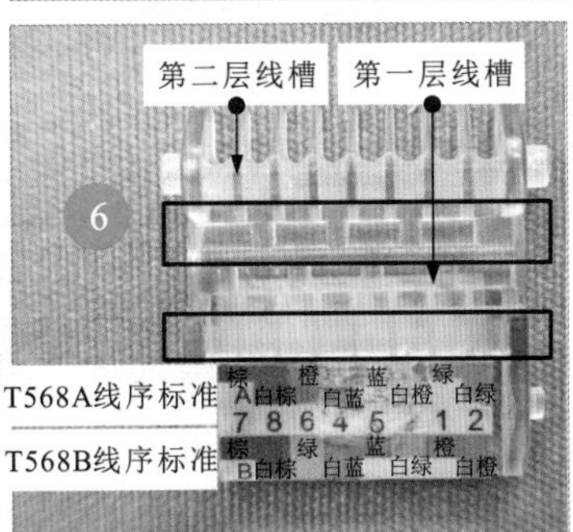

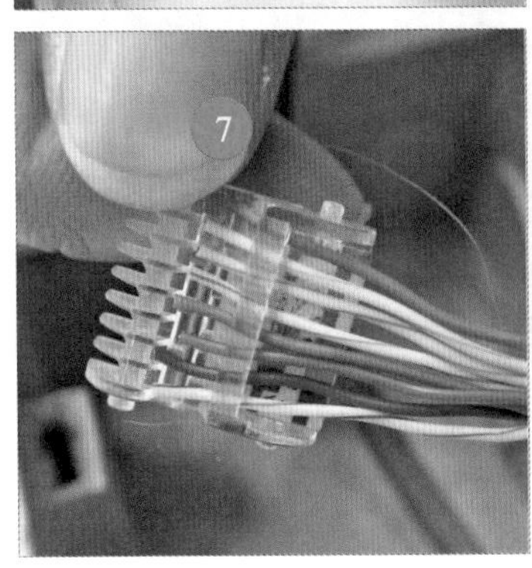

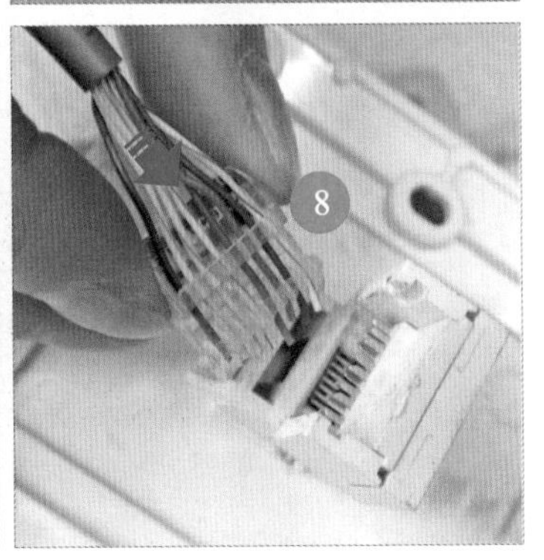

图14-17 网线与网络插座信息模块的连接方法

划重点

① 使用网线钳剪开网线的绝缘层，不要损伤绝缘层内部的线芯。

② 将绝缘层剥去，露出内部线芯。

③ 将线芯剪切整齐。

④ 将剪切整齐的线芯按照线序排列，便于与信息模块连接。

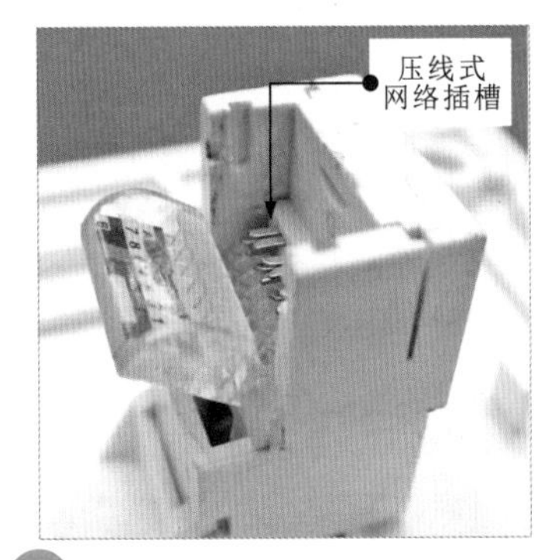

⑤ 网络插座采用压线式网络插槽连接网线。取下压线板，确定压接方式。

⑥ 观察压线板的线槽颜色标识。

⑦ 按照T568A线序标准将网线依次插入压线板。

⑧ 将穿好网线的压线板插回网络插座信息模块上。

9 用力向下按压压线板。检查压装好的压线板，确保接线及压接正常。

10 将网络插座放到接线盒上，用固定螺钉固定网络插座与接线盒，安装好护板。至此，网络插座安装完毕。

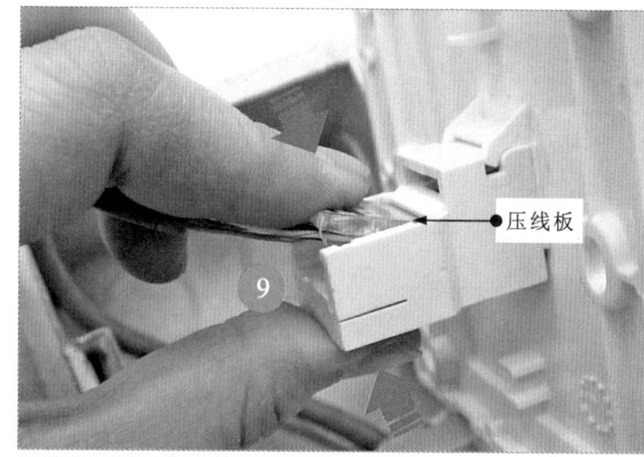

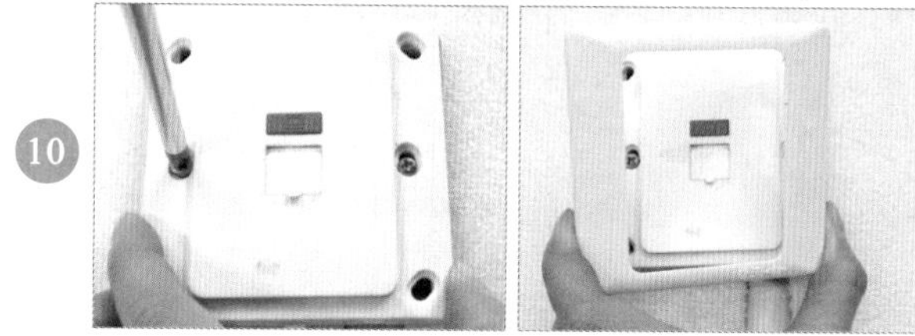

图14-17　网线与网络插座信息模块的连接方法（续）

2　网线与网络插座输出端口的连接

图14-18为网线与网络插座输出端口的连接。

1 将网线从网线钳的剥线缺口中穿过，穿过网线钳的网线长度为2cm。合紧网线钳，剪开网线的外层绝缘层。

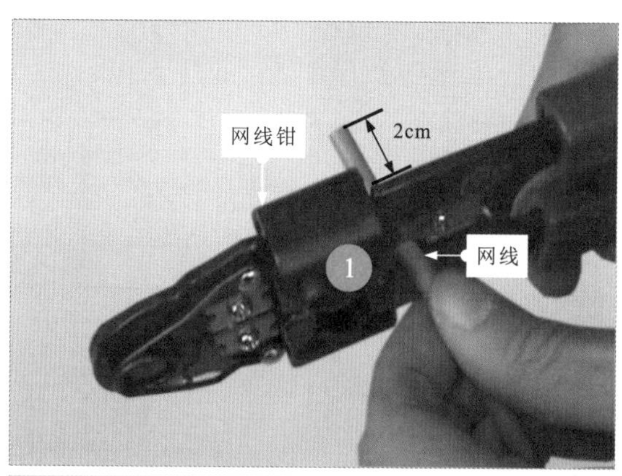

2 将线芯按照T568A线序标准排列，并剪切整齐。

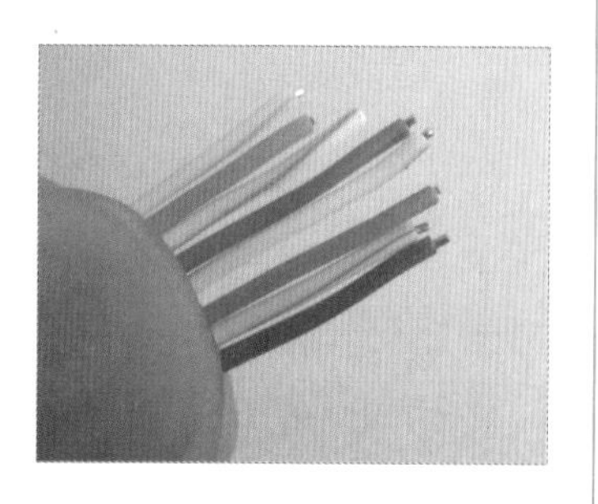

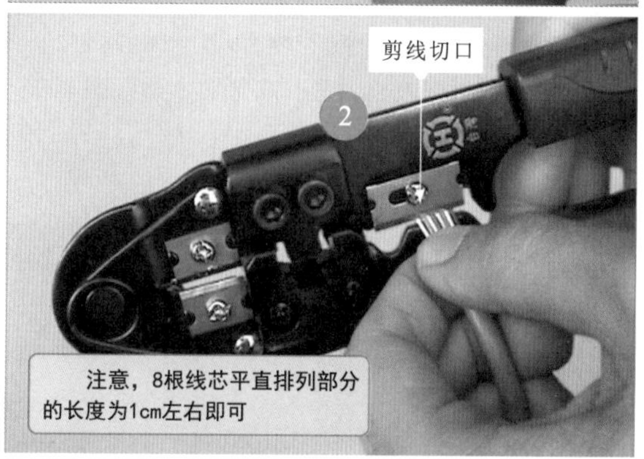

图14-18　网线与网络插座输出端口的连接

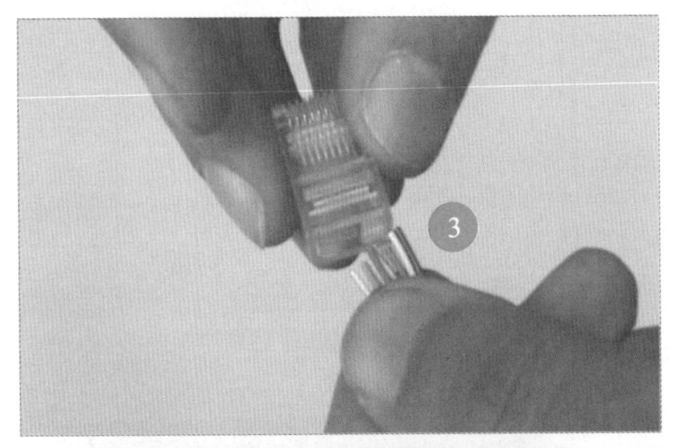

3 将剪切整齐的线芯全部插入水晶头内。插入后，要确保线芯不要错位，并且保证将线芯插到底。

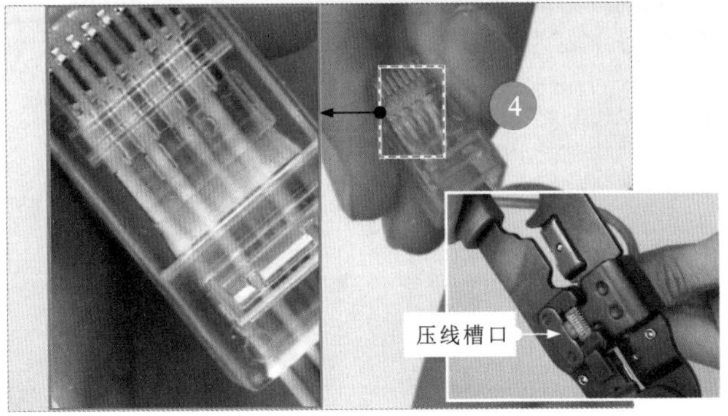

4 透过水晶头检查插入线芯的效果。确认无误后，将插入线芯的水晶头放入网线钳的压线槽口内，用力压下网线钳手柄，使水晶头的压线铜片与线芯接触良好。

图14-18　网线与网络插座输出端口的连接（续）

14.2.3 网络线路的检测

网络线路连接完成后，可使用专用的网线测试仪进行检测，如图14-19所示。

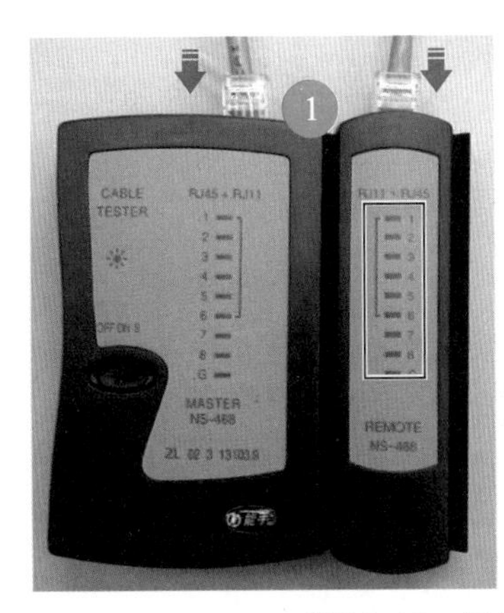

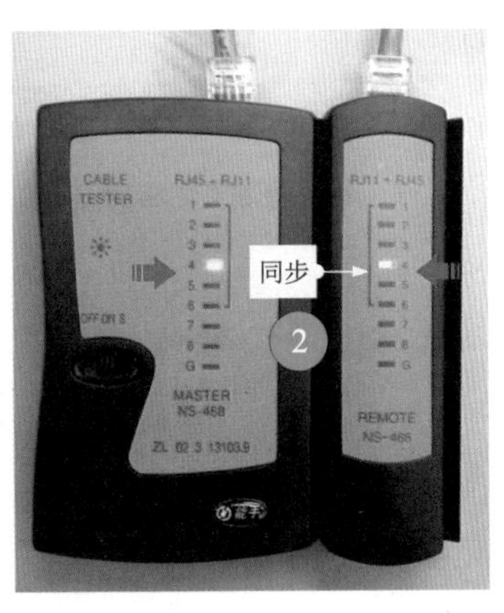

图14-19　网络线路的检测

1 将网线与测试仪连接。

2 当指示灯同步闪亮时，说明网线连接完好。

如果测试仪的某个或几个指示灯不闪亮，则说明线路不通，应用网线钳再次夹压水晶头，若还不通，则应重新制作水晶头。

如果测试仪的指示灯闪亮顺序不对应，如测直通时，主测试仪2号指示灯闪亮，远程测试端的3号指示灯对应闪亮，则说明线序错误，应重新制作水晶头。

第15章

供配电系统的安装与检修

15.1 小区供配电系统的安装与检修

15.1.1 小区变配电室的安装

图15-1为小区供配电系统变配电室的安装固定方式。

变配电室是小区供配电系统不可缺少的部分，是小区供配电系统的核心。变配电室应架设在牢固的基座上，且敷设的高压输电电缆和低压输电电缆必须用金属套管进行保护，在施工过程中一定注意要在断电的情况下进行操作。

固定变配电室时，可根据实际情况，采用不同的固定方式

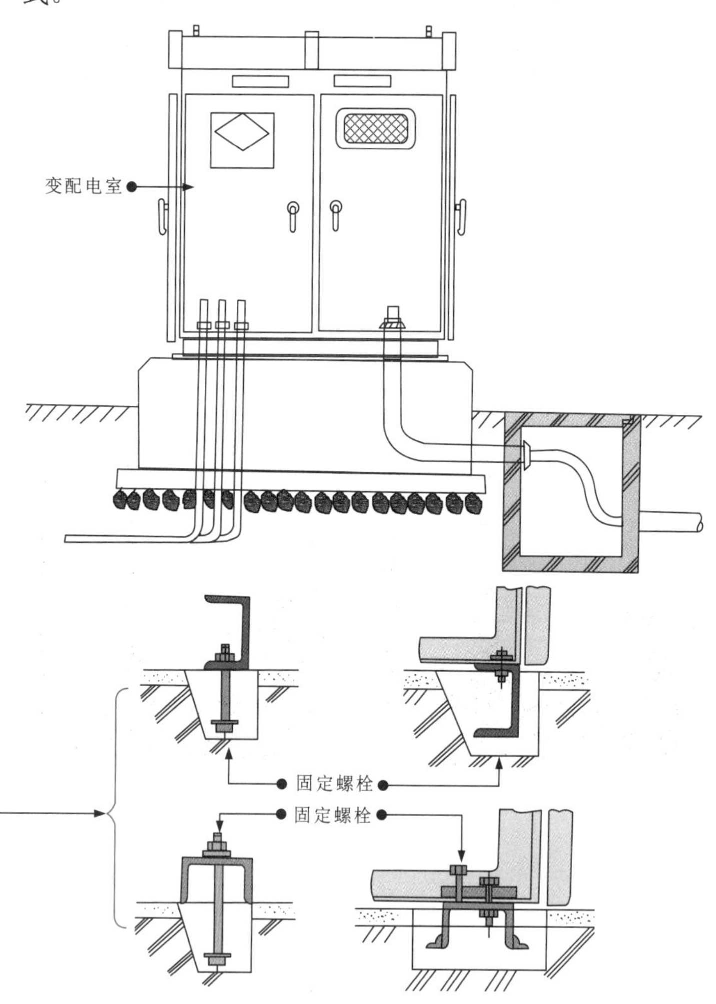

图15-1 小区供配电系统变配电室的安装固定方式

15.1.2 小区低压配电柜的安装

图15-2为小区供配电系统中的低压配电柜。

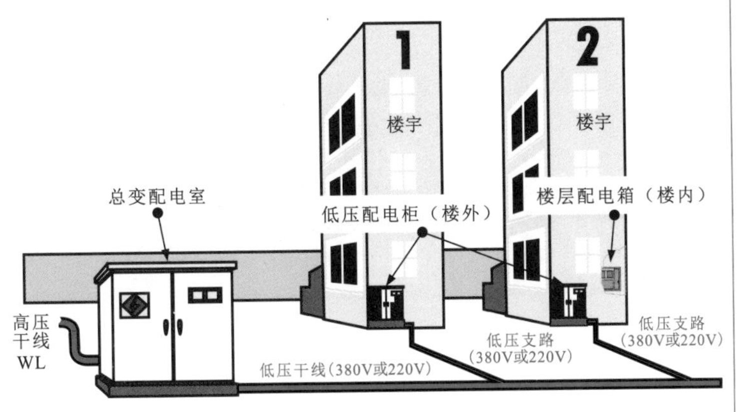

图15-2 小区供配电系统中的低压配电柜

图15-3为低压配电柜的安装规范。

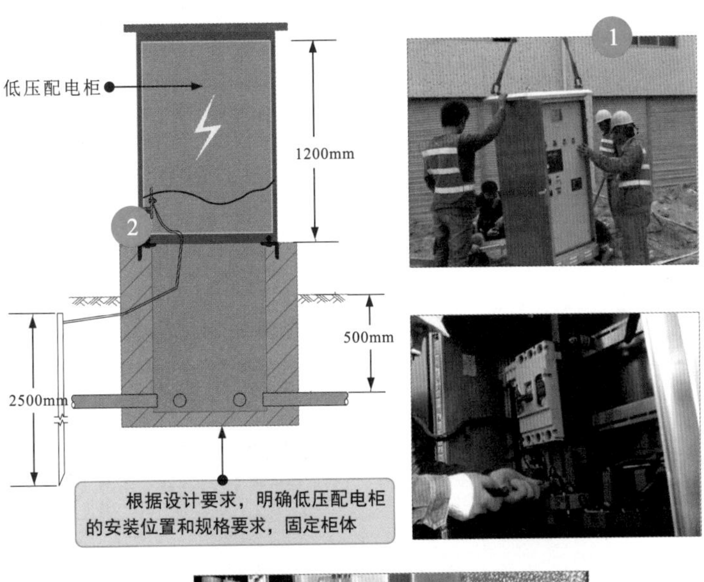

图15-3 低压配电柜的安装规范

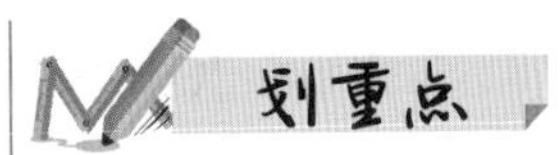

在小区供配电系统中，低压配电柜一般安装在楼体的附近，用于对送入的380V或220V交流电压进行进一步的分配后，分别送入小区各楼宇中的动力配电箱、照明（安防）配电箱及楼层配电箱。

1 安装低压配电柜时，可根据低压配电柜的尺寸进行定位，并使用起重机将低压配电柜吊起，放置在需要固定的位置。

2 校正位置后，应用螺栓将低压配电柜与基础型钢紧固。

3 在低压配电柜单独与基础型钢连接时，可采用铜线将低压配电柜内的接地排与接地螺栓可靠连接，且必须加弹簧垫圈进行防松处理。

15.1.3 小区供配电系统的调试与检修

小区供配电系统的设计、安装和连接完成后，需要对系统进行调试。若系统中的各个部件、控制功能等都正常，则说明系统正常，可投入使用。若发现故障，则需进行检修。

1 厘清结构

图15-4为小区供配电系统的结构。

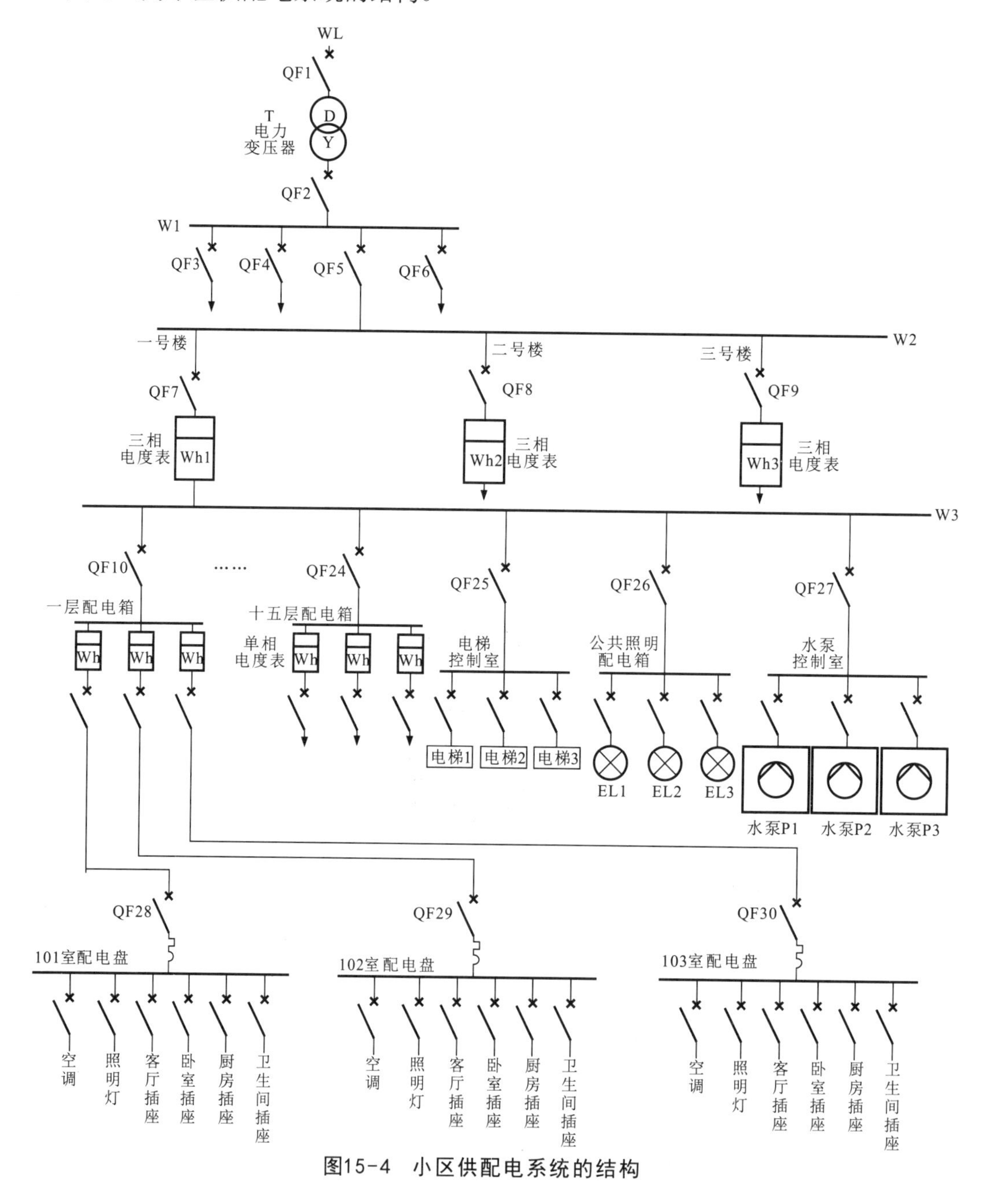

图15-4 小区供配电系统的结构

2 系统调试

根据电路图逐级检查线路的连接情况，根据功能逐一检查总配电室、低压配电柜、楼层配电箱内各部件的连接关系是否正常、控制和执行部件的动作是否灵活等，对出现异常的部件进行调整，使其达到最佳的工作状态，如图15-5所示。

断电调试	通电调试
根据技术图纸核对部件的型号，校验搭接点的力矩，并进行标识	拆除测试用短接线，清理工作现场，对高压电容自动补偿部分进行调试
按照电路图从电源端开始，逐段确认接线有无漏接、错接，搭接点是否符合工艺要求，各相间距是否符合标准，用万用表检测主回路、控制回路的连接有无异常	合上电力变压器高压侧断路器 QF1，给电力变压器送电，观察电力变压器的工作状态
检查母线及引线连接是否良好；检查电缆头、接线桩头是否牢固可靠；检查接地线接线桩头是否紧固；检查所有二次回路的接线连接是否可靠，绝缘是否符合要求	合上低压侧配电柜的断路器QF2、QF5，给母线送电，检查送电是否正常
操作开关操作机构是否到位；检验高压电容放电装置、控制电路的接线螺钉及接地装置是否到位	合上低压配电柜各分支断路器QF7、QF10，观察电流表、电压表是否正常
手动调试断路器机械连锁分合闸是否准确	

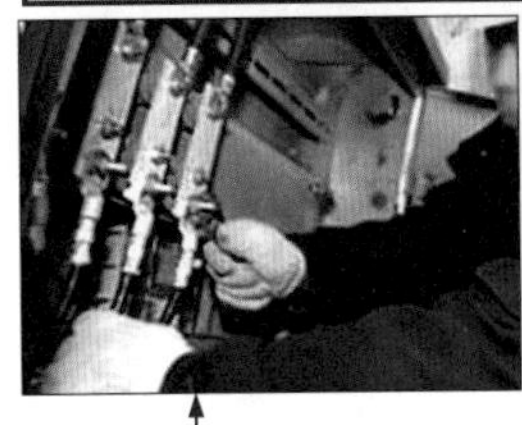
紧固接线桩头

调整电度表接线

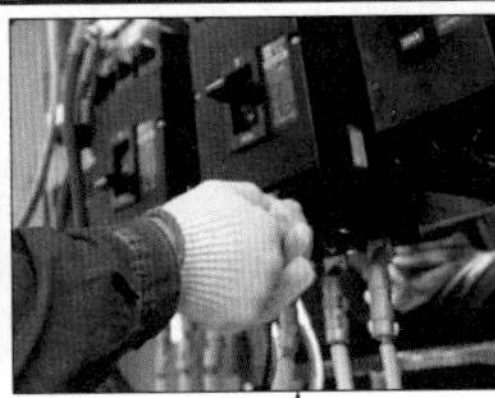
调整断路器接线

观察指示灯和仪表的状态

图15-5 系统调试

3 线路检修

若总配电室无电压送出，则怀疑相关的电气部件异常。断开高压侧总断路器，打开配电室进行检查，如图15-6所示。若有故障，则应进行相应的检修。

检查高压输入断路器：
a. 检查支架是否有锈蚀、损坏或异物；
b. 检查触点或接触刀口是否氧化、烧蚀或损伤等；
c. 检查连接端子是否不良；
d. 检查是否有损伤、变色或变质等

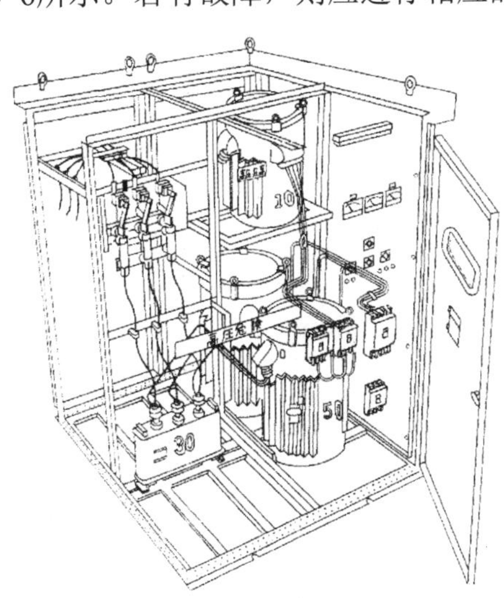

检查高压变压器：
a. 检查外壳是否损伤或过热；
b. 检查是否存在异常振动或异常噪声；
c. 检查是否漏电；
d. 检查连接处是否有损伤、锈蚀、污物等

图15-6 线路检修

15.2 工地临时用电系统的安装与检查

15.2.1 工地临时用电系统的规划

工地临时用电系统是为了实现工地照明、动力设备用电而临时搭建的供配电系统。通常，工地临时用电系统包括电源、配电箱和用电设备三部分，如图15-7所示。

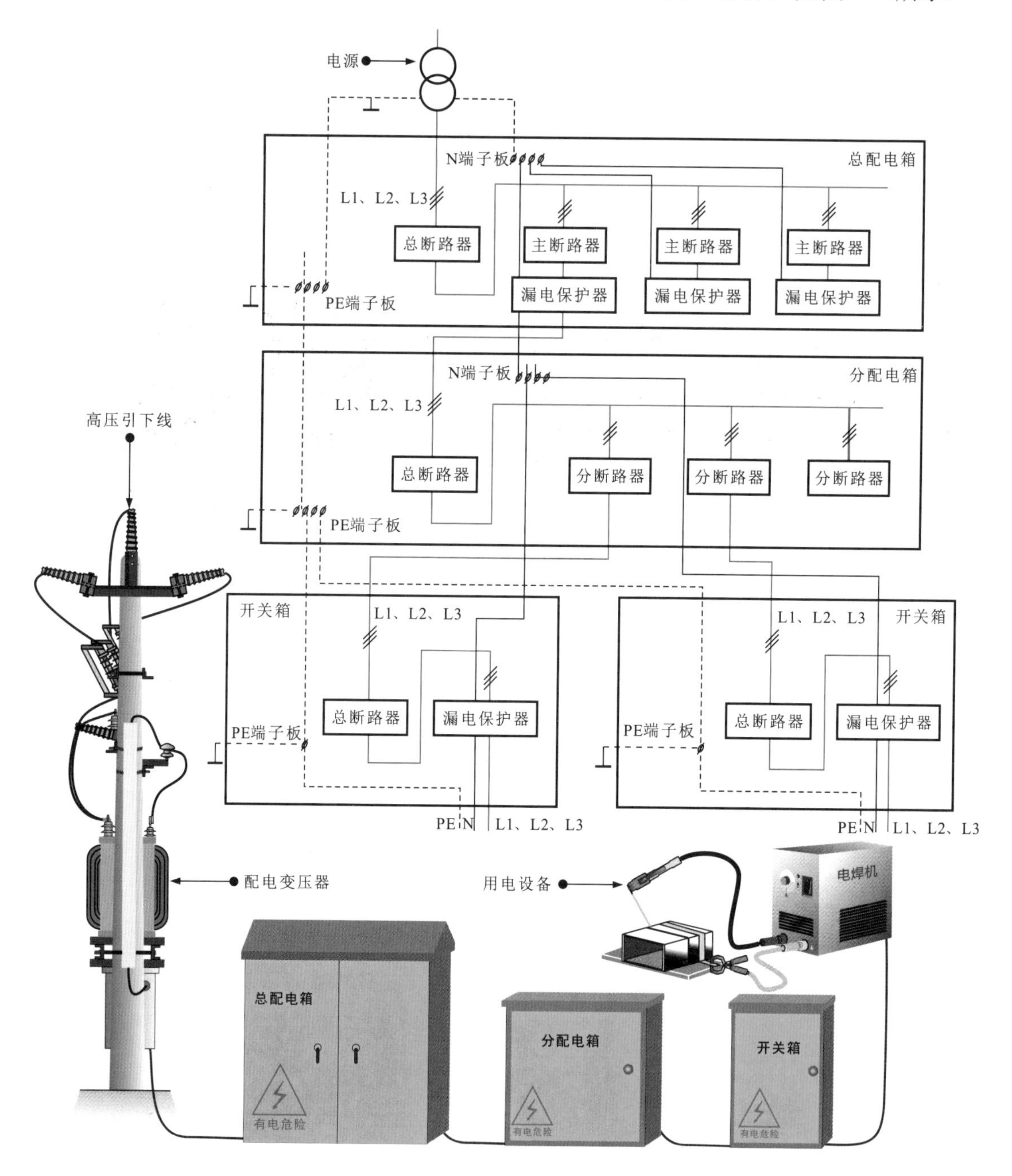

图15-7　工地临时用电系统

1 配电及保护形式

图15-8为工地临时用电系统的配电及保护形式。

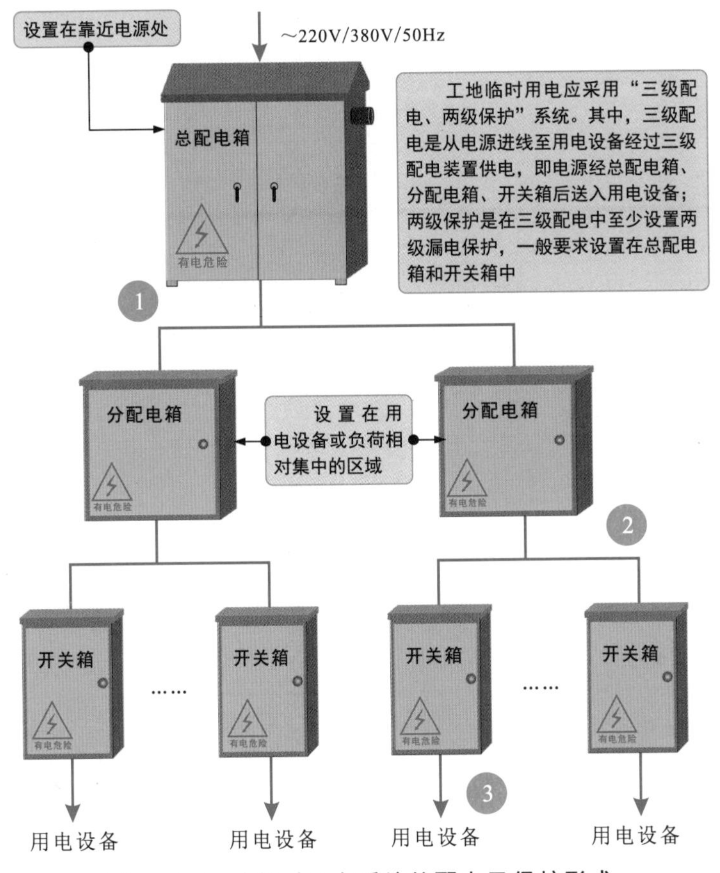

图15-8 工地临时用电系统的配电及保护形式

· 动力配电箱与照明配电箱应分别设置。若动力与照明合置于同一配电箱内共箱配电，则动力与照明应分路配电。

· 动力开关箱与照明开关箱必须分箱设置，不存在共箱分路设置的问题。

· 分配电箱与开关箱之间、开关箱与用电设备之间的间距应尽量缩短。

· 开关箱（末级）应有漏电保护且保护装置正常，漏电保护装置的参数应匹配。

· 配电箱的安装位置应恰当，周围无杂物，方便操作。

· 若配电箱内设计多路配电，则应有标识。

· 配电箱下引出线应整齐，且配电箱应有门、锁和防雨等安全防护措施。

· 配电箱所处环境应干燥、通风、常温，周围无易燃、易爆物及腐蚀介质，不可堆放杂物和器材。

1 一级总配电箱向二级分配电箱配电时可以分路，即一个总配电箱可以向若干分配电箱配电。

2 二级分配电箱向三级开关箱配电时可以分路，即一个分配电箱可以向若干开关箱配电。

3 三级开关箱向用电设备配电时必须遵守 “一机、一闸、一漏、一箱”的要求，不存在分路问题，即每一个开关箱只能连接一台与其相关的用电设备（含插座）。

工地临时用电系统的设计核心是满足负荷需求，并且安全、可靠。其中，用电安全是保证工程正常施工的基础。工地临时用电系统应遵循《施工现场临时用电安全技术规范》。

2 接地方式

图15-9为工地临时用电的接地方式。工地临时用电为220V/380V三相五线制低压供电系统，采用专用电源中性点直接接地，接地方式必须为TN-S接零保护系统，即工作零线与保护零线分开设置的接零保护系统。

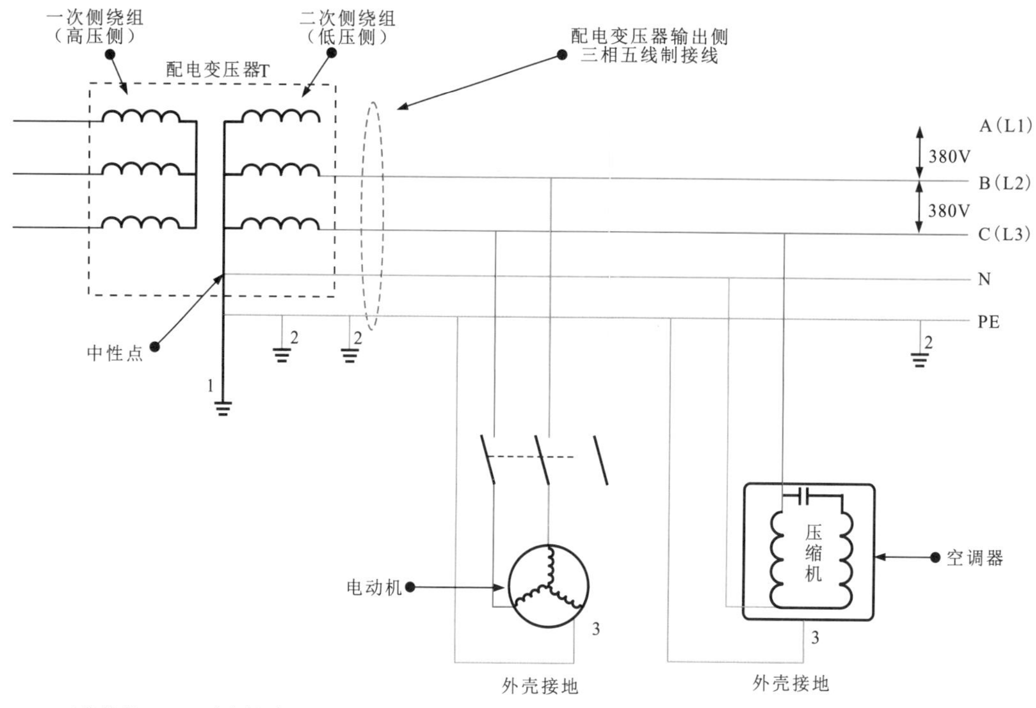

1：工作接地；2：PE重复接地；3：电气设备金属外壳（正常不带电的外露可导电部分）；L1、L2、L3：相线；N：工作零线；PE：保护零线。

图15-9　工地临时用电的接地方式

3 安全防护

工地临时用电的安全防护如图15-10所示。

图15-10　工地临时用电的安全防护

15.2.2 工地临时用电系统的安装

1 配电变压器的安装

图15-11为配电变压器的安装。

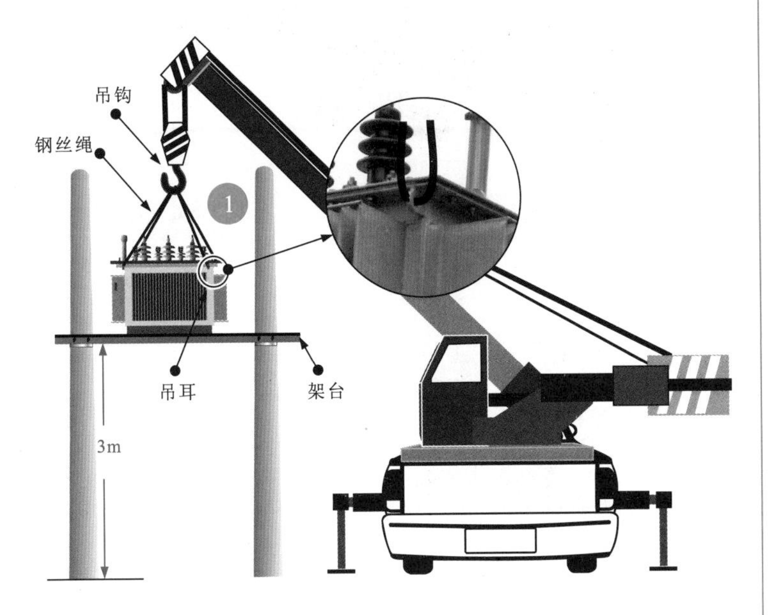

图15-11 配电变压器的安装

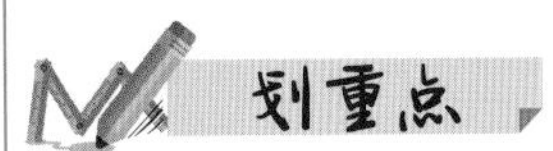

1 吊装配电变压器时，索具必须合格，钢丝绳必须同时挂在配电变压器外壁（油箱壁）的4个吊耳上。4个吊耳可承受装满油的配电变压器的总重量。

2 将配电变压器按照预定位置放到架台上以后，将其底部与架台的槽钢用4对角铁（镀锌铁件）和螺栓固定。

跌落式高压熔断器主要由绝缘支架、熔体等构成，安装在配电变压器的高压侧或分支线路上，具有短路保护、过载保护及隔离等功能。

值得注意的是，跌落式高压熔断器的熔体应按配电变压器的内部或高、低压出线端发生短路时能迅速熔断的原则进行选择。

熔体的熔断时间必须小于或等于0.1s。通常，配电变压器的容量在100kVA及其以下时，跌落式高压熔断器熔体的额定电流应为配电变压器高压侧额定电流的2～3倍；配电变压器的容量在100kVA以上时，跌落式高压熔断器熔体的额定电流应为配电变压器高压侧额定电流的1.5～2.0倍。

2 跌落式高压熔断器的安装

图15-12为跌落式高压熔断器的安装。

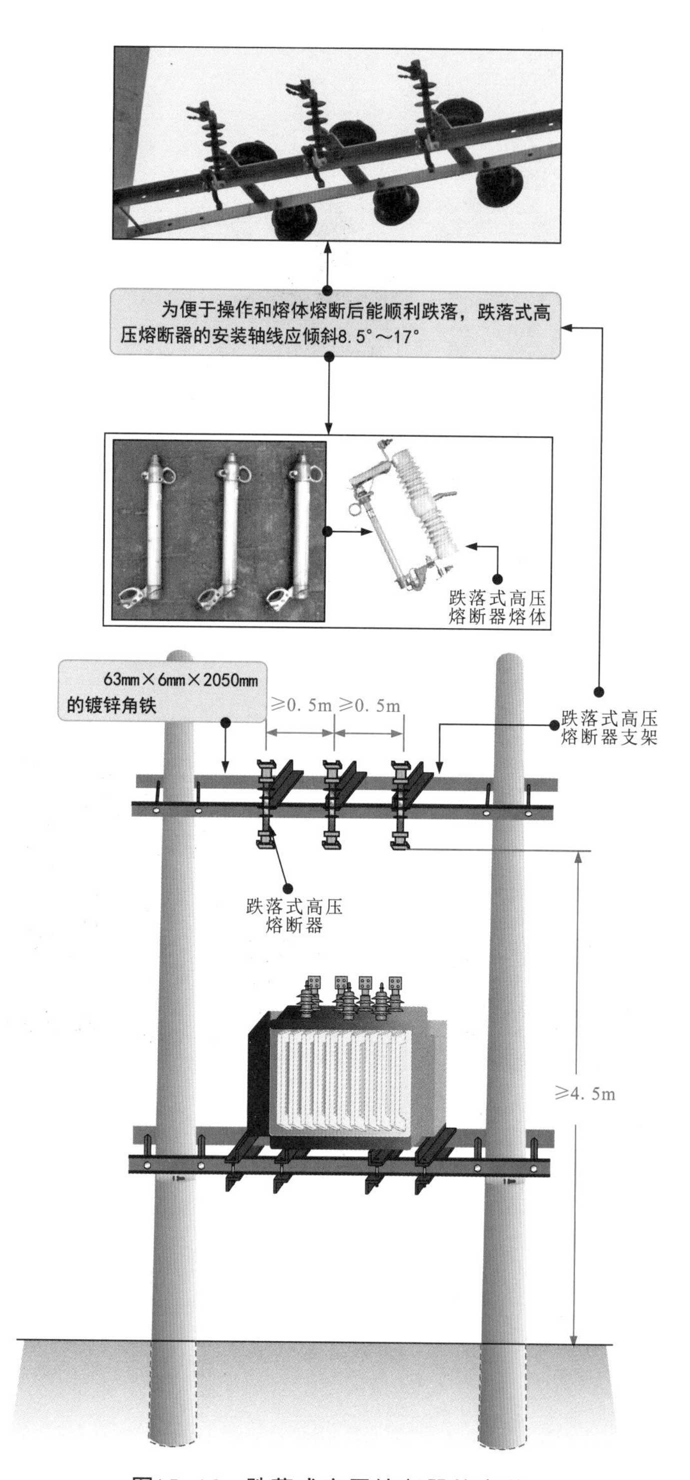

图15-12 跌落式高压熔断器的安装

3 避雷器的安装

图15-13为避雷器的安装。

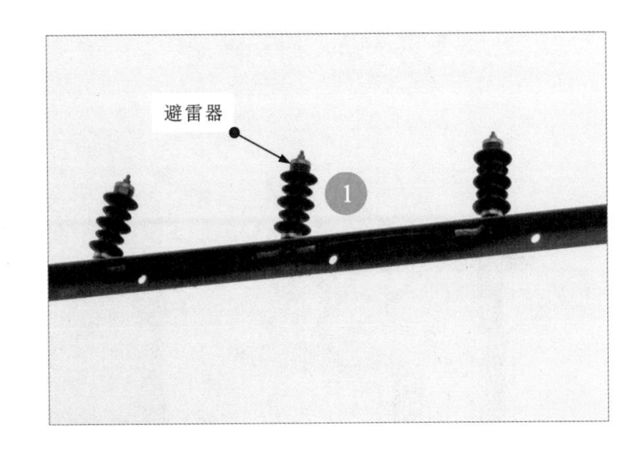

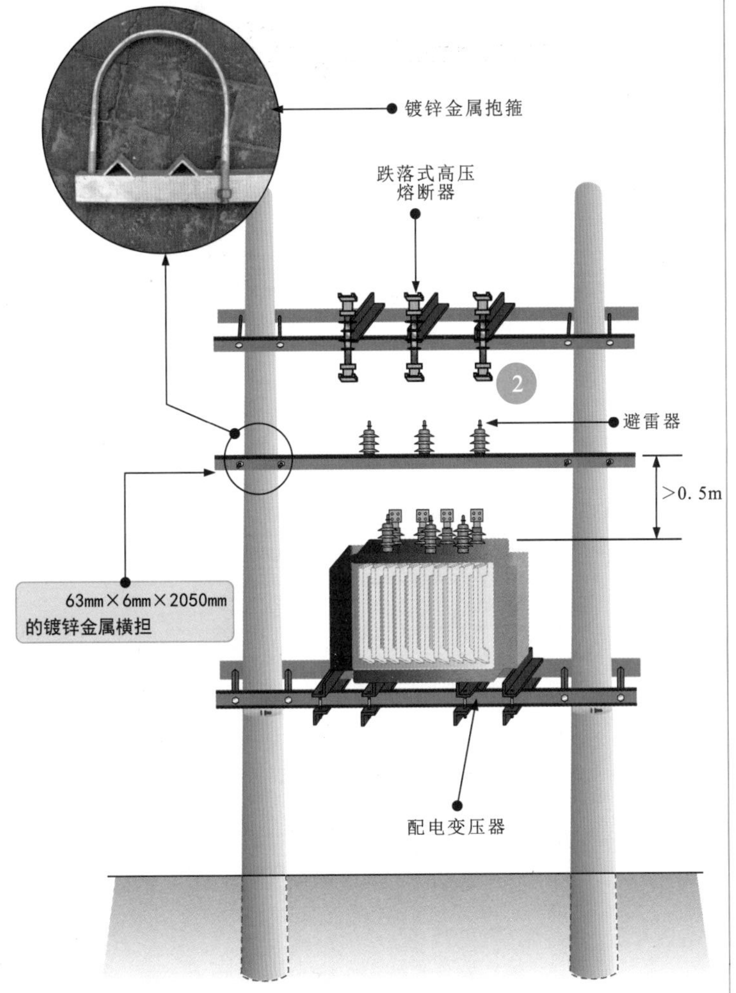

图15-13 避雷器的安装

划重点

1 避雷器有时也称过电压保护器，主要用来保护电气设备免受高瞬态过电压的危害，即免受雷电过电压、操作过电压的冲击。

2 在配电变压器的低压侧配电箱中也需装设低压避雷器，可防止低压反变换波和低压侧雷电波的侵入，起到保护配电变压器和总计量装置的作用。

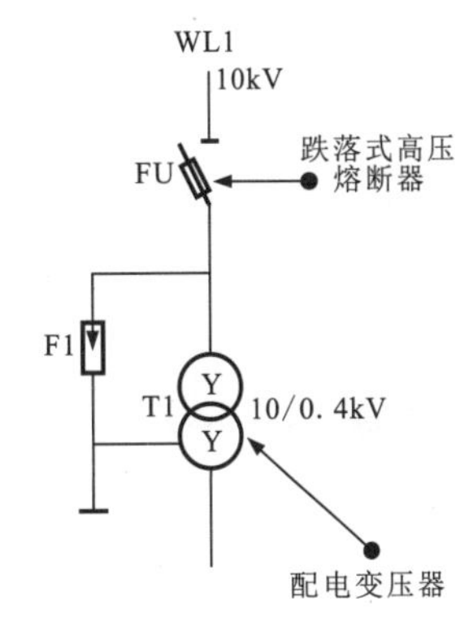

4 接地装置的安装

接地装置主要由接地体和接地线组成。通常，直接与土壤接触的金属导体被称为接地体；电气设备与接地体之间连接的金属导体被称为接地线。接地装置的安装包括接地体的安装和接地线的安装两部分。

1 配电变压器接地线的连接点一般埋入地下0.6～0.7m处，在接地干线引出地面2～2.5m处断开，用螺栓压紧，可用来检测接地电阻。

为了检测方便和用电安全，引上线连接点应设在配电变压器底下的槽钢位置。

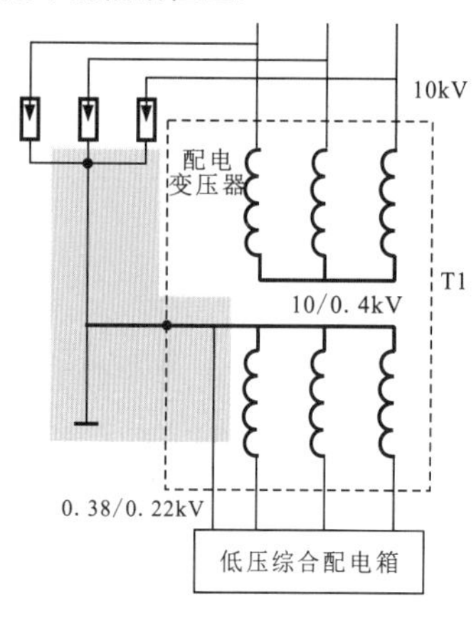

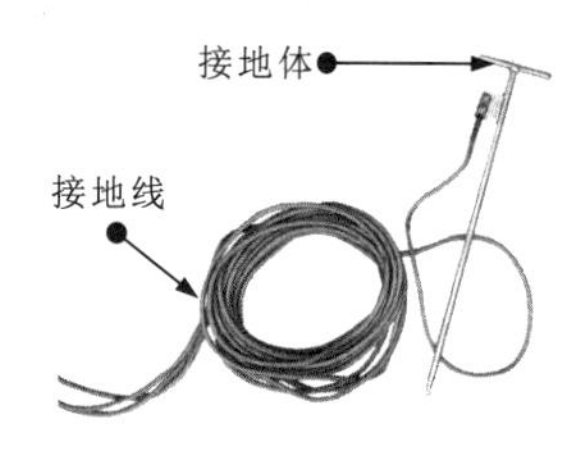

2 在安装接地体时，应尽量选择自然接地体进行连接，可以节约材料和费用。

图15-14为接地装置的安装。

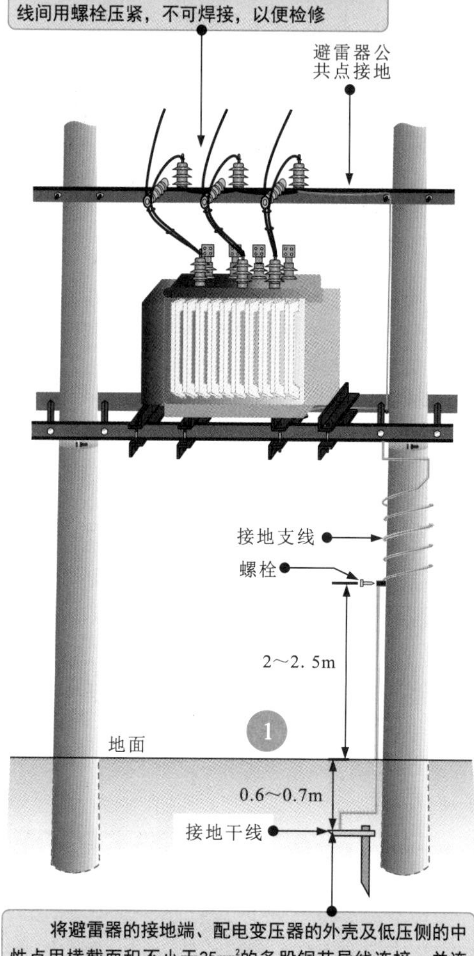

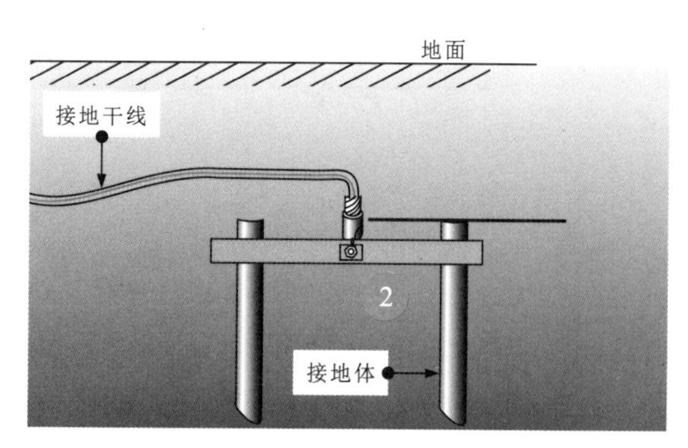

图15-14 接地装置的安装

5 总配电箱的安装

图15-15为总配电箱的安装。

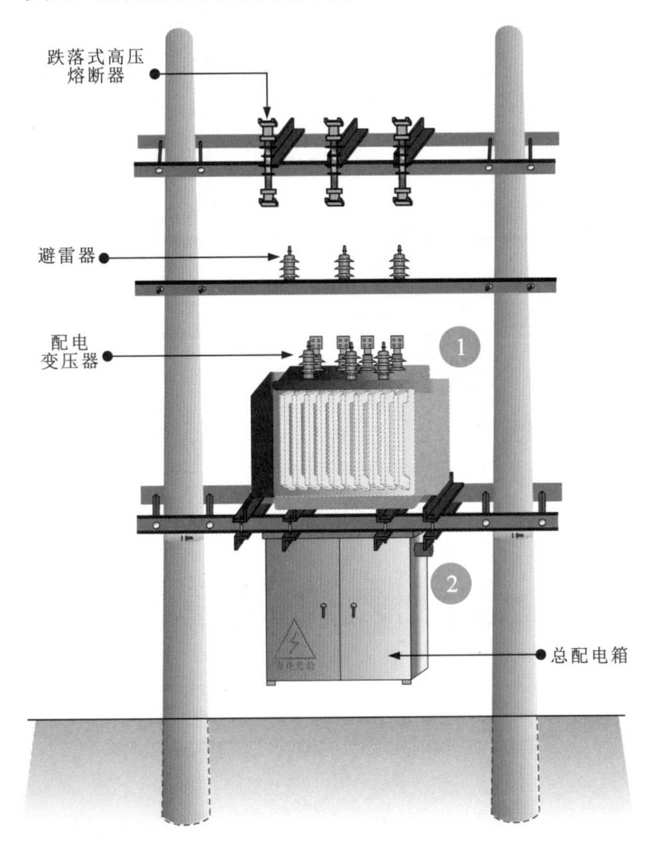

1 安装时，应先确定需要安装的位置，通常安装在配电变压器的架台下面。

2 使用角铁和螺栓将总配电箱的顶部与配电变压器的架台固定，并确认总配电箱的引线进线口位于配电变压器的低压侧。

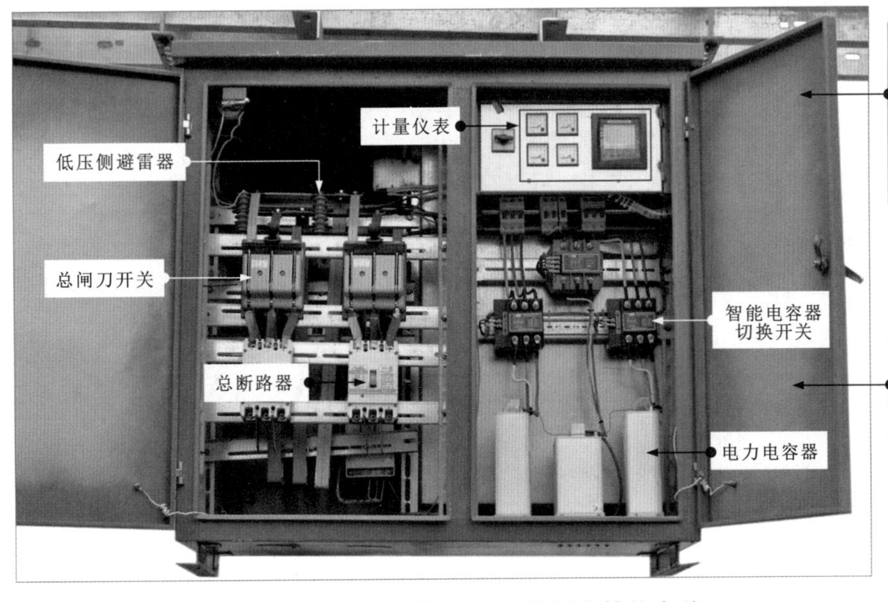

总配电箱安装完成后，需要对其内部的主要部件进行检测，确定内部各部件之间的连接正常，从而完成配电箱的安装

总配电箱主要包括总闸刀开关、总断路器、计量仪表、电力电容器等

图15-15 总配电箱的安装

划重点

1 高压引下线是由架空线引下的，用来连接配电变压器。架空线由高压绝缘子支撑，由其引下的三相高压引下线分别连接跌落式高压熔断器的上端。由于架空线一般为钢芯铝绞线，高压引下线多为铜芯导线，因此在连接时宜采用铜铝线夹连接。

2 跌落式高压熔断器的出线与配电变压器的高压侧接线柱和避雷器连接时，高压引下线经高压绝缘子与配电变压器的高压侧接线柱连接，避雷器的一端与配电变压器高压侧接线柱连接。

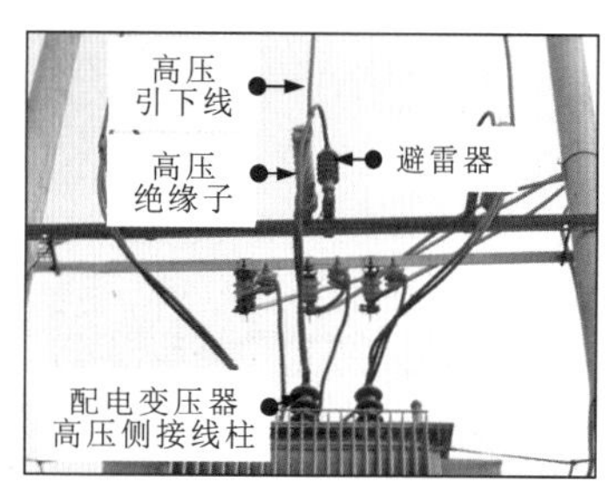

值得注意的是，在连接好引线后，需要在配电变压器高压接线柱的接线部分加装绝缘护套，用来防止树枝等异物搭接或小动物爬行时造成相间短路。

配电变压器高压侧绝缘护套有红、黄、绿三种颜色，分别对应三相引线。绝缘护套一般采用合成硅橡胶高温硫化制成，具有永不变形、耐紫外线、高疏水性、耐老化、耐高低温、良好的绝缘性能等特点

6 配电装置的连接

配电变压器及相关的配电装置安装好后，需要使用相应规格的导线将这些装置连接起来。图15-16为配电变压器与相关配电装置的连接。

连接高压引下线时应注意，高压引下线间的距离应不小于30mm，与抱箍、掌铁、电杆、配电变压器外壳等之间的距离不应小于200mm。

高压引下线为多股绝缘导线，其横截面积应按配电变压器的额定容量选择，铜芯横截面积不应小于16mm²，铝芯横截面积不应小于25mm²，禁止使用单股绝缘导线及不合格的导线

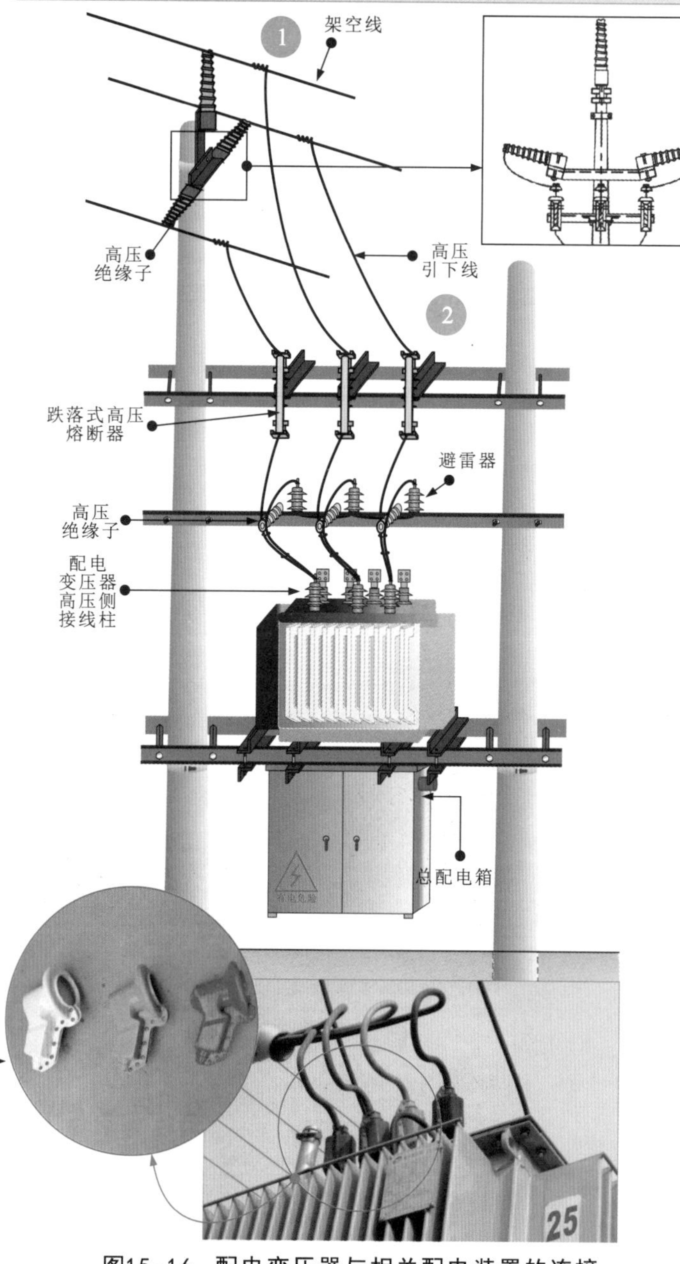

图15-16　配电变压器与相关配电装置的连接

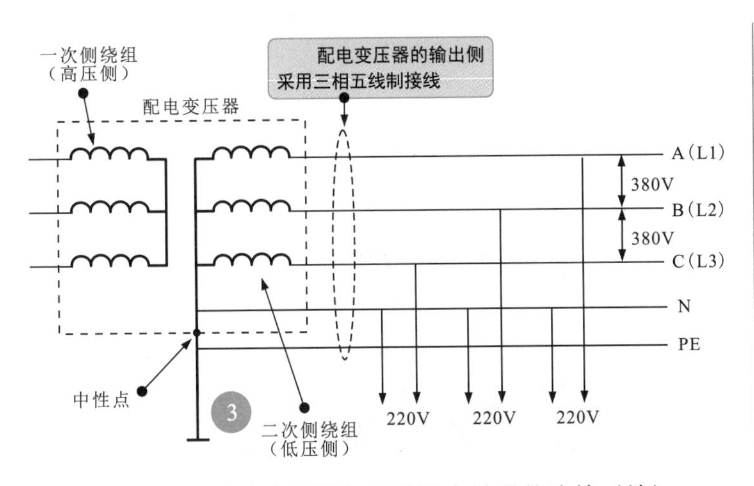

图15-16 配电变压器与相关配电装置的连接（续）

划重点

③ 在工地临时用电系统中，配电变压器低压侧的输出多采用三相五线制接线，即三条相线、一条零线、一条地线。三条相线由配电变压器的二次侧绕组引出，零线和地线由配电变压器二次侧绕组的中性点引出。

7 分配电箱和开关箱的安装

图15-17为分配电箱和开关箱的安装。

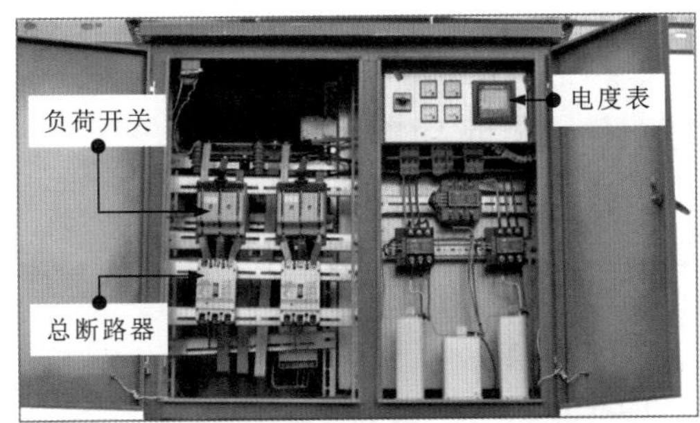

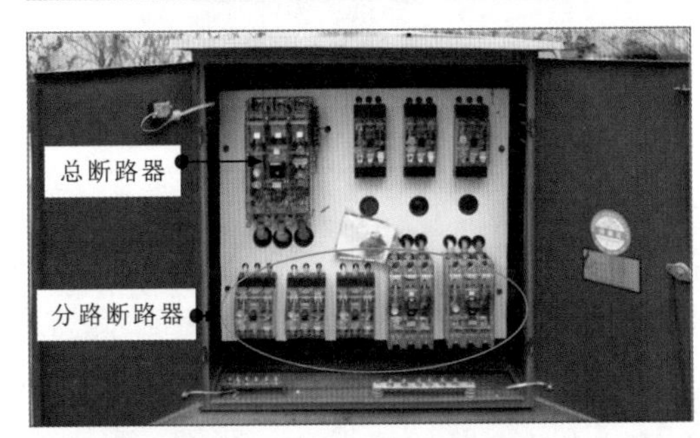

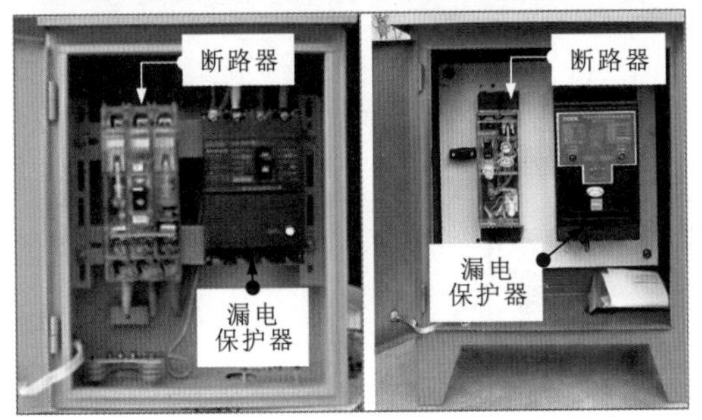

3 开关箱

图15-17 分配电箱和开关箱的安装

① 总配电箱安装在配电变压器的低压侧。

② 分配电箱连接在总配电箱的后级，一般安装在用电设备或负荷相对集中的区域，可以安装多个分配电箱。

一般分配电箱内设总断路器和分路断路器等部件。

③ 开关箱是末级配电装置的通称，可兼作用电设备的控制装置。

一般开关箱内设断路器、漏电保护器等部件。

15.2.3 工地临时用电系统的检查

工地临时用电系统安装完成后，需要检查系统连接的正确性、运行的安全性，若发现异常情况，则需要及时处理，确保系统能够正常使用。

图15-18为工地临时用电系统的检查。

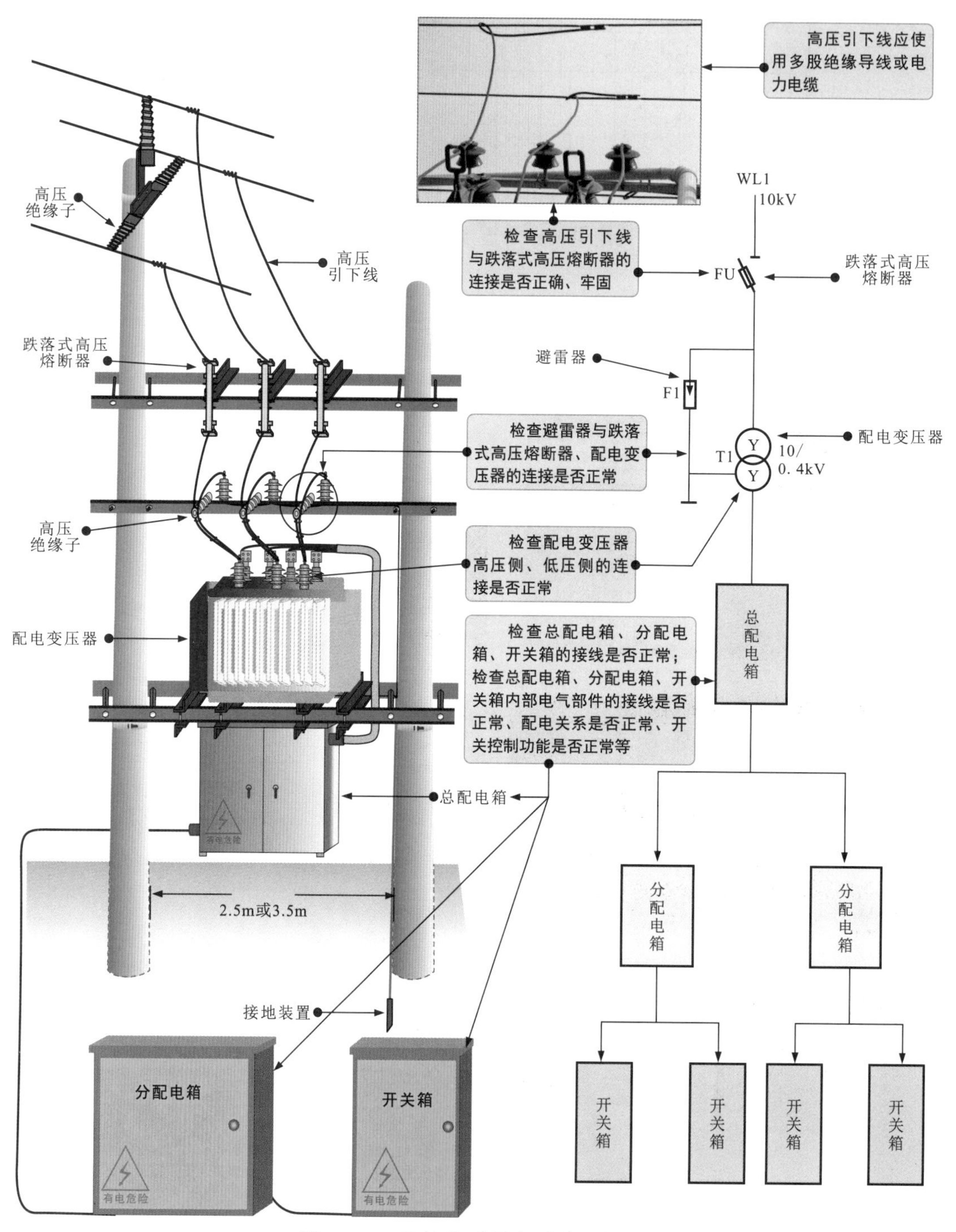

图15-18 工地临时用电系统的检查

15.3 家庭供配电系统的安装与检修

15.3.1 配电箱的安装

图15-19为配电箱的结构组成。配电箱是家庭供配电系统的总控制设备。在配电箱中安装有电度表、断路器（空气开关）等基本配件。

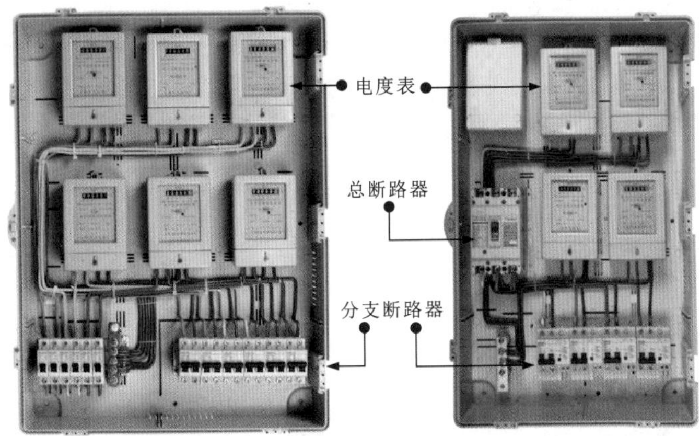

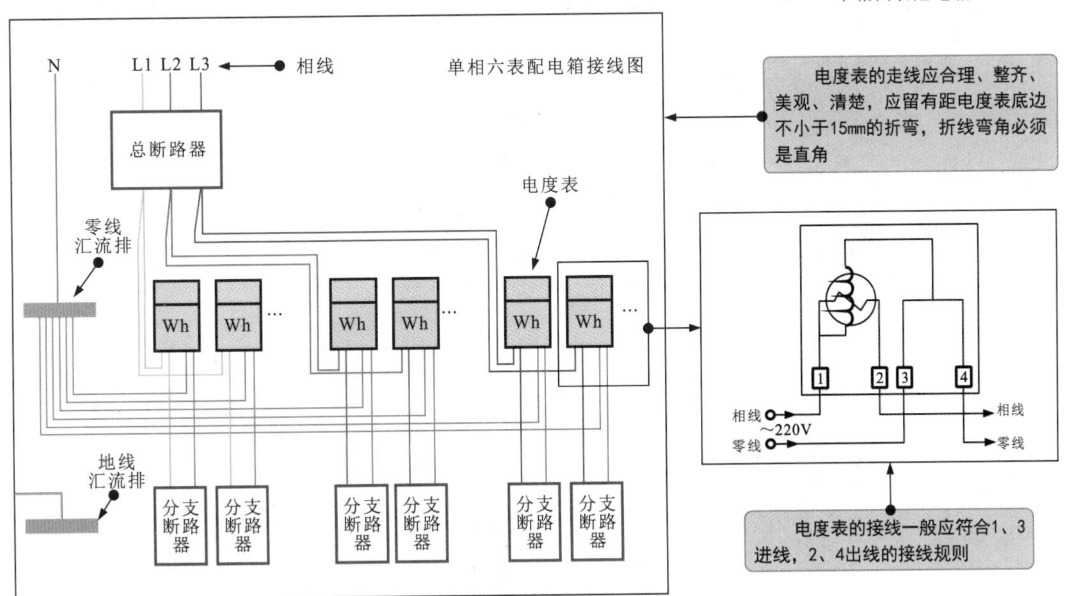

图15-19 配电箱的结构组成

根据预留位置和敷设电缆的不同，配电箱主要有两种安装方式，即暗装和明装。明装是将配电箱直接安装在墙壁上，施工及电路检修比较方便。暗装是将配电箱安装在预留的孔洞中，美观、节省空间，但安装步骤较复杂。

图15-20为配电箱的安装方法。在安装配电箱时，一般可先将总断路器、分支断路器安装到配电箱的指定位置，再根据接线原则布线，预留出电度表的接线端子，装入电度表，与预留接线端子连接。

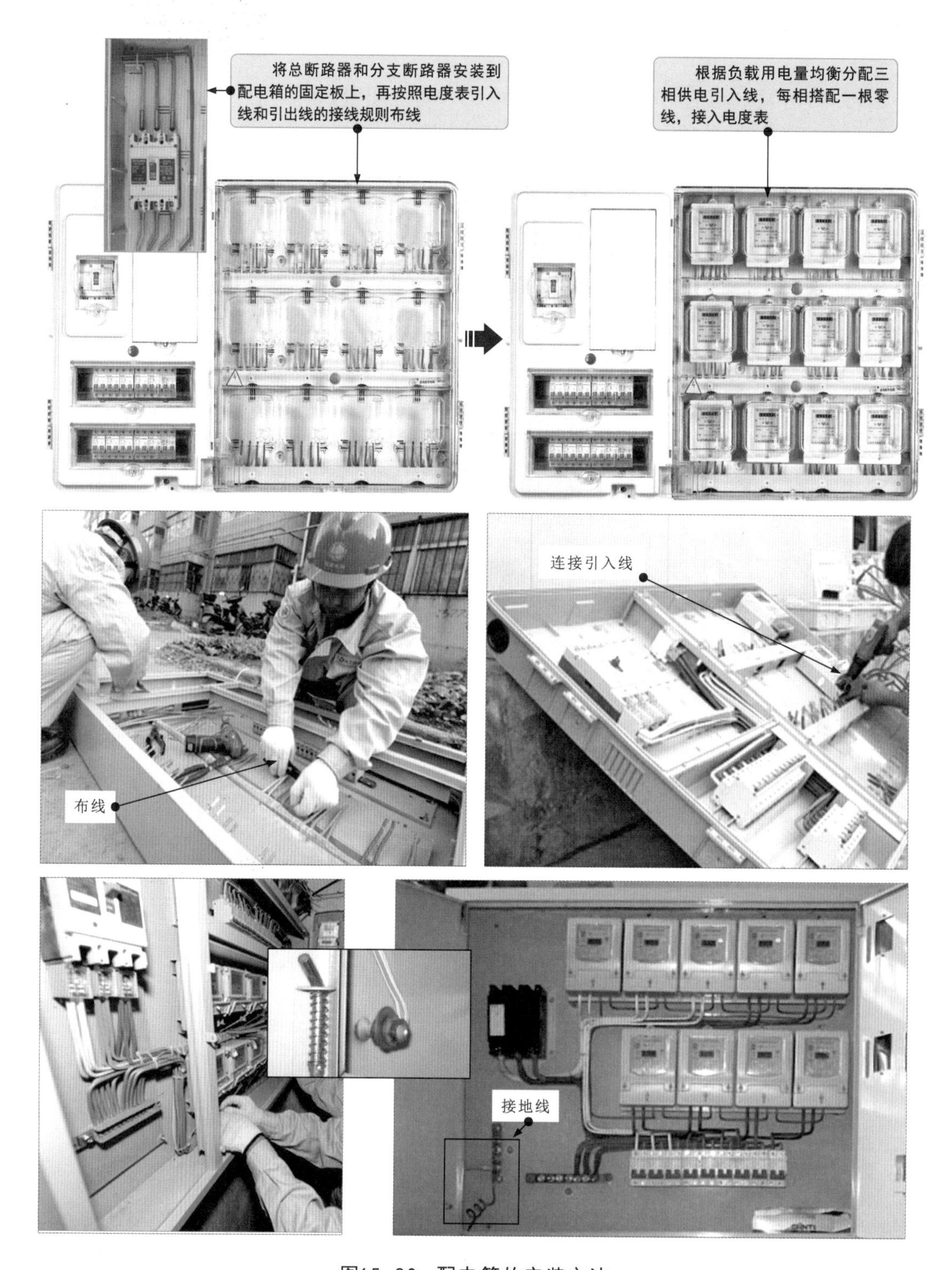

图15-20 配电箱的安装方法

15.3.2 配电盘的安装

1 配电盘外壳的安装

配电盘用于分配家庭用电支路，在安装配电盘之前，首先确定配电盘的安装位置、高度等，然后根据安装标准，将配电盘外壳安装在指定位置。

图15-21为配电盘外壳的安装。

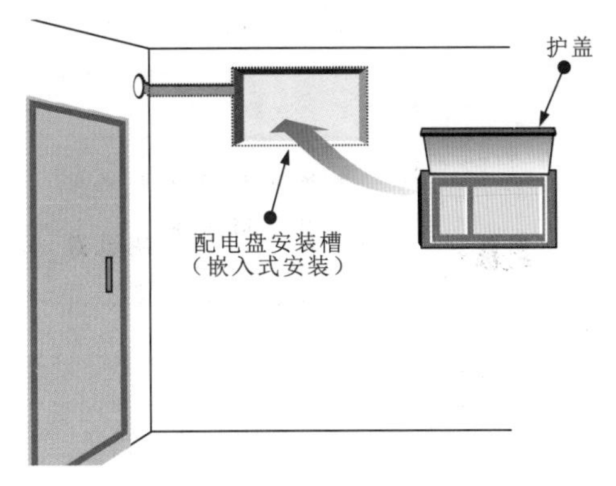

图15-21 配电盘外壳的安装

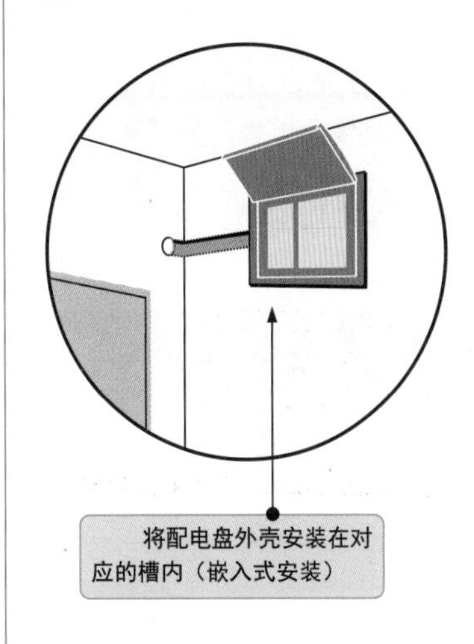

2 分支断路器的安装与接线

图15-22为分支断路器的安装与接线。

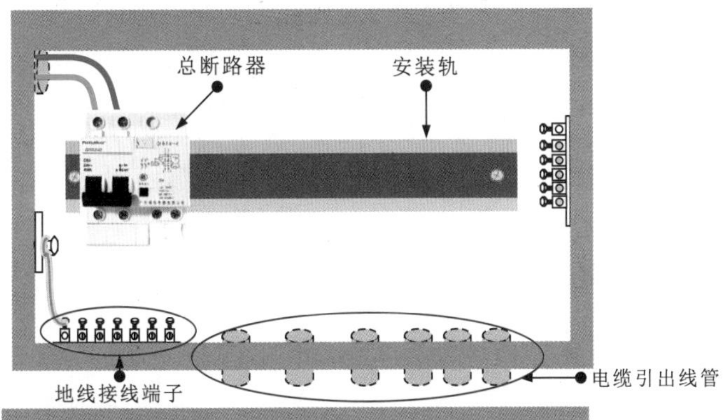

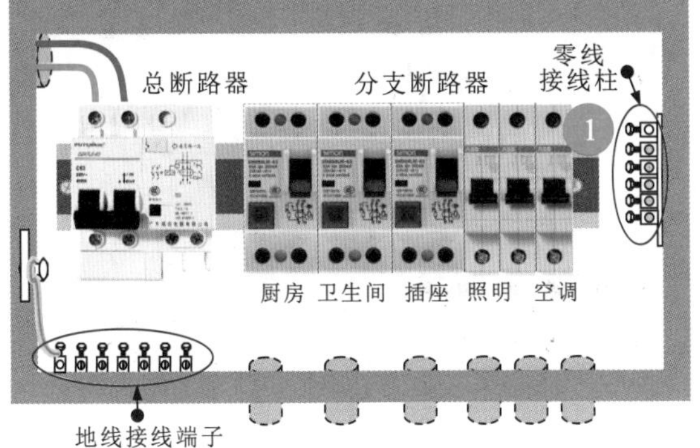

图15-22 分支断路器的安装与接线

一般为了便于控制，在配电盘内还安装有一个总断路器（一般可选配带漏电保护功能的断路器），用来实现室内供配电线路的总控制功能。

① 将选配好的总断路器、分支断路器安装到安装轨上并固定牢固。

划重点

2 从总断路器的出线端引出相线和零线，分别接到分支断路器和零线接线柱上，完成分支断路器入线端的安装。

3 从分支断路器的出线端分别引出相线、零线，从地线接线端引出地线，相线、零线、地线分别从线管中引出。

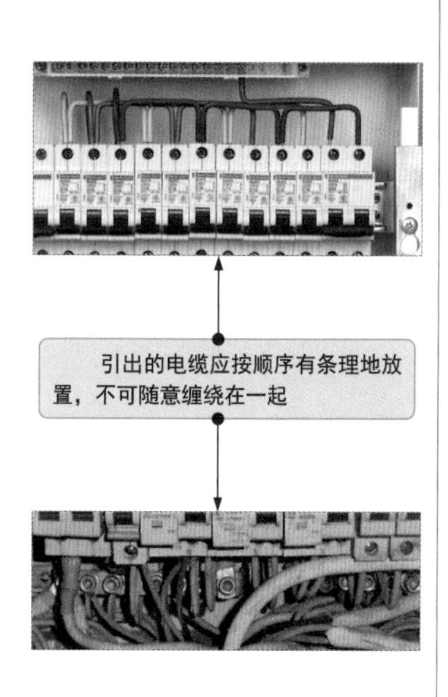

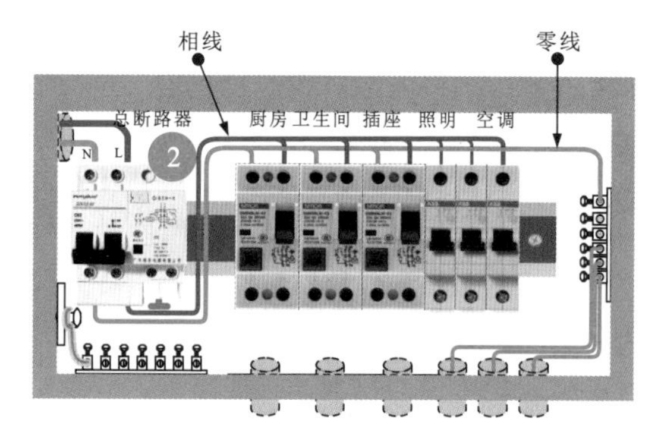

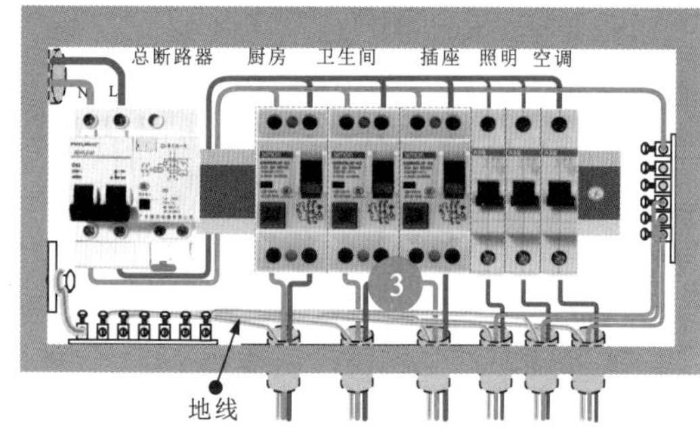

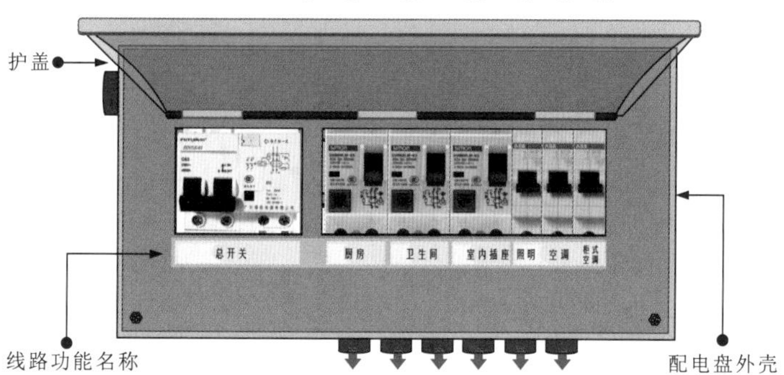

图15-22　分支断路器的安装与接线(续)

15.3.3 电源插座的安装

电源插座是家庭供配电系统的末端设备，是为家用电器提供市电交流220V电压的连接部件。电源插座的类型多种多样。家庭供电一般为两相，因此插座也应选用两相插座，包括三孔插座、五孔插座、带开关插座、组合插座、带防溅水护盖插座等。

图15-23为常见的两相电源插座。

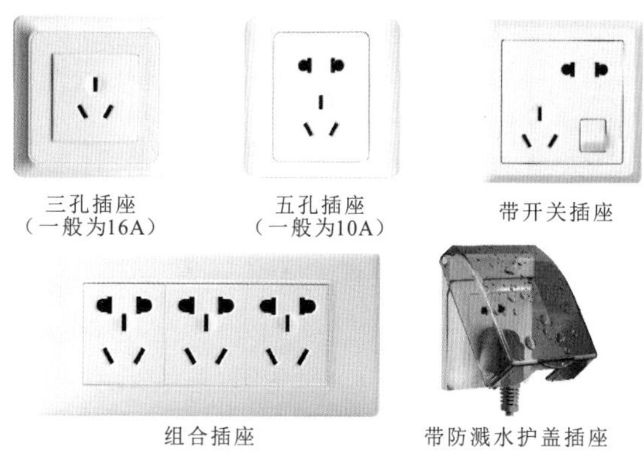

图15-23　常见的两相电源插座

以常见的五孔插座为例，其特点和接线关系如图15-24所示。

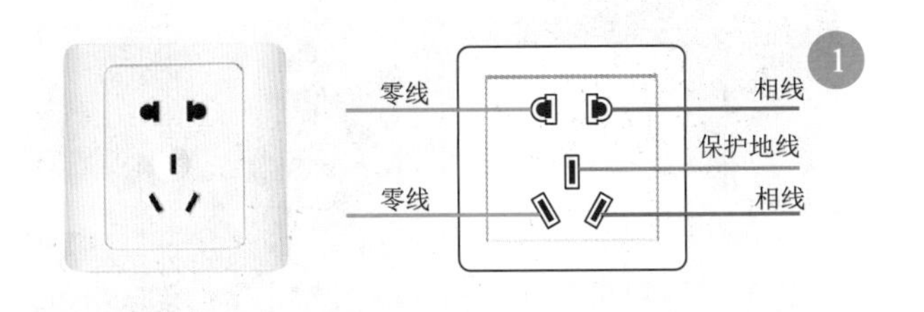

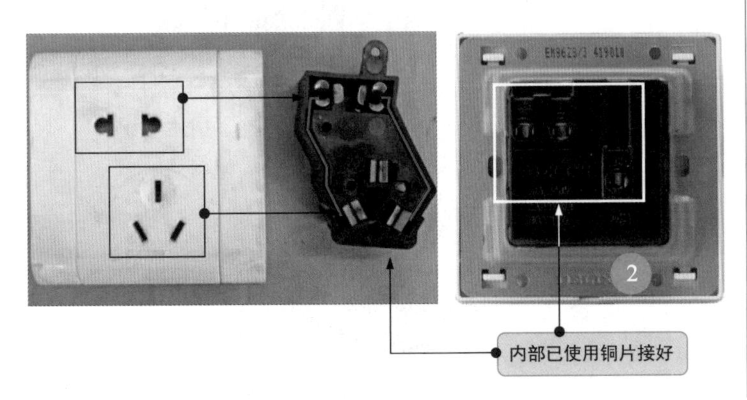

划重点

1 在五孔插座中，上面两个插孔的左侧为零线插孔（面板朝上视角），右侧为相线插孔；下面三个插孔的左侧为零线插孔（面板朝上视角），右侧为相线插孔，上方为保护地线插孔。

2 五孔插座的面板有五个插孔，背部接线端子有三个。这是因为电源插座生产厂家在生产时已经将五孔插座的五个插孔相应连接，即两孔中的零线与三孔中的零线连接，两孔中的相线与三孔中的相线连接，故只引出三个接线端子。

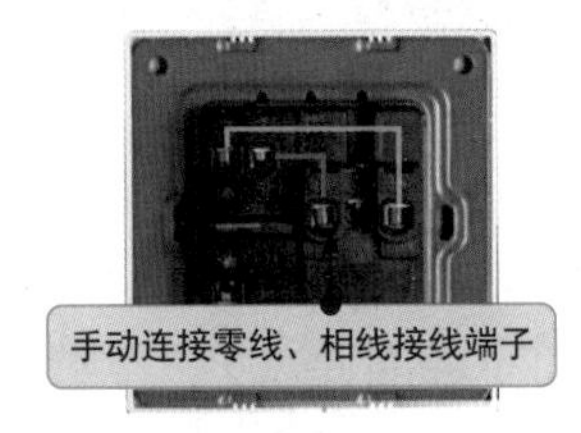

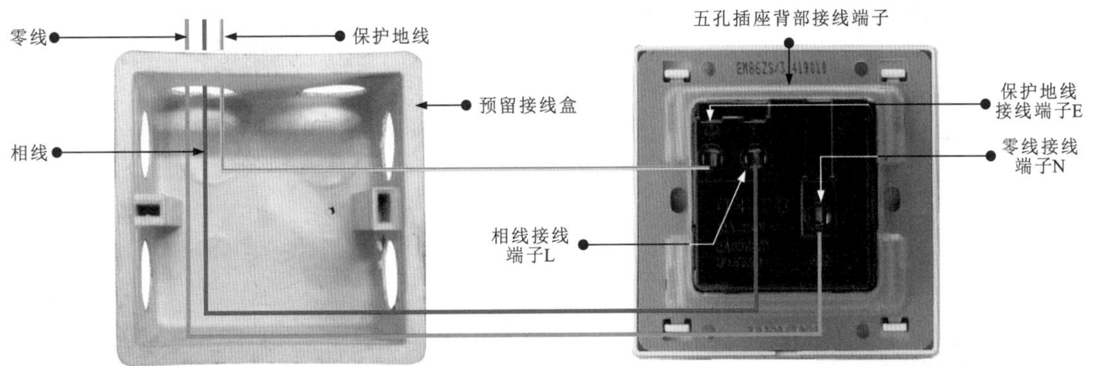

图15-24 五孔插座的特点和接线关系

图15-25为五孔插座的安装方法。

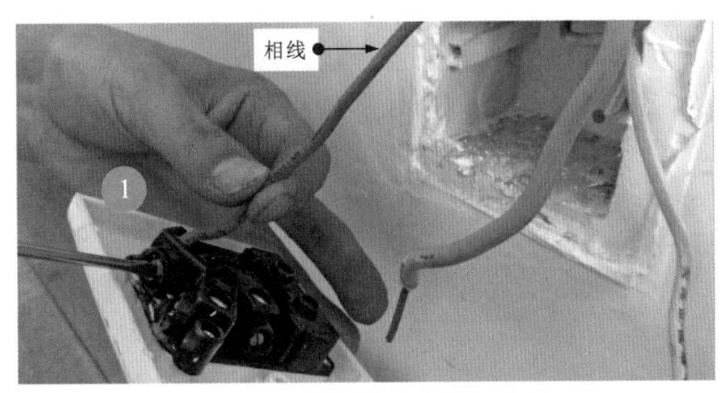

图15-25 五孔插座的安装方法

在确保供电线路断电的状态下，将预留接线盒中的相线、零线、保护地线连接到五孔插座相应的接线端子（L、N、E）上，并用螺钉旋具拧紧固定螺钉。

1 将预留的供电相线连接到L接线端子上。

2 将预留的电源供电零线连接到N接线端子上。

3 将预留的供电地线连接到E接线端子上。

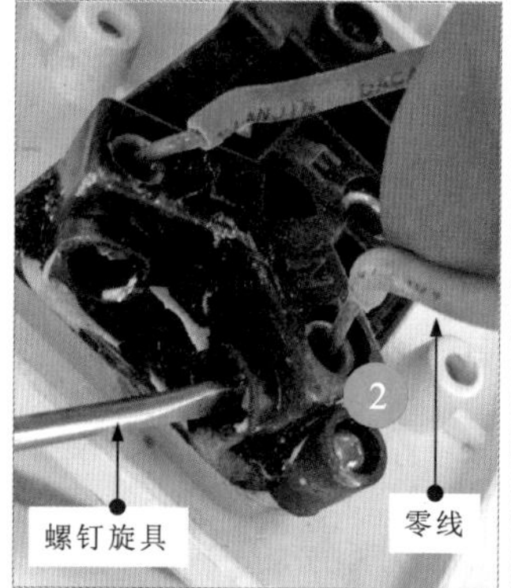

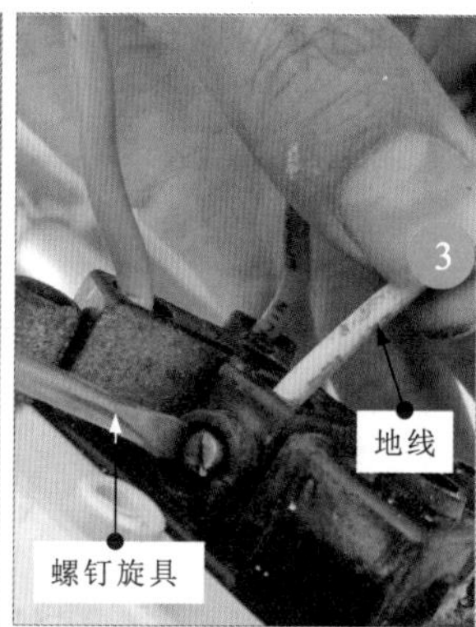

4 使用螺钉旋具分别紧固三个接线端子的固定螺钉。检查电缆与接线端子之间的连接是否牢固，若有松动，必须重新连接。

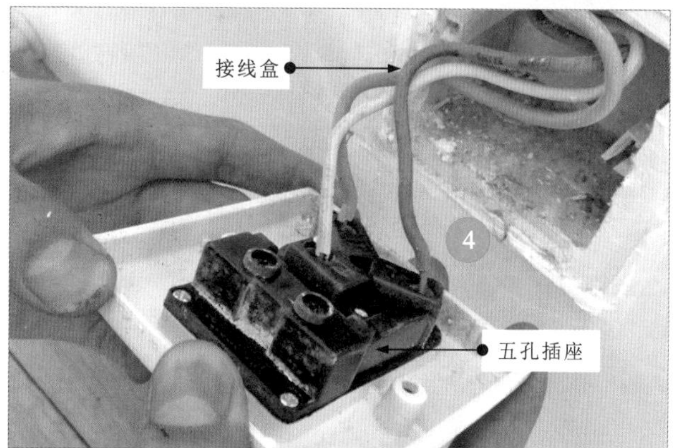

5 将多余的连接线盘绕在接线盒内，将五孔插座放在接线盒上。

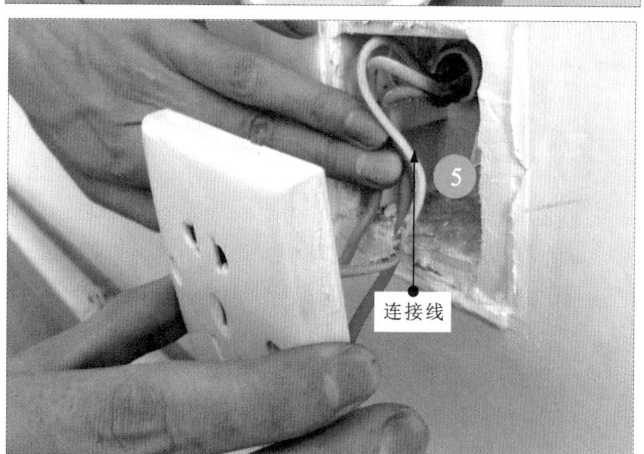

6 借助螺钉旋具将固定螺钉拧入五孔插座的固定孔内，使五孔插座与接线盒固定牢固。安装好固定螺钉挡片后，完成安装。

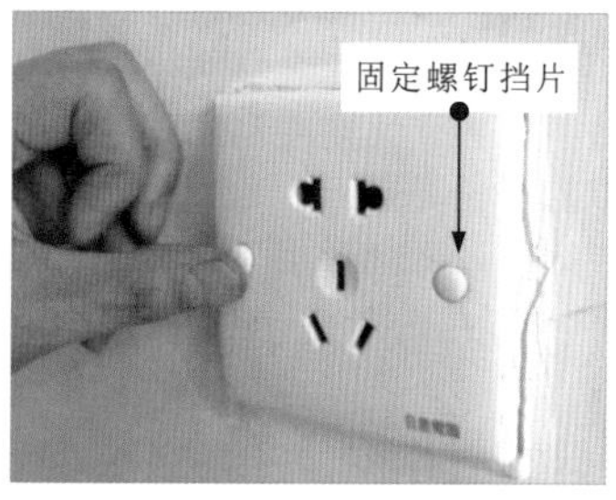

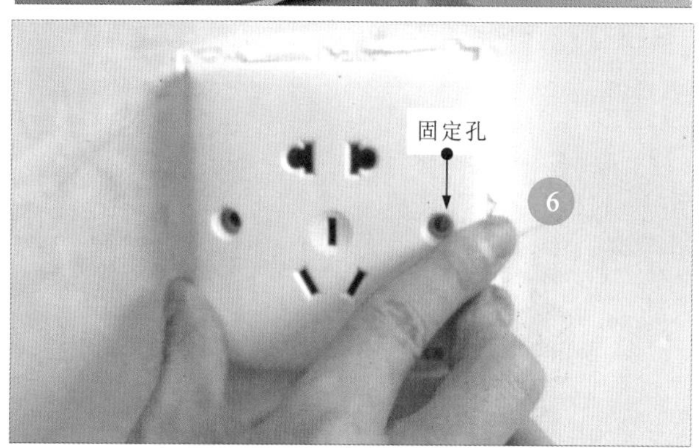

图15-25 五孔插座的安装方法（续）

15.3.4 家庭供配电系统的调试与检修

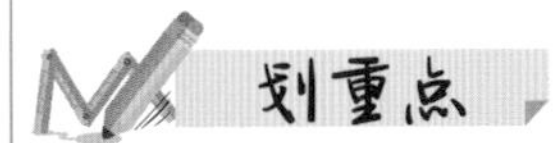

使用电子试电笔检测线路的通、断情况：按下电子试电笔的检测按键，若显示屏显示“闪电”符号，则说明线路中有电压；若显示屏无显示，则说明线路存在断路故障，如图15-26所示。

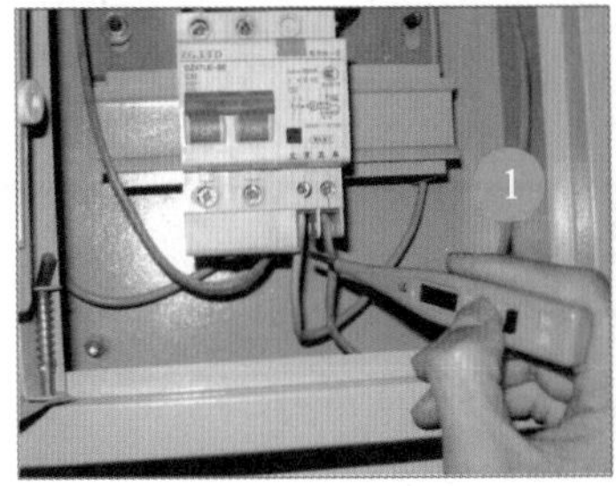

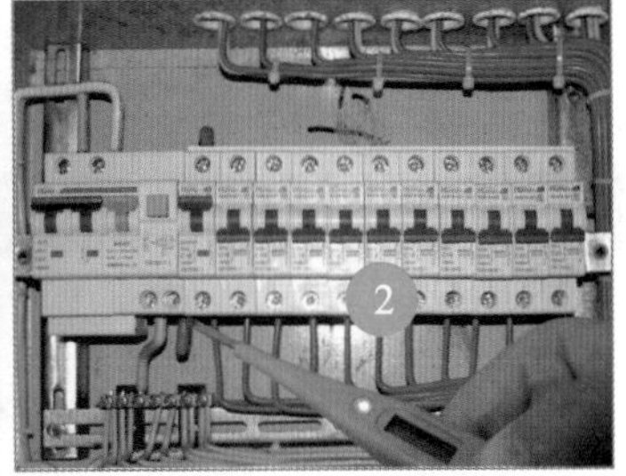

图15-26　使用电子试电笔检测线路的通、断情况

① 使用电子试电笔检测入户电缆端是否有电压。

② 使用电子试电笔检测分支断路器出线端是否有电压。

家庭供配电系统的运行参数只有在允许的范围内才能保证供配电系统长期正常运行。以楼宇配电箱为例，对配电箱中相线流过的电流值进行检测，如图15-27所示。

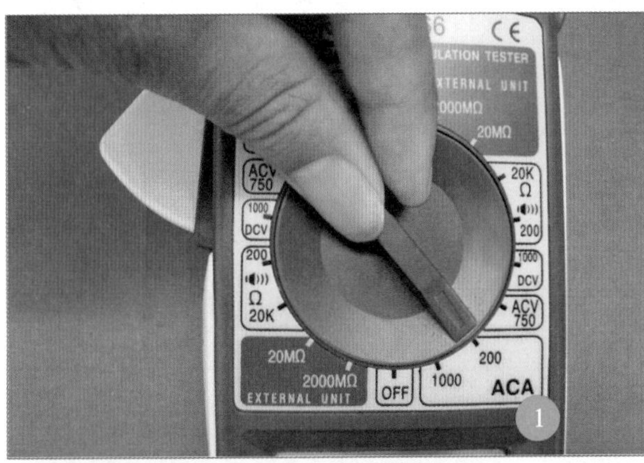

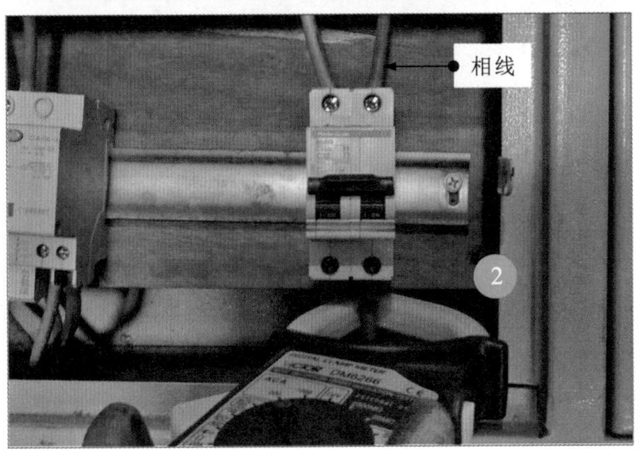

图15-27 检测配电箱中相线流过的电流值

① 将钳形表的量程旋钮调至ACA 200。HOLD按钮处于放松状态，便于测量时操作。

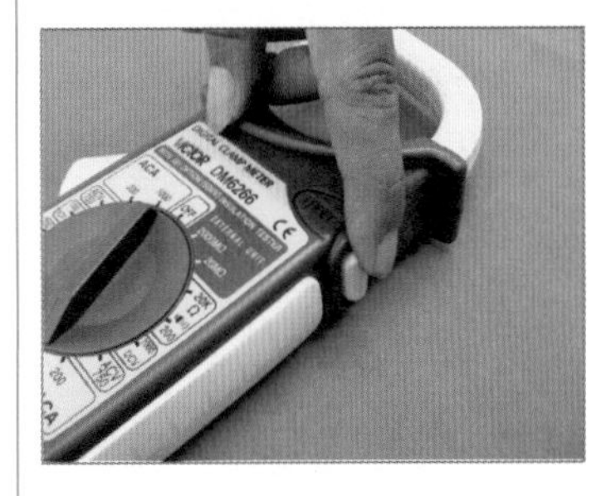

② 按下钳形表的扳机，打开钳口。钳住一根待测电缆。测得电缆中流过的电流为15A，符合要求，能够正常使用。

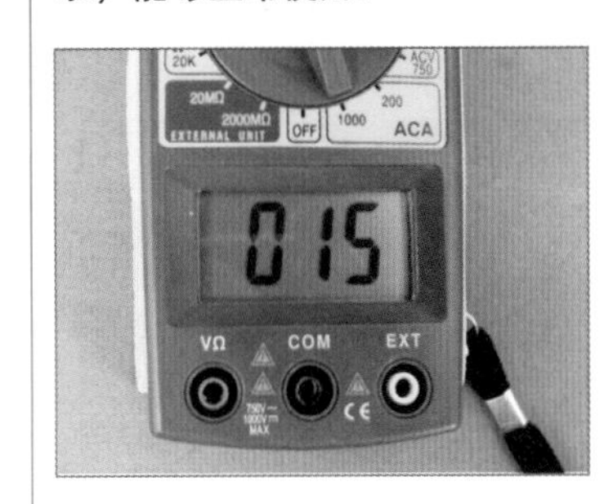

第16章

照明系统的安装与检修

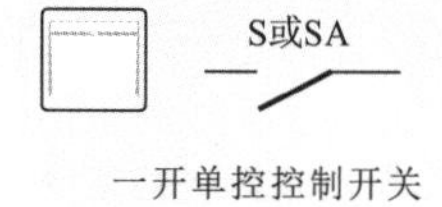

一开单控控制开关

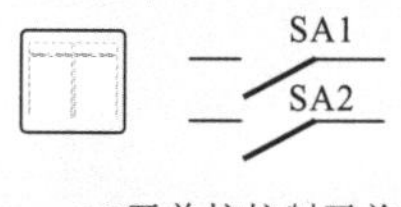

二开单控控制开关

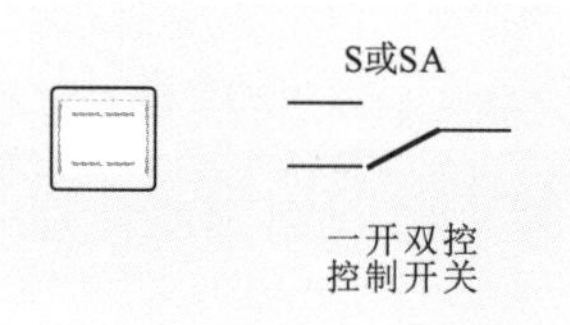

一开双控
控制开关

16.1 家庭照明系统的安装与检修

16.1.1 家庭照明系统的安装要求

图16-1为常见的家庭照明电路。

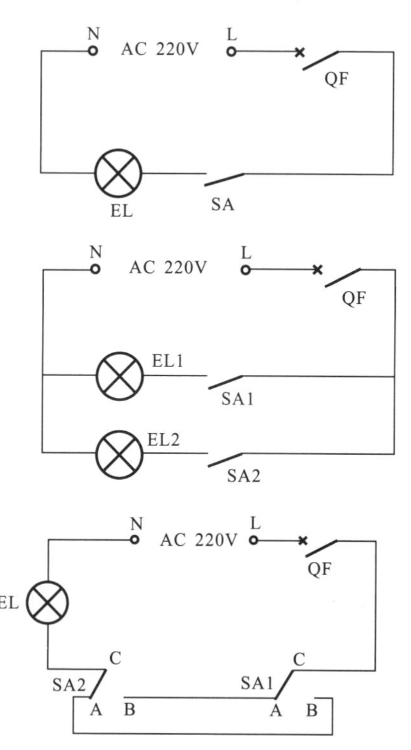

图16-1　常见的家庭照明电路

照明电路要根据住户的需求和使用的方便进行设计。最常见的一种照明电路是通过一个一开单控控制开关控制一盏照明灯。厨房、玄关等处多采用这种最基本的控制方式。卧室要求在进门和床头都能控制照明灯，应设计成两地控制照明电路；客厅一般设有两盏或多盏照明灯，应设计成三方控制照明电路，即分别在进门、主卧室门外侧、次卧室门外侧进行控制等。

图16-2为照明灯的安装要求。

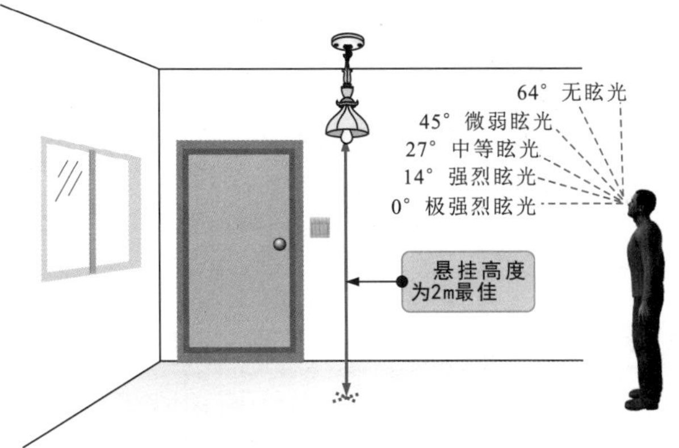

图16-2 照明灯的安装要求

照明灯的安装除考虑美观因素外，应重点考虑眩光和安全因素。眩光的强弱与照明灯的亮度及人的视角有关。如果悬挂过高，既不方便维护，又不能满足日常生活对光源亮度的需要。如果悬挂过低，则会产生对人眼有害的眩光，降低视觉功能，同时也存在安全隐患。

16.1.2 家庭控制开关的安装

图16-3为双控开关的控制和接线关系。

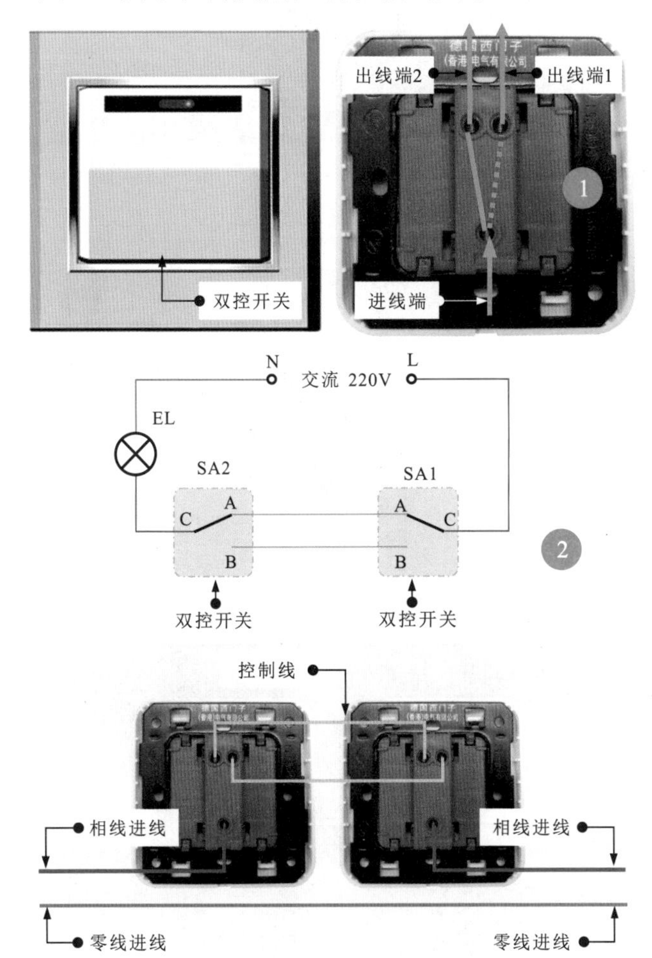

图16-3 双控开关的控制和接线关系

1 双控开关是一种具有两组控制触点的开关。

2 在控制状态下，一组触点闭合，另一组触点断开，这种控制电路多用在两地（采用两个双控开关）同时控制一盏或一组照明灯的控制电路中。

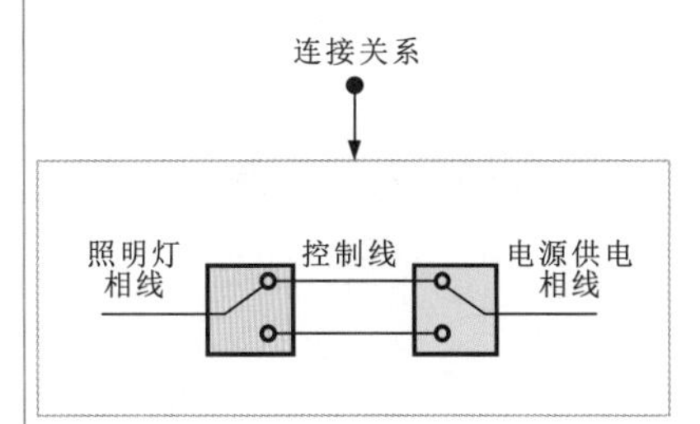

划重点

1 检查需要安装的第一个双控开关及接线盒内预留的5根电缆是否正常。

2 将一字槽螺钉旋具插入双控开关护板和底座缝隙中，撬动护板。

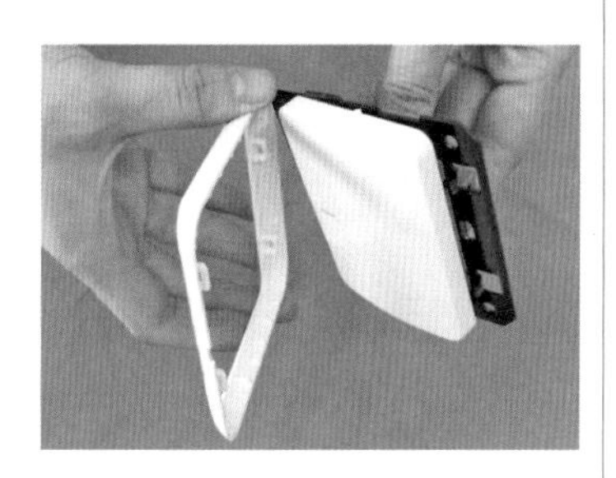

3 使用剥线钳剥除接线盒内预留电缆的绝缘层，露出符合规定长度的线芯。

4 采用并头连接方式将零线的进线与出线连接，并包缠绝缘胶带，确保连接牢固、绝缘良好。

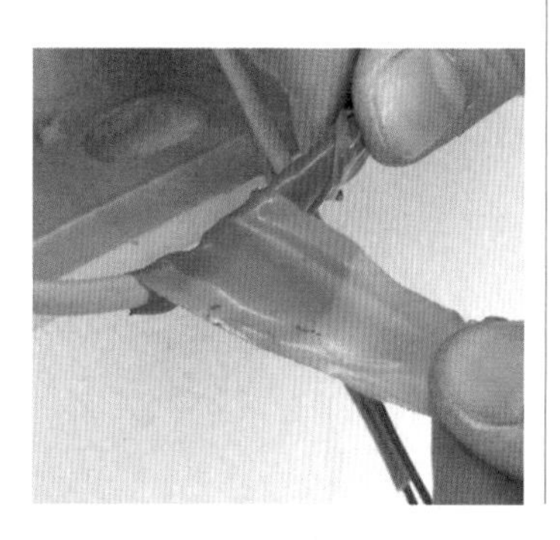

图16-4为双控开关的安装方法。

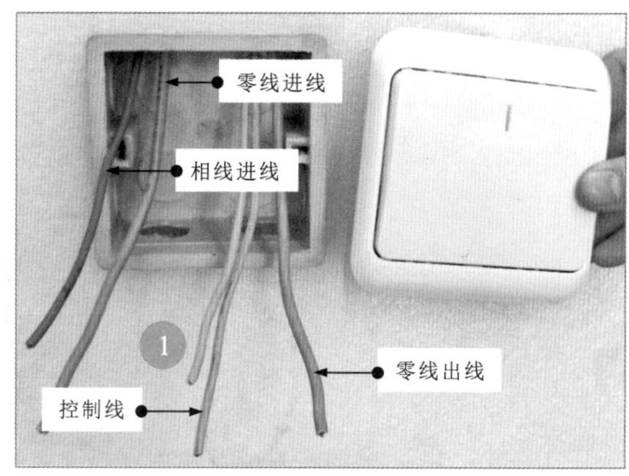

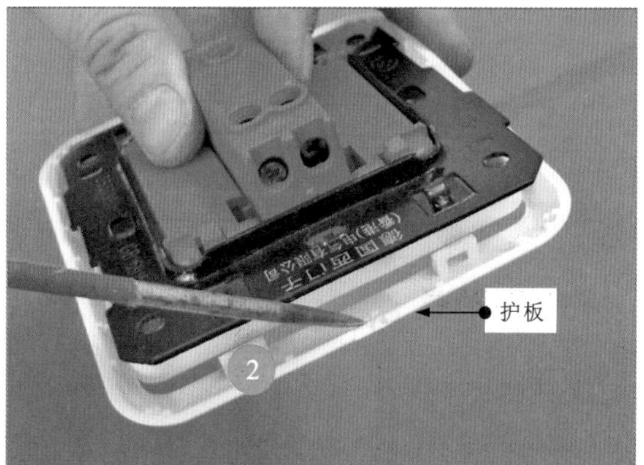

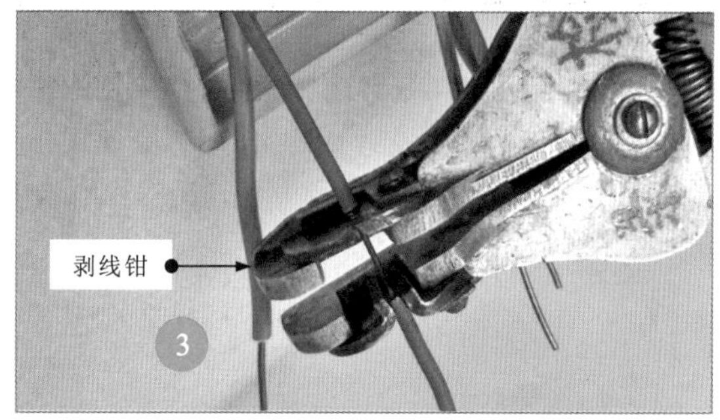

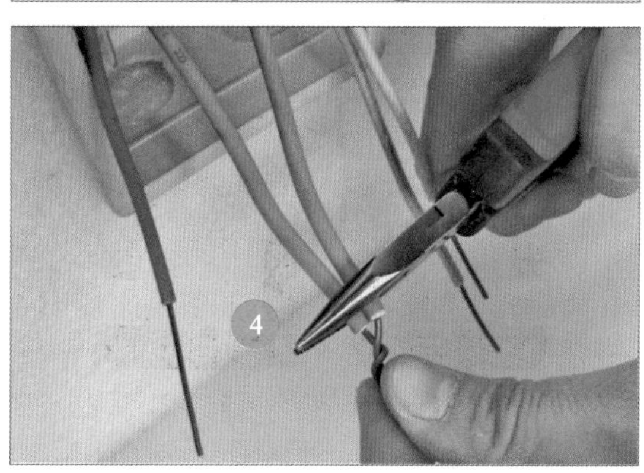

图16-4 双控开关的安装方法

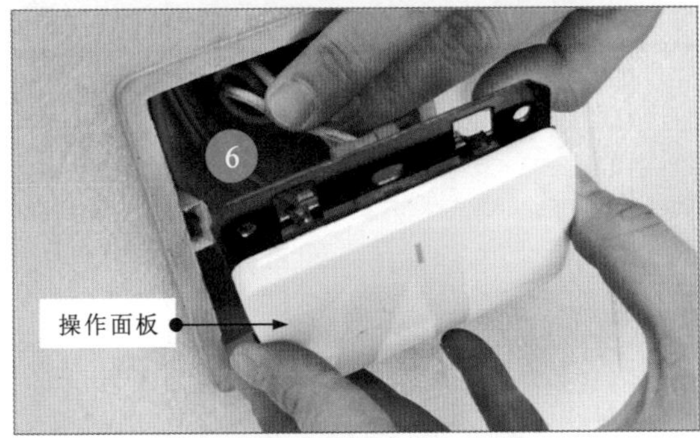

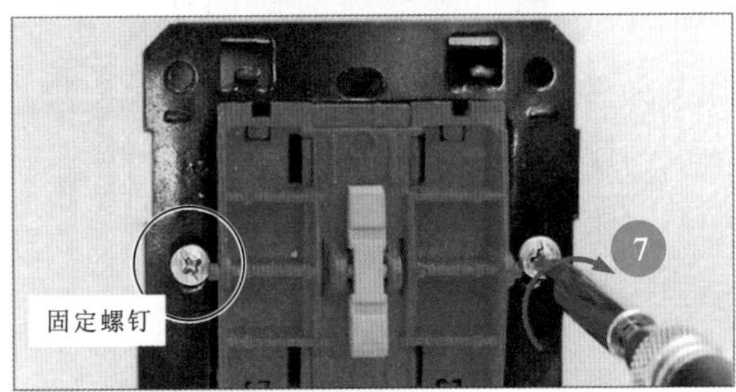

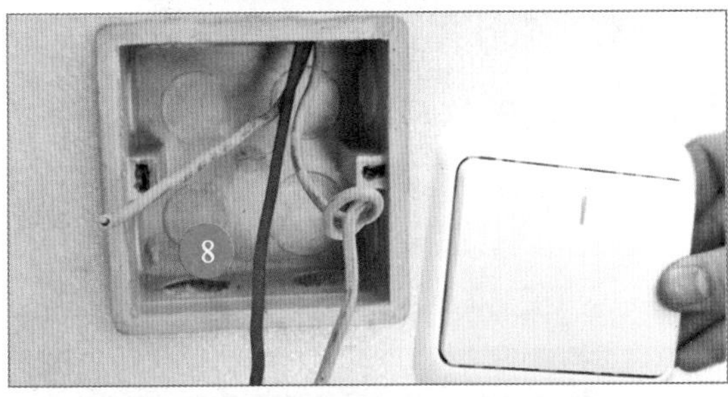

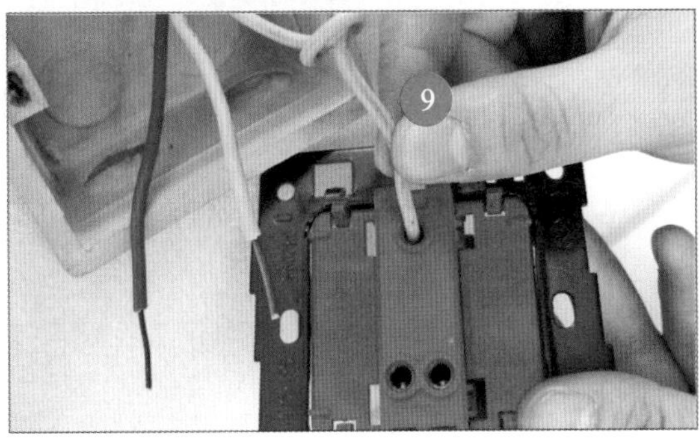

图16-4 双控开关的安装方法(续)

划重点

5 使用螺钉旋具将双控开关接线柱L和L1、L2上的固定螺钉拧松，连接相应电缆。将电源供电相线（红）与接线柱L（进线端）连接；一根控制线（黄）与接线柱L1连接；另一根控制线（黄）与接线柱L2连接，并拧紧接线柱固定螺钉。

6 将电缆合理地盘绕在双控开关接线盒中。

7 将双控开关底座上的固定孔与接线盒上的螺孔对准后按下，拧入固定螺钉，将底座固定，并扣好护板。

8 检查第二个双控开关接线盒内预留的电缆是否正确（一根相线，两根控制线）。

9 按照第一个双控开关的接线方法将第二个双控开关的对应电缆连接并固定。安装底座、操作面板、护板后，完成第二个双控开关的安装。

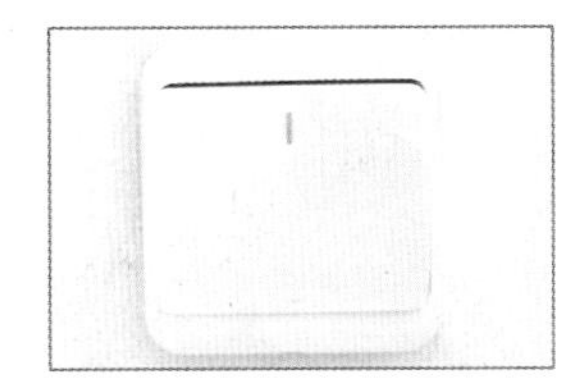

划重点

1 在安装前，先检查灯管、镇流器、连接线等是否完好。

2 用一只手托住底座并按在需要安装的位置上，将铅笔插入固定孔，画出安装孔的位置。

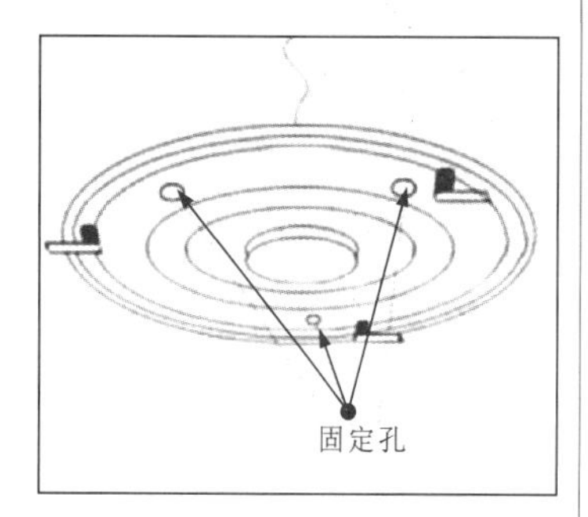

3 使用电钻在画好的安装孔位置打孔（孔的个数根据底座固定孔的个数确定，一般不少于三个）。将塑料膨胀管按入安装孔内，并用锤子砸入。

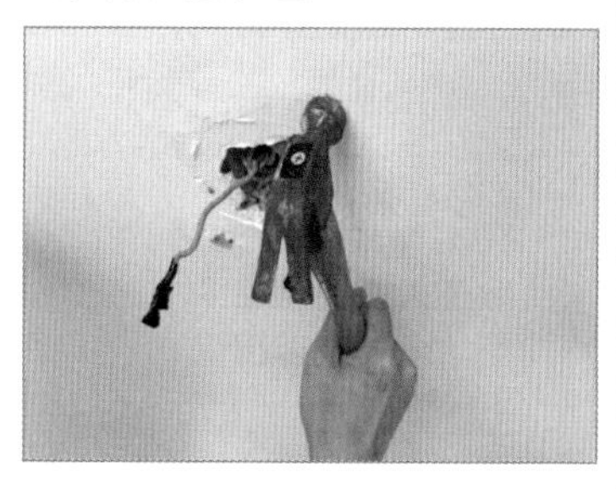

4 将预留的电缆穿过固定孔，将底座固定，并安装镇流器。

16.1.3 家庭照明灯的安装

图16-5为家庭照明灯的安装方法。

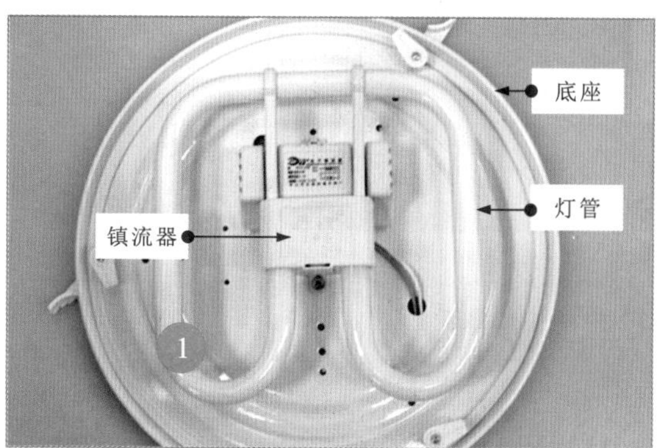

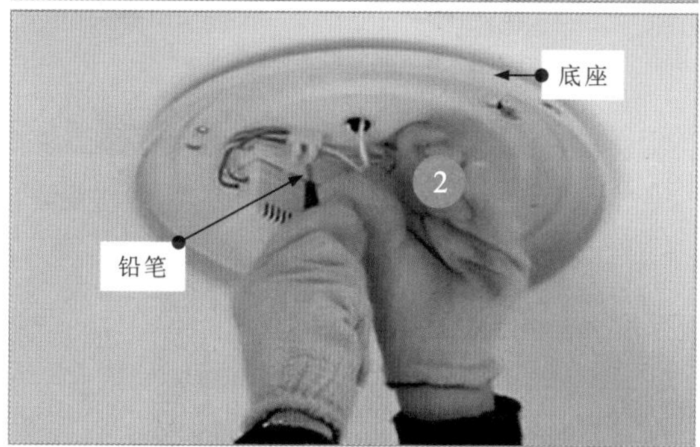

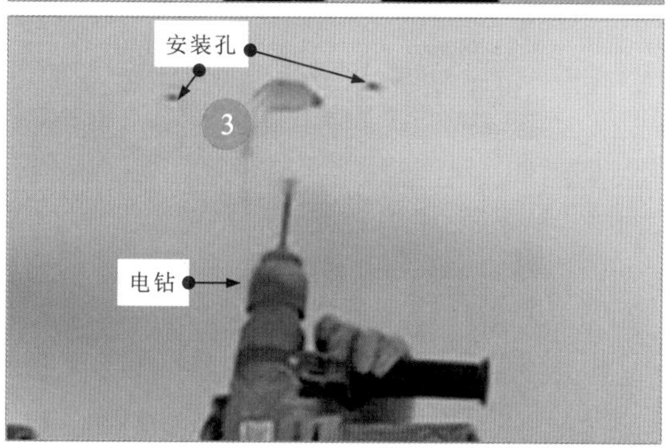

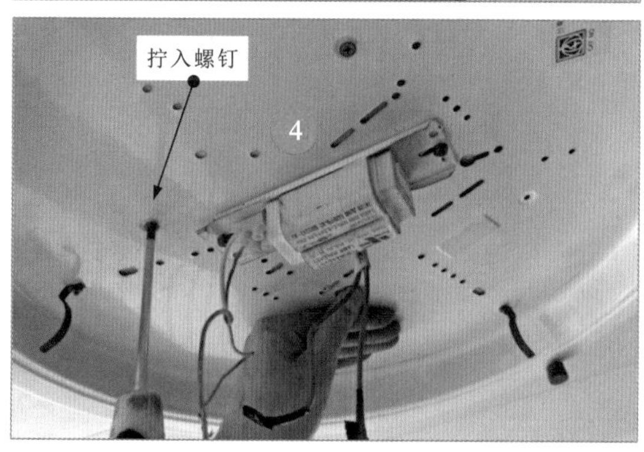

图16-5 家庭照明灯的安装方法

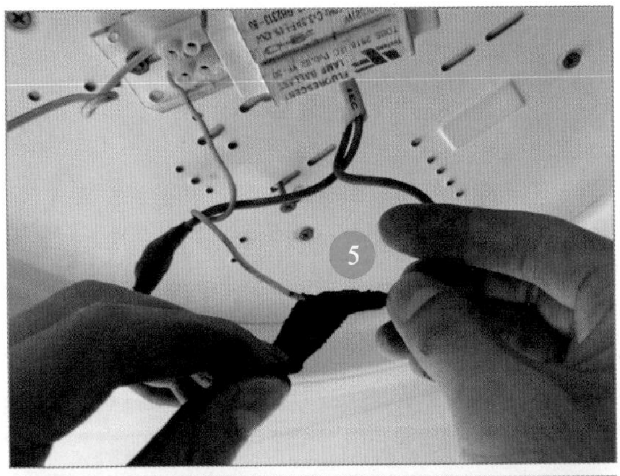

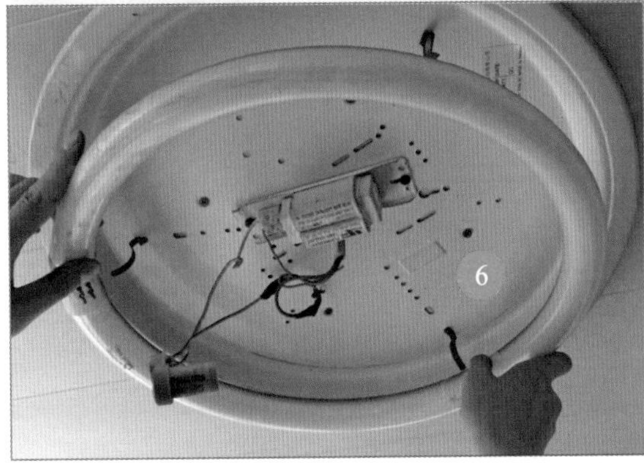

图16-5 家庭照明灯的安装方法（续）

5 将预留电缆与照明灯的相应电缆连接，并使用绝缘胶带包缠连接头，使其绝缘性能良好。

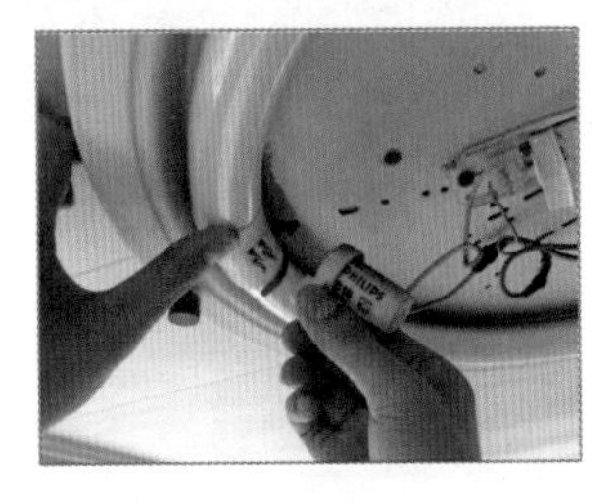

6 将灯管固定在底座上，通过特定插座将镇流器与灯管连接在一起，确保连接紧固。

通电检查是否能够点亮（通电时不要触摸灯座上的任何部位），确认无误后，扣紧灯罩，照明灯安装完成。

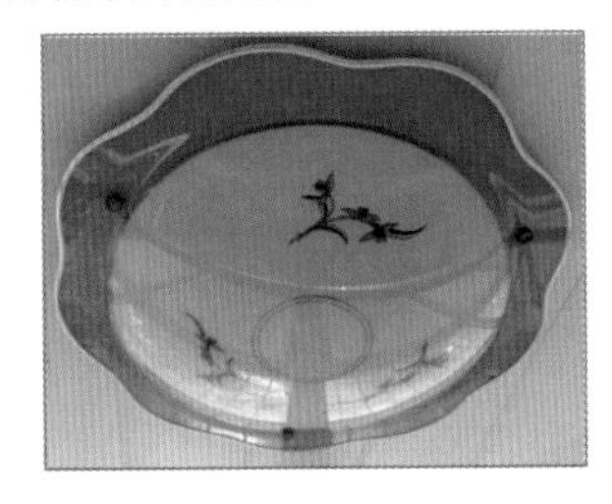

16.1.4 家庭照明系统的调试与检修

图16-6为室内照明电路。在调试与检修前要对照明电路的功能有所了解。

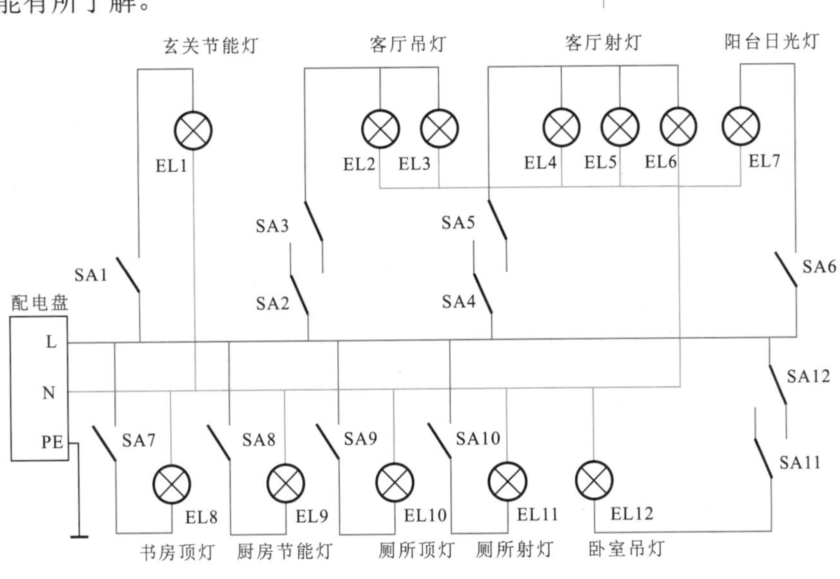

图16-6 室内照明电路

图16-6包括12盏照明灯，分别由相应的控制开关进行控制，除客厅吊灯、客厅射灯和卧室吊灯外，其他照明灯均由单控开关进行控制，闭合单控开关照明灯点亮，断开单控开关照明灯熄灭，控制关系简单。

客厅吊灯、客厅射灯和卧室吊灯均为两地控制电路，由双控开关进行控制，可实现在两个不同位置同时控制同一盏照明灯的功能，方便用户使用。

室内照明电路安装完成后，首先根据电路图、接线图逐级检查有无错接、漏接情况，然后逐一检查各控制开关的开关动作是否灵活，控制状态是否正常，对出现异常的部位进行调整，使其达到最佳的工作状态。图16-7为室内照明电路的调试。

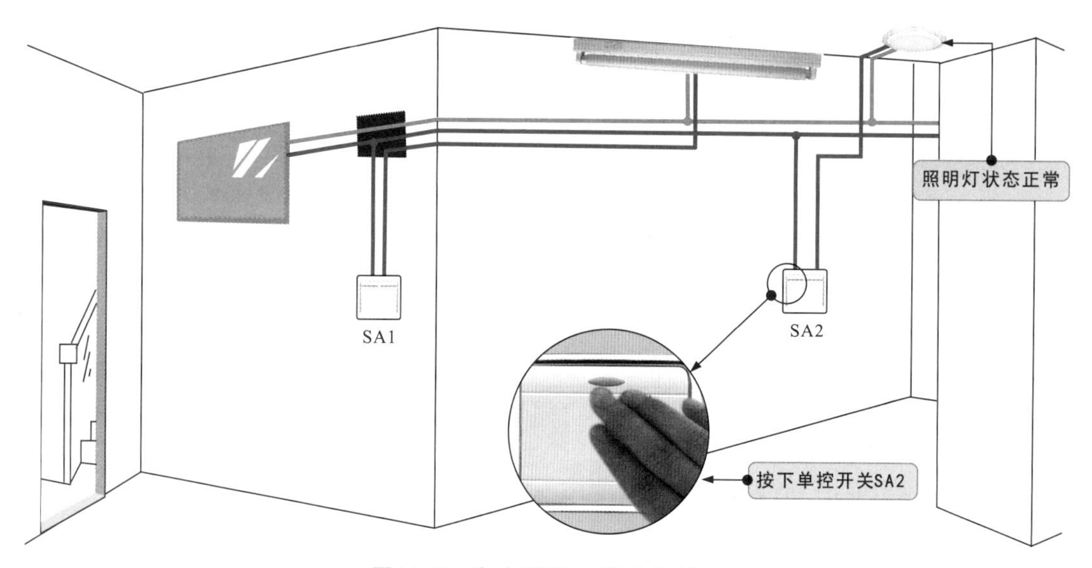

图16-7　室内照明电路的调试

调试分为断电调试和通电调试。通过调试可确保电路能够完全按照设计要求实现控制功能，并正常工作。在断电状态下，可对控制开关、照明灯等进行直接检查；在通电状态下，可通过对控制开关的控制，判断各个照明灯的状态是否正常，具体调试方法见表16-1。

表16-1　断电调试和通电调试

<table>
<tr><td rowspan="2">断电调试</td><td colspan="4">通电调试</td></tr>
<tr><td colspan="4">闭合室内配电盘中的照明断路器，接通电源</td></tr>
<tr><td rowspan="3">拨动各个控制开关，检查动作是否灵活</td><td>拨动SA1</td><td>闭合时EL1点亮，断开时EL1熄灭</td><td>拨动SA7</td><td>闭合时EL8点亮，断开时EL8熄灭</td></tr>
<tr><td>拨动SA2</td><td>初始时EL2、EL3点亮，拨动后EL2、EL3熄灭</td><td>拨动SA8</td><td>闭合时EL9点亮，断开时EL9熄灭</td></tr>
<tr><td>拨动SA3</td><td>初始时EL2、EL3熄灭，拨动后EL2、EL3点亮</td><td>拨动SA9</td><td>闭合时EL10点亮，断开时EL10熄灭</td></tr>
<tr><td rowspan="3">观察照明灯的安装是否到位，固定是否牢靠</td><td>拨动SA4</td><td>初始时EL4、EL5、EL6点亮，拨动后EL4、EL5、EL6熄灭</td><td>拨动SA10</td><td>闭合时EL11点亮，断开时EL11熄灭</td></tr>
<tr><td>拨动SA5</td><td>初始时EL4、EL5、EL6熄灭，拨动后EL4、EL5、EL6点亮</td><td>拨动SA11</td><td>初始时EL12点亮，拨动后EL12熄灭</td></tr>
<tr><td>拨动SA6</td><td>闭合时EL7点亮，断开时EL7熄灭</td><td>拨动SA12</td><td>初始时EL12熄灭，拨动后EL12点亮</td></tr>
</table>

当闭合单控开关SA7时，由其控制的书房顶灯EL8不亮，怀疑电路存在异常情况，断电后，检查照明灯无明显损坏现象，采用替换法更换书房顶灯内的灯管、镇流器等均无法排除故障，怀疑单控开关SA7损坏，可借助万用表检测单控开关。图16-8为单控开关的检测方法。

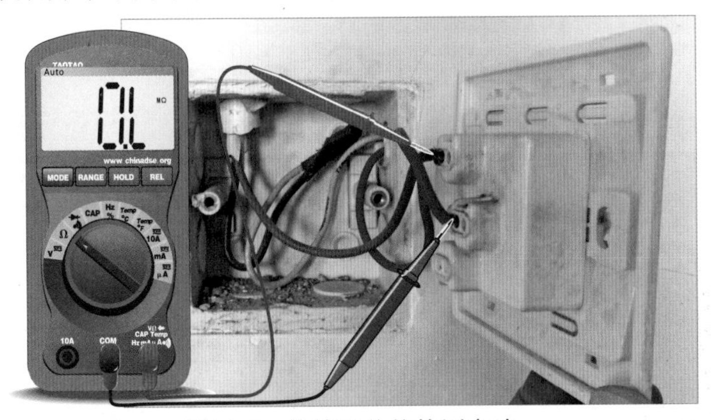

图16-8 单控开关的检测方法

在正常情况下，当单控开关处于接通状态时，万用表蜂鸣器应发出蜂鸣声。当单控开关处于断开状态时，万用表蜂鸣器应不响。

经检测，单控开关通、断功能失效，更换后，控制功能正常。

16.2 公共照明系统的安装与检修

16.2.1 公共照明系统的安装

1 控制器的安装

图16-9为控制器的安装方法。

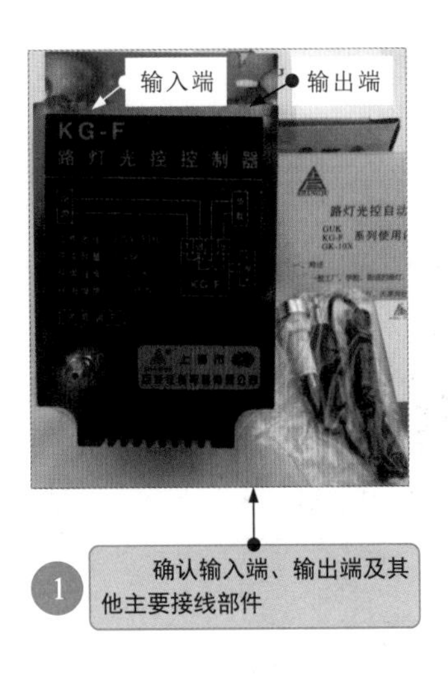

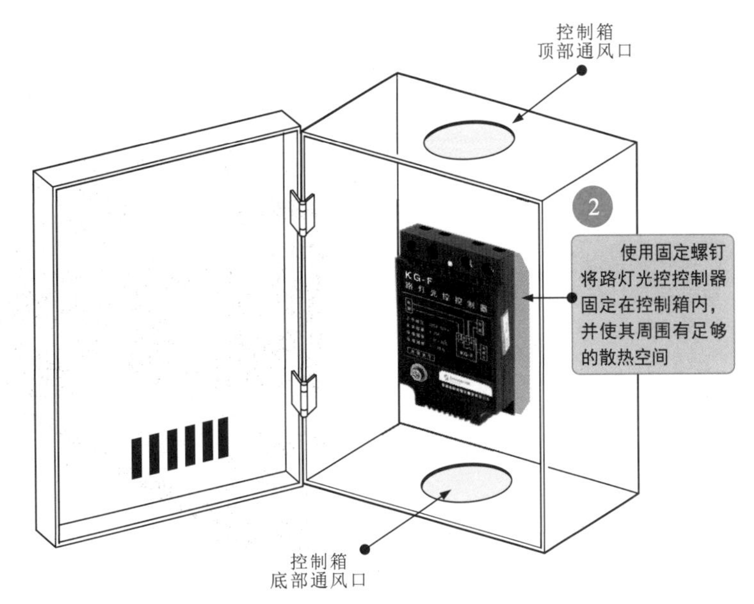

图16-9 控制器的安装方法

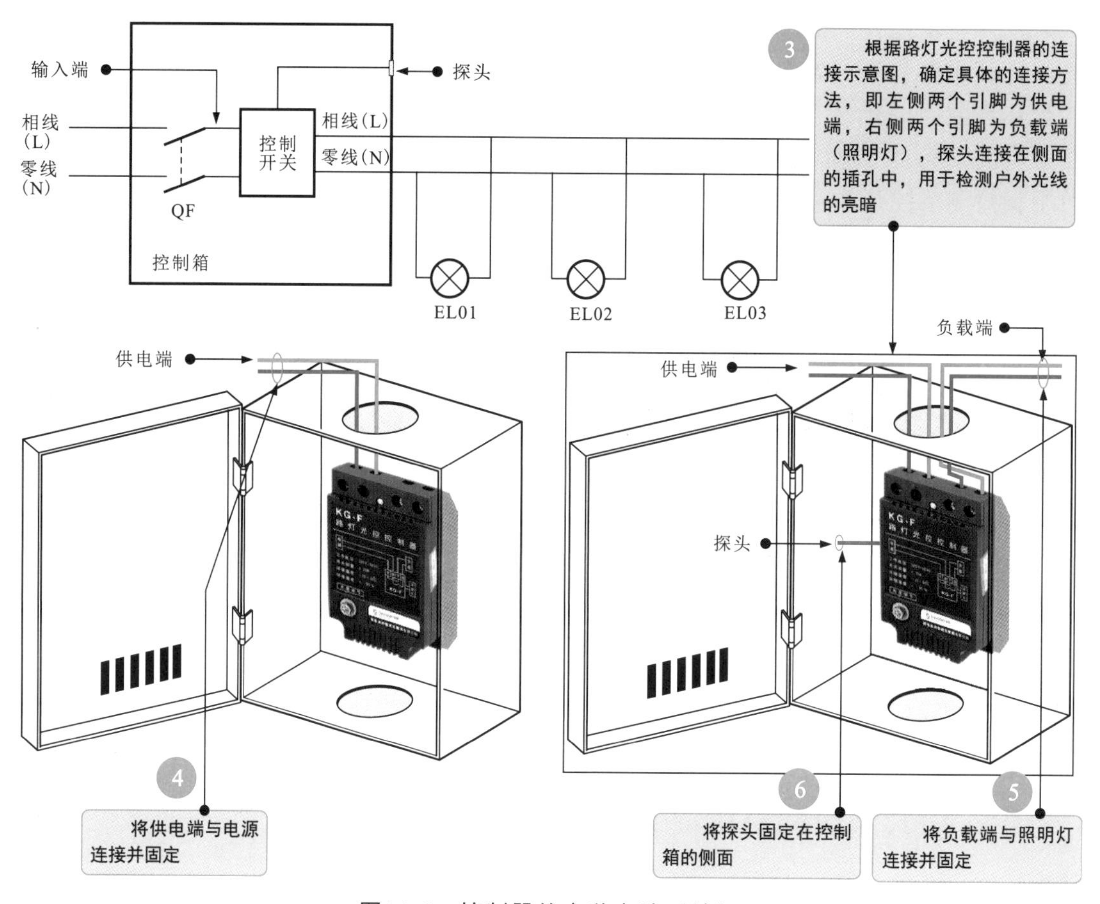

图16-9 控制器的安装方法（续）

2 公共照明灯具的安装

划重点

1 在安装灯杆之前，应根据需要选择合适的灯杆，通常灯杆的高度为5m，灯杆之间的距离为25m左右。

路灯的安装大致可分为3步：电缆的敷设、灯杆的安装、灯具的安装。图16-10为公共照明灯具的安装方法。

图16-10 公共照明灯具的安装方法

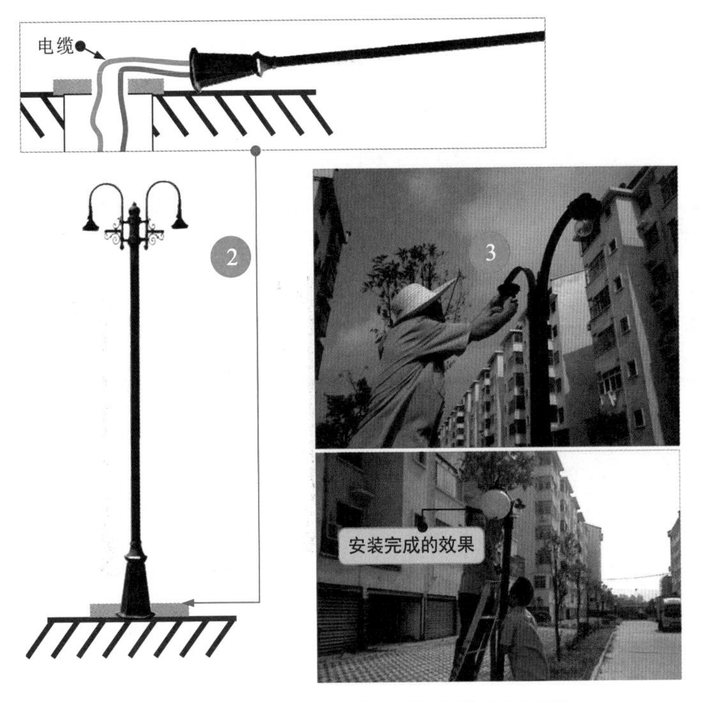

图16-10 公共照明灯具的安装方法(续)

划重点

2 将电缆引入灯杆中，并将灯杆直立安装在预留位置并固定。

3 将选择好的灯具固定在灯杆上，再固定灯罩，检查是否端正、牢固，避免松动、歪斜。

16.2.2 公共照明系统的调试与检修

1 了解系统控制功能

图16-11为小区公共照明系统的电路图。

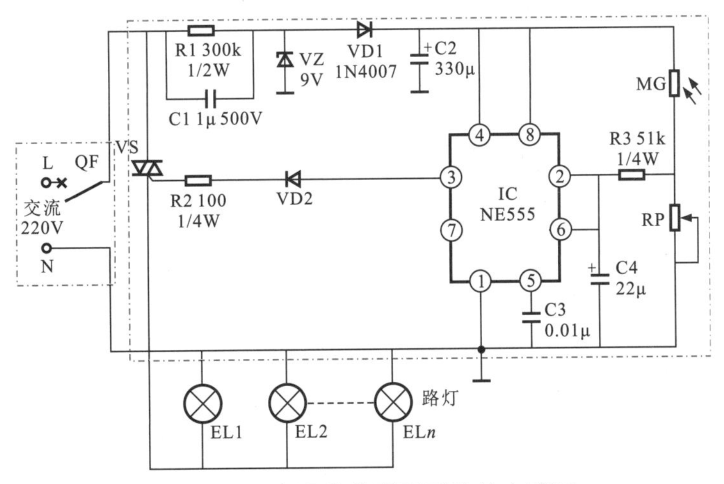

图16-11 小区公共照明系统的电路图

当环境光线较暗时，由控制电路自动控制路灯得电，所有路灯均点亮；当白天光线较强时，由控制电路自动切断路灯的供电，所有路灯均熄灭。

对公共照明系统进行调试与检修时，应了解系统的基本控制功能，并根据功能逐一检查各控制部件的控制是否正常、执行部件的动作是否到位、照明灯具能否点亮，若有故障，应及时检修。

2 调试系统

图16-12为小区公共照明系统的调试。

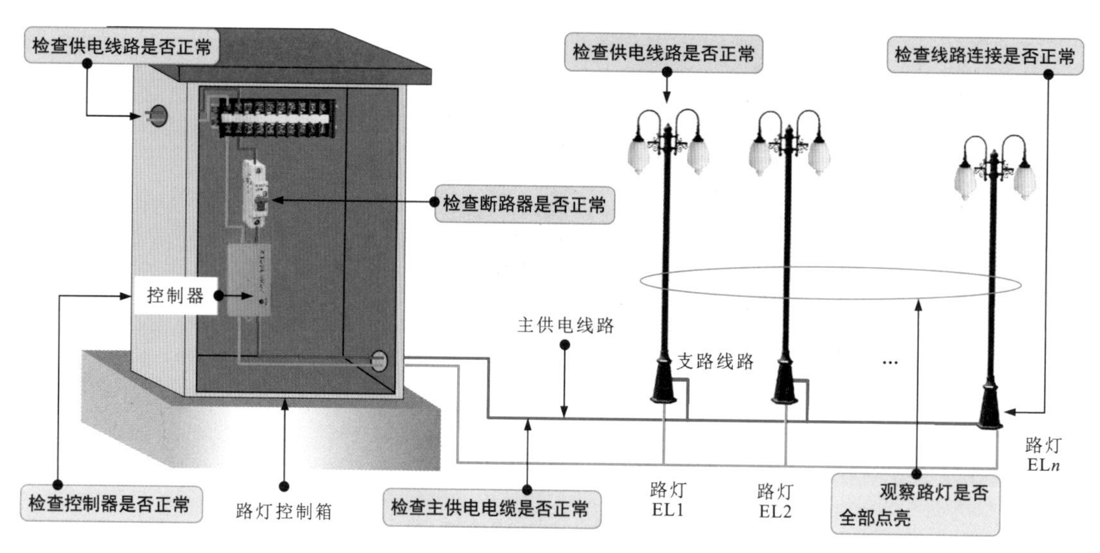

图16-12　小区公共照明系统的调试

3 系统检修

图16-13为小区公共照明系统的检修方法。

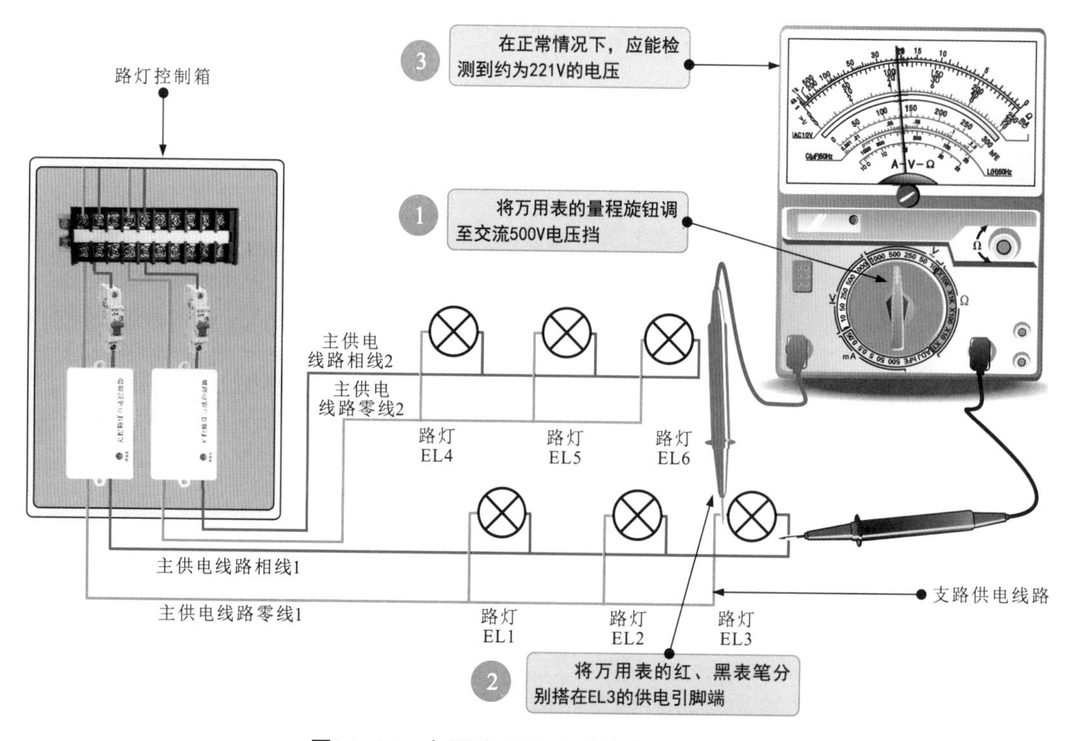

图16-13　小区公共照明系统的检修方法

第17章

电力拖动系统的安装与检修

17.1 电力拖动系统的安装

17.1.1 电动机和被拖动设备的安装

1 电动机和水泵在底板上的安装

电动机和水泵在底板上的安装如图17-1所示。

电动机和水泵较重，工作时会产生振动，不能直接安装在地面上，应安装固定在混凝土基座、木板或专用底板上。基座、木板或专用底板的尺寸应能够足够放置电动机和水泵。

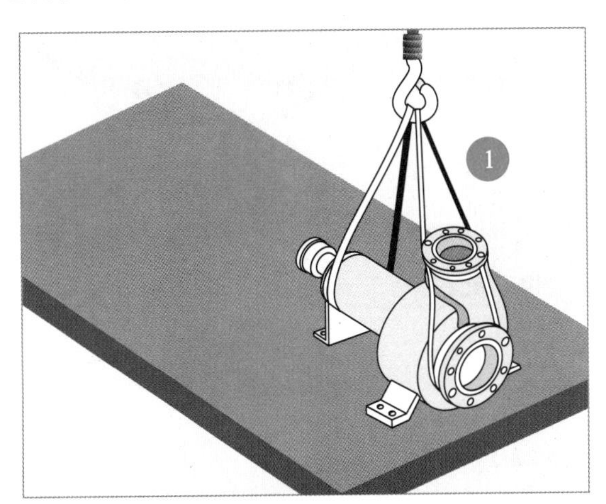

① 水泵作为被拖动设备，可在电动机的带动下工作，可安装在专用底板上。由于水泵较重，安装时可使用专用吊装工具，使用合适的吊绳吊起水泵，并安装固定在专用底板上。

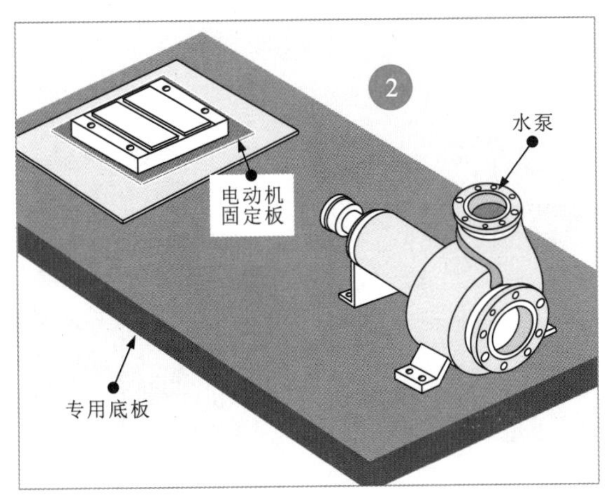

② 电动机和水泵最终需要连接在一起，因此电动机转轴与水泵中心点应在一条水平线上，确保连接紧密可靠。当电动机的高度不够时，需在电动机的底部安装一块电动机固定板，将其与水泵一起固定在专用底板上。

图17-1 电动机和水泵在底板上的安装

划重点

1 使用专业吊装工具吊起电动机，安装固定在电动机固定板上。

2 将联轴器或带轮按槽口放置在电动机转轴上，用榔头或木槌顺转轴转动的方向敲打联轴器的中心位置，将联轴器安装在电动机转轴上。

从电动机与水泵的实际连接效果可以看到，电动机与水泵之间是通过联轴器连接的。联轴器分别装在电动机和水泵的转轴上，并通过螺母和螺栓固定。

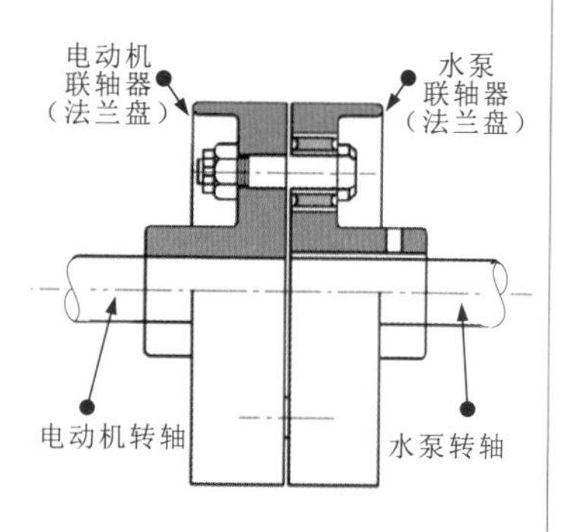

3 使用联轴器将水泵和电动机连接完成后，需在联轴器处连接联轴器防护罩。在未连接联轴器防护罩时，不得启动水泵，防止发生人身伤害事故。

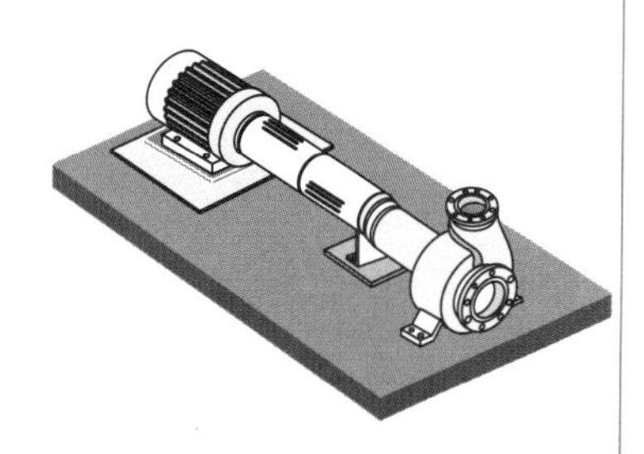

2 电动机与水泵的连接

电动机与水泵的连接如图17-2所示。

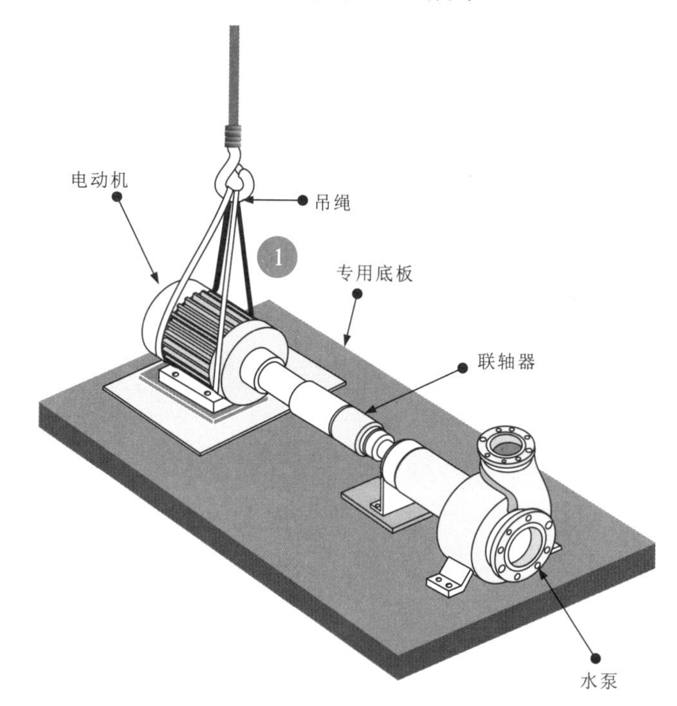

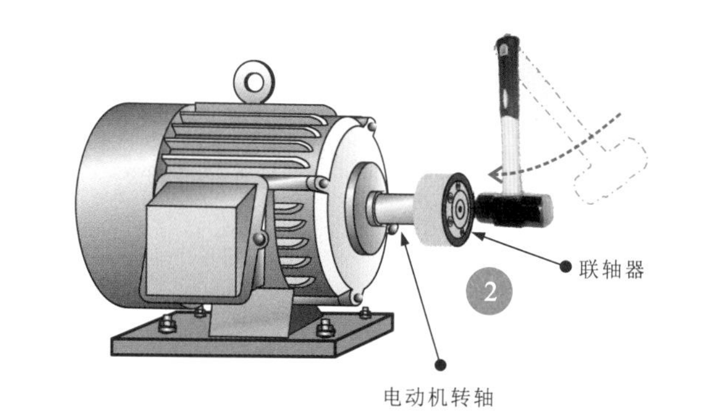

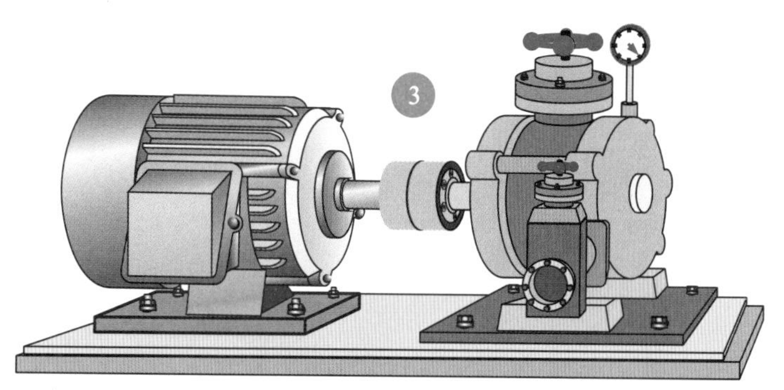

图17-2 电动机与水泵的连接

3 电动机和水泵的固定

电动机和水泵连接完成后，需要将其固定到指定位置，如图17-3所示。

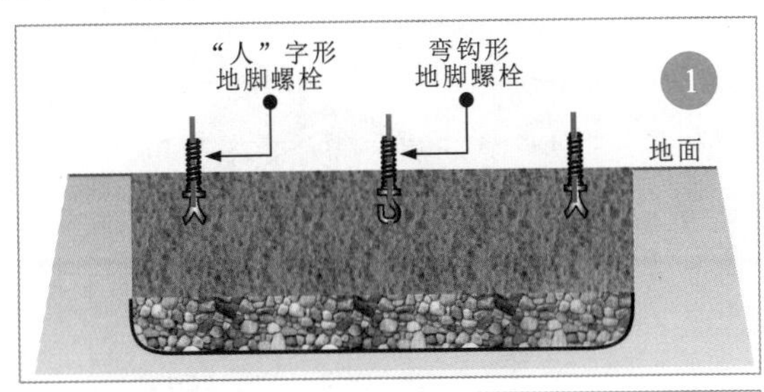

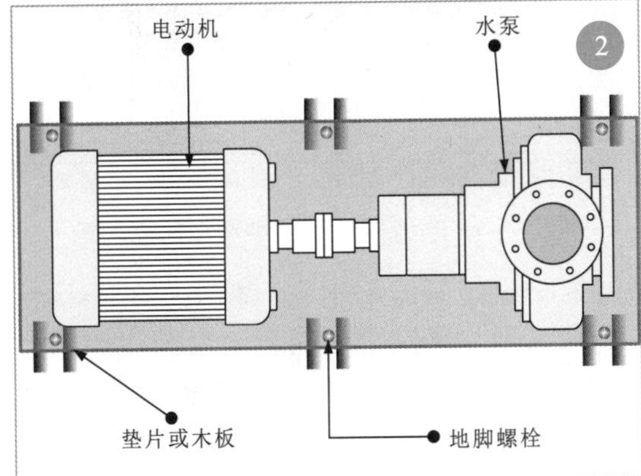

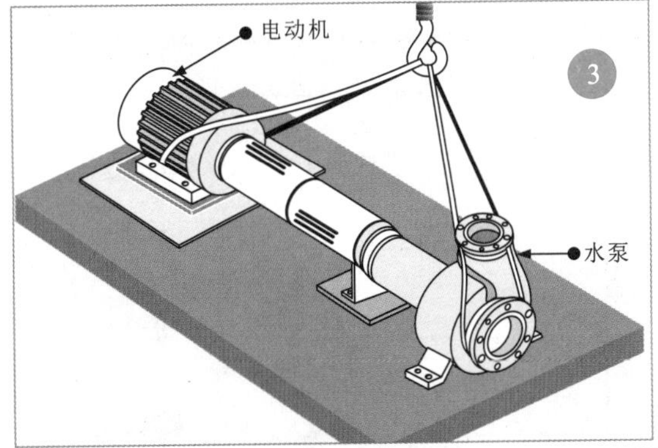

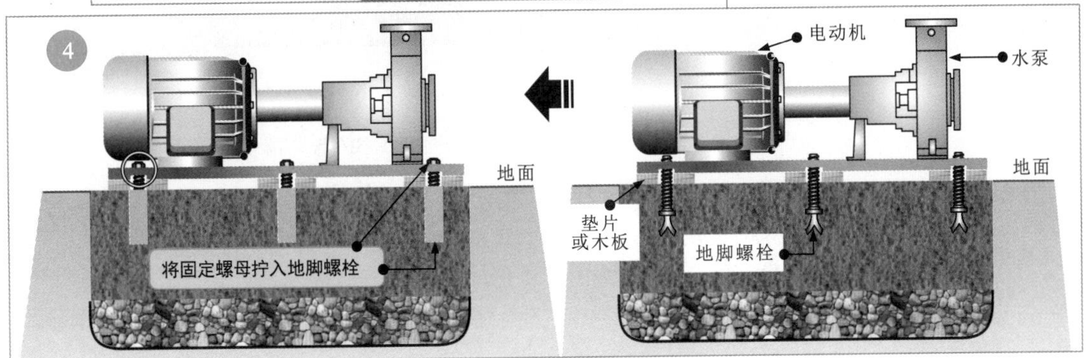

图17-3 电动机和水泵的固定

划重点

1 根据专用底板的规格确定基坑的体积后，挖基坑，夯实坑底，在坑底铺一层小石子，用水淋透并夯实，再注入混凝土，基座制作完成。

在基座未凝固之前，快速在基座上确定地脚螺栓的安装位置。

通常将埋入基座一端的地脚螺栓制成"人"字形或弯钩形，待基座凝固后，地脚螺栓与基座凝固在一起。

2 在地脚螺栓的每个侧面均应垫入垫片或木板。

3 使用专业吊装工具将电动机与水泵的连接件吊装到基座上，并将专用底板的螺栓孔对准地脚螺栓，调节垫入的垫片或木板，使专用底板与地面平行。

4 将固定螺母拧入地脚螺栓。至此，电动机和水泵安装完成。

17.1.2 控制箱的安装与接线

划重点

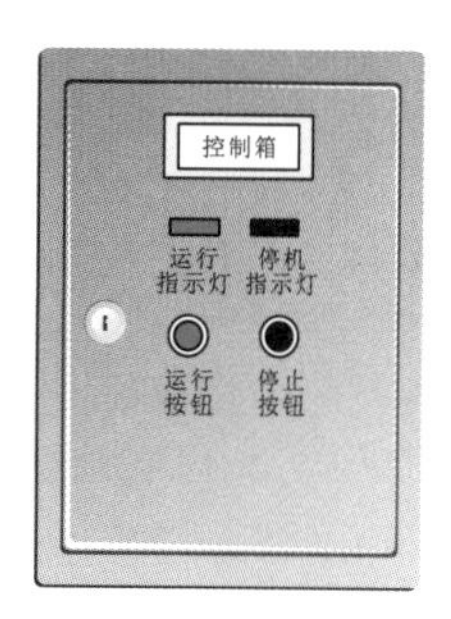

控制箱主要是由箱体、箱门和箱芯组成的。控制箱的箱芯用来安装电气部件，可以从控制箱内取出，并根据电气部件的数量确定控制箱外形的尺寸，在安装过程中，应先布置和安装电气部件，然后根据电路原理图和接线图连接各个电气部件。

1 箱内部件的安装与接线

图17-4为电力拖动系统中常用的控制箱。

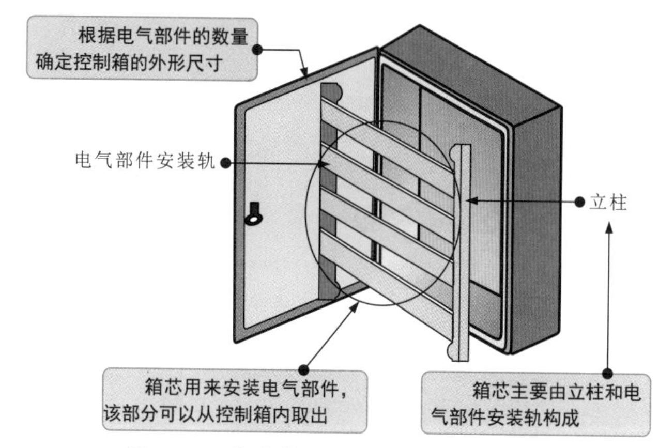

图17-4　电力拖动系统中常用的控制箱

根据电动机控制线路中主、辅电路的连接特点，以方便接线为原则，确定总断路器、交流接触器、分支断路器、按钮开关等电气部件在控制箱中的位置。

图17-5为控制箱中电气部件的布置。

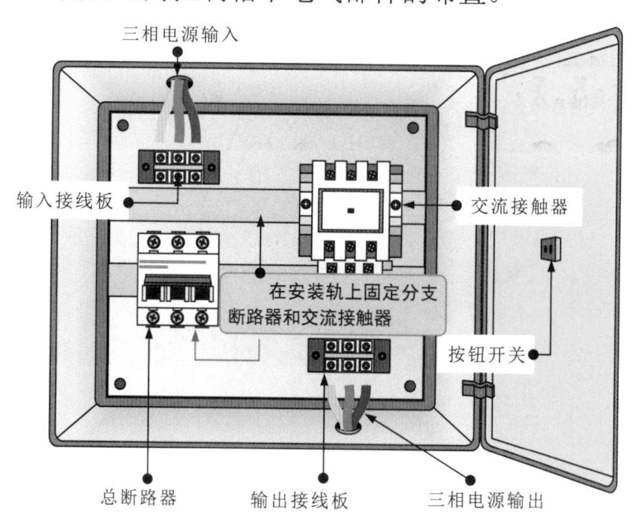

图17-5　控制箱中电气部件的布置

在电气部件不太多的情况下，交流接触器、分支断路器等比较适合从左到右顺序排开，布线容易，连接线不会出现交叉的情况

确定合理的电气部件位置是做好接线工艺的基础，电气部件的位置是否合理将影响后序接线的工艺过程及接线后的美观

布线时以交流接触器为中心，按先控制、后主电路的顺序接线。导线的两端要套上编码套管。导线与接线端子必须连接牢固，不能压导线绝缘层，铜芯不宜过长。

另外，一个接线端子上的连接导线不得多于两根，一般只允许连接一根。电源进线、出线及保护地线必须牢固可靠。

电气部件布置完成后，应根据电路原理图和接线图进行接线操作，即将总断路器、分支断路器、交流接触器等电气部件连接成具有一定控制关系的电力拖动线路，图17-6为控制箱中电气部件的接线。

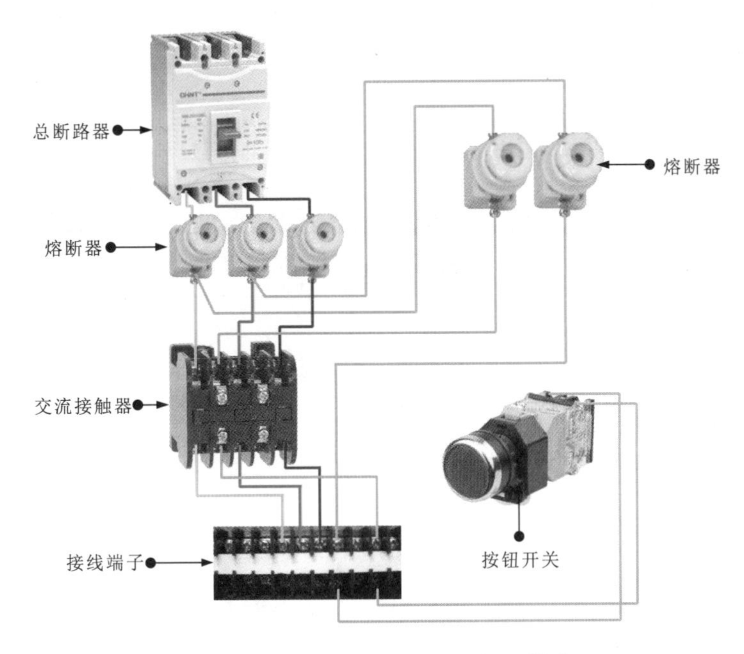

图17-6 控制箱中电气部件的接线

图17-7为电力拖动线路的接线工艺。在连接电气部件时，必须按照接线工艺要求，在确保接线正确的前提下，保证电气性能良好、接线美观。

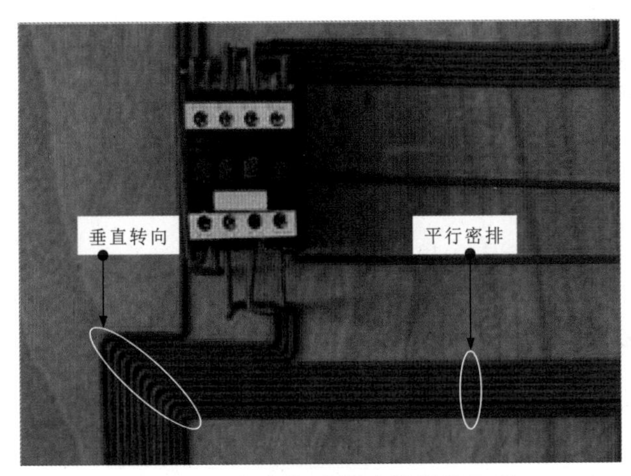

图17-7 电力拖动线路的接线工艺

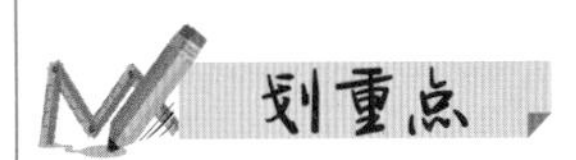

布线时，通道应尽可能少，同路并行导线应单层平行密排，按主电路、控制电路分类集中。同一平面的导线应高低一致或前后一致，不能交叉。布线应横平竖直，分布均匀，垂直转向。

裸露、无电弧的带电电气部件应与箱体有一定的间隙，在通常情况下，250V以下电气部件的间隙应不小于15mm；250～500V电气部件的间隙应不小于25mm。

2 控制箱的固定

控制箱内的电气部件接线完成后，需要将控制箱安装固定在电力拖动控制环境中。一般来说，控制箱适合墙壁式安装或落地式安装，确定安装位置后，用规格合适的螺栓固定即可，如图17-8所示。

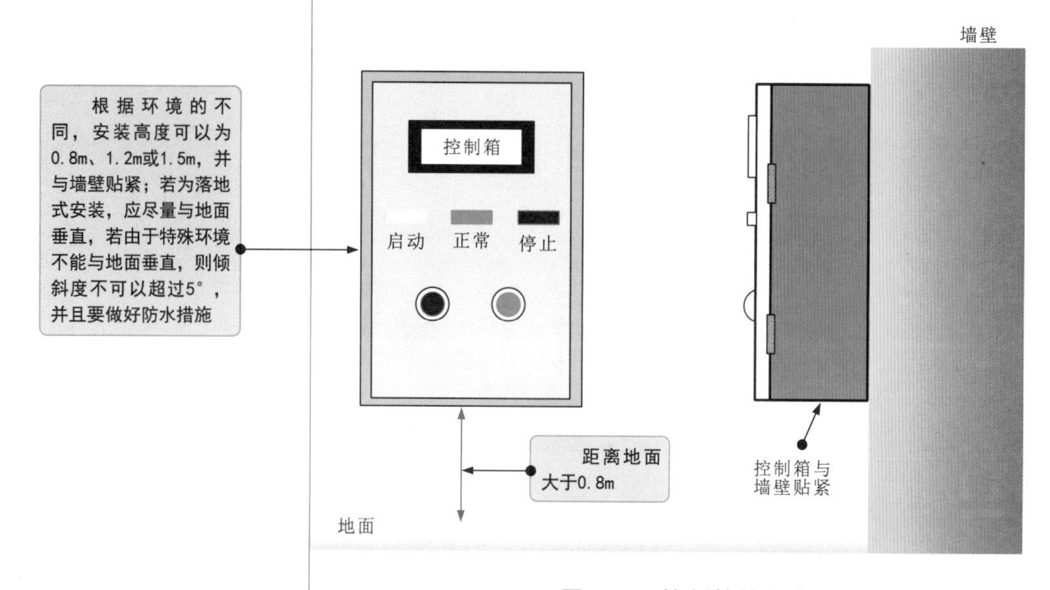

图17-8　控制箱的固定

17.2 电力拖动线路的调试与检修

17.2.1 直流电动机控制线路的调试与检修

电力拖动系统的设计、安装和连接完成后，需要对线路进行调试，若各个电气部件的动作、控制功能等都正常，则说明电力拖动系统正常，可投入使用。若发现故障，则应根据控制流程，逐级对控制线路进行检修。

在对直流电动机启动控制线路进行调试与检修时，首先根据控制功能逐一检查各控制部件操控是否正常、执行部件动作是否到位、直流电动机运转是否正常，并对动作异常、不灵活、不符合要求的部件进行调整，直至达到最佳状态。若发现异常，要及时进行检修。

1 检查控制功能

操作控制部件SB1、SB2，观察线路中各相应电气部件的动作或状态，如图17-9所示。

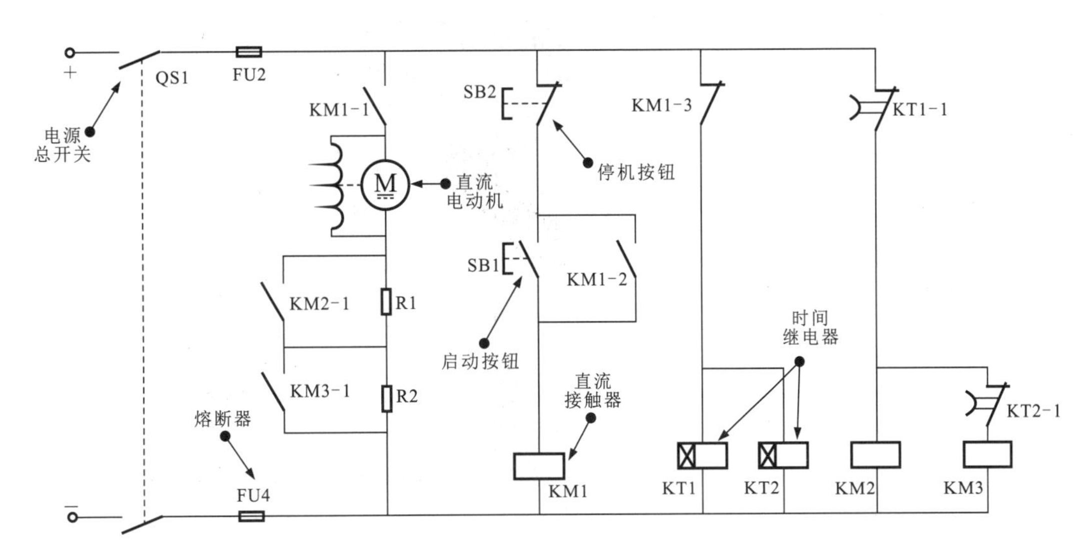

图17-9 检查控制功能

图17-9中，按下启动按钮SB1，直流接触器KM1线圈得电，常开触点KM1-1闭合，直流电动机串联R1、R2接通电源，低速启动运转。同时，常闭触点KM1-3断开，时间继电器KT1/KT2失电，常闭触点KT1-1、KT2-1相继延时复位闭合，直流接触器KM2、KM3线圈先后得电，常开触点KM2-1、KM3-1闭合，先后短接启动电阻器R1、R2，直流电动机转速提升至额定电压下，进入正常运转状态。

按下停机按钮SB2，切断直流接触器KM1线圈的供电回路，电路中所有电气部件及其触点均复位，直流电动机停转。

2 调试线路

调试线路分为断电调试和通电调试。通过调试，可确保控制线路能够完全按照设计要求实现控制功能，并正常工作，如图17-10所示。

【通电调试】
合上电源总开关QS1，接通直流电源，检查直流电动机是否运转，有无异常发热、声响等
按下启动按钮SB1，观察直流接触器的触点是否动作，动作状态是否符合控制要求，有无电弧等异常现象
按下启动按钮SB1，观察时间继电器动作的前后顺序是否符合设计要求
按下停止按钮SB2，观察直流电动机是否停转，直流接触器、时间继电器等的触点复位是否到位，有无卡死情况

【断电调试】
对应线路图检查各部件之间有无漏接、错接
轻轻晃动或拖拽连接端子，检查部件安装和连接是否牢固
按动操作部件SB1、SB2，检查是否灵活，有无卡死情况等

图17-10 调试线路

3 检修故障

在调试过程中，若控制功能异常或某一电气部件的动作变化与设计不符，则需对线路进行检修。如图17-11所示，若按下启动按钮SB1，直流电动机不动作，则应根据控制关系，对线路及相关部件进行逐一检查。查到故障后，排除故障。

沿线路连接关系依次检测直流电压均正常，怀疑启动按钮本身异常，将其引线断开，用万用表检测启动按钮在按下和松开两种状态下的阻值情况。

实测在两种状态下的阻值均为无穷大，怀疑内部触点损坏，更换后，故障被排除。

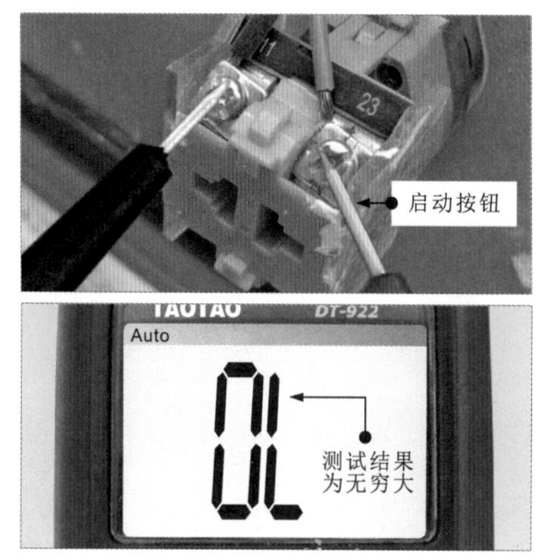

图17-11　检修故障

17.2.2 三相交流电动机控制线路的调试与检修

在对三相交流电动机启动控制线路进行调试与检修时，首先根据控制功能逐一检查各控制部件操控是否正常、执行部件动作是否到位、三相交流电动机运转是否正常，并对动作异常、不灵活、不符合要求的部件进行调整，直至达到最佳状态。若发现异常，应及时进行检修。

1 检查控制功能

操作控制部件SB1（控制功能启动）、SB2（控制功能停止），观察控制线路中各电气部件的动作或状态，如图17-12所示。

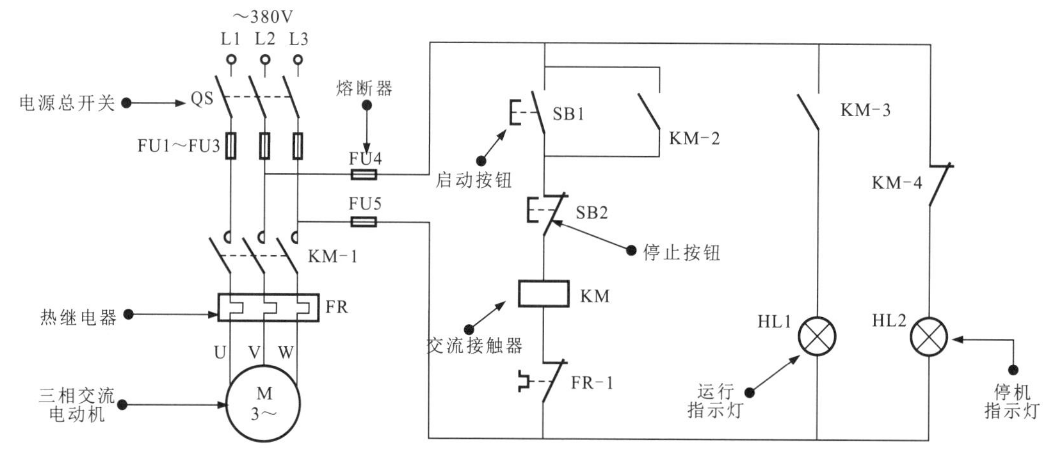

图17-12　检查控制功能

图17-12中，闭合电源总开关QS，按下启动按钮SB1，交流接触器KM线圈得电，其常开主触点KM-1闭合，三相交流电动机启动运转。同时，KM的常开触点KM-2闭合自锁，常开触点KM-3闭合，运行指示灯HL1点亮；KM的常闭触点KM-4断开，停机指示灯HL2熄灭。

当需要三相交流电动机停机时，按下停止按钮SB2，交流接触器KM线圈失电，其所有触点均复位，KM-2断开，解除自锁；KM-1断开，三相交流电动机停止运转；KM-3断开，运行指示灯HL1熄灭；KM-4闭合，停机指示灯HL2点亮。

调试线路

图17-13为三相交流电动机启动控制线路的调试。

【通电调试】

闭合总电源开关，停机指示灯HL2点亮

按下启动按钮后，电动机应能够正常启动，即使松手，电动机仍能持续工作，运转指示灯HL1点亮

观察各电气部件的动作是否灵活、噪声是否过大、运行是否正常等

【断电调试】

按照线路图从电源端开始，逐段确认有无漏接、错接，检查连接点是否符合工艺要求

图17-13 三相交流电动机启动控制线路的调试

检修故障

在调试过程中，当按下停止按钮时，交流接触器的线圈虽然能够断电，但常开主触点不能释放或能释放，但释放速度缓慢，导致三相交流电动机不能根据需要迅速断电停机，此时应及时进行检修。

交流接触器的线圈能够随控制电路的操作而断电，说明线路连接正常。交流接触器的常开主触点不能释放的原因多为内部铁芯油污、常开主触点弹簧性能不良及机械卡阻等。

17.2.3 农田灌溉控制线路的调试与检修

农田灌溉控制线路可自动实现开启或停止农田灌溉功能，由电动机拖动水泵实现。图17-14为农田灌溉控制线路的结构组成。

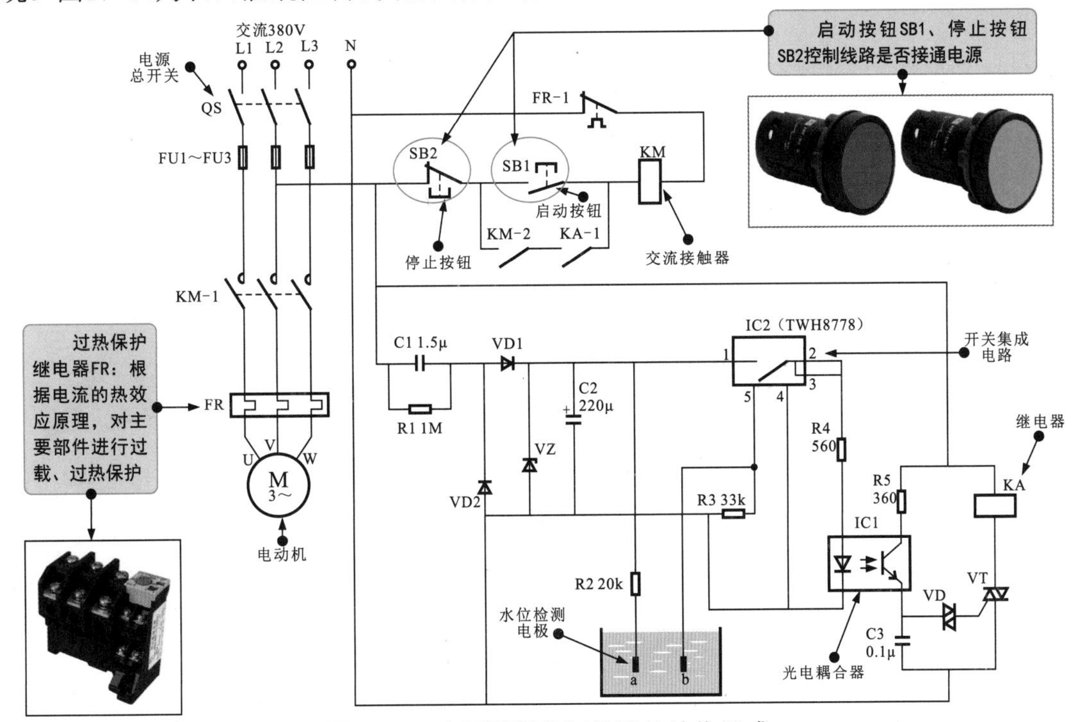

图17-14 农田灌溉控制线路的结构组成

图17-14中，闭合电源总开关QS，交流380V电压经电阻器R1和电容器C1降压，整流二极管VD1、VD2整流，稳压二极管VZ稳压，滤波电容器C2滤波后，输出+9V直流电压：一路加到开关集成电路IC2的1脚；另一路经R2和电极a、b加到IC2的5脚，5脚为高电平，使开关集成电路IC2的内部电子开关导通。

开关集成电路IC2的内部电子开关导通后，由2脚输出+9V电压，经R4为光电耦合器IC1供电，IC1工作后输出触发信号，双向触发二极管VD导通，双向触发晶闸管VT导通，继电器KA线圈得电，常开触点KA-1闭合。

按下启动按钮SB1，交流接触器KM线圈得电，自锁触点KM-2闭合自锁，锁定启动按钮SB1，即使松开SB1，KM线圈仍可保持得电状态；同时，KM主触点KM-1闭合，接通电源，电动机M带动水泵启动运转，对农田进行灌溉。当水位降低至最低时，水位检测电极a、b由于无水而处于开路状态，IC2的5脚变为低电平，开关集成电路IC2内部的电子开关复位断开。光电耦合器IC1、双向触发二极管VD、双向触发晶闸管VT均截止，继电器KA线圈失电，触点KA-1复位断开。交流接触器KM的线圈失电，触点复位，为下次启动做好准备，电动机电源被切断，停止运转，自动停止农田灌溉。

若农田灌溉控制线路在实际工作时与设计功能不一致或出现异常，则需要对线路进行调试和检测，如图17-15所示。

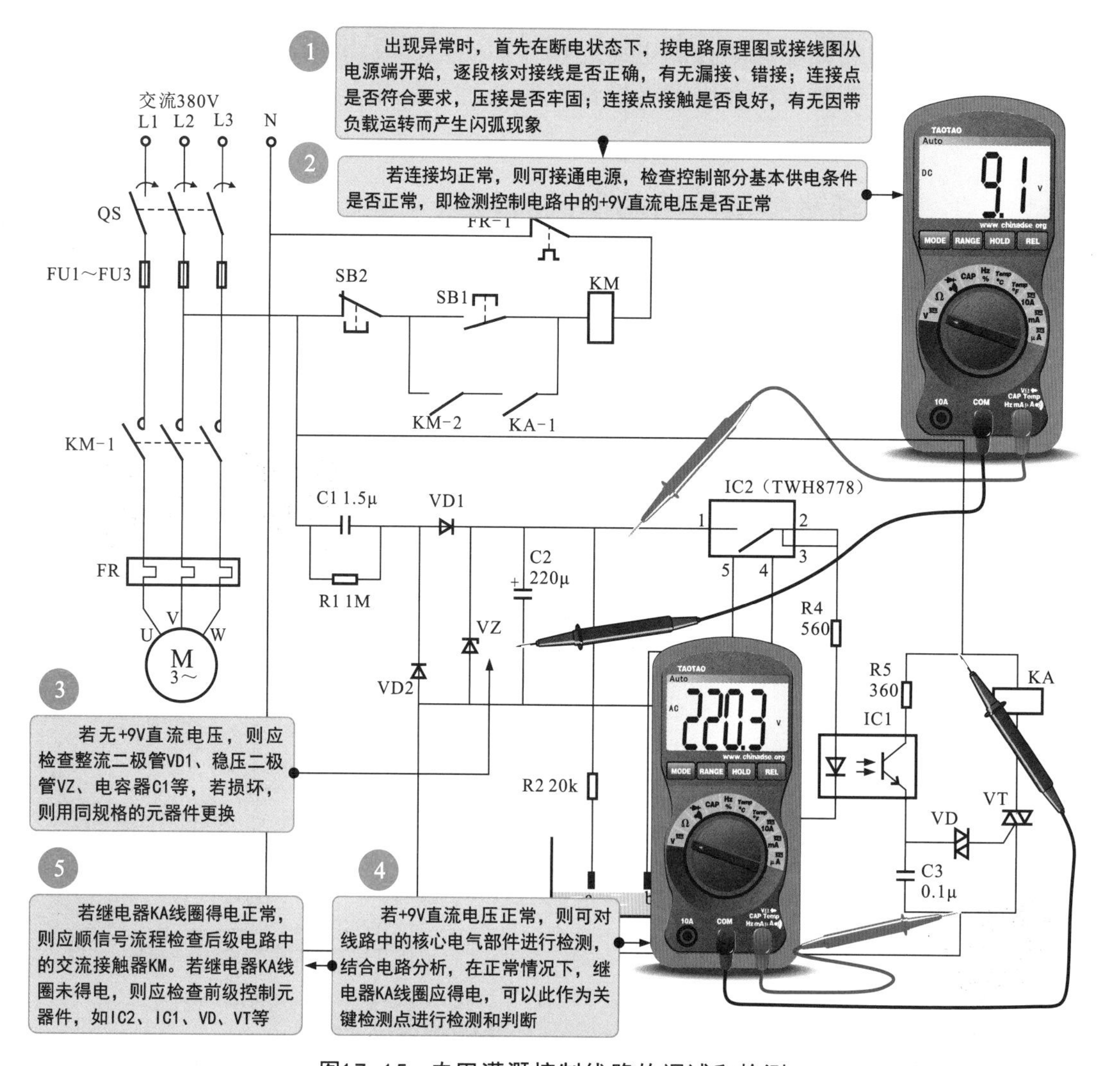

图17-15　农田灌溉控制线路的调试和检测

17.2.4 铣床控制线路的调试与检修

图17-16为铣床控制线路的结构组成。该线路配置两台电动机，分别为冷却泵电动机M1和铣头电动机M2。其中，铣头电动机M2采用调速和正/反转控制，可根据加工工件对其运转方向和旋转速度进行设置；冷却泵电动机M1可根据需要通过转换开关直接控制。

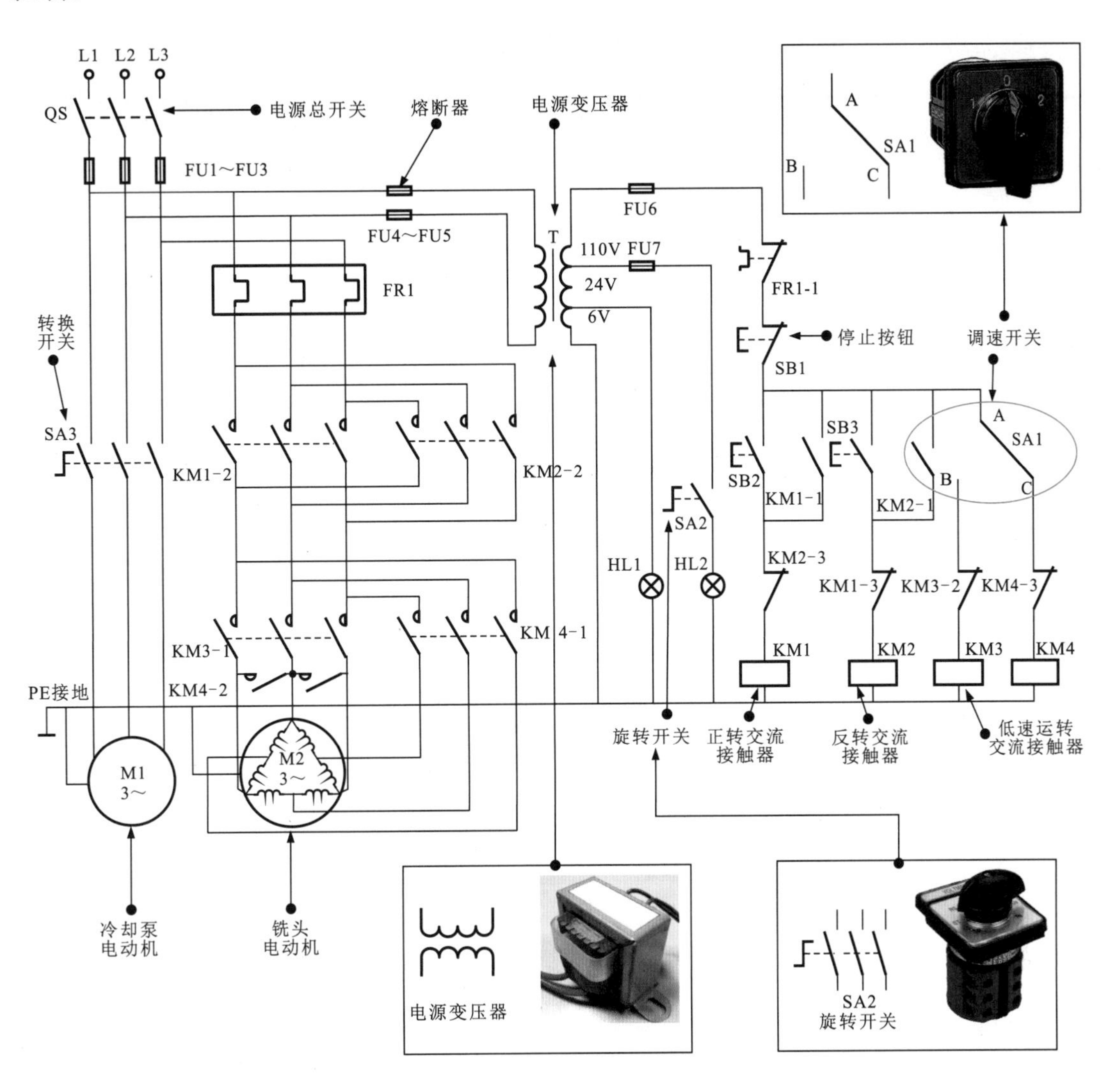

图17-16 铣床控制线路的结构组成

图17-16中，合上QS，按下正转启动按钮SB2，KM1的线圈得电，其常开辅助触点KM1-1闭合，实现自锁功能；同时，常开主触点KM1-2闭合，为M2正转做好准备；常闭辅助触点KM1-3断开，防止KM2的线圈得电。

转动SA1，触点A、B接通，KM3的线圈得电，其常闭辅助触点KM3-2断开，防止KM4的线圈得电；常开主触点KM3-1闭合，电源为M2供电。铣头电动机M2绕组呈△形接入电源，开始低速正向运转。

闭合转换开关SA3，冷却泵电动机M1启动运转。转动双速开关SA1，触点A、C接通，KM4的线圈得电，相应触点动作，其常闭辅助触点KM4-3断开，防止KM3的线圈得电；同时，常开触点KM4-1、KM4-2闭合，电源为铣头电动机M2供电，铣头电动机M2绕组呈Y形接入电源，开始高速正向运转。

当铣头电动机M2需要高速反转运转加工工件时，按下反转启动按钮SB3，其内部常开触点闭合，反转交流接触器KM2动作，控制过程与正转相似。

当铣削加工完成后，按下停止按钮SB1，无论电动机处于何种状态，接触器线圈均失电，铣头电动机M2停止运转。

在电路接通电源的状态下，当调速开关SA1的A、B触点接通时，交流接触器KM3的线圈应有交流110V电压，如图17-17所示，否则说明调速开关SA1控制失常。

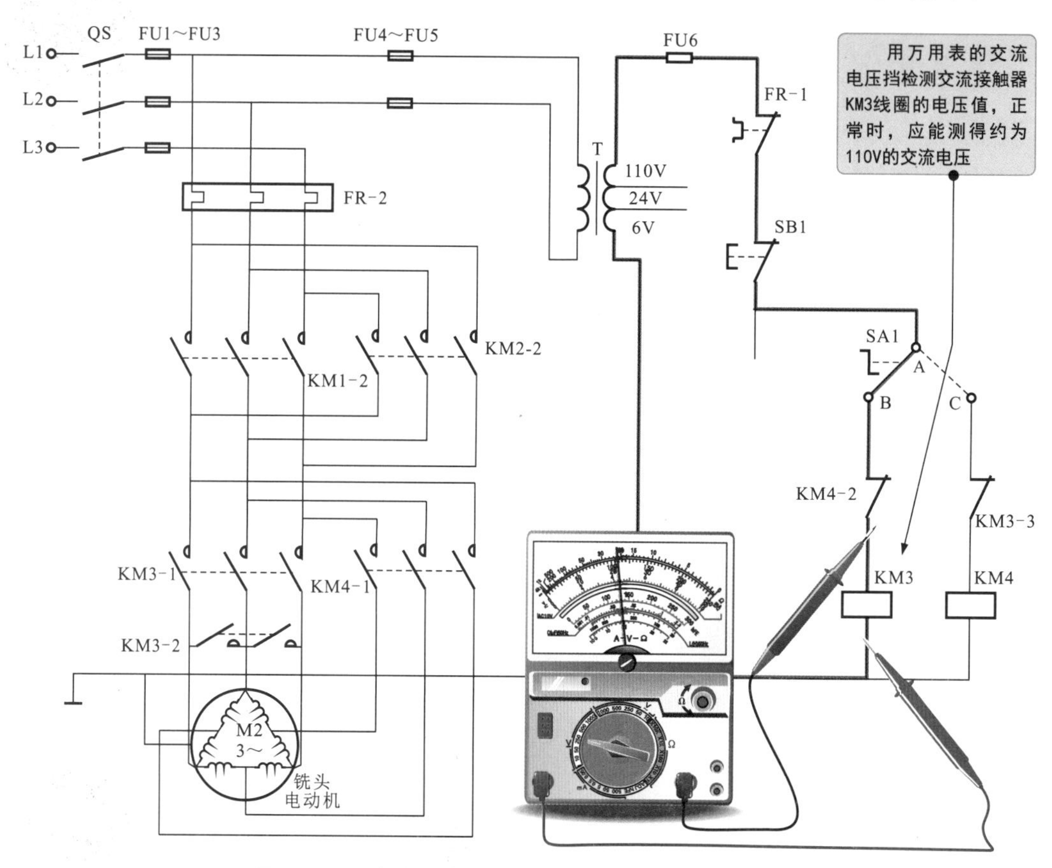

图17-17　交流接触器KM3线圈电压的检测方法

在检测过程中，若铣头电动机M2无法启动，则应对主电路及控制电路进行检测。

①检查总电源开关QS、熔断器FU1～FU3是否存在接触不良或连线断路。

②检查控制电路中热继电器是否有常闭触点不复位或接触不良，可手动复位、修复或更换。

③检查控制电路中启动按钮SB2、SB3触点接触是否正常，连接是否存在断路。

④检查交流接触器线圈是否开路或连线断路。

第18章

变频器与变频电路

18.1 变频器的种类与功能特点

18.1.1 变频器的种类

变频器的种类很多，分类方式多种多样，可根据需求按用途、变换方式、电源性质、调压方法、变频控制等多种方式分类。

划重点

变频器（VFD或VVVF）是一种利用逆变电路将工频电源变为频率和电压可变的变频电源，进而对电动机进行调速的电气装置。

1 按用途分类

变频器按用途可分为通用变频器和专用变频器两大类，如图18-1所示。

三菱D700型通用变频器

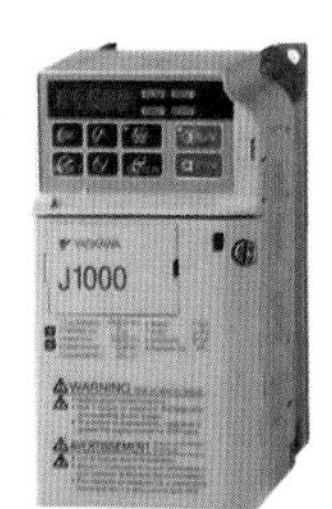

安川J1000型通用变频器

西门子MM420型通用变频器

（a）通用变频器

风机专用变频器

恒压供水（水泵）

电梯专用变频器

（b）专用变频器

图18-1 通用变频器和专用变频器

① 通用变频器是在很多方面具有很强通用性的变频器。该类变频器简化了系统功能，主要以节能为主要目的，多为中小容量的变频器，一般应用在水泵、风扇、鼓风机等对系统调速性能要求不高的场合。

② 专用变频器是专门针对某一方面或某一领域而设计研发的变频器，针对性较强，具有独有的功能和优势，能够更好地发挥变频调速作用，通用性较差。

目前，较常见的专用变频器主要有风机类专用变频器、恒压供水（水泵）专用变频器、机床专用变频器、重载专用变频器、注塑机专用变频器、纺织专用变频器、电梯专用变频器等。

2 按变换方式分类

变频器按变换方式主要分为交-直-交变频器和交-交变频器，如图18-2所示。

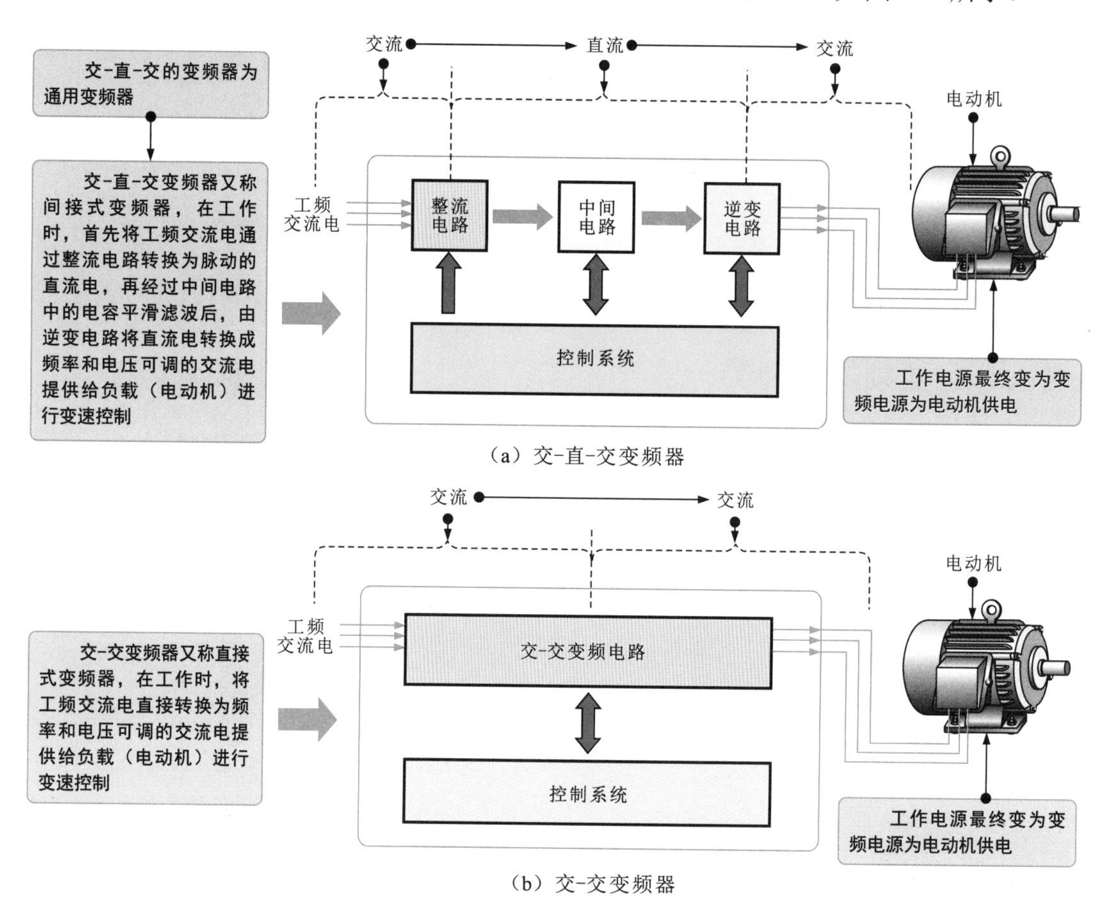

（a）交-直-交变频器

（b）交-交变频器

图18-2 交-直-交变频器和交-交变频器

3 按电源性质分类

变频器按电源性质可分为电压型变频器和电流型变频器，如图18-3所示。

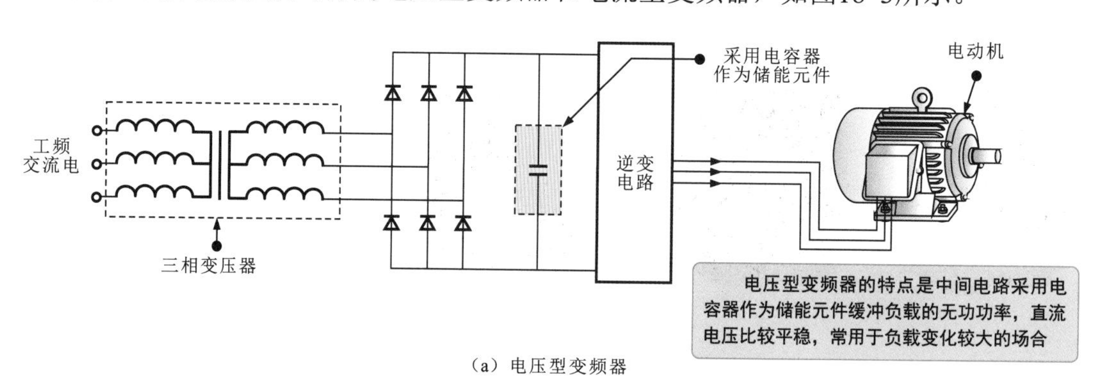

（a）电压型变频器

图18-3 电压型变频器和电流型变频器

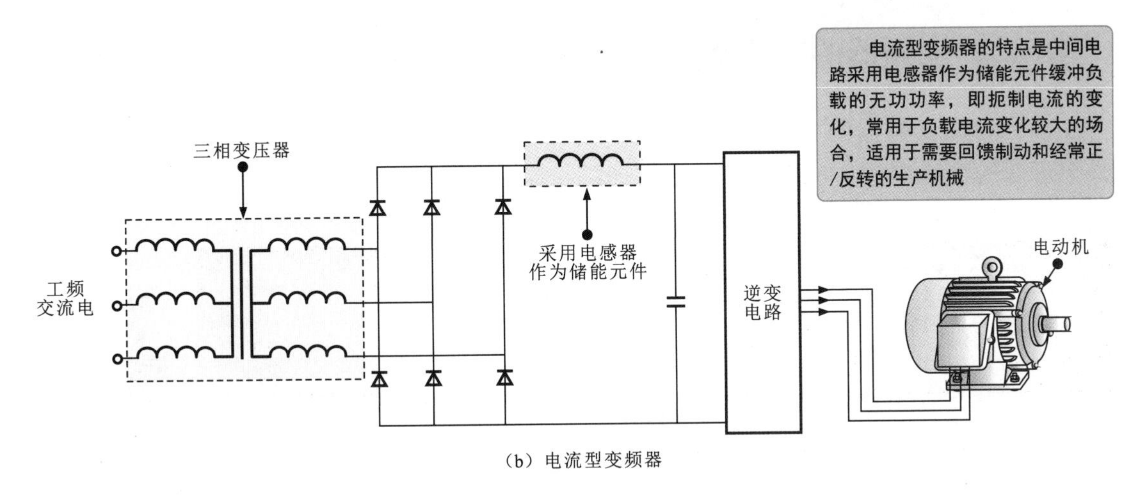

（b）电流型变频器

图18-3 电压型变频器和电流型变频器（续）

4 按调压方法分类

变频器按调压方法可分为PAM变频器和PWM变频器，如图18-4所示。

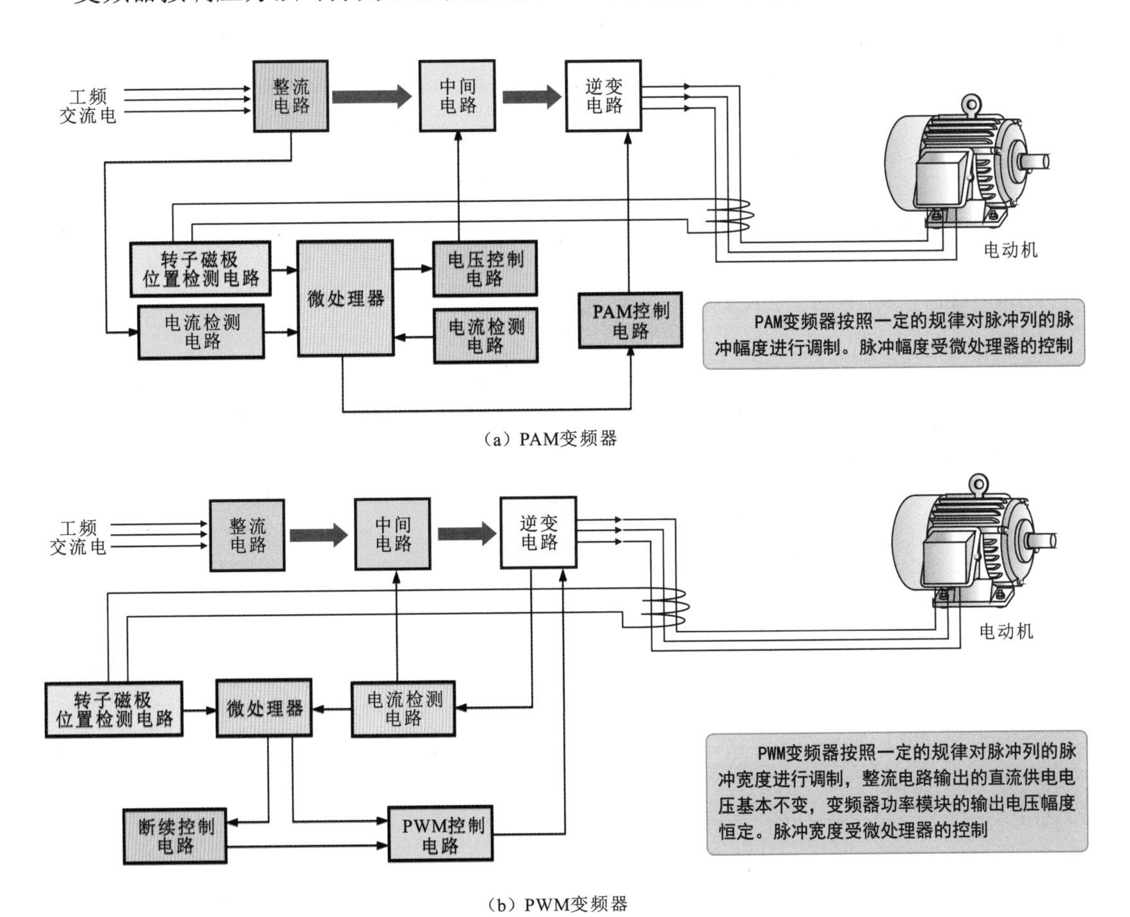

（a）PAM变频器

（b）PWM变频器

图18-4 PAM变频器和PWM变频器

18.1.2 变频器的功能特点

图18-5为变频器的功能原理。由图可知，变频器可将频率恒定的交流电源转换为频率可变的交流电源，实现对电动机转速的控制。

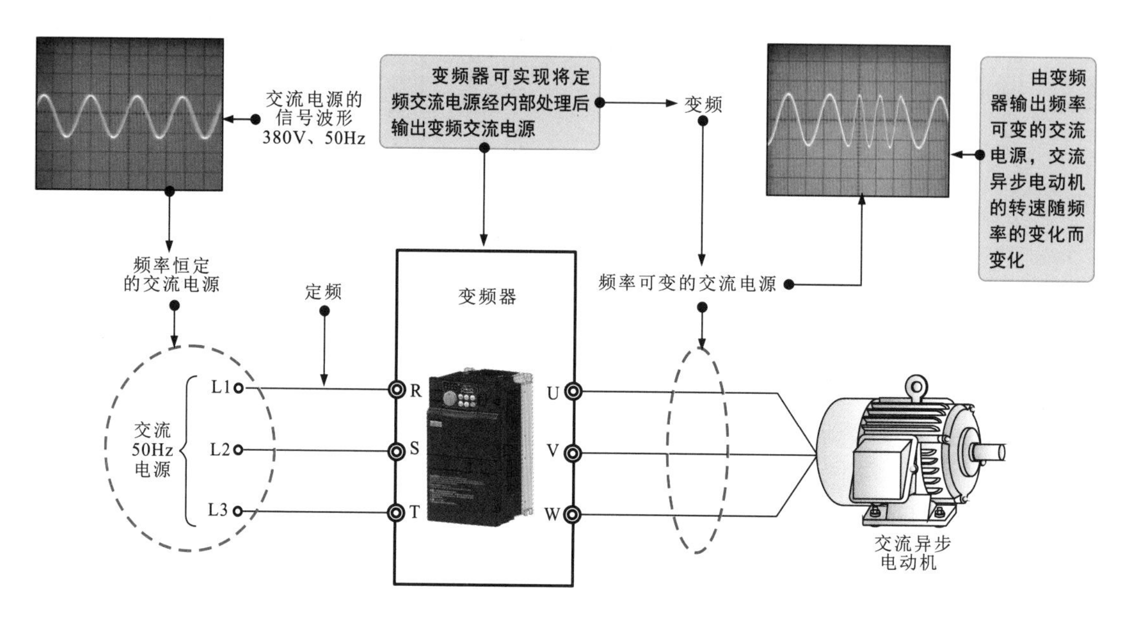

图18-5 变频器的功能原理

1 变频器具有软启动功能

图18-6为变频器的硬启动和软启动功能。

传统继电器控制电动机的控制电路采用硬启动方式，电源经开关直接为电动机供电。由于电动机处于停机状态，因此为了克服电动机转子的惯性，绕组中的电流很大，在大电流的作用下，电动机的转速迅速上升，在短时间（小于1s）内达到额定转速，在转速为n_K时转矩最大，转速不可调，启动电流约为运行电流的6～7倍，对电气设备冲击很大

交流50Hz电源
L1 L2 L3
KM
M
3～
I_M
I_{MH}
最大启动电流
I_{MN}
运行额定电流
O t
n
n_0
n_1
n_K
O t_L t_S t_K t
n
n_1
O t_s<1s t

硬启动方式 启动电流 动态转速 转速上升过程

（a）硬启动

图18-6 变频器的硬启动和软启动功能

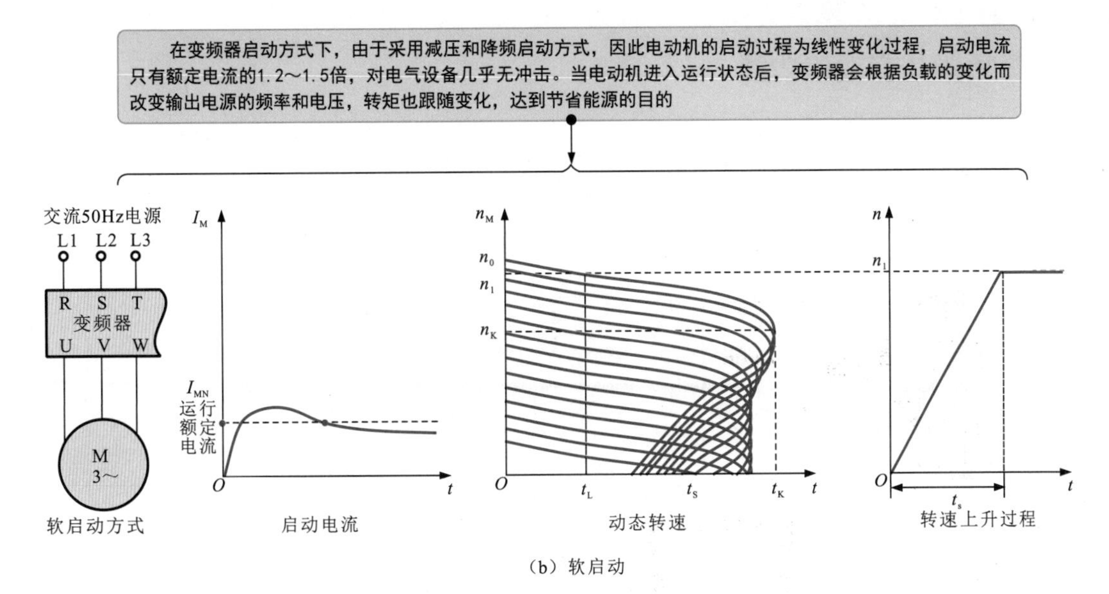

（b）软启动

图18-6 变频器的硬启动和软启动功能（续）

2 变频器具有突出的变频调速功能

图18-7为变频器的变频调速功能。

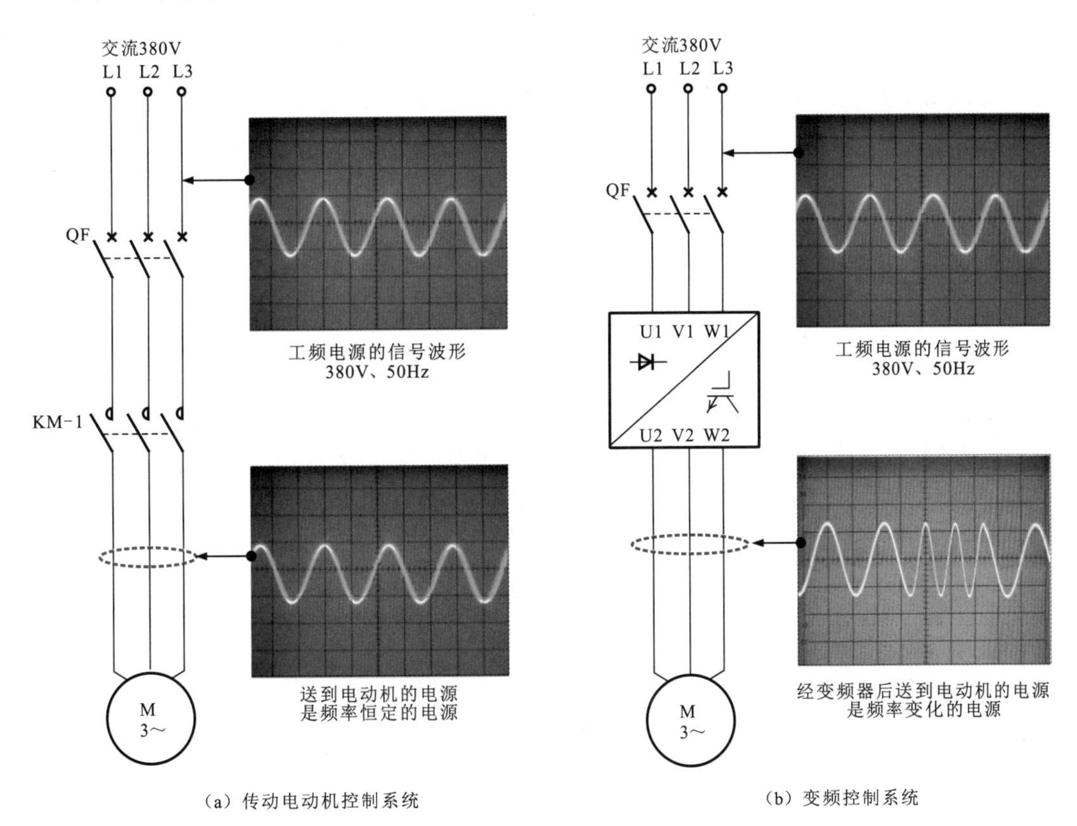

（a）传动电动机控制系统　　（b）变频控制系统

图18-7 变频器的变频调速功能

3 变频器具有通信功能

为了便于通信和人机交互，变频器通常设有不同的通信接口，可与PLC自动控制系统及远程操作器、通信模块、计算机等进行通信连接，如图18-8所示。

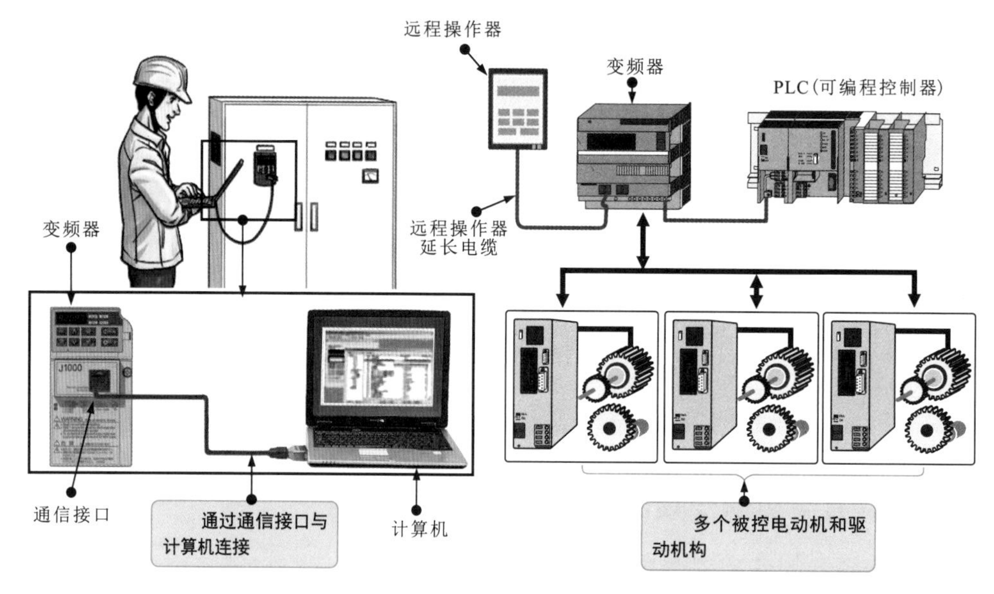

图18-8　变频器具有通信功能

4 变频器的其他功能

变频器除了具有基本的软启动、调速和通信功能外，在制动停机、安全保护、监控和故障诊断方面也具有突出的优势，如图18-9所示。

可受控的停机和制动功能

在变频器控制电路中，停机和制动方式可以受控，一般变频器都具有多种停机方式和制动方式的设定或选择，如减速停机、自由停机、减速停机+制动等，可减少对机械部件和电动机的冲击，使整个系统更加可靠。

安全保护功能

变频器设有保护电路，可实现自身及电动机的各种异常保护功能，主要包括过热（过载）保护和防失速保护。

过热（过载）保护功能

变频器的过热（过载）保护即过电流保护或电动机过热保护，当电动机的惯性过大或因负载过大而引起电动机堵转时，输出电流超过额定值或使电动机过热，保护电路动作，电动机停转，可防止变频器和电动机损坏。

防失速保护

失速是当给定的加速时间过短，电动机的加速变化远远跟不上变频器输出频率的变化时，变频器将因电流过大而跳闸，运转停止。为了防止失速现象，变频器均设有防失速保护电路。该电路可检出电流的大小，当加速电流过大时适当放慢加速速率，当减速电流过大时适当放慢减速速率，以防出现失速情况。

监控和故障诊断功能

变频器的显示屏、状态指示灯及操作按键可用于各项参数的设定及对设定值、运行状态等的监控显示。大多变频器都设有故障诊断功能，可对系统构成、硬件状态、指令的正确性等进行诊断，当发现异常时，报警系统会发出报警提示声，同时显示错误信息，当故障严重时会发出控制指令停止运行，可提高变频器控制系统的安全性。

图18-9　变频器的其他功能

变频器的应用

18.2.1 制冷设备中的变频电路

如图18-10所示，以变频空调器为例，变频电路和压缩机位于空调器的室外机中。变频电路在室外机控制电路的控制下，输出驱动压缩机的变频驱动信号，使压缩机启动、运行。

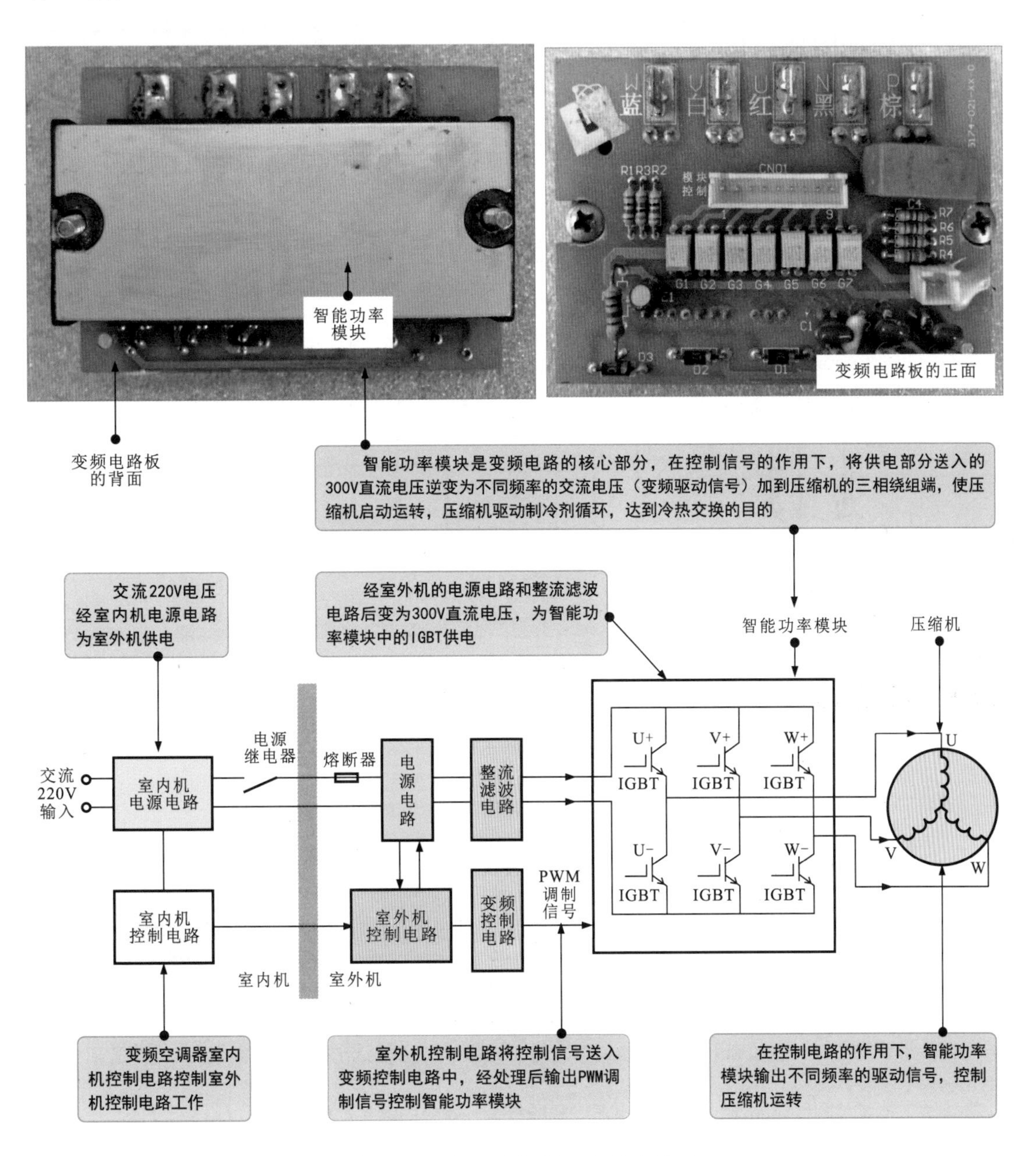

图18-10 变频空调器中的变频电路

18.2.2 机电设备中的变频电路

机电设备变频电路的控制过程与传统工业设备的控制过程基本类似，仅在电动机的启动、停机、调速、制动、正/反转等运转方式及耗电量方面有明显的区别，采用变频器控制的机电设备的工作效率更高，更加节约能源。图18-11为机电设备中的变频电路。

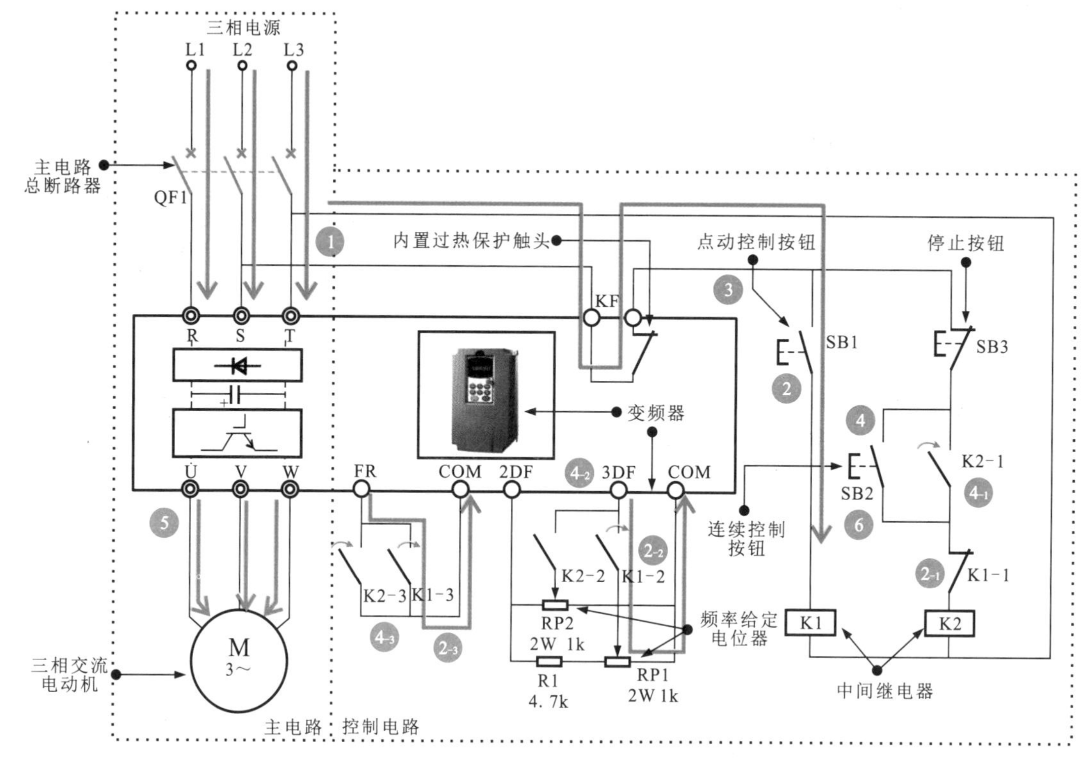

图18-11 机电设备中的变频电路

图18-11电路分析

❶ 合上主电路总断路器QF1，接通三相电源，变频器主电路输入端R、S、T得电，控制电路部分接通电源进入准备状态。

❷ 当按下点动控制按钮SB1时，中间继电器K1线圈得电，对应的触头动作。

2-1 常闭触头K1-1断开，实现连锁控制，防止中间继电器K2得电。

2-2 常开触头K1-2闭合，变频器的3DF端与RP1及COM端构成回路，RP1有效，调节RP1的阻值即可获得三相交流电动机点动运行时需要的工作频率。

2-3 常开触头K1-3闭合，变频器的FR端经K1-3与COM端接通，变频器内部主电路开始工作，U、V、W端输出变频电源，其频率按预置的升速时间上升至给定对应数值，三相交流电动机得电启动运行。

❸ 在电动机运行过程中，松开点动控制按钮SB1，中间继电器K1线圈失电，常闭触头K1-1复位闭合，为中间继电器K2线圈得电做好准备；常开触头K1-2复位断开，变频器的3DF端与频率给定电位器RP1触点被切断；常开触头K1-3复位断开，变频器的FR端与COM端断开，变频器内部主电路停止工作，三相交流电动机失电停转。

❹ 当按下连续控制按钮SB2时，中间继电器K2线圈得电，对应的触头动作。

4-1 常开触头K2-1闭合，实现自锁功能。

④₋₂ 常开触头K2-2闭合，变频器的3DF端与RP2及COM端构成回路，此时RP2电位器有效，调节RP2的阻值即可获得三相交流电动机连续运行时需要的工作频率。

④₋₃ 常开触头K2-3闭合，变频器的FR端经K2-3与COM端接通。

⑤ 变频器内部主电路开始工作，U、V、W端输出变频电源，其频率按预置的升速时间上升至给定对应的数值，三相交流电动机得电启动运行。

⑥ 需要三相交流电动机停机时，按下停止按钮SB3，中间继电器K2线圈失电，常开、常闭触头全部复位，变频器内部主电路停止工作，三相交流电动机失电停转。

18.3 变频电路实例

18.3.1 海信KFR-5001LW/BP型变频空调器中的变频电路

图18-12为海信KFR-5001LW/BP型变频空调器中的变频电路。该电路采用智能功率模块作为变频电路对压缩机进行控制，由微处理器送来的控制信号通过光耦合器送到智能功率模块中。

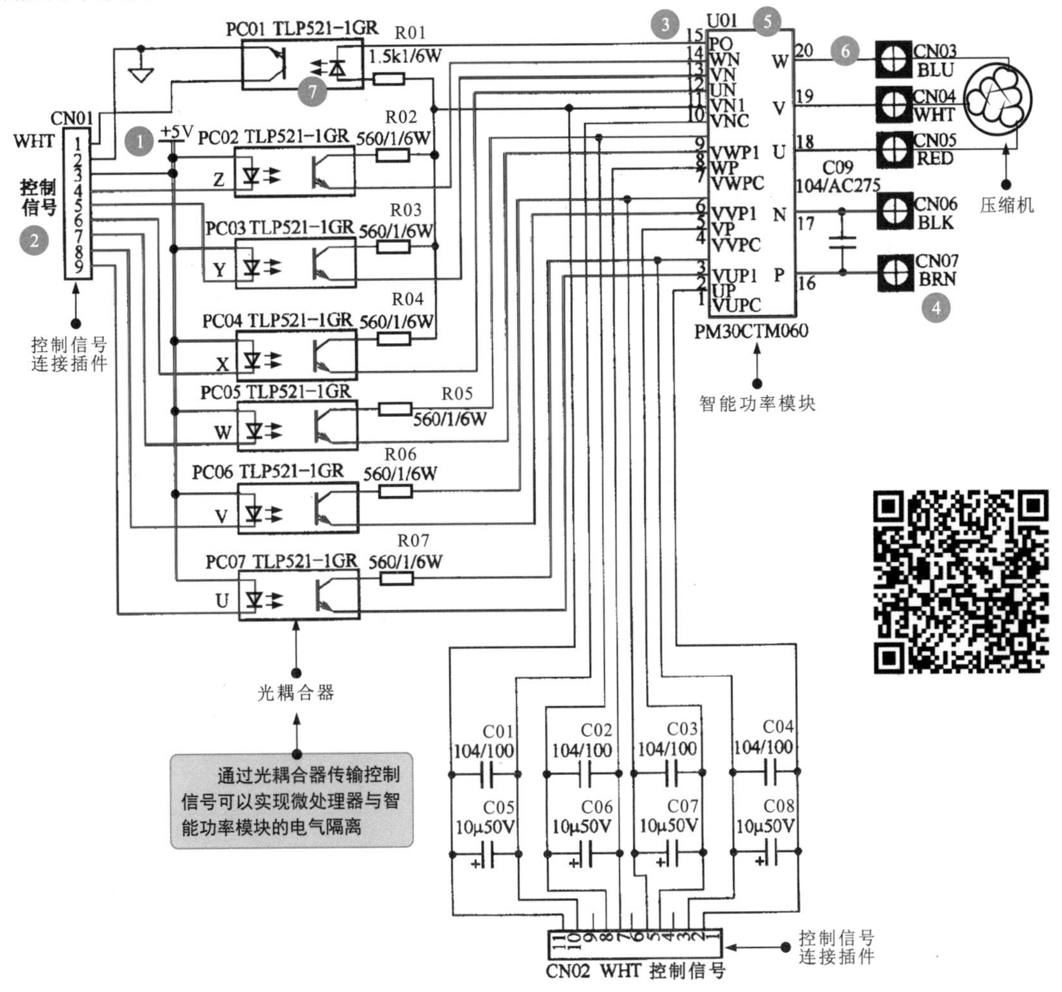

图18-12 海信KFR-5001LW/BP型变频空调器中的变频电路

图18-12电路分析

①由室外机电源电路送来的+5V供电电压分别为光耦合器PC02～PC07供电。

②由微处理器送来的控制信号首先送入光耦合器PC02～PC07中。

③由PC02～PC07送出的控制信号分别送入智能功率模块U01中，驱动内部变频电路工作。

④由室外机电源电路送来的直流300V电压经插件CN07和CN06送入智能功率模块内部的IGBT变频电路中。

⑤智能功率模块在控制电路的控制下将直流电压转变为压缩机的变频驱动信号。

⑥智能功率模块工作后，由U、V、W端输出变频驱动信号，经插件CN03～ CN05分别加到压缩机的三相绕组端，压缩机工作。

⑦当变频电路的电流值过高时，由U01的11脚输出过电流检测信号送入光耦合器PC01中，经光电转换后，变为电信号送往室外机控制电路中，由室外机控制电路实施保护控制。

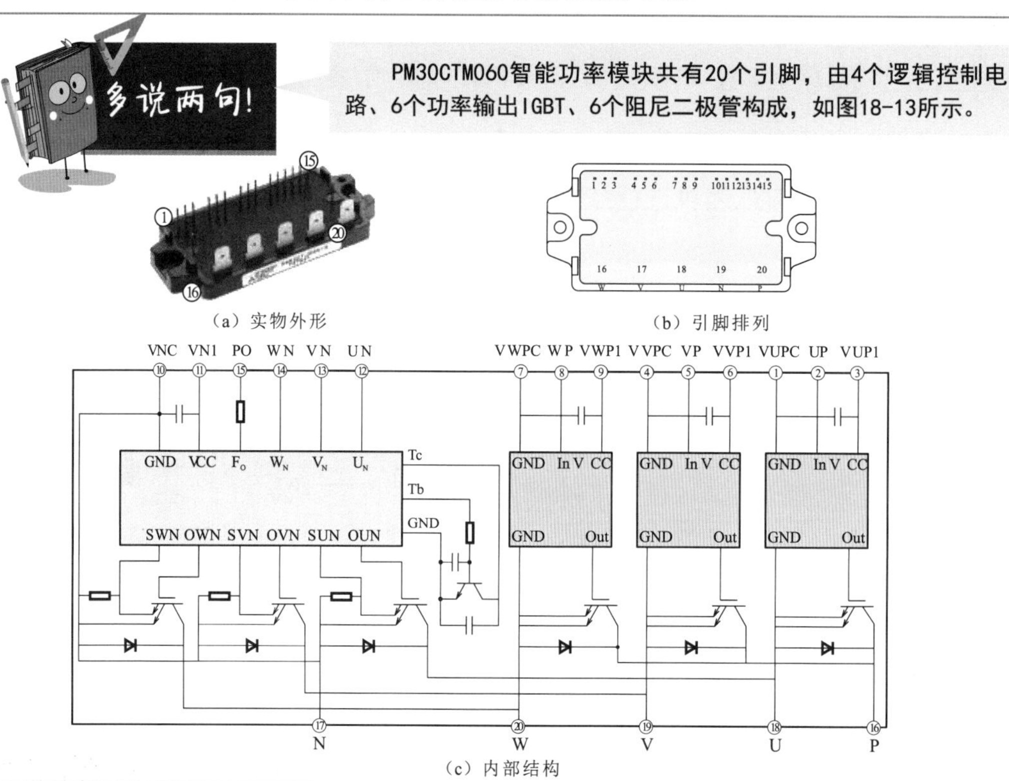

（a）实物外形　（b）引脚排列

（c）内部结构

引脚	标识	引脚功能	引脚	标识	引脚功能
1	VUPC	接地	11	VN1	欠电压检测端
2	UP	功率管U（上）控制	12	UN	功率管U（下）控制
3	VUP1	模块内IC供电	13	VN	功率管V（下）控制
4	VVPC	接地	14	WN	功率管W（下）控制
5	VP	功率管V（上）控制	15	PO	故障检测
6	VVP1	模块内IC供电	16	P	直流供电端
7	VWPC	接地	17	N	直流供电负端
8	WP	功率管W（上）控制	18	U	接电动机绕组U
9	VWP1	模块内IC供电	19	V	接电动机绕组V
10	VNC	接地	20	W	接电动机绕组W

（d）引脚功能

图18-13　PM30CTM060智能功率模块的实物外形、引脚排列、内部结构及引脚功能

18.3.2 恒压供水变频电路

图18-14为单水泵恒压供水变频电路。该电路采用康沃CVF-P2风机水泵专用型变频器，具有变频-工频切换控制功能，可在变频电路发生故障或维护检修时切换到工频状态维持供水系统工作。

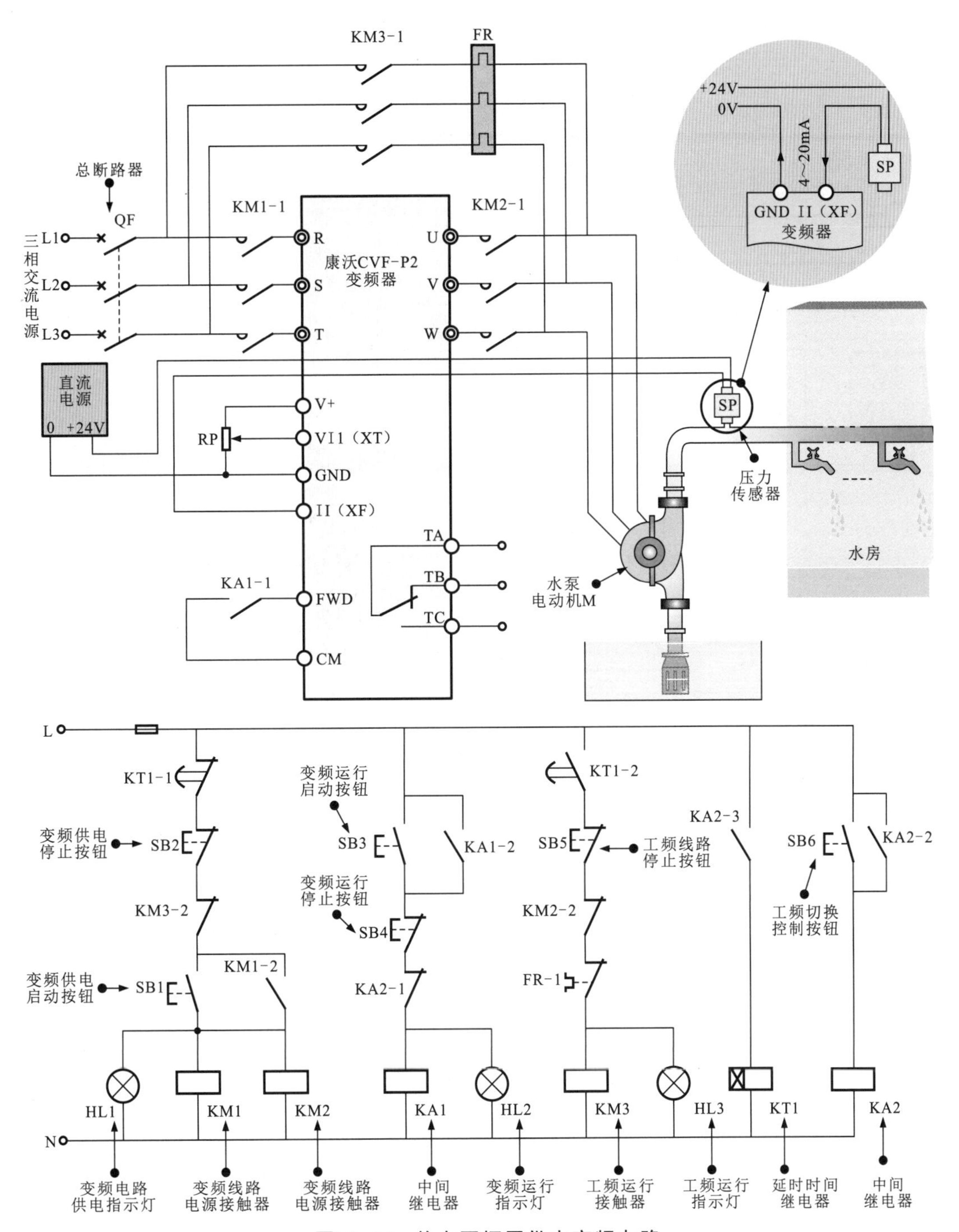

图18-14 单水泵恒压供水变频电路

分析单水泵恒压供水变频电路时，首先闭合主电路断路器QF，分别按下变频供电启动按钮SB1、变频运行启动按钮SB3后，变频电路进入工作状态，同时，将压力传感器的反馈信号与设定信号相比较作为控制变频器输出的依据，使变频器根据实际的水压情况，自动控制水泵电动机的运转速度，实现恒压供水，如图18-15所示。

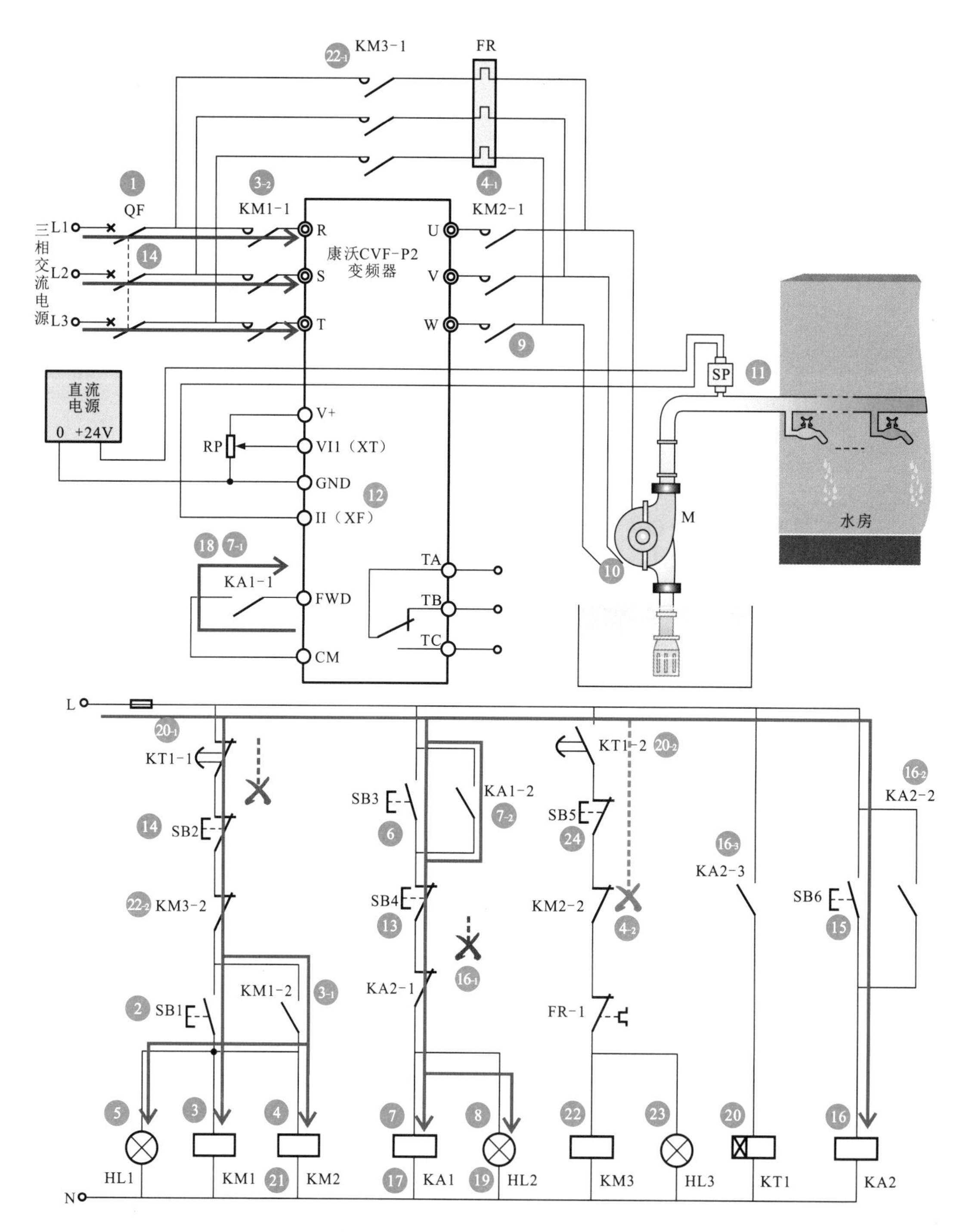

图18-15　单水泵恒压供水变频电路工作过程的分析

图18-15电路分析

① 合上总断路器QF，接通变频电路供电电源。

② 按下变频供电启动按钮SB1。

②→③ 变频线路电源接触器KM1线圈得电吸合。

　　③-1 常开辅助触点KM1-2闭合自锁。

　　③-2 常开主触点KM1-1闭合，变频器主电路输入端R、S、T得电。

②→④ 变频线路电源接触器KM2线圈得电吸合。

　　④-1 常开主触点KM2-1闭合，变频器输出侧与水泵电动机M相连，为水泵电动机运行做好准备。

　　④-2 常闭辅助触点KM2-2断开，防止工频运行接触器KM3线圈得电，起连锁保护作用。

②→⑤ 变频电路供电指示灯HL1点亮。

⑥ 按下变频运行启动按钮SB3。

⑥→⑦ 中间继电器KA1线圈得电。

　　⑦-1 常开辅助触点KA1-1闭合，变频器FWD端子与CM端子短接。

　　⑦-2 常开辅助触点KA1-2闭合自锁。

⑥→⑧ 变频运行指示灯HL2点亮。

⑦-1→⑨ 变频器接收启动指令（正转），内部主电路开始工作，U、V、W端输出变频电源，经KM2-1后，加到水泵电动机M的三相绕组端。

⑩ 水泵电动机M开始启动运转，将蓄水池中的水通过管道送入水房，进行供水。

⑪ 水泵电动机M工作时，供水系统中的压力传感器SP实施检测供水压力状态，并将检测到的供水压力转换为电信号反馈到变频器端子II（XF）上。

⑫ 变频器端子II（XF）将反馈信号与初始目标设定端子VI1（XT）的给定信号相比较，将比较信号经变频器的PID调节处理后得到频率给定信号，控制变频器输出的电源频率升高或降低，从而控制水泵电动机转速的提高或降低。

⑬ 若需要水泵电动机停机，则按下变频运行停止按钮SB4即可。

⑭ 若需要对变频电路进行检修或准备长时间不使用，则应按下变频供电停止按钮SB2及总断路器QF，切断供电电源。

该变频电路具有工频-变频切换功能，当维护或故障时，可将工频切换控制按钮SB6自动延时切换到工频运行状态，由工频电源为水泵电动机M供电。

⑮ 按下工频切换控制按钮SB6。

⑯ 中间继电器KA2线圈得电。

　　⑯-1 常闭触点KA2-1断开。

　　⑯-2 常开触点KA2-2闭合自锁。

　　⑯-3 常开触点KA2-3闭合。

⑯-1→⑰ 中间继电器KA1线圈失电释放，所有触点均复位。

⑱ KA1-1复位断开，切断变频器运行端子回路，变频器停止输出。

⑯-1→⑲ 变频运行指示灯HL2熄灭。

⑯-3→⑳ 延时时间继电器KT1线圈得电。

　　⑳-1 延时断开触点KT1-1延时一段时间后断开。

　　⑳-2 延时闭合触点KT1-2延时一段时间后闭合。

⑳-1→㉑ 变频线路电源接触器KM1、KM2线圈均失电，同时变频电路供电指示灯HL1熄灭，KM1、KM2的所有触点均复位，将变频器与三相交流电源断开。

⑳-2→㉒工频运行接触器KM3线圈得电。

㉒-1常开主触点KM3-1闭合，水泵电动机M接入工频电源，开始运行。

㉒-2常闭辅助触点KM3-2断开，防止KM2、KM1线圈得电，起连锁保护作用。

⑳-2→㉓工频运行指示灯HL3点亮。

㉔若需要工频变频电路停机，则按下工频线路停止按钮SB5即可。

图18-16为变频电路的工频-变频相互切换原理。

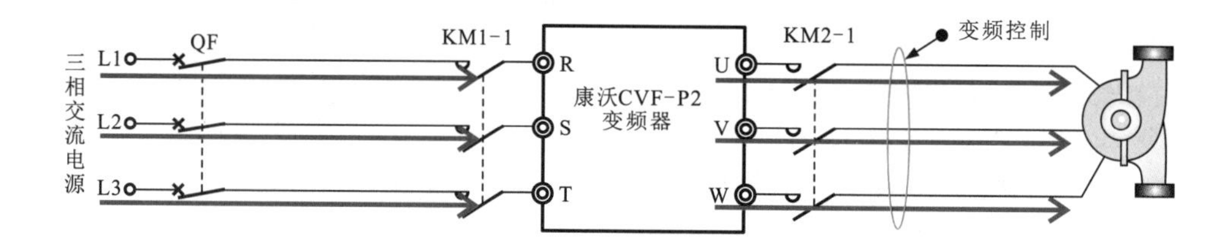

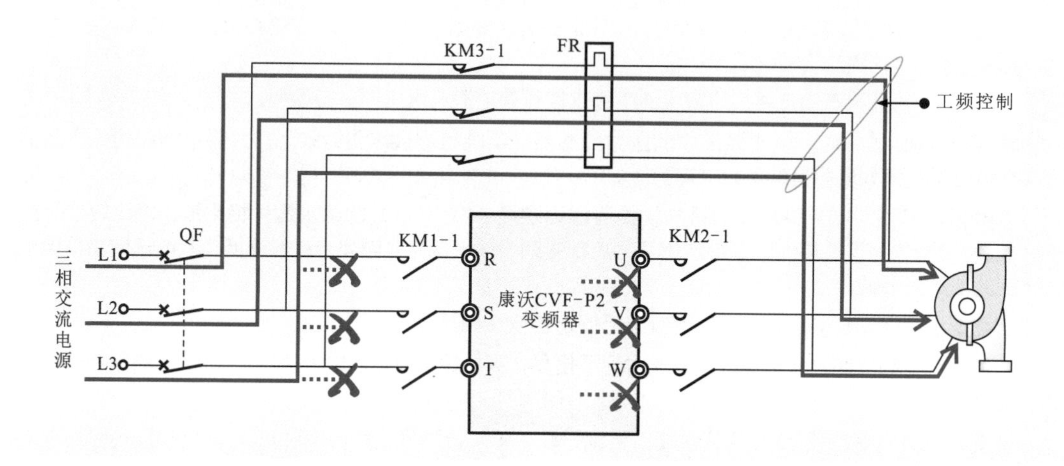

图18-16　变频电路的工频-变频相互切换原理

变频电路进行工频-变频相互切换时需要注意：

◆ 水泵电动机从变频电路切出前，变频器必须停止输出，见图18-16，首先通过中间继电器KA2切断变频器运行信号，然后通过延时时间继电器延时一段时间（至少延时0.1s）后，切断KM2，将水泵电动机切出变频电路。不允许变频器停止输出和切断KM2同时动作。

◆ 当由变频运行切换到工频运行时，采用同步切换的方法，即切换前，变频器的输出频率应达到工频，切换延时0.2～0.4s后，KM3闭合，水泵电动机的转速应控制在额定转速的80%以内。

◆ 当由工频运行切换到变频运行时，应保证变频器的输出频率与水泵电动机的运行频率一致，以减小冲击电流。

18.3.3 工业拉线机变频电路

拉线机属于工业线缆行业的一种常用设备，对收线速度的稳定性要求比较高，采用变频电路可很好地控制前后级线速度的同步，如图18-17所示，有效保证出线线径的质量、控制主传动电动机的加/减速时间，实现平稳加/减速，不仅能避免启动时的负载波动，实现节能效果，还能保证系统的可靠性和稳定性。

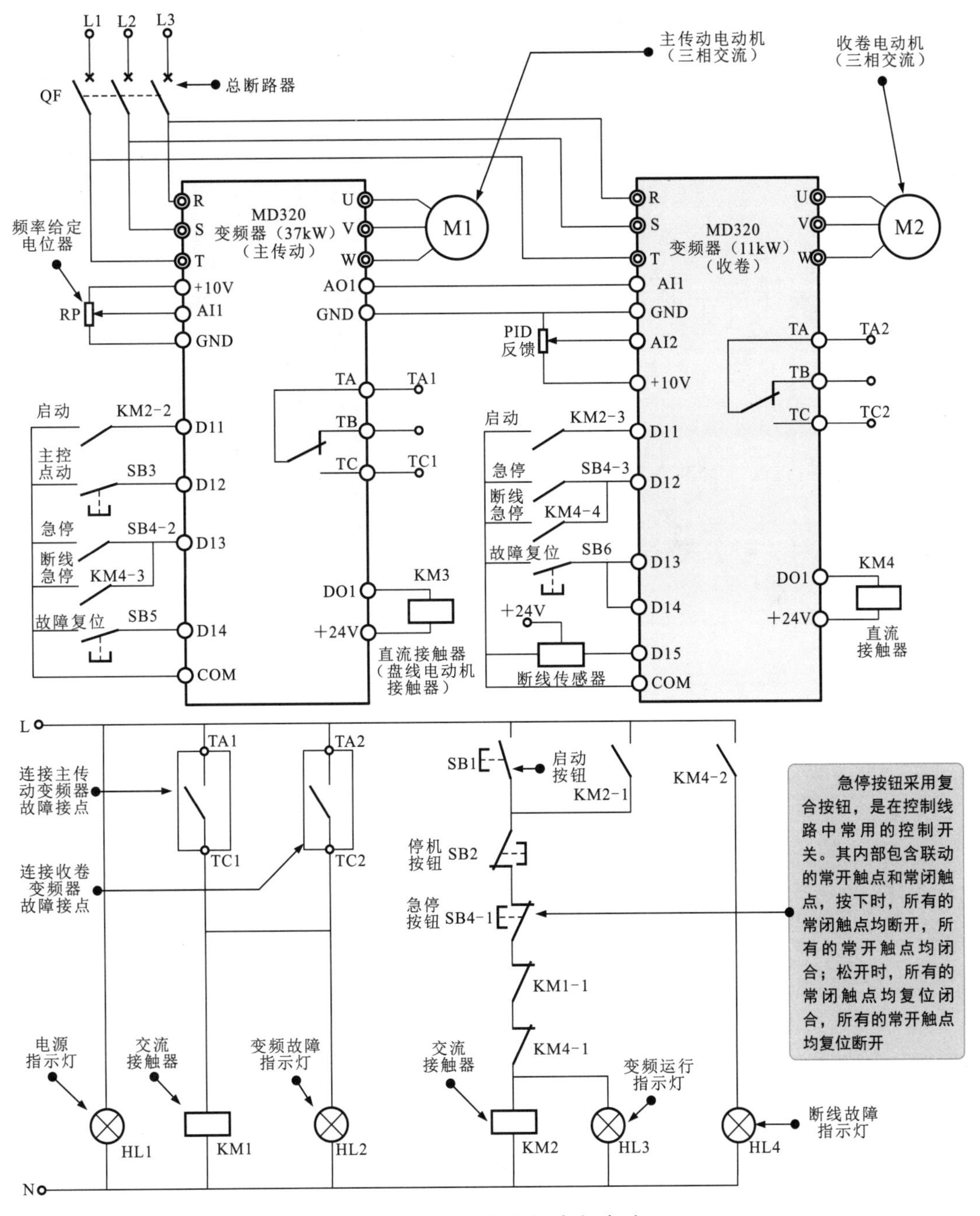

图18-17 工业拉线机变频电路

结合变频电路中变频器与各电气部件的功能特点，分析典型工业拉线机变频控制电路的工作过程，如图18-18所示。

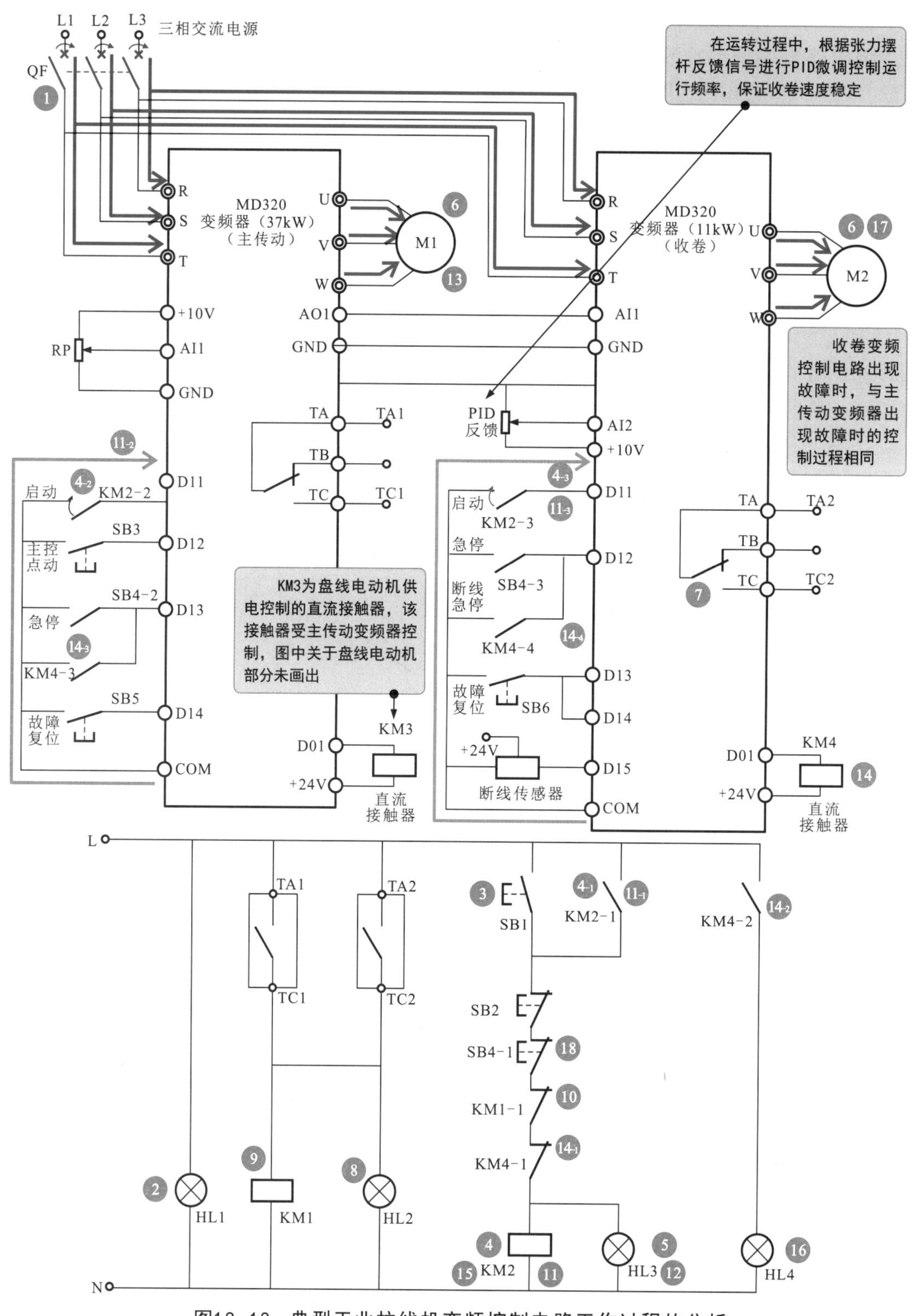

图18-18　典型工业拉线机变频控制电路工作过程的分析

图18-18电路分析

①合上总断路器QF，接通三相电源。

②电源指示灯HL1点亮。

③按下启动按钮SB1。

③→④交流接触器KM2线圈得电。

④-1常开触点KM2-1闭合自锁。

④-2常开触点KM2-2闭合，主传动变频器执行启动指令。

④-3常开触点KM2-3闭合，收卷变频器执行启动指令。

③→⑤变频运行指示灯HL3点亮。

④-2+④-3→⑥主传动和收卷变频器内部主电路开始工作，U、V、W端输出变频电源，其频率按预置的升速时间上升至频率给定电位器设定的数值，主传动电动机M1和收卷电动机M2按照给定的频率正向运转。收卷电动机在运转期间根据张力摆杆的反馈信号进行PID微调控制运行频率，保证收卷速度稳定。

⑦若主传动变频电路出现过载、过电流等故障，则主传动变频器故障输出端子TA和TC短接。

⑦→⑧变频故障指示灯HL2点亮。

⑦→⑨交流接触器KM1线圈得电。

⑨→⑩常闭触点KM1-1断开。

⑩→⑪交流接触器KM2线圈失电。

⑪-1常开触点KM2-1复位断开解除自锁。

⑪-2常开触点KM2-2复位断开，切断主传动变频器启动指令输入。

⑪-3常开触点KM2-3复位断开，切断收卷变频器启动指令输入。

⑪-1→⑫变频运行指示灯HL3熄灭。

⑪-2+⑪-3→⑬主传动和收卷变频电路退出运行，主传动电动机和收卷电动机因失电而停止工作，由此实现自动保护功能。

当出现断线故障时，收卷电动机驱动变频器外接的断线传感器将检测到的断线信号送至变频器。

⑭变频器DO1端子输出控制指令，直流接触器KM4线圈得电。

⑭-1常闭触点KM4-1断开。

⑭-2常开触点KM4-2闭合。

⑭-3常开触点KM4-3闭合，为主传动变频器提供紧急停机指令。

⑭-4常开触点KM4-4闭合，为收卷变频器提供紧急停机指令。

⑭-1→⑮交流接触器KM2线圈失电，触点全部复位，切断变频器启动指令输入。

⑭-2→⑯断线故障指示灯HL4点亮。

⑭-3+⑭-4→⑰主传动和收卷变频器执行急停指令，主传动电动机和收卷电动机停转。

⑱按下急停按钮SB4可实现紧急停机。常闭触点SB4-1断开，交流接触器KM2失电，触点全部复位断开，切断主传动变频器和收卷变频器启动指令的输入，常开触点SB4-2、SB4-3闭合，分别为主传动和收卷变频器送入急停指令，控制主传动和收卷电动机紧急停机。

18.4 变频器的调试与检测

18.4.1 变频器的调试

变频器安装及接线完成后，必须对变频器进行细致的调试，确保变频器参数设置及其控制系统正确无误后才可投入使用。

下面以艾默生TD3000 变频器为例介绍通过操作面板直接调试的方法。操作面板直接调试是直接利用变频器上的操作面板进行频率设定和输入控制指令。

操作面板直接调试包括通电前的检查、设置三相交流电动机参数、设置变频器参数及空载调试等几个环节。

1 通电前的检查

通电前的检查是调试的基本环节，主要检查接线及初始状态，如图18-19所示。

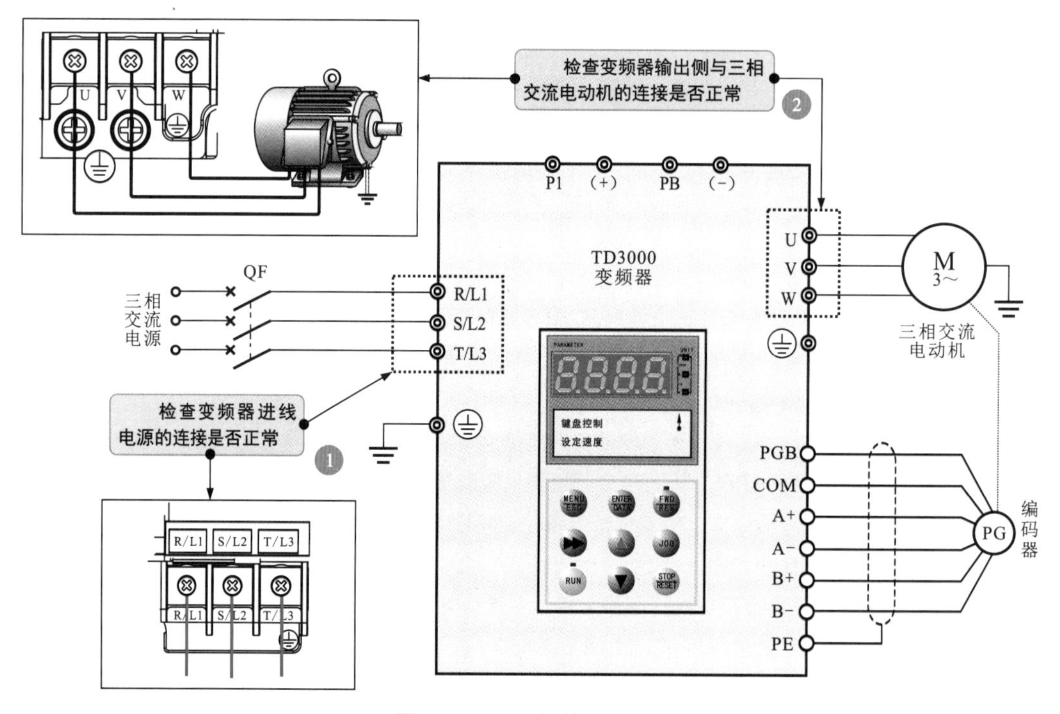

图18-19　通电前的检查

通电前的检查主要包括：确认供电电源的电压正确，输入供电回路已与断路器连接；确认变频器接地、电源电缆、三相交流电动机电缆、控制电缆连接正确；确认变频器冷却通风通畅；确认接线完成后变频器的盖子盖好；确定当前三相交流电动机处于空载状态（与机械负载未连接）。

在通电前的检查环节中，明确被控三相交流电动机的性能参数也是重要工作，应根据铭牌识读参数信息。

2 设置三相交流电动机参数

根据三相交流电动机铭牌标识设置参数，并自动调谐，具体操作方法应严格按照变频器操作说明书进行操作。

3 设置变频器参数

设置变频器参数包括设置控制方式、设置频率、设置运行状态等。

4 空载调试

空载调试如图18-20所示。

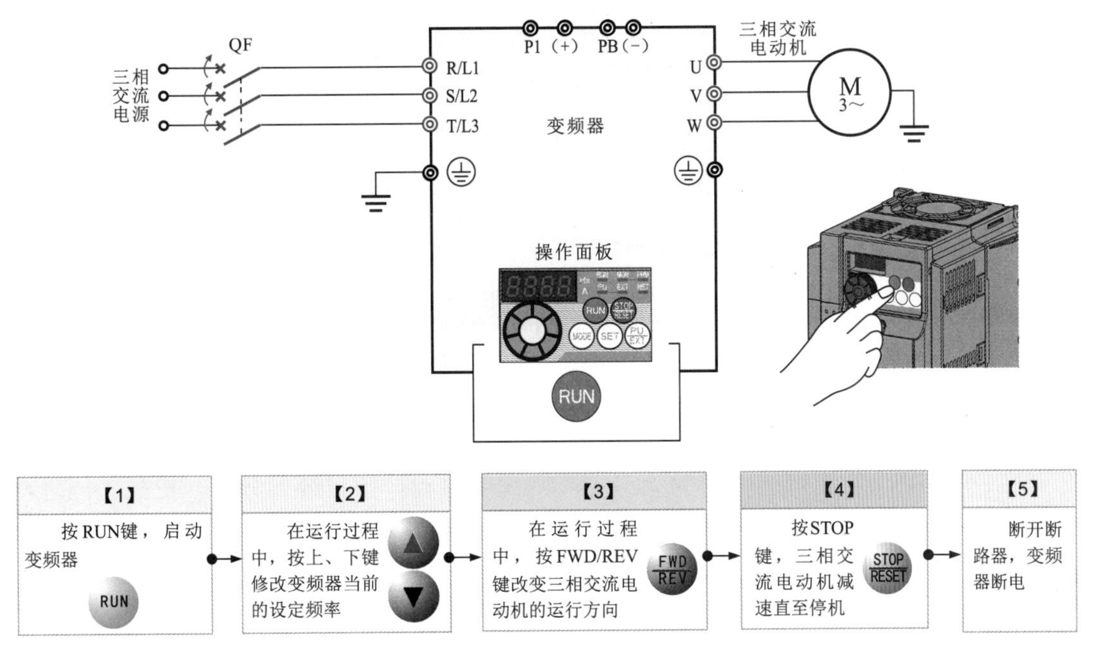

图18-20 空载调试

在调试过程中，三相交流电动机应运行平稳、运转正常，正、反向换向正常，加、减速正常，无异常振动，无异常噪声。若有异常情况，应立即停机检查。变频器操作面板上的按键控制功能正常，显示数据正常，风扇运转正常，无异常噪声和振动等，若有异常情况，应立即停机检查。

18.4.2 变频器的检测

变频器属于精密电子设备，使用不当、受外围环境影响或元器件老化等都会造成无法正常使用，进而导致所控制的三相交流电动机无法正常运转。因此，掌握变频器的检测方法是电气技术人员应具备的重要操作技能。

当变频器出现故障后，需要进行检测，并通过分析检测数据判断故障原因。变频器的检测方法主要有静态检测法和动态检测法。

1 静态检测法

静态检测法是在变频器断电的情况下，使用万用表检测各种电子元器件、电气部件、各端子之间的阻值或绝缘阻值等是否正常。

以检测启动按钮为例，检测方法如图18-21所示。

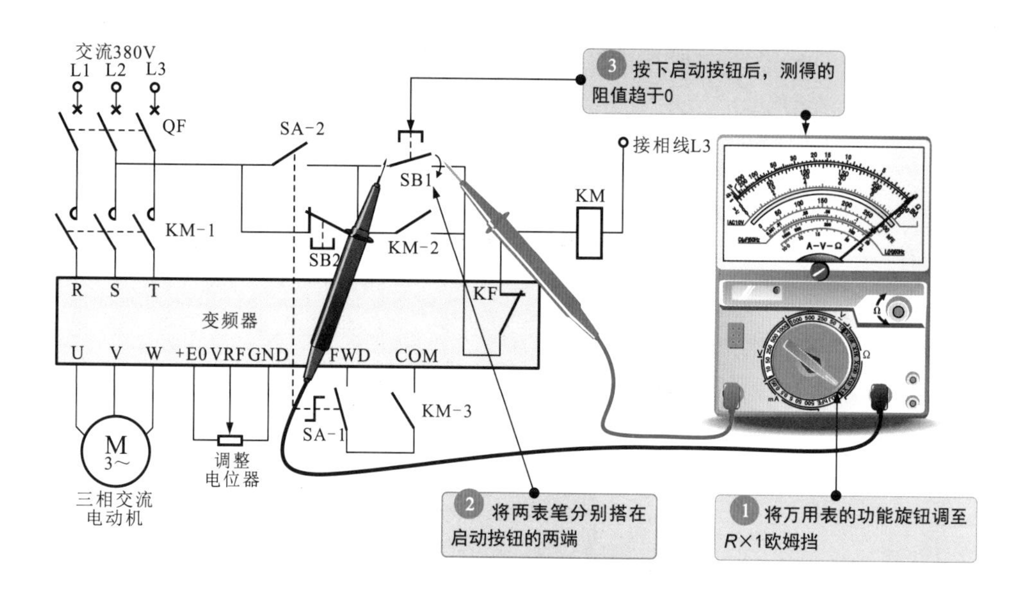

图18-21 启动按钮的检测方法

图18-21中，若测得的阻值为无穷大，则说明启动按钮已经损坏，应更换。同理，在断开启动按钮的情况下，其两端的阻值应为无穷大，若趋于0，则说明启动按钮已经损坏。

当怀疑变频器存在漏电情况时，可借助兆欧表对变频器进行绝缘测试，如图18-22所示。

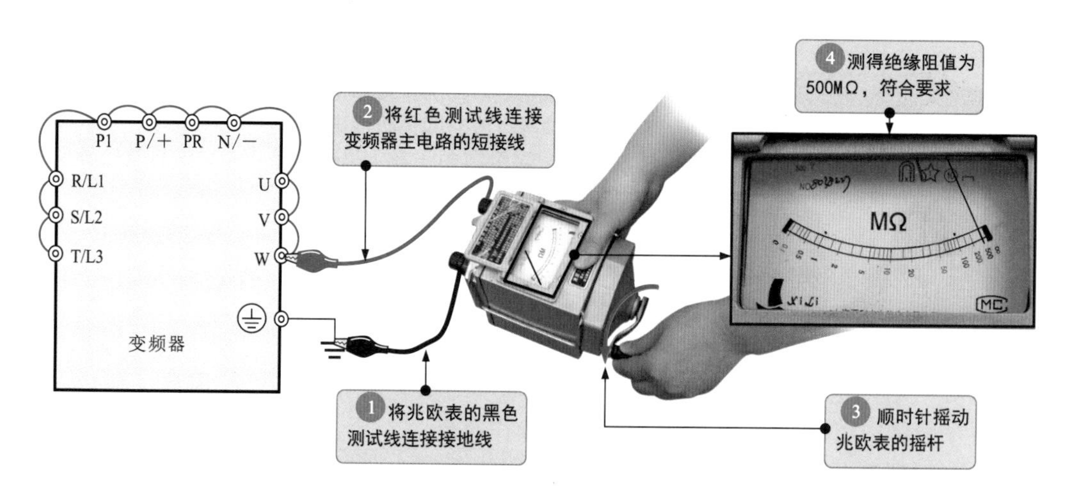

图18-22 对变频器进行绝缘测试

2 动态检测法

静态检测正常后才能进行动态检测，即上电检测，检测变频器通电后的输入/输出电压、电流、功率等是否正常。

以借助万用表检测变频器通电后的输入电压为例，检测方法如图18-23所示。

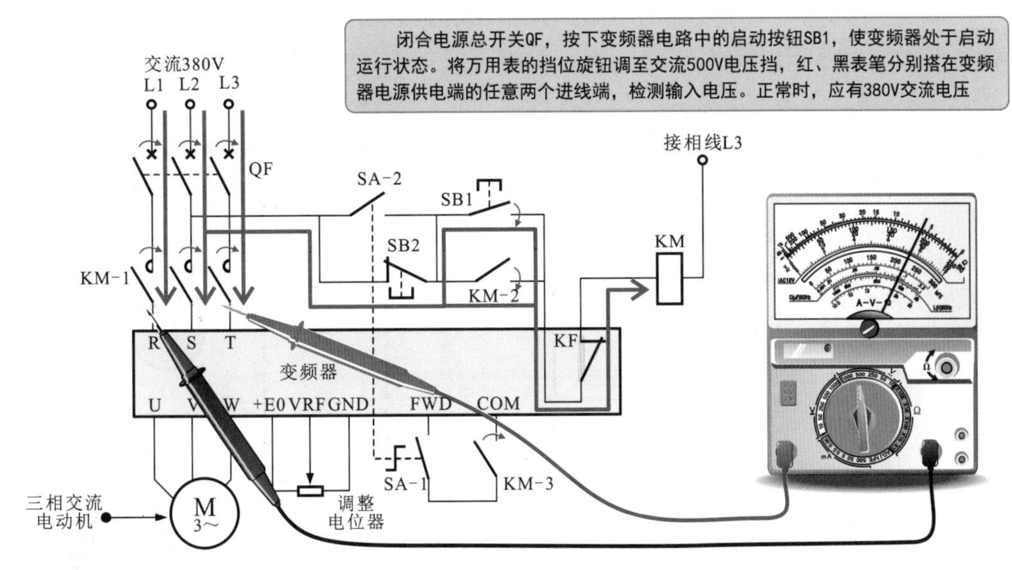

图18-23 借助万用表检测变频器输入电压的方法

变频器启动运行时，其输入/输出电压、电流均含有谐波，实测时，不同测量仪表的测量结果不同。

变频器输入/输出电流一般采用动铁式交流电流表进行检测。检测时，将动铁式交流电流表分别串联在变频器输入和输出供电线路中，如图18-24所示。

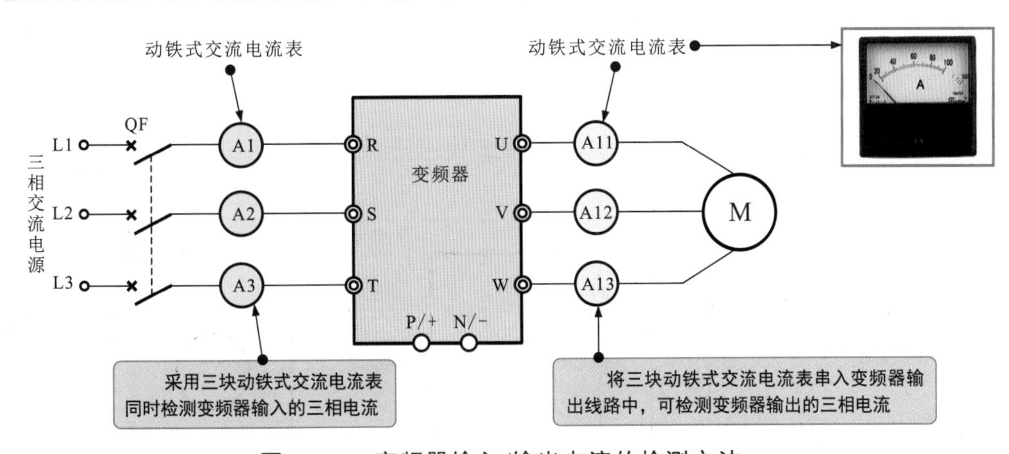

图18-24 变频器输入/输出电流的检测方法

动铁式交流电流表检测的是电流的有效值，通电后，其内部的两铁块产生磁性，相互吸引，使指针转动，指示电流值，具有高灵敏度和高精度的特点。

在变频器的操作面板上通常能够即时显示变频器的输入/输出电流，即使变频器的输出频率发生变化，也能够显示正确的数值，因此通过变频器操作面板获取变频器输入/输出电流是一种比较简单、有效的方法。

检测变频器输入电压可借助交流电压表或万用表，检测变频器输出电压，一般为了避免干扰，通常借助整流式电压表，检测方法如图18-25 所示。

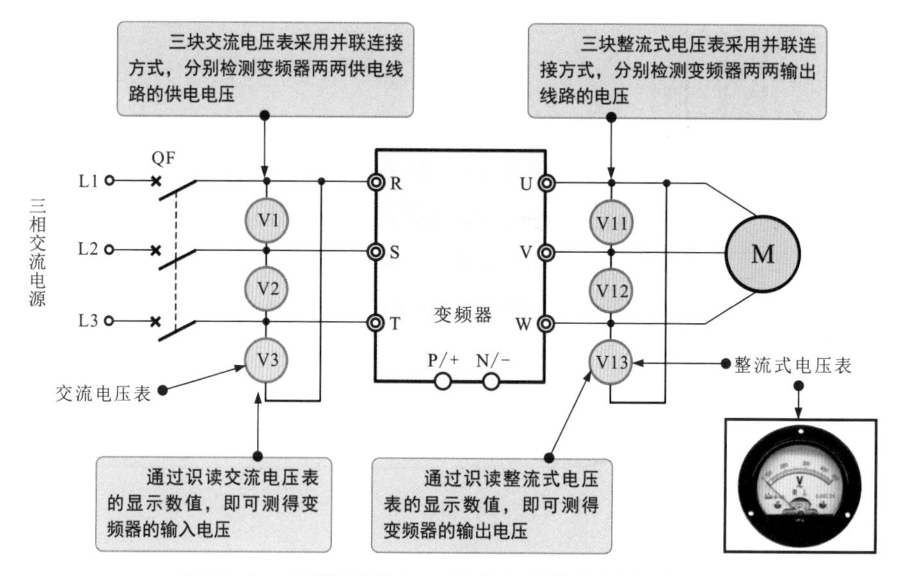

图18-25 变频器输入、输出电压的检测方法

若借助一般的万用表或交流电压表检测输出电压，则可能会受到干扰，所测数据会不准确，一般数据会偏大。

借助功率表检测变频器输入、输出功率的检测方法如图18-26所示。

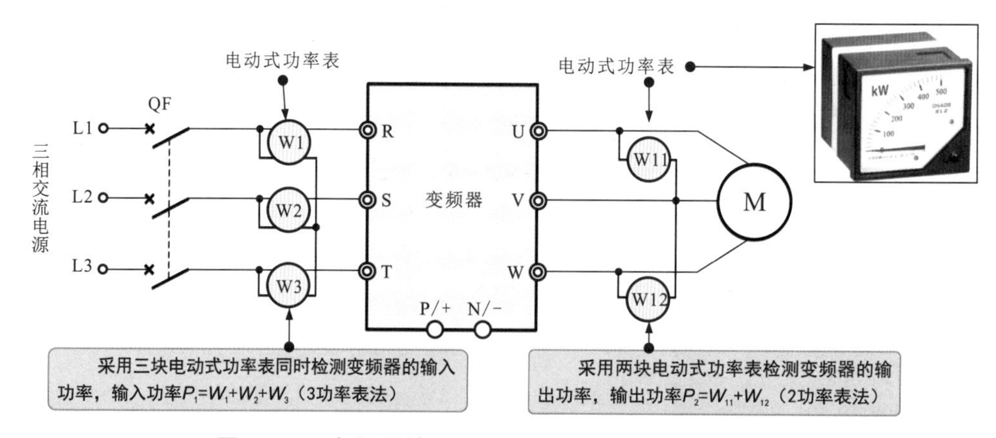

图18-26 变频器输入、输出功率的检测方法

PLC与PLC控制

19.1 PLC的功能特点与应用

PLC是在继电器、接触器控制和计算机技术的基础上逐渐发展起来的以微处理器为核心，集微电子技术、自动化技术、计算机技术、通信技术为一体，以工业自动化控制为目标的新型控制装置。

19.1.1 PLC的功能特点

图19-1为典型PLC（西门子S7-200系列PLC）的实物外形和内部结构。

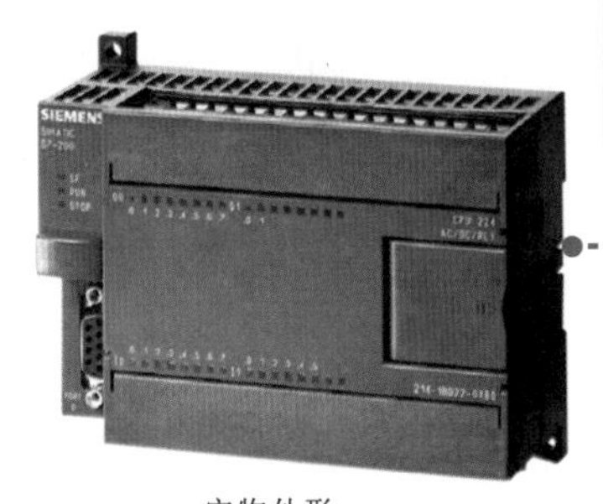

实物外形

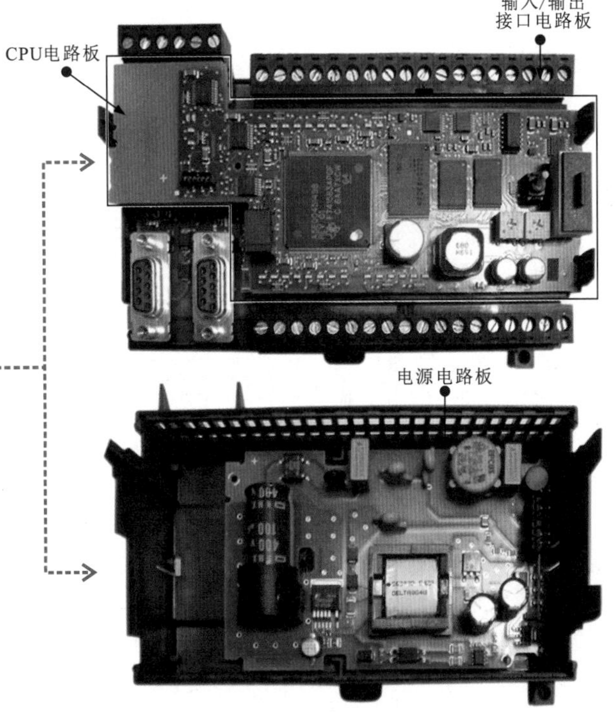

内部结构

图19-1　典型PLC（西门子S7-200系列PLC）的实物外形和内部结构

PLC主要由三块电路板构成，分别为CPU电路板、输入/输出接口电路板和电源电路板。

CPU电路板主要用来完成PLC的运算、存储和控制功能。

输入/输出接口电路板主要用来处理PLC的输入、输出信号。

电源电路板主要为PLC各部分电路提供所需的工作电压。

图19-2为PLC的整机工作原理图。

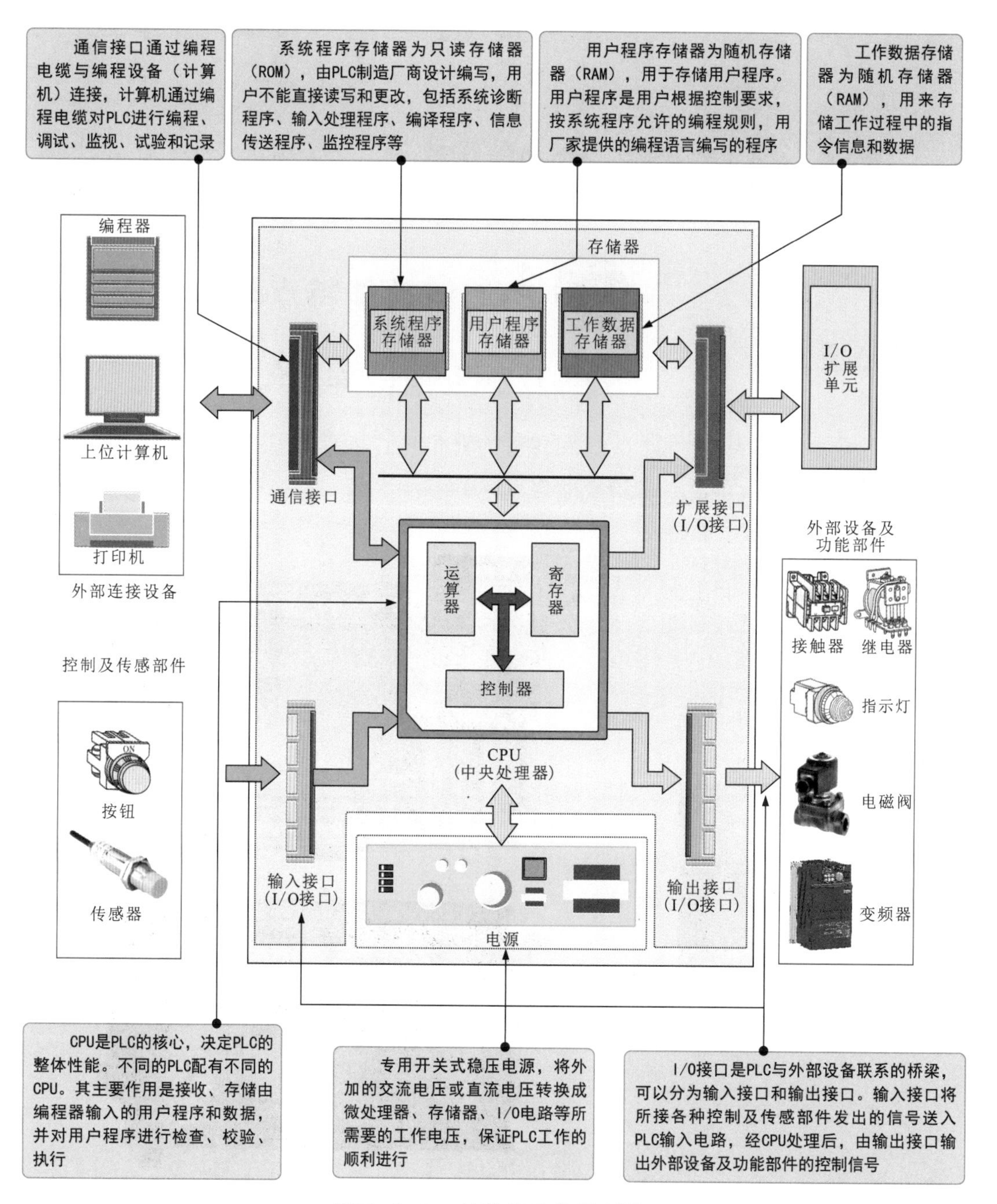

图19-2　PLC的整机工作原理图

CPU（中央处理器）是PLC的控制核心，主要由控制器、运算器和寄存器三部分构成，通过数据总线、控制总线和地址总线与存储器和I/O接口相连。

19.1.2 PLC的应用

1 PLC在电动机控制系统中的应用

在电动机控制系统中，PLC能够在不大幅改变外接部件，仅修改内部程序的前提下，实现多种多样的控制功能，使电气控制更加灵活高效。

图19-3为PLC在电动机控制系统中的应用示意图。

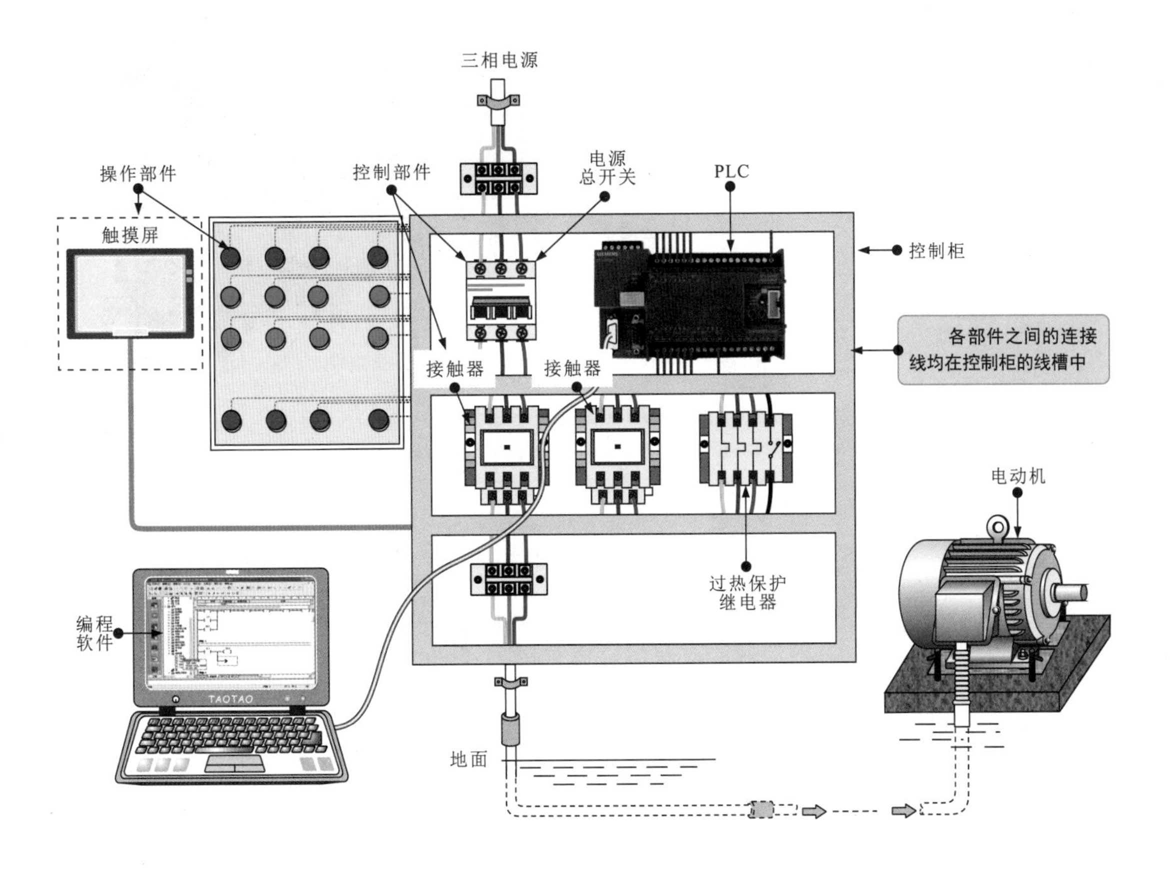

图19-3 PLC在电动机控制系统中的应用示意图

图19-3所示的电动机控制系统主要是由操作部件、控制部件、电动机及辅助部件构成的。其中，操作部件可为系统输入各种人工指令，包括触摸屏、按钮开关、传感器等；控制部件主要包括总电源开关（总断路器）、PLC、接触器、热继电器等，输出控制指令并执行相应的动作；电动机是将电能转换为机械能的输出部件，可实现控制系统的最终目的。

2 PLC在机床设备中的应用

用PLC控制机床设备不仅能提高自动化水平，而且在实现相应的切削、磨削、钻孔、传送等功能中具有更加突出的优势。图19-4为机床设备的PLC控制系统。系统主要是由操作部件、控制部件和工控机床构成的。

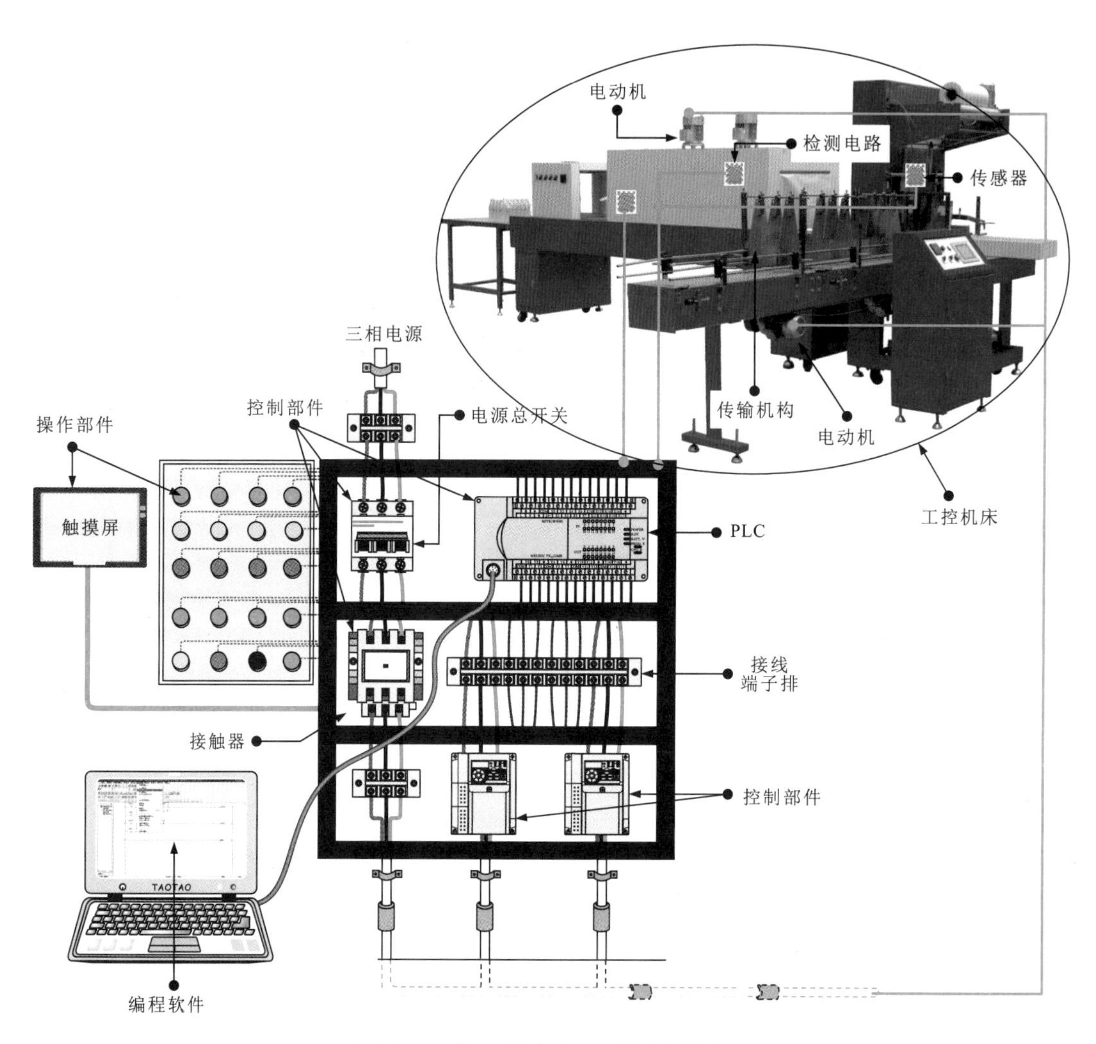

图19-4　机床设备的PLC控制系统

3 PLC在自动化生产制造设备中的应用

PLC在自动化生产制造设备中主要用来实现自动控制功能，在电子元器件的加工、制造设备中作为控制中心，控制传输定位电动机、深度调整电动机、旋转驱动电动机及输出驱动电动机等协调运转。

图19-5为PLC在自动化生产制造设备中的应用。

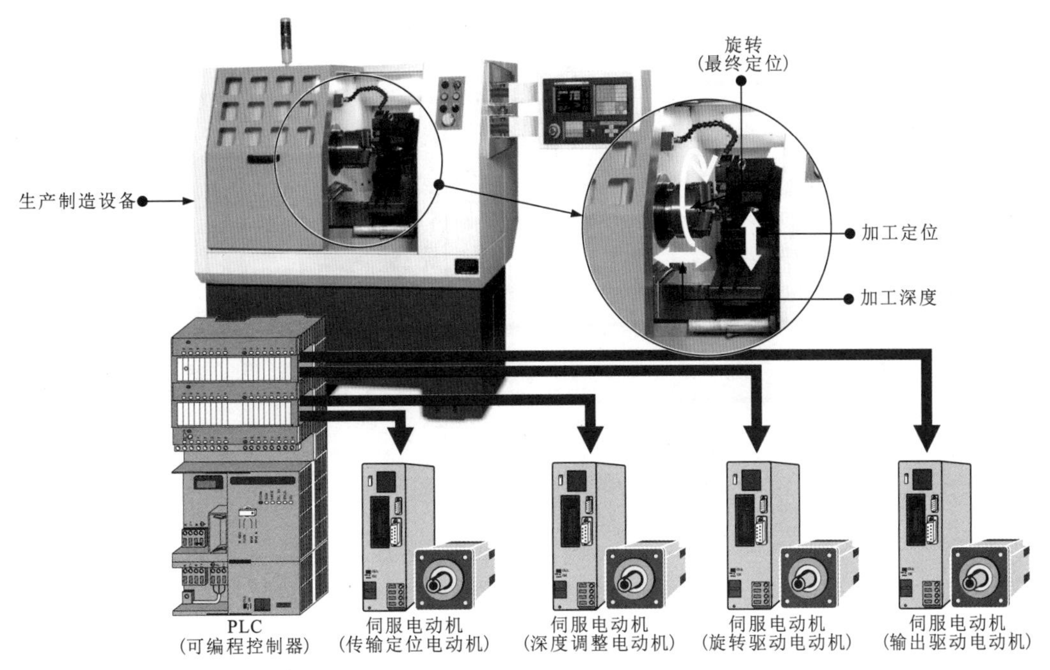

图19-5 PLC在自动化生产制造设备中的应用

PLC不仅广泛应用在工业生产中，在很多民用生产生活领域也得到迅速发展，如常见的自动门系统、汽车自动清洗系统、水塔水位自动控制系统、声光报警系统、农机设备控制系统、库房大门自动控制系统、蓄水池进出水控制系统等。

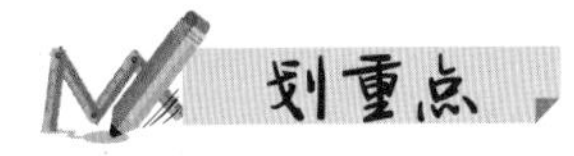

不同品牌和型号的PLC有各自的编程语言。例如，三菱公司的PLC产品有自己的编程语言，西门子公司的PLC产品也有自己的语言，但不管什么品牌的PLC，基本上都包含梯形图和语句表两种编程语言。

19.2 PLC编程

19.2.1 PLC的编程语言

PLC各种控制功能的实现都是通过内部预先编好的程序实现的。程序的编写需要使用相应的编程语言来实现。

1 PLC梯形图

PLC梯形图是PLC程序设计中最常用的一种编程语言。它继承了继电器控制线路的设计理念，采用图形符号的连通图形式直观形象地表达电气线路的控制过程，与电气控制线路非常相似，易于理解，是广大电工技术人员最容易接受和使用的编程语言。

图19-6为电气控制线路的接线图、原理图及PLC梯形图。

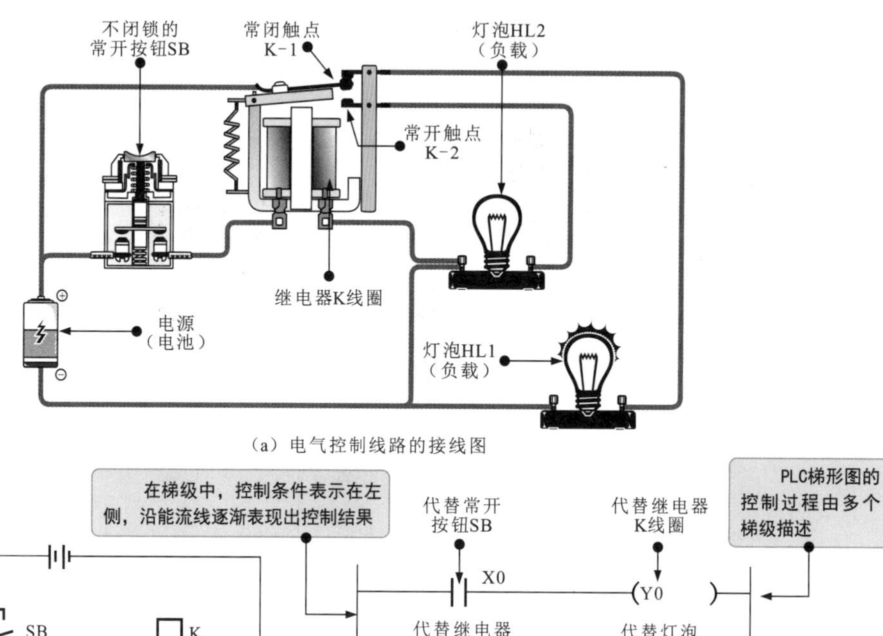

（a）电气控制线路的接线图

（b）电气控制线路的原理图　　（c）PLC梯形图

图19-6　电气控制线路的接线图、原理图及PLC梯形图

梯形图主要是由母线、触点、线圈构成的。其中，梯形图两侧的竖线为母线；触点和线圈是梯形图的重要组成元素，如图19-7所示。

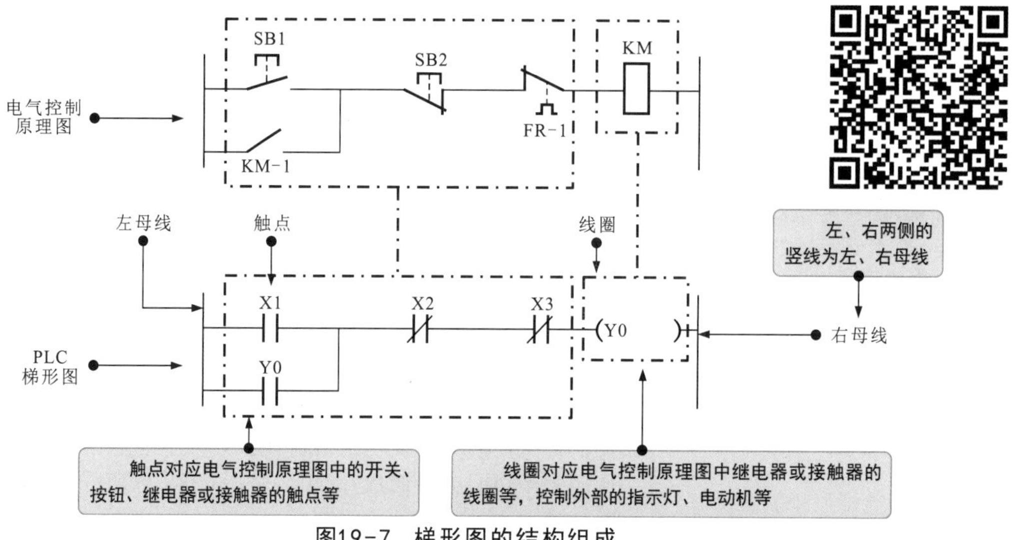

图19-7　梯形图的结构组成

由于PLC生产厂家的不同，PLC梯形图中所定义的触点符号、线圈符号及文字标识等所表示的含义不同。例如，三菱公司生产的PLC要遵循三菱PLC梯形图编程标准，西门子公司生产的PLC要遵循西门子PLC梯形图编程标准，如图19-8所示。

三菱PLC梯形图基本标识和符号

继电器符号	继电器标识	符号
常开触点	X0	┤├
常闭触点	X1	┤/├
线圈	Y0	—(Y1)—

西门子PLC梯形图基本标识和符号

继电器符号	继电器标识	符号
常开触点	I0.0	┤├
常闭触点	I0.1	┤/├
线圈	Q0.0	—( )

图19-8 PLC梯形图编程标准

PLC梯形图是由许多不同的功能元件构成的。这些功能元件并不是真正的物理元件，而是由电子电路和存储器等组成的软元件，如X代表输入继电器，是由输入电路和输入映像寄存器构成的，用来直接输入物理信号；Y代表输出继电器，是由输出电路和输出映像寄存器构成的，用来直接输出物理信号；T代表定时器、M代表辅助继电器、C代表计数器、S代表状态继电器、D代表数据寄存器，都是由存储器组成的，用来进行内部运算。

2 PLC语句表

PLC语句表是另一种重要的编程语言，形式灵活、简洁，易于编写和识读，被广大电气工程技术人员使用。PLC语句表是由若干条语句组成的程序，是PLC梯形图的文本形式。语句是程序的最小单元。每个操作功能是由一条或几条语句完成的。图19-9是用PLC梯形图和PLC语句表编写的同一个控制系统的程序。

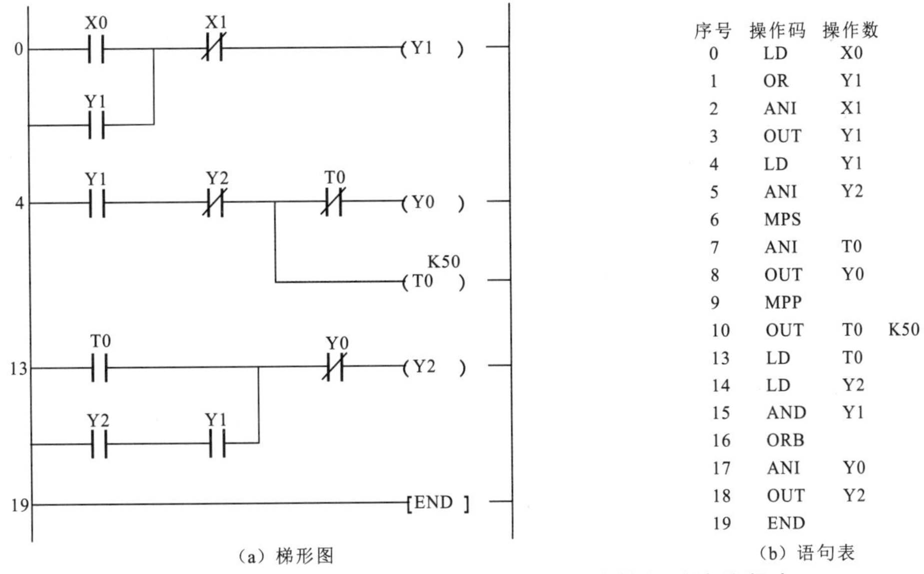

序号	操作码	操作数	
0	LD	X0	
1	OR	Y1	
2	ANI	X1	
3	OUT	Y1	
4	LD	Y1	
5	ANI	Y2	
6	MPS		
7	ANI	T0	
8	OUT	Y0	
9	MPP		
10	OUT	T0	K50
13	LD	T0	
14	LD	Y2	
15	AND	Y1	
16	ORB		
17	ANI	Y0	
18	OUT	Y2	
19	END		

（a）梯形图　　（b）语句表

图19-9 用PLC梯形图和PLC语句表编写的同一个控制系统的程序

PLC语句表是由序号、操作码和操作数构成的，如图19-10所示。

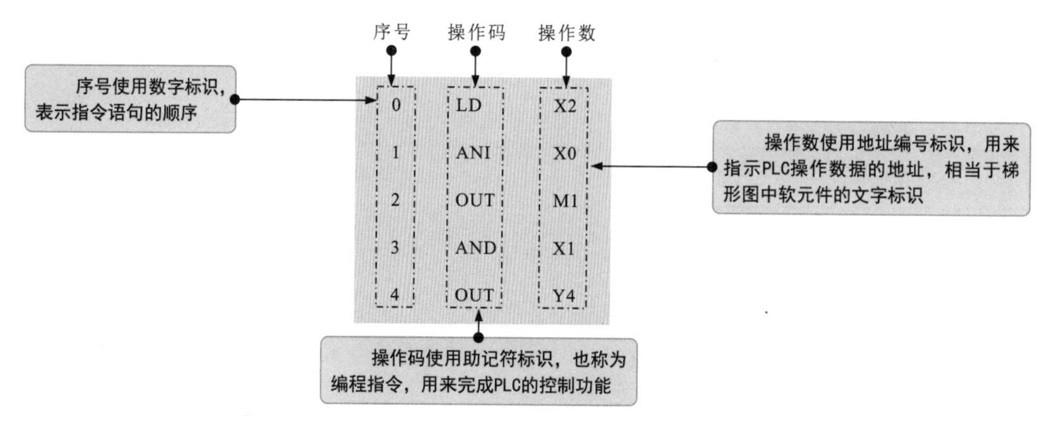

图19-10　PLC语句表的结构组成

不同厂家生产的PLC，其语句表使用的操作码不同，对应语句表所使用的操作数也有差异，见表19-1。

表19-1　不同厂家生产的PLC操作码和操作数

三菱FX系列PLC常用操作码（助记符）	
名称	符号
读指令（逻辑段开始-常开触点）	LD
读反指令（逻辑段开始-常闭触点）	LDI
输出指令（驱动线圈指令）	OUT
与指令	AND
与非指令	ANI
或指令	OR
或非指令	ORI
电路块与指令	ANB
电路块或指令	ORB
置位指令	SET
复位指令	RST
进栈指令	MPS
读栈指令	MRD
出栈指令	MPP
上升沿脉冲指令	PLS
下降沿脉冲指令	PLF

西门子S7-200系列PLC常用操作码（助记符）	
名称	符号
读指令（逻辑段开始-常开触点）	LD
读反指令（逻辑段开始-常闭触点）	LDN
输出指令（驱动线圈指令）	=
与指令	A
与非指令	AN
或指令	O
或非指令	ON
电路块与指令	ALD
电路块或指令	OLD
置位指令	S
复位指令	R
进栈指令	LPS
读栈指令	LRD
出栈指令	LPP
上升沿脉冲指令	EU
下降沿脉冲指令	ED

三菱FX系列PLC常用操作数	
名称	符号
输入继电器	X
输出继电器	Y
定时器	T
计数器	C
辅助继电器	M
状态继电器	S

西门子S7-200系列PLC常用操作数	
名称	符号
输入继电器	I
输出继电器	Q
定时器	T
计数器	C
通用辅助继电器	M
特殊标识继电器	SM
变量存储器	V
顺序控制继电器	S

19.2.2 PLC的编程方式

PLC的编程方式主要有软件编程和手持式编程器编程两种。采用软件编程方式需将编程软件安装在匹配的计算机中，在计算机上根据编程软件的使用规则编写具有相应控制功能的PLC控制程序（梯形图或语句表），并借助通信电缆将编写的程序写入PLC中。

编程软件

软件编程是借助PLC专用的编程软件编写程序。

图19-11为PLC的软件编程方式。

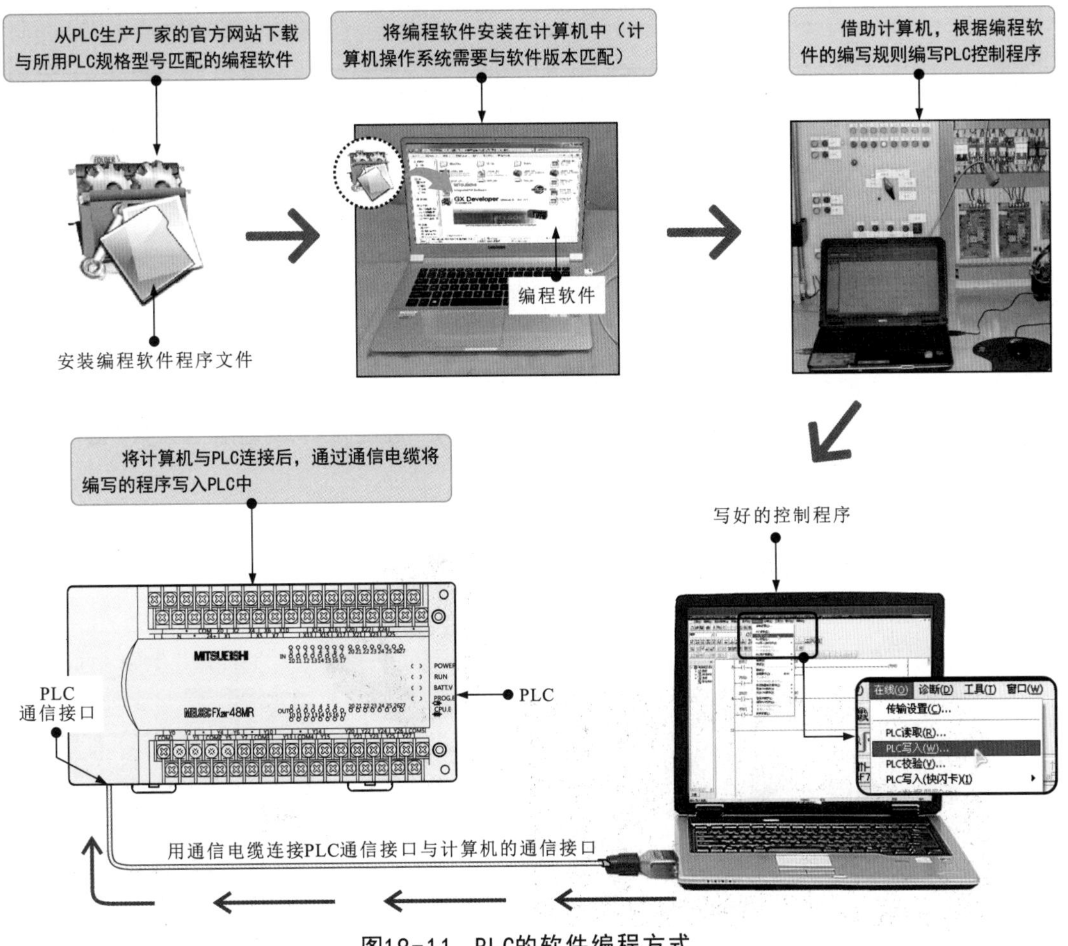

图19-11　PLC的软件编程方式

不同类型的PLC所采用的编程软件不同，甚至有些相同品牌不同系列的PLC所用的编程软件也不同。表19-2为常用PLC所用的编程软件。随着PLC的不断更新换代，对应的编程软件及版本都有不同的升级和更换，在实际选择编程软件时，应首先按品牌和型号对应查找匹配的编程软件。

表19-2　常用PLC所用的编程软件

PLC		编程软件
三菱	三菱通用	GX-Developer
	FX系列	FXGP-WIN-C
	Q、QnU、L、FX等系列	Gx Work2（PLC综合编程软件）
西门子	S7-200系列	STEP 7-Micro/WIN
	S7-200 SMART系列	STEP 7-Micro/WIN SMART
	S7-300/400系列	STEP7 V系列
松下		FPWIN-GR
欧姆龙		CX-Programmer
施耐德		Unity Pro XL
台达		WPLSoft或ISPSoft
AB		RSLogix5000

2 编程器编程

编程器编程是借助PLC专用的编程器设备直接在PLC中编写程序。在实际应用中，编程器多为手持式编程器，具有体积小、质量轻、携带方便等特点，在一些小型PLC的用户程序编制、现场调试、监视等场合应用十分广泛。

编程器编程是一种基于指令语句表的编程方式，首先根据PLC的规格、型号选配编程器，然后借助通信电缆将编程器与PLC连接，通过操作编程器上的按键直接向PLC中写入语句表指令，如图19-12所示。

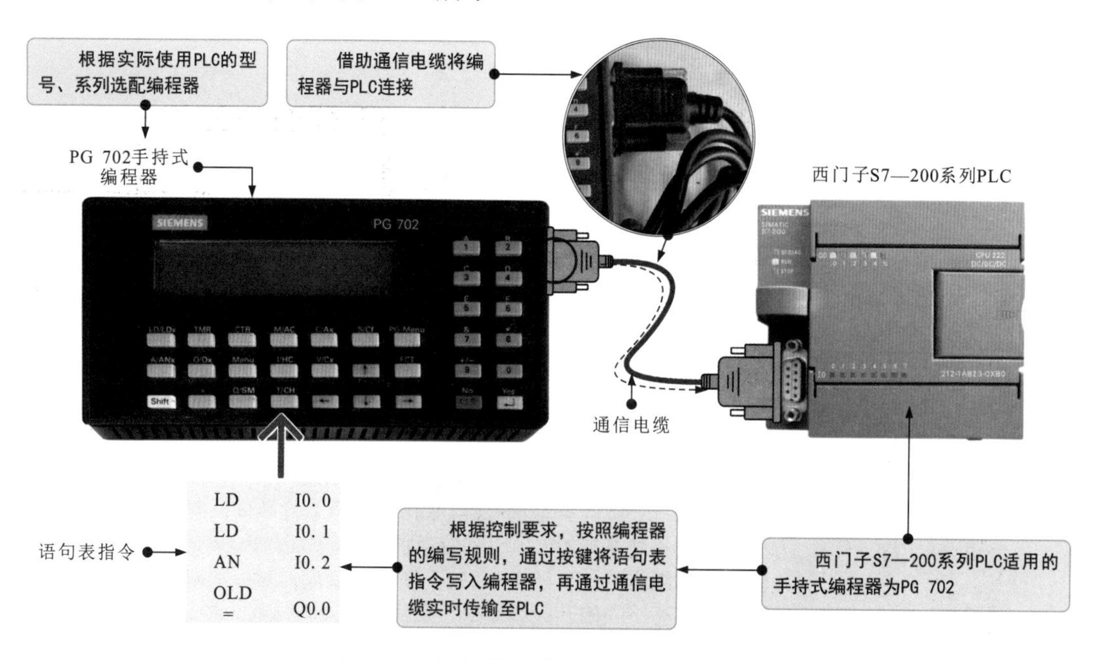

图19-12　通过编程器写入语句表指令

表19-3为与各种PLC匹配的手持式编程器型号。

表19-3 与各种PLC匹配的手持式编程器型号

PLC		手持式编程器型号
三菱	F/F1/F2系列	F1-20P-E、GP-20F-E、GP-80F-2B-E
		F2-20P-E
	FX系列	FX-20P-E
西门子	S7-200系列	PG702
	S7-300/400系列	一般采用编程软件进行编程
欧姆龙	C**P/C200H系列	C120-PR015
	C**P/C200H/C1000H/C2000H系列	C500-PR013、C500-PR023
	C**P系列	PR027
	C**H/C200H/C200HS/C200Ha/CPM1/CQM1系列	C200H-PR 027
光洋	KOYO SU -5/SU-6/SU-6B系列	S-01P-EX
	KOYO SR21系列	A-21P

19.3 PLC控制技术的应用

19.3.1 电力拖动PLC控制系统

图19-13为三相交流电动机电阻器降压启动和反接制动PLC控制电路。

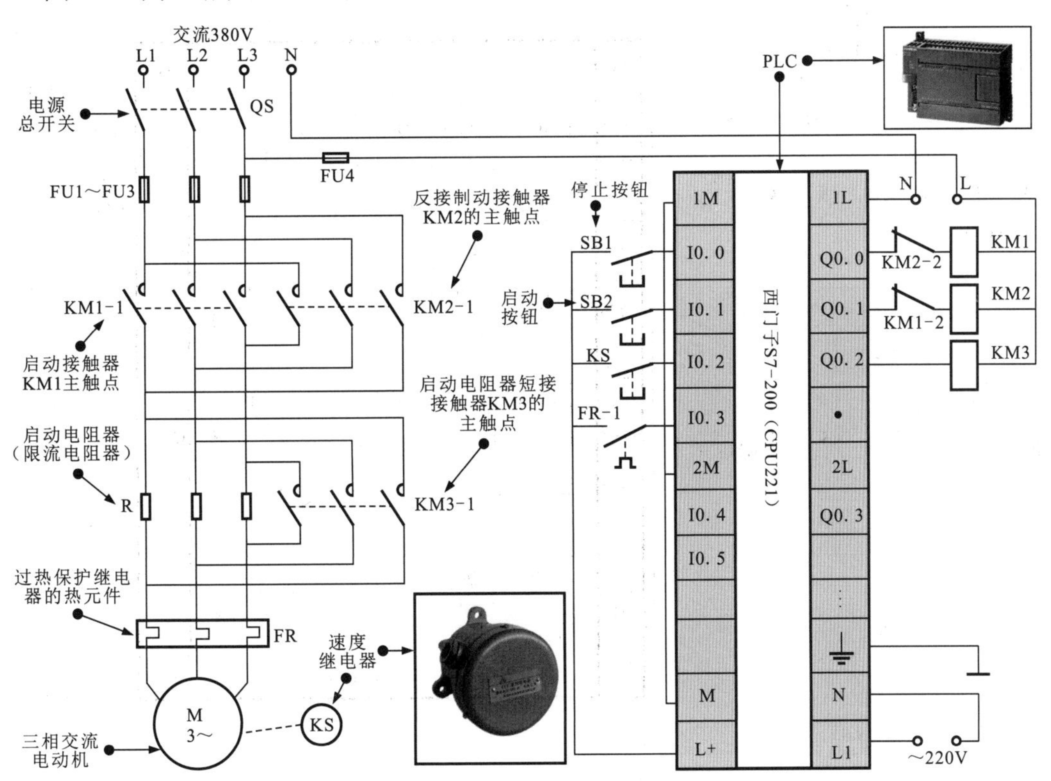

图19-13 三相交流电动机电阻器降压启动和反接制动PLC控制电路

电动机电阻器降压启动和反接制动PLC（西门子S7-200系列）控制电路的I/O地址编号见表19-4。

表19-4 电动机电阻器降压启动和反接制动PLC（西门子S7-200系列）控制电路的I/O地址编号

输入部件及地址编号			输出部件及地址编号		
部件	代号	输入地址编号	部件	代号	输出地址编号
停止按钮	SB1	I0.0	启动接触器	KM1	Q0.0
启动按钮	SB2	I0.1	反接制动接触器	KM2	Q0.1
速度继电器	KS	I0.2	启动电阻器短接接触器	KM3	Q0.2
过热保护继电器	FR	I0.3			

在图19-13中，闭合电源总开关QS，按下启动按钮SB2后，为PLC输入相应的开关量信号，经PLC输入接口端子I0.1后送入内部，由CPU识别后，使用户梯形图程序中的相应编程元件动作，并将处理结果经PLC输出端子Q0.0、Q0.2输出，控制外部执行部件动作，继而控制主电路中三相交流电动机M实现串电阻器降压启动和短路电阻器全压运行等过程。其工作过程分析如图19-14所示。

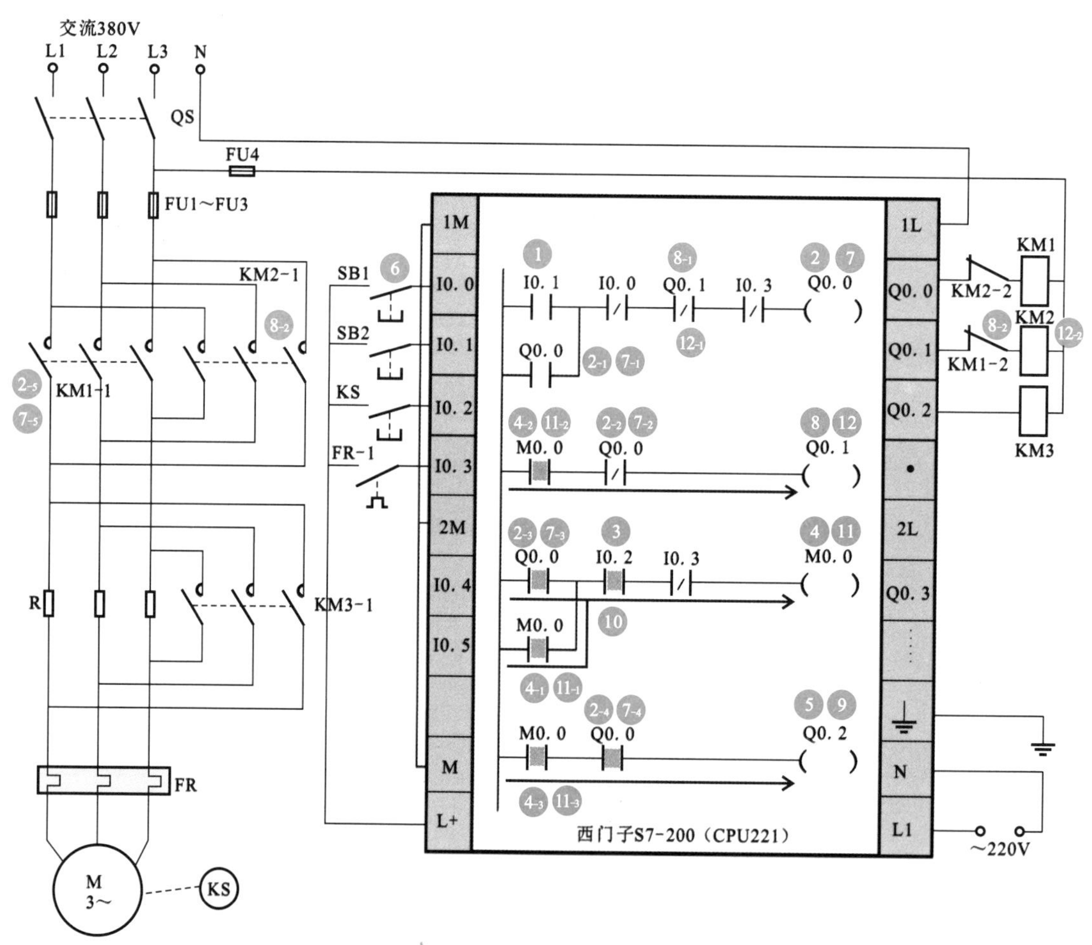

图19-14 三相交流电动机串电阻器降压启动和短路电阻器全压运行的工作过程分析

图19-14电路分析

① 按下启动按钮SB2，将PLC程序中的输入继电器常开触点I0.1置“1”，即梯形图中的常开触点I0.1闭合。

①→② 输出继电器Q0.0线圈得电。

②-1 自锁常开触点Q0.0闭合，实现自锁功能。

②-2 常闭触点Q0.0断开，实现互锁功能，防止输出继电器Q0.1线圈得电。

②-3 速度控制辅助继电器M0.0的常开触点Q0.0闭合。

②-4 控制输出继电器Q0.2的常开触点Q0.0闭合。

②-5 控制PLC外接启动接触器KM1线圈得电，带动主电路中的主触点闭合，接通三相交流电动机电源，三相交流电动机启动运转。

②-3+②-5→③ 当三相交流电动机的转速n>100r/min时，速度继电器触点KS闭合，将PLC程序中的输入继电器常开触点I0.2置“1”，即常开触点I0.2闭合。

③→④ 速度控制辅助继电器M0.0线圈得电。

④-1 自锁常开触点M0.0闭合，实现自锁功能。

④-2 控制输出继电器Q0.1的常开触点M0.0闭合。

④-3 控制输出继电器Q0.2的常开触点M0.0闭合。

②-4+④-3→⑤ 输出继电器Q0.2线圈得电，控制PLC外接启动电阻器短接，接触器KM3线圈得电，带动主电路中的主触点闭合，短接启动电阻器，三相交流电动机在全压状态下开始运行。

⑥ 按下停止按钮SB1，将PLC程序中的输入继电器常闭触点I0.0置“0”， 梯形图中的常闭触点I0.0断开。

⑥→⑦ 输出继电器Q0.0线圈失电。

⑦-1 自锁常开触点Q0.0复位断开。

⑦-2 常闭触点Q0.0复位闭合。

⑦-3 速度控制辅助继电器M0.0的常开触点Q0.0复位断开。

⑦-4 控制输出继电器Q0.2的常开触点Q0.0复位断开。

⑦-5 控制PLC外接启动接触器KM1线圈失电，带动主电路中的主触点KM1-1复位断开，切断三相交流电动机电源，三相交流电动机做惯性运转。

④-2+⑦-2→⑧ 输出继电器Q0.1线圈得电。

⑧-1 常闭触点Q0.1断开，实现互锁功能，防止输出继电器Q0.0线圈得电。

⑧-2 控制PLC外接的反接制动接触器KM2线圈得电，带动主触点闭合，接通反向运行电源。

⑦-4→⑨ 输出继电器Q0.2线圈失电，控制PLC外接启动电阻器短接，接触器KM3线圈失电，带动主电路中的主触点复位断开，反向电源接入限流电阻器。

⑧-2+⑨→⑩ 电动机串联限流电阻器后反接制动，当三相交流电动机的转速n<100r/min时，速度继电器触点KS复位断开，将PLC程序中的输入继电器常开触点I0.2置“0”，常开触点I0.2复位断开。

⑩→⑪ 速度控制辅助继电器M0.0线圈失电。

⑪-1 自锁常开触点M0.0复位断开。

⑪-2 控制输出继电器Q0.1的常开触点M0.0复位断开。

⑪-3 控制输出继电器Q0.2的常开触点M0.0复位断开。

⑪-2→⑫ 输出继电器Q0.1线圈失电。

⑫-1 常闭触点Q0.1复位闭合。

⑫-2 控制PLC外接反接制动接触器KM2线圈失电，带动主电路中的主触点复位断开，切断反向运行电源，制动结束，三相交流电动机停止运转。

19.3.2 通风报警PLC控制系统

图19-15为由三菱PLC控制的通风报警控制电路。该电路主要是由风机运行状态检测传感器A、B、C、D，三菱PLC，红灯、绿灯、黄灯三个指示灯等构成的。

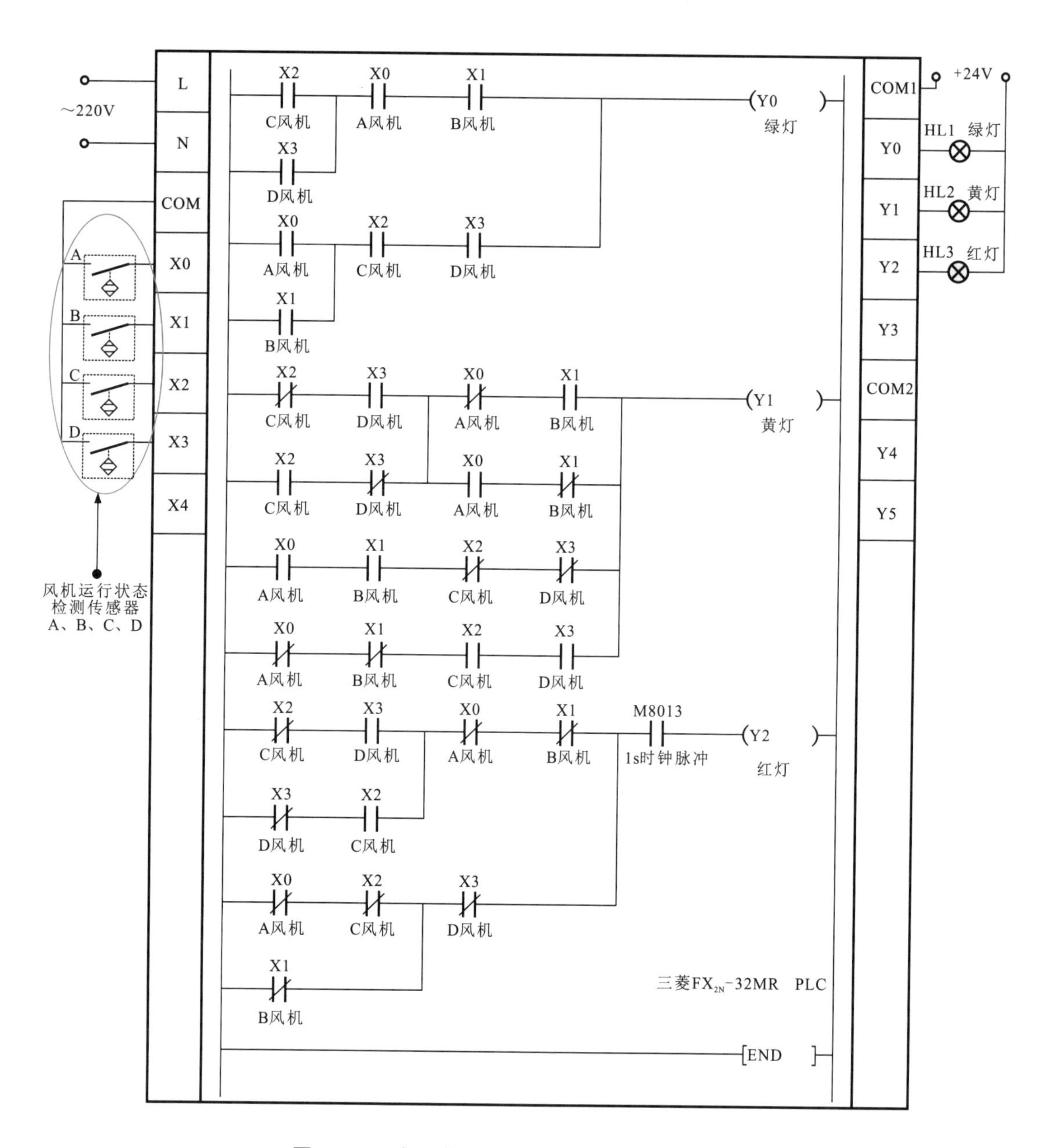

图19-15 由三菱PLC控制的通风报警控制电路

风机运行状态检测传感器A、B、C、D和三个指示灯分别连接在三菱PLC相应的I/O接口上，所连接的接口名称对应PLC内部程序的编程地址编号，见表19-5。

表19-5 三菱PLC接口名称对应PLC内部程序的编程地址编号

输入部件及地址编号			输出部件及地址编号		
部件	代号	输入地址编号	部件	代号	输出地址编号
A风机运行状态检测传感器	A	X0	通风良好指示灯（绿灯）	HL1	Y0
B风机运行状态检测传感器	B	X1	通风不佳指示灯（黄灯）	HL2	Y1
C风机运行状态检测传感器	C	X2	通风太差指示灯（红灯）	HL3	Y2
D风机运行状态检测传感器	D	X3			

在通风系统中，由4台三相交流电动机驱动4台风机运转，为了确保通风状态良好，设有通风报警系统，即由绿灯、黄灯、红灯对三相交流电动机的运行状态进行指示。当3台以上风机同时运转时，绿灯亮，表示通风状态良好；当两台三相交流电动机同时运转时，黄灯亮，表示通风不佳；当仅有1台风机运转时，红灯亮，并闪烁发出报警指示，警告通风太差。

图19-16为由三菱PLC控制的通风报警控制电路中绿灯点亮的控制过程。

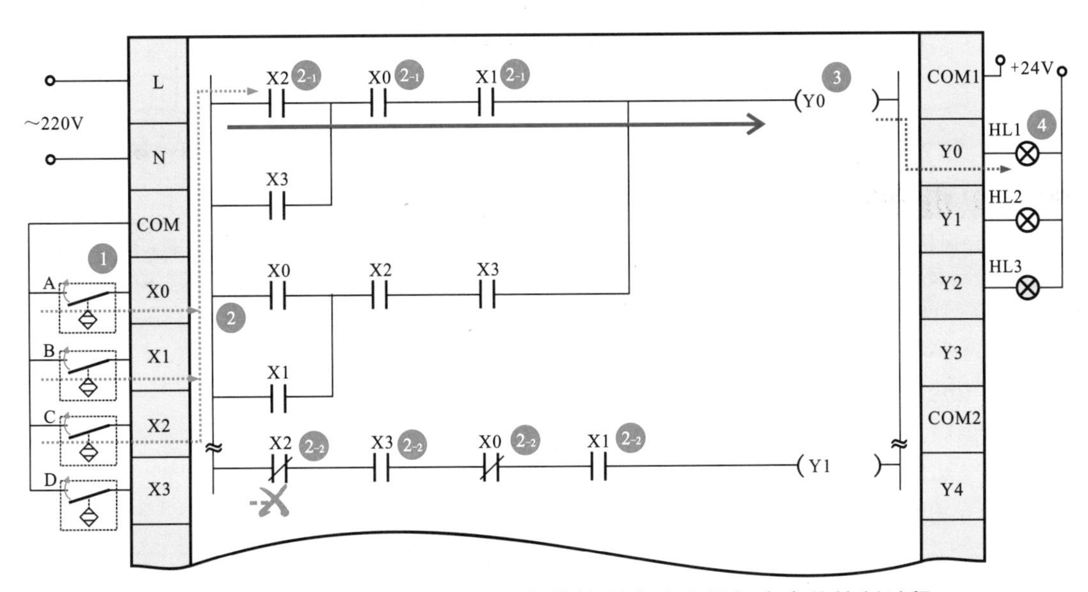

图19-16 由三菱PLC控制的通风报警控制电路中绿灯点亮的控制过程

图19-16电路分析

当三台以上风机均运转时，风机运行状态检测传感器A、B、C、D中至少有三个动作，向PLC送入传感信号。根据PLC控制绿灯的梯形图可知，X0～X3中任意三个输入继电器的触点闭合，总有一条程序能控制输出继电器Y0的线圈得电，使HL1得电点亮。例如，当A、B、C获得运转信息时。

1 风机运行状态检测传感器A、B、C动作。

2 PLC的相应输入继电器触点动作。

2-1 X0、X1、X2的常开触点闭合。

2-2 X0、X1、X2的常闭触点断开，使输出继电器Y1的线圈不可得电。

2-1 → 3 输出继电器Y0的线圈得电。

4 控制PLC外接绿灯HL1点亮，指示目前通风状态良好。

图19-17为由三菱PLC控制的通风报警控制电路中黄灯、红灯点亮的控制过程。

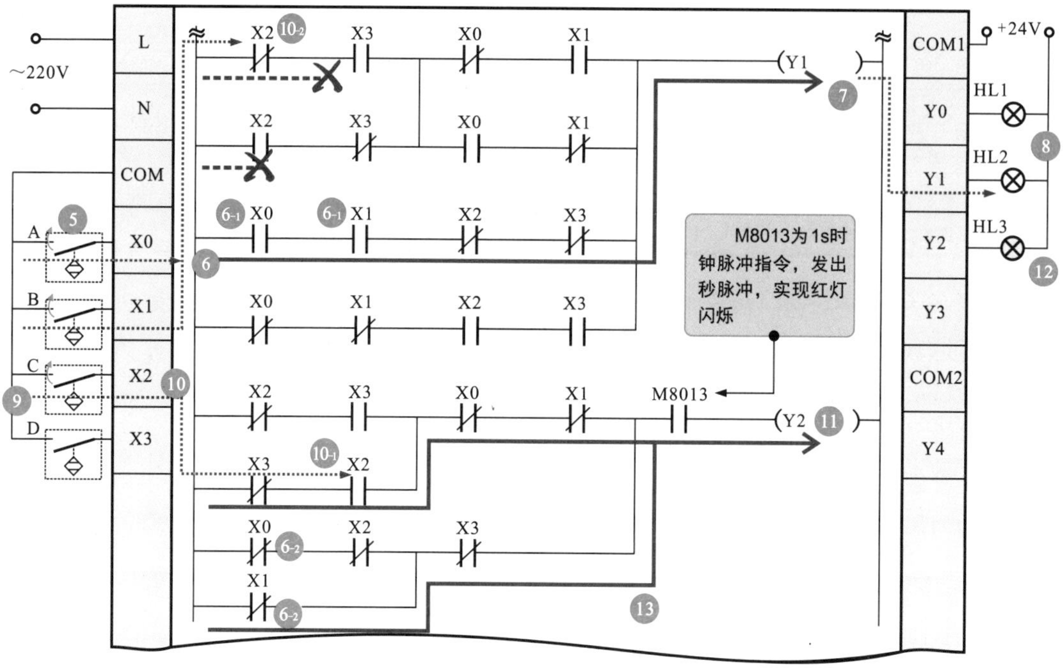

图19-17　由三菱PLC控制的通风报警控制电路中黄灯、红灯点亮的控制过程

图19-17电路分析

当两台风机运转时，风机运行状态检测传感器A、B、C、D中至少有两个动作，向PLC送入传感信号。根据PLC控制黄灯的梯形图可知，X0～X3中任意两个输入继电器的触点闭合，总有一条程序能控制输出继电器Y1的线圈得电，从而使HL2得电点亮。例如，当A、B获得运转信息时。

5 风机运行状态检测传感器A、B动作。

6 PLC的相应输入继电器触点动作。

6-1 X0、X1的常开触点闭合。

6-2 X0、X1的常闭触点断开，使输出继电器Y2的线圈不可得电。

6-1 → 7 输出继电器Y1的线圈得电。

7 控制PLC外接黄灯HL2点亮，指示目前通风状态不佳。

8 当少于两台风机运转时，风机运行状态检测传感器A、B、C、D均不动作或仅有1个动作，向PLC送入传感信号。根据PLC控制红灯的梯形图可知，X0～X3中任意1个输入继电器触点闭合或无触点闭合，总有一条程序能控制输出继电器Y2的线圈得电，使HL3得电点亮。例如，当仅C获得运转信息时：

9 风机运行状态检测传感器C动作。

10 PLC的相应输入继电器触点动作。

10-1 X2的常开触点闭合。

10-2 X2的常闭触点断开，使输出继电器Y0、Y1线圈不可得电。

10-1 → 11 输出继电器Y2的线圈得电。

12 控制PLC外接红灯HL3点亮。同时，在M8013的作用下发出1s时钟脉冲，使红灯闪烁，发出报警，指示目前通风太差。

13 当无风机运转时，A、B、C、D都不动作，输出继电器Y2的线圈得电，控制红灯HL3点亮，在M8013的控制下闪烁并发出报警。

19.4 PLC的调试与维护

19.4.1 PLC的调试

为了保障PLC 能够正常运行，在安装接线完毕后，并不能立即投入使用，还要对PLC 进行调试，以免因连接不良、连接错误、设备损坏等造成短路、断路或元器件损坏等故障。

1 初始检查

首先在断电状态下，对线路的连接、工作条件进行初始检查，见表19-6。

表19-6 对PLC的初始检查

项 目	具 体 内 容
线路连接	根据I/O分配表逐段确认接线有无漏接、错接，连接线的接点是否符合工艺标准。若无异常，则可使用万用表检测线路有无短路、断路及接地不良等现象。若出现连接故障，则应及时调整
电源电压	在通电前，应检查供电电源与预先设计的供电电源是否一致，可合上电源总开关进行检测
PLC程序	将PLC程序、触摸屏程序、显示文本程序等输入到相应的系统内，若系统出现报警情况，则应对接线、参数、外部条件及程序等进行检查，并对产生报警的部位进行重新连接或调整
局部调试	了解设备的工艺流程后，进行手动空载调试，检查手动控制的输出点是否有相应的输出；若有问题，应立即解决；若正常，再进行手动带负载调试，并记录电流、电压等参数
上电调试	完成局部调试后，接通PLC供电电源，检查电源指示灯、运行状态是否正常。若正常，可连机试运行，观察系统工作是否稳定。若均正常，则可投入使用

2 通电调试

完成初始检查后，可接通PLC供电电源进行通电调试，明确工作状态，为最后正常投入工作做好准备，如图19-18所示。

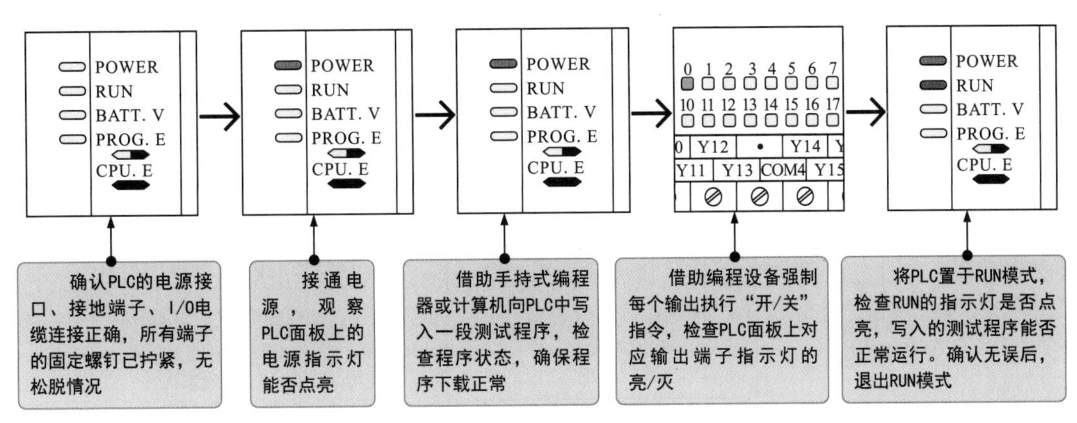

图19-18 PLC的通电调试

在通电调试时，不要碰触可能造成人身伤害的部位，调试中的常见错误如下：

◇ I/O线路上某些点的继电器触点接触不良；外部所使用的I/O设备超出规定的工作范围。

◇ 输入信号的发生时间过短，小于程序的扫描周期；DC24V电源过载。

19.4.2 PLC的维护

在PLC 投入使用后，由于工作环境的影响，可能会造成PLC 故障，因此需要对PLC 进行日常维护，确保PLC 安全、可靠地运行。

1 日常维护

PLC 的日常维护包括供电条件、工作环境、元器件使用寿命的检查等，见表19-7。

表19-7　PLC的日常维护

项 目	具体内容
电源	检测电源电压是否为额定值，有无频繁波动的现象；电源电压必须在额定范围内，波动不能大于10%。若有异常，应检查供电线路
输入、输出电源	检查输入、输出端子处的电源电压是否在规定的标准范围内，若有异常，应进行检查
工作环境	检查工作环境的温度、湿度是否在允许范围内（温度为0～55℃，湿度为35%～85%）。若超过允许范围，则应降低或升高温度、加湿或除湿操作。工作环境不能有大量的灰尘、污物。若有，应进行清理。检查面板内部温度有无过高的情况
安装	检查PLC各单元的连接是否良好；连接线有无松动、断裂及破损等现象；控制柜的密封性是否良好；散热窗（空气过滤器）是否良好，有无堵塞情况
元器件的使用寿命	对于一些有使用寿命的元器件，如锂电池、输出继电器等应进行定期检查，保证锂电池的电压在额定范围内，输出继电器的使用寿命在允许范围内（电气使用寿命在30万次以下，机械使用寿命在1000万次以下）

2 更换锂电池

若PLC内的锂电池达到使用寿命（一般为5年）或电压下降到一定程度时，应进行更换，如图19-19所示。注意：更换锂电池必须在20s内完成，否则保存在PLC RAM中的数据可能会丢失。

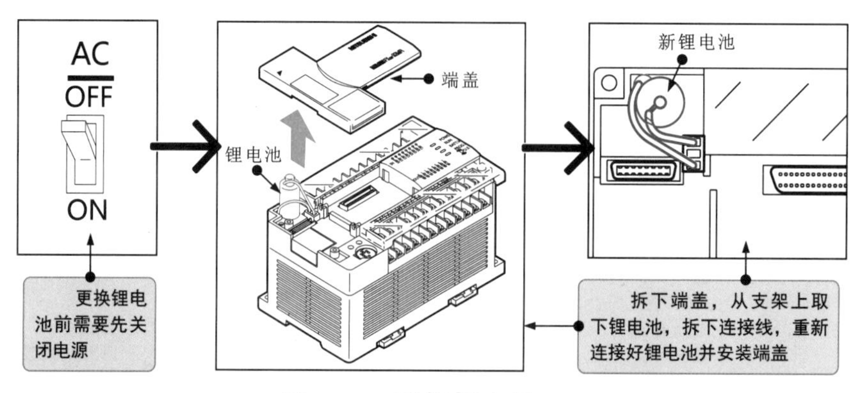

图19-19　更换锂电池

附录A

电工常用导线、线管的相关参数

不同规格导线与线管可穿入导线的根数见表A-1。

表A-1 不同规格导线与线管可穿入导线的根数

导线横截面积（mm²）	穿入导线的根数（根）								
	2	3	4	5	6	7	8	9	10
	线管管径（mm）								
1.0	13	16	16	19	19	25	25	25	25
1.5	13	16	19	19	25	25	25	25	25
2.0	16	16	19	19	25	25	25	25	25
2.5	16	16	19	25	25	25	25	25	32
3.0	16	16	19	25	25	25	25	25	32
4.0	16	19	25	25	25	25	32	32	32
5.0	16	19	25	25	25	25	32	32	32
6.0	16	19	25	25	25	32	32	32	32
8.0	19	25	25	32	32	32	38	38	38
10	25	25	32	32	38	38	38	51	51
16	25	32	32	38	38	51	51	51	64
20	25	32	38	38	51	51	51	64	64
25	32	38	38	51	51	64	64	64	64
35	32	38	51	51	64	64	64	64	76
50	38	51	64	64	64	64	76	76	76
70	38	51	64	64	76	76	76		
95	51	64	64	76	76				

在电工中常用的导线为铜芯线。不同横截面积的铜芯线在不同温度下所允许的最大载流量见表A-2。

表A-2 不同横截面积的铜芯线在不同温度下所允许的最大载流量

横截面积（大约值）（mm²）	铜芯线温度（℃）			
	60	75	85	90
	最大载流量（A）			
2.5	20	20	25	25
4	25	25	30	30
6	30	35	40	40

（续）

横截面积（大约值）（mm²）	铜芯线温度（℃）			
	60	75	85	90
	最大载流量（A）			
8	40	50	55	55
14	55	65	70	75
22	70	85	95	95

常见塑料绝缘导线的型号、横截面积及应用见表A-3。

表A-3 常见塑料绝缘导线的型号、横截面积及应用

型号	名称	横截面积（mm²）	应用
BV	铜芯塑料绝缘导线	0.8～95	用于家装电工中的明敷和暗敷，最低敷设温度不低于-15℃
BLV	铝芯塑料绝缘导线	0.8～95	
BVR	铜芯塑料绝缘软导线	1～10	用于固定敷设及要求柔软的场合，最低敷设温度不低于-15℃
BVV	铜线塑料绝缘护套圆型导线	1～10	固定敷设于潮湿的室内和机械防护要求高的场合（卫生间），可用于明敷和暗敷
BLVV	铝芯塑料绝缘护套圆型导线	1～10	
BV—105	铜芯耐热105℃塑料绝缘导线	0.8～95	固定敷设于高温环境的场所（厨房），可明敷和暗敷，最低敷设温度不低于-15℃
BVVB	铜芯塑料绝缘护套平型线	1～10	适用于照明线路的敷设
BLVVB	铝芯塑料绝缘护套平型线		
RV	铜芯塑料绝缘软导线	0.2～2.5	可供各种交流、直流移动电器、仪表等设备、照明装置的连接，安装环境温度不低于-15℃
RVB	铜芯塑料绝缘平型软导线		
RVS	铜芯塑料绝缘绞型软导线		
RV-105	铜芯耐热105℃塑料绝缘软导线		RV等导线的用途相同，优点是可应用于45℃以上的高温环境
RVV	铜芯塑料绝缘护套圆型软导线		与RV的用途相同，优点是可以用于潮湿和机械防护要求较高，以及经常移动和弯曲的场合
RVVB	铜芯塑料绝缘护套平型软导线		可供各种交流、直流移动电器、仪表等设备、照明装置的连接，安装环境温度不低于－15℃

常见橡胶绝缘导线的型号、横截面积及应用见表A-4。

表A-4 常见橡胶绝缘导线的型号、横截面积及应用

型号	名称	横截面积（mm²）	应用
BX BLX	铜芯橡胶绝缘导线 铝芯橡胶绝缘导线	2.5～10	适用于照明装置的固定敷设
BXR	铜芯橡胶绝缘软导线		适用于室内安装及要求柔软的场合
BXF BLXF	铜芯氯丁橡胶导线 铝芯氯丁橡胶导线		适用于电气设备及照明装置的连接
BXHF BLXHF	铜芯橡胶绝缘护套导线 铝芯橡胶绝缘护套导线		适用于敷设在较潮湿的场合，可用于明敷和暗敷